LINKES RECHTES GEHIRN

Sally P. Springer und Georg Deutsch

LINKES RECHTES GEHIRN

3. Auflage

Aus dem Englischen übersetzt von
Gabriele Heister, Christel Kolbert und Bruno Preilowski

Deutsche Übersetzung herausgegeben von Bruno Preilowski

Spektrum Akademischer Verlag Heidelberg · Berlin · Oxford

Originaltitel: Left Brain, Right Brain, Fourth Edition
(Aus der Reihe *A Series of Books in Psychology*, herausgegeben von R. C. Atkinson, G. Lindzey und R. F. Thompson)

Aus dem Englischen übersetzt von Gabriele Heister, Christel Kolbert und Bruno Preilowski

Amerikanische Originalausgabe bei W. H. Freeman and Company, New York

Die Deutsche Bibliothek – CIP-Einheitsaufnahme
Springer, Sally P.:
Linkes – rechtes Gehirn / Sally P. Springer und Georg Deutsch. Aus dem Engl. übers. von Gabriele Heister ... Dt. Übers. hrsg. von Bruno Preilowski. – 3. Aufl. – Heidelberg ; Berlin ; Oxford : Spektrum, Akad. Verlag, 1995
Einheitssacht.: Left brain – right brain <dt.>
ISBN 3-86025-154-6
NE: Deutsch, Georg:

Lektorat: Frank Wigger/Regine Zimmerschied, Marion Handgrätinger (Ass.)
Redaktion: Dr. med. Johann Peter Prinz, Eva-Maria Horn-Teka
Produktion: Myriam Nothacker
Satz: Jung, Satzcentrum GmbH, Lahnau
Druck und Bindung: Franz Spiegel Buch GmbH

Das Titelbild zeigt einen mit der Technik der Positronenemissionstomographie (PET) erstellten Gehirnquerschnitt, der die Rate des Glucosestoffwechsels in den verschiedenen Gehirnregionen unter Sprachaktivierung wiedergibt (weiße Flächen entsprechen der höchsten Stoffwechselaktivität). Die Zuordnung sprachlicher Fähigkeiten zur linken Hemisphäre ist das bekannteste Beispiel funktioneller zerebraler Asymmetrien. Das Bild wurde am Max-Planck-Institut für neurologische Forschung in Köln erstellt.

Spektrum Akademischer Verlag Heidelberg • Berlin • Oxford
EIN VERLAG DER SPEKTRUM FACHVERLAGE GMBH

Zum Andenken an
Peter Deutsch sowie an Fanny Margulies,
Lilyan Margulies und Nathaniel Margulies

Inhalt

Vorwort zur deutschen Übersetzung

Grundlage auch des menschlichen Verhaltens sind Funktionen von Gehirn und Nervensystem – also Produkte weitgehend unverstandener Prozesse eines höchst komplexen Organs und der unvorstellbar vielfältigen und vielschichtigen Wechselwirkungen seiner Strukturen sowohl untereinander als auch mit dem Rest des Körpers und mit der Umwelt. Jene Komplexität läßt Zweifel berechtigt erscheinen, daß wir mit Hilfe unseres Gehirns eben dieses – und damit uns selbst – jemals werden vollständig verstehen können. Für die einen ist das eine entmutigende Vorstellung, da sie auch bedeuten könnte, daß wir vielleicht nie imstande sein werden, jene Verhaltensweisen, die die Qualität des menschlichen Lebens und letztlich auch die Existenz unserer Erde bedrohen, zu verstehen oder zu ändern. Für andere aber wäre die Zukunft noch beängstigender, wenn die Möglichkeit bestünde, unser Gehirn vollständig zu begreifen; für sie ist unsere Unzulänglichkeit eher ein Trost. Wie man sieht, liegen in der Hirnforschung Wissenschaft und Weltanschauung nahe beieinander. Oft sind die Grenzen zwischen beiden nicht sehr deutlich. Sie werden auch dadurch verschoben, daß wir uns intuitiv gegen die Vorstellung wehren, das menschliche Wesen, seine Fähigkeiten und seine Einzigartigkeit seien von einem organischen beziehungsweise materiellen Substrat abhängig. Doch diese Abhängigkeit ist eine Tatsache, die zwar von den meisten von uns verdrängt werden kann, die aber den Opfern einer durch Krankheit oder Unfall bedingten Hirnschädigung und denen, die mit ihnen leben und sie betreuen, in grausamer Deutlichkeit aufgezwungen wird.

Man könnte nun glauben, dies allein müßte Grund genug sein, jede Anstrengung zu unternehmen, um mehr über die Funktionen unseres Gehirns zu lernen, zumindest um Gehirnschäden zu vermeiden oder ihre Auswirkungen zu begrenzen und durch rehabilitative Maßnahmen verringern zu helfen. In Wirklichkeit aber ist die Bundesrepublik Deutschland, insbesondere im Hinblick auf die Hirn- und Verhaltensforschung, die biologisch-naturwissenschaftliche Psychologie und die experimentelle und klinische Neuropsychologie als deren Teilgebiet ein Entwicklungsland. Zwar finden die Ergebnisse dieser Wissenschaftszweige zunehmendes Interesse – vor allem die Befunde der in diesem Buch diskutierten Lateralitätsforschung haben wie in andere Wissenschaften auch in alle Bereiche der Psychologie hineingewirkt –, aber kaum etwas deutet auf irgendwelche Bemühungen hin, auch bei uns ein solides Fundament für die weitere Entwicklung dieses Fachgebietes zu schaffen. In der Grundlagenforschung erschöpft sich das Interesse vielmehr darin, neuropsychologische Befunde zu nutzen, um Lücken in der Beweisführung zu stopfen und alte Ideen mit neuropsychologischem Vokabular wie alten Wein in neuen Schläuchen zu verkaufen. Ähnliches gilt für den angewandten und klinischen Bereich, wo zudem die Gefahr besteht, daß übertriebene und ungerechtfertigte Erwartungen an Trainings- und Therapieformen geweckt werden, indem man sie als „auf neuesten Ergebnissen der Hinforschung basierend“ propagiert.

Um diese Situation positiv zu beeinflussen, müssen große Anstrengungen zur Verbesserung der Ausbildung insbesondere in der Praxis der neuropsychologischen Grundlagenforschung und Klinik unternommen werden. Dazu gehören auch bessere Informationen über die weltweite und in einer Vielzahl von wissenschaftlichen Veröffentlichungen publizierte Forschung, die selbst von Spezialisten kaum noch überblickt werden kann. Neben den Auszubildenden müssen ebenso den in anderen Bereichen tätigen Wissenschaftlern Informationen zugänglich gemacht werden, die den Stand der augenblicklichen Forschung adäquat widerspiegeln. Das gleiche gilt für die Öffentlichkeit, die als Förderer der Wissenschaft auch ein Anrecht auf sachliche, verständliche und redliche Darstellung der existierenden Befunde hat. Einen Beitrag dazu, so glaube ich, leistet das vorliegende Buch von Sally Springer und Georg Deutsch, das sich seit etlichen Jahren als Lehrbuch und allgemeine Einführung in das Gebiet der zerebralen Asymmetrie weltweit bewährt hat.

Die neue Auflage bestätigt die dauerhafte Attraktivität des Konzepts der Lateralität. Diese wiederum beruht nicht zuletzt darauf, daß es sich um ein einfaches, intuitiv verständliches und für viele Bereiche der Wissenschaft und des täglichen Lebens relevant erscheinendes Konzept handelt. Erneuten Aufschwung erhielt dieses Forschungsfeld aber auch durch die Verfügbarkeit neuer physiologischer Meßmethoden. Diese eröffnen großartige Perspektiven für die weitere Entwicklung der Hirnforschung, bringen allerdings insbesondere für die Lateralitätsforschung auch gewisse Gefahren mit sich. Beispielsweise können die in Verbindung mit psychologischen Experimentaltechniken gewonnenen eindrucksvollen bunten Bilder über relative Unterschiede in der neuronalen Aktivierung den Eindruck erwecken, man schaue dem Gehirn bei seiner Arbeit zu. Die augenscheinliche „Realität“ dieser Bilder läßt – ähnlich wie die „passenden“ Ergebnisse in anderen Bereichen der Lateralitätsforschung – leicht vergessen, mit welchen Problemen die Meßtechniken behaftet sind und in welchem Umfang Modellvorstellungen und unbewiesene Annahmen in die komplexen Manipulationen der Rohdaten einfließen. Tatsächlich sind die wirklich kritischen Experimente (also jene, die aus dem exponentiell anwachsenden Datenhaufen die Spreu vom Weizen trennen) sehr, sehr selten.

Zu den Inhalten des Buches braucht ansonsten nicht viel gesagt zu werden. Für die Übersetzung ergab sich vor allem das Problem, daß die Dominanz der amerikanischen Neuropsychologie und die englische Sprache die Entstehung eines Fachjargons fördern, der für Nichtfachleute die feineren Unterschiede, die zum Teil nur aus dem fachlichen Zusammenhang erkennbar sind, vermissen läßt. Ein typisches Beispiel ist die mehrdeutige Verwendung der Begriffe „laterality“ und „lateralization“. Wir haben das Wort „Lateralisierung“ – abgesehen von seiner Bedeutung im experimentell-methodischen Bereich (Beschränkung von Reizen auf eine Hemisphäre) – vornehmlich zur Beschreibung eines Prozesses, aber auch zur Charakterisierung eines schon erreichten statischen Zustandes gebraucht, denn oftmals erscheint aufgrund der existierenden Daten eine Unterscheidung weder belegbar noch eine Vermutung darüber von den Autoren intendiert. Oft ist nicht einmal eine klare Abgrenzung vom Begriff der „Lateralität" möglich, der zum einen als Oberbegriff mit dem der „Gehirnasymmetrie" gleichrangig ist, aber gleichzeitig auch die individuelle Ausprägung eines Zustandes verschiedener asymmetrischer Funktionen bezeichnet. Den sich hierfür im Englischen langsam durchsetzenden Begriff der „hemisphericity" nun als „Hemisphärizität" zu übersetzen, erschien weder notwendig noch sprachlich wünschenswert. Überhaupt war es nicht immer leicht, das in einem recht lockeren amerikanischen Englisch geschriebene Buch in akzeptables Deutsch zu übertragen, ohne den Stil der Darstellung, der sicherlich zum Erfolg des Textes beigetragen hat, zu beeinträchtigen. Soweit dies gelungen ist, gebührt der Dank hierfür insbesondere auch den Lektoren Frank Wigger, Johann Peter Prinz und Eva-Maria Horn-Teka.

Bruno Preilowski

Vorwort zur vierten amerikanischen Auflage

Die vierte Auflage von *Left Brain, Right Brain* ist die erste, die in den neunziger Jahren erscheint, also in dem Jahrzehnt, das der Kongreß der Vereinigten Staaten zum „Jahrzehnt des Gehirns" erklärt hat. In dieser Zuweisung spiegelt sich wider, welche Bedeutung der Erforschung des Gehirns – für jeden einzelnen wie auch für die Gesellschaft – beigemessen wird. Wir hoffen, daß die neue Auflage den Lesern ein genaues und verständliches Bild von der Analyse der Funktionen der Großhirnhemisphären verschafft, ihnen gleichzeitig aber auch etwas von der Aufregung und Begeisterung vermittelt, die mit der wissenschaftlichen Erforschung des Gehirns verbunden ist.

Wie in den früheren Auflagen beschreiben wir zunächst die grundlegenden Befunde zur Asymmetrie bei Hirnverletzten und bei Split-Brain-Patienten sowie bei normalen (das heißt gesunden) Personen und wenden uns dann speziellen Themen zu wie der Linkshändigkeit, den Geschlechtsunterschieden in der Gehirnasymmetrie und der Entwicklung dieser Asymmetrie. Wir haben bei diesem Überblick versucht, die einigermaßen gesicherten Befunde von den bloßen Spekulationen zu trennen, ohne die von beiden ausgehende Faszination zu zerstören. Darüber hinaus waren wir stets bemüht, für widersprüchliche Ergebnisse mögliche Erklärungen zu finden. Wir haben außerdem versucht zu zeigen, wie sich aus der Erforschung der Hemisphärenasymmetrie wichtige Einblicke in die Funktion des Gehirns im allgemeinen ergeben. Schließlich stellt die Untersuchung des linken und rechten Gehirns nur einen von mehreren Ansätzen der Hirnforschung dar. Wir hoffen, daß dieses Buch vermitteln kann, warum es ein fruchtbarer Ansatz ist.

Wie bisher haben wir den Text für einen relativ breiten Leserkreis geschrieben und die Darstellung der meisten Themen in mehreren Ebenen angelegt. Dabei waren wir bemüht, uns so verständlich wie möglich auszudrücken, ohne die Genauigkeit zu vernachlässigen oder die Komplexität der jeweiligen Problembereiche zu unterschlagen. Das Buch richtet sich auch an den Leser, dessen Interesse über die zu stark vereinfachten und übertriebenen Berichte zur Gehirnasymmetrie hinausreicht; es ist außerdem für den Einsatz als Lehrbuch in den unterschiedlichsten Lehrveranstaltungen konzipiert.

Vielen Kollegen und Freunden schulden wir Dank für ihre Beiträge zu nunmehr vier Auflagen von *Left Brain, Right Brain.* Wertvolle Hinweise und Vorschläge für vorangegangene Auflagen erhielten wir von Alan Rubens, Chuck Hamilton, Phil Bryden, Morris Moscovitch, Barry Lorinstein, Nick Goldberg, Andy Papanicolaou und Peter Shulman. Etliche von ihnen haben auch zu dieser vierten Auflage beigetragen. Zudem teilten uns Eran Zaidel und Michael Gazzaniga ihre Ansichten darüber mit, was neu und wichtig wäre. Einige Gehirnaufnahmen, die in dieser Auflage als Beispiele für die Ergebnisse bildgebender Verfahren verwendet werden, haben uns James Mountz, Donald Tweig und Hoby Hetherington freundlicherweise zur Verfügung gestellt. Wir sind auch den vielen anderen dankbar, die uns Vorabdrucke ihrer noch unveröffentlichten Arbeiten zugeschickt haben.

Beim Verlag W. H. Freeman hatten wir das Privileg, über vier Auflagen hinweg mit hervorragenden Programmleitern zusammenzuarbeiten – mit W. Hayward Rogers, der sich nun zur Ruhe gesetzt hat, mit Jonathan Cobb und, seit kurzem, mit Susan Brennan. Wir genossen außerdem das Glück sehr guter Lektoren im Verlag: Judith Wilson bei der ersten und Jim Maurer bei der zweiten Auflage sowie Diane Maass für die dritte und vierte Auflage. Die vierte Auflage ist die erste, die elektronisch publiziert wurde. Ein besonderes Wort des Dankes gilt Jim Whatley von der University of California in Davis, der uns in den Stand setzte, die Vorteile der Computertechnologie zu nutzen, und so dies alles möglich machte.

Unseren Gatten, Håkon Hope und Martha Pezrow, gebührt unsere Dankbarkeit für ihr Verständnis und für die Unterstützung, die sie uns während des langen Überarbeitungsprozesses gewährten. Beide haben bedeutende und langfristige Opfer gebracht, damit das Projekt vollendet werden konnte.

Sally P. Springer
Georg Deutsch

1. Frühe Befunde aus der Klinik: Die Entdeckung der Hemisphärenasymmetrie

Auf einer Tagung der medizinischen Gesellschaft in Montpellier hielt 1836 auch der unbekannte Landarzt Marc Dax einen Vortrag. Dax war nicht sehr häufig an medizinischen Konferenzen beteiligt, und tatsächlich scheint der damalige Vortrag sein erster und einziger wissenschaftlicher Beitrag überhaupt gewesen zu sein.

In seiner langjährigen Tätigkeit als praktischer Arzt hatte Dax viele Patienten gesehen, die aufgrund eines Hirnschadens einen Verlust oder eine Beeinträchtigung ihrer Sprache – also das, was man in der Fachsprache als *Aphasie* bezeichnet – erlitten hatten. An und für sich war diese Beobachtung nicht neu. Fälle eines plötzlich auftretenden, dauerhaften Verlustes der normalen Sprechweise waren schon in der Antike von den Griechen beschrieben worden. Dax jedoch fiel auf, daß anscheinend ein Zusammenhang zwischen dem Verlust der Sprache und der Seite der Hirnschädigung bestand. Bei mehr als vierzig Patienten mit einer Aphasie stellte er eine Verletzung der linken Hälfte beziehungsweise *Hemisphäre* des Gehirns fest. Dagegen konnte er keinen einzigen Fall entdecken, bei dem allein die rechte Hemisphäre geschädigt war. In seinem Vortrag vor der medizinischen Gesellschaft faßte er diese Beobachtungen zusammen und präsentierte seine Schlußfolgerung: Jede Hälfte des Gehirns steuert unterschiedliche Funktionen; Sprache wird von der linken Hemisphäre kontrolliert.

Der Vortrag scheint ein vollkommener Reinfall gewesen zu sein. Er fand kaum Interesse bei den Zuhörern und war bald vergessen. Dax starb im darauffolgenden Jahr, ohne zu ahnen, daß er zum Vorläufer einer Forschungsrichtung geworden war, die sich in der zweiten Hälfte des 20. Jahrhunderts zu einer der aufregendsten und betriebsamsten entwickeln sollte: der Untersuchung der Unterschiede zwischen der rechten und der linken Gehirnhälfte.

Auch wenn wir das Gehirn meist als einheitliche Struktur betrachten, ist es doch in zwei Hälften geteilt. Die beiden Hirnhemisphären sind im Schädel eng zusammengedrängt und durch mehrere, deutlich voneinander abgegrenzte Nervenfaserbündel verbunden, die als Kommunikationskanäle dienen.

Anatomisch betrachtet scheint jede der beiden Hemisphären das ungefähre Spiegelbild der anderen zu sein, so wie auch der Körper insgesamt eine weitgehende Links-Rechts-Symmetrie aufweist. Tatsächlich sind die motorischen und sensorischen Grundfunktionen des Körpers gleichmäßig zwischen beiden zerebralen (vom lateinischen *cerebrum* für Gehirn) Hemisphären aufgeteilt. Die Zuordnung erfolgt über Kreuz: Die linke Hemisphäre ist für die rechte Seite des Körpers (rechte Hand, rechtes Bein und so weiter) zuständig und die rechte Hemisphäre für die linke Seite (siehe Abbildung 1.1).*

* Ein kurzer Überblick der Neuroanatomie wird im Anhang gegeben.

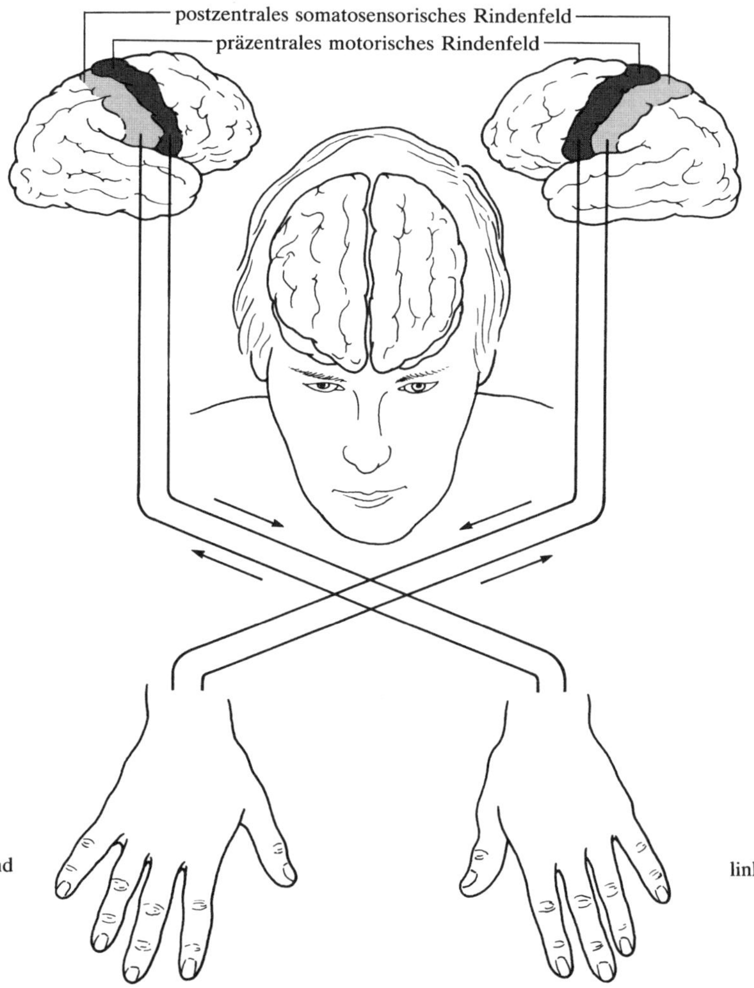

1.1 Die motorisch steuernden wie auch die sensorischen Nervenbahnen zwischen Gehirn und restlichem Körper verlaufen fast vollständig über Kreuz. Die Hände etwa sind – wie in der Abbildung gezeigt – vor allem mit der jeweils gegenüberliegenden Großhirnhemisphäre verbunden.

Die äußerliche Links-Rechts-Symmetrie von Gehirn und Körper bedeutet jedoch nicht, daß sich die rechte und die linke Seite tatsächlich in jeder Hinsicht völlig entsprechen. Wir brauchen nur an die unterschiedlichen Fertigkeiten unserer beiden Hände zu denken, um zu erahnen, was unter *funktioneller Asymmetrie* zu verstehen ist. Nur wenige Menschen sind wirklich beidhändig; die meisten haben eine dominante Hand. (In vielen Fällen kann man aus der Händigkeit eines Menschen etliches über die Organisation der geistigen

Funktionen in seinem Gehirn vorhersagen. Bei Rechtshändern etwa ist die Hemisphäre, die die dominante Hand steuert, fast immer auch diejenige, die die Sprachfunktionen kontrolliert.)

Die Unterschiede in den Fertigkeiten der beiden Hände sind jedoch nur ein Beispiel einer weitreichenderen, grundlegenden Asymmetrie der Funktionen beider zerebralen Hemisphären. In den letzten Jahren haben sich viele Hinweise dafür ergeben, daß das linke und das rechte Gehirn trotz ihrer äußerlichen Symmetrie weder in ihren Fähigkeiten noch in ihrer Organisation identisch sind.

Die frühesten und wohl prägnantesten Hinweise auf funktionelle Asymmetrien beruhen auf Beobachtungen des Verhaltens hirngeschädigter Personen. Solche Befunde, die auf klinischen Beobachtungen an Patienten beruhen, werden als „klinische Befunde" bezeichnet. Marc Dax' Schlußfolgerung, daß zwischen Schäden der linken Hemisphäre und dem Verlust der Sprache ein Zusammenhang besteht, ist ein Beispiel für die Verwendung solcher klinischen Befunde. Nachfolgende andere Beobachtungen im klinischen Bereich führten zur Entdeckung weiterer Asymmetrien.

Während linkshemisphärisch geschädigte Personen zumeist sprachlich beeinträchtigt sind, kommt es bei Patienten mit bestimmten rechtsseitigen Gehirnschäden häufiger zu Störungen der Wahrnehmung und Aufmerksamkeit. Dazu gehören unter anderem eine verminderte Orientierungsfähigkeit im Raum und ein schlechteres Gedächtnis für räumliche Beziehungen. Beispielsweise hat ein solcher Patient oft Schwierigkeiten, sich in einem fremden Gebäude zurechtzufinden, und manchmal vermag er sich sogar in einer ihm vertrauten Umgebung nur schlecht zu orientieren. Einigen rechtshemisphärisch geschädigten Patienten fällt es auch schwer, bekannte Gesichter wiederzuerkennen. Darüber hinaus kann eine Schädigung der rechten Hemisphäre zu einer Behinderung führen, die als *Neglekt* bezeichnet wird. Zu diesem Syndrom, das zumeist halbseitig auftritt (Hemineglekt), gehört beispielsweise, daß der Patient den räumlichen Bereich zu seiner Linken, manchmal sogar die linke Hälfte seines Körpers, vernachlässigt. Oft ißt ein solcher Patient nicht, was sich auf der linken Seite seines Tellers befindet, und es kommt vor, daß er einen gelähmten linken Arm nicht als Teil seines eigenen Körpers akzeptiert. Erstaunlicherweise führt eine gleichartige Schädigung der linken Hemisphäre gewöhnlich nicht zu einem ähnlich schweren und beständigen rechtsseitigen Neglekt.

Obwohl klinische Beobachtungen zur Gehirnasymmetrie seit über hundert Jahren vorliegen, ist das augenblickliche Interesse an einem linken und einem rechten Gehirn vor allem auf neuere Untersuchungen an sogenannten *Split-Brain*-Patienten (wörtlich übersetzt etwa „Spalthirn"-Patienten) zurückzuführen. Aus medizinischen Gründen mußten sich diese Patienten einer Operation unterziehen, bei der jene Nervenfaserbündel durchtrennt werden, die normalerweise die beiden zerebralen Hemisphären miteinander verbinden. In Abbildung 1.2 ist die größte dieser Verbindungen zu sehen, der *Balken* (*Corpus callosum*). Oberflächlich betrachtet, scheint die Operation das normale Verhalten der Patienten kaum zu beeinflussen. Für den Wissenschaftler jedoch bieten diese Menschen die einmalige Gelegenheit, die Fähigkeiten beider Hemisphären getrennt und doch im selben Kopf untersuchen zu können.

Dank spezieller Techniken ist es möglich, bestimmte sensorische Informationen jeweils nur einer Hemisphäre zugänglich zu machen. Diese Beschränkung der Reize auf eine Gehirnhälfte wird als *Lateralisierung* bezeichnet. Sie läßt sich zum Beispiel dadurch erreichen, daß man einen Patienten, dem die Augen verbunden sind, bestimmte Objekte nur mit einer Hand ertasten läßt. Ein Split-Brain-Patient, der dies mit seiner rechten Hand tut (die vor allem mit der linken Gehirnhälfte verschaltet ist), wird keine Schwierigkeiten haben, den Gegenstand zu benennen. Doch wenn er das gleiche mit der linken Hand wiederholt, kann er nicht sagen, was er gefühlt hat. Anscheinend ge-

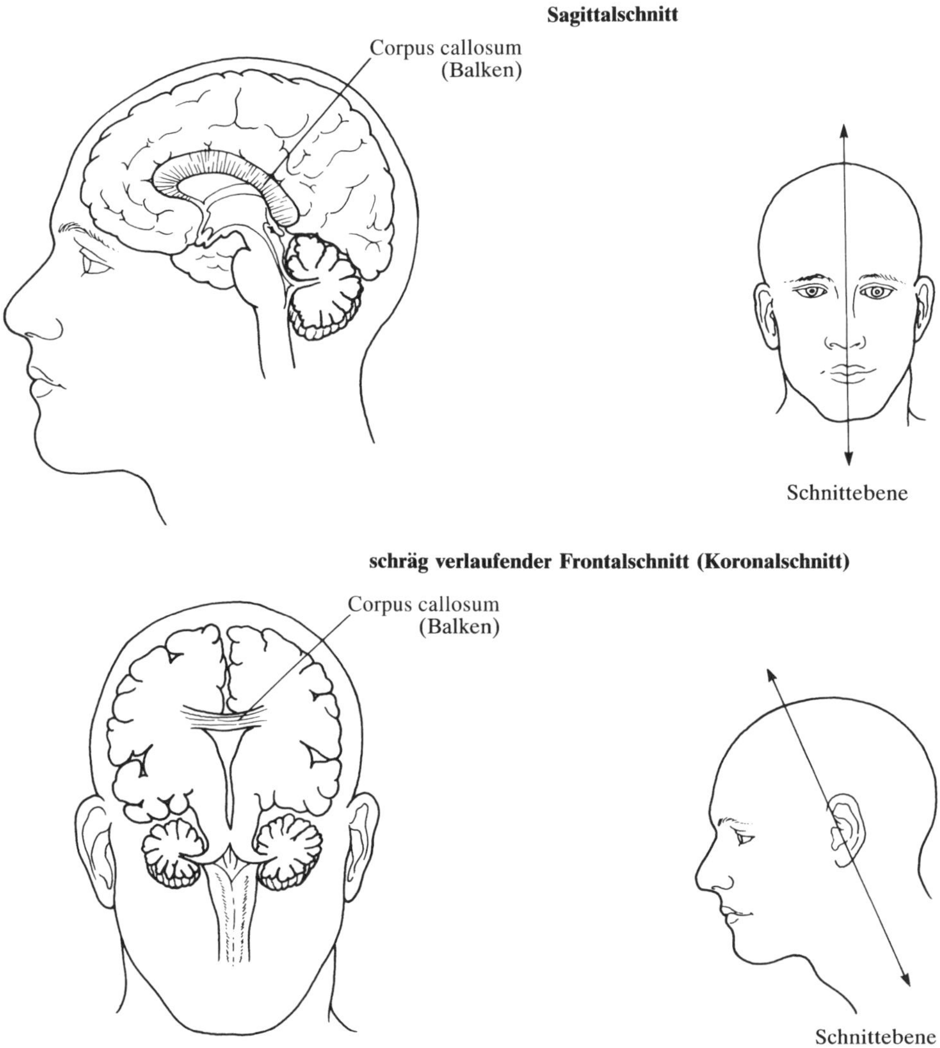

1.2 Zwei Ansichten der Großhirnhemisphären und des Balkens, des größten Nervenfaserbündels, das die beiden Gehirnhälften miteinander verbindet. (In Abbildung 2.1 sind weitere Kommissuren gezeigt.)

langt die Information über den Gegenstand nicht zu den Sprachzentren, die sich in der linken Hemisphäre befinden. Gleichwohl kann derselbe Patient – ebenfalls mit verbundenen Augen – die Gegenstände, die er zuvor mit der linken Hand betastet hat, ohne Mühe aus einer Reihe von anderen Gegenständen herausfinden. Bei oberflächlicher Betrachtung könnte man meinen, nur die linke Hand des Patienten wisse und könne sich auch daran erinnern, was sie gehalten hat, nicht aber der Patient selbst.

Wissenschaftler haben verschiedene andere Techniken eingesetzt, um visuelle und auditive Informationen zu lateralisieren, und sie konnten damit wichtige Unterschiede in den Fähigkeiten der beiden Gehirnhälften bei Split-Brain-Patienten nachweisen. So fand man, daß die linke Hemisphäre vor allem an analytischen Prozessen, insbesondere solchen der Sprachproduktion und des Sprachverständnisses, beteiligt ist und daß sie die jeweilige Information offenbar seriell oder sequentiell (in Folge) verarbeitet. Die rechte Hemisphäre scheint besonders für räumliche Aufgaben sowie musikalische Leistungen verantwortlich zu sein und die anfallenden Informationen parallel (gleichzeitig) beziehungsweise als *Ganzheiten* zu verarbeiten.

Die Entdeckungen bei hirngeschädigten und Split-Brain-Patienten veranlaßten viele Forscher, nach Wegen und Möglichkeiten zu suchen, um Hemisphärenunterschiede auch bei neurologisch Gesunden zu erforschen. Gilt das, was man bei neurologisch auffälligen Patienten über die Unterschiede zwischen rechtem und linkem Gehirn herausfindet, auch für die Funktionen des gesunden Gehirns? Spezielle Untersuchungsmethoden haben dies inzwischen tatsächlich bestätigt.

Die Ergebnisse der Split-Brain-Forschung zeigen, daß jede der beiden Gehirnhälften fähig ist, wahrzunehmen, zu lernen, sich zu erinnern und zu fühlen, und zwar unabhängig von der anderen; es bestehen jedoch Unterschiede darin, wie jede Hemisphäre die aufgenommene Information verarbeitet. Roger Sperry, der 1981 für seine bahnbrechenden Untersuchungen an Split-Brain-Patienten mit dem Nobelpreis für Physiologie oder Medizin geehrt wurde, glaubt, daß in jeder der voneinander getrennten Hemisphären ein unabhängiger Strom des Bewußtseins existiert.[1] Er geht davon aus, daß die chirurgische Teilung des Gehirns auch eine Spaltung des Geistes in zwei unterschiedliche Bewußtseinsbereiche bewirkt. Solche Überlegungen führen natürlich zu Spekulationen darüber, ob nicht unter bestimmten Bedingungen auch im gesunden, normalen Gehirn eine doppelte Form des Bewußtseins vorliegen könnte.

Andere Untersucher haben die Bedeutung der Unterschiede zwischen den Hemisphären betont. So sahen manche darin eine Widerspiegelung der traditionell angenommenen Dualismen von Intellekt und Intuition, Wissenschaft und Kunst sowie Logik und Mystik. Der Psychologe Robert Ornstein meint, die Hirnforschung beweise, daß diese Unterscheidungen nicht nur Produkte der Kultur oder der Philosophie sind.[2] Seiner Ansicht nach hat die Trennung zwischen einer östlichen und einer andersartigen westlichen Form des Bewußtseins durch die Unterschiede zwischen den Gehirnhälften eine physiologische Grundlage erhalten.

Darüber hinaus wurde die Hypothese aufgestellt, daß etwa Rechtsanwälte und Künstler bei ihrer Arbeit verschiedene Hemisphären ihres Gehirns einsetzen und daß sich diese Unterschiede auch in Aktivitäten außerhalb ihres Berufes zeigen.[3] Andere haben diese Idee weiter verallgemeinert und glauben, daß sich jeder Mensch entweder als rechtshemisphärisch oder als linkshemisphärisch klassifizieren lasse, je nachdem, welche der beiden Gehirnhälften den größeren Teil seines Verhaltens bestimmt.[4]

Durch das neuerdings verstärkte Interesse an Hirnasymmetrien wurde auch dem Problem der Händigkeit wieder mehr Aufmerksamkeit geschenkt. Untersuchungen zeigten, daß sich die Gehirne von Linkshändern und Rechtshändern in ihrer Organisation unterscheiden. Wie wirken sich solche Unterschiede auf Eigenschaften wie Intelligenz und Kreativität aus? Welche Faktoren führen überhaupt zu Linkshändigkeit? Sind es Gene? Erfahrungen? Geringe Hirnschädigungen? Diese und weitere mit der Händigkeit zusammenhängende Fragen sind in den letzten 20 Jahren intensiv untersucht worden.

Auch vielfältige andere Problembereiche werden von der Erforschung der hemisphärischen Asymmetrien berührt. So hat man mit Bezug auf Lernschwierigkeiten, Stottern und Schizophrenie über eine anomale Arbeitsteilung zwischen den beiden Hemisphären spekuliert. Joseph Bogen, einer der Neurochirurgen in der Split-Brain-Forschung, ist überzeugt, daß die Untersuchungen über Hemisphärenunterschiede wichtige Beiträge zu Erziehungsfragen leisten können.[5] Seiner Meinung nach wird mit der gegenwärtigen Betonung des Erwerbs sprachlicher Fertigkeiten und der Förderung von analytischen Denkprozessen die Entwicklung wichtiger nichtsprachlicher Fähigkeiten vernachlässigt. Auf diese Weise, so argumentiert er, ließen wir eine Hälfte des Gehirns „verhungern“ und unterdrückten damit deren potentiellen Beitrag zur Gesamtheit der Person.

Seit den bescheidenen Anfängen des Jahres 1836 hat sich die Erforschung des linken und rechten Gehirns mittlerweile so weit entwickelt, daß sie die Phantasie von Wissenschaftlern und Laien gleichermaßen fesselt. Es gibt wenige wissenschaftliche Bereiche, die so viel Interesse bei einem so unterschiedlichen Publikum gefunden haben. Das brachte positive wie negative Auswirkungen mit sich. Positiv ist zu bewerten, daß innerhalb kurzer Zeit enorm viele neue Befunde erhoben wurden und daß die Wissenschaftler sehr intensiv daran arbeiten, herauszufinden, welche ihrer Erkenntnisse für die Beantwortung wichtiger Fragen zum menschlichen Verhalten bedeutsam sein könnten. Andererseits gibt es die negative Tendenz, jede Dichotomie des Verhaltens – etwa rational gegen intuitiv oder deduktiv gegen imaginativ – als Ausdruck der Zweiteilung des Gehirns zu interpretieren. Diese fachspezifische Gefahr wurde von einigen als eine Art Berufskrankheit, als „Dichotomanie“, bezeichnet. Da außerdem die Trennung zwischen Fakten und Phantasie oft unscharf ist, kann ein Laie kaum mehr unterscheiden, was pure Spekulationen und was gut begründete Tatsachen sind.

Dennoch steht außer Zweifel, daß wir durch die Untersuchung des linken und rechten Gehirns wichtige Einsichten in Zusammenhänge zwischen Gehirnfunktionen und Verhalten gewonnen haben und daß noch weitere bedeutsame Entdeckungen vor uns liegen. Es ist das Ziel dieses Buches, einen Überblick über den augenblicklichen Stand des Wissens zu geben und einerseits – soweit möglich – die Konsequenzen daraus aufzuzeigen, andererseits aber auch die Lücken, die noch bestehen. Wir beginnen mit einer Darstellung der klinischen Befunde, die zu den gegenwärtigen Vorstellungen über das linke und das rechte Gehirn geführt haben.

Sprachverlust und rechtsseitige Körperschwäche: Ein lange übersehener Hinweis auf funktionelle Asymmetrien

Auf der Station eines Krankenhauses, in der Schlaganfallpatienten versorgt werden, fällt einem sofort auf, daß sich die Patienten in zwei Gruppen einteilen lassen: solche mit linksseitigen und solche mit rechtsseitigen Lähmungen. Ein Schlaganfall unterbricht im allgemeinen die Blutversorgung eines bestimmten Gehirnbereichs, der dadurch geschädigt wird. Da die Blutzufuhr zu den beiden Gehirnhälften über separate Gefäße erfolgt, ist bei einem Schlaganfall gewöhnlich nur eine Hälfte des Gehirns betroffen. Da jede Gehirnhemisphäre vor allem die gegenüberliegende Körperhälfte kontrolliert, zeigt eine linksseitige Lähmung eine Schädigung der rechten Hemisphäre an und eine rechtsseitige einen Schlaganfall in der linken Gehirnhälfte.

In der Vergangenheit ist immer wieder berichtet worden, daß die klinischen Symptome einer Schwäche beziehungsweise Lähmung der rechten Körperseite häufig mit einem Verlust sprachlicher Fähigkeiten einhergeht. Damit war eine Beziehung zwischen der Beeinträchtigung der Sprache und Verletzungen der linken Hemisphäre hergestellt. Doch die Bedeutung dieses Zusammenhangs wurde in der Medizin erst in der zweiten Hälfte des 19. Jahrhunderts allgemein anerkannt.

Vielleicht ist es weniger überraschend, daß diese Hinweise auf eine Asymmetrie der Hemisphären so lange übersehen wurden, wenn man bedenkt, daß anatomische Untersuchungen die Gehirnhälften als spiegelbildliches, in Größe und Gewicht ungefähr vergleichbares Paar beschrieben hatten. Außerdem waren die meisten Wissenschaftler fest davon überzeugt, daß das Gehirn als eine Ganzheit funktioniert, und daher nicht darauf vorbereitet, Beweise für das Gegenteil zu erkennen.

Aber schon in den ersten Jahrzehnten des 19. Jahrhunderts beschäftigte man sich ernsthaft mit der Vorstellung, daß einzelne Funktionen spezifischen Hirnregionen zugeordnet sein könnten. Die Überlegung, diese Regionen und ihre Funktionen zu untersuchen, wurde zur Grundlage der Doktrin der *Lokalisation von Hirnfunktionen* (englisch *cerebral localization*).

Die Doktrin der Lokalisation von Hirnfunktionen

Franz Joseph Gall (1758–1828), Arzt und Anatom aus dem badischen Tiefenbronn, war der erste, der behauptete, das Gehirn sei nicht als eine einheitliche Masse zu betrachten und man könne die verschiedenen geistigen Fähigkeiten in unterschiedlichen Teilen des Gehirns lokalisieren. Die Sprache etwa ordnete er den Frontallappen, den vordersten Teilen beider Hemisphären, zu. Unglücklicherweise behauptete Gall aber außerdem, daß die Form des Schädels die Eigenarten des darunterliegenden Gehirns abbilde und daß die geistigen und emotionalen Eigenschaften eines Menschen daher durch sorgfältiges Studium der Schädelunebenheiten, die sogenannte Phrenologie, bestimmt werden könnten.

In vielen wissenschaftlichen Kreisen wurde Gall als Quacksalber abqualifiziert, da es keine ausreichenden Hinweise dafür gab, daß Messungen am Kopf verläßliche Aussagen über die betreffende Person lieferten. Aber der Grundgedanke, daß unterschiedliche Funktionen von verschiedenen Bereichen des Gehirns kontrolliert werden, fand eine relativ große Anhängerschaft. Auch der französische Medizinprofessor Jean Baptiste Bouillaud gehörte dazu. Bouillaud war von der Auffassung Galls, daß die Sprache in den Frontallappen des Gehirns lokalisiert sei, so sehr überzeugt, daß er demjenigen einen Preis von 500 Francs (zur damaligen Zeit eine beträchtliche Summe) in Aussicht stellte, der einen Patienten mit einer Schädigung des Frontalhirns, aber ohne Sprachverluste, finden würde.[6]

Viele Jahre lang schlugen sich die meisten Wissenschaftler – wenn auch zumeist stillschweigend – auf eine der beiden Seiten. Die einen waren sicher, daß die Sprache von den Frontallappen kontrolliert wird, die anderen argumentierten gegen eine solche Lokalisation von speziellen Funktionen in bestimmten Hirnregionen. Da zu jener Zeit nur sehr wenig neue Befunde bekannt wurden, die eindeutig in die eine oder andere Richtung gewiesen hätten, hielt jede der beiden Gruppierungen an ihrer Meinung fest. Diese Einstellung kennzeichnete auch das Klima des Jahres 1836, in dem Marc Dax seinen Vortrag vor der medizinischen Gesellschaft in Montpellier hielt. Wie wir erfahren haben, nahm niemand seine Beobachtungen, die auf eine besondere Bedeutung der linken Hemisphäre für die Sprache hinwiesen, richtig zur Kenntnis.

Der Wendepunkt: Die Entdeckungen von Paul Broca

Das Patt endete 1861. Auf einer Versammlung der Gesellschaft für Anthropologie in Paris wiederholte Ernest Auburtin, der Schwiegersohn Bouillauds, dessen Auffassung, daß die Sprache durch die Frontallappen kontrolliert werde. Der Vortrag scheint den jungen Chirurgen Paul Broca sehr beeindruckt zu haben.

Ein paar Tage zuvor hatte man einen älteren Mann mit einer schweren Beininfektion in das Krankenhaus eingeliefert, an dem Broca tätig war. Die Infektion war zwar neu, aber der Patient litt schon seit vielen Jahren an einem Sprachverlust und einer halbseitigen Körperlähmung (*Hemiplegie*). Nach der Versammlung trat Broca an Auburtin heran und schlug ihm vor, diesen Patienten gemeinsam zu untersuchen.

Der Mann starb wenige Tage nach der Untersuchung, und Broca konnte eine Autopsie vornehmen. Dabei zeigte das Gehirn ganz deutlich eine krankhafte Veränderung beziehungsweise *Läsion* in einem Bereich des linken Frontallappens. Broca brachte das Gehirn zur nächsten Tagung der Gesellschaft mit und trug seinen Befund vor. Aber niemand schien großes Interesse daran zu zeigen.

Wenige Monate später stand Broca erneut vor der Gesellschaft für Anthropologie und berichtete von einer ähnlichen Läsion, die er bei der Autopsie eines weiteren Patienten mit Sprachverlust entdeckt hatte. Es ist nicht ganz klar, welche Veränderungen inzwischen in den Köpfen der Mitglieder der Gesellschaft vorgegangen waren, aber auf jeden Fall erregte Brocas Bericht diesmal großes Aufsehen und führte zu hitzigen Debatten und kontroversen Auseinandersetzungen. Broca fand sich auf einmal als Hauptexponent der Lokalisationslehre wieder.

Seine neuen Befunde überzeugten allerdings nicht jeden. Insbesondere die harten Kritiker der Lokalisationslehre griffen ihn direkt an. Wenn Sprache in den Frontallappen lokalisiert sei, so argumentierten sie, weshalb können dann Affen, die doch einen sehr ausgeprägten Frontallappen besitzen, nicht sprechen? Und wie waren jene Fälle zu erklären, in denen umfangreiche Schäden des Frontalhirns eben nicht zu Verlusten der Sprache führten?

Auch die Terminologie Brocas wurde angegiffen. Er hatte sorgfältig zwischen zwei Formen des Sprachverlustes unterschieden: zwischen dem Verlust der Sprechfähigkeit, der auf eine Lähmung der zur Sprache benötigten Muskeln zurückzuführen ist, und dem Sprachverlust, den er bei seinen Patienten beobachtet hatte und den er als *Aphemie* bezeichnete. Einer der Kritiker, Armand Trousseau, hielt den Begriff Aphemie in diesem Zusammenhang für unangebracht, weil er sich von einem griechischen Wort ableite, das soviel wie „verrufen" oder „entehrend" bedeute. Er schlug statt dessen die Bezeichnung *Aphasie* vor. Obwohl Broca seine Wortwahl beredt verteidigte, begann sich die Trousseausche Terminologie durchzusetzen und wird auch heute noch verwendet.

Broca nahm nur widerwillig an den Auseinandersetzungen teil, die durch seine Befunde in Gang gekommen waren. Er hat später dargelegt, daß seine beiden Berichte vor der Gesellschaft für Anthropologie nur Versuche waren, auf eine eigenartige Tatsache hinzuweisen, die er zufällig entdeckt hatte, und daß er keineswegs in eine Debatte über die Lokalisation der Sprache ver-

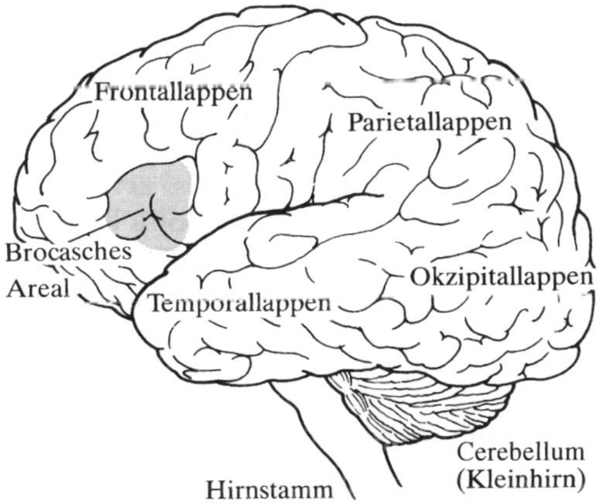

1.3 Die Lokalisation des Brocaschen Areals in der linken Großhirnhemisphäre.

wickelt werden wollte. Dennoch blieb Broca eine zentrale Figur in der Diskussion über dieses Thema. Er untersuchte mehrere weitere Fälle und konnte den Bereich des Gehirns, der bei Sprachverlusten betroffen war, weiter eingrenzen. Dieses Gebiet, das seither als *Brocasches Areal* oder *Brocasche Sprachregion* bezeichnet wird, ist in Abbildung 1.3 hervorgehoben. Das Bild zeigt außerdem die vier Lappen des Großhirns: Frontal-, Parietal-, Okzipital- und Temporallappen (Stirn-, Scheitel-, Hinterhaupts- und Schläfenlappen).

Die Rolle der linken Hemisphäre wird erkannt

Obwohl in den beiden zuerst untersuchten Fällen jeweils eine Läsion des Frontallappens der linken Hemisphäre vorlag, scheint Broca nicht sofort einen Zusammenhang zwischen dem Sprachverlust und der *Seite* der Läsion erkannt zu haben. Zwei Jahre lang nahm er zu den Übereinstimmungen keine Stellung. Bei der Vorstellung weiterer Fälle mit linksseitigen Läsionen bemerkte er: »Hier sind acht Fälle, bei denen die Läsion sich im hinteren Teil der dritten frontalen Hirnwindung befindet, und das Besondere daran ist, daß sich die Läsion bei allen Patienten auf der linken Seite befindet. Ich versuche vorerst nicht, daraus Schlüsse zu ziehen, und warte neue Befunde ab.«[7]

Ein Jahr später (1864) jedoch war Broca dann von der Bedeutung der linken Hemisphäre für die Sprache überzeugt:

»Schon bei meinen ersten Aphemikern war mir die Tatsache aufgefallen, daß die Läsion nicht nur immer im gleichen Bereich des Gehirns, sondern auch immer auf der gleichen Seiten – der linken – lag. Seitdem war bei allen Autopsien die Läsion stets linksseitig. Es wurden auch viele lebende Aphemiker beobachtet; die meisten waren hemiplegisch, und zwar immer hemiplegisch auf der rechten Seite. Außerdem hat man bei Autopsien rechtsseitige Läsionen bei Patienten gefunden, die keine Aphemie gezeigt hatten. All dies deutet darauf hin, daß die Fähigkeit der sprachlichen Artikulation in der linken Hemisphäre lokalisiert ist oder daß sie zumindest hauptsächlich auf diese Hemisphäre angewiesen ist.«[8]

Aufgrund dieser bedeutsamen Einsicht wurde Broca in eine weitere Kontroverse verwickelt. Diesmal ging es um die Priorität bezüglich der Entdeckung jener grundlegenden Gehirnasymmetrie. Kurz nachdem der Arzt Gustav Dax, Sohn des Marc Dax, von Brocas Arbeiten gehört hatte, schrieb er einen Brief an die medizinische Fachpresse und behauptete, Broca habe die frühere Arbeit seines Vaters absichtlich übergangen, in der gezeigt worden war, daß Läsionen, die die Sprache beeinträchtigen, immer auf der linken Seite des Gehirns zu finden sind. Broca verwahrte sich gegen diese Anschuldigung, indem er darauf hinwies, daß er niemals von Dax und seiner Arbeit gehört habe und daß es auch keinen Hinweis auf den entsprechenden Vortrag im Jahre 1836 gebe. (Wissenschaftshistoriker sind sich nicht einig darüber, ob Broca von der Arbeit von Marc Dax wußte, als er seine eigenen Berichte veröffentlichte.) Inzwischen hatte Gustav Dax das Manuskript seines Vaters gefunden und publiziert, um die Priorität seines Vaters zu sichern.

Letztendlich präsentierte Broca jedoch sehr viel überzeugendere Argumente für einen Zusammenhang zwischen Aphasie und Schäden der linken Hemisphäre als Dax. Bei dessen Fällen war weder die Läsion genau lokalisiert, noch gab es eine vollständige klinische Fallbeschreibung. Brocas Arbeiten dagegen beinhalteten sowohl ausführliche anatomische Befunde als auch Informationen über die Art der Sprachprobleme seiner Patienten.

Broca beschäftigte sich danach auch mit dem Zusammenhang von Händigkeit und Sprache. Er stellte die Hypothese auf, daß bei Rechtshändern sowohl die Sprache als auch die manuellen Fähigkeiten der angeborenen Überlegenheit der linken Gehirnhälfte zuzuschreiben seien. »Man kann sich vorstellen«, spekulierte er, »daß bei einer gewissen Anzahl von Individuen eine natürliche Vorherrschaft der Windungen der rechten Hemisphäre zur Umkehrung des Phänomens führt, das ich soeben beschrieben habe.«[9] Bei diesen Individuen handelt es sich natürlich um Linkshänder. Die „Brocasche Regel", nach der diejenige Hemisphäre, die die Sprache kontrolliert, jeweils der bevorzugten Hand gegenüberliegt, ist bis weit in das 20. Jahrhundert hinein von Einfluß gewesen.

Broca darf also mit Recht als derjenige gelten, der die Aufmerksamkeit der medizinischen Welt auf die Asymmetrie des menschlichen Gehirns bezüglich der Sprache gelenkt hat. Er war auch der erste, der eine Beziehung zwischen dieser Asymmetrie und der Bevorzugung einer Hand herstellte.

Das Konzept der zerebralen Dominanz

In den zehn Jahren nach der Veröffentlichung von Brocas ersten Beobachtungen entwickelte sich ein Konzept, das wir heute als *zerebrale Dominanz* bezeichnen, zur führenden Betrachtungsweise über die Beziehung zwischen den beiden Hemisphären des Gehirns. Im Jahre 1864 schrieb der bedeutende britische Neurologe John Hughlings Jackson: »Vor nicht allzu langer Zeit gingen die meisten noch davon aus, daß das Gehirn sowohl doppelt in seiner Funktion als auch von der Substanz her bilateral identisch sei; aber jetzt, wo die Untersuchungen von Dax, Broca und anderen gezeigt haben, daß eine Schädigung einer der seitlichen Hälften des Gehirns einen Menschen vollkommen sprachlos machen kann, ist die bisherige Ansicht widerlegt.«[10]

Im Jahre 1868 beschrieb Jackson sein Konzept von der „führenden" Hemisphäre – eine Vorstellung, die als Vorläufer der Idee von der zerebralen Dominanz angesehen werden kann. »Die beiden Gehirne können nicht nur bloße Duplikate sein«, schrieb er, »wenn die Schädigung nur einer der beiden einen Menschen sprachlos werden läßt. Für diese Prozesse [der Sprache], von denen keine höheren existieren, muß es gewiß eine Seite geben, die führt.« Jackson folgerte weiter, »daß bei den meisten Menschen die linke Seite des Gehirns die führende Seite ist – die Seite des sogenannten Willens – und die rechte Seite die automatische«.[11]

Bis 1870 wurde auch anderen Untersuchern bewußt, daß verschiedene Formen von Sprachstörungen auf einer Schädigung der linken Hemisphäre beruhen konnten. In den frühen Arbeiten, die sich auf das Problem der gestörten

Sprachproduktion konzentriert hatten, war übersehen worden, daß viele Patienten auch Schwierigkeiten im *Sprachverständnis* aufwiesen. Das Verdienst, gezeigt zu haben, daß eine Schädigung des hinteren Teiles des Temporallappens der linken Hemisphäre zu Sprachverständnisproblemen führt, wird dem deutschen Neurologen Karl Wernicke zugeschrieben.

In ähnlicher Weise ließen sich Lese- und Schreibschwierigkeiten, die man bei einigen Patienten entdeckte, auf Schäden der linken Hemisphäre, nicht jedoch solche der rechten Hemisphäre, zurückführen. Bis zum Ende des 19. Jahrhunderts zeichnete sich immer deutlicher das Bild ab, daß die linke Gehirnhälfte nicht nur für das Sprechen, sondern für Sprachfunktionen allgemein von großer Wichtigkeit ist. Außerdem war klar geworden, daß unterschiedliche sprachliche Probleme mit der Schädigung verschiedener Gebiete der linken Hemisphäre einhergingen.

Weitere Hinweise dafür, daß die linke Hemisphäre Funktionen besitzt, an denen die rechte nicht beteiligt ist, ergaben sich aus den Arbeiten von Hugo Liepmann über die *Apraxie.** Unter Apraxie versteht man allgemein die Unfähigkeit, sinnvolle Bewegungen auf Aufforderung auszuführen. Ein apraktischer Patient mag beispielsweise zur normalen Schlafenszeit keinerlei Schwierigkeiten haben, seine Zähne zu putzen, aber er kann die gleichen Bewegungen nicht ausführen, wenn er in einem andersartigen Rahmen aufgefordert wird, so zu tun, als putze er sich die Zähne.

Liepmann konnte zeigen, daß diese Defizite mit Schäden der linken Hemisphäre zu tun hatten, obwohl die Patienten im allgemeinen durchaus nicht unfähig waren, Sprache zu verstehen. Er schloß daraus, daß die linke Hemisphäre zusätzlich zur Sprache auch „zweckmäßige" Bewegungen kontrolliere, daß aber in beiden Fällen unterschiedliche Bereiche beteiligt seien.

Insgesamt legten diese Befunde den Grundstein für eine weitverbreitete Ansicht über die Beziehung zwischen den beiden Hemisphären: Eine Gehirnhälfte – bei Rechtshändern gewöhnlich die linke – wurde bezüglich der Sprache und anderer höherer Funktionen als die bestimmende und dirigierende angesehen; die rechte, „unbedeutendere" (englisch *minor*) Hemisphäre sollte keine speziellen Funktionen haben und der Kontrolle durch die dominante linke untergeordnet sein. Die Bezeichnung „zerebrale Dominanz", deren exakter Ursprung unklar ist, gibt die Idee von einer Gehirnhälfte, die das Verhalten bestimmt, sehr gut wieder. Obwohl dieses Konzept die Rolle der rechten Hemisphäre unterschätzt, wird der Begriff auch heute noch häufig verwendet.

Das rechte Gehirn: Die vernachlässigte Hemisphäre

Fast zur gleichen Zeit, als das Konzept der zerebralen Dominanz populär wurde, ergaben sich Hinweise darauf, daß die rechte, „unbedeutendere" Hemisphäre doch über spezielle Fähigkeiten verfügt. John Hughlings Jacksons

* Die Apraxie und andere klinische Funktionsstörungen, die in diesem Kapitel erwähnt sind, werden in Kapitel 6 eingehender besprochen.

Idee von der „führenden“ linken Hemisphäre war der intellektuelle Vorläufer der Dominanzvorstellung. Interessanterweise gehörte Jackson auch zu den ersten, die eine extrem einseitige Sicht der Lokalisation von mentalen Funktionen im Gehirn für falsch hielten. »Wenn es sich also«, schrieb er 1865, »aufgrund weiterer Erfahrung zeigen sollte, daß die Fähigkeit des Ausdrucks in einer Hemisphäre lokalisiert ist, wäre es durchaus nicht absurd, die Frage zu stellen, ob nicht die Wahrnehmung – das entsprechende Gegenstück – in der anderen lokalisiert sein könnte.«[12]

Diese Spekulation nahm eine konkretere Form an, als Jackson elf Jahre später behauptete, daß der hintere Bereich des Gehirns der Sitz der visuellen Vorstellung sowie des bildlichen Denkens sei und daß dabei »der rechte Hinterhauptslappen die führende Seite ist, die linke die automatische«.[13] Jacksons Annahme beruhte auf seinen Beobachtungen an einem Patienten mit einem Tumor in der rechten Hemisphäre, der Schwierigkeiten hatte, Objekte, Personen und Plätze zu erkennen.

Doch genau wie die wichtige Erkenntnis von Marc Dax 40 Jahre zuvor waren auch Jacksons Ideen seiner Zeit zu weit voraus. Obwohl gelegentlich noch ähnliche Berichte erschienen, wurden diese neuen Befunde meistens kaum beachtet. Die Forscher versuchten fast nur, verschiedenste Funktionen in der linken Hemisphäre zu lokalisieren, und ignorierten im Grunde die rechte. Bis etwa 1930 hatten sich dann jedoch ausreichende Hinweise für spezielle Funktionen der rechten Hemisphäre angesammelt, so daß die Wissenschaftler die Funktionen dieser „minderen“ Hälfte des Gehirns neu zu überdenken begannen.

Die visuell-räumlichen Fähigkeiten der rechten Hemisphäre

Ein wichtiger Fortschritt war die Entdeckung von deutlichen und durchgängigen Unterschieden in der Art, wie Patienten mit links- beziehungsweise rechtshemisphärischen Läsionen bei standardisierten psychologischen Tests abschnitten. Die Tests waren ursprünglich entwickelt worden, um normale Personen hinsichtlich ihrer sprachlichen Fähigkeiten, ihrer Wahrnehmung von räumlichen Zusammenhängen sowie ihrer Fertigkeiten bei der Manipulation von Objekten und Mustern zu untersuchen und zu vergleichen.

Der erste großangelegte Versuch, auf diese Weise die Auswirkungen von Hirnschäden zu studieren, umfaßte 200 Patienten und mehr als 40 verschiedene Tests – mit einem Testaufwand von durchschnittlich 19 Stunden pro Patient.[14] Die Ergebnisse dieser und nachfolgender Untersuchungen waren sehr beeindruckend. Man fand heraus, daß eine Schädigung der linken, dominanten Hemisphäre durchgängig zu schlechteren Leistungen in solchen Tests führte, die die verbalen Fähigkeiten betonten. Dieses Ergebnis allein war nicht sonderlich überraschend, doch es zeigte sich außerdem, daß Patienten mit geschädigter rechter Hemisphäre stets bei nichtverbalen Tests schlechter abschnitten; derartige Aufgaben beinhalten die Manipulation von geometrischen Figuren, das Zusammenlegen von Puzzles, die Ergänzung fehlender Teile in einem Muster oder einer Figur und ähnliche Aufgaben, bei denen es um Formen, Entfernungen und räumliche Zusammenhänge geht. (Zwei solcher visuell-räumlicher Tests zeigt Abbildung 1.4.)

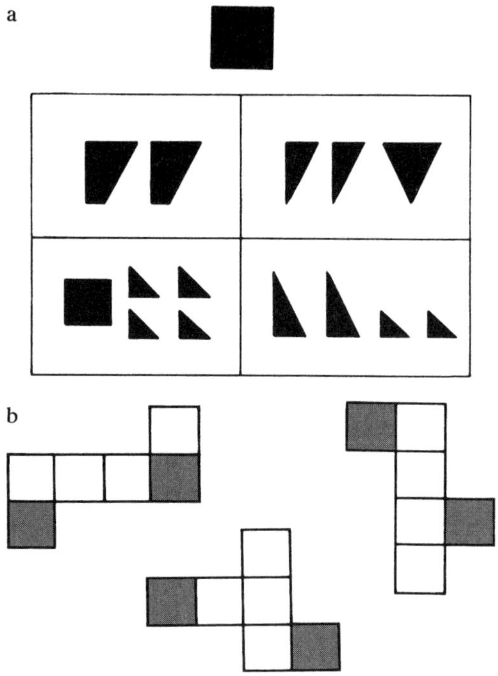

1.4 Visuell-räumliche Aufgaben. a) Mit welcher (welchen) der vier abgebildeten Gruppen von Einzelteilen läßt sich das oben dargestellte Quadrat zusammensetzen? b) Wenn man diese Muster zu Würfeln zusammenfaltet, bei welchem oder welchen stoßen dann zwei dunkle Flächen an der gleichen Kante zusammen?

Die deutlichsten Hinweise für spezielle rechtshemisphärische Funktionen liefert die direkte Beobachtung der Patienten, die häufig schwere Beeinträchtigungen in Orientierungsfähigkeit und Aufmerksamkeit zeigen. Solche Patienten sind manchmal räumlich so desorientiert, daß sie sich nicht einmal in einem Haus zurechtfinden, in dem sie jahrelang gelebt haben. Einige zeigen einen „Halbseitenneglekt" (Hemineglekt), eine Unaufmerksamkeit gegenüber einer Hälfte ihrer räumlichen Umgebung; Objekte auf ihrer linken Seite oder Ereignisse, die links von ihnen stattfinden, nehmen sie nicht wahr.

Auch gewisse *Agnosien* – Beeinträchtigungen im Erkennen und Interpretieren eigentlich vertrauter visueller Informationen – sind mit Schäden der rechten Hemisphäre in Verbindung gebracht worden. Eine räumliche Agnosie zum Beispiel ist eine Desorientiertheit in bezug auf bestimmte Örtlichkeiten und räumliche Beziehungen. Manche rechtshemisphärisch geschädigte Patienten haben Schwierigkeiten, Tiefen und Entfernungen abzuschätzen oder sich im Geiste Landkarten oder Figuren vorzustellen.

Eine der interessantesten Formen der Agnosie ist die *Prosopagnosie,* eine Agnosie für Gesichter. Ein Patient mit einer solchen Beeinträchtigung vermag vertraute Gesichter nicht wiederzuerkennen und manchmal sogar überhaupt nicht zwischen Gesichtern verschiedener Personen zu unterscheiden. Es handelt sich um einen recht spezifischen Ausfall; so ist das Wiedererkennen bestimmter Szenen oder Objekte häufig nicht gestört. Obwohl einige Untersucher bei dieser Störung die besondere Bedeutung von rechtshemisphärischen Läsionen hervorheben, hat man eine Prosopagnosie auch bei Patienten gefunden, bei denen beide Hirnhälften geschädigt waren.[15]

Die Bedeutung der rechten Hemisphäre für musikalische Fähigkeiten

Weitere Hinweise auf eine Spezialisierung der rechten Hemisphäre erwuchsen aus der Beobachtung, daß bei Patienten mit schweren Sprechstörungen die Fähigkeit zu singen häufig nicht beeinträchtigt ist. Eine der frühesten Beschreibungen eines solchen Falles stammt aus dem Jahre 1745:

> »... er erlitt einen Anfall einer schweren Krankheit, die zur Lähmung der gesamten rechten Körperhälfte und zu einem vollständigen Verlust der Sprache führte. Er kann bestimmte Kirchenlieder, die er vor seiner Erkrankung gelernt hat, so klar und deutlich singen wie jede gesunde Person. ... Dennoch ist dieser Mann stumm, kann außer einem einzigen Wort „Ja“ nichts sagen und muß sich mit Handzeichen verständlich machen.«[16]

Bis zum Beginn unseres Jahrhunderts wurden weitere Fälle beschrieben, die die Vermutung stützten, die rechte Hemisphäre kontrolliere das Singen.

Andere Beweise für diese Annahme kamen von klinischen Berichten über Patienten, die nach einer Schädigung der rechten Gehirnhälfte ihre musikalischen Fähigkeiten eingebüßt hatten, ohne daß die Sprachfunktionen gestört waren. Diese Beeinträchtigung, die man als *Amusie* bezeichnet, wurde zumeist bei professionellen Musikern beschrieben, die einen Schlaganfall oder einen andersartigen Hirnschaden erlitten hatten. In den dreißiger Jahren lagen etliche Fallbeschreibungen von Patienten vor, die nach rechtshemisphärischen Schäden auf verschiedene Weise in ihrer Musikalität beeinträchtigt waren. Vergleichbare Störungen nach linkshemisphärischen Läsionen wurden dagegen sehr viel seltener beschrieben. Auch dies deutete darauf hin, daß die rechte Hemisphäre eine entscheidende Rolle für die Musik spielt.[17]

Warum die „Entdeckung“ der rechten Hemisphäre so viel Zeit brauchte

All diese Befunde zeigen, daß die Ansicht von der rechten Hemisphäre als der passiven, untergeordneten Gehirnhälfte unangebracht war. Warum aber erkannten die meisten Wissenschaftler erst 70 Jahre nach Brocas Erkenntnissen über die linke Hemisphäre, daß auch die rechte Hemisphäre wichtige Funktionen ausübt? Es gibt mehrere Gründe für diese Verzögerung.

Zuerst einmal schien es so, als ob die rechte Hemisphäre auch größere Schäden überstehen könnte, ohne daß gravierende Funktionsausfälle auftraten. In bestimmten Bereichen der linken Hemisphäre führten schon kleine Läsionen zu einschneidenden Veränderungen der sprachlichen Fähigkeiten, während vergleichbare Schäden der rechten Hemisphäre keine ernsthaften Beeinträchtigungen hervorriefen. Diese Diskrepanz wurde zunächst als

Anzeichen der weniger wichtigen Rolle der rechten Hemisphäre für das menschliche Verhalten interpretiert. Heutzutage nimmt man dagegen an, daß der Unterschied eher die Besonderheit der Organisation rechtshemisphärischer Prozesse widerspiegelt: In der rechten Gehirnhälfte sind spezielle funktionelle Abläufe über größere Bereiche verteilt, als dies für Funktionen der linken Hemisphäre der Fall ist.[18]

Der Hauptgrund für die späte Anerkennung der Bedeutung rechtshemisphärischer Funktionen liegt aber wahrscheinlich darin, daß die Ausfälle nach rechtshemisphärischen Läsionen nicht so einfach zu analysieren und in das traditionelle Bild der Hirnfunktionen einzufügen sind. Schädigungen der rechten Hemisphäre führen meist nicht zu einer vollständigen Zerstörung wichtiger menschlicher Fähigkeiten; die Veränderungen des Verhaltens sind oft sehr subtil. So lassen sich auch die Probleme, die nach rechtshemisphärischen Verletzungen entstehen, oft nicht so leicht kategorisieren und benennen wie die Störungen durch linkshemisphärische Schäden. Häufig blieben sie gänzlich unentdeckt oder wurden durch offensichtlichere physische Beeinträchtigungen, wie sie bei den meisten Schlaganfallpatienten vorkommen, in den Hintergrund gedrängt.

Man muß sich klarmachen, daß Lähmungserscheinungen meist die größte Beeinträchtigung nach einem Schlaganfall darstellen. Für die Patienten sind diese Lähmungen gewöhnlich die Hauptbeschwerde und das wichtigste Problem. Auch Hirnschäden, die durch einen Unfall oder eine Schußwunde verursacht werden, gehen oft mit Komplikationen einher, die es schwierig machen, die sehr subtilen intellektuellen Veränderungen von den zahlreichen anderen Problemen abzugrenzen.

Trotz dieser gut getarnten Rolle hat die rechte Hemisphäre zweifellos eine große Bedeutung für das menschliche Verhalten. Wir wissen mittlerweile, daß beide Hemisphären – so sehr sie sich in ihren Funktionen und ihrer Organisation unterscheiden – wichtige Beiträge zu komplexen geistigen Vorgängen liefern. Ausgehend von der Vorstellung, daß jede Hemisphäre auf unterschiedliche Funktionen spezialisiert ist, spricht man auch von komplementärer Spezialisierung.*

Händigkeit und Hemisphären

In der Wissenschaft passiert es häufig, daß Ideen gerade dann durch neue Erkenntnisse in Frage gestellt werden, wenn sie sich durchzusetzen beginnen. Wir haben dies bereits bei dem extremen Modell der zerebralen Dominanz

*Anmerkung des Herausgebers: Der Begriff der komplementären Spezialisierung wird in der Neuropsychologie (leider) auch dort verwendet, wo der Zusammenhang zwischen einer rechtshemisphärischen und einer linkshemisphärischen Spezialisierung vollkommen unklar ist. Beispielsweise könnte es sich bei der von Hamilton und Vermeire („Complementary Hemispheric Specialization in Monkeys“, *Science* 242 (1988): 1691–1694) bei Affen beschriebenen besseren Leistung der linken Hemisphäre für die Unterscheidung von Linienorientierungen und der rechten Hemisphäre für Gesichter nicht um sich gegenseitig ergänzende, sondern um zwei unabhängige Spezialisierungen handeln.

gesehen, das durch neue Befunde über die Rolle der rechten Hemisphäre zweifelhaft wurde. In gleicher Weise erwies sich die Brocasche Regel, die Aphasien mit einer Schädigung derjenigen Hemisphäre in Verbindung brachte, die der bevorzugten Hand gegenüberliegt, schon bald nach ihrer Veröffentlichung als zu grobe Vereinfachung.

Für den Zusammenhang zwischen linkshemisphärischer Schädigung und Aphasie bei Rechtshändern paßte die Regel zwar gut. Doch bei Linkshändern schien es zwei Typen zu geben – solche, bei denen die Sprache in der Hemisphäre gegenüber der bevorzugten Hand lokalisiert war (also in der von Broca vorhergesagten rechten Hemisphäre), und solche mit der Sprache in der linken Hemisphäre. Die zweite Gruppe wurde durch Beobachtungen bei Linkshändern entdeckt, die durch Schädigung der linken Hemisphäre aphasisch geworden waren. Diese Fälle – man spricht hier von *gekreuzter Aphasie* – zeigen ziemlich deutlich, daß Linkshändigkeit nicht einfach die Umkehrung von Rechtshändigkeit bedeutet.[19]

Die Beziehung der Händigkeit zur funktionellen Hemisphärenasymmetrie ist eine der wichtigsten noch offenen Fragen der Hirnorganisationsforschung. Wir werden an verschiedenen Stellen des Buches darauf zurückkommen.

Weitere Erkenntnisse aus der Klinik

Um unseren kurzen Abriß über die Beiträge klinischer Befunde zum Verständnis der funktionellen Hemisphärenasymmetrie zu vervollständigen, sollten wir zwei neurochirurgische Verfahren erwähnen, die in den dreißiger und vierziger Jahren dieses Jahrhunderts entwickelt worden sind. Beide sollten den Neurochirurgen helfen, bei Patienten, denen eine operative Epilepsietherapie bevorstand, festzustellen, welche der beiden Hemisphären das Sprechen und die Sprachfunktionen kontrolliert. Darüber hinaus haben diese Verfahren aber auch sehr viel zu unserem allgemeinen Wissen über die funktionelle Hemisphärenasymmetrie beigetragen.

Elektrische Stimulation einer Hemisphäre

Die Epilepsie, eine Erkrankung, die mit einer anomalen elektrischen Aktivität des Gehirns einhergeht, löst Anfälle aus, die von einem kurzen „Blackout“ von vielleicht ein oder zwei Sekunden bis zu schweren allgemeinen Krämpfen, einer sogenannten Grand-mal-Epilepsie, reichen können. Bei einem epileptischen Anfall breitet sich die anomale elektrische Aktivität häufig von einem bestimmten Teil des Gehirns (Focus) über andere Hirnregionen aus.

In den frühen dreißiger Jahren bauten Wilder Penfield und seine Mitarbeiter am Montreal Neurological Institute eine chirurgische Technik zur Entfernung der Gehirnbereiche, in denen die anomale elektrische Aktivität beginnt, zu einer Behandlungsmethode für Epileptiker aus, die auf Medikamente nicht mehr ansprachen. Obwohl sich das Verfahren in vielen Fällen als erfolgreich erwies, zögerten die Chirurgen vor allem dann, wenn sie Hirnsubstanz in der

Nähe jener Bereiche entfernen mußten, die mit der Kontrolle von Sprechen und Sprachfunktionen in Verbindung gebracht wurden. Man mied diese Hirngebiete, weil man nicht die eine Erkrankung (Epilepsie) durch eine andere (Aphasie) ersetzen wollte. Penfield beschreibt die Situation, vor der er und seine Kollegen standen, sehr treffend:

»Vor 25 Jahren fingen wir an, focale Epilepsien durch die radikale Entfernung der anomalen Hirnbereiche zu behandeln. Anfangs lehnten wir es allerdings ab, solche Operationen an der dominanten Hemisphäre durchzuführen, es sei denn, der Focus lag ganz vorne im Frontallappen oder hinten im Okzipitallappen. Wie andere Neurochirurgen auch befürchteten wir durch Entfernung von corticalem Gewebe in anderen Bereichen dieser Hemisphäre eine Aphasie zu produzieren. [Die] Aphasieliteratur gab uns keine Hinweise, was man oder was man nicht ungestraft entfernen durfte.«[20]

Die Chirurgen benötigten also eine Methode, mit der sich diejenigen Bereiche präzise lokalisieren ließen, die bei einem bestimmten Patienten das Sprechen und andere Sprachfunktionen kontrollieren. Um dieser Notwendigkeit nachzukommen, entwickelten Penfield und seine Mitarbeiter ein Verfahren, um mit Hilfe der direkten elektrischen Reizung zum Zeitpunkt der Operation jene Hirnregionen zu „kartieren“.

Die direkte elektrische Stimulation exponierten Gehirngewebes war keine neue Technik. Kurz nach der Jahrhundertwende hatte man festgestellt, daß das Gehirn offensichtlich keine Schmerzrezeptoren besitzt und daß ein Gehirnpatient deshalb bei vollem Bewußtsein operiert werden kann; unter Lokalanästhesie wird ein Stück des Schädels entfernt und dann das Gehirngewebe mit schwächsten Strömen direkt gereizt. Die Stimulationselektrode kann an verschiedenen Stellen angesetzt werden, um unterschiedliche Hirnregionen zu reizen. Solche Untersuchungen hatten ergeben, daß eine elektrische Reizung bestimmter Hirnbereiche beim Patienten Seh-, Hör-, Riech- oder Tastempfindungen auslöste. Die Stimulation anderer Hirngebiete führte zu unwillentlichen Bewegungen, zum Beispiel eines Armes oder eines Beines. Der Hauptbeitrag der Montrealer Gruppe bestand darin, die direkte elektrische Reizung zur Bestimmung jener Gehirnzentren eingesetzt zu haben, die bei einem bestimmten Individuum für Sprechen und Sprachfunktionen verantwortlich sind.*

Während der direkten elektrischen Stimulation zur Identifizierung der Sprachbereiche sind Chirurg und Patient gewöhnlich durch eine Art Zelt aus sterilen Tüchern voneinander getrennt. Eine dritte Person sitzt als Beobachter mit dem Patienten zusammen unter dem Zelt. Solange ein elektrischer Reizstrom in solchen Bereichen des Gehirns anliegt, die normalerweise an der Sprachproduktion beteiligt sind, kann der Patient nicht sprechen. Diese Störung wird als *aphasischer Arrest* bezeichnet.[21]

* Ihre Arbeit hatte außerdem große Bedeutung für die Erforschung der Gedächtnisprozesse im Gehirn, ein Thema, das wir in Kapitel 6 kurz ansprechen werden. Dem interessierten Leser sei das Buch *Speech and Brain Mechanisms* von W. Penfield und L. Roberts empfohlen, ein faszinierender und gut lesbarer Bericht über drei Jahrzehnte Hirnstimulationsforschung am Montreal Neurological Institute.

Die für die Sprache entscheidenden Bereiche lassen sich bestimmen, indem der Beobachter dem Patienten eine Serie von Bildern zeigt, die dieser einzeln beschreiben muß. Der Neurochirurg bewegt gleichzeitig die Elektrode über die Gehirnoberfläche, um Stellen zu finden, an denen die Reizung die sprachliche Benennung stört. Zur Markierung werden kleine, sterile Papierquadrate auf die Gehirnoberfläche aufgelegt, um eine photographische Dokumentation der Stimulationspunkte und die Identifikation dieser Punkte zu ermöglichen. Während der gesamten Prozedur, die etwa 15 Minuten dauert, ist der Patient bei vollem Bewußtsein, allerdings weiß er nicht, wann und wo die Elektrode aufgesetzt wird. In Abbildung 1.5 sind die Punkte der linken Hemisphäre dargestellt, an denen eine Stimulation zu einer Sprachbehinderung führte.

Aphasischer Arrest infolge einer Stimulation bestimmter Gehirnbereiche ist ein sicheres Zeichen dafür, daß das betreffende Gebiet zum Sprachzentrum der sprachlich spezialisierten Gehirnhälfte gehört. Nach Penfield erfolgt niemals ein aphasischer Arrest, wenn Gebiete der auf nichtsprachliche Funktionen spezialisierten Gehirnhälfte stimuliert werden.

Am Montreal Neurological Institute und in anderen Kliniken sind einige hundert Patienten mit der Methode der direkten elektrischen Hirnstimulation untersucht worden. Mit Hilfe der von Penfield entwickelten Technik hat der Neurochirurg George Ojemann in den letzten 15 Jahren ebenfalls eine umfangreiche Untersuchungsreihe durchgeführt. Zusammen mit den schon früher erhobenen Befunden haben sich diese neueren Stimulationsuntersuchungen als sehr wertvoll erwiesen, und zwar sowohl für die Theorie als auch für die Klinik der Lokalisation von Funktionen *innerhalb* einer Hemisphäre.[22]

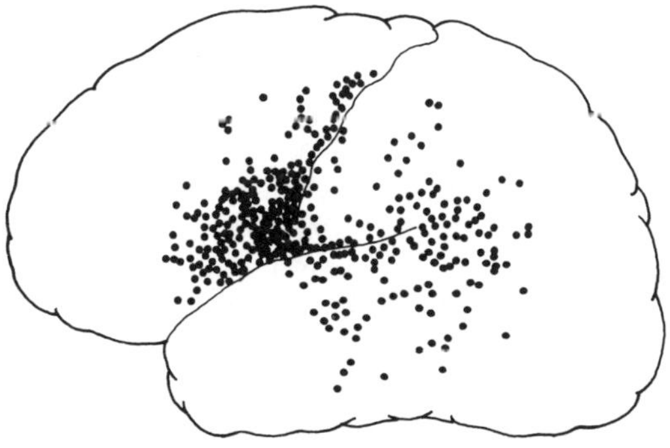

1.5 An den jeweils mit einem schwarzen Punkt markierten Stellen auf der Oberfläche der linken Hemisphäre führte eine elektrische Reizung zur Behinderung des Sprechens. Die Behinderungen umfaßten vollständige Sprachhemmungen, zögernde Sprechweise, undeutliche Aussprache, Wortwiederholungen und Benennungsschwierigkeiten. (Aus W. Penfields und L. Roberts *Speech and Brain Mechanisms* (Princeton: Princeton University Press, 1977), S. 122, Abb. VIII-3, Nachdruck mit Genehmigung von Princeton University Press.)

Der Wada-Test: Die Betäubung einer Hemisphäre

Eine andere Technik, die nach ihrem Erfinder, Juhn Wada, als *Wada-Test* bezeichnet wird, hat sich als besonders aufschlußreich für Zuordnungen von Funktionen *zwischen* beiden Hemisphären erwiesen. Beim Wada-Test wird an den Tagen vor einer Hirnoperation zuerst die eine, dann die andere Hemisphäre zeitweise anästhesiert, so daß der Neurochirurg feststellen kann, welche Seite normalerweise die Sprache kontrolliert.[23] Dazu führt man zunächst eine Kanüle in eine der großen Schlagadern am Hals des Patienten (die rechte oder linke Arteria carotis interna) ein. Durch diese Kanüle kann der Neurochirurg später die Substanz Natriumamobarbital (für die auch die Bezeichnung Natrium-Amytal geläufig ist) oder ein ähnliches Barbiturat injizieren. Jede Karotisarterie versorgt jeweils die auf derselben Seite gelegene Hemisphäre mit Blut; folglich gelangt das in die rechte Karotis gespritzte Natriumamobarbital zur rechten Hemisphäre. Dieses Barbiturat ist chemisch mit bestimmten Schlafmitteln vergleichbar. Durch die besondere Injektionsform wird jedoch beim Wada-Test nur eine Hemisphäre eingeschläfert.

Der Patient, der wach auf dem Rücken liegt, wird kurz vor der Injektion gebeten, wiederholt von 1 bis 20 zu zählen. Außerdem muß er beide Arme nach oben ausstrecken. Dann wird das Barbiturat langsam in die Karotis gespritzt. Innerhalb von Sekunden zeigen sich dramatische Veränderungen.

Zuerst erschlafft der Arm, der der Injektionsseite gegenüberliegt. Da jeweils eine Gehirnhälfte die gegenüberliegende Seite des Körpers kontrolliert, zeigt die Schlaffheit des Armes dem Neurochirurgen, ob das Anästhetikum in die richtige Hemisphäre gelangt und dort wirksam geworden ist. Als zweites hört der Patient zu zählen auf – je nachdem, in welche Hemisphäre das Barbiturat injiziert wurde, nur für ein paar Sekunden oder aber für die Dauer der Wirkung der Substanz. Wenn das Anästhetikum in diejenige Hemisphäre gespritzt wurde, die das Sprechen kontrolliert, so ist der Patient dosisabhängig ungefähr zwei bis fünf Minuten lang sprachlos. Bei Injektionen auf der anderen Seite beginnt er gewöhnlich innerhalb von Sekunden wieder zu zählen und kann dann auch ohne große Schwierigkeiten auf Fragen antworten, obwohl seine andere Gehirnhälfte weiterhin betäubt ist.[24]

Die am häufigsten zitierten Befunde zur Beziehung zwischen Händigkeit und Hirnorganisation beruhen auf Untersuchungen, die mit Hilfe der Natriumamobarbital-Technik durchgeführt wurden. In der größten Studie dieser Art, die 1977 veröffentlicht wurde, zeigte sich, daß bei über 95 Prozent der Rechtshänder, bei denen es keine Hinweise auf eine frühe Hirnschädigung gibt, Sprechen und Sprachfunktionen durch die linke Hemisphäre kontrolliert werden; bei den übrigen wird die Sprache von der rechten Gehirnhälfte gesteuert. Im Gegensatz zur Brocaschen Regel zeigen die meisten Linkshänder ebenfalls linkshemisphärische Sprachfunktionen; allerdings ist der Prozentsatz (ungefähr 70 Prozent) kleiner als bei den Rechtshändern. Bei ungefähr 15 Prozent der Linkshänder liegt die Sprache in der rechten Hemisphäre, und bei weiteren 15 Prozent scheint sie durch beide Hemisphären kontrolliert zu werden (*bilaterale Sprachkontrolle*).[25] Neuere Untersuchungen mit der Wada-Technik deuten aber darauf hin, daß ausschließlich rechtshemisphärische Sprache bei Patienten ohne frühkindliche Hirnschäden sehr viel seltener ist, als ursprünglich berichtet wurde.[26] Was man früher für rechtshemisphärische Sprache gehalten hatte, dürfte in vielen Fällen in Wirklichkeit eine bilaterale (beidseitige) Repräsentation der Sprache gewesen sein.

Die Studie von 1977 berichtet auch vom Einsatz der Wada-Technik bei Patienten, die eine frühkindliche Schädigung der linken Hemisphäre erlitten hatten. Diese Patienten zeigten sehr oft eine rechtshemisphärische oder bilaterale Sprachlokalisation: Etwa 70 Prozent der Linkshänder und ungefähr 19 Prozent der Rechtshänder gehörten zu einer dieser beiden Kategorien. Damit wird die Anpassungsfähigkeit des Gehirns deutlich und gleichzeitig der begrenzte Wert der Händigkeit als alleinigem Indikator einer bestimmten Hirnorganisation, insbesondere bei Linkshändern.

Der Rückschluß von Hirnschäden auf Hirnfunktionen: Der wachsende Einfluß der kognitiven Neuropsychologie

Die klinischen Beobachtungen und neurologischen Techniken, die wir gerade besprochen haben, bilden das Fundament des aktuellen Interesses an der Hemisphärenasymmetrie. In den folgenden Kapiteln werden wir der Frage nachgehen, wie die Forscher auf jenen Beobachtungen und Methoden aufbauten, sie auf verschiedenste und faszinierende Arten und Weisen erweiterten und uns so unser derzeitiges Wissen über die beiden Hemisphären und ihre Funktionen verschafften. Im Zusammenhang mit neuen Befunden und Entwicklungen entstanden auch neue Denkansätze über die Beziehungen zwischen Gehirn und Verhalten. In diesem Abschnitt werden wir besprechen, welche Veränderungen die Ansätze und Vorstellungen im Laufe der Zeit erfahren haben.

Die Beobachtungen, die man über einen Zeitraum von über 100 Jahren an neurologischen Patienten gemacht hat, haben das Gebiet der Neuropsychologie solide etabliert. Diese Disziplin widmet sich der Untersuchung von Störungen der Wahrnehmung, des Gedächtnisses, der Sprache, des Denkens, der Emotionen und des Handelns bei Patienten mit neurologischen Erkrankungen oder Verletzungen. Brocas Behauptung, die Sprache sei in der hinteren Region des linken Frontallappens lokalisiert, wird von manchen als entscheidendes Moment für die Entstehung der Neuropsychologie angesehen. Brocas Hypothese beinhaltete zwei Hauptaussagen: Sprache kann unabhängig von anderen kognitiven Prozessen gestört sein, und Sprache ist in einer spezifischen Region angesiedelt. Beide Aussagen hatten revolutionierende Auswirkungen und lösten jahrzehntelange Forschungsaktivitäten aus, in denen der Zusammenhang zwischen Zerstörung und Erkrankung verschiedener Teile des Gehirns und seinen Folgen untersucht wurde.

Der frühe neuropsychologische Ansatz wird sehr schön durch ein Modell illustriert, das der Neurologe L. Lichtheim 1885 für die Erkennung und Produktion von gesprochenen und geschriebenen Worten vorgeschlagen hatte.[27] Aufgrund von Beobachtungen an einer Reihe von Patienten postulierte Lichtheims Modell fünf unterschiedliche „Zentren", die miteinander verbun-

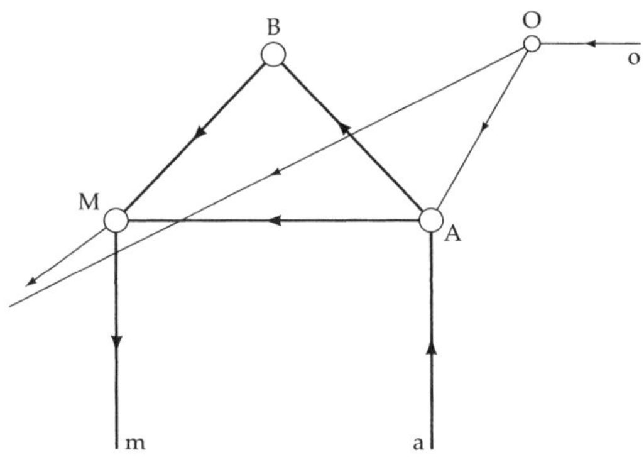

1.6 Lichtheims Schema zur Worterkennung und Wortproduktion.

den sind. Abbildung 1.6 zeigt ein Diagramm, das von diesem Modell abgeleitet und zur Erklärung verschiedener Sprachstörungen herangezogen wurde. So glaubte man, daß eine Person, die Probleme mit der Aussprache von Worten, aber keine sonstigen Sprachprobleme hat, unter einer Schädigung des Zentrums M leidet; hingegen sei bei einem Patienten, der Schwierigkeiten hat, gesprochene Worte zu wiederholen, aber die Worte sowohl versteht als auch aussprechen kann, die Verbindung zwischen A und M gestört.

Dieser neuropsychologische Ansatz, der oft als Diagrammkonstruieren bezeichnet wird, erfreute sich bis in die Anfänge des 20. Jahrhunderts einer gewissen Popularität. Doch verlor das Diagrammkonstruieren mit der Ansammlung weiterer Befunde an Ansehen, da die ursprünglichen Beobachtungen an einzelnen Patienten, die man zur Untermauerung der Diagrammodelle herangezogen hatte, sehr oft enttäuschend schwach und wenig überzeugend waren. An dem Ansatz wurde auch kritisiert, daß die anatomischen Befunde die geforderte genaue Lokalisation von Zentren zur Kontrolle der verschiedenen Funktionen nicht bestätigten.

Obwohl einige Untersucher der Tradition des Lichtheimschen Diagrammkonstruierens verhaftet blieben, setzte sich um 1930 ein anderer neuropsychologischer Ansatz durch. Diese neue Art des Vorgehens stellte den Wert der Analyse und Beschreibung einzelner Fälle, wie sie die Diagrammkonstrukteure vorgenommen hatten, in Frage. Statt dessen wurden die Befunde gruppenweise analysiert. Man ordnete die Patienten aufgrund allgemeiner Hinweise auf den Ort der Hirnschädigung (beispielsweise linker oder rechter Schläfenlappen) bestimmten Gruppen zu. Die Leistungen der Gruppen wurden dann anhand einer Serie von standardisierten, quantifizierbaren Tests verglichen, um zu sehen, ob die Gruppen unterschiedliche Muster zeigten. Auch die Einbeziehung von Kontrollgruppen mit gesunden Versuchspersonen, die man so auswählte, daß sie bezüglich wichtiger Variablen (wie Alter, Geschlecht, Bildungsgrad) mit den Patienten vergleichbar waren (*matched controls*), wurde ein wichtiger Teil neuropsychologischer Untersuchungen.

Obwohl Gruppenstudien im Prinzip einen soliden Ansatz darstellen, bergen sie doch Probleme, die ihren Nutzen einschränken. Da zu erwarten ist, daß die Mitglieder einer Gruppe von Patienten sich beispielsweise bezüglich des Schweregrades ihrer Behinderungen oder bezüglich ihrer Leistungen vor der Hirnschädigung unterscheiden, müssen die Gruppen groß sein, um statistisch signifikante Unterschiede nachweisen zu können. Daher kann es gut zehn Jahre dauern (und dies war in manchen Studien tatsächlich der Fall), bis man alle Befunden zusammen hat, um solche Untersuchungen zum Abschluß zu bringen. Des weiteren werden interessanterweise – und das ist natürlich potentiell von großer Bedeutung – Unterschiede zwischen einzelnen Personen verwischt und gehen dann in der Analyse verloren. Solche Unterschiede zwischen Individuen werden dadurch verdeckt, daß Gruppenstudien auf der Mittelung über eine große Anzahl von Patienten beruhen.

Mitte der sechziger Jahre entwickelte sich dann ein weiterer neuropsychologischer Ansatz, der das Arbeitsgebiet tiefgreifend verändern sollte. Dem verstorbenen Neurologen Norman Geschwind, dessen Arbeiten in vielen der folgenden Kapitel eine wichtige Rolle spielen, wird oft das Verdienst zuerkannt, diese Umwälzung in Gang gesetzt zu haben.[28] Geschwind wurde durch seine eigenen Forschungen dazu gebracht, den Wert des Diagrammkonstruierens und der Einzelfallanalyse neu zu überdenken und anzuerkennen, und rief seine Kolleginnen und Kollegen auf, ihre Einschätzung dieses Ansatzes ebenfalls zu überprüfen.[29] Zur gleichen Zeit begann sich die kognitive Psychologie auf einer sicheren Grundlage zu etablieren. Diese konzentriert sich auf Theorien und Modelle normaler kognitiver Funktionen. Die Zugangsweise der kognitiven Psychologie wurde von Geschwind und anderen Neurologen und Neuropsychologen enthusiastisch aufgegriffen, da man sich von ihr ein bessere Verständnis der höheren geistigen Funktionen des gesunden wie auch des durch Krankheit oder Verletzung geschädigten Gehirns versprach. Aus der Verbindung von kognitiver Psychologie und dem erneuten Interesse an Einzelfallstudien in der Neuropsychologie entstand die Disziplin, die man heute als kognitive Neuropsychologie bezeichnet.

Kognitive Neuropsychologie

In der kognitiven Neuropsychologie werden die grundlegenden Mechanismen der psychologischen Prozesse, auf denen unser geistiges Leben beruht – also Denken, Lesen, Sprechen, Erkennen, Erinnern –, anhand der Auswirkungen von Hirnschädigungen untersucht. Wichtigstes Ziel ist es, die Muster der kognitiven Leistungen von hirngeschädigten Patienten mit den psychischen Vorgängen in Verbindung zu bringen, die für die normalen kognitiven Funktionen notwendig sind. Ein weiteres Ziel besteht darin, aus den Auswirkungen, die sich nach Hirnschädigungen beobachten lassen, nun auch Schlüsse bezüglich der normalen kognitiven Prozesse zu ziehen.[30] Die kognitiven Neuropsychologen versuchen somit nicht nur zu erklären, wie Hirnschädigungen normale Funktionen beeinträchtigen, sondern sie erhoffen sich auch eine Erweiterung unseres Wissens darüber, wie das normale Gehirn und unser Geist organisiert sind, indem sie die Behinderungen untersuchen, die nach Schädigungen des Gehirns auftreten.

Der Unterschied zwischen dem traditionellen neuropsychologischen Zugang und dem des neueren Ansatzes der kognitiven Neuropsychologie tritt in der Beschreibung des folgenden Patienten sehr schön zutage; dieser Patient konnte sich nach einer Hirnverletzung an viele der Worte, die seit langem Teil seines Vokabulars waren, nicht mehr erinnern, beziehungsweise, er konnte sie nicht mehr „finden". Dies wird als *Anomie* bezeichnet. Ist es nun besser zu sagen, „er ist anomisch, weil seine linke Hemisphäre geschädigt ist", fragt der Neuropsychologe Andrew Ellis[31], oder „er ist anomisch, weil derjenige psychische Prozeß geschädigt ist, der das Auffinden von zu sprechenden Worten vermittelt"? Wir werden uns mit beiden Ansätzen beschäftigen. Unser Interesse an der linken und der rechten Gehirnhälfte bedeutet, dem „Wo" Aufmerksamkeit zu widmen; die Beschäftigung mit den Funktionen und Prozessen insgesamt führt hingegen zu den noch tiefer gehenden Fragen nach dem „Wie" und „Warum".

Die Logik von Assoziationen und Dissoziationen

Das Konzept der Dissoziationen ist von zentraler Bedeutung für die Logik, aufgrund derer Beziehungen zwischen normalen Funktionen und den Folgen von Hirnschädigungen hergestellt werden. Von einer Dissoziation spricht man, wenn ein Patient in einer Aufgabe (zum Beispiel Lesen) sehr schlecht ist, aber bei einer anderen Aufgabe (zum Beispiel dem Erkennen von Gesichtern) normale oder zumindest bessere Leistungen erbringt. Wir könnten argumentieren, daß in beiden Fällen jeweils unterschiedliche kognitive Prozesse beteiligt sind. Genausogut möglich wäre aber auch eine andere Erklärung: Vielleicht sind dieselben kognitiven Prozesse an der Bearbeitung beider Aufgaben beteiligt, nur daß das Lesen womöglich schwieriger als das Erkennen von Gesichtern ist. Wenn das so wäre, würden wir unterschiedliche Leistungen aufgrund verschiedener Schwierigkeitsgrade und nicht aufgrund verschiedener kognitiver Prozesse beobachten.

Dieses Problem der Logik läßt sich lösen, wenn man Patienten findet, die das umgekehrte Symptommuster zeigen, also beispielsweise größere Beeinträchtigungen beim Gesichtererkennen und normale Leistungen beim Lesen aufweisen. Ein solcher Nachweis wird als *doppelte Dissoziation* bezeichnet und stellt einen weitaus überzeugenderen Beleg für die Existenz von separaten Prozessen in den jeweiligen Aufgaben dar.

In anderen Fällen kann die Behinderung bei einer Aufgabe mit einer Beeinträchtigung bei einer zweiten Aufgabe einhergehen. Eine einleuchtende Erklärung einer solchen Beobachtung wäre, daß den Lösungen beider Aufgaben ein gemeinsamer Prozeß zugrunde liegt, der durch die Hirnschädigung zerstört wurde. Es ist jedoch auch möglich, daß verschiedene Prozeßgruppen beteiligt sind, jeweils eine für jede der Aufgaben, und daß diese Prozesse von Hirnarealen ausgeführt werden, die so nahe beeinanderliegen, daß sie alle von einer Läsion beeinträchtigt werden. Eine solche Assoziation wäre zwar von neurologischer Bedeutung, aus der Sicht eines kognitiven Neuropsychologen jedoch von geringerem Interesse.

Das Konzept der Modularität

Die Vorbehalte, die gegenüber der Möglichkeit bestehen, Schlüsse aus Assoziationen und Dissoziationen zu ziehen, ergeben sich aus einer Vorstellung der Geist-Gehirn-Organisation, die von einer großen Anzahl teilweise unabhängiger kognitiver Prozesse (sogenannter Module) ausgeht, die auch unabhängig voneinander beschädigt sein können. Das geistige Leben besteht nach der Modularitätshypothese aus der koordinierten Aktivität vieler verschiedener Module, von denen jedes seine eigenen Prozesse beinhaltet, die unabhängig von denen in den anderen Modulen ablaufen.

Aufgrund von Computersimulationen komplexer menschlicher Fertigkeiten folgerte der inzwischen verstorbene David Marr, daß sich komplexe Systeme, seien es nun Gehirne oder Maschinen, in Richtung einer modulären Organisation entwickeln. Damit ergäben sich größere Möglichkeiten für Verbesserungen, und es sei leichter, Fehler zu entdecken und zu verbessern. Zur Unterstützung seiner Idee führte er aus:

»Jede umfangreiche Berechnung sollte aufgeteilt und durch eine Anzahl von kleinen Untereinheiten ausgeführt werden, die ihrerseits, soweit dies die Gesamtaufgabe erlaubt, unabhängig voneinander sind. Wenn ein Prozeß nicht in einer solchen Art und Weise aufgebaut ist, können geringfügige Veränderungen an einer Stelle Auswirkungen an vielen anderen Orten haben. Das hat dann zur Folge, daß es extrem schwierig wird, den Prozeß als Ganzes von Fehlern zu befreien oder zu verbessern. Dies gilt sowohl für von Menschen entwickelte Prozesse als auch für solche, die im Laufe der natürlichen Evolution entstehen. Denn jedes Mal müssen geringe Veränderungen zur Verbesserung eines Teiles viele gleichzeitige, kompensierende Veränderungen in anderen Bereichen nach sich ziehen.«[32]

Modularität ist eines der wichtigsten Grundkonzepte der kognitiven Neuropsychologie, obwohl sie direkt weder bewiesen noch widerlegt werden kann. Einige andere Annahmen sind ebenfalls Teil des kognitionspsychologischen Ansatzes. Wir werden sie in Kapitel 6 noch näher diskutieren. Für den Augenblick mag es genügen, sich zu vergegenwärtigen, daß diese Annahmen die Grundlage für die Vorstellung bilden, eine sorgfältige Analyse der Profile von intakten und eingeschränkten Leistungen sowie der Fehlermuster, die Patienten nach Hirnschädigungen zeigen, ermögliche gültige Rückschlüsse auf Aufbau und normale Funktionen der Verarbeitungsprozesse. Mit anderen Worten, das Leistungsmuster eines Patienten gibt Hinweise auf die Art der zugrundeliegenden Störung. Und dies wiederum bringt uns ein besseres Verständnis der normalen zerebralen Organisation.

Aber es gibt auch Schwierigkeiten, die eine Interpretation des Symptomprofils, das ein Patient zeigt, erschweren. Dazu gehören individuelle Unterschiede in den Leistungen und in möglichen Kompensationseffekten des Gehirns als Reaktion auf die Schädigung sowie die Tatsache, daß die meisten Verletzungen ziemlich ausgedehnte Schäden hervorrufen und somit wahrscheinlich viele Prozesse beziehungsweise Module in Mitleidenschaft ziehen. Diese Konfusion stiftenden Faktoren sind seit vielen Jahren als Probleme der

Neuropsychologie bekannt, und sie machen es durchweg schwierig, von Hirnschäden auf Hirnfunktionen zu schließen.

Das Kernproblem liegt darin, daß es keinen einfachen Weg gibt, die Funktion eines zerstörten Gehirngewebeteiles direkt mit der Beeinträchtigung in Verbindung zu bringen, die der Patient als Folge dieser Schädigung aufweist. Zunächst nahm man an, daß alles, was ein Patient nicht mehr konnte, vorher von dem nun geschädigten Teil des Gehirns kontrolliert worden war. Wenn also eine Person eine Hirnverletzung hatte und nicht mehr sehen konnte, dann ging man davon aus, daß im normalen Zustand das geschädigte Hirngebiet das Sehen steuert. Wenn jemand in einem anderen Bereich des Gehirns verletzt war und Gesprochenes nicht mehr verstand, hielt man dieses Gebiet für das Sprachverständnis für verantwortlich.

Dieser Ansatz hat sich als viel zu vereinfachend herausgestell. Die meisten Prozesse, die wir schlicht als visuelle Wahrnehmung, als Sprachproduktion, als willentliche Bewegung oder Gedächtnis bezeichnen, beruhen in Wirklichkeit auf hochkomplexen zerebralen Wechselwirkungen. Je nachdem, welche Funktion wir untersuchen, wie genau wir sie definieren und wie gut wir in der Lage sind, unsere Tests auf ein bestimmtes Ziel hin zu präzisieren, werden wir einmal feststellen, daß die Funktionen über weite Teile des Gehirns verteilt sind, und ein andermal, daß sie auf einen engen Bereich beschränkt zu sein scheinen. Fast jede begrenzte Läsion im Gehirn wird mit großer Wahrscheinlichkeit eine Stufe oder eine Teilphase irgendeines Prozesses behindern, wenn auch nicht immer den Prozeß als Ganzes. Außerdem ist anzunehmen, daß meist nicht bloß ein einziger, sondern eher mehrere verschiedene Prozesse teilweise beeinträchtigt werden. Es ist in der Tat nicht außergewöhnlich, daß durch eine Beschädigung eines kleinen Hirnbereichs eine ganze Reihe von Funktionen ausfallen.

Die Ableitung von Hirnfunktionen aus klinischen Befunden ist auch deshalb problematisch, weil das Gehirn nach einer Schädigung versucht, seine Funktionen der neuen Situation so weit wie möglich anzupassen. Wir können also nicht davon ausgehen, daß die unverletzt gebliebenen Teile eines geschädigten Gehirns genauso funktionieren wie in einem normalen Gehirn. Es ist sicher nicht so, daß einfach ein Teil fehlt, während der Rest weiterarbeitet wie bisher. In vielen Fällen kommt es nach einer Hirnschädigung zu einer langsamen Erholung – manchmal sogar einer eindrucksvollen Wiederherstellung – der Funktionen. Dies kann auf Veränderungen in unbeschädigt gebliebenen Gehirnteilen zurückzuführen sein und zeugt von der großartigen Anpassungsfähigkeit des Gehirns. Aber so faszinierend und hilfreich diese Plastizität auch ist, sie macht es all jenen schwer, die aus klinischen Befunden etwas über Hirnfunktionen ableiten wollen.

Diese Probleme sind durch die Annahmen der modernen kognitiven Neuropsychologie nicht beseitigt worden, doch erscheinen sie hier in einem etwas anderen Licht. Anpassungen und Kompensationen des Gehirns als Reaktion auf eine Schädigung werden als wichtige Faktoren anerkannt. Aber sie werden ausschließlich als Ergebnis von Veränderungen in den Funktionsabläufen unbeschädigter Module gesehen und nicht als Folge von neu geschaffenen Modulen. Diese Vorstellung erlaubt es den Untersuchern anzunehmen, daß sich das, was nach der Verletzung zuerst zu fehlen scheint, tatsächlich den Funktionen der beschädigten Module zuschreiben läßt, während später auftretende Veränderungen durch eine Umorganisation der intakten Module erfolgen.

Das Wissen, das wir aufgrund der Auswirkungen von Hirnverletzungen über die Rolle bestimmter Hirnregionen gewinnen, ist äußerst wertvoll, doch vorläufig und am ehesten anwendbar in Verbindung mit Erkenntnissen über Hirnfunktionen, die auf anderen Wegen gewonnen wurden. Neue Ansätze sind nötig, um einerseits die Erfahrungen aus den klinischen Studien bestätigen zu können und andererseits möglichst viel neues Wissen durch solche Techniken zu erwerben, die die normalen Funktionen des Gehirns kaum beeinträchtigen. Wir werden in den nächsten Kapiteln einige dieser Ansätze näher betrachten und dabei auch auf die neurowissenschaftlichen bildgebenden Verfahren eingehen, mit deren Hilfe sich sowohl die Struktur als auch bestimmte funktionelle Aspekte des Gehirns sichtbar machen lassen. Auf die Ergebnisse neuropsychologischer Studien werden wir in den Kapiteln 6 und 7 nochmals zurückkommen. Wir werden dann sehen, wie die verschiedenen Ansätze konvergierende Belege für die Funktionen des linken und des rechten Gehirns sowie beider zusammen liefern.

2. Die operative Trennung der Hemisphären: Split-Brain-Patienten

Im Jahre 1940 wurden in einer wissenschaftlichen Zeitschrift Experimente beschrieben, die klären sollten, wie im Gehirn von Affen epileptische Krampfentladungen von einer Hemisphäre auf die andere übergreifen.[1] Der Autor des Artikels kam zu dem Schluß, daß die Ausbreitung weitgehend oder ausschließlich über den Balken, das *Corpus callosum,* erfolgt; das ist die größte von mehreren *Kommissuren* oder Nervenfaserbahnen, die Regionen der linken Gehirnhälfte mit entsprechenden Gebieten der rechten verbinden. Bereits früher hatten Forscher beobachtet, daß manche Epileptiker nach einer Schädigung des Balkens durch einen Tumor oder eine andere Ursache weniger Anfälle erlitten.[2] Zusammen ebneten diese Befunde den Weg für eine neuartige Behandlung von Epilepsieformen, die auf andere Weise nicht zu beherrschen waren: für die Split-Brain-Operation.

Bei der Split-Brain-Chirurgie oder *Kommissurotomie* werden einige der Nervenfaserbündel, die die beiden Gehirnhälften miteinander verbinden, operativ durchtrennt. Die ersten derartigen Eingriffe zur Linderung von Epilepsien führte man in den frühen vierziger Jahren an über 20 Patienten durch. Erstmals erhielten die Wissenschaftler damit Gelegenheit, die Rolle des Corpus callosum beim Menschen systematisch zu untersuchen.

Der Balken erwies sich jedoch als Rätsel für all jene Forscher, die Funktionen erwartet hatten, welche seiner Größe und seiner strategischen Lage innerhalb des Gehirns entsprachen. Tierversuche zeigten, daß die Folgen einer Split-Brain-Operation bei einem gesunden Organismus minimal sind. So schien sich das Verhalten von Split-Brain-Affen nicht von dem vor der Operation zu unterscheiden. Weil eine Kommissurotomie keinerlei wahrnehmbare Veränderungen nach sich zog, meinten einige Wissenschaftler etwas scherzhaft, die einzige Funktion des Balkens bestehe wohl darin, die beiden Gehirnhälften zusammenzuhalten und so vor dem Auseinandersacken zu bewahren.

Spekulationen über die Folgen einer chirurgischen Teilung des Gehirns gehen bis ins 19. Jahrhundert zurück – zu den Schriften von Gustav Fechner, der vielen als Vater der experimentellen Psychologie gilt. Für Fechner war das Bewußtsein eine Funktion des Nervensystems, und er glaubte, die Unversehrtheit des Gehirns sei eine wesentliche Bedingung für die Einheit des Bewußtseins. Wenn es möglich wäre, einen Menschen der Länge nach zu durchtrennen, dann würde es – so spekulierte er – gewissermaßen zu einer Verdoppelung des menschlichen Wesens kommen: »Unstreitig würden sie [die beiden Hälften des geteilten Menschen] mit gleichem Gemüthszustande, gleichen Anlagen, Kenntnissen, Erinnerungen, gleichem Bewußtsein überhaupt beginnen, nach Maßgabe aber, als sie in verschiedene Verhältnisse kämen, sich verschieden entwickeln.«[3] Fechner hielt es jedoch für unmöglich, daß sich dieses „Gedankenexperiment“ einer Teilung des Menschen verwirklichen ließe.

Fechners Ansichten über das Wesen des Bewußtseins blieben nicht unwidersprochen. William McDougall, Mitbegründer der British Psychological Society, wandte sich vehement gegen die Behauptung, die Einheit des Bewußtseins beruhe auf der Kontinuität des Nervensystems. Er bot sogar an, daß man – sollte er je unheilbar erkranken – sein Corpus callosum durchtrennen dürfe. Offenbar war er fest davon überzeugt, daß seine Persönlichkeit auch dann ungespalten und sein Bewußtsein eine Einheit bliebe.

McDougall erhielt nie Gelegenheit, seine Vorstellung zu überprüfen; die Operation aber, die Fechner für unmöglich hielt, wurde fast ein Jahrhundert später erstmals durchgeführt (wenn auch nicht so radikal). Seit her sind an Split-Brain-Patienten wichtige Erkenntnisse über die Rolle des Corpus callosum gewonnen worden.

Die Durchtrennung von 200 Millionen Nervenfasern und ihre Folgen

Die ersten Split-Brain-Operationen am Menschen

William Van Wagenen, ein Neurochirurg aus Rochester im US-Bundesstaat New York, nahm in den frühen vierziger Jahren unseres Jahrhunderts die ersten Split-Brain-Operationen an Menschen vor. Bei der nachoperativen Untersuchung durch den Psychiater Andrew Akelaitis fanden sich überraschend geringe Defizite in Wahrnehmungsfunktionen und motorischen Fertigkeiten.[4] Die Operation schien das Verhalten im täglichen Leben nicht beeinflußt zu haben. Allerdings trug sie leider bei einigen Patienten offenbar auch wenig dazu bei, den für den Eingriff ausschlaggebenden epileptischen Zustand zu lindern. Die Abschwächung der Krampfanfälle nach der Operation schien von Patient zu Patient stark zu variieren.

Rückblickend läßt sich diese Variabilität wahrscheinlich auf zwei Faktoren zurückführen: a) individuelle Unterschiede in der Art der Epilepsie und b) Abweichungen in den bei den Patienten tatsächlich durchgeführten chirurgischen Eingriffen. Abbildung 2.1 zeigt den Balken und die angrenzenden kleineren Kommissuren. Van Wagenens Operationen variierten zwar beträchtlich, umfaßten aber gewöhnlich einen Schnitt durch die vordere (anteriore) Hälfte des Corpus callosum. Bei zwei Patienten durchtrennte er auch den als *vordere Kommissur* (*Commissura anterior*) bekannten Faserstrang.

Damals war die Bedeutung der gerade erwähnten Faktoren jedoch noch unbekannt, und Van Wagenen stellte die Kommissurotomie als Epilepsietherapie bald ein, weil sie nicht zu den durchschlagenden Erfolgen führte, die er sich erhofft hatte. Trotz dieser enttäuschenden Resultate fuhren andere Forscher fort, die Funktionen des Corpus callosum bei Tieren zu untersuchen. Rund zehn Jahre später, in den frühen fünfziger Jahren, machten

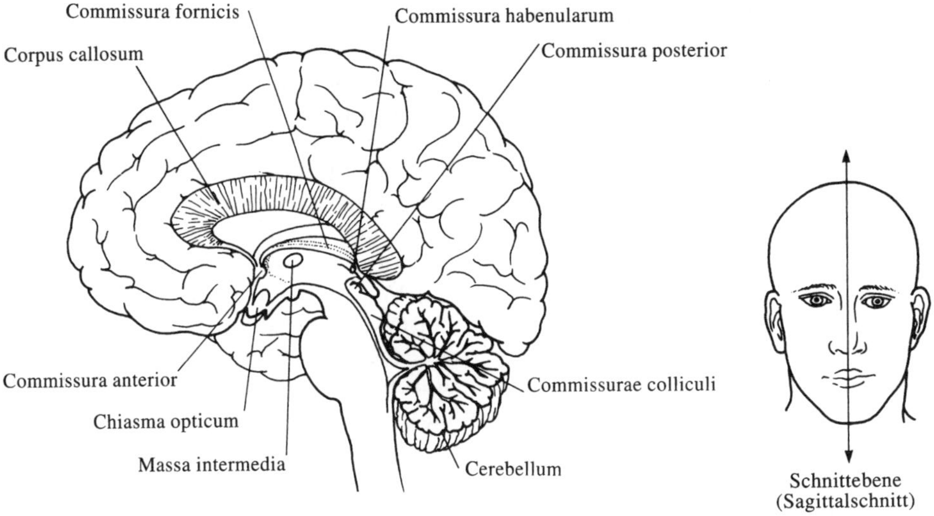

2.1 Die wichtigsten interhemisphärischen Kommissuren in medialer Ansicht der rechten Gehirnhälfte. (Aus R. Sperry, „The Great Cerebral Commissure", *Scientific American*, (1964). Alle Rechte vorbehalten.)

Ronald Myers und Roger Sperry einige bemerkenswerte Entdeckungen, die in den Bemühungen, die Rätsel dieser Gehirnstruktur zu lösen, einen Wendepunkt markierten.

An einer Katze mit durchtrenntem Balken konnten Myers und Sperry zeigen, daß visuelle Information, die der einen Gehirnhälfte zugeleitet wurde, der anderen Hälfte nicht zugänglich war.[5] Bei den meisten höheren Lebewesen ist das visuelle System so organisiert, daß normalerweise jedes Auge mit beiden Hemisphären in Verbindung steht. Durch einen Schnitt an der Kreuzung des Sehnervs, am *Chiasma opticum,* kann der Forscher aber festlegen, wohin jedes Auge seine Informationen sendet. Wird dieser Schnitt genau in der Mitte durchgeführt, übermitteln die verbleibenden Fasern im Sehnerv die Information nur noch in die Hemisphäre auf derselben Seite. Die visuelle Information, die das linke Auge erreicht, gelangt nur in die linke Hemisphäre und die ins rechte Auge projizierte Information nur in die rechte Gehirnhälfte.

Myers führte diese Operation an Katzen durch, die anschließend – mit einem abgedeckten Auge – visuelle Unterscheidungs- oder Diskriminationsaufgaben lernen mußten. Eine solche Diskriminationsaufgabe besteht zum Beispiel darin, daß das Tier einen Hebel niederdrückt, wenn es einen Kreis, nicht aber, wenn es ein Quadrat sieht. Eine normale Katze kann, selbst wenn das gesamte Training mit einem bedeckten Auge durchgeführt wird, diese Aufgabe später mit jedem Auge lösen. Myers fand heraus, daß auch Katzen mit durchtrennter Sehnervenkreuzung die Aufgabe mit einem beliebigen Auge lösen konnten, wenn man sie nach dem Ein-Augen-Training testete.

Als er jedoch zusätzlich zur Sehnervenkreuzung auch das Corpus callosum durchtrennte, änderten sich die Ergebnisse drastisch. Mit einem offenen und einem bedeckten Auge lernte eine solche Katze die jeweilige Aufgabe gut zu bewältigen; wechselte man jedoch die Augenbinde auf das andere Auge, war die Katze nicht mehr imstande, die Aufgabe auszuführen. Vielmehr mußte man sie ihr – mit dem gleichen Zeitaufwand wie beim ersten Mal – erneut beibringen. Myers und Sperry schlossen daraus, daß infolge der Durchtrennung des Balkens Informationen, die in eine Hemisphäre gelangten, der anderen vorenthalten blieben. Die beiden Forscher hatten also nur eine Gehirnhälfte trainiert. Die Zeichnungen der Abbildung 2.2 verdeutlichen schematisch die verschiedenen Versuchsbedingungen.

Diese Befunde sowie einige weitere Untersuchungen brachten die Neurochirurgen Joseph Bogen und Philip Vogel, die im Umfeld des California Institute of Technology in Pasadena arbeiteten, dazu, die Split-Brain-Chirurgie wieder aufzunehmen, um hartnäckige Fälle von Epilepsie bei Menschen zu behandeln. Die beiden Neurochirurgen vermuteten, die früheren Versuche mit menschlichen Patienten seien teilweise deswegen fehlgeschlagen, weil die Trennung der beiden Gehirnhälften nicht vollständig gewesen sei. Auf der Grundlage dieser Überlegungen und ausgehend von neuen Befunden aus der Tierforschung, denen zufolge der Eingriff offenbar keine schlimmen Folgen nach sich zog, begannen Bogen und Vogel, bei einer Reihe von Patienten, die an einer therapieresistenten Epilepsieform litten, eine vollständige Kommissurotomie durchzuführen. (Diese Patienten sind mit der Bezeichnung „kalifornische Gruppe“ belegt worden.)

Die Überlegungen von Bogen und Vogel erwiesen sich als richtig. In einigen Fällen übertraf der medizinische Erfolg der Operation sogar die Erwar-

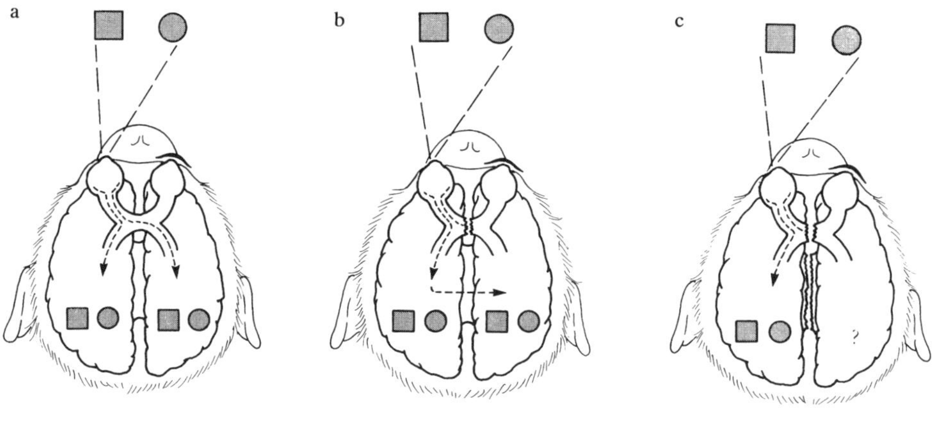

2.2 Split-Brain-Experimente an Katzen. Im normalen gesunden Organismus sehen beide Augen und damit beide Gehirnhemisphären die im Gesichtsfeld dargebotenene Reize. Unter verschiedenen Versuchsbedingungen treten folgende Veränderungen auf: Wenn ein Auge abgedeckt wird, gelangen von dem anderen Auge immer noch Informationen in beide Hemisphären (a). Wird zusätzlich die Sehnervenkreuzung (das Chiasma opticum) durchschnitten, erreicht die visuelle Information über den Balken (Corpus callosum) trotzdem beide Hemisphären (b). Wenn schließlich auch noch das Corpus callosum durchtrennt ist, gelangen visuelle Informationen nur noch in eine Hemisphäre.

tungen. Trotz der deutlichen Beeinflussung der Krampfanfälle schien die Operation weder die Persönlichkeit noch die Intelligenz noch das allgemeine Verhalten der Patienten zu verändern; das hatte ja auch Van Wagenen bei seinen Patienten festgestellt. Dann jedoch wurden im Labor von Roger Sperry am California Institute of Technology umfassendere und raffiniertere Tests durchgeführt, die einen komplexeren Sachverhalt enthüllten; Sperry erhielt dafür 1981 den Nobelpreis für Physiologie oder Medizin.

Die Trennung von Rechts und Links: Tests zur Analyse ihrer Folgen

Vor einem Bildschirm mit einem kleinen schwarzen Punkt in der Mitte sitzt die kalifornische Hausfrau N. G.; die Split-Brain-Patientin wird gebeten, direkt auf den Punkt zu schauen. Sobald der Versuchsleiter sicher ist, daß sie das tut, wird rechts davon ganz kurz das Bild einer Tasse dargeboten. N. G. berichtet, sie habe eine Tasse gesehen. Wieder bittet man sie, den Punkt zu fixieren. Diesmal leuchtet links vom Punkt das Bild eines Löffels auf. Auf die Frage, was sie gesehen hat, antwortet sie: „Nichts." Nun wird sie gebeten, mit der linken Hand unter dem Bildschirm durchzugreifen und nur durch Fühlen unter mehreren Gegenständen denjenigen herauszusuchen, den sie gerade gesehen hat. Mit ihrer linken Hand betastet sie jedes Objekt und hebt dann den Löffel hoch. Wird sie gefragt, was sie hält, antwortet sie: „Einen Stift."

Noch einmal fordert der Versuchsleiter die Patientin auf, den Punkt auf dem Bildschirm zu fixieren. Links davon erscheint dann kurz das Bild einer nackten Frau. N. G. errötet ein wenig und beginnt zu kichern. Man fragt sie, was sie gesehen habe. „Nichts, nur einen Lichtblitz", sagt sie und kichert wieder mit vorgehaltener Hand. „Warum lachen Sie denn?" fragt der Versuchsleiter. „Oh, Doktor, sie haben vielleicht eine Maschine", antwortet sie.

Das soeben beschriebene Verfahren wird häufig bei Untersuchungen von Split-Brain-Patienten angewandt; es ist in Abbildung 2.3 dargestellt. Die Patientin oder der Patient sitzt vor einem sogenannten Tachistoskop, einer Vorrichtung, die dem Untersucher erlaubt, die Dauer, für die ein Bild oder Muster auf einem Bildschirm dargeboten wird, genau zu kontrollieren. Die Darbietungen sind stets kurz, etwa ein oder zwei Zehntelsekunden (100 bis 200 Millisekunden), damit die Versuchsperson keine Zeit hat, die Augen vom Fixationspunkt weg zu bewegen, während sich das Bild noch auf dem Schirm befindet.* Diese Vorgehensweise ist notwendig, um zu gewährleisten, daß die visuelle Information zunächst nur in eine Hemisphäre gelangt. Solche nur in einer Gehirnhälfte dargebotenen Reize nennt man *lateralisiert.*

Das menschliche Nervensystem ist so konstruiert, daß jede Gehirnhälfte Informationen vor allem von der gegenüberliegenden (kontralateralen) Körperhälfte erhält. Diese Kontralateralität gilt prinzipiell für das Sehen

* Die schnellen Augenbewegungen, die auftreten, wenn der Blick sich von einem zum anderen Punkt bewegt, nennt man *sakkadische Augenbewegungen* oder *Sakkaden.* Obwohl sie – wenn sie erst einmal eingesetzt haben – außerordentlich schnell sind, dauert es ungefähr 200 Millisekunden, bis das ruhende Auge damit beginnt. Wird ein Reiz für weniger als 200 Millisekunden dargeboten, ist er bereits verschwunden, bevor überhaupt eine Augenbewegung erfolgen kann.

2.3 Der prinzipielle Aufbau eines Tests zur Lateralisierung von visuellen und taktilen Informationen. Die Versuchsperson hat die Möglichkeit taktiler Reaktionen.

und Hören ebenso wie für Körperbewegungen und Berührungsempfindungen, wenngleich die Situation beim Sehen und Hören etwas komplizierter ist.

Beim Sehen betrifft die Kontralateralitätsregel nämlich die rechte und die linke Seite des Gesichtsfeldes, nicht das rechte und das linke Auge als solche. Wenn beide Augen einen einzelnen Punkt fixieren, werden Reize rechts vom Fixationspunkt in der linken Gehirnhälfte registriert, während die rechte Gehirnhälfte all das verarbeitet, was links vom Fixationspunkt erscheint. Diese Aufspaltung und Kreuzung der visuellen Information ergibt sich aus der Art und Weise, wie die Nervenfasern aus einander entsprechenden Augenbereichen zwischen den Gehirnhemisphären aufgeteilt sind. Abbildung 2.4 zeigt schematisch das visuelle System und die beteiligten Nervenverbindungen.

Wie wir gesehen haben, kann man bei Tieren die visuelle Information in nur eine Hemisphäre leiten, indem man das Chiasma opticum durchschneidet; die übrigbleibenden Fasern im optischen Nerv übertragen dann Informationen jeweils in die Gehirnhälfte, die auf derselben Seite wie das Auge liegt. Somit können die Forscher einen Reiz nur einer Hemisphäre darbie-

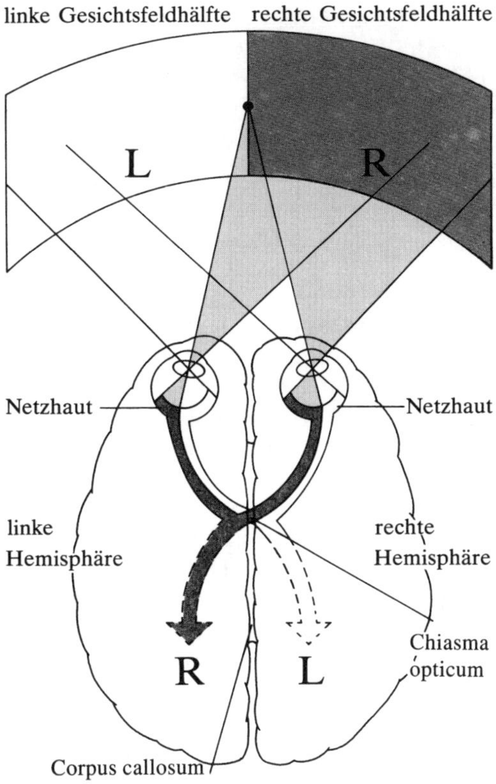

2.4 Schematische Darstellung des Verlaufs von Sehnerven und Sehbahnen zu den Hemisphären. Wenn ein Punkt fixiert wird, sieht jedes Auge beide Gesichtsfeldhälften, sendet aber jeweils Informationen aus der rechten Gesichtsfeldhälfte nur zur linken Hemisphäre und Informationen aus der linken Hälfte nur zur rechten Hemisphäre. Aufspaltung und Kreuzung beruhen darauf, daß die Nervenfasern von den zwei Hälften der Netzhaut (Retina) voneinander getrennt verlaufen. Normalerweise stehen die visuellen Bereiche der rechten und linken Hemisphäre über den Balken (Corpus callosum) in Verbindung. Wird dieser jedoch durchtrennt und eine Bewegung der Augen oder des Kopfes verhindert, sieht jede Hemisphäre nur noch eine Hälfte der visuellen Welt.

ten, indem sie ihn einfach dem entsprechenden Auge präsentieren. Diese Methode wird jedoch nur bei Tieren angewandt, denn die Durchtrennung des optischen Chiasmas beeinträchtigt drastisch die Sicht an der Peripherie und zerstört die binokulare Tiefenwahrnehmung; darüber hinaus ist cin solcher Eingriff im Rahmen von epilepsielindernden Split-Brain-Operationen beim Menschen keineswegs notwendig. Aus diesen Gründen müssen Forscher, die bei einem Split-Brain-Patienten visuelle Information nur in eine Gehirnhälfte übermitteln wollen, anders vorgehen: Sie müssen – wie oben geschildert – die Blickausrichtung (Fixation) des Patienten kontrollieren und die jeweilige Information bloß in einer Gesichtsfeldhälfte darbieten.

Wir wollen nun vor diesem Hintergrund erneut die Tests analysieren, die mit der Patienten N. G. durchgeführt wurden. In jenen Experimenten sah die

Patientin die linke Bildschirmhälfte (alles zur Linken des Fixationspunktes) mit der rechten Gehirnhälfte und alles auf der rechten Seite mit der linken Gehirnhälfte. Die chirurgische Spaltung ihres Gehirns verhinderte den normalen Informationsaustausch zwischen den beiden Seiten, wie er ohne Operation stattgefunden hätte. Tatsächlich war jede Seite ihres Gehirns blind für das, was die andere Hälfte sah – ein Zustand, der insbesondere dadurch deutlich in Erscheinung trat, daß nur eine der beiden Hemisphären die Sprache kontrolliert.

Folglich berichtete die Patientin völlig richtig über jeden Reiz, der in ihre rechte Gesichtsfeldhälfte fiel (und in die verbale linke Hemisphäre projiziert wurde), während sie nicht imstande war, irgend etwas über die in ihrer linken Gesichtsfeldhälfte dargebotenen (und somit in die stumme rechte Gehirnhälfte gelangten) Stimuli zu sagen. Daß sie aber in der linken Gesichtsfeldhälfte etwas „gesehen" hatte, zeigt sich eindeutig darin, daß sie mit der linken Hand (die im wesentlichen durch die rechte Gehirnhälfte kontrolliert wird) aus mehreren für sie nicht sichtbaren Objekten den Löffel auswählen konnte. Auch ihre emotionale Reaktion auf das Nacktphoto spricht dafür, trotz ihrer Beteuerung, nichts gesehen zu haben.[6]

Das Verhalten der Patientin bei der Darbietung dieses Photos ist besonders interessant. Sie schien selbst verwirrt darüber zu sein, wie sie auf das Gezeigte reagierte. Ihre rechte Hemisphäre sah das Bild und verarbeitete es hinlänglich, um eine allgemeine, nichtverbale Reaktion – das Kichern und Erröten – auszulösen. Währenddessen „wußte" die linke Gehirnhälfte nicht, was die rechte gesehen hatte, obwohl der Satz über die komische Maschine des Doktors anzudeuten scheint, daß sie sich der durch die rechte Hemisphäre veranlaßten Körperreaktionen bewußt war. Es ist ganz normal, daß die verbale linke Hemisphäre in Testsituationen versucht, Informationen, die nur der rechten Gehirnhälfte dargeboten werden, zu erraten oder zu interpretieren. Manchmal kommt sie dabei zu irrigen und oft sehr komplizierten rationalen Erklärungen, die auf bestimmten Einzelaspekten des Reizes beruhen.

Alltagsverhalten nach einer Split-Brain-Operation

Natürlich stellt sich die Frage, wie sich die Durchtrennung des Corpus callosum auf das Verhalten von Split-Brain-Patienten im täglichen Leben auswirkt. Sowohl von Betroffenen als auch von Außenstehenden sind einige bizarre Erlebnisse geschildert worden, die in populärwissenschaftlichen Artikeln über die Split-Brain-Forschung häufig aufgegriffen werden. Ein Patient beschrieb beispielsweise, wie seine linke Hand gegen die rechte kämpfte, wenn er am Morgen seine Unterhosen anziehen wollte: Die eine Hand zog sie hoch, die andere hinunter. In einer anderen Situation hatte sich derselbe Patient geärgert und schlug mit der linken Hand nach seiner Frau, während seine rechte Hand die linke aufzuhalten versuchte.[7]

Weil derartige Geschichten so häufig erwähnt werden, könnte man den Eindruck gewinnen, sie gehörten zum Alltag von Split-Brain-Patienten. Tatsächlich aber sind solche Zwischenfälle bei den meisten dieser Personen eher selten. Es gibt jedoch Ausnahmen – wie etwa die Patientin P. O. V., die von Mark Rayport am Ohio Medical College operiert wurde. Diese Frau beschrieb für einen Zeitraum von mindestens drei Jahren nach der Operation häufige Anzeichen eines ausgeprägten interhemisphärischen Konflikts. »Ich öffne die Schranktür. Ich weiß, was ich anziehen will. Während ich mit meiner rechten Hand nach etwas greife, kommt meine linke dazwischen und nimmt etwas anderes. Ich kann es nicht mehr hinlegen, wenn ich es einmal in der linken Hand halte. Ich muß dann meine Tochter rufen.«[8]

Solche Fallbeschreibungen bestätigen die Vorstellung, daß ein großer Teil der Informationen, die über die zerebralen Kommissurenbahnen übertragen werden, inhibitorischer (hemmender) Natur ist. Vermutlich sorgt also die Aktivität in einer Hemisphäre dafür, daß über das Corpus callosum Signale übermittelt werden, die in der anderen Gehirnhälfte bestimmte Prozesse oder Funktionen beeinflussen, abschwächen oder gar unterbinden.

Tierexperimente deuten darauf hin, daß Informationen, die von den zerebralen Kommissurenbahnen übertragen werden, entweder aktivierend oder aktivitätshemmend wirken können.[9] So berichtete Colwyn Trevarthen, daß Paviane nach einer Split-Brain-Operation zeitweise mit beiden oberen Extremitäten gleichzeitig nach einem Gegenstand griffen, wahrscheinlich, weil keine hemmenden Einflüsse existierten, die nur einer Seite die Kontrolle über das Verhalten zuwiesen.[10] In einer anderen Arbeit wird beschrieben, daß Split-Brain-Affen, bei denen man die Hinterhauptsregion einer Gehirnhälfte elektrisch reizte, die Hand nach einem vermutlich halluzinierten Gegenstand ausstreckten.[11] Bei Affen mit intakten Kommissurenbahnen blieb diese Reaktion aus, was darauf schließen läßt, daß in gesunden Tieren die nichtgereizte Hemisphäre die durch Stimulation hervorgerufene Halluzination gewissermaßen für ungültig erklärt, und zwar durch hemmende Signale, die über das Corpus callosum übertragen werden.

Demnach könnte die über den Balken vermittelte Hemmung ein wichtiger Mechanismus sein, um Verhaltensleistungen die größtmögliche Effizienz zu verleihen und vielleicht sogar um neue Funktionen zu schaffen. Offensichtlich wird aber bei Split-Brain-Patienten der Verlust dieses Mechanismus meist sehr schnell durch kompensatorische Prozesse überdeckt. Tatsächlich arbeiten bei der großen Mehrheit dieser Patienten beide Körperseiten im Einklang miteinander. Die geringe Zahl von Fällen mit einem länger anhaltenden Diskonnektionssyndrom (insbesondere mit interhemisphärischem Konflikt) läßt die Vermutung zu, daß erst Hirnschädigungen, die über die Zerstörung des Balkens hinausgehen, eine Anpassung an die Folgen der Kommissurotomie verhindern.

Um einen Kommissurotomiepatienten zu identifizieren, bedarf es im allgemeinen einer ganzen Batterie ausgeklügelter Tests, die dazu entworfen sind, ungewöhnliche Verhaltensweisen aufzuspüren. Es gibt indes Berichte von subtilen Veränderungen im Verhalten oder in der Leistungsfähigkeit nach einem derartigen Eingriff. Während einige der angeführten Veränderungen sich bei sorgfältiger Untersuchung nicht bestätigen ließen, scheint es sich bei anderen nachweislich um Folgen der Operation zu handeln.

Subtile Beeinträchtigungen nach der Operation

Mehrere Patienten gaben an, es sei nach dem chirurgischen Eingriff sehr schwierig für sie gewesen zu lernen, Namen mit Gesichtern in Verbindung zu bringen. Das bestätigte sich in einer Untersuchung, bei der Versuchspersonen zu drei Bildern von jungen Männern jeweils die Vornamen lernen mußten.[12] Dieser Schritt war zwar für das Hauptziel der Studie unwesentlich, er erwies sich aber für die Versuchspersonen als großes Hindernis. Die Forscher berichteten, daß die Patienten schließlich Namen und Gesicht zu verknüpfen lernten, indem sie jedem Bild ein besonderes Merkmal zuordneten (zum Beispiel: „Dick hat eine Brille"), und nicht, indem sie den Namen mit dem Gesicht als Ganzes assoziierten. Dies weist darauf hin, daß die Fähigkeit, Namen mit Gesichtern in Zusammenhang zu bringen, möglicherweise deshalb gemindert ist, weil die verbalen Benennungsfunktionen der linken Gehirnseite von der rechts lokalisierten Fähigkeit, Gesichter zu erkennen, getrennt sind.

Auch eine verminderte Fähigkeit, geometrische Probleme zu lösen, ist gelegentlich mit der Durchschneidung des Balkens in Verbindung gebracht worden. Der Patient L. B., ein Oberschüler mit einem weit überdurchschnittlichen Intelligenzquotienten, wurde von einem Geometriekurs in einen Kurs für allgemeine Mathematik versetzt, nachdem ihm ersterer übermäßig schwergefallen war. Ein ähnlicher Fall ist der eines Collegestudenten, der trotz durchschnittlicher Zensuren in anderen Fächern außerordentliche Schwierigkeiten in Geometrie hatte. Untersuchungen an Split-Brain-Patienten, bei denen man die Fähigkeit jeder der beiden Gehirnhälften untersuchte, zwei- und dreidimensionale Formen anhand gemeinsamer geometrischer Merkmale zu vergleichen, zeigten, daß die rechte Hemisphäre – insbesondere bei den schwierigeren Vergleichen – der linken merklich überlegen ist.[13] Wie beim vorhergehenden Beispiel könnten also auch hier die Defizite der Patienten darauf beruhen, daß die sprechende linke Gehirnhälfte von den für solche räumlichen Aufgaben spezialisierten Regionen der rechten Hemisphäre getrennt ist.

Einige Split-Brain-Patienten beklagen sich auch darüber, daß sie nicht mehr träumen. Da Träumen vor allem ein Prozeß der visuellen Vorstellung ist, spekulierten einige Wissenschaftler, es könne in die Zuständigkeit der rechten Hemisphäre fallen. Die Operation würde dann diesen Aspekt des geistigen Lebens der Patienten von der sprechenden linken Gehirnhälfte trennen und somit bewirken, daß der Patient aussagt, nicht träumen zu können.

Diese Vorstellung wurde jedoch durch die weitere Forschung nicht bestätigt. Man hat beispielsweise die Gehirnwellenaktivität von schlafenden Split-Brain-Patienten registriert und die Personen genau dann geweckt, wenn die Aufzeichnungen zeigten, daß sie träumten. Dann bat man sie zu beschreiben, was sie gerade geträumt hatten; entgegen der Vorhersage, daß sie dazu nicht in der Lage wären, konnten die Patienten den Experimentatoren dann doch ihre Träume schildern.[14]

Es gibt auch einige Berichte über Gedächtnisverschlechterungen nach einer Split-Brain-Operation. Neuere wissenschaftliche Untersuchungen erbrachten außerdem Hinweise auf die Hirnstrukturen, die hierfür von Bedeutung sind. Einige Patienten, insbesondere solche mit Schädigungen der hippocampalen Kommissur* oder anderer Strukturen außerhalb des Balkens, zeigten Gedächtnisdefizite, während die übrigen keine solchen Probleme hatten.[15] In einer anderen Studie, in der Gedächtnistests vor und nach der Operation durchgeführt wurden, traten bei Patienten, bei denen die Kommissurotomie die hinteren Teile des Corpus callosum einschloß, Störungen des Gedächtnisses auf; hierbei war die freie Reproduktion stärker betroffen als das Wiedererkennen. Patienten hingegen, bei denen man den Balken nur teilweise durchtrennt und den hinteren Anteil verschont hatte, zeigten keine Defizite.[16] Die Untersucher sahen darin eine Übereinstimmung mit den Ergebnissen der früheren Arbeiten, denn die hippocampale Kommissur wird gewöhnlich nur bei der Durchtrennung des hinteren Balkenanteils, nicht aber des vorderen, beschädigt. Aber es bedarf noch weiterer intensiver Forschung, um die Art der Beeinträchtigungen aufzuklären und die beteiligten neuroanatomischen Strukturen zu identifizieren.

Alles in allem bleibt unklar, weshalb die Split-Brain-Operation bei einem geringen Prozentsatz der Patienten bestimmte bleibende Beeinträchtigungen hinterläßt. Gewiß gibt es im Zustand der Patienten vor der Operation und im chirurgischen Vorgehen wichtige Unterschiede, aber welche davon ausschlaggebend sind, wissen wir noch nicht. Allerdings kennt man einige dramatische akute postoperative Folgen des Split-Brain-Eingriffs, die recht zuverlässig bei allen Patienten auftreten, jedoch nur von kurzer Dauer sind.

Das akute Diskonnektionssyndrom

Kommissurotomiepatienten sind oft für einige Zeit nach dem Eingriff stumm, und manchmal haben sie Schwierigkeiten, ihre linke Körperhälfte zu kontrollieren, die zunächst fast gelähmt erscheint. Wenn der Patient wieder beginnt, seine linke Hand zu gebrauchen, treten gelegentlich einander widerstrebende Bewegungen zwischen linker und rechter Hand auf. Dieses Problem ist Teil des *akuten Diskonnektionssyndroms* und geht gewöhnlich schnell vorüber. Es ist wahrscheinlich auf zwei Ursachen zurückzuführen: die operative Trennung der Kommissuren und das generelle Trauma der Operation, bei der der Chirurg die rechte Hemisphäre etwas zusammendrücken muß, um an die Nervenbahnen zwischen den Gehirnhälften heranzukommen.

Nachdem die Patienten sich vom ersten Schock einer größeren Gehirnoperation erholt haben, berichten die meisten von ihnen über ein gesteigertes Wohlbefinden. Ein junger Patient fühlte sich nicht einmal zwei Tage nach dem Eingriff schon wieder so gut, daß er scherzte, er habe nur ein „splitting headache", wie man im Englischen für „fürchterliche Kopfschmerzen" sagt (wörtlich: „spaltende Kopfschmerzen"). Die Symptome des akuten Diskon-

* Die Hippocampi – es gibt je einen Hippocampus in der linken und in der rechten Hemisphäre – stellen subcorticale Strukturen dar. Beide sind über die hippocampale Kommissur miteinander verbunden und spielen wahrscheinlich eine wichtige Rolle für das Gedächtnis. Dies wird in Kapitel 7 diskutiert.

nektionssyndroms verschwinden innerhalb weniger Wochen, und anschließend bedarf es gewöhnlich sorgfältig konstruierter Testverfahren, um die Auswirkungen der Operation aufzudecken.

Cross Cueing

Im Laufe der Untersuchungen einer zunehmenden Anzahl von Split-Brain-Patienten traten immer häufiger Widersprüchlichkeiten in den Befunden auf. Patienten, die zunächst nicht imstande waren, Objekte, die sie in der linken Hand hielten, verbal zu identifizieren, ohne sie zu sehen, begannen auf einmal, einige Gegenstände korrekt zu benennen. Auch Bilder, die in die linke Gesichtsfeldhälfte (in die rechte Hemisphäre) projiziert wurden, konnten sie manchmal verbal richtig identifizieren. Diese Ergebnisse lassen sich so interpretieren, daß gewissermaßen die rechte Gehirnhälfte der Patienten allmählich die Fähigkeit zu sprechen erlangte. Einer zweiten Interpretation zufolge wurde die Information schlicht auf anderen als den durchtrennten Bahnen zwischen den Hemisphären weitergeleitet.

Obwohl es sich bei diesen Deutungen um interessante und aufregende Möglichkeiten handelt, schlugen Michael Gazzaniga und Steven Hillyard eine weitaus einfachere Erklärung für ihre Befunde vor.[17] Für die Versuche der Patienten, jeden möglichen Hinweisreiz (englisch *cue*) zu benutzen, um eine Information beiden Hemisphären zugänglich zu machen, prägten sie den Begriff *Cross Cueing.* Dieses Phänomen zeigt sich am deutlichsten, wenn ein Patient mit der linken Hand einen Gegenstand identifizieren soll, der für ihn nicht sichtbar und damit ohne direkte Verbindung zu seiner verbalen linken Hemisphäre ist. Gibt man dem Patienten beispielsweise einen Kamm oder eine Zahnbürste in die linke Hand, wird er öfter über die Borsten oder (im Falle des Kammes) die Zähne streichen – und das Objekt unmittelbar identifizieren, weil die linke Hemisphäre die verräterischen Geräusche hört.

Cross Cueing ermöglicht es der einen Hemisphäre, die andere darüber zu informieren, was sie gerade erlebt; dies kann auf sehr subtile Art und Weise erfolgen. Ein gutes Beispiel bietet jener Patient, der verbal angeben konnte, ob eine Null oder eine Eins in die jeweilige Gehirnhälfte projiziert worden war. Er war jedoch außerstande, in die rechte Hemisphäre projizierte Bilder von Gegenständen zu benennen, was darauf hindeutete, daß er nicht fähig war, von der rechten Gehirnhälfte aus zu sprechen. Die Untersucher vermuteten, daß hierbei Cross Cueing beteiligt war und stellten die Hypothese auf, daß die linke Hemisphäre nach einer Darbietung in der linken Gesichtsfeldhälfte „subvokal" zu zählen beginne und daß diese Signale von der rechten Hemisphäre wahrgenommen würden. Sobald die richtige Zahl erreicht sei, signalisiere die rechte Gehirnhälfte der linken, aufzuhören und die Ziffer laut auszusprechen.

Um diese These zu prüfen, gab man dem Patienten eine erweiterte Fassung der Aufabe: Ohne sein Wissen wurden außer 0 und 1 auch die Ziffern 2, 3, 5 und 8 dargeboten. Zunächst war der Patient sehr überrascht, als eine neue Zahl erschien. Nachdem er jedoch etwas geübt hatte, konnte er auf alle der rechten Gehirnhälfte dargebotenen Zahlen richtig antworten, bei hohen Zahlen allerdings nur sehr zögernd. Dagegen kamen die Antworten stets sehr schnell, wenn dieselben Ziffern in die rechte Gesichtshälfte (die linke Hemisphäre) projiziert wurden.

Diese Befunde stützten die Hypothese, daß die linke Gehirnhälfte subvokal zu zählen beginnt, sobald die rechte Hemisphäre eine Ziffer dargeboten bekommt. Je größer die Menge potentieller Ziffern, desto länger war die Zahlenliste, die die linke Gehirnhälfte durchgehen mußte, um zur richtigen Zahl zu gelangen.

Im allgemeinen ist Cross Cueing kein bewußter Versuch des Patienten, den Untersucher zu täuschen. Vielmehr spiegelt es die natürliche Tendenz eines Organismus wider, jede erreichbare Information zu nutzen, um Vorgänge sinnvoll erscheinen zu lassen. Tatsächlich wird durch diese Tendenz auch verständlicher, warum eine Split-Brain-Operation das normale Verhalten der Patienten im Alltag so wenig zu beeinflussen scheint.

Hemisphären und Sprache

Die Split-Brain-Forschung hat auf aufsehenerregende Weise bestätigt, daß bei den meisten Menschen die Kontrolle über die Sprache in der linken Gehirnhälfte lokalisiert ist. Wie aber steht es mit anderen sprachverwandten Fertigkeiten? Wie gut kann die rechte Gehirnhälfte geschriebene oder gesprochene Sprache verstehen? Bei den ersten Split-Brain-Untersuchungen, die diesen Fragen nachgingen, wurden gedruckte Wörter in die linke oder rechte Hemisphäre projiziert. Allerdings setzte die kurze Darbietungsdauer, die notwendig war, um zu gewährleisten, daß die Reize nur von einer Hemisphäre gesehen wurden, der Auswahl der verwendbaren Worte enge Grenzen. Die Entwicklung einer neuen Methode, mit deren Hilfe sich visuelle Reize auf eine Hemisphäre beschränken lassen, löste das Problem. Sie wurde von Eran Zaidel erarbeitet, der mit zwei Patienten aus der ersten kalifornischen Patientengruppe sehr umfassende Untersuchungen durchgeführt hat. Kernstück der neuen Technik ist eine als *Z-Linse* bekannte Vorrichtung, wie sie in Abbildung 2.5 dargestellt ist.[18] Es handelt sich dabei um eine Kontaktlinse, die es dem Patienten zwar erlaubt, die Augen frei zu bewegen, während er etwas betrachtet, die aber zugleich sicherstellt, daß nur eine Gehirnhälfte des Patienten die visuelle Information erhält.

Zaidels Strategie bestand darin, das Verständnisvermögen jeder Hemisphäre zu untersuchen, indem er eine Vielzahl von Reizen einsetzte, die bereits bei Kindern und aphasischen Patienten benutzt worden waren. Er wollte so Daten erhalten, die es ihm erlauben würden, Split-Brain-Patienten bezüglich der Fähigkeiten der rechten Hemisphäre mit den beiden bereits normierten Gruppen zu vergleichen.

In Tests zum auditiven Wortschatz hörten die zwei Split-Brain-Patienten zunächst ein einzelnes, vom Untersucher gesprochenes Wort. Anschließend sahen sie durch die Z-Linse drei Bilder. Jeder Patient hatte die Aufgabe, das dem Wort entsprechende Bild auszuwählen. Da die Nervenbahnen des audi-

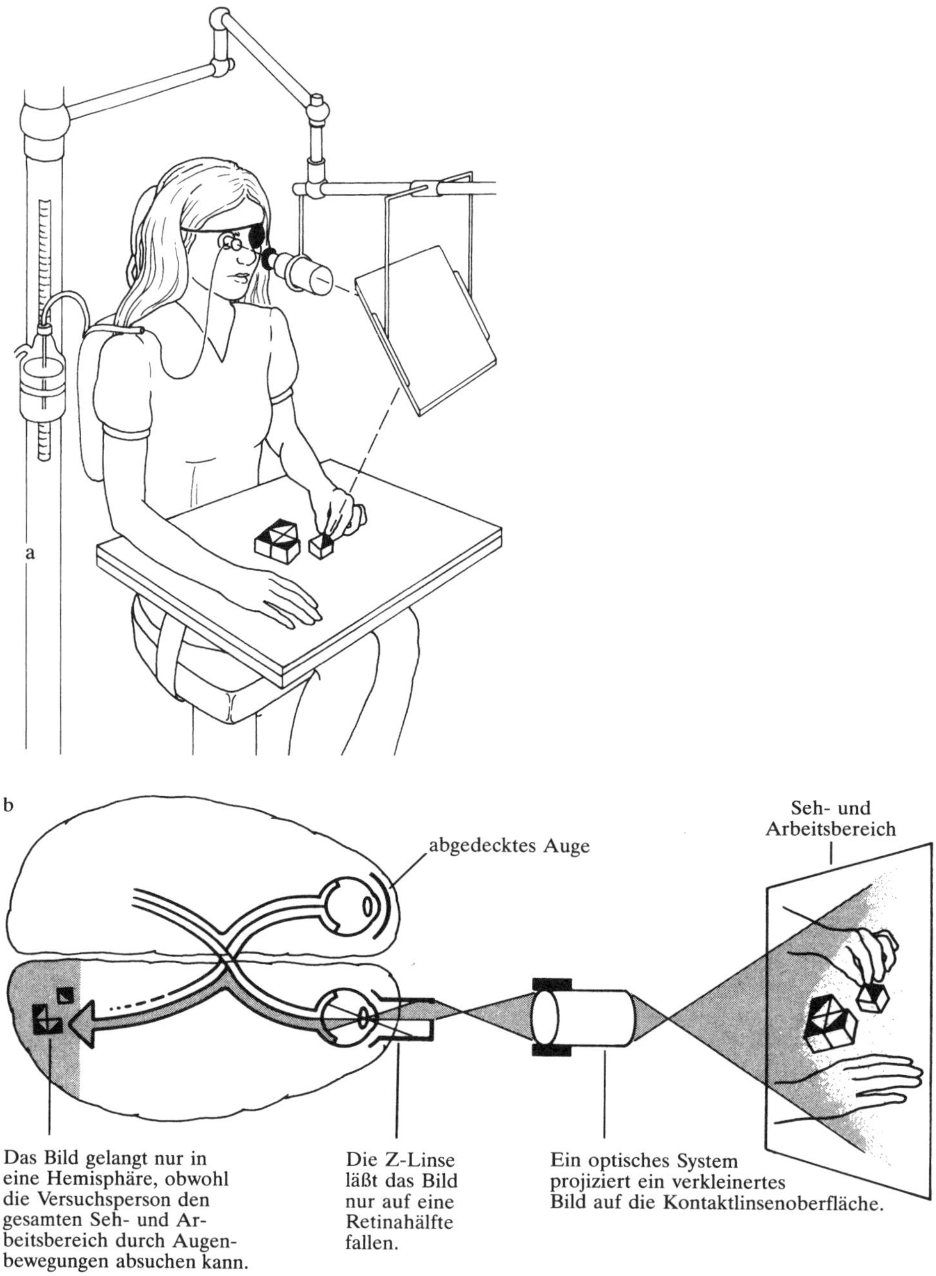

2.5 Die Z-Linse. Dank der Z-Linsen-Technik (Bild a zeigt den Versuchsaufbau) ist es möglich, den Seh- und Arbeitsbereich des Patienten nur einer Hemisphäre zugänglich zu machen (Lateralisierung). Ein Auge wird abgedeckt (b), und das Bild des Arbeitsbereiches gelangt lediglich auf eine Hälfte der Netzhaut des anderen Auges. (Teil a nach E. Zaidel, „Language Comprehension in the Right Hemisphere Following Cerebral Commissurotomy", in *Language Acquisition and Language Breakdown: Parallels and Divergencies,* Hrsg. A. Caramazza und E. Zurif (Baltimore: Johns Hopkins University Press, 1978), S. 233.)

tiven Systems so angeordnet sind, daß jedes Ohr Informationen in beide Gehirnhälften übermittelt, ist es unter normalen Umständen nicht möglich anzugeben, ob nur eine oder beide Hemisphären eine gesprochene Nachricht verstanden haben. Die Z-Linse erlaubte es Zaidel jedoch, die Antwortalternativen auf eine Gehirnhälfte zu beschränken (zu lateralisieren), so daß er bestimmen konnte, wie genau jede Hemisphäre ein gesprochenes Wort dem entsprechenden visuell dargebotenen Gegenstand zuzuordnen vermochte.

Dasselbe Verfahren wandte er auch beim sogenannten Token-Test an, bei dem eine Versuchsperson gebeten wird, Plastikformen in verschiedenen Farben und Größen nach sprachlichen Anweisungen wie „Lege das gelbe Quadrat unter den grünen Kreis!“ zu ordnen. Wieder erfolgten die Anweisungen mündlich, während die Probanden die zu ordnenden Gegenstände durch die Z-Linse sahen. Den Token-Test verwendet man gewöhnlich, um die Sprachzentren der linken Hemisphäre auf Schädigungen zu überprüfen, denn er spricht häufig auf Behinderungen an, die sich mit anderen Aphasietests nicht erfassen lassen.

Zaidels Arbeiten offenbarten eine erstaunlich ausgeprägte und breit angelegte Verständnisfähigkeit der rechten Gehirnhälfte.[19] Das Muster der Ergebnisse war jedoch so komplex, daß Zaidel keine einfache zusammenfassende Aussage über das sprachliche „Alter“ oder die sprachliche „Normalität“ der rechten Hemisphäre machen konnte. Bei den Wortschatztests schnitt diese Gehirnhälfte im allgemeinen mindestens so gut ab wie ein unauffälliges zehnjähriges Kind, während sie bei den Aufgaben im Token-Test Schwierigkeiten zeigte, wie sie für aphasische Schädigungen charakteristisch sind.

Die bisher besprochenen Sprachasymmetrien sind bei typischen Split-Brain-Patienten gefunden worden – sofern es angesichts der unterschiedlichen neurologischen Anamnesen (Krankengeschichten) überhaupt angebracht ist, von „typischen“ Patienten zu sprechen. Die Frage, ob diese Befunde die Verteilung von Funktionen auf die Hemisphären im gesunden Gehirn widerspiegeln, erscheint in neuem Licht, wenn man berücksichtigt, welch krasse Abweichungen von diesem Bild manche neurologischen Krankengeschichten offenbaren.

Die Kontroverse um die Sprache der rechten Hemisphäre

Michael Gazzaniga hat die Forschungsarbeiten, die sich mit der Rolle der rechten Gehirnhälfte für die Sprache befaßten, durchgesehen und auf dieser Grundlage argumentiert, daß die gesunde rechte Hemisphäre keine Sprache besitze.[20] Anzeichen von sprachlichen Fähigkeiten in der rechten Gehirnhälfte von Split-Brain-Patienten gingen seiner Meinung nach auf eine frühzeitige linkshemisphärische Schädigung zurück, die zur Reorganisation von Sprachfunktionen in der rechten Hemisphäre geführt habe. Gazzaniga führte an, daß unter den 28 Patienten, die von dem inzwischen verstorbenen Donald Wilson von der Dartmouth Medical School operiert worden waren, lediglich bei dreien gewisse Hinweise auf rechtshemisphärische Sprache vorlägen und daß es bei jedem dieser Fälle Anzeichen früher linkshemisphärischer Verletzungen gebe. Er bemerkte ferner, daß nur bei zwei Patienten aus der kalifornischen Patientengruppe, L. B. und N. G., Sprache in der rechten Gehirnhälfte nachgewiesen worden sei, daß es sich dabei um dieselben Patienten handelte, die ausgiebig von Zaidel mit der Z-Linse untersucht worden waren, und daß bei beiden der Verdacht auf eine Schädigung der linken Gehirnhälfte bestehe.

Zaidel widersprach Gazzanigas Schlußfolgerungen.[21] Er behauptete, man habe nicht nur bei zwei, sondern bei sechs der kalifornischen Split-Brain-Patienten Sprache in der rechten Gehirnhälfte nachgewiesen, und es gebe keinen Grund zu der Annahme, die beiden Patienten L. B. und N. G. hätten Verletzungen der linken Gehirnhälfte in der Art erlitten, daß die rechte Hemisphäre Sprachfunktionen hätte übernehmen müssen. Ferner wies Zaidel auf klinische Befunde hin, die ebenfalls dafür sprächen, daß die rechte Gehirnhälfte eine Rolle für die Sprache spiele. So führte er Fälle an, in denen bei Aphasikern die rechte Hemisphäre einige Sprachfunktionen wiedererlangt habe, und andere, in denen es bei Rechtshändern infolge von Verletzungen in der rechten Gehirnhälfte zu selektiven Sprachausfällen gekommen sei. Zaidel nahm an, daß das unterschiedliche Ausmaß, in dem bei Aphasiepatienten die rechte Hemisphäre Sprachfunktionen übernehme, darauf beruhe, daß die rechte Gehirnhälfte durch verschiedene Arten von Verletzungen der linken Hemisphäre in unterschiedlich starkem Maße beeinträchtigt werde. Außerdem erwähnte er, daß es unter Rechtshändern eine angeborene Variabilität bezüglich der Sprachfunktionen in der rechten Gehirnhälfte geben könne.*

In einem neueren Übersichtsartikel zu den Auswirkungen der Kommissurotomie und Hemisphärektomie (Entfernung einer Großhirnhälfte) beschreibt Zaidel weitere Befunde, um seine Argumentation für die Existenz von Sprachfunktionen in der rechten Gehirnhälfte zu untermauern. Allerdings gibt er zu, daß man über die Sprachfähigkeiten der voneinander getrennten Gehirnhälften noch sehr wenig weiß.[22] Natürlich reichen die vorhandenen Befunde nicht aus, um die sehr wichtige Frage zu klären, wie und in welchem Ausmaß die rechte Hemisphäre eines gesunden Gehirns an der Sprache beteiligt ist. Es handelt sich hier jedoch um ein Problem von beträchtlicher theoretischer und praktischer Bedeutung, das derzeit im Brennpunkt vieler Forschungsbemühungen steht.

Vorsicht bei der Interpretation von Befunden

Die eben beschriebene Kontroverse zeigt, wie vorsichtig man sein muß, wenn man Forschungsergebnisse von Split-Brain-Patienten auf gesunde Menschen übertragen will. Sowohl die Faktoren, die zur Epilepsie führten, als auch die Epilepsie selbst könnten die Gehirne der Split-Brain-Patienten so verändert haben, daß sie sich grundlegend von denen anderer, gesunder Menschen unterscheiden. Nach Ansicht des Neurologen Norman Ge-

* Eine ausführliche Diskussion über die Beteiligung der rechten Hemisphäre an sprachlichen Funktionen und ihre Rolle bei der Genesung von einer Aphasie folgt in Kapitel 6.

schwind beruht die epileptische Erkrankung einiger der Kommissurotomiepatienten wahrscheinlich auf intrauterinen Hirnschäden. Solche vorgeburtlichen Schädigungen des Gehirns können bedeutsame Veränderungen in der Organisation dieses Organs herbeiführen, welche von jenen, die aufgrund von Hirnschädigungen nach der Geburt auftreten, klar abweichen. Geschwind wies ferner auf die Möglichkeit hin, daß auch eine langjährige epileptische Erkrankung deutliche Veränderungen in der Hirnorganisation bewirken könnte. Vielleicht beeinflußt die Epilepsie die Nutzung bestimmter neuronaler Bahnen des Gehirns in einer solchen Weise, daß die Patienten sich letztlich von der Gruppe der gesunden Personen unterscheiden.*

In einer Zusammenfassung seiner Ansichten zu diesem Problembereich meinte Geschwind, daß »viele der Auseinandersetzungen zwischen den verschiedenen Forschern über die Auswirkungen der Balkendurchtrennung höchstwahrscheinlich nicht so sehr wirkliche Unterschiede in der Angemessenheit der Befunde widerspiegeln, sondern einfach dadurch entstehen, daß die untersuchten Patienten aufgrund der Besonderheiten ihrer Gehirnentwicklung und des Musters ihrer Nervenverbindungen schlechthin nicht vergleichbar sind«.[23] Einige Wissenschaftler würden angesichts solcher Interpretationsprobleme die Forschung mit Split-Brain-Patienten lieber völlig fallenlassen. Wir halten es allerdings für sinnvoller, sich auch weiterhin zu bemühen, aus der Untersuchung dieser Patienten möglichst viel über das Gehirn zu erfahren – ohne dabei zu vergessen, daß solche Studien nur eine von vielen Quellen darstellen, aus denen man Hinweise auf die Hemisphärenasymmetrie schöpfen kann.

Visuell-räumliche Funktionen der Hemisphären

Aufgrund der Split-Brain-Untersuchungen läßt sich allgemein feststellen, daß es sich bei rechtshemisphärischen Spezialisierungen um nichtsprachliche Funktionen handelt, die anscheinend komplexe visuelle und räumliche Prozesse beinhalten.

Beispielsweise scheint bei der Wahrnehmung der Beziehungen zwischen einzelnen Teilen und dem Ganzen die rechte Gehirnhälfte überlegen zu sein. Bei einer Aufgabe zeigte man den Patienten Strichzeichnungen von zerschnittenen geometrischen Figuren, deren Einzelteile voneinander getrennt waren. Mit einer Hand sollten sie dann aus drei Formen, die sie nur fühlen, aber nicht sehen konnten, diejenige auswählen, die der zerlegten Figur entsprach. Bei dieser Aufgabe waren die Patienten mit der linken Hand viel besser als mit der rechten, bei der die Leistung bei sechs von sieben Patienten nur auf dem Zufallsniveau lag. Bei einer anderen Untersuchung sahen Kommissurotomiepatienten in der linken oder rechten Gesichtsfeldhälfte Kreisbögen (Ausschnitte von Kreislinien). Nach jeder Darbietung bat man sie, aus

* Anmerkung des Herausgebers: Es gibt bisher noch keine wissenschaftlichen Beweise für die Annahme, daß epileptische Anfälle zu einer strukturellen und funktionellen Umorganisation des Gehirns führen.

einer Anzahl verschieden großer Kreise denjenigen herauszusuchen, der zu dem eben gesehenen Bogen paßte. Die Leistung der Patienten war weitaus besser, wenn sie ihre Entscheidung aufgrund der in der linken Gesichtsfeldhälfte (also der rechten Hemisphäre) dargebotenen Bogen trafen.[24]

Eine der eindrucksvollsten Demonstrationen von rechtshemisphärischer Überlegenheit bei visuell-räumlichen Aufgaben findet sich in einem Film von Sperry und Gazzaniga, die damals den ersten Patienten der kalifornischen Gruppe, W. J., untersuchten. W. J. erhielt mehrere Würfel mit je zwei weißen, zwei roten und zwei diagonal geteilten weiß-roten Seiten. Seine Aufgabe bestand darin, diese Würfel so anzuordnen, daß quadratische Muster entstanden, welche mit denen übereinstimmten, die auf einer Reihe ihm vorgelegter Karten abgebildet waren. Abbildung 2.6 veranschaulicht die Aufgabe.

Zu Beginn des Films sieht man, wie W. J. mit der linken Hand die Klötze schnell zu einem bestimmten Muster aneinanderlegt. Er hat jedoch große Schwierigkeiten, als er versucht, mit der rechten Hand ein Muster zusammenzufügen. Langsam und sehr unentschlossen ordnet diese Hand die Würfel. An einer Stelle bewegt sich die linke Hand ins Bild und beginnt, die Klötze im richtigen Muster zusammenzusetzen. Der Untersucher zieht sie sanft, aber mit Nachdruck, vom Tisch, woraufhin die rechte Hand – nun ohne die Hilfe der geschickteren linken – die Würfel wieder planlos umherschiebt.

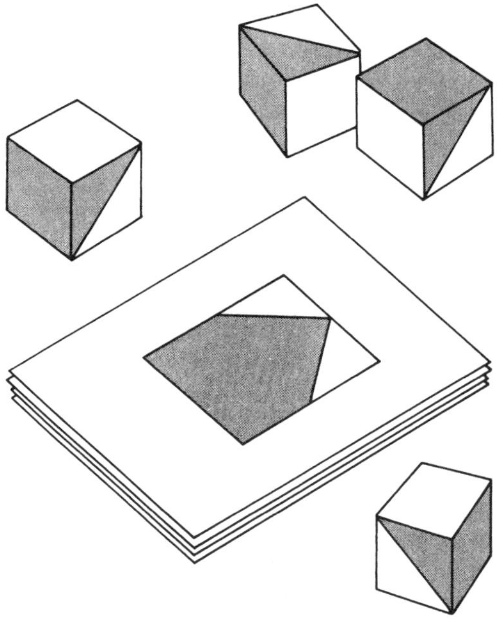

2.6 Der Würfel- oder Mosaiktest (*block design test*) nach Kohs. Die Versuchsperson soll die zweifarbigen Würfel so zusammenlegen, daß sich auf ihrer Oberfläche ein der Vorlage entsprechendes Muster ergibt.

Für eine Überlegenheit der rechten Gehirnhälfte in visuell-räumlichen Fähigkeiten spricht auch, daß sich Split-Brain-Patienten beim Zeichnen eines Würfels mit beiden Händen unterschiedlich geschickt anstellen: Die linke Hand fertigt stets bessere Zeichnungen an, wie in Abbildung 2.7 angedeutet ist.

Worauf beruhen die überlegenen Fähigkeiten der rechten Hemisphäre bei diesen visuell-räumlichen Aufgaben? Den Forschern boten sich zwei Erklärungen an. Erstens könnte die rechte Gehirnhälfte hinsichtlich der Wiedergabe des visuellen Verständnisses dominieren, so wie die linke Hemisphäre bezüglich der Wiedergabe des Sprachverständnisses dominant ist, während für die Wahrnehmung räumlicher Beziehungen beide Gehirnhälften gleich gut qualifiziert sind. Diese Ansicht legt das Gewicht auf eine Asymmetrie in der Fähigkeit, die bei den Aufgaben geforderten komplexen motorischen Handlungen auszuführen. Als alternative Interpretation bietet sich an, daß sich beide Hemisphären tatsächlich in der Wahrnehmungsfähigkeit unterscheiden.

Laura Franco und Roger Sperry untersuchten, wie rechtshändige Kommissurotomiepatienten und gesunde Kontrollpersonen mit jeweils einer Hand bestimmte Gegenstände, die sie nur fühlen, aber nicht sehen konnten, offen gezeigten geometrischen Formen zuordneten. Die Split-Brain-Patienten erbrachten mit der linken Hand beständig bessere Leistungen als mit der rechten. Diese Überlegenheit der linken Hand (der rechten Hemisphäre) verstärkte sich noch in dem Maße, in dem die Formen sich von normalen geometrischen Mustern entfernten. Wiesen die zuzuordnenden Gegenstände nur noch frei erfundene Konturen auf, lagen die Leistungen der rechten Hand (der linken Hemisphäre) kaum über dem Rateniveau. Gesunde Personen lösten die Aufgaben mit beiden Händen gleich gut.[25]

Es mag sein, daß die Schwierigkeiten der linken Gehirnhälfte in dem Maße zunahmen, wie die Gegenstände verbal schlechter beschreibbar – oder vielleicht auch strukturell weniger beschränkt – wurden. Auf jeden Fall zeigen die Ergebnisse, daß die rechte Gehirnhälfte beteiligt sein muß, wenn solche Gegenstände durch Berührung und visuelle Wahrnehmung zugeordnet

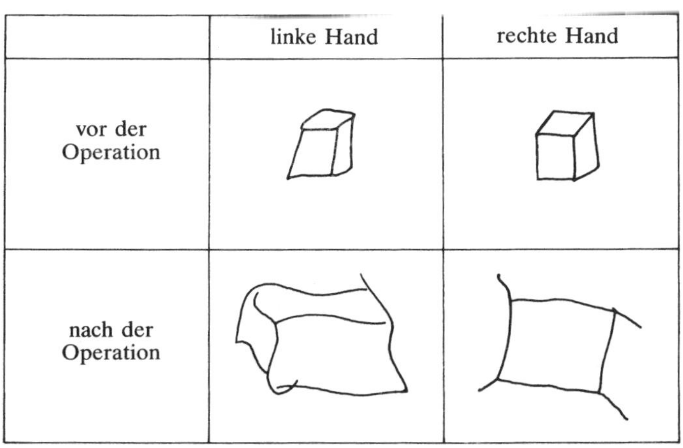

2.7 Zeichnungen eines Würfels vor und nach einer Split-Brain-Operation. Vor dem Eingriff konnte der Patient die Figur mit beiden Händen zeichnen; nach der Operation war besonders die Leistung der rechten Hand schwach. Der Patient war rechtshändig. (Aus M. S. Gazzaniga und J. E. LeDoux, *The Integrated Mind* (New York: Plenum Press, 1978), S. 52.)

werden sollen, denn augenscheinlich führt eine Trennung der beiden Gehirnhälften zu einem starken Leistungsabfall der bevorzugten rechten Hand. Das Wichtigste bei der Lösung von Vergleichsaufgaben sind offenbar nicht die taktile Manipulation und die Empfindungen von den Fingern der Hand; vielmehr muß man »wissen, nach welcher Art von Gegenstand man fühlt ... das wiederum erfordert die Fähigkeit, sich im Geiste vorzustellen, wie die gesehene Figur aussähe, wenn sie gefaltet wäre«.[26] Die Überlegenheit der rechten Gehirnhälfte gilt also nicht nur für räumliche Aktivitäten der Hand, sondern auch für geistig-visuelle Manipulationen. Weitere Aspekte dieses Themas werden in Kapitel 12 erörtert.

Bildhafte Vorstellung

Das Interesse an der Erforschung visuell-bildhafter Vorstellungen ist in letzter Zeit wieder stark gestiegen. Vor allem versucht man zu verstehen, wie solche Vorstellungen hervorgerufen werden und welche Bereiche des Gehirns daran beteiligt sind. Obwohl ihr visueller, nichtverbaler Charakter eine stärkere Beteiligung der rechten Hemisphäre nahelegt, fanden einige Untersucher Hinweise auf eine besondere Rolle der linken Hemisphäre.[27]

Split-Brain-Patienten sind nahezu ideale Versuchspersonen, um solche Ideen zu überprüfen. Folgerichtig unterzogen Martha Farah und ihre Kollegen den Patienten J. W. aus der Gruppe der von Wilson operierten Personen einem entsprechenden Test: Sie boten ihm in der rechten oder der linken Gesichtsfeldhälfte Großbuchstaben dar und baten ihn, jeweils durch Drücken eines von zwei Knöpfen zu entscheiden, ob die zugehörigen Kleinbuchstaben hoch oder niedrig sind. Für die Buchstaben B, D und F beispielsweise trifft ersteres zu, für A, C und E letzteres. Die Aufgabe für J. W. bestand also darin, sich jeden der dargebotenen Buchstaben in Kleinschreibung vorzustellen und dann den richtigen der beiden Knöpfe zu drücken. Solange die Buchstaben in die rechte Gesichtsfeldhälfte (zur linken Gehirnhälfte) projiziert wurden, zeigte J. W. gute Leistungen; bot man die Reize aber in der linken Gesichtsfeldhälfte (der rechten Hemisphäre) dar, reichten seine Urteile nicht über Zufallsniveau hinaus.[28]

Zu hiermit übereinstimmenden Ergebnissen war Farah bereits gelangt, als sie Einzelfallstudien hirngeschädigter Patienten auswertete, die die Fähigkeit zur bildhaften Vorstellung verloren hatten; alle Fälle deuteten auf eine linkshemisphärische Spezialisierung für den Bildaufbau hin.[29] Stephen Kosslyn hat diese Analyse noch weiter getrieben und die Auffassung vertreten, daß die linke Hemisphäre darauf spezialisiert sei, mehrteilige Bilder mit ihren Details zu generieren, während die von der rechten Hemisphäre erzeugten Bilder eher nur „skelettartig" seien.[30] Diese Schlußfolgerung wurde durch die Untersuchung des Split-Brain-Patienten J. W. gestützt. Aufgaben, die Entscheidungen über Einzelheiten eines vorgestellten Gegenstandes verlangten, konnte seine rechte Gehirnhälfte nicht ausführen. Wenn es aber um die Gesamtkonfiguration von Objekten ging, löste sie die Aufgaben richtig.

Justine Sergent hat jedoch die Gültigkeit der Behauptung, daß die linke Hemisphäre auf bildhaftes Vorstellen spezialisiert sei, in Frage gestellt.[31] Ihre Argumente beruhen auf eigenen Arbeiten mit Split-Brain-Patienten, einer Zusammenfassung weiterer Befunde und einer erneuten, kritischen Analyse der Ergebnisse aus Einzelfallstudien. Sie folgerte: »Soweit man aus dem vorliegenden Belegmaterial erschließen kann, hat keine der Hemisphären eine ausschließliche Kompetenz für die Erzeugung von visuellen Bildern, und im Augenblick weist eine zurückhaltende Interpretation der Befunde darauf hin, daß an diesem Prozeß beide Hemisphären gemeinsam beteiligt sind.«[32]

Offensichtlich müssen wir noch viel über die Gehirnmechanismen lernen, die an den verschiedenen Aspekten der bildhaften Vorstellung mitwirken, ein überzeugender Beweis dafür, daß diese sich lateralisiert der linken oder der rechten Hemisphäre zuordnen ließe, steht jedenfalls zur Zeit noch aus.

Partielle Kommissurotomie

Seit den Split-Brain-Operationen der frühen sechziger Jahre haben mehrere Neurochirurgen versucht, therapieresistente Epilepsien mittels eines Verfahrens unter Kontrolle zu bringen, das weniger radikal ist als die Durchtrennung aller Kommissuren des Vorderhirns. Die Idee war, die Operation auf jene Teile des Balkens und der Commisura anterior zu begrenzen, über die sich die epileptischen Krampfanfälle beim jeweiligen Patienten am wahrscheinlichsten ausbreiteten. Falls sich die Quelle der epileptischen Anfälle auf eine spezifische Region des Gehirns eingrenzen ließ, so ihre Überlegung, dann sollte es die Epilepsie kontrollieren helfen, wenn man nur diejenigen Nervenbahnen durchschnitte, die dieses Gebiet mit der gegenüberliegenden Hemisphäre verbinden.

Befunde aus Untersuchungen von Patienten, bei denen lediglich eine partielle Kommissurotomie erfolgte (also nur Teile des Corpus callosum durchtrennt wurden), lassen einen hohen Grad an funktioneller Spezifizität innerhalb der zerebralen Kommissuren beim Menschen vermuten. Teile der vorderen Region des Balkens sind für die somatosensorische (Berührungssinn-)Übertragung verantwortlich. Das hintere Drittel, das sogenannte *Splenium,* übermittelt visuelle Information.

Ein Patient, bei dem die vordere Hälfte des Corpus callosum durchtrennt ist, wird außerstande sein, mitzuteilen, was er in der linken Hand hält; er wird aber sagen können, was in seine linke Gesichtshälfte projiziert wurde. Die taktile Information ist der sprachlichen linken Hemisphäre nicht zugänglich, während die visuelle Information übertragen wird. Bei einem Patienten, bei dem nur das Splenium durchschnitten wurde, zeigt sich das umgekehrte Muster dieser Informationsübertragung.[33]

Informationsverarbeitung in den beiden Hemisphären

Mit der fortschreitenden Erforschung der spezialisierten Funktionen der beiden Gehirnhälften deutete sich im Muster der gewonnenen Ergebnisse ein neuer Zugang zum Verständnis der Hemisphärenunterschiede an. Anstelle einer Aufgliederung nach der Art der Aufgaben, die jede Hemisphäre am besten lösen konnte (beispielsweise: verbal oder räumlich), schien sich nun eine Dichotomie abzuzeichnen, die auf unterschiedlichen Möglichkeiten der Informationsverarbeitung im allgemeinen beruhte.

Dieser neuen Analyse zufolge ist die linke Gehirnhälfte auf Sprachfunktionen spezialisiert, weil sie überlegene analytische Fähigkeiten besitzt, die sich unter anderem in der Sprache äußern. Ähnlich läßt sich die überlegene visuell-räumliche Leistung der rechten Gehirnhälfte auf eine synthetische, ganzheitliche Art der Informationsverarbeitung zurückführen. Viele der Untersuchungen, die zu dieser Neubetrachtung von Hemisphärenunterschieden führten, wurden von Jerre Levy und ihren Kollegen an der kalifornischen Patientengruppe durchgeführt.

Einer der ersten Hinweise, daß die beiden Gehirnhälften Informationen unterschiedlich verarbeiten, ergab sich aus einer Studie, bei der man Split-Brain-Patienten bat, kleine Holzformen, die sie in der linken oder rechten Hand hielten, den entsprechenden zweidimensionalen Darstellungen zuzuordnen, die sie aus Zeichnungen „auseinandergeklappter" Objekte auswählen mußten. Allgemein erledigte die linke Hand diese Aufgabe weit besser als die rechte; der interessanteste Befund aber war, daß beide Hemisphären das Problem offenbar mit unterschiedlichen Strategien angingen.

Eine Fehleranalyse ergab, daß die Muster, mit denen die rechte Hand (die linke Gehirnhälfte) relativ gut zurechtkam, in Worten einfach zu beschreiben, aber visuell schwierig zu unterscheiden waren. Für die linke Hand (die rechte Hemisphäre) galt das Gegenteil. Wie es schien, gründete die linke Gehirnhälfte ihre Vergleiche also auf verbale Beschreibungen von Merkmalen der Objekte und zweidimensionalen Abbildungen. Offenbar war sie außerstande, die zweidimensionale Darstellung im Geiste so zu falten, daß ein Vergleich aufgrund der Gesamterscheinung möglich gewesen wäre.[34]

Andere Arbeiten haben gezeigt, daß die beiden Gehirnhälften visuellen Reizen unterschiedliche Informationen entnehmen. Wir werden in einem späteren Kapitelabschnitt ausführlicher auf diese Untersuchungen eingehen. Für den Augenblick genügt es festzustellen, daß Bilder von Gegenständen, die man einerseits gemäß ihren Funktionen zuordnen kann (etwa einen Kuchen auf einer Tortenplatte zu einem Löffel und einer Gabel), andererseits nach dem äußeren Erscheinungsbild (Kuchen auf Tortenplatte und Hut mit Krempe), von den beiden Hemisphären unterschiedlich behandelt werden. Abbildung 2.8 zeigt Beispiele für solche Reize. Auf die uneindeutige Anweisung, einander ähnliche Reize zusammenzustellen, nimmt die linke Hemisphäre des Split-Brain-Patienten eine Zuordnung nach der Funktion, die rechte eine nach dem Erscheinungsbild vor.

Levy kam zu dem Schluß, daß sich die Strategie der linken Gehirnhälfte bei der Informationsverarbeitung am besten als analytisch charakterisieren

Linkes Gehirn / Rechtes Gehirn

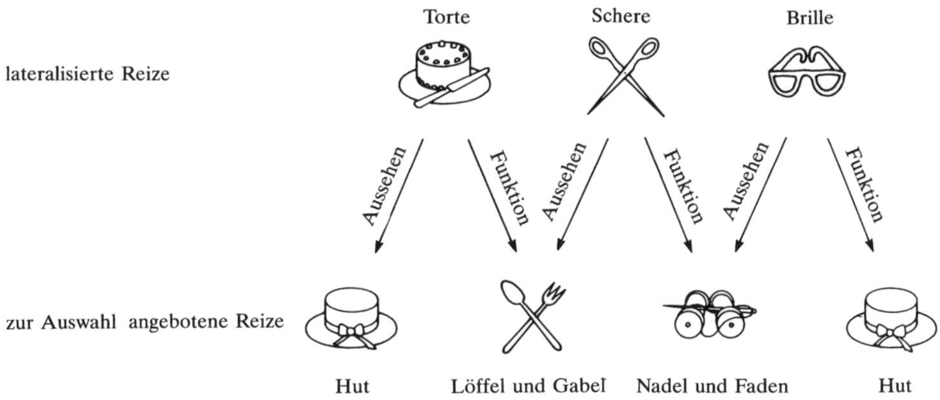

2.8 Die Zuordnung von Reizen nach Funktion oder Erscheinungsbild bei Split-Brain-Patienten. Die Stimuli der oberen Reihe werden jeweils nur einer Hemisphäre dargeboten. Der Patient soll dann aus den unten abgebildeten Vergleichsreizen jeweils den am besten passenden auswählen. Wenn die linke Hemisphäre die Reize sieht, zeigt sie eine Tendenz, diese Stimuli nach der Funktion zuzuordnen. Sieht nur die rechte Hemisphäre den Reiz, erfolgt die Zuordnung meist nach dem Aussehen. (Nach J. Levy und C. Trevarthen, „Metacontrol of Hemispheric Function in Human Split Brain Patients", *Journal of Experimental Psychology* 2 (1976): 302. American Psychological Association. Genehmigter Nachdruck.)

läßt, während die rechte Hemisphäre offenbar ganzheitlich vorgeht.[35] Man kann die soeben betrachteten Unterschiede auch anders interpretieren, aber die Differenzierung zwischen analytischem und ganzheitlichem Aspekt hat auf jeden Fall dafür gesorgt, daß Hemisphärenunterschiede nicht mehr nur auf dem Hintergrund der Dichotomie verbal/nonverbal betrachtet werden. Diese ist zweifellos zu einfach, um all die Befunde zu erklären, die man an Hirngeschädigten, Split-Brain-Patienten und (wie wir im nächsten Kapitel sehen werden) gesunden Personen erhoben hat.

Visuelle Komplettierung

Die Patientin N. G. sitzt vor einem Bildschirm. Wieder bittet man sie, den in der Mitte angebrachten Punkt zu fixieren. Auf dem Schirn erscheint kurz ein seltsames Bild – ein in der Mitte gespaltenes Gesicht, dessen linke und rechte Hälfte von zwei unterschiedlichen Gesichtern stammen. Rechts ist das halbe Gesicht jener Person zu sehen, zu der N. G. den Namen „Tim" gelernt hat; das Gesicht links gehört zu „Linda". Solche zweiteiligen Reize nennt man *Chimären,* in Anlehnung an Chimära, jenes sagenhafte Ungeheuer der griechischen Mythologie, das aus Teilen verschiedener Tiere bestand. N. G. soll nun berichten, was sie gesehen hat. Sie gibt an, „Tim" gesehen zu haben. Auf weitere Fragen bestreitet sie, daß mit dem Bild irgend etwas nicht in Ordnung gewesen sei. Später wird dasselbe zusammengesetzte Bild noch einmal auf den Bildschirm projiziert. Dieses Mal wird sie gebeten, nichts zu sagen. Statt dessen zeigt man ihr verschiedene Bilder von vollständigen Gesichtern und bittet sie, mit einer Hand auf dasjenige zu deuten, das sie gerade gesehen hat. Sie zeigt auf das Photo von „Linda“.

Dieses in Abbildung 2.9 dargestellte Experiment zeigt erneut, daß jede Gehirnhälfte blind ist für das, was die andere Seite sieht. Besonders eindrucksvoll ist bei dieser Chimärendarbietung, daß jede Hemisphäre offenbar ein normales, symmetrisches Gesicht gesehen hat – ungeachtet der ungewöhnlichen Zusammensetzung des Reizes. Außerdem veränderten sich die Berichte der Patientin über das Gesehene in Abhängigkeit von der Form, in der die Antwort gegeben werden sollte. Dabei zeigten sich bei ihr keinerlei Anzeichen eines Konfliktes.

a

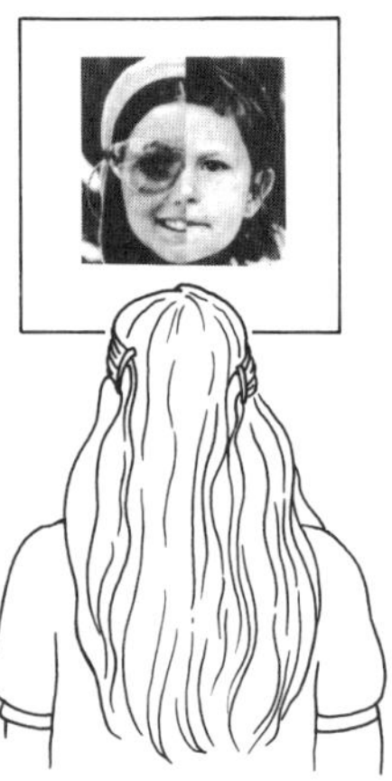

2.9 Chimärentest mit Split-Brain-Patienten. a) Der Versuchsleiter sagt der Patientin, daß sie ein Bild sehen wird, und bittet sie, die Mitte des Bildschirmes zu fixieren. Dann wird ein aus zwei Halbbildern zusammengesetztes Bild (Chimäre) tachistoskopisch dargeboten. Die Patientin soll anschließend das gesehene Bild entweder b) verbal oder c) durch Zeigen mit der einen oder anderen Hand identifizieren. Den Split-Brain-Patienten scheint bei solchen Tests nicht bewußt zu sein, daß die dargebotenen Reize unvollständig oder widersprüchlich sind. Wenn sie gebeten werden, ihre Antwort mündlich zu geben, wählen sie das Bild, das für die rechte Hälfte der Chimäre verwendet wurde. Wenn sie dagegen auf eines der Bilder zeigen sollen, wählen sie das, von dem die linke Hälfte des zusammengesetzten Reizes stammte. (Nach J. Levy, C. Trevarthen und R. W. Sperry, „Perception of Bilateral Chimeric Figures Following Hemispheric Disconnection“, *Brain* 95 (1972): 68, Abb. 4.)

b

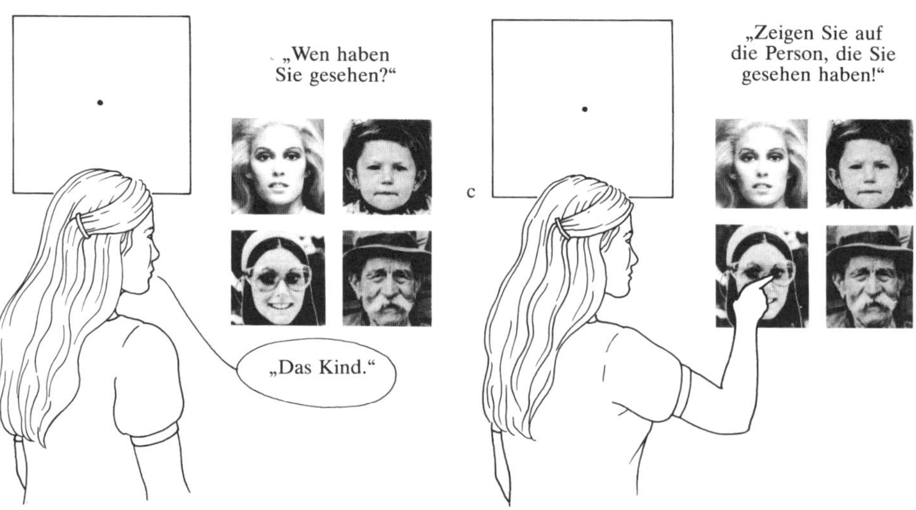

Die Tendenz von Split-Brain-Patienten, etwas als Ganzes wahrzunehmen, was in Wirklichkeit zwei auf der visuellen Mittellinie zusammengefügte Halbbilder sind, die sogenannte *visuelle Komplettierung* oder *vervollständigende visuelle Ergänzung,* ist zum ersten Mal an Patienten beobachtet worden, die ein kurz ins Zentrum des visuellen Feldes projiziertes Quadrat richtig identifizieren konnten. Da die linke Hälfte des Quadrates in die rechte Hemisphäre und die rechte Hälfte in die linke Hemisphäre projiziert wurden, bedeutete die Aussage der Patienten, ein normales Quadrat gesehen zu haben, daß die linke Gehirnhälfte die ihr dargebotene Teilfigur „ergänzt" hatte. Auch die rechte Hemisphäre nahm ein normales Quadrat wahr, denn wenn man einen Patienten bat, zu skizzieren, was er gesehen hatte, zeichnete er mit der linken Hand eine vollständige Figur.[36] Spätere Untersuchungen haben gezeigt, daß auch Chimären wie die zusammengesetzten Bilder, die die Patientin N. G. sah, eine visuelle Ergänzung bewirken.

Man kann das Phänomen der visuellen Komplettierung auch bei einigen Patienten mit einseitiger Schädigung der visuellen Gehirnregionen beobachten. Zwar hat man die visuelle Komplettierung in beiden Fällen noch nicht ausreichend verstanden, doch trägt sie mit Sicherheit dazu bei, daß Split-Brain-Patienten nach eigenen Berichten die Welt normal erscheint. Zusammen mit Augenbewegungen, die Informationen in beide Gehirnhälften bringen, verhilft die komplettierende Ergänzung dazu, die visuelle Erfahrung über das gesamte Gesichtsfeld zu vereinheitlichen.

Metakontrolle: Wer hat denn nun das Kommando?

Jerre Levy und Colwyn Trevarthen setzten aus Zeichnungen von alltäglichen Gegenständen Chimären zusammen und baten ihre Versuchspersonen, in einer frei sichtbaren Anordnung von Bildern jeweils auf ein ähnliches Bild zu deuten.[37] Die Wahl konnte aufgrund der Funktion oder des Erscheinungsbildes getroffen werden. (Beispiele sind in Abbildung 2.8 dargestellt.) Bei jedem Versuchsdurchgang waren zu den Reizen, die in die rechte und linke Gehirnhälfte projiziert wurden, Zuordnungen sowohl nach Funktion als auch nach Erscheinungsbild möglich. Dadurch konnten die Forscher feststellen, ob eine Hemisphäre eine bestimmte „Vorliebe" beim Vergleichen hat. Ihre Hypothese war, daß die funktionalen Zuordnungen am besten von der linken Gehirnhälfte durchgeführt würden und daß die Vergleiche nach dem Aussehen eine Spezialität der rechten Hemisphäre seien.

Diese Vorhersage wurde durch die Ergebnisse von Untersuchungen an einem Patienten gestützt, dem man die uneindeutige Anweisung gegeben hatte, „ähnliche" Objekte zusammenzustellen. Die Antworten auf linkshemisphärische Reize waren in überwältigendem Umfang von der Funktion bestimmt, die auf rechtshemisphärische Reize vom Erscheinungsbild. Die Untersucher wiesen dann dieselbe Person und andere Patienten ausdrücklich an, nur auf der Grundlage der Funktion beziehungsweise des Aussehens zu vergleichen. Die Aufforderung, nach der Funktion auszuwählen, löste im allgemeinen funktionale Zuordnungen zu linkshemisphärischen Reizen aus, während auf

Instruktionen, nach dem Erscheinungsbild vorzugehen, meist vom Aussehen bestimmte Zuordnungen zu rechtshemisphärischen Reizen folgten.

Dennoch wich ein großer Teil der Antworten vom erwarteten Muster ab. In einigen Fällen folgte auf die Anweisung, nach dem Erscheinungsbild auszuwählen, zwar eine Antwort auf den Reiz in der rechten Gehirnhälfte, die Versuchsperson stellte aber einen Funktionsvergleich an. Ähnlich kam es bei Aufforderungen, die Funktion heranzuziehen, manchmal zu einer Antwort auf den linkshemisphärischen Reiz, die auf dem Erscheinungsbild basierte. In diesen Fällen antwortete zwar die den Anweisungen entsprechende Gehirnhälfte, aber auf „unpassende" Weise. Auch der umgekehrte Fall trat auf: Die der Instruktion nicht „gemäße" Gehirnhälfte kontrollierte gelegentlich die Antwort, wandte dabei aber die „passende" Verarbeitungsstrategie an. Beispielsweise antwortete die rechte Hemisphäre auf eine „Funktions"-Anweisung mit einer funktionalen Zuordnung, oder die linke Gehirnhälfte reagierte auf eine „Erscheinungsbild"-Instruktion mit einer Entscheidung nach dem Aussehen.

Diese Ergebnisse zeigen, daß eine Gehirnhälfte durchaus nicht immer die Aufgabe durchführt, für deren Lösung man sie für überlegen hält, und daß sie bei der Lösung auch nicht immer Informationen in der erwarteten Weise verarbeitet. Dieses überraschende Resultat führte Levy zu der Spekulation, daß »die Hemisphärenaktivierung nicht auf der tatsächlichen Eignung einer Gehirnhälfte, ja nicht einmal auf ihrer üblichen Verarbeitungsstrategie in einer bestimmten Situation beruht, sondern darauf, was sie *denkt,* tun zu können«.[38]

Wenn Levy hier von „Denken" spricht, dann meint sie in Wirklichkeit Wechselwirkungen zwischen höheren Großhirnrindenprozessen und Aktivierungsfunktionen des Hirnstammes, die sie als „Metakontrolle" bezeichnet. Nach Levys Ansicht arbeitet jede Hemisphäre jeweils einen vorgegebenen Satz von Instruktionen ab. Auf der Grundlage der Ergebnisse dieser Verarbeitung werden Signale an den Hirnstamm geschickt, der dann seinerseits dafür sorgt, daß die eine oder andere Hemisphäre mehr Kontrolle erhält. Somit unterliegt die Steuerung der Hemisphärendominanz, also die Bestimmung, welche Seite das „Kommando" hat, einem System, daß zwar sehr genau auf Aufgabeninstruktionen reagiert, daß sich aber von demjenigen unterscheidet, das die eigentliche Bearbeitung durch eine Hemisphäre festlegt, wenn diese einmal die Kontrolle übernommen hat.[39] Nach Ansicht von Levy gibt es Dissoziationen genau deshalb, weil die Mechanismen, die die Aktivierung der Hemisphären bewirken, sich von denen unterscheiden, die an der Bearbeitung der Aufgaben beteiligt sind.

Geteiltes Bewußtsein und einigende Mechanismen

Unter gewissen Bedingungen scheinen die beiden Hemisphären eines Split-Brain-Patienten als unabhängige Verarbeitungseinheiten zu wirken und dann Ergebnisse hervorzubringen, die an das Verhalten zweier getrennter Individuen erinnern. Sperry hat dazu folgendes bemerkt:

»Jede Gehirnhälfte ... besitzt ihre ... eigenen Empfindungen, Wahrnehmungen, Gedanken und Vorstellungen, die alle von den entsprechenden Erfahrungen in der gegenüberliegenden Hemisphäre abgeschnitten sind. Die linke und die rechte Gehirnhälfte haben jeweils ihre eigene, individuelle Kette von Erinnerungen und Lernerfahrungen, auf die die andere Hemisphäre nicht zurückgreifen kann. Jede getrennte Gehirnhälfte scheint in vieler Hinsicht einen „eigenen Geist" zu haben.«[40]

Dennoch fiele zufälligen Beobachtern an den meisten Split-Brain-Patienten kurz nach der Kommissurotomie wohl nichts Außergewöhnliches auf. Wahrscheinlich könnte ein Patient, der sich ohne Komplikationen von der Operation erholt hat, sich sogar ein oder zwei Jahre später einer medizinischen Routineuntersuchung unterziehen, ohne daß ein Nichteingeweihter etwas von dem Eingriff ahnte. Bei Patienten ohne Corpus callosum und andere Kommissuren sind Sprache, Sprachverständnis, Persönlichkeit und motorische Koordination bemerkenswert gut erhalten.

Was sorgt dafür, daß die beiden getrennten Hemisphären im täglichen Leben dieser Patienten als Einheit fungieren? Offenbar gibt es eine ganze Reihe von einigenden Mechanismen – manche davon haben wir bereits kennengelernt –, die den Verlust der Gehirnkommissuren ausgleichen. Bewegungen beider Augen sowie die Tatsache, daß jedes Auge in beide Hemisphären projiziert, spielen eine wichtige Rolle für die Einheit der visuellen Welt. Die Augenbewegungen, die eine Gehirnhälfte veranlaßt, um einen Gegenstand ins Blickfeld zu bekommen, dienen gleichzeitig dazu, diese Information auch der anderen Hemisphäre zugänglich zu machen. So werden die Konflikte, die sich ergäben, wenn beide Hemisphären verschiedene Hälften des Gesichtsfeldes sähen, weitgehend vermieden.

Auch die Informationen, die über den Berührungs- oder Tastsinn eingehen, dienen dazu, jeder Hemisphäre Reize von beiden Seiten des Raumes zu Bewußtsein zu bringen. Bisher haben wir nur die gekreuzten, also kontralateralen Nervenfaserverbindungen betrachtet, die jede Hemisphäre mit Signalen aus der jeweils gegenüberliegenden Hand versorgen. Daneben gibt es eine wenn auch viel geringere Anzahl von Nervenfasern, die auf der gleichen Seite – das heißt ipsilateral – verlaufen und jeder Gehirnhälfte einen beschränkten Informationsfluß aus der Hand derselben Körperseite zuteil werden lassen. Die ipsilateralen Sinnesinformationen sind allerdings im allgemeinen unvollständig und reichen einem Patienten normalerweise nicht aus, um einen Gegenstand, den er in seiner linken Hand hält, verbal zu identifizieren. Trotzdem liefern die ipsilateralen Nervenbahnen wichtige Teilinformationen.

Eine weitere Möglichkeit, Informationen beiden Gehirnhälften zugänglich zu machen, bieten die in den tieferen Regionen des Gehirns liegenden Kommissuren. Bei Split-Brain-Operationen am Menschen zerschneidet man nur Nervenfaserbündel, die corticale Bereiche miteinander verbinden, also die großen Nervenbahnen zwischen den beiden Hemisphären; andere, kleinere Kommissuren bleiben unversehrt. Einige davon verbinden paarweise angeordnete Strukturen, die zum Mittelhirn gehören. Sie sind in Abbildung 2.10 dargestellt.

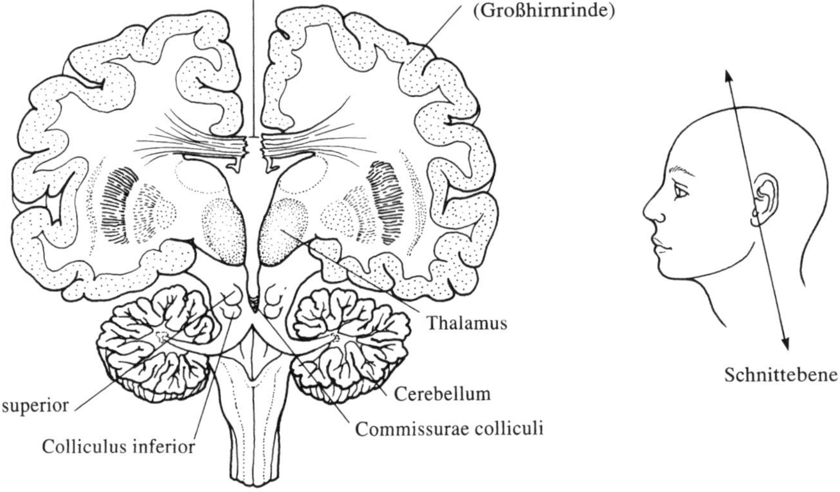

2.10 Diese Dorsalansicht eines schräg verlaufenden Frontalschnittes veranschaulicht des Ausmaß der Teilung des Gehirns nach einer Split-Brain-Operation im Vorderhirn. Der Balken ist durchtrennt, aber die sensorischen Strukturen des Mittelhirns bleiben durch die Kommissuren der Vierhügelplatte (Commissurae colliculi) miteinander verbunden und können Informationen austauschen. (Aus R. W. Sperry, „The Great Cerebral Commissure", *Scientific American* (1964). Alle Rechte vorbehalten.)

Ein Beispiel für solche Strukturen sind die *Colliculi superiores,* die daran mitwirken, Gegenstände zu orten und ihre Bewegungen zu verfolgen. Man nimmt an, daß die Colliculi (lateinisch für „Hügelchen") die Aspekte des „Wo" in der visuellen Welt verarbeiten – im Gegensatz zum „Was" oder den feineren Details der visuellen Wahrnehmung. Die Colliculi superiores auf der linken und rechten Seite stehen durch Kommissuren miteinander in Verbindung, so daß jede Gehirnhälfte Informationen über den Ort erhält, an dem sich ein Objekt befindet, unabhängig davon, wo im Gesichtsfeld es erscheint. Diese grobe Positionsinformation könnte auch das bereits erwähnte Phänomen der visuellen Komplettierung erklären.

Hinweise auf einen Informationsaustausch zwischen getrennten Hemisphären

Befunde aus einer neueren Reihe von Untersuchungen mit Split-Brain-Patienten weisen darauf hin, daß bestimmte Aspekte eines Reizes, der nur einer Hemisphäre dargeboten wird, beiden Gehirnhälften zugänglich sind. In einem Experiment zur visuellen Aufmerksamkeit verwendete man als Reiz eine Matrix mit drei mal drei Feldern, die jeweils links oder rechts vom Fixationspunkt der Versuchsperson dargeboten wurden.[41] Bei jedem Versuchsdurchgang erschien in einem der neun Felder kurzzeitig eine als Zielreiz dienende Ziffer; die Aufgabe der Versuchsperson bestand nun darin, anzugeben, ob es sich um eine gerade oder eine ungerade Ziffer handelte. Bei Reizdarbietungen „innerhalb einer Gesichtsfeldhälfte" erschien vor Auftreten des Zielreizes für kurze Zeit ein X (als räumlicher Hinweisreiz) in einem der neun Matrixfelder oder auf dem zentralen Fixationspunkt. Wenn er in einem der Felder gezeigt wurde, dann entweder in dem, das der Position des folgenden Zielreizes entsprach, oder in einem anderen. Bei den Versuchen „zwischen den Gesichtsfeldhälften" bot man in jeder Gesichtsfeldhälfte eine Matrix dar; das X erschien in einem Feld der einen Matrix, der anschließend gezeigte Zielreiz in einem Feld der anderen. Abbildung 2.11 zeigt diese Situation.

Frühere Arbeiten mit neurologisch unauffälligen Versuchspersonen, in denen dieses Verfahren angewandt worden war, hatten gezeigt, daß die Reaktionszeit kürzer ist, wenn der räumliche Hinweisreiz die Position des folgenden Zielreizes vorgibt. Würde sich bei Split-Brain-Patienten der gleiche Effekt nachweisen lassen, wenn die Aufgabe den Zugriff auf Informationen von beiden Hemisphären (zwischen den Gesichtsfeldhälften) erfordert? Die Ergebnisse waren eindeutig: Bei beiden daraufhin untersuchten Split-Brain-Patienten nahm die Reaktionszeit ab, wenn die Versuchsperson vorher über die räumliche Position informiert wurde, und zwar sowohl bei Reizdarbietung in-

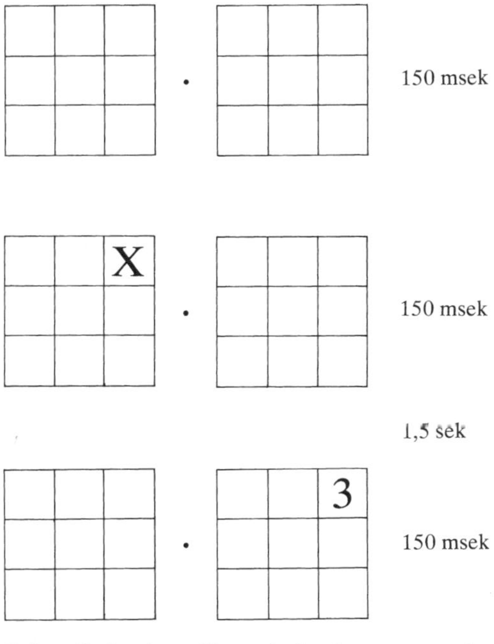

2.11 Beispiel zweier Reize, die in einem Versuchsdurchgang unter der Bedingung „zwischen den Gesichtsfeldhälften" dargeboten werden. Zuerst sieht die Versuchsperson rechts und links vom Fixationspunkt je eine Matrix mit neun leeren Feldern. Dann erscheint für die Dauer von 150 Millisekunden in einem Feld der Matrix in der linken Gesichtfeldhälfte der „räumliche" Hinweisreiz (X). Nach einer Pause von anderthalb Sekunden, in der wiederum nur leere Felder zu sehen sind, wird in der Matrix der anderen (rechten) Gesichtsfeldhälfte der Zielreiz (3) dargeboten, und zwar entweder in der gleichen oder in einer anderen Position wie der vorhergehende Hinweisreiz. In dem gezeigten Versuchsdurchgang erscheint ein „verläßlicher", das heißt gleich positionierter Hinweisreiz.

nerhalb als auch zwischen den Gesichtsfeldhälften. Die Reaktionszeit stieg an, wenn ein irreführender Hinweisreiz präsentiert wurde. Ein anderes Experiment mit derselben Methode zeigte, daß die spezifische Information über die Position eines Reizes, der in einer Gesichtsfeldhälfte gezeigt wird, der anderen Hemisphäre nicht zugänglich ist.

Die Untersucher sahen diese Ergebnisse als Nachweis dafür an, daß zwischen der Reizinformation, die man benötigt, um die räumliche Position klar zu identifizieren, und der Reizinformation, die notwendig ist, um die visuelle Aufmerksamkeit zu lenken, unterschieden wird. Sie meinten, daß an diesen beiden Funktionen verschiedene Nervenbahnen beteiligt sein könnten und daß die Kommissurotomie den Zugriff jeder Hemisphäre auf die Information, die zur Steuerung der visuellen Aufmerksamkeit benötigt wird, nicht unterbricht.

Justine Sergent präsentierte zusätzliche Belege dafür, daß bei einigen ausgewählten Patienten der kalifornischen Gruppe bestimmte Informationsaspekte zwischen den Hemisphären ausgetauscht werden.[42] Bei einer Aufgabe waren die Patienten nicht in der Lage zu beurteilen, ob zwei Ziffern, von denen jeder Hemisphäre gleichzeitig jeweils eine dargeboten wurde, identisch waren. Wenn aber die Aufgabenstellung dahin abgeändert wurde, daß die Patienten angeben sollten, ob eine der Ziffern größer als die andere war, besserte sich ihre Leistung erheblich. In einem anderen Test zeigten sich die Patienten unfähig, die Merkmale von Gesichtern zu beschreiben, die nur der rechten Hemisphäre dargeboten worden waren. Andererseits konnten sie aber auf gezielte Fragen zu diesen Gesichtern (beispielsweise jung/alt oder Mann/Frau) richtig antworten. Für Sergent spiegeln diese Ergebnisse die Rolle subcorticaler Strukturen im Austausch von semantischen Informationen beziehungsweise von Bedeutungsinhalten wider. Folglich, so behauptet sie, trügen die subcorticalen Strukturen dazu bei, beide Hemisphären bezüglich ihrer jeweiligen „Informationsinhalte" auf dem laufenden zu halten; allerdings seien die einander mitgeteilten Informationen nicht sehr spezifisch.

In nachfolgenden Untersuchungen, die andere Forscher mit den Patienten von Donald Wilson durchführten, ließen sich diese Befunde jedoch nicht bestätigen.[43] Der Grund für diese Diskrepanzen in den Ergebnissen ist noch genauso unklar wie die Rolle von subcorticalen Strukturen im interhemisphärischen Austausch von Informationen.

Was leisten die Gehirnkommissuren tatsächlich?

Wir haben zu Beginn dieses Kapitels über das Rätsel berichtet, das die Funktion des Corpus callosum aufgibt. Sind wir des Rätsels Lösung nun auf die Spur gekommen? Eine einfache Antwort wäre: Ja, wir wissen, daß die Gehirnkommissuren Informationen, die eine Hemisphäre erhält, zur anderen Gehirnhälte übertragen. Obwohl das zutrifft, ist es keine sonderlich aufschlußreiche oder vollständige Antwort. Zumindest sollten wir die Art der übertragenen Information kennen und wissen, wie die Hemisphären sie nutzen.

Ein Modell der Gehirnasymmetrie

Vermutlich haben sich im Verlauf der Evolution die Funktionen der rechten und der linken Gehirnhälfte allmählich auseinanderentwickelt. Gebiete der linken Hemisphäre spezialisierten sich dabei auf die Erzeugung schnell wechselnder Bewegungsmuster, wie sie beispielsweise für die motorische Feinkontrolle der Hände und des Stimmapparats von großer Bedeutung sind. Sie wurden darüber hinaus auch geschickter bei der Verarbeitung jener rasch wechselnden akustischen Muster, die die Stimmbänder beim Sprechen produzieren.

Weitere Vermutungen gehen dahin, daß die linke Hemisphäre generell bei der sequentiellen (seriellen) Verarbeitung besonders geschickt und deshalb die analytischere der beiden Gehirnhälften ist. Man nimmt an, daß diese analytische Form der Informationsverarbeitung auf jede eingehende Information, nicht nur auf die Sprache, angewandt wird. Bei visueller Information hieße das, daß sie in einzelne Merkmale aufgelöst und wieder neu organisiert würde.

Im Gegensatz dazu spezialisierten sich Gebiete der rechten Gehirnhälfte auf die gleichzeitige (parallele) Verarbeitung von Informationen, die erforderlich ist, um räumliche Muster und Beziehungen wahrzunehmen. Einige Forscher haben behauptet, daß die Besonderheiten der rechten Hemisphäre auf jenen Prozessen beruhen und aufbauen, die als grundlegend für die visuelle Wahrnehmung und das visuelle Gedächtnis gelten. Aus diesen Vermutungen hat sich die Vorstellung entwickelt, daß die rechte Gehirnhälfte allgemein eher ganzheitlich und synthetisch mit allen Arten von Informationen umgeht.

Obwohl einige dieser Bezeichnungen – wie analytisch und synthetisch –, mit denen man die Funktionen der linken und rechten Hemisphäre beschreibt, recht vage sind und der Klärung durch weitere Forschungen bedürfen, ist unbestreitbar, daß Unterschiede solcher Art existieren. Manche Untersucher nehmen an, daß die Mechanismen, die diesen Verarbeitungsstilen zugrunde liegen, miteinander unvereinbar sind und daß darauf ihre evolutionäre Entwicklung in zwei verschiedene Hemisphären beruht.

Hier drängt sich sofort die Frage auf, wie die beiden Gehirnhälften sich die Kontrolle des alltäglichen Verhaltens teilen. Zuerst haben viele Forscher die Möglichkeit erwogen, daß eine Hemisphäre – normalerweise die linke – das Verhalten weitgehend allein kontrolliert. Auf diese Vorstellung gründete sich das ursprüngliche Konzept der zerebralen Dominanz. Es wurde durch frühe Befunde bei Split-Brain-Patienten unterstützt, bei denen in Situationen, wo gleichzeitig verschiedene Informationen in beide Hemisphären gelangten, nachweislich die linke Gehirnhälfte die Kontrolle über die Reaktionen übernahm. Übersehen hatte man dabei jedoch, daß diese Experimente im allgemeinen sprachliche Reize (etwa Wörter) beinhalteten und häufig auch eine verbale Antwort erforderten. Unter diesen Bedingungen ist es ganz und gar nicht überraschend, daß sich die sprechende Hemisphäre als „beherrschend" herausstellte.

Eine alternative Vorstellung – nämlich, daß beide Gehirnhälften ständig um die Kontrolle wetteifern – ergab sich aus der späteren Arbeit mit Split-

Brain-Patienten. Man setzte nun vielfältigere Aufgaben ein, darunter auch solche, bei denen die rechte Hemisphäre besser war, und kam zu einigen interessanten Ergebnissen. Bei den Chimärenuntersuchungen beispielsweise haben wir gesehen, daß es trotz spezieller Anweisungen, die gezielt eine bestimmte Hemisphäre aktivieren sollen, nicht immer möglich ist, vorherzusagen, welche Gehirnhälfte eine Reaktion kontrollieren wird. Beobachtungen dieser Art haben zu der Vermutung geführt, daß zwischen den Gehirnhälften ein empfindliches Gleichgewicht besteht, das sich in Abhängigkeit von der Aufgabe oder anderen, derzeit noch unbestimmten Faktoren zur einen oder anderen Seite hin verlagert.

Einige Forscher gehen davon aus, daß das Corpus callosum und andere Kommissuren eine wichtige Rolle für den Erhalt der zwischenhemisphärischen Harmonie im gesunden Gehirn spielen, indem sie dazu beitragen, die sprachliche und die räumliche Denkweise in ein einheitliches Verhalten zu integrieren. Wie aber entsteht diese Harmonie? Geht es lediglich darum, sicherzustellen, daß beide Hemisphären Zugang zur selben Information haben, oder ist zusätzlich noch ein komplexeres Kontrollsystem daran beteiligt, das Aktivitäten in den Gehirnhälften hemmt oder unterdrückt?

Die Kommissuren als Vermittler zwischen den Hemisphären

Solche Überlegungen bringen zurück zu der Frage nach der Rolle der Gehirnkommissuren, die bis heute noch nicht endgültig beantwortet ist. Zum gegenwärtigen Zeitpunkt kann man die Aufgabe des Balkens und anderer Kommissuren am besten als Leitung beschreiben, über die die Hemisphären Informationen austauschen und vielleicht auch jene Probleme angehen, die sich aus dem Konflikt zwischen unabhängigen Verarbeitungseinheiten (Modulen) ergeben. Da es sich bei den Kommissuren einfach um Nervenfaserbündel handelt, können sie von sich selbst aus überhaupt nichts kontrollieren. Sie können aber als Kanäle dienen, durch die die Synchronisation der Hemisphärenfunktionen erfolgt und dank denen doppelte Arbeit oder Leistungswettbewerb verhindert werden.

Vielleicht wird diese Integration dadurch erreicht, daß das Corpus callosum einfach als sensorisches „Fenster" ein getrenntes und vollständiges Abbild aller in einer Gehirnhälfte eingehenden sensorischen Information bereitstellt. Wahrscheinlicher ist allerdings, daß gewöhnlich komplexe, aufbereitete Signale die Kommissuren überqueren – Signale, die jede Gehirnhälfte über Vorgänge in der anderen Hemisphäre informieren und in bestimmtem Umfang ihre jeweiligen Operationen kontrollieren. Ein solcher Informationsaustausch würde es ermöglichen, daß das Gehirn als Ganzes über die funktionellen Fähigkeiten der einzelnen Hemisphären hinausginge.

In den frühen Phasen der Evolution und der Entwicklung der bilateralsymmetrischen Körperorganisation mag die fortlaufende Übertragung sensorischer Information von der einen zur anderen Seite die wichtigste Funktion der zwischenhemisphärischen Leitungsbahnen gewesen sein. Es ist jedoch wahrscheinlich, daß diese Bahnen mit der Entwicklung von Asymmetrien in der Gehirnfunktion eine komplexere Aufgabe übernommen haben.

Wenn dies der Fall wäre, warum gibt es dann bei Split-Brain-Patienten keine Hinweise auf gravierende Probleme? Wir haben zumindest einen Teil der Antwort bereits diskutiert, nämlich die Tatsache, daß die Trennung der Hemisphären bei diesen Patienten nie wirklich vollständig ist. Möglicherweise spielen aber auch die Kommissuren ihre wichtigste Rolle schon in der frühen Entwicklungsperiode nach der Geburt. Werden sie dann im späteren Leben durchtrennt, ist das nicht allzu kritisch, weil die Hemisphärenunterschiede und die Verknüpfungen zwischen den Gehirnhälften bereits festgelegt sind. In Kapitel 12 werden wir uns noch ausführlicher mit Modellen der Funktion des Balkens befassen. Die Bedeutung des Corpus callosum (beziehungsweise seines Fehlens) während der Entwicklung werden wir in Kapitel 9 besprechen.

Besondere Erkenntnisse aus der klinischen Split-Brain-Forschung

Aus den diversen Befunden, die an Split-Brain-Patienten erhoben wurden, haben wir den Schluß gezogen, daß die Hemisphärenspezialisierung kein Alles-oder-Nichts-Phänomen darstellt, sondern eher auf einem Kontinuum angesiedelt ist. Neuere Arbeiten mit Split-Brain-Patienten zeigen, daß jede Gehirnhälfte die Fähigkeit besitzt, viele Arten von Aufgaben zu lösen, daß sie sich aber in Vorgehensweise wie auch Leistungsfähigkeit oft von der anderen Hemisphäre unterscheidet. Beinahe alle menschlichen Verhaltensweisen oder höheren geistigen Funktionen umfassen jedoch mehr als nur die „Spezialgebiete" einer Gehirnhälfte und greifen auf das zurück, was beide Hemisphären gemeinsam leisten.

Bei der Arbeit mit Split-Brain-Patienten erweist sich stets die Sprache als hervorragendster und tiefgreifendster Unterschied zwischen linker und rechter Gehirnhälfte. Einige Forscher haben behauptet, daß alle anderen Hemisphärenunterschiede auf dieser verbalen Asymmetrie beruhen.[44] Ihrer Meinung nach ist die Region der linken Gehirnhälfte, die eine Spezialisierung für die Sprache entwickelte, nicht mehr verfügbar für die Verarbeitung von räumlicher Information, die zuvor von jeder Hälfte des Gehirns kontrolliert worden sei. Die rechte Hemisphäre schiene dann auf räumliche Fähigkeiten spezialisiert zu sein, obwohl dies in Wirklichkeit auf dem Defizit der linken Gehirnhälfte beruht und nicht auf der Überlegenheit der rechten Hemisphäre. Dieses Argument eröffnet eine interessante Perspektive bezüglich des Problems, wie sich die Lateralisierung entwickelt hat; es dürfte jedoch außerordentlich schwierig sein, dafür einen „Beweis" im üblichen Sinne zu erbringen.

3. Asymmetrien im normalen Gehirn

Glücklicherweise sind die meisten Menschen neurologisch gesund und besitzen zwei ungeschädigte, durch intakte Kommissuren verbundene Gehirnhälften. Was können Befunde über das linke und das rechte Gehirn, die man an Split-Brain-Patienten gewonnen hat, über die Rolle der beiden Hemisphären beim Rest der Menschheit aussagen?

Asymmetrien bei normalen Versuchspersonen sind auf verschiedene Weisen erforscht worden. Eine der ältesten und am häufigsten benutzten Techniken macht sich die natürliche Trennung der Sehbahn beim Menschen zunutze. Diese anatomische Aufspaltung teilt unsere visuelle Welt in zwei Bereiche, die jeweils auf eine der beiden Hemisphären abgebildet werden. Man ist deshalb in der Lage, den visuellen „Input" zu lateralisieren – das heißt, Reize nur einer Hemisphäre zu präsentieren –, indem man das Material sehr kurz rechts oder links vom Fixationspunkt der Versuchsperson aufblitzen läßt. Wegen der Verbindungen zwischen den Gehirnhälften bleibt diese Präsentation in den Hemisphären nur einen Bruchteil von Sekunden einseitig, aber das reicht offensichtlich aus, um die Fähigkeiten einer Hemisphäre mit denen der anderen vergleichen zu können.

Ähnliches hat man für das Hören entdeckt; wenn man beiden Ohren gleichzeitig unterschiedliche akustische Informationen darbietet, führt das zu einer anfänglichen Lateralisierung der auditiven Reize. Information, die das linke Ohr empfängt, gelangt vor allem in die rechte Hemisphäre, und Information, die dem rechten Ohr dargeboten wird, überwiegend in die linke. Dieses als *dichotisches Hören* bekannte Verfahren hat es den Forschern ermöglicht, Unterschiede und Ähnlichkeiten in der Art, wie die beiden Hemisphären Sprache und andere akustische Informationen behandeln, zu untersuchen.

In diesem Kapitel wollen wir Ergebnisse vorstellen, die mit solchen Techniken an normalen Versuchspersonen gewonnen wurden.

Asymmetrie der Gesichtsfeldhälften

Die Untersuchung von Wahrnehmungsunterschieden in den beiden Gesichtsfeldhälften bei normalen Versuchspersonen ähnelt oft den Tests, die man bei Split-Brain-Patienten anwendet. Visuelle Reize, die kurz in der linken Gesichtsfeldhälfte aufleuchten, gelangen zunächst zur rechten Hemisphäre; Reize, die in der rechten Gesichtsfeldhälfte dargeboten werden, zunächst zur linken. Bei Split-Brain-Patienten bleibt diese anfängliche Lateralisierung erhalten, da die Verbindungen zwischen den Gehirnhälften durchtrennt sind. Bei einer normalen Versuchsperson dagegen können die intakten Nervenbahnen die nur einer Hemisphäre präsentierte Information in die andere Gehirnhälfte übertragen. Trotzdem ließen sich bei bestimmten Tests Leistungsunterschiede nachweisen, die davon abhingen, ob die Aufgabe in der rechten oder in der linken Gesichtsfeldhälfte dargeboten wurde.

Gesichtsfeldunterschiede: Konsequenz der Lesegewohnheiten oder Anzeichen einer Hemisphärenasymmetrie?

In den frühen fünfziger Jahren zeigten Mortimer Mishkin und Donald Forgays, daß normale rechtshändige Versuchspersonen englische Wörter besser erkennen konnten, wenn diese rechts vom Fixationspunkt dargeboten wurden, als wenn sie in der linken Hälfte aufblitzten. Als man jedoch Versuchspersonen, die Jiddisch lesen konnten, auf gleiche Weise jiddische Wörter präsentierte, trat ein leichter Vorteil zugunsten der linken Gesichtsfeldhälfte auf. Die Autoren schlossen daraus, daß die erlernte Gewohnheit, in einer bestimmten Richtung zu lesen, zu einer besseren Verarbeitung von geschriebenem Englisch in der rechten Gesichtsfeldhälfte führt, während Jiddisch, eine Sprache, die das hebräische Alphabet benutzt und die man von rechts nach links liest, besser in der linken Gesichtsfeldhälfte verarbeitet wird.[1]

Diese Erklärung wurde mehrere Jahre lang allgemein akzeptiert, obwohl sie nicht auf die Frage einging, warum der Vorteil für die rechte Gesichtsfeldhälfte bei englischen Wörtern beträchtlich größer war als der für die linke Gesichtsfeldhälfte bei jiddischen Wörtern. Ein Jahrzehnt später jedoch lieferte die Veröffentlichung von Arbeiten mit den kalifornischen Split-Brain-Patienten eine Begründung, warum die Gesichtsfeldeffekte so ungleich groß waren.

Wie wir gesehen haben, traten bei Split-Brain-Patienten krasse Unterschiede in der Fähigkeit auf, gedruckte englische Wörter wiederzugeben, die in ihre rechte oder ihre linke Gesichtsfeldhälfte projiziert worden waren. Diese Unterschiede interpretierte man als Ausdruck der unterschiedlichen sprachlichen Fertigkeiten der beiden Hemisphären. Vielleicht, so dachten die Forscher jetzt, tragen die Asymmetrien, die man bei Split-Brain-Patienten gefunden hatte, auch etwas zu den Unterschieden zwischen den Gesichtsfeldhälften bei normalen Patienten bei. Den Ergebnissen von Mishkin und Forgays könnten demnach zwei parallel wirksame Mechanismen zugrunde liegen: a) die Bevorzugung einer Gesichtsfeldhälfte aufgrund der Lesegewohnheit in einer bestimmten Sprache und – davon *überlagert* – b) der Vorteil für die rechte Gesichtsfeldhälfte, der aus den Unterschieden zwischen linkem und rechtem Gehirn erwächst.

Eine wichtige Überprüfung dieser Zwei-Faktoren-Interpretation erfolgte in späteren Untersuchungen zur Gesichtsfeldasymmetrie, in denen man die englischen und jiddischen Wörter senkrecht darbot, um den möglichen Einfluß des gerichteten visuellen Abtastens auszuschließen. Bei einer weitgehenden Ausschaltung dieser Richtungskomponente sollten gemäß der Zwei-Faktoren-Interpretation die funktionellen Unterschiede zwischen den Hemisphären zu einemVorteil der rechten Gesichtsfeldhälfte sowohl für englische als auch für jiddische Wörter führen. Genau das fand man auch.[2]

Diese Ergebnisse sowie zahlreiche andere Daten, auf die wir noch eingehen werden, stützen die Annahme, daß Gesichtsfeldunterschiede bei normalen Versuchspersonen deren Gehirnasymmetrie widerspiegeln. Das ist ein aufregender Schluß, denn er legt nahe, daß Unterschiede zwischen dem linken und dem rechten Gehirn, die man bei Hirnverletzten und bei Split-Brain-Patienten gefunden hat, auch für das normale Gehirn gelten und daß man diese Unterschiede folglich auch bei gesunden Versuchspersonen untersuchen kann.

Warum führt eine lateralisierte Darbietung zu asymmetrischer Leistung?

Selbst wenn es bei gesunden Personen funktionelle Unterschiede zwischen den Hemisphären gibt – warum äußern sie sich überhaupt in der Verarbeitungsleistung für die beiden Gesichtsfeldhälften? Trotz der anfänglichen Lateralisierung und der einseitigen Darbietung haben doch beide Hemisphären Zugang zu allen ankommendenInformationen. Eine sehr kurze Darbietung eines Reizes in einer Gesichtsfeldhälfte stellt sicher, daß dieser zunächst auf direktem Weg nur eine Hälfte des Gehirns erreicht, aber die Verbindungen zwischen den Hemisphären können Informationen über den Reiz fast augenblicklich auf die andere Seite übertragen. Warum finden wir trotzdem Leistungsunterschiede zwischen den Gesichtsfeldhälften?

Insbesondere zwei Modelle der Hemisphärenasymmetrie werden in diesem Zusammenhang diskutiert. Das erste ist als „Modell des direkten Zugriffs" (*direct access model*) bekannt. Ihm zufolge wird die Information von derjenigen Gehirnhälfte verarbeitet, der sie zuerst zur Verfügung steht – unabhängig von irgendwelchen Unterschieden in der Leistungsfähigkeit der beiden Hemisphären. Mit anderen Worten: Die Gehirnhälfte, die eine Aufgabe zuerst dargeboten bekommt, bearbeitet sie auch, obwohl sie vielleicht gar nicht am besten dafür geeignet ist. Nach dem Modell des direkten Zugriffs ergeben sich also immer dann bessere Leistungen, wenn die Information unmittelbar in die für eine bestimmte Aufgabe spezialisierte Hemisphäre gelangt, da die Verarbeitung, die dort erfolgt, effektiver ist als die in der anderen Gehirn hälfte.

Das „Weiterleitungsmodell" (*relay model*) dagegen nimmt an, daß die Verarbeitung bestimmter Informationen stets durch die Gehirnhälfte vorgenommen wird, die dafür spezialisiert ist. Falls Material zuerst in die weniger geeignete Hemisphäre gelangt, muß es über die Kommissurenbahnen zunächst in die andere Gehirnhälfte übertragen werden, wo dann dic Bearbeitung stattfindet. Wenn diese Übertragung einen Verlust in der Qualität der Information bedingt, dann sollte sich auch hier ein Vorteil für Reizdarbietungen ergeben, welche die spezialisierte Hemisphäre direkt erreichen. In Tierversuchen fanden sich einige Hinweise darauf, daß bei der Übertragung über das Corpus callosum Information verloren geht. Bei Affen reagierten Nervenzellen, die auf die Umrisse von Reizen ansprachen und die in der einen Hemisphäre lokalisiert waren, stärker, wenn die Reize in die kontralaterale Gesichtsfeldhälfte projiziert wurden (die Information also direkt in diese Hirnhälfte gelangte); die Reaktionen waren schwächer, wenn der Reiz der ipsilateralen Gesichtsfeldhälfte dargeboten wurde und die Information in die andere wechseln mußte.[3]

Sowohl nach dem Modell des direkten Zugriffs als auch nach dem Weiterleitungsmodell stellen sich Leistungsunterschiede zwischen den Gesichtsfeldhälften bei Aufgaben ein, für deren Bewältigung die zwei Hemisphären von vornherein unterschiedliche Fähigkeiten besitzen. Und beide sagen eine bessere Leistung – im Sinne einer genaueren und schnelleren Reaktion – voraus, wenn die jeweiligen Informationen eben derjenigen Hemisphäre direkt dargeboten werden, die auf die hierfür entscheidende Funktion spezialisiert ist. Bezüglich der Beteiligung der jeweils nichtspezialisierten Gehirnhälfte und der Rolle der Kommissurenbahnen aber unterscheiden sich beide Modelle.

Die wohl stärkste Unterstützung für die Annahme, daß die Gesichtsfeldunterschiede bei normalen Versuchspersonen Ausdruck von Hemisphärenasymmetrien sind, ergibt sich aus den Übereinstimmungen zwischen diesen Befunden und den Ergebnissen von Untersuchungen an Hirngeschädigten und Split-Brain-Patienten. So stellt man auch bei normalen Versuchspersonen bei Tests mit Wörtern und Buchstaben einen Vorteil der rechten Gesichtsfeldhälfte fest, während sich für Reize, von denen man annimmt, daß sie von der rechten Hemisphäre verarbeitet werden, bei diesen Personen ein Vorteil der linken Gesichtsfeldhälfte zeigt.

Mehrere Untersuchungen haben zum Beispiel nachgewiesen, daß Versuchspersonen Gesichter, die in der linken Gesichtsfeldhälfte dargeboten werden, schneller erkennen können als in der rechten Gesichtsfeldhälfte gezeigte.[4] Aus anderen Arbeiten wissen wir, daß sich Versuchspersonen besser an die Lage von Punkten auf einer Karte erinnern können, wenn das Material zunächst der rechten Hemisphäre präsentiert wird.[5] Diese Befunde sind ein deutlicher Hinweis darauf, daß sich in den Gesichtsfeldunterschieden Hemisphärenunterschiede widerspiegeln: Der Vorteil der rechten Gesichtsfeldhälfte gibt die Spezialisierung der linken Hemisphäre auf Sprachfunktionen wieder, und der Vorteil der linken Gesichtsfeldhälfte entspringt der rechtshemisphärischen Spezialisierung auf die Verarbeitung visuell-räumlicher Reize.

Es muß allerdings darauf hingewiesen werden, daß Arbeiten mit nichtsprachlichen Reizen keineswegs so konsistente Ergebnisse erbracht haben wie die Experimente mit Wörtern oder Buchstaben. In einigen Untersuchungen mit sinnfreien Formen und geometrischen Figuren waren keine Unterschiede zwischen den Gesichtsfeldhälften nachweisbar.[6] Die meisten Experimente, in denen sich Unterschiede zwischen den Gesichtsfeldhälften ergeben, zeigen eine Überlegenheit der linken Hälfte. Das Problem ist, daß in vielen Arbeiten trotz der Verwendung von Reizen, die nach Ansicht der Forscher in der rechten Hemisphäre verarbeitet werden, keine Unterschiede zwischen den Gesichtsfeldhälften zu finden sind. Das erinnert an die anfänglichen Schwierigkeiten, auf die man stieß, als man durch Untersuchungen an hirngeschädigten Patienten spezielle rechtshemisphärische Funktionen nachzuweisen versuchte. Die Funktionen dieser Gehirnhälfte erwiesen sich als sehr viel schwerer faßbar als die der linken. Ein ähnliches Bild hat sich aus den Arbeiten mit neurologisch gesunden Versuchspersonen ergeben. Diese und andere Befunde werden wir später in diesem Kapitel noch ausführlicher diskutieren, wenn wir uns damit beschäftigen, welche Erkenntnisse man bisher aus Gesichtsfeldstudien und aus Experimenten zum dichotischen Hören über die Natur der Hemisphärenasymmetrie gewonnen hat.

Asymmetrieuntersuchungen mit akustischen Reizen

Um hemisphärische Unterschiede zu erforschen, hat man auch Techniken eingesetzt, die akustische Informationen lateralisieren. Doreen Kimura, die damals am Montreal Neurological Institute arbeitete, bemerkte, daß Versuchspersonen unter bestimmten Bedingungen Wörter, die dem rechten Ohr dargeboten wurden, besser identifizieren konnten als solche, die man dem linken Ohr präsentierte. Kimura verwendete das Verfahren des dichotischen Hörens, bei dem die Versuchspersonen zwei verschiedene gesprochene Nachrichten gleichzeitig hören, in jedem Ohr eine andere. Sie wollte so die Leistungen von hirngeschädigten und normalen Versuchspersonen bei Aufgaben vergleichen, die mit einer Informationsüberlastung einhergingen.

Dichotisches Hören

Die Reize, die Kimura verwendete, bestanden aus Paaren gesprochener Zahlen, beispielsweise „eins" und „neun". Die Bestandteile eines Reizpaares waren auf getrennten Kanälen eines Tonbandgerätes aufgezeichnet, und zwar so, daß beide Reize gleichzeitig anfingen. Über Kopfhörer hörten die Versuchspersonen pro Versuchsdurchgang je drei Zahlenpaare, die relativ schnell hintereinander dargeboten wurden. Nach jedem Durchgang sollten die Probanden von den sechs dargebotenen Zahlen so viele wie möglich in beliebiger Reihenfolge wiedergeben.

Kimura fand heraus, daß Patienten mit einer Schädigung des linken Temporallappens schlechter abschnitten als Patienten mit einer Schädigung des rechten; doch unabhängig vom Ort der Läsion gaben die Versuchspersonen Zahlen, die dem rechten Ohr dargeboten worden waren, genauer wieder. Diese Überlegenheit des rechten Ohres wurde auch bei normalen Kontrollversuchspersonen gefunden.[7]

Daß Patienten mit einer linkshemisphärischen Schädigung insgesamt schlechter abschnitten als solche mit einer rechtshemisphärischen Schädigung, war vorherzusehen. Die Aufgabe des dichotischen Hörens setzt die Fähigkeit voraus, Sprache zu verstehen und zu produzieren – zwei primär linkshemisphärische Fähigkeiten, die bei Patienten mit einer Läsion auf der linken Seite durchaus gestört sein können. Die Beobachtung der Ohrasymmetrie kam allerdings überraschend.

Wenn man sich ein wenig mit der Anatomie beschäftigt, wird deutlich, warum diese Asymmetrie nicht zu erwarten war. Anders als die Netzhaut des Auges, die von der einen Hälfte Projektionsfasern kontralateral und von der anderen Hälfte ipsilateral zum Gehirn sendet, liefert jedes Ohr Informationen von allen seinen Rezeptoren an beide Hemisphären. Daher ist von einem

Reiz, der ausschließlich dem rechten oder ausschließlich dem linken Ohr dargeboten wird, die vollständige Information von Anfang an in beiden Hemisphären repräsentiert. Auch wenn Sprachreize nur in einer Hemisphäre verarbeitet werden könnten, würde man keinerlei Anzeichen für eine Asymmetrie erwarten, da jedes Ohr direkten Zugang zu beiden Hemisphären hat.

Kimuras Modell der Ohrasymmetrie

Um ihre Befunde zu erklären, zog Kimura Ergebnisse aus Tierversuchen heran, die zeigten, daß die kontralateralen Verbindungen vom Ohr zum Gehirn stärker sind als die ipsilateralen.[8] Sie nahm außerdem an, daß sich – wenn beiden Ohren gleichzeitig zwei verschiedene Reize dargeboten werden – der Unterschied in der Stärke der Nervenverbindungen noch potenziert, indem der ipsilaterale Informationsfluß unterdrückt wird. Mit diesen Annahmen ließ sich dann die bessere Leistung des rechten Ohrs erklären.

Bei dichotischer Darbietung kann der Reiz für das linke Ohr die linke Hemisphäre auf zwei verschiedenen Wegen erreichen: über die unterdrückte ipsilaterale Verbindung oder über die dominante kontralaterale Bahn zur rechten Hemisphäre und von dort über die zerebralen Kommissuren zur linken Gehirnhälfte. Der Reiz für das rechte Ohr hat es dagegen einfacher. Er erreicht die linke Hemisphäre direkt über die kontralaterale Nervenverbindung. Da er vermutlich in einem für die weitere Verarbeitung etwas besseren Zustand in der linken Gehirnhälfte ankommt als sein Gegenspieler vom linken Ohr, ergibt sich ein leichter Vorteil für das rechte Ohr. Kimuras Modell ist in Abbildung 3.1 dargestellt.

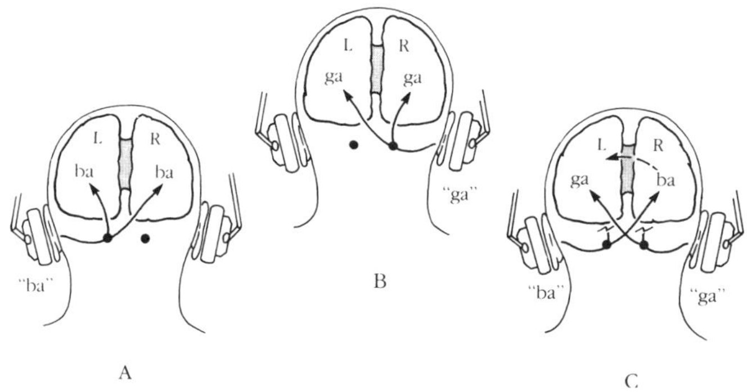

3.1 Kimuras Modell des dichotischen Hörens bei normalen Versuchspersonen. a) Stimuli, die nur dem linken Ohr (monaural) dargeboten werden, gelangen über kontralaterale Verbindungen zur rechten Hemisphäre und über ipsilaterale zur linken. Die Versuchsperson gibt die vorgespielte Silbe („ba") richtig wieder. b) Bei monauraler Darbietung zum rechten Ohr werden die Reize über kontralaterale Verbindungen zur linken Hemisphäre und über ipsilaterale zur rechten geleitet. Die Silbe „ga" wird richtig wiedergegeben. c) Bei diochotischer Darbietung werden die ipsilateralen Verbindungen vermutlich unterdrückt, so daß „ga" nur zur linken (sprachdominanten) Hemisphäre und „ba" nur zur rechten gelangt. Die Silbe „ba" ist der linken Hemisphäre nur über die Kommissurenbahnen zugänglich. Das führt zu einem Vorteil des rechten Ohres: Die Versuchsperson gibt „ga" häufiger richtig wieder als „ba". Nach einer Kommissurotomie erreicht „ba" die linke Gehirnhälfte gar nicht mehr, und die Versuchsperson berichtet nur noch von der Silbe „ga".

Kimuras Überlegungen wurden durch Untersuchungen gestützt, die zeigten, daß keinerlei Unterschied zwischen beiden Ohren besteht, wenn die Versuchspersonen nur einzeln dargebotene Reize entdecken oder erkennen sollen. Zwar kann bei manchen Personen ein Hörverlust in einem oder beiden Ohren auftreten, doch wenn man Befunde von sehr vielen Versuchspersonen zusammenstellt, sind die Leistungen beider Ohren einander ähnlich.[9] Vermutlich reichen also normalerweise – wenn es nicht zu einer Hemmung durch die kontralateralen Verbindungen kommt – die ipsilateralen Nervenfasern aus, um eine gute Leistung zu erzielen.

Split-Brain-Patienten und dichotisches Hören: Überprüfung der Annahmen

Split-Brain-Patienten können genau wie neurologisch gesunde Versuchspersonen Wörter mit jedem Ohr gleich gut erkennen. Das zeigt, daß die ipsilaterale Verbindung vom linken Ohr zur linken Hemisphäre bei monauraler Darbietung funktioniert. Wenn man Split-Brain-Patienten Sprachreize jedoch dichotisch präsentiert, tritt eine eindrucksvolle, sehr viel stärker ausgeprägte Form der Ohrasymmetrie auf als bei normalen Versuchspersonen. Der typische Split-Brain-Patient gibt die dem rechten Ohr dargebotenen Reize korrekt, die ins linke Ohr eingespielten dagegen falsch oder nur zufällig richtig wieder. Tatsächlich muß man sogar die Patienten oft erst überreden, den links präsentierten Reiz zu raten, da sie angeben, sie hätten nur einen Stimulus gehört.[10]

Die Situation bei Split-Brain-Patienten stimmt mit Kimuras Modell überein und bestätigt es. Die Durchtrennung des Corpus callosum hat zwar die Kommunikation zwischen den Hemisphären unterbrochen, aber sowohl die ipsilateralen als auch die kontralateralen Projektionen beider Ohren sind erhalten. (Diese Verbindungen sind subcortical und werden bei der Operation nicht durchschnitten.) Wenn die ipsilateralen Nervenleitungen bei dichotischer Reizung unterdrückt werden, wie Kimura annimmt, dann könnte jedes Ohr seine Information nur über die kontralaterale Nervenverbindung zur gegenüberliegenden Hemisphäre senden. Die rechte Gehirnhälfte bekäme Signale vom linken Ohr, und der Reiz für das rechte Ohr würde in die linke Hemisphäre gelangen. Da die rechte Hemisphäre sprachlich sehr beschränkt ist, wäre sie nicht imstande, über das Wort, das sie vom linken Ohr her erreicht, zu sprechen. Zugleich könnte aber auch keine Information über das dem linken Ohr dargebotene Wort in die linke Hemisphäre übermittelt werden, da der Balken durchtrennt ist. Folglich wäre der vom linken Ohr kommende Reiz nicht identifizierbar.

Spiegelt sich in der Ohrasymmetrie wirklich die Hemisphärenasymmetrie wider?

Kimuras Modell wird auch durch Befunde gestützt, die zeigen, daß bei Patienten, deren Sprache nachweislich von der rechten statt von der linken Hemisphäre kontrolliert wird, der Ohrvorteil umgekehrt ist. Man hat Patienten mit dem Wada-Test (Natriumamobarbital- oder Natrium-Amytal-Test) untersucht, um zu bestimmen, welche Hemisphäre bei ihnen die Sprache kontrolliert, und dann einen dichotischen Hörtest an ihnen durchgeführt, um zu klären, ob zwischen Ohrasymmetrie und Hemisphärenasymmetrie ein Zusammenhang besteht. Personen mit linkshemisphärischen „Sprachzentren" zeigen normalerweise einen Leistungsvorsprung des rechten, Patienten mit rechtshemisphärischer Sprache einen Vorsprung des linken Ohres.[11] Der Natriumamobarbital-Test – den wir schon in Kapitel 1 besprochen haben – ermöglicht es, die Sprachlateralisierung direkt festzustellen, ohne von der Händigkeit des Patienten darauf schließen zu müssen. Bei den seltenen Fällen von Rechtshändern mit rechtshemisphärischer Sprache wurde gewöhnlich ein Vorteil für das linke Ohr gefunden. Diese Daten sind sehr wichtig für die Bestimmung der Validität (Gültigkeit) des dichotischen Hörens als Maß der Hirnasymmetrie.

Eine weitere Untersuchung kam mit Hilfe eines ähnlichen Ansatzes zu noch ermutigenderen Ergebnissen.[12] Patienten, bei denen man durch einen Natriumamobarbital-Test bestimmt hatte, welche Gehirnhälfte ihre Sprache kontrollierte, wurden gebeten, in einer Reihe von dichotisch dargebotenen Wortpaaren auf ein ganz bestimmtes Wort zu achten, das in zufälliger Position in dieser Serie vorkam. Die Untersucher notierten für jedes Ohr die Anzahl der richtig entdeckten Wörter und die Geschwindigkeit, mit der sie entdeckt wurden. Wenn sie sowohl die prozentuale Häufigkeit der korrekt identifizierten Wörter als auch die Reaktionszeiten berücksichtigten, konnten sie 95 Prozent der Patienten bezüglich der sprachkontrollierenden Hemisphäre richtig klassifizieren.

Aus den wissenschaftlichen Untersuchungen geht schließlich auch hervor, daß die Ohrasymmetrie einer Versuchsperson von der Art der dargebotenen Reize abhängt. So fand man bei Reizen, von denen man annimmt, daß sie in der rechten Hemisphäre verarbeitet werden – beispielsweise bei Akkorden und Melodien –, einen Leistungsvorsprung für das linke Ohr.[13]

Zu welchen Erkenntnissen haben visuelle und auditive Asymmetrien geführt?

In den letzten 20 Jahren sind zahlreiche Untersuchungen mit den Techniken des dichotischen Hörens und der lateralisierten tachistoskopischen Darbietung bei normalen Versuchspersonen durchgeführt worden. Genau wie in der Split-Brain-Forschung hat es auch hier insofern eine graduelle Weiterentwicklung der Vorstellungen über den Charakter der Hemisphärenasymmetrien gegeben, als neue Ergebnisse veränderte Interpretationen älterer Arbeiten nahelegten.

Die Art der Information: Die Unterscheidung zwischen sprachlich und nichtsprachlich

Viele der früheren Arbeiten über das linke und rechte Gehirn normaler Versuchspersonen ließen darauf schließen, daß die beiden Hemisphären sich hauptsächlich hinsichtlich der Reize unterscheiden, mit denen sie am besten umgehen können. Ein typischer visueller Test bestand darin, optische Stimuli, welche die Versuchsperson erkennen sollte, lateralisiert darzubieten. Ein ähnliches Verfahren wurde auch bei auditiven dichotischen Reizen angewandt: Man präsentierte zwei Reize gleichzeitig und bat die Versuchsperson, wiederzugeben, was sie gehört hatte. Manchmal veränderte man die Grundaufgabe leicht, indem man die Probanden aufforderte, nicht jeden, sondern nur einen ganz bestimmten Reiz zu identifizieren; in anderen Fällen war der Versuchsleiter mehr daran interessiert, wie schnell die Versuchsperson reagierte, und nicht so sehr daran, wie korrekt sie antwortete. In vielen Untersuchungen maß man sowohl die Reaktionszeit als auch die Richtigkeit der Antworten.

Wenn die Verarbeitungsleistung für Reize, die dem rechten Ohr oder in der rechten Gesichtsfeldhälfte dargeboten wurden, besser war, sprach man von einem linkshemisphärischen Vorteil. Einen rechtshemisphärischen Vorteil nahm man an, wenn die besser beantworteten Reize dem linken Ohr oder in der linken Gesichtsfeldhälfte präsentiert worden waren. Leistungsunterschiede zwischen rechter und linker Seite waren gering – beim Erkennen ging es oft um einige Prozentpunkte, bei der Reaktionszeit um wenige Millisekunden –, doch wiesen in einer typischen derartigen Untersuchung zwischen 70 und 90 Prozent der getesteten rechtshändigen Versuchspersonen die Asymmetrie auf.

In den meisten der frühen Arbeiten, die einen Vorteil der rechten Seite (also der linken Hemisphäre) zeigten, hatte man Reize verwendet, die ganz klar auf Sprache bezogen waren. Tachistoskopisch dargestellte Wörter und sogar einzelne Buchstaben führten zu einer Überlegenheit der rechten Gesichtsfeldhälfte.[14] Auch bei dichotisch dargebotenen gesprochenen Zahlen und Wörtern ergab sich ein Vorteil für die linke Hemisphäre.[15] Die bessere Leistung beschränkte sich hier allerdings nicht auf bedeutungshaltige Äußerungen. Untersuchungen haben nämlich gezeigt, daß auch sinnfreie Silben wie „pa“ und „ka“ sowie vom Tonband rückwärts wiedergegebene Sprache einen Vorteil für das rechte Ohr verschaffen.[16] Die Ergebnisse solcher Arbeiten weisen darauf hin, daß Reize nicht unbedingt bedeutungshaltig sein müssen, um eine Bevorteilung der linken Hemisphäre zu bewirken; sie sollten lediglich in irgendeiner Weise sprachlich oder auf Sprache bezogen sein.

Für die rechte Hemisphäre sind dieErgebnisse schwieriger zusammenzufassen. Für eine Vielzahl verschiedener visueller Reize ließ sich eine Überlegenheit der linken Gesichtsfeldhälfte beziehungsweise der rechten Hemisphäre zeigen. Wir haben bereits Arbeiten erwähnt, in denen man mit Gesichtern und Punktmustern als Reizen einen solchen Leistungsvorsprung für die linke Gesichtsfeldhälfte feststellte. Verschiedene andere Untersuchungen wiesen mit dichotischem Hören einen Vorteil für die rechte Hemisphäre nach; eine der ersten zeigte eine Überlegenheit des linken Ohres beim Erkennen von Melodiestücken.[17] Bei jedem Durchgang wurden hier zwei verschiedene, vier Sekunden dauernde Klaviermelodien gleichzeitig dargeboten. Die Versuchsperson sollte daraufhin angeben, welche von vier unmittelbar danach hintereinander abgespielten Ausschnitten den beiden dichotisch präsentierten Melodien entsprach. Weitere Untersuchungen erzielten mit dichotisch dargebotenen Alltagsgeräuschen einen Leistungsvorsprung für das linke Ohr[18]; die Versuchspersonen mußten in solchen Experimenten Geräuschpaare wie beispielsweise das Bellen eines Hundes und das Pfeifen eines Zuges erkennen.

All diesen „rechtshemisphärischen" Reizen ist gemeinsam, daß sie nicht sprachbezogen sind, und viele Forscher haben daher behauptet, daß die Unterscheidung zwischen den Funktionen der beiden Hemisphären der Dimension „verbal/nichtverbal" folgt. Dieser Ansicht nach werden alle sprachbezogenen Reize vorzugsweise in der linken Hemisphäre verarbeitet, während die rechte Hemisphäre auf den Umgang mit bestimmten nichtsprachlichen Reizen spezialisiert ist. Das scheint die bisher vorgestellten Daten tatsächlich treffend und einigermaßen befriedigend zusammenzufassen. In neueren Arbeiten sind jedoch Schwierigkeiten aufgetreten, die die Forscher veranlaßten, nach einer anderen Erklärung für die grundlegenden Unterschiede zwischen dem linken und dem rechten Gehirn zu suchen.

Die Bearbeitung des Reizes: Der Informationsverarbeitungsansatz

Stellen wir uns einmal folgendes Experiment vor: Eine Versuchsperson lernt zuerst eine kurze Liste von Buchstaben und sieht anschließend in der linken oder in der rechten Gesichtsfeldhälfte ganz kurz das Bild eines vertrauten Gegenstandes. Sie soll daraufhin entscheiden, ob der Name des dargebotenen Objekts mit einem Buchstaben anfängt, der in der auswendig gelernten Liste enthalten ist. Für welche der beiden Gesichtshälften wird man bei diesem Experiment die schnelleren Reaktionen erhalten? Nehmen wir nun an, die Versuchsperson sähe statt der Bilder einzelne Buchstaben und sollte entscheiden, ob der jeweils gezeigte Buchstabe zu den auswendig gelernten gehört. Was könnte man in diesem Fall über die Schnelligkeit der Antwort vorhersagen?

Es liegt nahe, im ersten Beispiel eine Überlegenheit der linken Gesichtsfeldhälfte zu erwarten und im zweiten eine der rechten. Schließlich sind Bilder nichtsprachliche Reize, und Buchstaben gehören eindeutig zum sprachlichen Bereich. Tatsächlich aber gingen die Ergebnisse, die man erzielte, in genau die umgekehrte Richtung. Die Bilderreize führten zu schnelleren Antworten, wenn sie der linken Hemisphäre dargeboten worden waren, und bei Buchstaben reagierten die Versuchspersonen schneller, wenn die Reize zunächst die rechte Gehirnhälfte erreichen.[19] Warum?

Wichtiger als die Art des Reizes scheint zu sein, was die Versuchsperson mit dem Reiz macht. Im Fall der mutmaßlich nichtsprachlichen Bilder sollte die Versuchsperson jedes abgebildete Objekt erkennen und sich dann den Anfangsbuchstaben seines Namens ins Bewußtsein rufen – zweifellos eine sprachliche Aufgabe mit analytischem Charakter. Die Einzelbuchstaben andererseits sind von ihrer Art her sprachliche Reize, brauchten aber bei dem Test nicht als solche behandelt zu werden. Die Versuchsperson konnte die

Aufgabe auch leicht so ausführen, daß sie sich einen Buchstaben bildlich vorstellte und ihn dann mit den Bildern der zuvor gemerkten Buchstaben verglich. Theoretisch wäre dies der Versuchsperson sogar möglich gewesen, ohne überhaupt die Namen der dargebotenen Buchstaben zu kennen.

Diese Art der Erklärung betont mehr die Aufgabe, die die Versuchsperson auszuführen hat, als die Art des Reizes. Darin spiegelt sich ein Abrücken vom Konzept der typisch links- und rechtshemisphärischen Reize und eine Hinwendung zu einem Modell unterschiedlicher links- und rechtshemisphärischer Informationsverarbeitungsformen wider. In ähnlicher Weise haben andere Untersucher dafür plädiert, die Unterschiede zwischen den Hemisphären in der Verarbeitung als global (rechtshemisphärische Überlegenheit) versus lokal (linkshemisphärische Überlegenheit) zu kennzeichnen.[20]

Eine andere Untersuchung, die den Informationsverarbeitungsansatz der Hirnasymmetrieforschung verdeutlicht, nutzte die Tatsache aus, daß man sich Wortpaare auf zwei verschiedene Weisen merken kann: entweder, indem man die Wörter laut oder in Gedanken (subvokal) wiederholt, oder, indem man sich ein Bild vorstellt, in dem beide Reize miteinander verknüpft sind. Wenn eine Versuchsperson beispielsweise die Aufgabe hat, sich „Flagge" oder „Huhn" zu merken, kann sie entweder die Wörter ständig wiederholen oder sich eine bildliche Vorstellung beider Wörter machen – etwa ein Huhn, das eine Fahne trägt. (Es hat sich gezeigt, daß der Gebrauch solcher Bilder eine sehr wirksame Gedächtnishilfe ist.)

Einige Wissenschaftler nahmen an, daß sprachliche und bildliche Strategien verschiedenen Hemisphären zuzuordnen seien. Sie glaubten, diesen Unterschied in Versuchen nachweisen zu können, bei denen die Probanden entscheiden mußten, ob ein Bild, das man entweder in der rechten oder in der linken Gesichtsfeldhälfte darbot, zu einem von mehreren vorher gezeigten Wörtern paßte. Es stellte sich heraus, daß Versuchspersonen, die sich die Wortpaare durch subvokales Wiederholen einprägen sollten, schneller auf Tastreize in der rechten Gesichtsfeldhälfte reagierten. Wenn die Versuchspersonen sich die zu behaltenden Wortpaare aber bildlich vorstellen sollten, waren die Reaktionen bei Darbietungen in der linken Gesichtsfeldhälfte schneller.[21] Diese Befunde stimmten mit den Vorhersagen überein.*

Weitere Belege für Hemisphärenunterschiede in der Informationsverarbeitung stammen aus Untersuchungen, die andere Sprachen als Englisch verwendeten. Im Japanischen gibt es zwei Schriftsysteme, *Kana* und *Kandschi* (*Kanji*). Kana ist eine phonetische Schrift: Ein Kana-Schriftzeichen besitzt lediglich eine Lautbedeutung. Kandschi-Zeichen dagegen haben Wortbedeutung. Die zwei Schriftsysteme unterscheiden sich auch hinsichtlich ihrer graphischen Komplexität; Kandschi-Schriftzeichen sind im allgemeinen komplexer. Abbildung 3.2 zeigt einige Beispiele.

---

* In Kapitel 2 haben wir die Probleme diskutiert, die sich ergeben, wenn man die bildhafte Vorstellung als rein linkshemisphärische oder als rein rechtshemisphärische Aufgabe betrachtet. Die dort besprochenen Befunde deuten darauf hin, daß die spezifische Art der Aufgabe das Ergebnis einer Untersuchung ganz wesentlich beeinflußt. Betrachtet man die Resultate des hier diskutierten Experiments, so scheinen die Autoren gewissermaßen Glück gehabt zu haben, daß sie eine Vorstellungsaufgabe wählten, die eine rechtshemisphärische Spezialisierung ergab.

Bedeutung	Kana	Kandschi
Tinte	インキ (Inki)	墨
Universität	ダイガク (Daigaku)	大学 (großes Lernen)
Tokio	トウキヨウ (Tokio)	東京 (Ost-Hauptstadt)

3.2 Die zwei Formen der japanischen Schrift. Kana ist eine Silbenschrift, bei der Worte Laut für Laut wiedergegeben werden. Kandschi dagegen ist begrifflich (ideographisch); in diesem Schriftsystem, das viel mehr Elemente enthält als Kana, repräsentiert jedes Zeichen zugleich eine Lautfolge und eine Bedeutung.

Untersuchungen an japanischen Aphasikern ließen auf einige interessante Unterschiede in der Strategie schließen, mit der diese zwei Typen von sprachlichen Symbolen im Gehirn verarbeitet werden. Sumiko Sasanuma konnte zeigen, daß viele Patienten speziell in der Verarbeitung von Kana-Zeichen Ausfälle aufwiesen, während ihre Fähigkeit, Kandschi-Symbole zu verarbeiten, relativ gut erhalten oder sogar nahezu intakt war. Eine sehr viel kleinere Gruppe von Patienten zeigte eine selektive Kandschi-Störung bei kaum beeinträchtigter Kana-Verarbeitung.[22] Eine Analyse der Fehler, die Aphasiker machen, läßt vermuten, daß bei den beiden Schriftzeichentypen verschiedene Strategien angewandt werden: eine visuell-bildhafte Verarbeitung bei Kandschi und eine phonologische oder klanggebundene Verarbeitung bei Kana.[23]

Diese Beobachtungen veranlaßten Sasanuma und seine Mitarbeiter, die Hypothese zu prüfen, daß Kana und Kandschi mit verschiedenen Arten der sprachlichen Verarbeitung einhergehen, an denen die beiden Hemisphären auf unterschiedliche Weise beteiligt sind.[24] Um dies bei neurologisch normalen Japanern zu untersuchen, wurden Gruppen von sinnfreien Kana- und Kandschi-Zeichen erstellt, die man einzeln sehr kurz entweder in der linken oder in der rechten Gesichtsfeldhälfte darbot. Die Ergebnisse zeigten, daß die Versuchspersonen kanaartige Zeichen signifikant besser bei Darbietungen in der rechten Gesichtsfeldhälfte verarbeiten und kandschiähnliche Zeichen etwas – allerdings nicht signifikant – besser, wenn sie in die linke Gesichtsfeldhälfte projiziert wurden. Die Autoren schlossen daraus, daß Kana- und Kandschi-Zeichen in den beiden Hemisphären unterschiedlich verarbeitet werden; darüber hinaus ist die Verarbeitung von Kandschi ausgesprochen komplex, da dabei wahrscheinlich – je nach der geforderten Aufgabe – sowohl visuelle als auch sprachliche Funktionen eine Rolle spielen. Ob sich bei Kandschi-Zeichen eine Überlegenheit der linken oder der rechten Gesichtsfeldhälfte ergibt, könnte unter anderem auch davon abhängen, welche Verarbeitungsstrategie die Versuchspersonen anwenden und welche Art der Antwort vorgegeben ist (sprachlich oder nichtsprachlich).

Zusammenfassend läßt sich sagen, daß die an den Kana- und Kandschi-Systemen gewonnene Befunde zeigen, wie wichtig die Art der Informationsverarbeitung, die eine Versuchsperson anwendet, für die Bestimmung von Hemisphärenasymmetrien ist.

Die Repräsentation der Information: Die Rolle der Ortsfrequenz

Justine Sergent und ihre Kollegen haben die Bedeutung der physikalischen Charakteristika der Reize hervorgehoben sowie die Bedingungen, unter denen sie in tachistoskopischen Tests verwendet werden.[25] Sie wiesen darauf hin, daß unter anderem Dauer und Helligkeit der Reize sowie deren Entfernung vom Fixationspunkt die Ergebnisse von Lateralitätsstudien beeinflussen, und zwar unabhängig von der (inhaltlichen) Art der Reize und der Testaufgabe. So werden beispielsweise die Reize in tachistoskopischen Untersuchungen typischerweise sehr kurz dargeboten (um Effekte der Augenbewegungen auszuschließen). Und sie werden jeweils rechts und links in einer gewissen Entfernung vom Fixationspunkt präsentiert (um sicherzustellen, daß die Reize zunächst nur die kontralaterale Hemisphäre ansprechen). Das führt aber dazu, daß die Information im Gehirn qualitativ anders repräsentiert wird, als dies unter normalen Bedingungen der Fall ist. Sergent konnte belegen, daß die in bestimmten tachistoskopischen Tests gefundenen Asymmetrien zumindest teilweise auf die ungleichen Fähigkeiten der Hemisphären zurückzuführen sind, solche qualitativ schlechteren Repräsentationen zu verarbeiten. Bedingungen, die das Herauslösen von Reizattributen erschweren, begünstigen ihrer Meinung nach die rechte Hemisphäre.

Sergent mutmaßt, daß die oben erwähnten Effekte dadurch zustande kommen, daß die Hemisphären die „Ortsfrequenzanteile" von Reizen unterschiedlich verarbeiten. Das Konzept der „Ortsfrequenz" läßt sich am Beispiel eines einfachen Gittermusters mit abwechselnd schwarzen und weißen Streifen erläutern: Die Ortsfrequenz eines solchen Gitters ist eine Funktion der Anzahl von Hell-Dunkel-Veränderungen (also der Anzahl der Streifen) innerhalb eines bestimmten räumlichen Abschnitts. Jeder komplexe visuelle Reiz läßt sich durch eine Reihe vieler solcher Intensitätsvariationen – einige mit höherer Frequenz (mehr Streifen), andere mit niedrigerer (weniger Streifen) – darstellen. Die ankommende visuelle Information wird im Gehirn in diskrete neuronale Signale zerlegt, die diese Intensitätsvariationen repräsentieren. Eine solche Verarbeitung, so glaubt man, erfolgt durch „Kanäle" oder Filter, die für jeweils unterschiedliche Frequenzen empfindlich sind; der Ausgang dieser Kanäle spiegelt die Menge der Ortsfrequenzen eines Reizes wider.

Sergent hat nun behauptet, die rechte Hemisphäre sei für niedrigere Ortsfrequenzen sensitiver, während die linke empfindlicher auf hohe Frequenzen reagiere. Die obenerwähnten Lateralisationseffekt aufgrund einer verminderten Wahrnehmbarkeit von Reizen ließen sich dann durch die Annahme erklären, daß sich eine solche Manipulation der Reize auf die Verarbeitung von hohen Frequenzanteilen stärker auswirke als auf die von niedrigeren Ortsfrequenzen.

Stephen Christman hat die Literatur über die Auswirkungen von Reizcharakteristika mit Blick auf die Ortsfrquenzhypothese gesichtet und den Einfluß von Variablen untersucht, die den Anteil höherer Ortsfrequenzen relativ zu den niedrigen Frequenzen vermindern.[26] Zu diesen Faktoren gehören die Vergrößerung des Reizes sowie der Distanz zum Fixationspunkt und des Grades der Verschwommenheit, außerdem die Verringerung der Helligkeit und der Darbietungsdauer. Unter den 79 Experimenten, die er einer erneuten Musterung unterzog, fand Christman in 45 einen Effekt, bei dem Hemisphärenüberlegenheit und Reizcharakteristika mit der Hypothese von der Ortsfrequenz in Einklang standen. In 25 Studien zeigten sich keine signifikanten Effekte, und in neun Untersuchungen waren die Ergebnisse entgegengesetzt zu dem, was aufgrund der Ortsfrequenzen zu erwarten gewesen wäre. Damit ergibt sich aus diesem Überblick eine gewisse, wenn auch nicht einhellige Bestätigung für die Vorhersagen, die sich auf der Grundlage der Ortsfrequenzen treffen lassen.

Andere Untersuchungen haben versucht, die Ortsfrequenzenhypothese direkt zu prüfen. Sie gaben Gittermuster mit unterschiedlichen Ortsfrequenzen vor oder Reize, aus denen bestimmte Frequenzbereiche ausgefiltert worden waren. Auch hierbei waren die Ergebnisse vielversprechend, aber nicht definitiv.[27] John Bradshaw ist der Meinung, die Ortsfrequenzhypothese stelle einen speziellen Fall der analytischen (entsprechend der hohen Frequenz) versus der holistischen (niedrigen Frequenz) Hypothese – auf dem eher sensorischen Niveau – dar. Er weist auch darauf hin, daß sich die Ortsfrequenzhypothese, gewissermaßen naturbedingt, nur auf visuelle Reize anwenden lasse und ihr Nutzen insofern eingeschränkt sei, als sie keine Grundlage für eine umfassendere Theorie liefern könne, die alle sensorischen Modalitäten einbezieht.[28] Ein wesentlicher Vorteil des Ortsfrequenzansatzes ist jedoch, daß er es – im Unterschied zu einigen anderen Dichotomien – erlaubt, genaue Vorhersagen zu formulieren und exakt zu überprüfen.[29]

Theoretische Aspekte der Interpretation dichotischer und tachistoskopischer Studien

Ein großer Teil der gegenwärtigen Theorien über die Eigenarten des rechten und linken Gehirns bei normalen Versuchspersonen beruht auf Untersuchungen mit tachistoskopischer und dichotischer Reizdarbeitung. Etliche der Hemisphärenunterschiede, die man mit diesen Techniken bei normalen Versuchspersonen aufdeckte, stimmen auffallend gut mit den Befunden überein, die mehrere Generationen von Neurologen und Neuropsychologen aus der klinischen Arbeit mit Hirngeschädigten zusammengetragen haben. Verschiedene wichtige Fragen zu diesen Techniken sind jedoch noch ungeklärt.

Was messen die Tests?

Ein kritischer Punkt ist die Tatsache, daß derartige Verhaltensexperimente die Häufigkeit linkshemisphärischer Sprache bei Rechtshändern, wie man sie mit dem Wada-Test festgestellt hat, meist unterschätzen. In den Verhaltensuntersuchungen zeigen im allgemeinen etwa 80 Prozent der rechtshändigen Versuchspersonen bei Sprachreizen einen Vorteil für die rechte Gesichtsfeldhälfte oder für das rechte Ohr; die Tests mit Natriumamobarbital deuten dagegen darauf hin, daß mehr als 95 Prozent der Rechtshänder linkshemisphärische Sprache haben. Wie kommt es zu dieser Diskrepanz?

Möglicherweise liefern die Tests kein reines Maß der Hirnasymmetrie, und ihre Ergebnisse werden noch von anderen Faktoren beeinflußt. Vielleicht spielen dabei auch individuelle Unterschiede in den Nervenbahnen, die Augen und Ohren mit dem Gehirn verbinden, eine Rolle.

Die Strategien, die Versuchspersonen bei solchen Aufgaben anwenden, könnten die Leistung ebenfalls wesentlich beeinflussen.[30] Beim dichotischen Hören beispielsweise können Versuchspersonen ihre Aufmerksamkeit willentlich mehr auf den Reiz für das rechte oder mehr auf den für das linke Ohr richten. Falls die Reize für das linke Ohr wegen der Hemisphärenasymmetrie benachteiligt sind, entschließen sich manche Versuchspersonen möglicherweise, stärker auf das „schwächere“ Ohr zu achten, so daß eine geringere Überlegenheit des rechten Ohres zustande käme als sonst. Andere Versuchspersonen könnten dagegen bei jedem Durchgang dem deutlicheren Reiz mehr Aufmerksamkeit widmen und gar nicht versuchen, beide zu erkennen. Solche Personen würden eine größere Überlegenheit für das rechte Ohr aufweisen als erwartet. M. P. Bryden hat überzeugend dargestellt, wie wichtig die Einflüsse der Aufmerksamkeit auf das dichotische Hören sind. Dennoch kam auch er zu dem Schluß, daß bei Betrachtung einer größeren Anzahl von Untersuchungen die jeweils erwarteten Ohrasymmetrien zutage treten – insbesondere, wenn man Links- und Rechtshänder miteinander vergleicht.[31] Ähnliche Argumente hat Bryden für die Untersuchung und Interpretation von Gesichtsfeldasymmetrien vorgebracht.[32]

Wir sollten darauf hinweisen, daß der Unterschied zwischen den Ergebnissen der Wada-Tests und denen der Verhaltensexperimente auch dadurch bedingt sein könnte, daß beide verschiedene Aspekte der Asymmetrie messen. Der Wada-Test wird benutzt, um diejenige Hemisphäre zu bestimmen, die das Sprechen kontrolliert. Mit tachistoskopischen und dichotischen Aufgaben, die viel eher Wahrnehmungs- als Produktionstests sind, werden vielleicht Funktionen angesprochen, die weniger stark lateralisiert sind.*

Ein weiteres Problem besteht darin, daß visuelle und dichotische Maße der Lateralisierung nicht sehr hoch miteinander korrelieren. Sollten diese Tests die gleichen lateralisierten Funktionen messen, wäre es berechtigt, einander eng entsprechende Ergebnisse zu erwarten. Untersuchungen, die Asymme-

* Mit den Begriffen *lateralisiert* und *Lateralisierung* beschreibt man sowohl die experimentelle Beschränkung von Information auf eine Hemisphäre als auch – wie hier – die Aufteilung von Funktionen auf die beiden Hemisphären. Zum Begriff *Lateralität* siehe auch Seite 100 und Kapitel 11.

trien des dichotischen Hörens mit tachistoskopischen Befunden bei denselben Versuchspersonen verglichen haben, fanden zwar eine gewisse, aber keine sehr hohe Übereinstimmung.[33] Wieso nicht? Möglicherweise messen diese Tests tatsächlich nicht dasselbe.

Mit den beiden vorigen hängt ein weiterer Kritikpunkt zusammen: Bei wiederholten Tests mit denselben Versuchspersonen findet man nicht immer das gleiche Ergebnis. Ein Test ist in dem Maße reliabel (das heißt zuverlässig), in dem er bei wiederholter Anwendung ähnliche Ergebnisse erbringt. Bei einigen Untersuchungen erwies sich die Reliabilität von dichotischen und tachistoskopischen Tests aber als relativ niedrig.[34] So zeigten manche Versuchspersonen, bei denen man in einem ersten Experiment mit dichotisch dargebotener Sprache einen Vorteil für das rechte Ohr gefunden hatte, bei Tests in der darauffolgenden Woche eine Überlegenheit des linken Ohres. Vermutlich ist aber die Organisation des Gehirns eine stabile Eigenschaft, die sich über die Zeit hinweg nicht verändert. Anzeichen für solche Veränderungen bei einzelnen Individuen könnten bedeuten, daß Lateralitätstests Funktionen messen – wie die Entwicklung von Strategien zur Aufgabenlösung –, die in kurzen Zeitintervallen wechseln können.

Was sagen uns die Tests über das Wesen der Asymmetrien?

Im Zusammenhang mit dichotischen und tachistoskopischen Arbeiten ergibt sich als weitere Frage, ob Hemisphärenunterschiede absolut oder relativ sind. Bedeutet ein Leistungsunterschied zwischen den Gesichtsfeldhälften, daß nur eine Hemisphäre die jeweilige Aufgabe lösen kann? Oder spiegelt sich darin wider, daß die eine Gehirnhälfte die Aufgabe lediglich besser auszuführen vermag als die andere? Typische Untersuchungen mit normalen Versuchspersonen erlauben es nicht, zwischen diesen Alternativen zu unterscheiden; denn die Leistung für die „unterlegene" Gesichtsfeldhälfte kann entweder auf der weniger guten Verarbeitung durch die nichtspezialisierte Hemisphäre beruhen (Modell des direkten Zugriffs) oder auf der erst nach der Informationsübertragung über die Kommissuren möglichen Verarbeitung durch die spezialisierte Hemisphäre (Modell der Weiterleitung über den Balken). In beiden Fällen würde man das gleiche Ergebnis erwarten: einen Leistungsunterschied zwischen den zwei Seiten.

Damit verwandt ist die Frage, ob das Ausmaß der Asymmetrie bei verschiedenen Versuchspersonen etwas über den Grad der Lateralisierung gewisser Funktionen bei den einzelnen Personen aussagen kann. Wir haben schon darauf hingewiesen, daß die Verarbeitungsstrategien einer Versuchsperson – unabhängig von der Lateralisierung selbst – die Größe der Asymmetrieeffekte beeinflussen können. Ist nun eine Versuchsperson mit einer ausgeprägten Überlegenheit des rechten Ohres stärker lateralisiert als eine mit einer geringen? Dieses interessante Problem hat viele Forscher dazu gebracht, nach Möglichkeiten zu suchen, die Testwerte, welche die Leistung einer Versuchsperson wiedergeben, in ein sinnvolles Maß der Lateralisierung umzuformen.*

Metakontrolle: Verschiedene Kontrollebenen

Jerre Levy und Colwyn Trevarthen unterschieden in ihren Arbeiten mit Split-Brain-Patienten, die wir in Kapitel 2 besprochen haben, zwischen der Fähigkeit der jeweiligen Hemisphäre, eine bestimmte Aufgabe auszuführen, und dem Ausmaß von Kontrolle, die sie bei der Aufgabenbearbeitung und im Verhalten ausübt.[35] Die Untersucher zeigten, daß diejenige Hemisphäre, die im Rahmen der Aufgabe die Kontrolle übernimmt, nicht unbedingt auch die größere Fähigkeit zu deren Bearbeitung besitzt. Für den neuronalen Mechanismus, der bestimmt, welche Gehirnhälfte die Kontrolle innehat, verwendeten sie den Begriff *Metakontrolle.*

Das Konzept der Metakontrolle ist nach Ansicht von Joseph Hellige für das Verständnis von Prozessen im gesunden Gehirn von besonderer Bedeutung.[36] In vielen Situationen sind beide Hemisphären in der Lage, die Aufgabe, zumindest bis zu einem gewissen Grade, auszuführen, aber sie tun es auf verschiedene Art und Weise. Wenn beiden Gehirnhälften die gleiche Information zur Verfügung steht, was entscheidet dann, wie die Information verarbeitet wird?

Hellige ist dieses Problem experimentell angegangen, indem er Aufgaben gewählt hat, die von beiden Hemisphären, wenn auch in qualitativ unterschiedlicher Weise, gelöst werden können. Er und seine Mitarbeiter boten die Reize auf dreierlei Weise dar: in der rechten Gesichtsfeldhälfte (linke Hemisphäre), in der linken Gesichtsfeldhälfte (rechte Hemisphäre) und bilateral (in beiden Gesichtsfeldhälften gleichzeitig). Vergleicht man die in den Versuchsdurchgängen mit bilateraler Präsentation erzielten Leistungen mit den Ergebnissen jener Versuchsreihen, in denen man die Reize nur einer Hemisphäre darbot, dann sollte – so die Annahme von Hellige – erkennbar werden, ob das qualitative Muster der Ergebnisse von bilateralen Durchgängen einem der Muster ähnelt, die sich unter den beiden anderen Bedingungen ausprägen.

Wie sich in mehreren solchen Studien zeigte, war der Verarbeitungsmodus in bilateralen Durchgängen tatsächlich mit einem der beiden Modi identisch, die sich bei einseitiger hemisphärischer Präsentation beobachten ließen, nicht aber mit den anderen. Darüber hinaus deckte sich die Verarbeitungsweise bei bilateraler Darbietung nicht immer mit dem Arbeitsmodus derjenigen Hemisphäre, die man als geeigneter für diese Aufgabe identifiziert hatte. Diese Befunde erinnern an die Split-Brain-Untersuchungen von Levy und Trevarthen.[37] Es traten aber auch individuelle Unterschiede zwischen den Versuchspersonen zutage. Insgesamt zeigten 75 bis 85 Prozent aller rechtshändigen Versuchspersonen über alle Studien hinweg ein einheitliches Ergebnismuster.

---

* Aus Leistungswerten von Verhaltenstests Lateralisierungsmaße zu berechnen, ist ein wichtiges und komplexes Problem. Bei Tests, in denen die Prozentzahl richtiger Antworten die abhängige Variable ist, kann man Differenzwerte (links minus rechts oder einen ähnlichen Algorithmus) als Index der Lateralisierung benutzen. Solche Werte sind jedoch nicht unabhängig von der Gesamtleistung. Nach Meinung einiger Wissenschaftler sollte ein Lateralitätsmaß jedoch nicht davon abhängen, wie gut eine Versuchsperson insgesamt abschneidet; andere argumentieren, daß die Gesamtleistung selbst mit der Lateralisierung in Beziehung stehen könnte.

Bei den übrigen 15 bis 25 Prozent ergab sich in den bilateralen Durchgängen ein Arbeitsmuster, das genau demjenigen der anderen Hemisphäre entsprach. Ob diese Differenzen bedeutungsvolle Unterschiede in der „Metakontrolle" widerspiegeln, ist im Augenblick noch unklar.

Hellige schreibt: »Die kognitiven Neuropsychologen stehen der wichtigen Herausforderung gegenüber zu erklären, wie sich in einem Gehirn, das aus einer Vielzahl von verarbeitenden Untereinheiten (Subsystemen) besteht, eine einheitliche Informationsverarbeitung entwickelt. Die linke und die rechte Großhirnhälfte lassen sich als zwei sehr allgemeine Subsysteme mit unterschiedlichen Verarbeitungseigenschaften und Voreinstellungen charakterisieren. Ein besseres Verständnis der interhemisphärischen Wechselbeziehung und der Bedingungen der Metakontrolle kann auch wichtige Hinweise darauf liefern, wie eine einheitliche Informationsverarbeitung zustande kommt.«[38] Wir stimmen mit Hellige vollkommen überein.

Kann eine bevorzugte Aufmerksamkeitszuwendung nach rechts oder links Asymmetrien erklären?

Als wir dichotische und tachistoskopische Arbeiten vorstellten, haben wir behauptet, die Asymmetrien brächten die anfängliche Lateralisierung des Reiz-„Inputs" zu jener Hemisphäre zum Ausdruck, die am besten mit diesem Material umgehen kann. Diese Art der Deutung ist als „Verdrahtungserklärung" charakterisiert worden, da die Asymmetrien dabei auf der „Verdrahtung" des Nervensystems und auf Verarbeitungsunterschieden zwischen den Hemisphären beruhen. Information, die zunächst nur der nicht spezialisierten Hemisphäre zugeleitet wird, ist also benachteiligt, da sie zunächst den Balken überqueren muß, um zu der für diese Aufgabe geeigneten Hemisphäre zu gelangen.

Es ist allerdings noch eine ganz andere Erklärung für diese Ergebnisse angeboten worden. Marcel Kinsbourne hat vorgeschlagen, daß Asymmetrien, wie man sie dichotischer und tachistoskopischer Darbietung findet, eine einseitige Konzentration der Aufmerksamkeit widerspiegeln, die auf der Aktivierung einer Hemisphäre beruht.[39] Er behauptet, die Hemisphäre, die auf eine bestimmte Aufgabe spezialisiert ist, würde immer dann aktiviert oder „vorgewärmt", wenn der Versuchsperson entsprechendes Material dargeboten wird. Dieser Aktivierungs- oder Vorwärmeffekt (englisch *priming*) könne anschließend – so meint Kinsbourne weiter – auf die Zentren übergreifen, die die Aufmerksamkeit für das gegenüberliegende räumliche Umfeld kontrollieren.

Nach Kinsbournes Ansicht ist beispielsweise die Überlegenheit des rechten Ohres beim dichotischen Hören von gesprochener Sprache die Folge einer linkshemisphärischen Aktivierung, die eine größere Aufmerksamkeit für das kontralaterale, also das rechte Ohr nach sich ziehe. Ein Vorteil für das linke Ohr bei einem dichotischen Musiktest spiegele eine differentielle Beteiligung der rechten Hemisphäre und einen damit einhergehenden Wechsel der gerichteten Aufmerksamkeit zur linken Seite wider.

Kinsbournes Aufmerksamkeitsmodell der Asymmetrie ist dem Verdrahtungskonzept insofern ähnlich, als es ebenfalls von der Annahme grundlegender funktioneller Unterschiede zwischen den Hemisphären ausgeht. Es erklärt jedoch auf andere Weise, wie diese Hemisphärenunterschiede die bei Verhaltenstests untersuchten Leistungsunterschiede hervorrufen.

Kinsbourne und seine Mitarbeiter konnten zeigen, daß bei Tests, die normalerweise keine Asymmetrie zwischen den Gesichtsfeldhälften ergeben, ein Vorteil für die rechte Seite auftrat, wenn die Versuchspersonen eine kurze Liste von Wörtern subvokal vor sich hin sprechen sollten, während sie lateralisiert dargebotene Reize betrachteten.[40] Das Wiederholen der Wörter, so nimmt man an, aktiviert die linke Hemisphäre und bewirkt eine Verlagerung der Aufmerksamkeitsrichtung zur rechten Seite, was zu einer besseren Leistung in dieser Gesichtsfeldhälfte führt.

In ähnlicher Weise wird aus dem Vorteil für das rechte Ohr bezüglich der Schnelligkeit der Reaktion auf gewisse dichotisch dargebotene Silben ein leichter Vortiel für das linke Ohr, wenn die Versuchsperson eine kurze Melodie, die unmittelbar vor der Darbietung des Silbenpaares gespielt wird, mit einer zweiten, direkt danach präsentierten Melodie vergleichen muß.[41] Ausgehend vom Aufmerksamkeitsmodell ließe sich annehmen, daß die musikalischen Reize die rechte Hemisphäre „vorwärmten" und daß die daraus resultierende Aufmerksamkeitsverschiebung zum linken Ohr den gewöhnlich bei Sprache auftretenden Wechsel zum rechten Ohr verhinderte.

Etliche Untersuchungen stützen die Aktivations-Orientierungs-Hypothese[42] (eine andere Bezeichnung für das Aufmerksamkeitsmodell), aber nur wenige Forscher halten dieses Modell für ausreichend, um die bei Tests mit lateralisierten Reizen gefundenen Asymmetrien umfassend zu erklären. Zugleich bezweifeln manche Wissenschaftler, daß das Verdrahtungskonzept für diese Asymmetrien angemessen ist und neigen daher zu der Annahme, daß bei dem hier betrachteten Phänomen beide Auffassungen eine gewisse Rolle spielen könnten. Beide Modelle lassen sich beispielsweise kombinieren, indem man annimmt, daß die vorbereitende Aktivierung einer Hemisphäre dazu dient, die Verarbeitung von Reizen zu erleichtern, die dieser direkt dargeboten werden.[43]

„Links-Blicker" und „Rechts-Blicker"

Im Rahmen seiner klinischen Tätigkeit bemerkte der Psychologe M. E. Day, daß Patienten beständig nach rechts oder nach links blickten, wenn sie Fragen beantworteten. Auf der Grundlage weiterer Arbeiten nahm Day an, daß die Richtung dieser seitlichen oder *lateralen Augenbewegungen* (*LEMs*, vom englischen *lateral eye movements*) mit bestimmten Persönlichkeitsmerkmalen zusammenhängen könnte.[44] Paul Bakan entwickelte diese Idee weiter und schlug als Erklärung vor, daß eine kognitive Aktivität, die überwiegend nur in einer Hemisphäre stattfinde, Augenbewegungen zur entgegengesetzten Seite auslöse. Damit ließen sich Augenbewegungen als Indikator der relativen Aktivität beider Hemisphären einer Person betrachten.[45] Bakans Hypothese gründete auf der sehr gut erforschten Tatsache, daß Augenbewegungen zu einer Seite hin von Zentren im Frontallappen der jeweils kontralateralen Hemisphäre kontrolliert werden.

Bakan betrachtete die Richtung der seitlichen Augenbewegungen als eine typische, stabile Eigenschaft eines Individuums, die seine Lateralität* widerspiegele – seine Neigung, sich auf die Informationsverarbeitung durch eine der beiden Hirnhälften zu stützen. Spätere Untersuchungen, in denen man LEMs als Index der Hemisphärenaktivität erforschte, beschäftigten sich mit dem Einfluß der Art der Fragen, die man verwendet, um Augenbewegungen hervorzurufen.[46] Man nahm an, daß Fragen, deren Beantwortung eine sprachliche Analyse voraussetzt, bei den meisten Rechtshändern die linke Hemisphäre aktivieren, während Fragen, die eine Beschäftigung mit räumlichen Beziehungen auslösen, die rechte Hemisphäre aktivieren. Eine solche differentielle Aktivierung der Gehirnhälften sollte sich dann in rechten beziehungsweise linken LEMs äußern.

Um die linke Hemisphäre anzusprechen, wurden Versuchspersonen aufgefordert, Sprichwörter zu deuten, Wörter zu buchstabieren und logische Probleme zu lösen („Hans ist klüger als Klaus, und Hans ist dümmer als Otto. Wer ist der Klügste?“). Fragen, die eine visuelle Vorstellung erfordern („Wie viele Ecken hat ein Würfel?“), oder musikalische Aufgaben (Klaviermelodien erkennen) wurden verwendet, um die rechte Hemisphäre zu aktivieren. Wenn Unterschiede in der Blickrichtung auftraten, herrschten nach Fragen der ersten Gruppe LEMs nach rechts vor und bei Fragen des zweiten Typs LEMs nach links.[47]

Andere Untersuchungen deuteten darauf hin, daß die Position des Versuchsleiters die Ergebnisse der LEM-Studien beeinflußt. Insbesondere wurde berichtet, daß Versuchspersonen, denen der Versuchsleiter direkt gegenüber saß, immer nur zu einer Seite hin blickten, egal wie die Fragen lauteten. Wenn der Experimentator dagegen hinter den (gleichen) Versuchspersonen saß, dann zeigte sich eine Beziehung zwischen Augenbewegung und Art der Frage.

Messen LEMs wirklich die Hirnaktivierung?

Was genau belegt den Zusammenhang zwischen LEMs und Hemisphärenasymmetrie? Eine neuere Übersicht über Arbeiten aus diesem Bereich weist darauf hin, daß die Beziehung nur indirekt und schwach ist und in erster Linie darauf beruht, was sich die Forscher unter einer linkshemisphärischen oder rechtshemisphärischen Aufgabe vorstellen.[48]

Besonders kritisch ist die Tatsache, daß etwa die Hälfte der Arbeiten auf diesem Gebiet den vorhergesagten Unterschied nicht fanden. Doch *a priori* scheinen die in diesen Untersuchungen verwendeten Fragen genauso „linkshemisphärisch“ oder genauso „rechtshemisphärisch“ zu sein wie die in den erfolgreichen Arbeiten. Bei dem Versuch, eine logische Beziehung zwischen

* Anmerkung des Herausgebers: Das hier im Englischen verwendete *hemisphericity* als individuell typische Ausprägung von lateralisierten Funktionen bezeichnet man im deutschen Sprachgebrauch als *Lateralität*.

Augenbewegungen und Hirnasymmetrie herzustellen, dreht man sich etwas im Kreise, wenn man links- oder rechtshemisphärische Aktivität anhand der Fragen definieren muß, die das erwartete Ergebnis hervorrufen.

Ohne unabhängige Bestätigung dafür, daß Augenbewegungen mit Hemisphärenaktivierung zu tun haben, ist es ratsam, Ergebnisse von LEM-Untersuchungen mit Vorsicht zu interpretieren. Die Autoren einer Überblicksarbeit (darunter Bakan) sind der Ansicht, daß Befunde, die mit unterschiedlichen Techniken erhoben wurden, auf eine Stützung des LEM-Modells hinauslaufen.[49] Die Beweise sind aber schwach, was es uns verfrüht erscheinen läßt, aus der Richtung von Augenbewegungen auf Hirnasymmetrien und die Art der Verarbeitung verschiedener Fragetypen rückzuschließen.

Zwei Dinge gleichzeitig tun: Die Kartierung des funktionellen zerebralen Raumes

Wir alle wissen, daß sich manche Aufgaben leicht zusammen ausführen lassen, während andere sich offenbar gegenseitig stören. Viele Leute können beispielsweise Musik hören und gleichzeitig lesen, sind aber nicht in der Lage, einem Gespräch zu folgen, während sie lesen. Es erscheint einleuchtend, daß Aufgaben, die verschiedene Bereiche des Gehirns beanspruchen, sich gegenseitig weniger behindern, wenn sie zusammen ausgeführt werden, als solche, an denen die gleichen zerebralen Regionen beteiligt sind.

Marcel Kinsbourne hat sich von solchen Beobachtungen leiten lassen und das erforscht, was er als „funktionellen zerebralen Raum" bezeichnet.[50] Er nahm an, daß der Abstand zwischen Hirnregionen, die verschiedene Bewegungen kontrollieren, sich im Ausmaß von Wettbewerb oder Zusammenarbeit widerspiegele, wenn diese Bewegungen gleichzeitig ausgeführt werden.

In einer seiner Untersuchungen mußten rechtshändige Versuchspersonen unter zwei Bedingungen einen Stock auf dem Zeigefinger balancieren: schweigend und während sie kurze Sätze wiederholten. Die Ergebnisse zeigten, daß die rechte Hand die Balance weniger gut oder weniger lange halten konnte, wenn die Versuchsperson sprach, als wenn sie ruhig war. Für die linke Hand galt das nicht; sie schnitt unter beiden Bedingungen gleich gut ab.[51]

Obwohl zwischen Sprachzentrum und einem der Kontrollzentren für die Gliedmaßen keine direkten Verbindungen bestehen, nahm Kinsbourne an, daß das Sprachzentrum dem Kontrollzentrum für den rechten Arm näher liege als dem für den linken. Daher sei es störender, wenn beim rechtshändigen Balancieren gleichzeitig gesprochen werde.

Eine spätere Untersuchung zeigte, daß schwierigeres gesprochenes Material zu kürzeren Balancierzeiten führt als einfacheres. Die Balancierzeiten der linken Hand wurden durch die Schwierigkeit der verbalen Aufgaben nicht beeinträchtigt. Interessanterweise werden bei Linkshändern durch das Sprechen beide Hände beim Balancieren gestört, was mit Befunden übereinstimmt, die darauf hinweisen, daß bei Linkshändern Sprachfunktionen im allgemeinen weniger deutlich lateralisiert sind.[52] Weitere Untersuchungen, die den *dual-task/time-sharing*-Ansatz und unterschiedliche Aufgaben verwendeten, kamen zu ähnlichen, unterstützenden Ergebnissen.[53]

Solche Experimente sind zwar ausgeklügelt und ziemlich interessant, doch bleiben diesem Ansatz gegenüber einige wichtige Vorbehalte bestehen. Beispielsweise gibt es keinen Nachweis des funktionellen zerebralen Raumes, der von den zur Demonstration dieses Raumes benutzten Untersuchungen unabhängig wäre. Wenn zwei Aufgaben miteinander interferieren, nimmt man an, daß sie im funktionellen Raum näher beieinander liegen als zwei Tätigkeiten, die sich gar nicht oder weniger stark behindern. Für sich genommen dreht sich eine solche Argumentation zu sehr im Kreise, um guten Gewissens akzeptiert werden zu können.

Außerdem wurde immer wieder über vergebliche Versuche berichtet, grundlegende Ergebnisse zu reproduzieren. Warum einige Forscher keinen Erfolg hatten, ist unklar, aber offensichtlich werden die Ergebnisse derartiger Untersuchungen von vielen Faktoren beeinflußt. Weitere Forschung ist notwendig, bevor sich der Wert dieses Ansatzes beurteilen läßt.

Neue Perspektiven

Die Entwicklung immer ausgefeilterer Modelle der höheren Funktionen normaler Versuchspersonen hat auch das Interesse an neuropsychologischen Experimenten mit gesunden Menschen gesteigert. Was wir aus den Untersuchungen an Patienten gelernt haben, sollte auch helfen, Modelle normaler Funktionen zu entwickeln, und neuropsychologische Untersuchungen bei normalen Probanden sollten es ermöglichen, einige der aus der klinischen Arbeit entstandenen Ideen direkt zu überprüfen.

Der Reiz und die Vorteile, mit normalen Versuchspersonen zu arbeiten, sind unverkennbar. Erstens fehlen die Beschränkungen, die die geringe Zahl von Patienten der klinischen und der Split-Brain-Forschung auferlegt. Zweitens bieten neurologisch gesunde Versuchspersonen dem Forscher mehr Freiheit in der Art der Experimente, die er sich ausdenken kann. Drittens – und das ist vielleicht das wichtigste – erlaubt die Arbeit mit normalen Versuchspersonen, Asymmetrien in eben dem System zu erforschen, das man letztlich zu verstehen versucht: dem normalen menschlichen Gehirn.

Bislang standen Studien zur Asymmetrie der Gesichtsfeldhälften und Untersuchungen zum dichotischen Hören weithin im Vordergrund, aber mehr und mehr finden auch andere experimentelle Ansätze Beachtung. Wie wir im nächsten Kapitel sehen werden, eröffnen elektrophysiologische und bildgebende Verfahren (sogenannte *brain imaging*-Techniken) die Möglichkeit, Korrelate der Gehirnaktivität normaler Personen während der Durchführung einer Aufgabe direkt zu beobachten. Indem sie die Muster der Gehirnaktivierung als Funktion der kognitiven Aktivität verfolgen, hoffen die Forscher, die sich dieser Techniken bedienen, ein besseres Verständnis jener Prozesse zu erlangen, die an höheren geistigen Tätigkeiten beteiligt sind.

4. Messungen des Gehirns und seiner Aktivitäten: Physiologische Korrelate der Asymmetrie

Die vielleicht direkteste Methode, um Unterschiede zwischen den Hemisphären zu untersuchen, ist die Messung der Gehirnaktivität selbst. Diese Strategie steht im Gegensatz zu den in Kapitel 3 beschriebenen Ansätzen, bei denen aus dem Verhalten in speziellen Testsituationen Rückschlüsse auf das Gehirn gezogen wurden. Direkte Messungen der Gehirnaktivität umgehen viele der Annahmen, die in Verhaltensstudien notwendig sind. Sie ermöglichen es zudem, spezielle Probandengruppen wie Kinder oder auch Tiere zu untersuchen, die in Verhaltenstests eventuell nicht in der erforderlichen Weise reagieren können.

Es gibt zahlreiche verschiedene Möglichkeiten, das Gehirn anatomisch zu vermessen und seine Aktivitäten zu registrieren. So bietet es sich zunächst einmal an, die Größe und Form der Hemisphären zu bestimmen oder einander entsprechende („homologe") Gebiete innerhalb der beiden Gehirnhälften miteinander zu vergleichen. Mit Hilfe neuer Techniken lassen sich anatomische Asymmetrien sogar *in vivo,* das heißt beim lebenden Menschen, untersuchen.

Die Aktivität des Gehirns ist von sehr komplexer Natur; sie umfaßt verschiedenste chemische und elektrische Prozesse auf einem Kontinuum, das von mikroskopischen zu makroskopischen Funktionen reicht. Mikroskopische elektrochemische Wechselwirkungen zwischen Millionen von Nervenzellen (Neuronen) erzeugen globale elektrische Aktivitätsmuster, die sich mit auf der Kopfhaut angelegten Elektroden registrieren lassen. Auch solche, an verschiedenen Stellen des Kopfes gemessene Gehirnwellen – und neuerdings sogar schwache Magnetfelder, die durch die Aktivität der Neuronen erzeugt werden – kann man auf Unterschiede innerhalb und zwischen den Hemisphären untersuchen.

Die zellulären Stoffwechselprozesse der Neuronen machen es erforderlich, daß das Blut ständig Sauerstoff in das Gehirngewebe transportiert und Abfallprodukte entfernt. Daher bilden die Durchblutung der beiden Hemisphären wie auch Unterschiede im Stoffwechsel bestimmter Nährstoffe ein nützliches Maß für die Gehirnaktivität auf beiden Seiten sowie innerhalb bestimmter Regionen des Gehirns. Durch neuere technische Entwicklungen ließen sich solche Aktivitäten, ebenso wie die Verteilung bestimmter Substanzen, die an der neuronalen Signalübertragung beteiligt sind, auf immer raffiniertere Weise bildhaft darstellen. Von dem rapide expandierenden Gebiet der funktionellen bildgebenden Verfahren sind vor allem diejenigen fasziniert, die der Meinung sind, man könne mit diesen Methoden gewissermaßen dem Geist bei der Arbeit zuschauen. Andere hingegen halten die Erwartungen, die an die Möglichkeiten der bildgebenden Verfahren geknüpft werden, für überzogen.

In diesem Kapitel geben wir zunächst einen Überblick über die Befunde zu anatomischen Asymmetrien und zur elektrischen Aktivität des Gehirns. Danach werden wir die aktuellen Arbeiten betrachten, die die Gehirnorganisation mit Hilfe bildgebender Verfahren untersuchen, wobei wir uns bemühen werden, die Möglichkeiten dieser aufregenden Forschung, die die Aktivität des linken und rechten Gehirns einer direkten Betrachtung unterzieht, ausgewogen darzustellen.

Asymmetrien in der Anatomie der beiden Hemisphären

Eine im Jahre 1968 erschienene Arbeit von Norman Geschwind und Walter Levitsky beschrieb eindeutig anatomische Asymmetrien zwischen den beiden menschlichen Gehirnhälften in den für Sprechen und Sprache wesentlichen Regionen.[1] Der Artikel, der in einer von Wissenschaftlern verschiedener Disziplinen viel gelesenen Zeitschrift veröffentlicht worden war, erregte bei den Forschern, die sich mit funktionellen Hemisphärenasymmetrien befaßten, großes Aufsehen.

Geschwind und Levitsky waren allerdings nicht die ersten, die solche Gehirnasymmetrien beobachtet hatten. Seit der zweiten Hälfte des 19. Jahrhunderts wurde immer wieder einmal über solche Asymmetrien berichtet. Im allgemeinen hielt man zu jener Zeit die Unterschiede für unerheblich und für zu gering, als daß sie funktionelle Unterschiede zwischen linker und rechter Gehirnhälfte hätten erklären können.

In den späten sechziger Jahren jedoch war die Zeit reif, um zu prüfen, ob funktionelle Hemisphärenasymmetrien nicht doch eine anatomische Grundlage auf makroskopischem Niveau haben könnten. Seit der Veröffentlichung des Artikels von Geschwind und Levitsky haben etliche andere Wissenschaftler ebenfalls dieses Problem erforscht und die Suche nach Asymmetrien auch auf Neugeborene und Affen ausgedehnt.

In diesem Kapitel werden wir einen Überblick über jene Befunde geben, die auf Asymmetrien im Gehirn des erwachsenen Menschen hindeuten. Die Erörterung der Untersuchungen an Säuglingen und an nichtmenschlichen Primaten sparen wir uns für Kapitel 9 auf.

Vermessung der Hemisphären

Die von Geschwind und Levitsky gefundenen Asymmetrien bezogen sich auf die Ausdehnung des *Planum temporale;* das ist ein Teil des Temporallappens, der in der Lateralfurche verborgen liegt und sich an die sogenannten Heschlschen Querwindungen oder auch Hörwindungen anschließt, die als primärer Hörbereich gelten. Bei 65 von 100 Gehirnen, die nach dem Tod ausgemessen wurden (sogenannte *post mortem*-Untersuchungen), war das Planum temporale in der linken Hemisphäre größer als in der rechten, bei elf weiteren war es in der rechten Gehirnhälfte größer, und bei den restlichen 24 Gehirnen ergab sich kein Unterschied. Durchschnittlich war der vermessene Bereich auf der linken Seite um ein Drittel größer als auf der rechten. Abbildung 4.1 zeigt den Ort dieser Asymmetrien.

Zweifellos ist das Ausmaß der Asymmetrien beeindruckend – noch bedeutsamer aber ist ihre Lage. Das Planum temporale wird nämlich als ein Teil des Wernickeschen Areals betrachtet – einer nach Karl Wernicke benannten Hirnregion, der als erster herausfand, daß eine Schädigung in diesem Gebiet häufig unterschiedliche aphasische Symptome nach sich zieht. Geschwind und Levitsky sahen einen engen Zusammenhang zwischen den von ihnen beobachteten Asymmetrien und den Hemisphärenunterschieden in jenen Funktionen, die vermutlich durch dieses Gebiet kontrolliert werden.

Die Beobachtungen von Geschwind und Levitsky sind durch mehrere Untersuchungen, die verschiedene Verfahren zur Vermessung des Planum temporale verwendeten, bestätigt worden.[2] Für insgesamt 337 Gehirnpräparate (einschließlich der 100 von Geschwind und Levitsky untersuchten) liegen Berichte über direkte Messungen vor. Bei 70 Prozent wurde bezüglich der Lage oder Fläche des Planum temporale eine Asymmetrie zugunsten der linken Hemisphäre festgestellt.

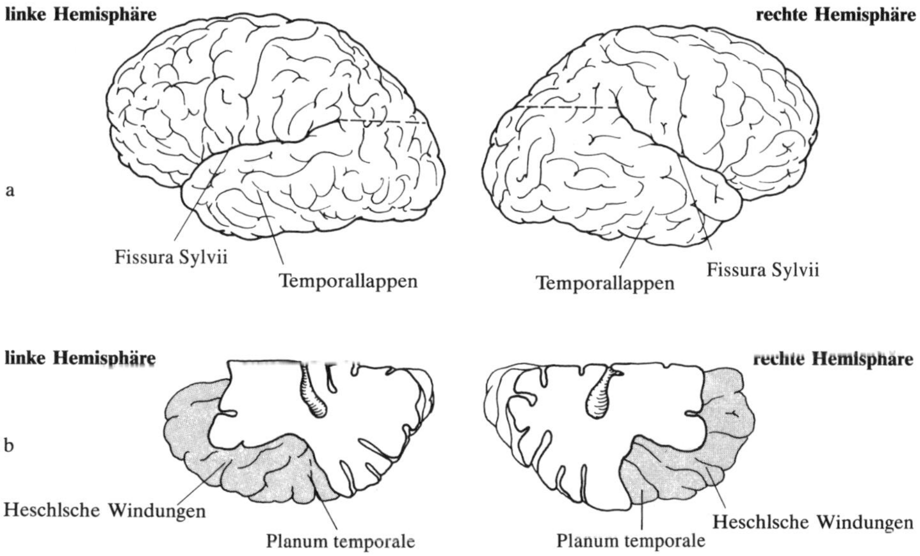

4.1 Anatomische Asymmetrien in der menschlichen Großhirnrinde. a) Die Lateralfurche (Fissura Sylvii), die den oberen Rand des Temporallappens definiert, steigt auf der rechten Gehirnseite steiler an. b) Das Planum temporale, der Bereich des oberen Temporallappens hinter den Heschlschen Querwindungen oder Gyri, ist normalerweise auf der linken Seite viel größer. Man betrachtet diese Region in der linken Hemisphäre als Teil des für das Sprachverständnis bedeutsamen Wernickeschen Areals. (Nach Geschwind, N. „Specializations of the Human Brain", *Scientific American* (1979). Alle Rechte vorbehalten. Anmerkung des Herausgebers: Die Definition des Planum erfolgte nach N. Geschwind und W. Levitsky, „Human Brain: Left-Right Asymmetries in Temporal Speech Region", *Science* 161 (1968): 186 f.)

Wächst die linke Seite stärker, oder wird die rechte kleiner? Bei einer erneuten Analyse der von Geschwind verwendeten anatomischen Befunde stießen der Neurologe Albert Galaburda und seine Kollegen auf eine interessante Beziehung zwischen dem Grad der Asymmetrie und der Größe des Planum temporale der beiden Gehirnhälften. Geschwind hatte zuvor angenommen, die von ihm beobachtete Asymmetrie sei das Ergebnis einer stärkeren oder schnelleren Entwicklung der linken Gehirnhälfte. Symmetrische Gehirne sollten seiner Ansicht nach aufgrund einer schwächer entwickelten linken Hemisphäre entstehen.

Galaburda fand nun heraus, daß das linke Planum temporale in seiner Größe ungefähr gleich bleibt (wenn man eine Korrektur bezüglich der Variabilität der Gesamtgröße der Gehirne vornimmt), daß aber das rechte Planum in symmetrischen Gehirnen größer und in asymmetrischen kleiner ist.[3] Mit anderen Worten: Symmetrische Gehirne besitzen gewöhnlich zwei große Plana, während asymmetrische Gehirne ein großes linkes und ein kleines rechtes Planum haben. Galaburda vermutete, daß die Faktoren, die bei der Entwicklung dieser Asymmetrien eine Rolle spielen (welche auch immer es sind), ihre Wirkung bei den meisten Menschen dadurch ausüben, daß sie das Ausmaß der rechtshemisphärischen Entwicklung steuern.

Messungen am lebenden Gehirn

Die bis jetzt beschriebenen Untersuchungen über makroskopische Asymmetrien bedienten sich *post mortem*-Messungen an Gehirnpräparaten. Es gibt aber auch Möglichkeiten, anatomische Asymmetrien im lebenden Gehirn nachzuweisen. Dies ist von besonderem Vorteil, weil sich die anatomischen Befunde mit den Leistungen korrelieren lassen, die bei den betreffenden Versuchspersonen gemessen werden.

Zerebrale Angiographie. Eine Methode macht sich zunutze, daß der Verlauf der großen Blutgefäße im Gehirn die Anatomie des umgebenden Hirngewebes widerspiegelt. Von besonderem Interesse ist die Arteria cerebri media, die sich durch die für die Sprache kritische Region des Temporallappens zieht. Seit vielen Jahren verwenden Neurologen ein als Hirnangiographie bekanntes Verfahren (das griechische *angeion* bedeutet „Gefäß", eine Angiographie ist also eine Gefäßdarstellung), um diese große Arterie sichtbar zu machen und damit festzustellen, ob die Hirnregionen, die sie umgeben, geschädigt sind. Ein Kontrastmittel, das in die innere Halsschlagader (die Arteria carotis interna, also dieselbe Arterie wie beim Wada-Verfahren) injiziert wird, fließt unter anderem in die Arteria cerebri media und macht dieses Blutgefäß im Röntgenbild sichtbar. Marjorie LeMay konnte den Nachweis liefern, daß sich mit der Hirnangiographie Links-Rechts-Asymmetrien beobachten lassen, die mit den bei Messungen an Gehirnpräparaten gefundenen übereinstimmen.[4]

Computertomographie. Ein anderes Verfahren zur Asymmetriemessung am lebenden Gehirn ist die *Computertomographie* (*CT* oder *CT-Scan*). Dabei rotiert eine Röntgenstrahlenquelle um den Kopf, während Detektoren kontinuierlich die Intensität der jeweils auf der anderen Kopfseite austretenden Strahlung messen. Ein Computer speichert diese Information und rekonstruiert daraus Hirnschnittabbildungen. Abbildung 4.2 zeigt das CT-Verfahren und zwei typische Bilder.

Die Methode wird seit mehreren Jahren angewandt, um Ort und Ausmaß von Hirnschädigungen genauer zu bestimmen. LeMay und Kollegen haben mittels CT auch Asymmetrien mit einigem Erfolg untersucht.[5]

Kernspintomographie. Zerebrale Angiographie und Computertomographie sind Verfahren, die auf die Verwendung von Röntgenstrahlung angewiesen sind. Die Kernspintomographie basiert auf dem Phänomen der *magnetischen Kernresonanz* (*NMR,* vom englischen *nuclear magnetic resonance*). Ohne Strahlung ermöglicht sie, die Struktur relativ dünner „Scheiben" des Gehirns abzubilden. Man benutzt bei dieser Methode eine Kombination von elektromagnetischen Wellen und einem starken Magnetfeld (das man mit einem leistungsstarken Elektromagneten erzeugt), um die Verteilung von Wassermolekülen im lebenden Gewebe zu ermitteln. (Durch die kombinierte Wirkung von elektromagnetischen Wellen und Magnetfeld kommt es zur „Resonanz" der Wasserstoffatome im Wasser.) Auf diese Weise läßt sich die Dichte von Hirngeweben sehr genau berechnen und über einen Computer ein relativ scharfes Schnittbild erzeugen.[6] Abbildung 4.3 verdeutlicht die erreichbare Auflösung.

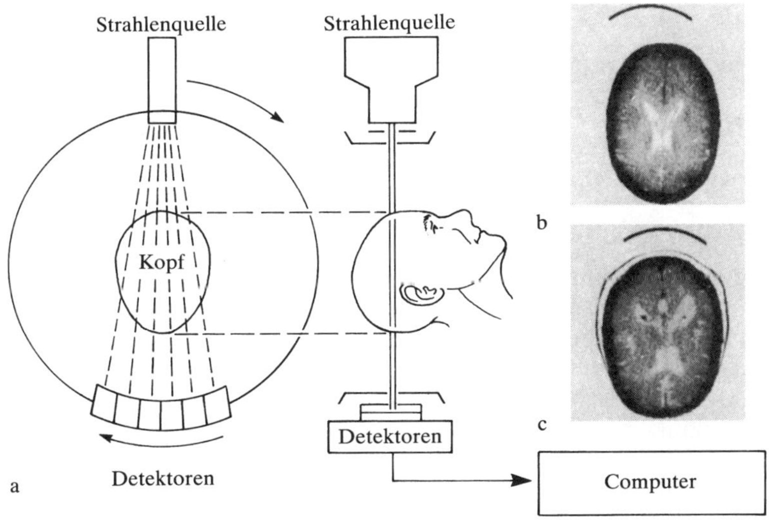

4.2 Bei der Computertomographie (CT) läßt man eine Röntgenstrahlenquelle und entsprechende Detektoren um den Kopf des Untersuchten rotieren, um in einer bestimmten „Scheibe" des Gehirns die Gewebedichte zu berechnen (a). Ein Computer rekonstruiert daraus das zweidimensionale Bild eines Hirnschnittes. Recht sind zwei solche CT-Bilder gezeigt: ein normales ohne pathologische Anzeichen (b) und ein anomales mit vor allem rechtsseitig vergrößerten Ventrikeln (den flüssigkeitsgefüllten Hohlräumen im Gehirn) sowie mäßiger Atrophie und einem rechtsseitigen frontotemporalen Infarkt.

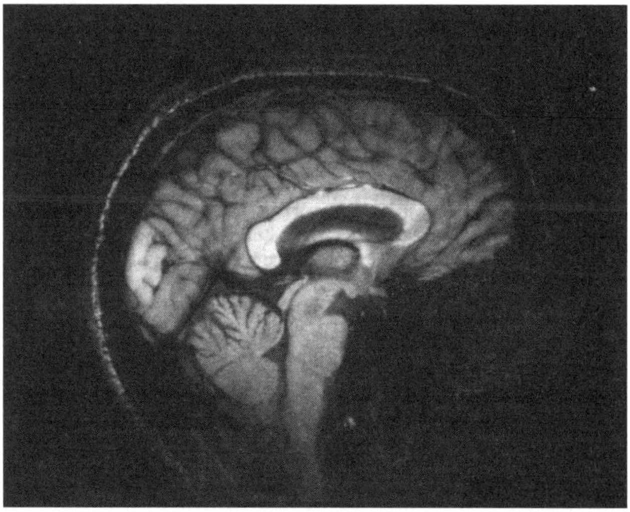

4.3 Kernspin- oder NMR-Tomographie. Diese Computerrekonstruktion eines Gehirnschnittes fußt auf Daten, die bei einer Testperson aus der magnetischen Kernresonanz von Wasserstoff in den Wassermolekülen des Kopfes gewonnen wurden. (Mit freundlicher Genehmigung von Dr. Hoby Hetherington, Center for Nuclear Imaging Research der University of Alabama in Birmingham.)

Was besagen anatomische Asymmetrien?

Das Interesse an Methoden, mit denen sich Asymmetrien im lebenden Gehirn untersuchen lassen, entspringt größtenteils einer grundlegenden Unsicherheit bei der Interpretation anatomischer Asymmetrien. Stehen die identifizierten Asymmetrien in einem bedeutungsvollen Zusammenhang mit funktionellen Asymmetrien? Zur Zeit können wir diese Frage nicht beantworten. Die meisten Befunde zu anatomischen Gehirnasymmetrien entstammen *post mortem*-Untersuchungen, ohne daß etwas über mögliche funktionelle Asymmetrien vor dem Tod bekannt gewesen wäre. In vielen Fällen kannte man nicht einmal die Händigkeit der obduzierten Personen.

Verfahren, die Messungen am lebenden Gehirn erlauben, bieten uns eine Möglichkeit, an diese entscheidende Information heranzukommen. Ganze Serien von Verhaltens- und elektrophysiologischen Tests, die zur Erforschung der Funktionsverteilung zwischen den Hemisphären entwickelt wurden, lassen sich kombiniert mit solchen Asymmetriemessungen an denselben Personen durchführen, um zu prüfen, ob hier irgendein Zusammenhang besteht. Einige Befunde deuten darauf hin, daß Linkshänder insgesamt eine geringere anatomische Asymmetrie aufweisen als Rechtshänder.[7] Es ist jedoch klar, daß die Untersuchung der Beziehungen zwischen anatomischen Asymmetrien, funktionellen Asymmetrien und kognitiven Fähigkeiten noch ganz am Anfang steht.

Die elektrische Aktivität der linken und der rechten Hemisphäre

Im Jahre 1929 entdeckte der deutsche Psychiater Hans Berger, daß man mit Elektroden, die an verschiedenen Stellen auf der menschlichen Kopfhaut angebracht waren, bestimmte Muster elektrischer Aktivität ableiten konnte. Man bezeichnete diese Muster als *Elektroenzephalogramm* (*EEG*). Obwohl EEGs von der Kopfhaut abgeleitet werden, stammt ein Teil der registrierten Aktivität, wie Berger zeigen konnte, direkt vom Gehirn; sie ist also nicht auf die Muskulatur des Kopfes zurückzuführen.

Geräte für die EEG-Abteilung wurden in klinischen Einrichtungen bald allgemein üblich, nachdem man nachgewiesen hatte, daß krankhafte Veränderungen des Gehirns – wie sie bei Epilepsie und bei Tumoren auftreten – von spezifischen elektrischen Aktivitätsmustern begleitet sind. Die Elektroenzephalographie wurde auch schnell als ein wichtiges Forschungsinstrument erkannt, und es folgten zahlreiche Untersuchungen zu möglichen EEG-Korrelaten von Persönlichkeit, Intelligenz und Verhalten.

Die Erforschung von Asymmetrien mit EEGs

Bis in die späten sechziger Jahre war es üblich, EEGs mit Hilfe von Elektroden abzuleiten, die man an verschiedenen Stellen des gesamten Kopfes oder nur an einer Kopfhälfte anbrachte. Man setzte damals einfach voraus, daß die Aktivität auf beiden Seiten identisch sei. Einige Untersuchungen jedoch zeigten EEG-Asymmetrien, wenn Elektroden beidseitig angelegt waren. Diese Asymmetrien schienen in einer – allerdings nicht eindeutigen – Beziehung zur Handpräferenz zu stehen. David Galin und Robert Ornstein vom Langley Porter Neuropsychiatric Institute in San Francisco gehörten zu den ersten, die solche Asymmetrien näher untersuchten und mit der Art von Aufgabe in Beziehung setzten, die die Versuchspersonen während der EEG-Ableitung ausführten.[8]

Galin und Ornstein leiteten die EEG-Aktivität von symmetrischen Positionen auf jeder Kopfseite ab, während ihre Versuchspersonen verbale Aufgaben (wie das Schreiben eines Briefes) oder räumliche Aufgaben (etwa den Würfel- oder Mosaiktest nach Kohs – englisch *block design test* –, bei dem mit mehrfarbigen Würfeln ein geometrisches Muster aus dem Gedächtnis zu rekonstruieren ist) ausführten. Die Ergebnisse wurden dann auf das Verhältnis zwischen EEG-Leistung (auch „EEG-Power" genannt) der rechten Hemisphäre (R) und der der linken (L) hin analysiert. Die Leistung eines Elektroenzephalogramms gibt an, wieviel elektrische Energie pro Zeiteinheit produziert wird. Die Untersucher fanden heraus, daß das Leistungsverhältnis R/L bei den verbalen Aufgaben signifikant größer war als bei den räumlichen Aufgaben.

Auf den ersten Blick scheinen diese Ergebnisse gerade das zu widerlegen, was man aufgrund der Kenntnis über die Beziehung zwischen Aufgaben und Hemisphären erwarten würde. Briefeschreiben ist eine linkshemisphärische Aufgabe und sollte deshalb eine stärkere Aktivität in der linken Hemisphäre auslösen als die Würfelaufgabe. Das „Problem" läßt sich leicht lösen, wenn man berücksichtigt, daß sich das EEG aus verschiedenen Aktivitätsrhythmen zusammensetzt.

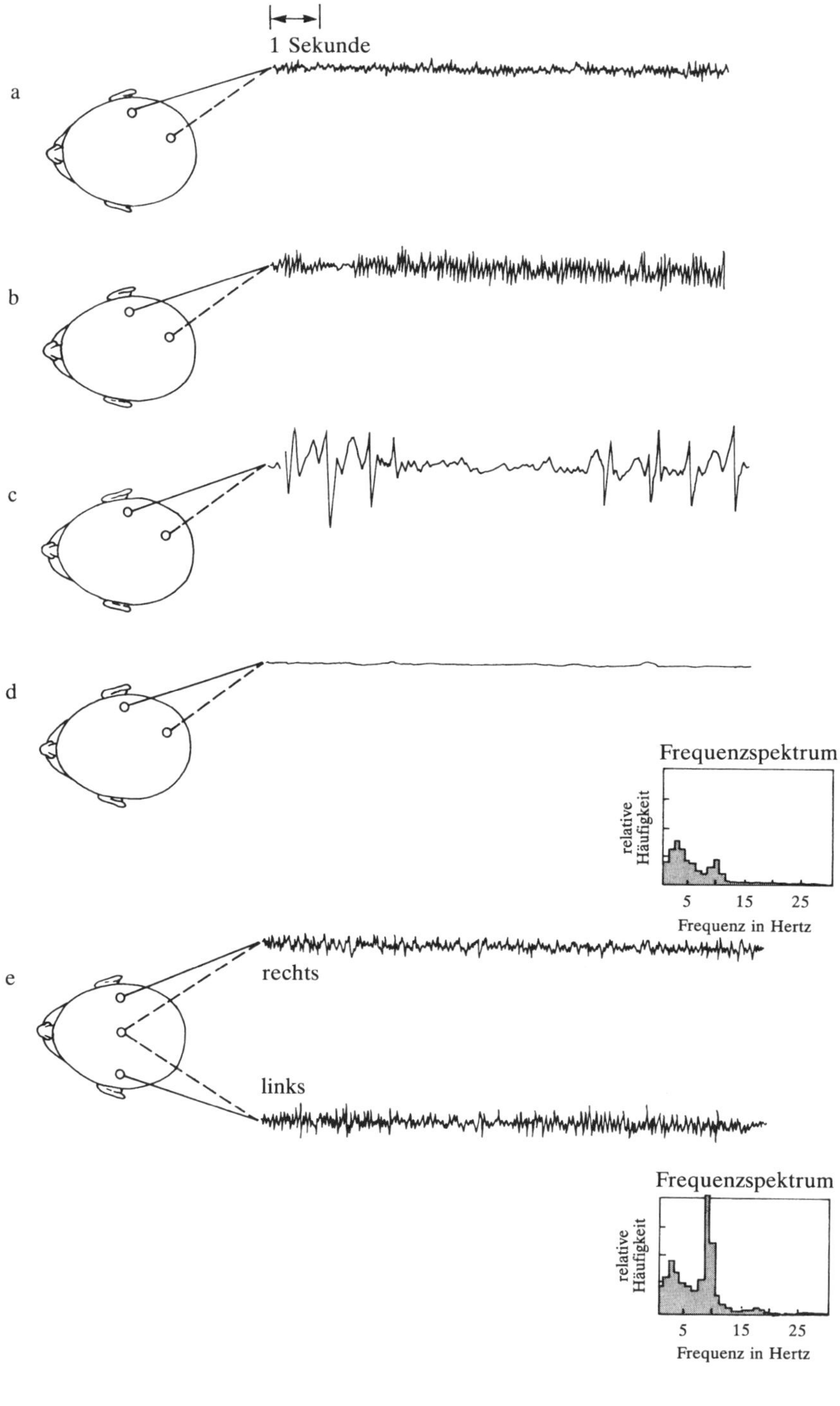

Der zuerst entdeckte ist zugleich auch der bekannteste: der Alpha-Rhythmus. Unter Alpha-Aktivität versteht man rhythmische Schwankungen des elektrischen Potentials mit einer Frequenz von 8 bis 12 pro Sekunde. Bei ruhenden Versuchspersonen mit geschlossenen Augen herrscht die Alpha-Aktivität im EEG vor. Die anderen Rhythmen im EEG werden ebenfalls mit griechischen Buchstaben bezeichnet. Abbildung 4.4 zeigt die Wellenformen für fünf verschiedene Zustände des Gehirns.

Als man Galins und Ornsteins Ergebnisse analysierte, zeigte sich, daß in den EEG-Ableitungen der Alpha-Rhythmus vorherrschte. Da Alpha einen Ruhezustand des Gehirns widerspiegelt, sollte man bei einer *stärkeren* Beschäftigung mit einer speziellen Aufgabe eine *geringere* Alpha-Aktivität erwarten. Die linke Hemisphäre müßte also weniger Alpha-Aktivität zeigen, wenn eine Versuchsperson eine sprachliche Aufgabe durchführt, als wenn sie mit einer räumlichen Aufgabe wie dem Problem des Würfelmusters befaßt ist. Genau das hatten Galin und Ornstein tatsächlich gefunden.

Vorteile und Nachteile des EEG

Elektroenzephalographische Asymmetriemessungen sind bei vielen Forschern beliebt. Da man hier nicht auf eine sichtbare Verhaltensreaktion der Versuchsperson angewiesen ist, lassen sich mit EEGs Gehirnasymmetrien auch bei Kleinkindern, aphasischen Patienten und anderen Personen untersuchen, bei denen sonstige auswertbare Reaktionen oft nur schwer zu erhalten sind. Außerdem ist das EEG eine zeitlich kontinuierliche Meßmethode. Sie eignet sich also dazu, die fortlaufende Aktivität des Gehirns zu studieren, während eine Versuchsperson langwierige, komplexe Aufgaben durchführt.

Obwohl die letztgenannte Eigenschaft der EEG-Messungen für einige Untersuchungen nützlich ist, lassen sich Veränderungen, die im Zusammenhang mit spezifischen Reizen auftreten, im EEG nur schwer beobachten. Tatsächlich scheinen sich die komplexen EEG-Wellen während verschiedener Arten sensorischer Stimulation nicht sehr zu verändern und eher das allgemeine Erregungsniveau des Gehirns widerzuspiegeln.

4.4 Typische Elektroenzephalogramme. Links von den Aufzeichnungen ist jeweils dargestellt, wo ungefähr die Elektroden am Kopf angelegt waren. a) Ruhezustand bei geöffneten Augen. b) Ruhezustand bei geschlossenen Augen. Die mit einer Frequenz von 8 bis 12 pro Sekunde auftretenden großen Wellen sind die Alpha-Wellen. c) Die dramatischen Zacken bei einem epileptischen Anfall. d) „Hirntod“ oder „zerebraler Tod“. Selbst wenn das Herz des Patienten noch schlägt, zeigt die elektrische „Stille“ im EEG, daß er klinisch tot ist. e) Simultane Aufzeichnung der EEG-Aktivitäten über der linken und der rechten Gehirnhälfte einer Versuchsperson, die eine räumliche Aufgabe (Würfeltest) durchführt. Die Diagramme unten rechts zeigen das Ergebnis einer Analyse der relativen Häufigkeit verschiedener Frequenzen in den EEG-Wellen (EEG-Leistungs- oder „Power“-Spektrum). Man beachte, daß die Ableitung von der linken Seite einen größeren Alpha-Anteil aufweist, wie der Gipfel der Frequenzverteilung bei 8 bis 12 Hertz zeigt. Während des Sprechens und Schreibens ist der Alpha-Anteil rechts größer. Ausmaß und Richtung der Asymmetrie variieren mit der Aufgabe. (Abbildungsteil e nach D. Galin und R. Ornstein, „Lateral Specialization of Cognitive Mode: An EEG Study,“ *Psychophysiology 9* (1972): 417, Abb. 1 (The Society for Psychophysical Research) und nach J. Doyle, R. Ornstein und D. Galin „Lateral Specialization of Cognitive Mode: II. EEG Frequency Analysis,“ *Psychophysiology* 11 (1974): 571, Abb. 1 (The Society for Psychophysical Research). Abdruck mit Genehmigung des Verlages.)

Das evozierte Potential

Eine sorgfältige Analyse des EEG zeigt aber, daß doch spezifische Veränderungen auftreten, wenn ein Reiz wie etwa ein Lichtblitz dargeboten wird. Sie sind nur meistens durch die allgemeine Hintergrundaktivität des Gehirns verdeckt. Um nun Veränderungen, die auf einen spezifischen Reiz hin erfolgen, sichtbar zu machen, läßt man einen Computer die Wellen, die bei wiederholten Darbietungen desselben Reizes aufgezeichnet werden, mitteln. Jede zufällige, vom Reiz unabhängige elektrische Aktivität wird durch diesen Prozeß gewöhnlich nivelliert, während die Aktivität, die in einem festen zeitlichen Verhältnis zum Reiz auftritt, als *evoziertes Potential* (*EP*) herausgehoben wird (man bezeichnet dieses Potential auch als *event-related,* also ereigniskorreliert).

Das evozierte Potential besteht aus einer Folge von positiven und negativen Schwankungen um eine Grundlinie und dauert – vom Ende des Reizes gerechnet – typischerweise etwa 500 Millisekunden an. Jedes Potential läßt sich hinsichtlich bestimmter Komponenten oder Parameter wie *Amplitude* oder *Latenz* (die Zeit vom Einsetzen des Reizes bis zum Beginn der Aktivität) analysieren.

Die genaue Form des evozierten Potentials hängt unter anderem von der Art des Reizes beziehungsweise von der beteiligten Sinnesmodalität (auditiv, visuell, somatosensorisch) ab. Außerdem erzeugt bei verschiedenen Reizarten jeweils ein anderer Gehirnbereich die maximale Aktivität. Abbildung 4.5 zeigt einige typische EPs für Reize unterschiedlicher Modalitäten. Unser Hauptinteresse gilt nun der Frage, ob die durch einen Reiz hervorgerufenen EPs identisch sind, wenn sie von sich entsprechenden Bereichen der beiden Kopfseiten abgeleitet werden.

Der Psychologe Dennis Molfese und seine Mitarbeiter erhoben umfassende Daten über evozierte Potentiale, die durch sprachliche und nichtsprachliche akustische Stimuli hervorgerufen wurden.[9] In einer Untersuchung fanden sie heraus, daß ein Teil des auf sprachliche Reize folgenden evozierten Potentials in der linken Hemisphäre eine größere Amplitude aufwies als in der rechten. Dieser Unterschied war selbst dann zu sehen, wenn die Versuchspersonen nur zuhörten, ohne zu versuchen, die Reize zu identifizieren. Nichtsprachliches Material dagegen erzeugte eine größere Amplitude in den Aufzeichnungen von der rechten Hemisphäre.

Einige Untersuchungen befaßten sich auch damit, wie Asymmetrien durch die Aufgabe, die die Versuchsperson während der Ableitung des evozierten Potentials ausführt, beeinflußt werden. In einer dieser Arbeiten bot man den Versuchspersonen eine Folge von synthetisch erzeugten Lautsilben dar, die sich im Anfangslaut („ba" gegenüber „da") oder in der Tonhöhe (hoch oder niedrig) unterscheiden konnten.[10] In der einen Hälfte der Versuchsdurchgänge wurden die Personen aufgefordert, ohne Rücksicht auf die Tonhöhe auf jedes Erscheinen von „ba" zu achten, in der anderen Hälfte wies man sie an, auf Silben mit hoher Tonhöhe zu hören – unabhängig von ihrem Inhalt.

Während der Tests wurden jeweils die EPs auf „ba"-Silben mit hoher Tonhöhe über der linken und der rechten Hemisphäre abgeleitet. So konnte man mit genau denselben Reizen unter zwei Versuchsbedingungen analysieren,

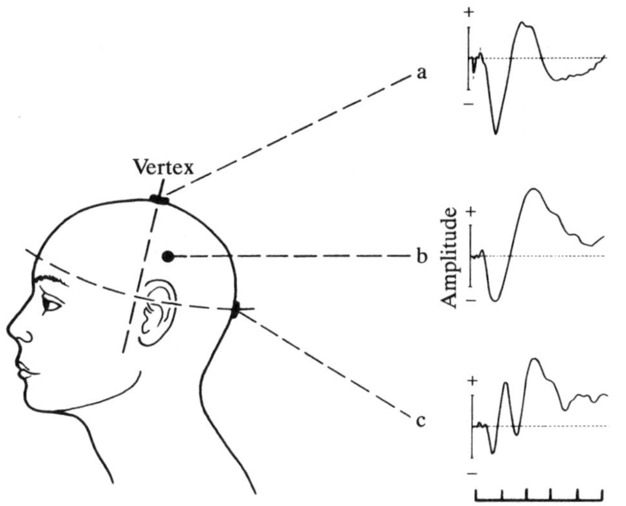

4.5 Typische evozierte Potentiale bei Darbietung akustischer oder auditiver (a), somatosensorischer (b) und optischer oder visueller (c) Reize. Die gestrichelten Linien zeigen, wo ungefähr auf der Kopfhaut die ausgeprägtesten EEG-Signale abgeleitet werden können. (Nach R. F. Thompson und M. Patterson, (Hrsg.) *Bioelectric Recording Techniques.* (New York; Academic Press, 1974). Anmerkung des Herausgebers: Die Amplitude der evozierten Potentiale kann 30 bis 40 Mikrovolt erreichen. Im Gegensatz zu der hier gezeigten Abbildung besteht die Konvention, die Polarität so darzustellen, daß negative Wellen nach oben, positive Wellen nach unten gerichtet sind. Dies ist für die Bezeichnung der einzelnen Komponenten des evozierten Potentials, die nach Polarität und Latenz erfolgt, wichtig.)

welchen Einfluß die durchgeführte Aufgabe auf die Asymmetrie des evozierten Potentials hat. Es ergaben sich für die Benennungs- und Tonhöhenaufgaben unterschiedliche evozierte Potentiale, allerdings nur über der linken Hemisphäre. Diese Befunde führten die Forscher zu der Annahme, daß Hemisphärenunterschiede zwar hinsichtlich der Fähigkeit, eine Silbe zu identifizieren, existieren, nicht aber hinsichtlich der Fähigkeit, die Tonhöhe einer solchen Silbe zu erkennen.

Testreizbedingte Potentiale während geistiger Tätigkeit

Die üblichen Experimente mit evozierten Potentialen waren anfangs darauf beschränkt, Reaktionen auf kurze, normalerweise einfache Reize zu erfassen. Das sogenannte „testreizbedingte“ Potential (*probe evoked potential*) ist eine neuere Entwicklung, dank derer sich Beziehungen zwischen Gehirn und Verhalten auch bei komplexeren geistigen Tätigkeiten mit EP-Methoden untersuchen lassen. Anstatt die Reaktion auf wiederholte Reizdarbietungen mit dem Ruhezustand zu vergleichen, fordert der Versuchsleiter die Versuchspersonen auf, Aufgaben von unterschiedlicher Komplexität auszuführen, und läßt dann Testreize (etwa ein Klickgeräusch oder einen Lichtblitz) wiederholt darbieten, während die Versuchsperson arbeitet. Interessant ist nun, inwieweit die geistige Tätigkeit das normale evozierte Potential auf den Testreiz unterdrückt.

Man geht davon aus, daß das Gehirn nur eine beschränkte Anzahl simultaner Tätigkeiten gleichermaßen kompetent ausführen kann. Je komplexer die Hintergrundaufgabe ist, desto stärker sollte also die normale Reaktion des Gehirns auf einen intermittierenden Testreiz reduziert werden. Testreiz-EPs lassen sich von verschiedenen Regionen des Gehirns gleichzeitig ableiten. Vermutlich hängt die Amplitude des testreizbedingten EP davon ab, wie sehr die Versuchsperson durch eine bestimmte Aufgabe beansprucht wird, und davon, welche Hirnregionen an der Aufgabenbewältigung beteiligt sind.

Mit Hilfe dieser Technik registrierte man in einer Untersuchung die relative Beteiligung der temporalen und parietalen Regionen der linken und rechten Gehirnhälfte während einer arithmetischen und einer visuell-räumlichen Aufgabe, indem man die EPs auf einen über Kopfhörer dargebotenen Testton ableitete.[11] Die Versuchspersonen sahen unter allen Bedingungen dieselben Reize: nämlich einzelne Bruchstücke und jeweils daneben das vollständige geometrische Muster; in jedem Fragment wie auch in dem kompletten Muster waren Ziffern eingefügt. Im visuell-räumlichen Aufgabenteil signalisierten die Versuchspersonen mit einer Fingerbewegung, ob man mit den Bruchstücken das daneben abgebildete intakte geometrische Muster zusammensetzen konnte. In den arithmetischen Durchgängen gaben die Versuchspersonen an, ob sich die Zahlen in den Bruchstücken zu der Zahl in dem vollständigen Muster aufaddierten.

Die Amplitude der evozierten Potentiale auf die Testtöne variierte in Abhängigkeit von der Aufgabe, die die Versuchspersonen ausführten. Während der arithmetischen Berechnungen waren die Testreiz-EPs – im linken Temporalbereich – verglichen mit Kontroll-EPs – signifikant reduziert. Bei der visuell-räumlichen Aufgabe ergab sich eine stärkere Reduktion über dem rechten Parietalbereich.

Diese Ergebnisse bestätigen natürlich, daß die linke Hemisphäre an „seriell-analytischen" Vorgängen, wie sie etwa beim Sprechen und Rechnen ablaufen, und die rechte Hemisphäre an bestimmten visuell-räumlichen Prozessen beteiligt ist. Darüber hinaus bietet diese Arbeit ein gutes Beispiel für eine experimentelle Strategie, bei der man Aufgaben mit identischen Reizen und identischen Reaktionen durch die jeweilige Anweisung an die Versuchsperson variiert. Dieses Verfahren gestattet es, Veränderungen der Hirnfunktionen, die ausschließlich durch unterschiedliche psychische oder geistige Prozesse hervorgerufen werden, besser herauszufiltern.

Ähnliche Experimente mit Testreiz-EPs hat man auch durchgeführt, um genau zu analysieren, wie sich die Hemisphären an der Erkennung emotionaler Sprachtönungen beteiligen.[12] Die Versuchspersonen hörten jeweils dieselben Unterhaltungen unter zwei Aufgabenbedingungen: Einmal mußten sie am Ende der Darbietung angeben, wie oft die Silbe „na" vorgekommen war, das andere Mal sollten sie berichten, welche Gefühle die Sprecher während der Unterhaltung ausdrückten. Bei beiden Durchgängen leitete man EPs auf ein Klickgeräusch ab, das wiederholt dargeboten wurde. Dabei zeigte sich, daß die Testreiz-EPs in der linken Hemisphäre stärker reduziert waren, wenn es Silben zu entdecken galt, und in der rechten Gehirnhälfte, wenn die emotionale Tönung zu beurteilen war. Dieselbe Konversation wurde also offenbar in stärkerem Maße von der linken Hemisphäre verarbeitet, wenn die Versuchspersonen auf Sprachlaute zu achten hatten, und von der rechten, wenn eine Wertung der Gefühlstönung verlangt war (mehr über die Rolle der rechten Hemisphäre bei Empfindungen erfahren Sie in Kapitel 7).

Wie weit bringen uns Ableitungen der elektrischen Gehirnaktivität von der Kopfhaut?

In den letzten Jahren haben Alan Gevins und seine Kollegen das EEG und die Messung von ereigniskorrelierten Potentialen auf ein neues, noch komplexeres Niveau gehoben, indem sie die Gehirnaktivität von bis zu 125 Hautelektroden ableiteten, die über den gesamten Kopf der Versuchsperson verteilt waren. Mit Hilfe einer komplizierten Computeranalyse untersuchten sie an allen Ableitorten Veränderungen des EEG, die mit verschiedenen Verarbeitungsstufen bei wiederholten Aufgaben assoziiert waren, und gelangten so zu einer Reihe von Befunden über die Aktivierung bestimmter Gehirnregionen durch unterschiedliche kognitive Verarbeitungsprozesse.[13] Die meisten dieser Befunde werden als „Kovarianz" zwischen mehreren zerebralen Regionen während Reizdarbietung, Entscheidungsfindung und Reaktion beschrieben. Diejenigen Regionen, die sich im EEG gleichzeitig verändern, sollen Teile eines neuronalen „Netzwerks" darstellen, das an einer Aufgabe oder einer bestimmten Verarbeitungsstufe beteiligt ist.

Diese Arbeiten werden kontrovers diskutiert. Auf alle Fälle aber haben sie einige innovative Konzepte angeregt, so die Suche nach Korrelationen von Veränderungen in der Gehirnaktivität anstelle einer einfachen räumlichen Darstellung von Aktivitätsmaxima. Wir werden auf dieses Konzept noch einmal zurückkommen, wenn wir im späteren Verlauf dieses Kapitels Untersuchungen diskutieren, die auf Verfahren zur bildhaften Darstellung des Stoffwechsels zurückgreifen.

Viele Elektrophysiologen sind der Auffassung, daß Ableitungen von der Kopfhaut nicht ausreichen, um die elektrische Aktivität des Gehirns präzise zu analysieren, und daß es anderer Techniken bedarf, um Aufschluß über die gleichzeitige Aktivität in mehreren Gehirnregionen zu erhalten. Solche Überlegungen haben zur Entwicklung der Magnetoenzephalographie geführt.

Magnetoenzephalographie

Die Aktivität von Nervenzellen erzeugt nicht nur elektrische, sondern auch magnetische Felder. In den letzten Jahren ist es nun technisch möglich geworden, die Magnetfelder, die gemeinsam mit den elektrischen Feldern durch die neuronale Aktivität in bestimmten Bereichen des Gehirns erzeugt werden, aufzuzeichnen und getrennt darzustellen. Einzelne aktive Neuronen produzieren extrem schwache magnetische Felder, aber unter bestimmten Bedingun-

a

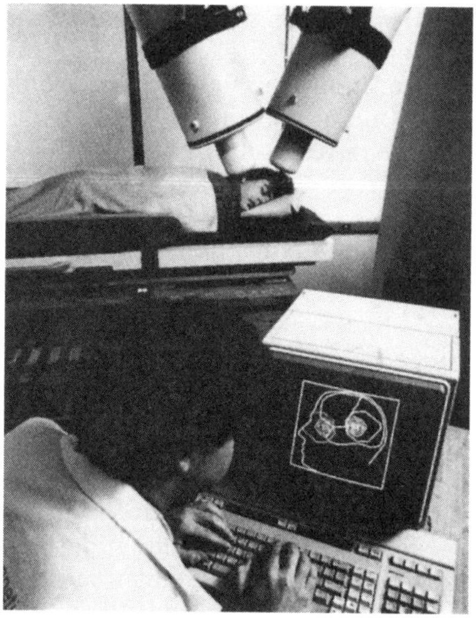

b

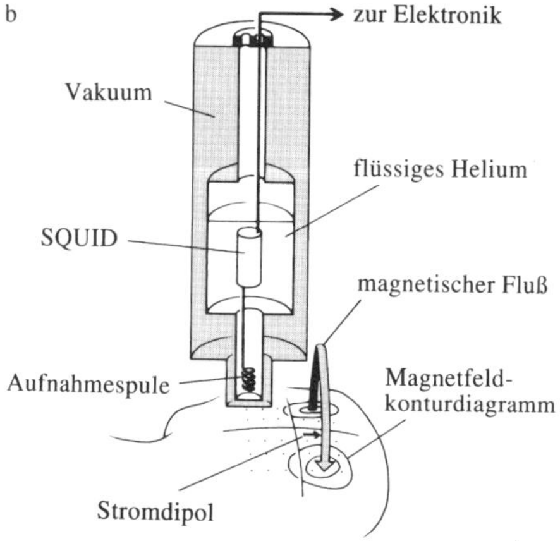

4.6 a) Bei einem Patienten wird mit einem 14-Kanal-Neuromagnetometer ein Magnetoenzephalogramm (MEG) abgeleitet. Bei dieser Methode untersucht man die elektrische Aktivität des Gehirns dadurch, daß man die Magnetfelder mißt, die von den elektrischen Strömen im Gehirn erzeugt werden. (Mit freundlicher Genehmigung von Biomagnetic Technologies, Inc., San Diego, Kalifornien.) b) Magnetfelder im Gehirn lassen sich mit Hilfe supraleitender Verstärker (SQUIDs, siehe Text) und damit verbundener spezieller Spulen messen. Das flüssige Helium hält die Temperatur des Systems sehr niedrig; dies ist für die Aufrechterhaltung der Supraleitfähigkeit notwendig. (Mit freundlicher Genehmigung von Dr. Jackson Beatty, University of California, Los Angeles.)

gen liefern die Felder mehrerer gleichzeitig tätiger Nervenzellen zusammen ein so starkes magnetisches Signal, daß man es an der Kopfaußenseite messen kann. Eine solche Aufzeichnung – gewissermaßen das magnetische Gegenstück zum EEG – wird als *Magnet(o)enzephalogramm* (*MEG*) bezeichnet.

Auf der Basis von MEGs läßt sich errechnen, wo im dreidimensionalen Raum die Zellgruppen lokalisiert sind, die das gemessene Feld erzeugen. Damit zeichnet sich diese Methode gegenüber dem EEG vor allem dadurch aus, daß man die Quelle der gemessenen Aktivität innerhalb des Gehirns besser eingrenzen kann. Abbildung 4.6 zeigt die Apparatur.

Um die sehr schwachen Magnetfelder aufzufangen, braucht man supraleitende Spulen, und alle Messungen müssen in Räumen durchgeführt werden, die mit großem Aufwand magnetisch abgeschirmt sind. Das Herz einer MEG-Sonde ist eine als SQUID (*superconducting quantum interference device*) bezeichnete Aufnahmevorrichtung, die durch flüssiges Helium gekühlt wird. Indem man entweder eine einzelne Sonde über den Kopf der Versuchsperson hinwegbewegt oder mehrere Sonden an unterschiedlichen Stellen über dem Kopf anbringt, lassen sich mit der MEG-Technik Kontur- oder „Isolinienkarten“ erstellen, also graphische Darstellungen, auf denen die verschiedenen Isolinien unterschiedliche Magnetfeldstärken anzeigen (siehe Abbildung 4.7).

Mit Hilfe solcher Karten lassen sich dann die Neuronen, die das Feld erzeugen, im dreidimensionalen Raum lokalisieren.

In den ersten Versuchen setzten Forscher MEGs ein, um exakter, als es mit EEGs möglich ist, den Ort und die Tiefe jener elektrischen Ströme zu bestimmen, die den Entladungen epileptischen Gewebes im Gehirn zugrunde liegen. Sie hatten Erfolg: Bei einem Patienten gelang es beispielsweise, die epileptische Aktivität in einem genau bestimmten Bereich zehn bis elf Millimeter unterhalb der Schädeldecke zu lokalisieren.[14]

Evozierte Felder (EFs)

Analog zu den evozierten Potentialen im EEG kann man auch mit dem MEG Reaktionen auf externe Reize messen. Wie wir bereits gesehen haben, ruft ein wiederholter akustischer, somatosensorischer oder optischer Reiz eine meßbare Veränderung in den gemittelten EEG-Wellen hervor. Der gleiche Reiz bewirkt eine charakteristische Verteilung der magnetischen Flußdichte, die man über einer bestimmten Hirnregion messen kann. Der Ursprung solcher magnetischer Felder ist viel genauer einzugrenzen als der eines evozierten Potentials. So hat man die Quelle magnetischer Felder, die durch wiederholte Klickgeräusche erzeugt wurden (*evozierte Felder*), eindeutig im auditiven temporalen Cortex beider Hemisphären geortet.[15]

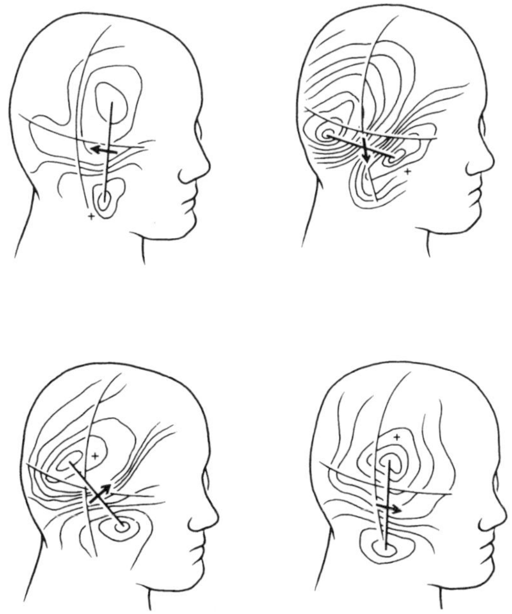

4.7 Beispiele für Kontur- und Isolinienkarten der Magnetfelder, die in der rechten Hemisphäre eines Patienten durch epileptische Aktivität entstanden sind. Solche MEG-Aufzeichnungen erlauben es, die Entstehungsorte (Foci) der Anfälle genau zu lokalisieren. Die Aufnahmen von diesem Patienten deuten auf mehrere Foci innerhalb des rechten Temporallappens hin. (Aus J. Beatty et al. „Neuromagnetometry", in *Psychophysiology,* Hrsg. M. G. H. Coles, E. Donchin und S. W. Porges (New York: Guilford Press, 1986), S. 38, Abb. 2.10.)

In weiteren Untersuchungen ließen sich die Ursprünge der Aktivität, die mit der Stimulation des Ohres der gleichen (ipsilateralen) beziehungsweise der gegenüberliegenden (kontralateralen) Seite des Kopfes einhergeht, innerhalb einer Hemisphäre bestimmen. Bei acht Versuchspersonen wurden die durch Stimulation des linken und rechten Ohres evozierten magnetischen Felder in der rechten Hemisphäre gemessen. Dann übertrug man die resultierenden Koordinaten der Aktivitätsquelle für jeden Probanden auf ein anatomisches Kernspintomogramm seines Gehirns.

Das MEG ergab nicht nur, daß der Ursprung der Aktivität in die Umgebung des auditorischen Kortex fiel, sondern zeigte auch, daß die Quellen der durch ipsilaterale und kontralaterale Stimulation ausgelösten Aktivierung geringfügig voneinander abweichen. Dieses Ergebnis deutet an, daß linksohrige und rechtsohrige Reizung benachbarte, aber doch separate Bereiche der rechten Hemisphäre aktivieren. Den Forschern zufolge verdeutlichen diese Ergebnisse die erreichbare Präzision und die Anwendbarkeit des MEG für die Untersuchung von menschlichen sensomotorischen und kognitiven Prozessen.[16]

Die magnetoenzephalographische Forschung findet mittlerweile sowohl in der Grundlagenphysiologie als auch bei der Untersuchung komplexerer geistiger Funktionen Anwendung. Wegen der komplizierten Technik und aus Kostengründen besitzen die meisten MEG-Anlagen sieben oder 14 Kanäle, deren Anzahl bestimmt, wie viele Hirnregionen gleichzeitig untersucht werden können. Neuere MEG-Instrumente besitzen sehr viel mehr Kanäle. Es gibt sogar eine Version, bei der der gesamte Kopf mit über 100 separaten SQUID-Vorrichtungen abgedeckt wird. Mit solchen Geräten werden sich interhemisphärische Prozesse bei komplexen kognitiven Aktivitäten besser untersuchen und hemisphärische Asymmetrien präziser messen lassen.

Die Durchblutung der Hemisphären

Die Durchblutung von Körpergeweben verändert sich mit dem Stoffwechsel und der Aktivität dieser Gewebe. Der Blutstrom, über den wichtige Nährstoffe herbeigeschafft und Abfallprodukte beseitigt werden, reagiert sehr sensibel auf geringste Veränderungen in der Zellaktivität. Tatsächlich scheinen sich Aktivitätsveränderungen in verschiedenen Hirnregionen in der relativen Blutmenge niederzuschlagen, die diese Bereiche durchfließt. Diese Entdeckung machte es möglich, die Wechselwirkungen zwischen verschiedenen Hirngebieten während eines gegebenen menschlichen Verhaltens zu erkennen und zu untersuchen, indem man die regionalen Durchblutungsänderungen erfaßte.

Niels Lassen, David Ingvar und andere entwickelten ein modernes Verfahren, mit dem sich die Durchblutung bei einem wachen tätigen Menschen messen läßt.[17] Sie spritzten ein spezielles radioaktives Isotop (Xenon-133, ^{133}Xe) in eine zum Gehirn führende Arterie und überwachten dessen Verteilung mit einer Batterie von Detektoren, die über der gesamten Kopfoberfläche angeordnet waren.

Das ursprünglich nur zur medizinischen Diagnose bei Patienten eingesetzte Verfahren ist inzwischen so verbessert worden, daß man nun Versuchspersonen eine spezielle Mischung aus Luft und Xenon einatmen lassen und dann mit entsprechenden Detektoren ihre Hirndurchblutung messen kann.*

Die Ergebnisse von Untersuchungen, bei denen die Hirndurchblutung während verschiedener körperlicher und geistiger Aktivitäten gemessen wurde, sind wirklich beeindruckend. Sie bestätigten manche klassischen Vorhersagen über die Beteiligung bestimmter Gehirnregionen an psychischen Funktionen. Die am Sehen beteiligten Regionen jeder Hemisphäre erweisen sich beispielsweise als stärker durchblutet, wenn die Versuchsperson ein bewegtes Muster anschaut. Sprachreize erhöhen die Durchblutung in den auditiven Gebieten beider Seiten.

Lassen, Ingvar und Skinhøj waren bei ihren Hirndurchblutungsexperimenten nach eigenen Aussagen insbesondere davon beeindruckt, daß die Durchblutungsmuster der beiden Hemisphären sich selbst bei so stark lateralisierten Aktivitäten wie dem Sprechen außerordentlich ähnelten.[18] Die auffälligsten Veränderungen bei verschiedenen Aufgaben und geistigen Tätigkeiten fanden nicht zwischen links und rechts, sondern vielmehr in der Längsachse (anterior-posterior) statt.

Doch Verfahren, mit denen sich die regionale Durchblutung in beiden Gehirnhälften simultan untersuchen läßt, förderten auch Unterschiede zwischen den Hemisphären zutage. In einer frühen Untersuchung verglich Jarl Risberg das Durchblutungsmuster von rechtshändigen männlichen Freiwilligen während zweier Tätigkeiten, einem sprachlichen Analogietest und einem Wahrnehmungstest zur sogenannten „Geschlossenheit“. Bei letzterem sahen die Versuchspersonen nur andeutungsweise gezeichnete Bilder und Figuren und mußten herausfinden, was sie darstellten.[19]

Man fand unter beiden Versuchsbedingungen kleine, aber hochsignifikante Hemisphärenunterschiede von etwa drei Prozent in der Durchblutung. Durchschnittlich war – wie erwartet – während der verbalen Analogieaufgabe die linke Gehirnhälfte und während der Bildidentifizierung die rechte stärker durchblutet. Risberg war in der Lage zu messen, welche Regionen innerhalb einer Gehirnhälfte am stärksten zu den Durchblutungsunterschieden zwischen den Hemisphären beitrugen. Die größten Unterschiede fanden sich für die sprachlichen Tests in den frontalen, frontotemporalen und parietalen Bereichen. Im Ruhezustand waren die Unterschiede zwischen den entsprechenden Hemisphärenregionen sehr gering.

In einer anderen Serie von Experimenten verglich man verschiedene Aufgaben miteinander, die mutmaßlich überwiegend rechtshemisphärische Funktionen beanspruchten.[20] 19 rechtshändige Versuchspersonen bekamen drei Arten von Aufgaben: eine Art Puzzleproblem, eine Linienorientierungsaufgabe und eine Rotationsaufgabe. Beispiele der visuell dargebotenen Stimuli sind in Abbildung 4.8 wiedergegeben.

* Die geringe Menge an Gammastrahlen, die diese Isotope abgeben, gilt als ungefährlich und wird innerhalb von 15 Minuten aus dem Blut ausgewaschen.

In der Puzzleaufgabe mußten die Versuchspersonen beurteilen, ob die jeweils dargestellten Teile sich zu einer Figur zusammensetzen ließen, die in der gleichen Darbietung zu sehen war. Bei dem Linienorientierungstest wurde zuerst für vier Sekunden ein Dia mit zwei Linien gezeigt, danach eines mit mehreren fächerförmig angeordneten Linien, von denen zwei durch Pfeile gekennzeichnet waren. Die Versuchspersonen mußten nun angeben, ob der Winkel, den die beiden markierten Linien einschlossen, mit demjenigen übereinstimmte, den die beiden zuvor gezeigten Linien angedeutet hatten. Bei der Rotationsaufgabe galt es zu entscheiden, ob zwei projizierte Zeichnungen von dreidimensionalen Würfelanordnungen identisch (und lediglich im Raum gedreht) waren oder nicht.

Asymmetrien im Sinne einer stärkeren Durchblutung der rechten Hemisphäre stellte man nur bei der Linienorientierungs- und der Rotationsaufgabe fest. Die Asymmetrie war beim Rotationstest am stärksten ausgeprägt; insbesondere in den parietalen Regionen zeigten sich deutliche Anstiege in der Durchblutung. Aufgrund dieser Ergebnisse sind die Autoren der Ansicht, daß bei der mentalen Rotation in höherem Maße als bei den anderen Aufgaben rein rechtshemisphärische „Fähigkeiten“ eingesetzt werden. Ob die Rotationsaufgabe den Charakter dieser Leistungen besser wiedergibt als die Linienorientierungsaufgabe, ist natürlich eine andere Frage. Die Rotation beinhaltet in der Tat „mentale Manipulationen“ im Raum, ein Konzept, das wir bereits im Zusammenhang mit den besseren rechtshemisphärischen Leistungen von Split-Brain-Patienten in bestimmten Tests angesprochen haben (siehe Kapitel 2). In Kapitel 8 werden wir noch auf Hirndurchblutungsbefunde zu sprechen kommen, die auf Geschlechtsunterschiede bei mentalen Rotationsaufgaben hindeuten.

In einer weiteren Untersuchung wertete man die Daten von 121 Studien zur regionalen Hirndurchblutung aus, die unter den verschiedensten Bedingungen – mit unterschiedlichen Reizmaterialien, Reaktionsmöglichkeiten und Aufgabenanforderungen – erhoben worden waren.[21] Die Daten verglich man mit Messungen an Personen im Ruhezustand, in dem die Durchblutungswerte für einander entsprechende Bereiche der beiden Hemisphären eng beieinanderliegen. Faßte man alle Ergebnisse für die diversen Aufgaben zusammen, so waren in den frontalen Regionen signifikante Hemisphärenunterschiede zu erkennen. Die Durchblutung war auf der rechten Seite stärker, vor allem bei den anspruchsvolleren Aufgaben. Die Untersuchung kam zu dem Schluß, daß sich die beobachtete rechtsseitige Aktivierung im Frontalbereich möglicherweise auf allgemeine Anforderungen an die Aufmerksamkeit zurückführen läßt und nicht unbedingt auf Aufgaben beschränkt sein muß, für deren Lösung man gemeinhin eine besondere Rolle der rechten Hemisphäre annimmt. Diesen Ergebnissen zufolge könnte der rechten Hemisphäre hinsichtlich der Aufmerksamkeit oder „Vigilanz“ eine sehr allgemeine Bedeutung zukommen; sie sind gerade auch angesichts der klinischen Befunde zum Neglektsyndrom und anderen Ausfällen, die mit rechtshemisphärischen Hirnverletzungen einhergehen, von besonderem Interesse (siehe Kapitel 7).

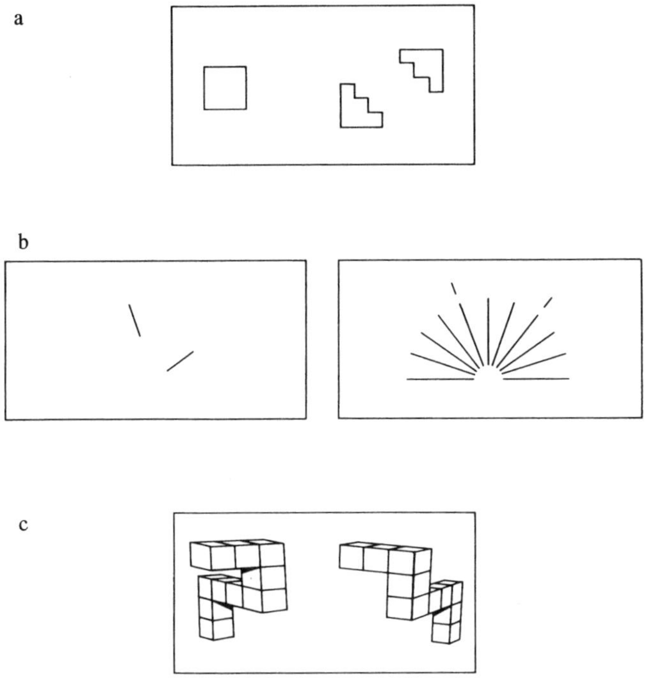

4.8 Beispiele für die Testreize in einer Untersuchung, in der man die Hirndurchblutung bei der Ausführung dreier verschiedener visuell-räumlicher Aufgaben verglich. a) Puzzleaufgabe. (Ergibt sich aus den Fragmenten auf der rechten Seite die Figur auf der linken?) b) Linienorientierungsaufgabe. (Ist der Winkel, der durch die zwei Linien gebildet wird, der gleiche wie der zwischen den durch Pfeile gekennzeichneten Strahlen?) c) Aufgabe zur mentalen Rotation. (Drehen Sie eine der beiden Figuren in ihrer Vorstellung, um zu beurteilen, ob sie identisch sind.) (Aus G. Deutsch et al. 1988, siehe Anmerkung 20.)

Der Stoffwechsel des Gehirns in Bildern: PET und andere bildgebende Verfahren

Die Untersuchung der Hirndurchblutung mittels der Xenon-Technik zur Messung der zerebralen Aktivität unterliegt einigen Einschränkungen. Die oben beschriebenen Untersuchungen liefern keine genauen Informationen über die tiefsten Hirnregionen; meist beziehen sich die beobachteten Muster auf den Cortex.

Neuere Technologien ermöglichen es nun, die Durchblutung in allen Bereichen des Gehirns bildhaft sichtbar zu machen und auch andere Aspekte des Stoffwechsels im lebenden, funktionierenden Gehirn aufzuzeichnen.

Emissionscomputertomographie

Emissionscomputertomographie (ECT; auch als Schichtszintigraphie bezeichnet) ist ein bildgebendes Verfahren, mit dem sich die Verteilung radioaktiv markierter Substanzen in jeder gewünschten Schicht des Körpers oder des Kopfes darstellen läßt. Bei der *Single-Photon-Emissionscomputertomographie* (*SPECT*) werden biochemische Substanzen, die für physiologische Prozesse relevant sind, mit Radionucliden versehen, die Gammastrahlen in alle Richtungen abgeben. Solche *Radiopharmaka* injiziert man in die Blutbahn des Patienten, und wenn sie das Gehirn erreichen, kann ihre Strahlung von fest installierten Detektoren, die auf den Kopf gerichtet sind, oder von Detektoren, die um den Kopf kreisen, gemessen werden. Mit Hilfe von Computerprogrammen läßt sich dann aus den Meßwerten die Verteilung der Radionuclide beziehungsweise der Substanzen, die diese Strahlungsquellen enthalten, errechnen. SPECT-Verfahren sind bislang dazu eingesetzt worden, die Hirndurchblutung und das Blutvolumen in dreidimensionalen Schichten des Gehirns zu messen.

HMPAO-SPECT-Untersuchungen der Hirndurchblutung

Die neuesten Gehirn-SPECT-Verfahren verwenden das Radiopharmakon ^{99m}Tc-Hexamethylpropylenaminoxim (HMPAO) als Stoffwechselindikator oder *Tracer.* (Die Technik wird oft kurz als „Technetium-SPECT" bezeichnet.) HMPAO wird intravenös injiziert. Es kann in seiner lipophilen Form die Blut-Hirn-Schranke überwinden und wird proportional zur zerebralen Blutflußrate in das Gehirngewebe aufgenommen.

Die Gammaphotonenstrahlung des HMPAO-Indikators wird mittels Emissionstomographie gemessen (sogenanntes Scanning), was es den Untersuchern möglich macht, die Verteilung des Pharmakons im Gehirn bildhaft darzustellen. Dies wiederum spiegelt die zerebrale Durchblutung während der Injektion wider. Da Menge und örtliche Verteilung des im Gewebe festgehaltenen Tracers von der Hirndurchblutung während der Injektion abhängen, läßt sich mit dieser Technik der Aktivierungszustand des Gehirns, der zu diesem Zeitpunkt herrschte, gewissermaßen „einfrieren". So gelang es beispielsweise, die Hirndurchblutung während eines epileptischen Anfalls festzuhalten, indem man HMPAO im Anfall spritzte und den Patienten dann später emissionstomographisch untersuchte.[22] Abbildung 4.9 zeigt, wo genau die Anfallsaktivität einsetzte.

In ähnlicher Art und Weise lassen sich die Auswirkungen einer Stimulation oder einer bestimmten geistigen Tätigkeit zunächst festhalten, während die Versuchsperson die Aufgabe ausführt, und später dann messen. Diese Eigenschaft des Indikators nutzte man kürzlich in einem Experiment, in dem Versuchspersonen die bereits beschriebene Rotationsaufgabe zu bearbeiten hatten.[23] Die Probanden erhielten die Injektion, während sie in einem abgedunkelten Raum lagen und die Aufgabe ausführten, die auf einem Bildschirm vorgegeben wurde. Die Messung erfolgte eine halbe Stunde später, während die Person ruhig und entspannt dalag. Verglichen mit einer Injektion von

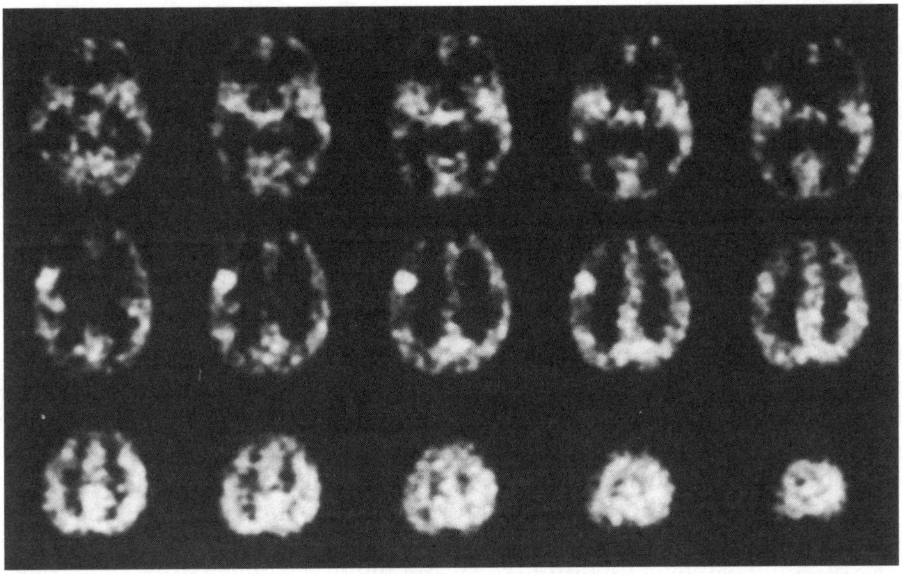

4.9 Eine Serie von SPECT-Bildern, die die Hirndurchblutung eines epileptischen Patienten zu Beginn eines Anfalls wiedergeben. Die Bilder vom Gehirn entsprechen Horizontalschnitten, die von einer mittleren Ebene ausgehend (links oben) zu höheren Schnittebenen (rechts unten) aufsteigen. Die vier Schnitte in der mittleren Reihe zeigen den Anfallsbeginn, der durch einen starken Blutfluß (helle Flecken) auf der linken Seite gekennzeichnet ist. Dieser Bereich entspricht dem rechten motorischen Cortex des Patienten, da die Aufnahmen so orientiert sind, als würde man von den Füßen des Patienten her schauen. Auf einfachen Strukturbildern (zum Beispiel CT- und NMR-Scans) waren in diesen Regionen keine Anomalien zu erkennen. (Mit freundlicher Genehmigung von Dr. James M. Mountz und Dr. Ruben Kuzniecky von der University of Alabama in Birmingham.)

HMPAO in Ruhe, zeigte sich bei derselben Versuchsperson eine erhöhte Aktivität in der rechten Parietalregion.

Diese Ergebnisse sind denen vorangegangener Studien, die sich mit der Hirndurchblutung bei der Durchführung bestimmter Aufgaben befaßten, sehr ähnlich. Sie stützen somit die früheren Befunde und rechtfertigen zugleich den Einsatz des HMPAO-SPECT-Verfahrens. Die Eigenschaft dieser Technik, einen augenblicklichen Aktivierungszustand festzuhalten, wird sich als sehr hilfreich erweisen, wenn man Aufgaben oder Zustände (wie etwa den Schlaf) erforschen will, die einer Untersuchung nur schwer zugänglich sind, falls die Versuchsperson dabei in einem Scanner liegen muß. Es ergeben sich damit auch bessere Möglichkeiten, Patienten zu untersuchen, bei denen sich ohne medikamentöse Ruhigstellung normalerweise keine Messungen durchführen lassen, beispielsweise autistische Kinder. Wenn man HMPAO vor der Sedierung und dem Scannen spritzt, dann sollte es möglich sein, die Hirnaktivität zu erfassen, die vor der medikamentösen Beeinflussung herrschte.

Die gleiche Eigenschaft, die es erlaubt, mit HMPAO einen Zustand festzuhalten und so bestimmte Fragen besser zu bearbeiten, bringt den Nachteil mit sich, daß man mit dem SPECT zu einem bestimmten Zeitpunkt jeweils nur einen Zustand messen kann. Es dauert dann zwei Tage, bis der Indikator im

Kopf nicht mehr nachweisbar und eine weitere Zustandsbestimmung möglich ist. Zur Zeit werden eine Reihe von Methoden erprobt, die diese Beschränkungen, die den SPECT-Studien der Hirndurchblutung auferlegt sind, umgehen sollen. Die meisten Untersuchungen, bei denen Mehrfachaufgaben oder verschiedene Bedingungen eine Rolle spielen, bedienen sich allerdings der sehr viel kostspieligeren Technik der Positronenemissionstomographie (PET).

Positronenemissionstomographie

Bei der *Positronenemissionstomographie* (*PET*) macht man sich die Eigenschaften der besonderen Strahlungsform von Substanzen zunutze, die Positronen abgeben. Die zwei Photonen, die dabei entstehen, bewegen sich in genau entgegengesetzte Richtungen. Da die Positronenemission gleichzeitig und gerichtet erfolgt, erlaubt sie es, die Verteilung entsprechend markierter Substanzen exakt zu lokalisieren. Die Positronenemissionstomographie ist die einzige der bisher entwickelten Techniken, mit deren Hilfe man eine lokale, dreidimensionale quantitative Bestimmung des Sauerstoff- und Glucosestoffwechsels im Gehirn eines lebenden Menschen durchführen kann.

Die Messung des Glucosestoffwechsels liefert einen direkteren Hinweis auf die Funktionen von Nervengewebe als die Quantifizierung der Hirndurchblutung. Das gilt insbesondere bei Patienten mit Hirnschäden oder Krankheiten, die die Regulationsmechanismen der Blutgefäße beeinträchtigen. Die ersten PET-Untersuchungen des Glucosestoffwechsels wurden mit einfacher sensorischer Reizung durchgeführt. Abbildung 4.10 zeigt, wie sich bei akustischer Reizung Gebiete des temporalen Cortex im PET-Bild deutlich abzeichnen; in Abbildung 4.11 sieht man Regionen des Okzipitallappens, die während einer Stimulation mit optischen Reizen aktiv sind. (Auch das Titelbild ist mit der PET-Technik erstellt worden. Es zeigt den Glucosestoffwechsel im Gehirn einer Versuchsperson bei Sprachaktivierung.)

Vor einiger Zeit hat man begonnen, die PET-Technik zur Erforschung höherer geistiger Funktionen heranzuziehen. Leider dauern das Einbringen entsprechend markierter Glucosepräparate und die Messung der Positronenstrahlung ungefähr 40 Minuten, und diese Zeit ist einfach zu lang, um einen bestimmten mentalen Zustand oder bestimmte Versuchsbedingungen zuverlässig aufrechtzuerhalten. Neuentwickelte Radiopharmaka, etwa positronenmarkierter Sauerstoff (^{15}O), erlauben es, mit der PET-Methode den lokalen Sauerstoffverbrauch und die lokale Durchblutung im Gehirn innerhalb weniger Minuten zu messen.

In einer Untersuchung versuchte man durch wiederholte PET-Messungen an sieben normalen Versuchspersonen, die vier stufenweise aufeinander aufbauende Aufgaben zu bearbeiten hatten, Hirnareale zu unterscheiden, die durch spezifische Sprachfunktionen aktiviert werden.[24] Die erste Stufe des Tests verlangte, ein Zeichen (+) zu fixieren, das auf einem Videomonitor dargeboten wurde. Auf der zweiten Stufe mußten einzelne Substantive betrachtet werden. Mit dem Nachsprechen von vorgegebenen Wörtern kam dann eine motorische Reaktion hinzu. Unter der letzten Bedingung schließlich

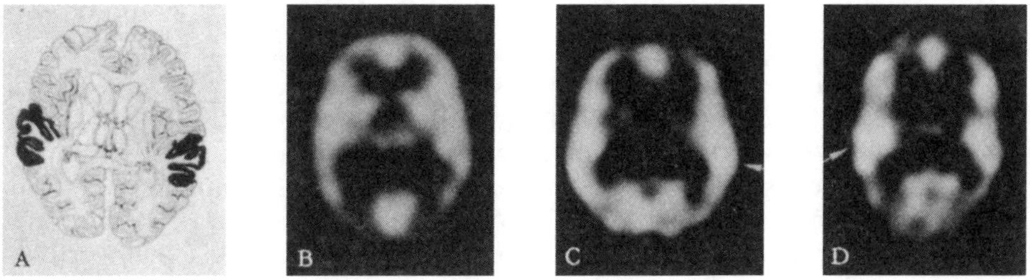

4.10 Positronenemissionstomographische Aufnahmen von Gehirnen gesunder Versuchspersonen, die mit nur einem Ohr einem Tatsachenbericht zuhören. Helle Bereiche kennzeichnen Regionen mit einem erhöhten Glucosestoffwechsel; dunkle Gebiete repräsentieren niedrige Stoffwechselraten. A. Der primäre auditive Cortex ist auf diesem Schema eines Horizontalschnittes durch das Gehirn schwarz dargestellt. B. Bei einer Kontrollversuchsperson, der keine akustischen Reize dargeboten werden, erkennt man ein symmetrisch ausgeprägtes Stoffwechselniveau im Temporalbereich. Eine monaurale (einohrige) Stimulation führt zu einem Anstieg der Stoffwechselrate im temporalen Cortex kontralateral zum gereizten Ohr, wie es in Bild C (linkes Ohr stimuliert) und Bild D (rechtes Ohr stimuliert) zu sehen ist. Die aktivierte Region scheint außerdem über den Bereich des primären auditiven Cortex hinauszureichen. (Pfeile in C und D). (Aus M. Reivich und R. Gur, „Cerebral Metabolic Effects of Sensory Stimuli“, in *Positron Emission Tomography,* Hrsg. M. Reivich und Alavi (New York: Alan R. Liss, 1985), S. 332, Abb. 1)

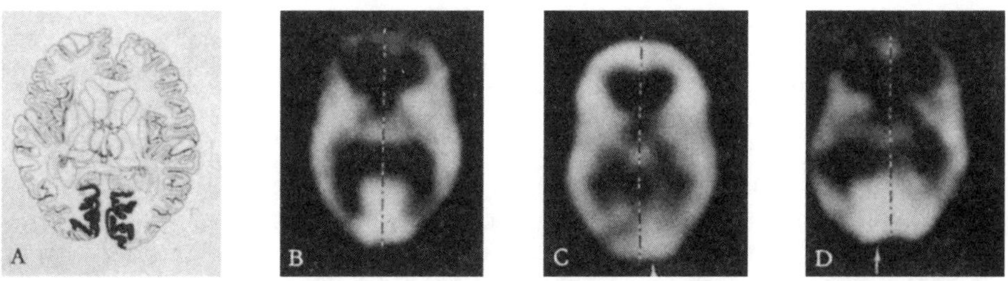

4.11 Positronenemissionstomographische Aufnahmen von Gehirnen gesunder Versuchspersonen, denen man optische Reize darbot. In den drei rechten Bildern ist jeweils die Mittellinie markiert. A. Schematische Darstellung eines Horizontalschnittes durch das Gehirn mit der schwarz gekennzeichneten Area striata (dem primären visuellen Cortex). B. Bei einer Versuchsperson mit verbunden Augen – also ohne optische Stimulation – stellt sich der Glucosestoffwechsel im visuellen Cortex (im Bereich des okzipitalen Pols) symmetrisch dar. C. Eine Reizung in der linken Gesichtfeldhälfte führt zu einem asymmetrischen Glucosestoffwechsel, wobei die Aktivität der rechten Area striata um 25 bis 30 Prozent über der der linken liegt. D. Eine Stimulation in der rechten Gesichtsfeldhälfte kehrt dieses Bild um. Die Stoffwechselrate der linken Area striata liegt nun um 18 Prozent höher als die einer homologen Region der rechten Hemisphäre. (Aus M. Reivich und R. Gur „Cerebral Metabolic Effects of Sensory Stimuli“, in *Positron Emission Tomography*, Hrsg. M. Reivich und Alavi (New York: Alan R. Liss, 1985), S. 332, Abb. 2)

mußten die Versuchspersonen auf ein Substantiv mit einem Verb antworten, das einen Verwendungszweck des entsprechenden Objekts beschreiben sollte; damit wurde auf dieser Stufe noch ein semantischer Verarbeitungsprozeß hinzugefügt.

Indem die Wissenschaftler das Durchblutungsmuster, das sie bei einem bestimmten Aufgabenniveau maßen, von dem Muster substrahierten, daß sie bei einer anderen Aufgabenstufe ermittelt hatten, versuchten sie einige der

Veränderungen zu erfassen, die durch relativ spezifische mentale Aktivitäten verursacht werden. Für das Sprechen stellten die Untersucher einen beidseitigen Anstieg der Durchblutung im sensomotorischen Areal und in verschiedenen anderen Bereichen des Frontallappens fest. Die semantische Aufgabe führte im Vergleich zur Kontrollbedingung (nur sprachliche Wiederholung) zu einer asymmetrischen Aktivierung des unteren linken Frontallappens. Am interessantesten ist vielleicht, daß die Wissenschaftler trotz der Versuche, die rein stimulationsbedingte Aktivität von der zu trennen, die mit kognitiven Prozessen zusammenhängt, auch für die Bedingung des bloßen Betrachtens von Wörtern eine gewisse lateralisierte Aktivität in den Assoziationsbereichen der linken Hemisphäre fanden. Sie zogen daraus den Schluß, daß die Versuchspersonen unwillkürlich eine gewisse linguistische Analyse der Stimuluswörter durchführten, obwohl im Grunde keine sprachliche Aufgabenstellung vorlag. Das Niveau der Aktivierung veränderte sich in jenen Regionen der linken Hemisphäre weder beim Nachsprechen noch während der semantischen Aufgabe. Dies bestätigte die Vermutung, daß die Versuchspersonen bereits während der „passiven" Darbietung der Reizwörter automatisch eine Art linguistischer Analyse durchgeführt hatten.

PET-Studien zum Gesichtererkennen

Eine neuere Untersuchung benutzte ^{15}O-PET-Messungen der zerebralen Durchblutung, um die Gehirnaktivität aufzuspüren, die mit dem Erkennen von Gesichtern einhergeht.[25] Dazu wurde eine Gesichtererkennungsaufgabe mit einer anderen Testbedingung verglichen, bei der Gesichter auf ein anderes Merkmal hin zu bearbeiten, nämlich nach dem Geschlecht zu kategorisieren waren. Das ist eine Aufgabe, die normalerweise auch Patienten mit einer Gesichtererkennungsstörung, einer sogenannten Prosopagnosie, ausführen können. Zusätzlich wurde eine Kontrollbedingung eingeführt, bei der die Probanden einen Bildschirm fixieren mußten, und zwei weitere Bedingungen kamen hinzu: Einmal mußten die Versuchspersonen einfache Muster, das andere Mal gewöhnliche Gegenstände anschauen.

Verglichen mit der Kontrollbedingung zeigten sich beim Betrachten einfacher Muster Durchblutungsänderungen im primären visuellen Cortex des Hinterhauptslappens beider Hemisphären. Unter den experimentellen Bedingungen änderte sich der Aktivitätsgrad des primären visuellen Cortex nicht.

Beim Kategorisieren der Gesichter nach Geschlecht ergab sich eine rechtshemisphärische Aktivierung in den hinteren Regionen gerade außerhalb des visuellen Cortex. Die Gesichtererkennungsaufgabe führte unter anderem zu einer zusätzlichen Aktivierung in Bereichen des rechten Temporallappens, die sich tief in den Lappen hinein, in Richtung des Hippocampus, erstreckte. Während der Gegenstandserkennung kam es zu einer zerebralen Aktivierung im linken hinteren Teil des temporalen Cortex, ohne daß die rechtshemisphärischen Gebiete, die bei der Gesichtererkennung spezifische Reaktionen gezeigt hatten, daran beteiligt waren.

Diese Untersuchung ergab somit den ersten bei gesunden Personen gewonnenen Beleg für eine wichtige Rolle zentraler temporaler Regionen der rechten Hemisphäre beim Erkennen von Gesichtern. Da es widersprüchliche Befunde und unterschiedliche Meinungen über die Beteiligung der linken Hemisphäre am Gesichtererkennen gibt, haben die PET-Forscher eine weitere Studie durchgeführt, bei der Gesichter lateralisiert in der rechten und linken Gesichtsfeldhälfte dargeboten wurden (wie in den Studien, die wir in Kapitel 3 beschrieben haben). Sie fanden einen rechtshemisphärischen Vorteil nur bei der ersten Präsentation eines jeden Gesichts in einer Gesichtsfeldhälfte. Sobald die Versuchspersonen die Gesichter kannten, ergab sich bei dieser Aufgabe ein linkshemisphärischer Vorteil. Die Untersucher schlossen daraus, daß die widersprüchlichen Hinweise auf eine Rolle der linken Hemisphäre beim Erkennen von Gesichtern auf Befunden beruhten, die in künstlichen experimentellen Studien erhoben worden waren, bei denen die wiederholte Präsentation der Testreize zu einer übermäßigen Gewöhnung geführt habe.[26] Das normale, tagtägliche Erkennen von Gesichtern, so behaupten sie, sei im wesentlichen auf die rechte Hirnhälfte angewiesen, so wie es die PET-Befunde zeigten.

Eines der überraschenderen Ergebnisse dieser Untersuchung war das Ausmaß, in dem die unterschiedlichen Gehirnbereiche, die bei der Objekterkennung und der Gesichteridentifizierung aktiviert werden, voneinander getrennt sind. Der Kortex scheint so organisiert zu sein, daß er eine Dissoziation von Gegenständen und Gesichtern vornimmt und wahrscheinlich verschiedene Regionen – und womöglich auch unterschiedliche Strategien und physiologische Mechanismen – nutzt, um Informationen zu verarbeiten, die wir Menschen diesen beiden Arten von visuellen Reizen entnehmen können.

Korrelationen zwischen aktivierten Gehirnregionen

Die Ergebnisse, die wir bisher diskutiert haben, beruhten alle auf einer Analyse der Stoffwechsel- oder Durchblutungssteigerung in einer bestimmten Region. Obwohl dies sicherlich die nächstliegende Methode ist, um Veränderungen während der Ausführung einer Aufgabe zu beobachten, ist es nicht die einzige – und vielleicht nicht einmal die beste.

Eine neuere Studie zu den Wechselwirkungen zwischen spezifischen Hirnregionen während der Aufgabendurchführung förderte bei verschiedenen visuell-räumlichen Aufgaben Hemisphärenunterschiede zutage, die bei einer einfachen Analyse der Stoffwechselsteigerung nicht erkennbar waren. Nach Ansicht einiger Forscher setzt eine adäquate zerebrale Leistung nicht nur eine Aktivitätssteigerung in bestimmten Regionen voraus, sondern eine Interaktion zwischen mehreren spezifischen Bereichen untereinander. Das heißt, das Ausmaß, in dem Hirnregionen zusammenarbeiten oder gemeinsame Veränderungen zeigen (und nicht die jeweils stärkste Aktivitätssteigerung), kann die Gebiete aufzeigen, die am intensivsten an einer Aufgabenlösung beteiligt sind.

Eine PET-Studie von James Haxby und Kollegen von den National Institutes of Health bediente sich der ^{15}O-PET-Technik, um die Veränderungen in der regionalen Hirndurchblutung von Freiwilligen zu messen, die sowohl eine Gesichtervergleichsaufgabe ausführten als auch eine weitere Aufgabe, bei der sie zu beurteilen hatten, ob Punkte am gleichen Ort lokalisiert sind.[27] Die Untersucher hatten diese beiden Aufgaben gewählt, da aus Tierexperimenten und Befunden der klinischen Neuropsychologie hervorgeht, daß es zwei visuelle Systeme im Gehirn gibt: eines für die Objektwahrnehmung, das vor allem okzipitale und temporale Bereiche umfaßt, und eines für die räumliche Lokalisation, das sich eher auf okzipito-parietale Bahnen stützt.

Bei einer Analyse, die sie in traditioneller Weise – durch Substraktion einer Kontrollbedingung von der komplexeren kognitiven Aufgabenbedingung – durchführten, fanden die Forscher die Vorhersage bestätigt. Gesichtererkennen schien tatsächlich die okzipitalen und temporalen Regionen zu aktivieren, während bei der Punktlokalisationsaufgabe eine Aktivitätszunahme in den okzipitalen und parietalen Bereichen zu sehen war. Dieses Aktivierungsmuster ließ sich in beiden Hemisphären nachweisen.

Als man aber eine Korrelationsanalyse anschloß, bei der untersucht wurde, in welchem Umfang bei jeder der Aufgaben in bestimmten Regionen eine gleichzeitige Veränderung stattfand, ergab sich ein anderer Befund: Die hinteren Gebiete des Gehirns, die an dem Gesichter- und dem Punktlokalisationsvergleich beteiligt waren, zeigten in der rechten Gehirnhälfte sehr viel stärkere funktionelle Wechselwirkungen als in der linken. Die Untersucher folgerten daraus, daß die beidseitige Aktivierung, die bei der einfachen Analyse der Durchblutungssteigerung zu beobachten war, tatsächlich durch Veränderungen hervorgerufen wurde, die zuerst in der rechten Hemisphäre auftraten. Über das Corpus callosum wurde dann auch die linke Hemisphäre aktiviert.

Diese Schlußfolgerung bedeutet, daß viele Studien, die mit bildgebenden Verfahren die Auswirkungen verschiedener Aufgaben auf die Gehirnaktivität untersuchen, existierende Hemisphärenasymmetrien unter Umständen verpassen, weil das Gehirn dazu neigt, symmetrische Aktivitätssteigerungen zu zeigen, obwohl eine Aufgabe in Wirklichkeit viel stärker von einer der beiden Seiten bearbeitet wird. Das wäre eine mögliche Erklärung für das bereits diskutierte überraschend hohe Ausmaß an bilateraler Aktivierung während der Sprachproduktion, das man bei Durchblutungsuntersuchungen mit der Xenon-Methode gefunden hat. Neuere Ansätze, wie die gerade beschriebene Methode der Kovarianzanalyse von Aktivität, können vielleicht dazu beitragen, diese Einschränkungen, mit der die Untersuchung hemisphärischer Asymmetrien mittels bildgebender Verfahren behaftet sind, aus dem Weg zu räumen.

Stoffwechseldarstellungen mittels Kernspintomographie: Neue Forschungsrichtungen

Die Darstellung des Gehirns in Abbildung 4.3 ist ein gutes Beispiel für die Leistungsfähigkeit der Kernspintomographie (NMR oder auch MRI), wenn es darum geht, Strukturen wiederzugeben. In neuerer Zeit wurde die Anwendung des NMR auf den funktionellen Bereich ausgedehnt. Statt wie bei der strukturellen Kernspintomographie die Frequenzen zu messen, die bei der magnetischen Anregung von Wassermolekülen auftreten, ist die Bildgebung mittels Magnetresonanzspektroskopie (*magnetic resonance spectroscopic imaging, MRSI*) auf die charakteristischen Frequenzen von anderen angeregten Molekülen im Gehirn gerichtet – Molekülen, die mit verschiedenen Aspekten des Stoffwechsels in Zusammenhang stehen.

Zur Zeit lassen sich die Phosphorverteilung (die mit ATP-gekoppelten Energiezyklen verknüpft ist) sowie verschiedene Aspekte des Glucosestoffwechsels (glykolytischer Durchsatz und Lactatproduktion) bildhaft darstellen.[28] MRSI befindet sich noch auf einer relativ frühen Stufe der Entwicklung, und die Bilder, die mit diesem Verfahren gewonnen werden, erscheinen verhältnismäßig grob, wenn man sie mit denen des strukturellen NMR vergleicht. Die erhaltene Information ist jedoch außerordentlich wertvoll und fußt – im Gegensatz zu PET und SPECT – nicht auf dem Einsatz ionisierender Strahlung. Da somit das Problem der Strahlenbelastung entfällt, eröffnet sich die Möglichkeit, die Stoffwechselaktivität normaler Versuchspersonen mehrfach unter verschiedenen Bedingungen zu messen.

Funktionelle Magnetresonanzmessung

Eine ganz neue Entwicklung im Bereich der funktionellen bildgebenden Magnetresonanz erlaubt eine indirekte, aber schnelle Abbildung der zerebralen Aktivierung während einer Reizdarbietung. Dieses Verfahren mißt Veränderungen im Grad der Sauerstoffsättigung und wird auch als BOLD-MRI (*blood oxygenation-level dependent*) bezeichnet.[29] Weil aktive Bereiche des Gehirns mit sauerstoffreichem Blut etwas anschwellen und weil die magnetischen Eigenschaften sauerstoffreichen Blutes sich von denen sauerstoffarmen Blutes unterscheiden, lassen sich mit Hilfe besonderer Serien von Kernspintomogrammen diejenigen Gehirnbereiche identifizieren, die während Stimulation sowie während motorischer und kognitiver Tätigkeiten aktiviert werden. Abbildung 4.12 zeigt Aktivierungsmuster, welche einem strukturellen NMR-Bild einer Versuchsperson überlagert wurden, die eine Daumen-Finger-Oppositions-Aufgabe mit der rechten Hand ausführte.

Die Technik steckt noch in den Kinderschuhen, aber sie könnte die Untersuchung von aktivierten Hirnfunktionen bei normalen, gesunden Personen tatsächlich revolutionieren, weil sie erlaubt, Befunde mit einer Auflösung von einigen Sekunden zu erheben. Somit können während einer Aufgabendurchführung mehrere Messungen erfolgen, die ein fast kontinuierliches Bild der zerebralen Aktivitätsveränderungen unter wechselnden Untersuchungsbedingungen entstehen lassen. Die Leistungsfähigkeit dieses Verfahrens sollte die Forscher in die Lage versetzen, Einflüsse wie etwa Habituationseffekte oder Strategiewechsel bei einzelnen Versuchspersonen zu untersuchen.

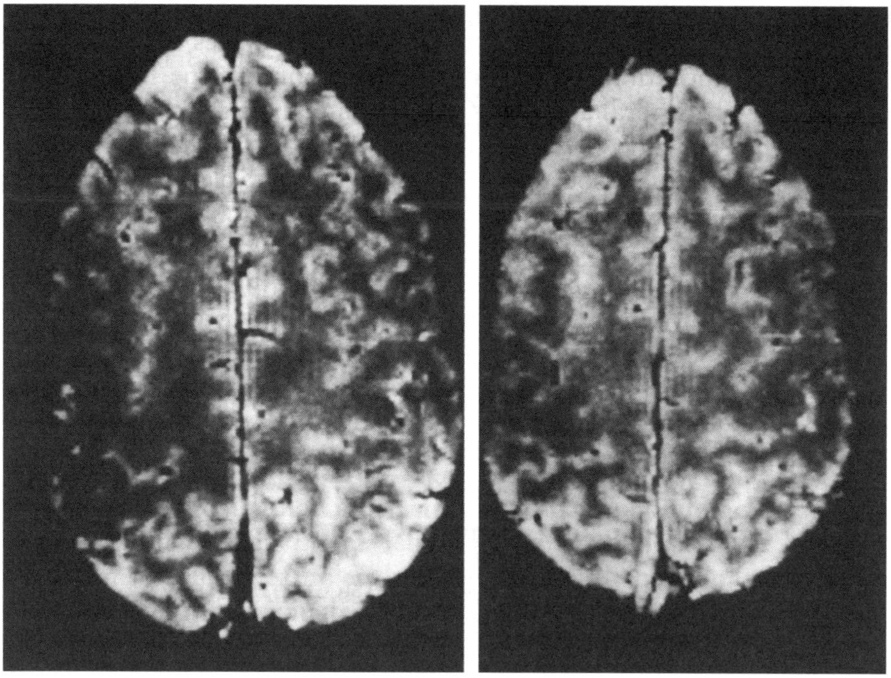

4.12 Zunahme der Gehirnaktivität im Zusammenhang mit Fingerbewegungen der linken (a) und der rechten Hand (b). Die hellen Flecken repräsentieren eine gesteigerte Durchblutung mit sauerstoffreicherem Blut, wie sie durch eine besondere Technik der Kernspintomographie (NMR) meßbar ist. Die entsprechenden Aufnahmen wurden hier Bildern eines konventionellen (strukturellen) NMR-Scans überlagert. Die aktivierten Regionen entsprechen dem sensomotorischen Cortex der rechten beziehungsweise linken Hemisphäre. Da die Bilder so orientiert sind, als schaute man von den Füßen des Patienten her, entspricht die jeweils rechte Hälfte der Schnitte der linken Hemisphäre und umgekehrt. Der helle Bereich auf Bild b unten ist ein Artefakt, das durch den venösen Abfluß entsteht. (Mit freundlicher Genehmigung von Dr. Donald Twieg und Dr. Hoby Hetherington von der University Alabama, Birmingham Center for Nuclear Imaging Research.)

Eine Anmerkung zu den durch Hirnaktivitätsmessungen aufgeworfenen Fragen

Elektrophysiologische Messungen, Untersuchungen der regionalen Durchblutung und andere Messungen von Stoffwechselprozessen ermöglichen es, Beziehungen zwischen Hirnaktivität und Verhalten zu untersuchen. Sie haben sich als sehr nützlich erwiesen, um diese oder jene Ansichten zur Gehirnfunktion, die im Laufe der psychologischen Forschung an hirnverletzten und gesunden Menschen zusammengetragen worden sind, physiologisch zu bestätigen. Darüber hinaus beginnen sie, neue Befunde zur zerebralen Organisation – auch zur Hemisphärenasymmetrie – zu liefern, die aus den bisherigen klinischen Untersuchungen noch nicht ersichtlich waren.

Die Messungen der Hirnaktivität während bestimmter Verhaltensäußerungen haben einige Fragen zu übertriebenen Einschätzungen der Hemisphärenasymmetrie aufgeworfen. So findet sich beispielsweise wenig, was die Idee unterstützt, bei einer bestimmten Aufgabe würde jeweils nur die eine oder andere Hemisphäre eingeschaltet. Jeder der oben diskutierten Meßmethoden weist darauf hin, daß selbst an der einfachsten Aufgabe viele Gehirnbezirke beteiligt sind. Und die Befunde sollten uns daran erinnern, daß Hemisphärenunterschiede nur eines von mehreren unterschiedlichen Organisationsprinzipien des Gehirns darstellen. Zweifellos gibt es Aktivitätsasymmetrien zwischen den Gehirnhälften, aber sie können von sehr subtiler Art sein; das sollte uns warnen, nicht in allzu einfachen Begriffen über die Hemisphärenspezialisierung nachzudenken.

Die Grenzen der Erforschung des Gehirns mit bildgebenden Verfahren

Funktionelle bildgebende Verfahren sind zu einem leistungsstarken Werkzeug für die Untersuchungen von Zusammenhängen zwischen Gehirn und Verhalten geworden. Die Fähigkeit, Aktivitäten im lebenden Gehirn sichtbar zu machen, ohne es zu beeinflussen, hat das Tor zu einer Vielzahl von Studien zu Fragen der normalen und anormalen Gehirnfunktionen geöffnet. Die Möglichkeiten scheinen enorm und die Grenzen offenbar nur eine Kostenfrage zu sein beziehungsweise nur von unserer Fähigkeit abzuhängen, die richtigen Fragen zu stellen und entsprechende sorgfältige Beobachtungen zu machen.

Die frühen Erfolge, nämlich bei bestimmten Aufgaben genau jene Hirnregionen auf dem Bildschirm aufleuchten zu sehen, die hundert Jahre neuropsychologischer Forschung vorhergesagt hatten, verleiteten einige zu dem voreiligen Schluß, wir würden in Bälde gewissermaßen wie auf Landkarten ablesen können, wie das Gehirn die gesamten geistigen Operationen ausführt. Wenn man dies so hört, könnte die Befürchtung aufkommen, daß sich in nicht allzu langer Zeit mit Hilfe der bildgebenden Verfahren die geheimsten Gedanken aufdecken lassen könnten. Aber diese Sorge ist unbegründet. So aufregend dieses Forschungsgebiet auch ist, die Erwartungen an das, was mit den funktionellen hirntomographischen Messungen geleistet werden kann, müssen in Anbetracht der praktischen wie konzeptionellen Einschränkungen doch um einiges zurückgesteckt werden. Zuerst einmal sollte man sich in Erinnerung rufen, daß die meisten bildgebenden Verfahren die Verteilung einer Indikatorsubstanz messen, die die relative Ausprägung eines bestimmten Aspekts des Hirnstoffwechsels wiedergibt. Der so angezeigte regionale Stoffwechsel ist seinerseits nur ein Indiz für die Aktivität in verschiedenen Hirnregionen und repräsentiert für sich genommen nicht den eigentlichen physiologischen Mechanismus, der der untersuchten geistigen Funktion zugrunde liegt. Genauso wenig erklärt die Lokalisation einer Region höchster Aktivität während einer Aufgabenausführung oder einer mentalen Operation den Gehirnprozeß, der hinter diesem geistigen Vorgang steckt. Neurowissenschaftliche bildgebende Verfahren vermögen höchstens eine relativ grobe Übersicht darüber zu geben, wo einige Ereignisse stattfinden, die mit einer bestimmten Aufgabenbearbeitung verbunden sind.

Darüber hinaus muß man auch bedenken, daß alle Stoffwechseldarstellungen kumulative oder zeitlich gemittelte Momentaufnahmen von Vorgängen im Gehirn sind, die während der gesamten Zeit ablaufen, welche die Indikatorsubstanz benötigt, um sich richtig zu verteilen, beziehungsweise die der Scanner braucht, um diese Verteilung zu messen. Dieses zeitliche Intervall beträgt selbst bei den modernen PET-Messungen der Durchblutung günstigstenfalls ungefähr eine Minute und bei den meisten anderen PET- und SPECT-Methoden wesentlich länger. Damit entziehen sich Aktivitätsveränderungen, die über kürzere Zeiträume hinweg stattfinden, des Nachweises, oder sie gehen durch Mittelung verloren. Die zeitliche Unterscheidungsfähigkeit, also die zeitliche Auflösung, der bildgebenden Verfahren wird allmählich besser, vor allem, seitdem funktionelle kernspintomographische Messungen möglich sind. Aber das alles geschieht noch sehr langsam, wenn man es mit der Geschwindigkeit der neuronalen Kommunikation oder mit den Veränderungen in den hirnelektrischen Aktivitäten vergleicht.

Überdies gibt es noch schwerwiegendere konzeptionelle Probleme, wenn es um die zeitliche Messung und örtliche Festlegung von „Gedanken" mittels funktioneller Bildgebung geht. Neurowissenschaftliche bildgebende Verfahren versuchen einen geistigen Prozeß als Momentaufnahme wiederzugeben beziehungsweise – mit fortschreitender Technik – als eine Serie von Momentaufnahmen. Das mag in gewissen Grenzen bei einfachen sensomotorischen Funktionen und vielleicht sogar noch unter bestimmten kognitiven Aufgabenbedingungen funktionieren. Aber es wird wahrscheinlich niemals genügen, um die zerebrale Aktivität ausreichend zu beschreiben, die den individuellen Strom der Gedanken bildet, geschweige denn irgendwelchen Forschern genug Informationen an die Hand geben, um „Gedanken lesen" zu können.

Die Untersucher sind ferner darauf angewiesen, über viele Wiederholungen der gleichen Aufgabe oder über viele Versuchspersonen, die die gleiche Aufgabe ausführen, hinweg zu mitteln, um einen bestimmten Aspekt der Hirnaktivität, der mit einer Aufgabe einhergeht, von einem Wust anderer Aktivitäten zu trennen, die durch individuelle Unterschiede und vielerlei anderes „Rauschen" entstehen. Selbst einfachste Versuche der PET-Forscher, bestimmte geistige Vorgänge durch die oben beschriebene Subtraktionsmethode zu isolieren, sind durch zahlreiche Mutmaßungen und Interpretationsprobleme belastet.[30] Ist eine komplexe mentale Operation wirklich nur die bloße Summe einfacher Schritte, die wir unabhängig voneinander untersuchen können? Beeinflußt das Hinzufügen einer neuen Stufe die Verarbeitung, die auf den vorangegangenen Stufen stattfindet? Haben geistige Vorgänge wirklich einen definierten Anfang und ein ebensolches Ende? Wir wissen eigentlich gar nicht, wann Gedanken anfangen oder enden, und ebensowenig, ob geistige Ereignisse wirklich noch dieselben sind, wenn sie wiederholt werden.

Schließlich ist zu bedenken, daß alle Experimente mit bildgebenden Verfahren, die darauf angelegt sind, jene Gehirnaktivität aufzudecken, die den geistigen Prozessen zugrunde liegt, durch aktuelle psychologische Theorien und durch die eigenen Vorstellungen des Untersuchers darüber, wie mentale Operationen aufzuteilen und zu isolieren sind, beeinflußt werden. Die tatsächliche Organisation mentaler Prozesse wie auch die zugrundeliegenden

Gehirnfunktionen werden sich natürlich nicht nach unseren Vorstellungen von ihnen richten. Normalerweise gehen wir davon aus, daß schlechte Modelle verworfen oder aufgrund empirischer Daten verändert werden. Im Falle der Psychologie und der bildgebenden Verfahren ist die Situation jedoch so kompliziert und die Anzahl der Variablen, die in die Bilder eingehen, so immens, daß es ziemlich leicht möglich ist, „erwartete" Ergebnisse herauszukitzeln oder im wahrsten Sinne des Wortes in Befunden zu „sehen". Es ist auch leicht, der „Psychologentäuschung" zu erliegen – indem man Experimente plant, die auf bestimmten Ansichten von den geistigen Funktionen beruhen. Die Ergebnisse solcher Experimente werden diese Ansichten dann schon deshalb stützen, weil das experimentelle Design die möglichen Ergebnisse in eine bestimmte Richtung drängt.

Diese Anmerkungen sollen die Forschung mit funktionellen hirntomographischen Methoden nicht in Mißkredit bringen. Es soll damit auch nicht gesagt werden, daß die potentiellen Möglichkeiten, sowohl normale als auch anormale Hirnfunktionen zu untersuchen, nicht enorm wären. Wir möchten die Leser lediglich mit einigen der wichtigen methodischen Kritikpunkte vertraut machen, die das Unterfangen, das linke und rechte Gehirn mit dieser neuen Technik zu erforschen, als eine noch größere Herausforderung erscheinen lassen.

Die Biochemie der Hemisphären

Nervenzellen kommunizieren über chemische Prozesse miteinander. Obwohl Erregungsleitung und Wechselwirkung von Nervenzellen mit elektrischer Aktivität verbunden sind, liegen der Erzeugung dieser Aktivität sowie dem Vorgang der Signalübertragung von einer Gehirnzelle zur anderen letztlich chemische Mechanismen zugrunde. Hirnzellen treten mit anderen Hirnzellen in Verbindung, indem sie chemische Überträgersubstanzen verwenden, die man als *Neurotransmitter* bezeichnet. Man hat mittlerweile zahlreiche verschiedene Neurotransmitter entdeckt, und Anatomen und Biochemiker bemühen sich eifrig darum, die Zellgruppen und Nervenbahnen, deren Neuronen eine bestimmte Überträgersubstanz benutzen, zu identifizieren und zu kartieren.

Einer der ersten Hinweise auf eine echte biochemische Asymmetrie des menschlichen Gehirns stammt aus dem Jahre 1978, als man entdeckte, daß der Neurotransmitter Noradrenalin in der linken und rechten Hälfte des Thalamus unterschiedlich verteilt ist. Diese subcorticale Struktur dient unter anderem als wichtige Umschaltzentrale für sensorische Impulse, die zum Cortex weitergeleitet werden.[31] Auf der rechten Seite waren die Noradrenalinwerte höher.

Im Jahre 1981 konnte eine Gruppe italienischer Wissenschaftler auch auf corticalem Niveau neurochemische Asymmetrien nachweisen. Sie fanden in einem Gebiet des linken Temporallappens eine höhere Aktivität des Enzyms Cholinacetyltransferase (CAT) als im entsprechenden Bereich des rechten Temporallappens.[32] CAT ist an der Bildung des wichtigen Neurotransmitters

Acetylcholin beteiligt, der ausgedehnte neuronale Netzwerke im Gehirn kennzeichnet.

Die Liste der im Gehirn entdeckten Neurotransmittersysteme wird immer länger, und die Hinweise mehren sich, daß einige der Transmitter in der linken und rechten Hemisphäre unterschiedlich vertreten sind. Dopamin, ein weiterer wichtiger Überträgerstoff, scheint ausgedehnte Nervennetzwerke in der linken Hemisphäre zu kennzeichnen.[33] Es gibt Spekulationen, denen zufolge die zusätzlichen Noradrenalinbahnen der rechten Hemisphäre die umfangreicheren dopaminbestimmten Bahnen der linken ergänzen sollen, und zwar bezüglich der Art der Aufmerksamkeitsfunktionen, die durch diese Transmitter unterstützt werden und auf denen wiederum einige der gut dokumentierten funktionellen Hemisphärenasymmetrien beruhen.[34]

Dopamin wird mit der Kontrolle von feinen Bewegungen in Verbindung gebracht. Es soll vor allem daran beteiligt sein, komplexe Handlungsfolgen in Gang zu setzen. Hier könnte die Grundlage für die Spezialisierung der linken Hemisphäre für komplexe motorische Operationen wie die der Sprache liegen. Noradrenalin hingegen scheint die Aktivierung durch neuartige Reize zu erleichtern. Das Übergewicht der Noradrenalinbahnen könnte so die Basis der Spezialisierung der rechten Hemisphäre für bestimmte visuell-räumliche Wahrnehmungsfunktionen bilden.[35]

Durch die Positronenemissionstomographie, die wir in diesem Kapitel bereits diskutiert haben, ergeben sich vielversprechende Möglichkeiten, die Konzentrationen von Neurotransmittern und Neuromodulatoren im lebenden Gehirn zu untersuchen. Viele zerebrale Stoffwechselprodukte lassen sich zu positronenemittierenden Radiopharmaka machen, ohne daß sich deren klinische und physiologische Eigenschaften ändern. So können mit den richtigen Strahlungsmarkierungen bereits jetzt PET-Aufnahmen von dopaminergen Neuronen und Nervenbahnen des Menschen gemacht werden.[36] Diese Forschungsrichtung steckt erst in ihren Anfängen, und es ist zu erwarten, daß sie in den nächsten Jahren dramatisch wachsen wird. Sie sollte uns dann eine Menge über die Biochemie des ruhenden und des geistig aktiven Gehirns verraten können.

Der Brückenschlag zwischen Physiologie und Psychologie

Anatomische Messungen, Ableitungen der elektrischen Aktivität, Durchblutungsuntersuchungen und Analysen von Stoffwechselprozessen bieten die Möglichkeit, Beziehungen zwischen geistigen Prozessen, Verhalten und Hirnaktivität zu erforschen. Einige der theoretischen Erkenntnisse, die sich aus der Untersuchung von Hirngeschädigten und der experimentellen neuropsychologischen Forschung an gesunden Versuchspersonen ergeben haben, sind mit diesen Methoden zumindest teilweise bestätigt worden.

Nach Ansicht mancher Forscher können uns physiologische Methoden zur endgültigen Klärung von Fragen über die Beziehungen zwischen Geist und

Gehirn verhelfen; andere warnen aus philosophischen wie praktischen Gründen davor, sich allzu sehr auf solche Messungen zu verlassen. Wenn man versucht, Zusammenhänge zwischen physischen Prozessen und psychischen Funktionen herzustellen, muß man sich natürlich auch mit einer Reihe von Problemen auseinandersetzen. Obwohl diese Probleme zweifellos bei der Erforschung der Hemisphärenasymmetrien sehr wichtig sind, reicht ihre Bedeutung doch weit über ein einzelnes Forschungsgebiet hinaus und erstreckt sich auf alle Untersuchungen, in denen es um Gehirn und Verhalten geht.

Ein Problem besteht beispielsweise darin, aus den verschiedenen zur Verfügung stehenden physiologischen Maßen diejenigen auszuwählen, die die meiste Information liefern. Wie jedes andere Gewebe im menschlichen Körper hängen das Gehirn und seine Funktionen von komplexen Stoffwechselprozessen ab. Ein großer Teil der Biochemie des Gehirns ist jedoch einer einzigartigen Funktion gewidmet, nämlich der Informationsübertragung zwischen Neuronen. In jeder dieser Zellen laufen biochemische Prozesse ab, die elektrische Potentiale erzeugen, und zwischen den Zellen sorgen biochemische Substanzen dafür, daß elektrische Impulse innerhalb der Neuronengruppen übertragen werden.

Wir wissen nicht, welche Aspekte dieser Aktivität die Funktionen des Gehirns, mit denen wir uns beschäftigen, am besten widerspiegeln. Wollen wir zum Beispiel nur herausfinden, welche Hirngebiete während bestimmter menschlicher Verhaltensformen besonders aktiv sind, können wir die Hirndurchblutung messen, denn diese reagiert ziemlich schnell auf Veränderungen in der Stoffwechselaktivität. Doch solche Messungen sagen nicht unbedingt etwas über die eigentlichen Informationsverarbeitungsstrategien oder -systeme des Gehirns aus. Solche Systeme könnten chemische Bahnen beanspruchen, die sich über viele Hirngebiete erstrecken, oder sich vielleicht in Mustern elektrischer Aktivität widerspiegeln. Beides steht nicht unbedingt in einer direkten Beziehung zur regionalen Stoffwechselaktivität.

Auch nach der Wahl einer bestimmten Meßmethode bleiben oft noch weitere Entscheidungen zu treffen. Evozierte Potentiale lassen sich beispielsweise in verschiedene Komponenten zerlegen und auf unterschiedliche Weise analysieren. Solange es keine umfassende Theorie über die Bedeutung dieser Komponenten gibt, müssen die Forscher entscheiden, wie sie ihre Befunde wohl am besten analysieren, um nach Asymmetrien oder anderen Phänomenen zu suchen. Ebenso haben Anatomen eine Entscheidung darüber zu treffen, welche Messungen an welchen Hirnregionen sich für die Lösung des anstehenden Problems am ehesten eignen.

Ein ebenso wichtiger wie schwieriger Fragenkomplex rankt sich um das Konzept der Lokalisation von Hirnfunktionen. Wieviel trägt es letztlich zu neuen Einsichten in eine psychische Aktivität bei, wenn man diese Aktivität einer bestimmten Hirnregion zuschreibt? Sicherlich sind Befunde zur Lokalisation von großem klinischen Wert gewesen. Außerdem können Zusammenhänge zwischen Ort und Funktion helfen, komplexe Verhaltensweisen oder Aufgaben in grundlegendere Prozesse aufzugliedern; ein hypothetisches Beispiel wäre etwa, daß bei der Erinnerung an den Weg zu einem bestimmten Ziel sowohl linguistische Prozesse in der linken Hemisphäre als auch eine bildliche Vorstellung in der rechten Gehirnhälfte beteiligt sind. Es ist jedoch nicht klar, wie weit uns ein solcher Ansatz bringen kann. Höchstwahrscheinlich wird uns eine Aufteilung des Gehirns gemäß der Frage „Wo?" niemals endgültig das „Wie?" beantworten können.

Die Beziehungen zwischen Gehirn und Verhalten beziehungsweise Gehirn und Geist aufzuspüren, ist nicht nur ein experimentelles Problem und ganz gewiß nicht nur eines der Lokalisation von Funktionen. Die Schwierigkeiten sind zumindest in gleichem Maße konzeptioneller Natur: Was versuchen wir zu erklären? Welche Definitionen wenden wir an? In welcher Hinsicht sagt eine bestimmte neurophysiologische Aktivität, die wir im Zusammenhang mit einer geistigen Tätigkeit messen, etwas über ebendiese aus? Wie müßte eine befriedigende „Erklärung" eines bestimmten geistigen Ereignisses oder einer Verhaltensäußerung aussehen?

Die Forscher haben sehr viel dazugelernt, zumindest was die Problematik der Lokalisation betrifft. Sie sprechen jetzt vom „Aktivitätszustand in einem System" anstatt vom einfachen „Wo". Es ist ihnen bewußt geworden, daß man die meisten psychischen Funktionen mit Aktivitätsveränderungen in mehreren Bereichen und spezifischen Bahnen des Gehirns in Zusammenhang bringen muß. Diese sind zudem flexibel, können sich mit der Zeit verändern und mögen vielleicht sogar probabilistischer Natur (nur durch Wahrscheinlichkeiten bestimmt) sein.[37]

Die weitere konzeptionelle Entwicklung wird sich mit der Natur unserer Fragen und Definitionen zu beschäftigen haben und dabei ein besseres Verständnis für die jeweils einbezogenen unterschiedlichen Erklärungsebenen anstreben müssen. Vorläufig erscheint die Wechselwirkung zwischen Psychologie und Physiologie als durchaus fruchtbar für die Erforschung von Geist und Gehirn. Die von Neuropsychologen untersuchten physiologischen Beeinträchtigungen haben die Art und Weise, in der wir mentale Funktionen aufgliedern, beeinflußt. Bildgebende Verfahren der Physiologie wie die in diesem Kapitel beschriebenen eröffnen Möglichkeiten, diese Gliederung noch zu verfeinern. Psychologische Fragestellungen leiten zumindest einige Untersuchungen in Richtung anatomischer Strukturen und physiologischer Prozesse. Obwohl die Versuche eines solchen Wechselspieles zwischen den beiden Disziplinen oftmals zu verfrühten und vereinfachten Schlüssen geführt haben, sind wir doch auf dem richtigen Weg.

5. Das Rätsel der Linkshändigkeit

Die überwiegende Mehrheit der Menschen benutzt zum Schreiben und für andere wohlkoordinierte einhändige Tätigkeiten fast ausschließlich die rechte Hand. Aufgrund kulturvergleichender Studien nimmt man an, daß etwa 90 Prozent aller Menschen Rechtshänder sind. Verschiedenartige indirekte Belege lassen vermuten, daß dies schon in prähistorischer Zeit so war.[1] Höhlenmalereien und Zeichnungen in ägyptischen Gräbern zeigen häufig Personen bei Arbeiten, die sie typischerweise mit der rechten Hand ausführen, und Untersuchungen an altsteinzeitlichen Waffen und Werkzeugen deuten darauf hin, daß diese mit der und für die rechte Hand hergestellt worden sind.

Eine Analyse von Handumrißzeichnungen, die vermutlich von Cro-Magnon-Menschen angefertigt wurden, zeigte, daß über 80 Prozent dieser Zeichnungen eine linke Hand darstellten. Wenn man davon ausgeht, daß die Künstler ihre eigene Hand als Schablone benutzt haben, weist auch dieser Befund auf eine starke Bevorzugung der rechten Hand bei Geschicklichkeit erfordernden Tätigkeiten hin. Eine Untersuchung von 1180 Kunstwerken aus einer Zeitspanne von 5000 Jahren (von 3000 vor Christus bis 1950) hat gezeigt, daß in Darstellungen vom Gebrauch der rechten und linken Hand keine signifikanten Veränderungen oder Trends über die Zeit festzustellen sind; die Linkshändigkeit liegt im Durchschnitt bei sieben bis acht Prozent. Der vielleicht genialste Beleg für eine Präferenz der rechten Hand bei frühen Menschen stammt aus einer Analyse versteinerter Pavianschädel, die Knochenbrüche aufwiesen. Aus der Lage der Frakturen schloß man, daß die Verletzungen durch Keulenschläge mit der rechten Hand verursacht wurden.

Warum sind eigentlich die meisten Menschen rechtshändig? Oder umgekehrt, warum benutzt ein bestimmter Prozentsatz der Bevölkerung trotzdem die linke Hand, obwohl doch ein subtiler, manchmal auch offener sozialer Druck besteht, sich dem Händigkeitsmuster der Mehrheit anzupassen?

Wir haben bereits in früheren Kapiteln erwähnt, daß die Händigkeit in einer komplexen Beziehung zu der Verteilung von Funktionen zwischen dem linken und dem rechten Gehirn steht. Jede Analyse der Hirnasymmetrie, die Vollständigkeit anstrebt, muß sich mit diesem Problem befassen. Welche Faktoren bestimmen die Händigkeit? Worin unterscheiden sich Rechts- und Linkshänder?

Wir werden in diesem Kapitel moderne Theorien erörtern, die Unterschiede in der Händigkeit erklären wollen, und uns mit Studien beschäftigen, die entworfen wurden, um mögliche Unterschiede zwischen Rechts- und Linkshändern zu untersuchen. Um aber den historischen Kontext für die neueren Arbeiten herzustellen, beginnen wir mit einer kurzen Übersicht über ältere Ideen.

Historische Anmerkungen zur Linkshändigkeit

Ist es etwas Schlimmes, linkshändig zu sein?*

Das amerikanische Wörterbuch *Webster's Third International Dictionary* gibt für das Adjektiv *linkshändig* (*left-handed*) unter anderem die folgenden Definitionen an:

»a) gekennzeichnet durch Unbeholfenheit oder Ungeschicklichkeit: linkisch; b) abweichendes oder ungerichtetes Verhalten zeigend: schief, unbeabsichtigt; c) (veraltet) zu übelwollendem Intrigieren neigend: sinister, hinterhältig.«

Im Englischen werden Linkshänder oft als *sinistrals* (siehe die Fußnote) bezeichnet, und in *Roget's Thesaurus* ist *linkshändig* als Synonym für *ungeschickt* aufgeführt. Auch in anderen Sprachen haben die Begriffe *links* und *linkshändig* fast immer zumindest eine herabsetzende Bedeutung – von „ungeschickt" über „linkisch" bis hin zu „böse." So bedeutet das französische Wort *gauche* gleichzeitig „unbeholfen"; *mancino* im Italienischen heißt sowohl „links" als auch „trügerisch" oder „falsch." Die spanische Wendung *no ser zurdo* bedeutet „sehr clever sein", aber die wörtliche Übersetzung lautet „nicht linkshändig sein". Man könnte noch viele weitere Beispiele anführen.

Wie wir von Anthropologen wissen, sind in vielen verschiedenen Kulturen mit „rechts" und „links" ganz bestimmte symbolische Assoziationen verknüpft.[2] So sehen beispielsweise die Einheimischen in Marokko das unwillkürliche Zucken eines Augenlids als bedeutsam an. Ein Zucken des rechten Lids kündigt für sie die Rückkehr eines Familienmitglieds oder eine andere gute Nachricht an, während ein linksseitiges Zucken eine Warnung vor einem bevorstehenden Todesfall in der Familie ist. In einem anderen Teil der Welt, bei den Maori in Neuseeland, gilt ein Körperzittern im Schlaf als Zeichen dafür, daß ein Geist den Körper ergriffen hat. Ein rechtsseitiges Zucken soll Glück bringen, ein linksseitiges hingegen Unglück oder gar den Tod.

Auch in der Bibel spiegelt sich die Voreingenommenheit gegen die linke Hand beziehungsweise die linke Seite wider. Ein besonders eindrucksvolles Beispiel aus dem neuen Testament ist die Darstellung des Jüngsten Gerichts bei Matthäus 25, Verse 31 bis 34, 41 und 46 (hier zitiert nach der Bibelausgabe des Herder-Verlages, 1966):

»Und er wird die Schafe zu seiner Rechten stellen, die Böcke aber zu seiner Linken.

---

* Anmerkung des Herausgebers: Im englischen Original der Überschrift *Is There Anything Sinister About Being Left-Handed?* wird auf die Doppelbedeutung des Wortes *sinister* – a) links, b) unheilvoll, finster, schlimm – angespielt, die auch für das zugrundeliegende lateinische Wort gilt. Das deutsche Adverb „links" ist vom mittelhochdeutschen „linc" abgeleitet; dieses entspricht dem älteren schwedischen Wort „linka" und dem altindischen „langa", die beide soviel wie „lahm" bedeuteten. Ferner haben wir im Deutschen nicht nur den Gegensatz von „link" und „recht", sondern – wie im Text auch für andere Sprachen beschrieben – abgeleitete, meist negativ belegte Ausdrücke wie „link sein", „linkisch sein" oder „zwei linke Hände haben".

Dann wird der König zu denen auf seiner Rechten sprechen: Kommt, ihr Gesegneten meines Vaters, nehmt das Reich in Besitz, das euch seit Grundlegung der Welt bereitet ist.
Alsdann wird er auch zu denen auf der Linken sprechen: Hinweg von mir, Verfluchte, in das ewige Feuer, das dem Teufel und seinen Engeln bereitet ist. Und sie werden hingehen, diese in ewige Pein, die Gerechten aber in das ewige Leben.«

Michael Barsley, Autor des Buches *Left Handed People*, hat behauptet, daß die Verkündigung des Jüngsten Gerichts mehr »als jede andere Äußerung für die Festigung des Vorurteils gegenüber Linkshändern« verantwortlich ist »und daß dieses Vorurteil sich über Jahrhunderte erhalten hat und von Inquisitoren, Richtern, Soldaten, Künstlern, Lehrern, Erziehern und Eltern übernommen wurde als Beispiel schlechthin für die die Assoziation von linkshändigen Menschen mit Bösartigkeit und mit dem Teufel«.[3] Ob Barsley recht hat oder nicht – unstreitig ist, daß die Verknüpfung von „links" mit „schlecht" eine lange Geschichte aufweist.

Worin liegt der Ursprung dieser Voreingenommenheit? Wir können hier nur spekulieren. Carl Sagan von der Cornell University hat in seinem Buch über die Evolution der Intelligenz, *Die Drachen von Eden*, eine Möglichkeit aufgezeigt.[4] Er weist darauf hin, daß in vorindustriellen Gesellschaften heute wie in der Vergangenheit die Hand zum Abwischen nach dem Stuhlgang benutzt wurde. Ein solcher Gebrauch der Hand ist sowohl unästhetisch als auch potentiell schädlich, da so Krankheiten übertragen werden können; diese Nachteile lassen sich jedoch etwas reduzieren, wenn man zum Essen und Grüßen ausschließlich die andere Hand verwendet. Rechtshänder würden also Aktivitäten wie essen oder Waffen schleudern mit der rechten Hand ausführen und die Toilettenhygiene der linken Hand überlassen. Nach Sagan wurde die linke Hand auf diese Weise mit Ausscheidungsfunktionen verknüpft, die in menschlichen Kulturen traditionell mit negativen Assoziationen beladen sind. Damit war die Verbindung von „links" mit „schlecht" geschaffen.

Diese Erklärung geht davon aus, daß der Mensch für Tätigkeiten, die eine motorische Feinkontrolle erfordern, von vornherein die rechte Hand bevorzugt. Die Grundlage dieser Präferenz müssen wir jedoch noch klären. Spekulationen zu diesem Problem gibt es im Überfluß, aber wir können hoffen, daß die Frage mit Hilfe der modernen Wissenschaft eines Tages befriedigend beantwortet werden kann.

Händigkeitstheorien des 19. Jahrhunderts

Wir wollen zunächst einige Vorstellungen betrachten, die im 19. Jahrhundert zur Erklärung der Händigkeit vorgeschlagen worden sind. Eine populäre Theorie bezog sich auf die Lage der inneren Organe. (Anmerkung des Herausgebers: Die folgende Erklärung dieser Theorie weicht – um den Sachverhalt zu präzisieren – vom Originaltext ab.) Sie geht auf den schottischen Wissenschaftler Buchanan zurück, der überzeugt war, daß sich die Händigkeit im Kindesalter mit dem Beginn des Laufens entwickele: »... wegen der größeren Kapazität der rechten Lunge... dehnt sich die rechte Seite des Brustkorbes weiter aus als die linke, was zu einer größeren Bewegung der unteren Rippen führt, die ihrerseits die Leber mitbewegen. Das hohe Gewicht der Leber bewirkt bei ihrer Bewegung nach rechts einen Verlagerung des Schwerpunktes in die gleiche Richtung... die [dadurch notwendige] Verlagerung des Gleichgewichts zur linken Seite erlaubt eine freiere Bewegung des rechten Beines und des rechten Armes.«[4a] Diese Konzeption erklärt allerdings nicht, warum manche Leute linkshändig sind, es sei denn, man nimmt eine Umkehrung in der Orientierung ihrer Eingeweide an.

Auch sozialevolutionäre Erklärungen waren im 19. Jahrhundert populär. Von den verschiedenen Variationen über dieses Grundthema ist die Schwert-und-Schild-Theorie[5] die bekannteste. Sie wird dem englischen Essayisten und Historiker Thomas Carlyle und anderen zugeschrieben. Dieser Theorie zufolge hielten Soldaten ihren Schild meist in der linken Hand, um im Kampf ihr Herz zu schützen, und benutzten die rechte, um die Waffen zu halten. Folglich gewann in Jahrtausenden bewaffneter Konflikte die rechte Hand an Geschicklichkeit und wurde zunehmend auch für andere einhändig ausgeführte Tätigkeiten benutzt. Doch wieder fehlt eine Erklärung, warum es auch Linkshänder gibt oder warum die meisten Menschen offenbar schon vor der Erfindung des Schildes rechtshändig waren.

Gegen Ende des 19. Jahrhunderts entwickelte sich das Konzept der zerebralen Dominanz* und mit ihm eine weitere Theorie der Händigkeit. Der schottische Anatom D.J. Cunningham faßte diese 1902 in einem Vortrag wie folgt zusammen: »Rechtshändigkeit beruht auf einer vererbten funktionellen Überlegenheit des linken Gehirns. Linkshirnigkeit ist nicht das Ergebnis, sondern wurde im Laufe der Evolution zur Ursache der Rechtshändigkeit.«[6] So wie die Theorie hier formuliert ist, würde sie nur schwerlich das Vorkommen linkshemisphärischer Sprache bei etwa 70 Prozent aller Linkshänder erklären können. Außerdem sagt sie nichts über die Ursachen für die vererbte funktionelle Überlegenheit des linken Gehirns.

Von der Schwierigkeit, die Händigkeit zu bestimmen

Bevor wir auf modernere Theorien der Händigkeit eingehen, ist es zunächst einmal wichtig zu erläutern, wie man die Händigkeit überhaupt feststellt. Man könnte annehmen, der beste Weg, um herauszufinden, ob eine bestimmte Person Links- oder Rechtshänder ist, bestehe darin, sie einfach zu fragen. Unglücklicherweise funktioniert diese direkte Methode nicht immer. Nur wenige Leute benutzen ausschließlich ein und dieselbe Hand für alle unimanuellen

---

* Anmerkung des Herausgebers: Das Konzept der zerebralen Dominanz wurde gegen Ende des 19. Jahrhunderts populärer, entstanden aber ist es schon früher, und zwar im Zusammenhang mit der Diskussion über Geisteskrankheiten und Dualität des Gehirns. Am bekanntesten sind die entsprechenden Auslassungen des britischen Arztes Arthur Ladbroke Wigan (Wigan, A.L. *A New View of Insanity: Duality of Mind* (London: Longman, Brown, Green & Longmans, 1844).

(einhändig ausgeführten Tätigkeiten), und eine einfache Selbstklassifikation zeigt nicht an, wie die Befragten diese veschiedenen Tätigkeiten beurteilen. Eine weitere Möglichkeit besteht darin, Leute zu fragen, welche Hand sie bei ganz bestimmten Aktivitäten benutzen. Davon ausgehend kann der Untersucher dann eine nach Tätigkeiten gleich gewichtete Handpräferenz ermitteln.

Ein häufig verwendeter Fragebogen zur Messung der Handbevorzugung wurde an der University of Edinburgh entwickelt. Man bittet die Befragten anzugeben, welche Hand sie bei den folgenden Tätigkeiten bevorzugen: Schreiben, Zeichnen, Werfen, Schneiden mit einer Schere, Zähneputzen, Schneiden mit einem Messer (ohne Gabel), Benutzen eines Löffels, Führen eines Besens (obere Hand), Halten eines Streichholzes (während des Anzündens), Öffnen eines Kastendeckels. Die Auswertung des Fragebogens liefert einen Lateralitätsquotienten, der von –100 für extreme Linkshändigkeit über Null für gleiche Benutzung beider Hände bis zu +100 für extreme Rechtshändigkeit reicht.

In einer Untersuchung an über 1000 Studenten der ersten Semester der University of Edinburgh zeigte sich bei den meisten der Befragten eine durchgängige Bevorzugung einer Hand; nur wenige wiesen keine Präferenz auf.[7] Allerdings waren die Präferenzen bei den Rechtshändern deutlicher ausgeprägt als bei jenen, die die linke Hand bevorzugten. Das heißt, die Verteilung der positiven Lateralitätsquotienten unterschied sich von der der negativen Quotienten. Die positiven Werte drängten sich am oberen Ende der Skala, während die negativen Werte über ihre gesamten Spanne eher gleich verteilt waren. Aufgrund solcher Ergebnisse sprechen einige Forscher lieber von Rechts- und Nicht-Rechtshändern statt von Rechts- und Linkshändern.

Die Art und Weise, in der man Versuchspersonen in unterschiedliche Händigkeitsgruppen einteilt, ist für die Ergebnisse von Studien, bei denen Händigkeit eine Variable darstellt, ziemlich entscheidend. Bei den meisten Untersuchungen, in denen Fragebogen verwendet werden, versucht man, die Testpersonen nach ihren erzielten Werten in Gruppen einzuteilen. Schwierigkeiten ergeben sich jedoch daraus, daß Händigkeit keiner einfachen Alles-oder-Nichts-Dimension entspricht; Trennlinien zwischen den einzelnen Händigkeitsgruppen müssen also aufgrund einer wohl meist willkürlichen Entscheidung gezogen werden.

Andere Studien versuchen, dieses Problem zu umgehen, indem sie die getesteten Personen nicht nach einem Gesamtwert in Gruppen einteilen, sondern statt dessen die individuellen Händigkeitswerte verwenden. Bei jedem dieser Ansätze können sich jedoch mit verschiedenen Fragebogen unterschiedliche Klassifizierungen für ein und dieselbe Personengruppe ergeben. So gesehen, sollte es nicht überraschen, wenn Experimente, in denen der Einfluß der Händigkeit untersucht wird, manchmal zu widersprüchlichen Ergebnissen kommen. Die Unterschiede in den Methoden der Klassifizierung der Versuchspersonen mögen einige oder gar alle derartigen Widersprüche erklären.

Augen, Ohren und Füße

Die Händigkeit ist die wohl vertrauteste Asymmetrie des Menschen. Die meisten von uns haben jedoch auch ein bevorzugtes Auge, ein bevorzugtes Ohr und einen bevorzugten Fuß. Wie zeigen sich diese Präferenzen und welche Beziehung – wenn es denn eine gibt – besteht zwischen ihnen und der Gehirnasymmetrie? Wir wollen in diesem Abschnitt einen kurzen Überblick über Forschungsergebnisse zu diesen Fragen geben.

Augenpräferenz

Die Bevorzugung eines Auges gegenüber dem anderen läßt sich auf verschiedene Weise bestimmen. Bei der Ermittlung der sogenannten Sehschärfedominanz wird einfach das Auge als dominant bezeichnet, das in einem Standardsehtest die bessere Leistung zeigt (das also etwa bei der Snellen-Sehprobe die kleineren Buchstaben lesen kann). Auch die Dominanz oder Präferenz eines Auges beim beidäugigen Sehen läßt sich leicht feststellen; meist beobachtet man, mit welchem Auge eine Versuchsperson ein Ziel anvisiert.

Welcher Zusammenhang besteht nun zwischen Augenpräferenz und Hemisphärenasymmetrie? Experimentelle Ergebnisse lassen kaum eine Beziehung erkennen – ein Befund, der bei näherer Betrachtung durchaus nicht überrascht.[8] Wie wir schon im zweiten und dritten Kapitel gesehen haben, ist das visuelle System so aufgebaut, daß jedes Auge Informationen zu beiden Hemisphären leitet, allerdings jeweils von verschiedenen Hälften der Netzhaut aus. Wegen dieser neuroanatomischen Besonderheit spiegelt die Bevorzugung eines Auge nicht einfach die Präferenz einer Hemisphäre wider.

Ohrpräferenz

Die Ohrpräferenz läßt sich mit Tests bestimmen, bei denen die Versuchsperson jeweils nur ein Ohr benutzen kann – zum Beispiel, wenn sie sich eine Armbanduhr ans Ohr hält, um das Ticken zu hören. Man kann auch die Empfindlichkeit der beiden Ohren miteinander vergleichen. Experimente haben gezeigt, daß bei Aufgaben, die eine Wahl zwischen den Ohren erfordern, innerhalb der normalen Streubreite der Hörschwellen kein Zusammenhang zwischen Hörschärfe und Ohrpräferenz besteht. Auch weist wenig auf eine Beziehung zwischen Händigkeit und Ohrpräferenz hin. Ein sehr schwacher Zusammenhang ergab sich nur zwischen der Ohrpräferenz und einer bei dichotischem Hören gemessenen Ohrasymmetrie.[9]

Füßigkeit

Mit diesem Begriff beschreibt man die Bevorzugung eines Fußes bei bestimmten Tätigkeiten – wenn man beispielsweise einen Ball wegschießt, einen kleinen Gegenstand mit den Zehen greift oder mit dem Fuß etwas zertritt. Die Füßigkeit ist bisher recht selten untersucht worden*, aber die Arbeiten, die sich damit befaßt haben, lassen vermuten, daß verschiedene Maße der Fußpräferenz hoch miteinander korrelieren. In einer umfangreichen Untersuchung zur Hand-, Fuß-, Augen- und Ohrbevorzugung[10] waren die Korrelationen zwischen den vier Präferenzmaßen alle positiv und statistisch signifikant; offenbar besteht also zwischen den verschiedenen Bevorzugungen ein gewisser Zusammenhang. Die höchste der – allerdings insgesamt nicht sonderlich hohen – Korrelationen wurde zwischen Hand- und Fußpräferenz festgestellt.

Wie wir gesehen haben, zeigen Menschen also laterale Präferenzen keineswegs nur im Gebrauch der Hände. Der Rest des Kapitels widmet sich jedoch der Händigkeit, denn sie scheint diejenige Seitenbevorzugung zu sein, die am engsten mit der Asymmetrie der Gehirnhälften verbunden ist.

Ist die Händigkeit erblich?

Ist die Händigkeit – so wie Augenfarbe, Blutgruppe oder Körperbau – genetisch festgelegt? Die Wahrscheinlichkeit, daß zwei rechtshändige Eltern ein linkshändiges Kind bekommen, liegt bei zwei Prozent. Sie steigt auf 17 Prozent, wenn ein Elternteil linkshändig ist, und auf 46 Prozent, wenn beide Eltern Linkshänder sind.[11] Diese Zahlen stimmen mit der Hypothese überein, daß bei der Entstehung der Händigkeit Gene eine Rolle spielen. Die Interpretation dieser Befunde ist jedoch insofern problematisch, als auch Umwelteinflüsse für die gefundenen Unterschiede verantwortlich sein könnten.

Zwei linkshändige Eltern können einem Kind genausogut spezifische Gene mitgeben wie unterschiedliche Erfahrungen vermitteln, die für die Festlegung der Händigkeit relevant sind. Anlage (Gene) und Umwelt (Erfahrungen) sind in den Zahlen so miteinander verquickt, daß es unmöglich ist, die Beiträge dieser beiden Faktorenkomplexe voneinander zu trennen.

Die Umwelttheorie

Robert Collins, der eine extreme „Umwelt-Position" vertritt, behauptet, Händigkeit werde durch kulturelle Neigungen und die jeweilige Ausrichtung

* Anmerkung des Herausgebers: Es hat im deutschsprachigen Raum etliche Untersuchungen zur Füßigkeit gegeben, die hier nicht berücksichtigt sind; zu älteren Arbeiten siehe W. Ludwig, *Das Rechts-Links-Problem im Tierreich und beim Menschen*, (Berlin: Springer, 1932). Etwas jüngeren Datums ist beispielsweise: M. Steinbach, „Händigkeit und Beinigkeit. Ein Beitrag zur Frage der Dominanz einer Hemisphäre", *Der Nervenarzt* 35 (1964): 299–303.

der Umwelt von einer Generation auf die nächste übertragen. Seine Schlüsse beruhen größtenteils auf seinen Untersuchungen zur Pfotenpräferenz bei Mäusen, die in Kapitel 9 ausführlicher dargestellt sind. Kurz zusammengefaßt zeigen diese Experimente, daß einzelne Mäuse stets eine bestimmte Pfote bevorzugen, wenn sie nach Futter in einer Glasröhre greifen. Die Präferenzen unterliegen keiner genetischen Selektion: Es ist nicht möglich, über mehrere Generationen „rechtspfötige" Mäuse zu züchten, indem man Individuen paart, die die rechte Pfote bevorzugen. Die Nachkommen solcher Tiere zeigen dieselbe Verteilung der Pfotenpräferenz wie Mäuse im allgemeinen: 50 Prozent bevorzugen die linke Pfote, 50 Prozent die rechte.[12] Collins hat außerdem gezeigt, daß junge Mäuse, die noch keine Präferenz für irgendeine Pfote haben, überwiegend „rechtspfötig" werden, wenn man die Glasröhre so auf der rechten Seite des Käfigs plaziert, daß sie leichter mit der rechten als mit der linken Pfote zu erreichen ist.[13]

Collins' Betonung der kulturellen und umweltspezifischen Einflüsse für die Festlegung der Händigkeit stimmt mit der Position von Abram Blau überein, der nach einer Zusammenfassung der Ergebnisse, die bis 1946 vorlagen, zu folgendem Schluß kam: »Die Bevorzugung einer Seite ist kein erbliches Merkmal. Es gibt absolut keine Belege für die Behauptung, daß Dominanz, sei es in der Händigkeit oder in einer anderen Form, eine angeborene, vorbestimmte menschliche Eigenschaft ist.«[14]

Der Autor hält Rechtshändigkeit für eine erlernte Antwort auf eine rechtshändige Welt und nimmt an, Linkshändigkeit trete auf, wenn dieser Lernvorgang aufgrund eines körperlichen Defekts, fehlerhafter Erziehung, emotionaler Probleme oder dergleichen nicht stattgefunden habe. Ein Umweltmodell der Händigkeit muß jedoch begründen können, wieso in allen untersuchten Kulturen und in allen Zeitperioden, für die es Belege gibt, eine Bevorzugung der rechten Hand gefunden wurde. Es bliebe also zu klären, warum es keine Umweltbedingungen gibt, die die linke Hand begünstigen.

Genetische Modelle

Ein genetisches Modell der Händigkeit läßt sich – im Gegensatz zu Umweltmodellen – überprüfen, indem man spezifische Aussagen darüber macht, wie die Händigkeit von Generation zu Generation weitergegeben werden müßte, falls genetische Faktoren wirksam wären. Verschiedene Modelle führen zu unterschiedlichen Vorhersagen über die tatsächlichen Zahlenverhältnisse. Eine gute Übereinstimmung zwischen den Prognosen eines bestimmten genetischen Modells und den gefundenen Daten würde den Schluß nahelegen, daß genetische Faktoren für den überwiegenden Teil der Variation der Handpräferenz bei Menschen verantwortlich sind.

Eines der ältesten genetischen Modelle der Händigkeit ging davon aus, daß die Bevorzugung einer Hand auf der Wirkung eines einzelnen Gens beruht, das in zwei Varianten, sogenannten *Allelen*, vorliegt.[15] Das Allel *R* sollte dominant und mit dem Merkmal Rechtshändigkeit verbunden sein, das zweite, rezessive Allel *l* mit dem Merkmal Linkshändigkeit. Ein Individuum, das von beiden Eltern das *R*-Allel erbt, wäre ebenso rechtshändig wie jemand, der den

Genotyp *Rl* hat (*R* von einem Elternteil, *l* vom anderen). Linkshänder wären diejenigen Individuen, die von beiden Elternteilen ein *l*-Allel geerbt haben.

Dieses Modell vermag allerdings nicht zu erklären, wieso 54 Prozent der Nachkommen von zwei linkshändigen Eltern rechshändig sind. Es sagt vielmehr voraus, daß alle Nachkommen solcher Eltern einzig und allein das *l*-Allel an ihren Nachwuchs weitergeben können. Man hat versucht, dieses Modell zu retten, indem man das Konzept der *unvollständigen Penetranz* (englisch *variable penetrance*) einführte. Unvollständige Pentranz bedeutet, daß nicht alle Individuen mit demselben Genotyp diesen auch auf dieselbe Weise ausprägen. Im vorliegenden Fall nahm man an, daß einige Individuen mit dem *Rl*-Genotyp linkshändig sind. Diese Linkshänder könnten dann ein *R*-Allel an ihre Nachkommen weitergeben, was erklären würde, warum unter den Kindern linkshändiger Eltern die Auftretenswahrscheinlichkeit von Rechtshändigkeit von Null verschieden ist. Doch trotz des integrierten Konzepts der unvollständigen Penetranz bleibt die Übereinstimmung des Modells mit den tatsächlichen Befunden unbefriedigend.

Marion Annett von der University of Hull in England hat ein anderes genetisches Modell der Händigkeit entwickelt.[16] Ihrer Hypothese zufolge gibt es kein Gen, das als solches direkt Links- und Rechtshändigkeit bestimmt, jedoch ein dominantes Gen *RS+,* das dafür verantwortlich ist, daß sich die Sprache in der linken Hemisphäre entwickelt; dies wiederum erhöht die Wahrscheinlichkeit, daß die rechte Hand größere Fertigkeiten besitzt. Annett hat ihre Theorie als *right shift*-Theorie („Rechtsverschiebungstheorie") bezeichnet. Die rezessive Form des postulierten Gens (*RS–*) soll Annett zufolge das Fehlen der systematischen Verschiebung nach einer Seite bewirken, und zwar sowohl für die Sprache wie auch für die Händigkeit. Zufällige Faktoren würden dann unabhängig voneinander die Lateralisierung der Sprache und Händigkeit beeinflussen.

Wenn beide Allele in der Bevölkerung gleich häufig vorkämen und ihre Kombination bei der Fortpflanzung zufällig erfolgte, dann ergäbe sich folgende Verteilung: 50 Prozent *RS+RS–,* 25 Prozent *RS+RS+* und 25 Prozent *RS–RS–*. Die Personen der ersten beiden Gruppen (*RS+RS–* und *RS+RS+*) würden die Rechtsverschiebung zeigen (linkshemisphärische Sprache und Rechtshändigkeit). In der Gruppe *RS–RS–* hingegen gäbe es keinerlei Rechtsverschiebung, und nach Ansicht von Annett würden hier die Umwelteinflüsse die Handbevorzugung bestimmen. Ohne irgendwelche Umwelteinflüsse sollte man bei diesen 25 Prozent erwarten, daß jeweils etwa die Hälfte rechtshändig und die andere Hälfte linkshändig ist. Die aufgrund von Annetts Modell vorhergesagten 12,5 Prozent Linkshänder kommen den Daten über die Linkshändigkeit in der allgemeinen Bevölkerung sehr nahe. Mit dem gleichen Modell läßt sich auch erklären, warum etwa 50 Prozent der Nachkommen von linkshändigen Eltern Linkshänder sind; ebenso würde verständlich, weshalb Linkshänder sehr unterschiedliche Asymmetriemuster bezüglich anderer Verhaltensmaße zeigen, beispielsweise bei Sprachlateralisierung und Augendominanz.

Obwohl wir über die Beziehung zwischen Händigkeit und kognitiven Fähigkeiten später noch mehr zu sagen haben, sollte man doch schon erwähnen, daß Annett explizit einen solchen Zusammenhang postuliert. Sie glaubt, daß der Genotyp *RS+RS+* (mit der doppelten Dosis des Rechtsverschiebungsfaktors) zu schlechteren Leistungen mit der linken Hand und räumlichen Problemen führt, während Personen mit *RS–RS–* eine Anfälligkeit für Leseschwierigkeiten zeigen sollten. Der Genotyp *RS+RS–* sei, so meint Annett, optimal und gewährleiste darüber hinaus, daß sowohl *RS+* als auch *RS–* in der Population fortbestehen.

Pathologische Linkshändigkeit

Der Anteil von Linkshändern liegt bei Zwillingen etwa bei 20 Prozent und damit ungefähr doppelt so hoch wie bei einzeln Geborenen. Zwillinge zeigen zudem unverhältnismäßig oft neurologische und andere Störungen, die vermutlich auf Schäden infolge der Enge in der Gebärmutter während der vorgeburtlichen Entwicklung zurückzuführen sind.[17] Es liegt daher nahe anzunehmen, daß auch das gehäufte Auftreten von Linkshändigkeit bei Zwillingen zumindest durch diese Faktoren bedingt wird.

Daß der Linkshändigkeit von Zwillingen häufig eine leichte Hirnschädigung zugrunde liegen könnte, wurde erstmals 1920 vorgeschlagen.[18] Verschiedene Belege stützen diese Annahme. Erstens kommen in Teilpopulationen, die möglicherweise vor oder während der Geburt leichte Hirnschäden erlitten haben, sehr viele Linkshänder vor. Bei geistig Behinderten sind es beispielsweise 20 Prozent. Linkshändigkeit ist auch bei Kindern mit Lernstörungen sowie bei Epileptikern weit verbreitet. Vielleicht sorgt die leichte Hirnschädigung, die in vielen dieser Fälle der jeweiligen Störung zugrunde liegt, auch dafür, daß sich bei Individuen, die anderenfalls rechtshändig geworden wären, die Handpräferenz verschiebt.

Zweitens legen auch Befunde aus klinischen Untersuchungen mit dem Wada-Test eine Beziehung zwischen Händigkeit und frühkindlicher Hirnschädigung nahe. In einer Studie fanden sich bei den meisten der linkshändigen Patienten, die offenbar eine frühkindliche Schädigung der linken Hemisphäre erlitten hatten, Hinweise auf eine rechtshemisphärische Sprachkontrolle, während bei Linkshändern ohne Zeichen einer solchen Schädigung die Sprache linkshemisphärisch lokalisiert war.[19] Dieser Befund deutet darauf hin, daß eine frühe Schädigung der linken Gehirnhälfte sowohl zu einem Wechsel der sprachdominanten Hemisphäre als auch zu einer veränderten Handpräferenz führen kann.

Paul Bakan und seine Kollegen nehmen an, daß Linkshändigkeit grundsätzlich pathologisch bedingt ist und im wesentlichen durch Geburtstraumata verursacht wird.[20] Sie sehen in ihr die Folge motorischer Funktionsstörungen der linken Hemisphäre, die auf eine verminderte Sauerstoffversorgung vor oder während der Geburt (perinatale Hypoxie) zurückgehen. Nach Bakan kommt Linkshändigkeit in bestimmten Familien gehäuft vor, weil bei diesen – erblich bedingt – häufiger schwierige Geburten oder Schwangerschaftsprobleme auftreten, und nicht etwa, weil die Händigkeit als solche genetisch festgelegt ist.

Die Ergebnisse von Untersuchungen, die für Bakans Hypothese relevant sind, ergeben kein einheitliches Bild.[21] Einige Studien vermochten eine Beziehung zwischen Geburtskomplikationen und Händigkeit herzustellen, während andere keinen solchen Zusammenhang aufzeigten. Allerdings beruhten all diese Untersuchungen auf Befunden, die im nachhinein erhoben worden waren. Das heißt, die Information darüber, ob ein Geburtsstreß vorhanden gewesen war oder nicht, erhielt man erst viele Jahre später durch die subjektiven Schilderungen der Mütter oder der untersuchten Personen. Um die Fehler, die mit solchen retrospektiven Berichten verbunden sind, zu verringern, führte Murray Schwartz eine (prospektive) Längsschnittstudie durch. Diese unterzog Kinder ab dem Alter von zwei Jahren einer Beobachtung und stützte sich, um den Grad des Geburtsstresses einzuschätzen, – außer auf Berichte der Mütter auch auf Krankenhausunterlagen.[22]

Das sogenannte Apgar-Schema ist ein einfaches System, um den Zustand von Neugeborenen festzuhalten: Ein niedriger Apgar-Index kann beispielsweise eine Hypoxie (einen Sauerstoffmangel) und mögliche neurologische Anomalien widerspiegeln. Von allen Streßeinflüssen, Risikofaktoren und Komplikationen, die Schwartz untersuchte, zeigte lediglich ein Kriterium – nämlich der Apgar-Index, der eine Minute nach der Geburt erhoben wurde – eine Beziehung zur späteren Linkshändigkeit, die häufiger mit niedrigeren Apgar-Indizes einherging.

Somit bleibt die Indizienlage bezüglich einer Verbindung zwischen Geburtsstreß und Linkshändigkeit weiterhin uneindeutig. Auf keinen Fall stützen die Befunde Bakans ursprüngliche Hypothese, nach der jede Linkshändigkeit eine Folge von Geburtsstreß sein soll. Andere Untersucher haben weniger extreme Ansichten zur Rolle krankhafter Veränderungen vertreten. Paul Satz zum Beispiel äußerte zwar die Vermutung, daß bei Personengruppen mit bestimmten Erkrankungen pathologische Faktoren durchaus entscheidend zum erhöhten Anteil von Linkshändern beitragen und daß sie auch einen Teil der Linkshändigkeit in der Gesamtpopulation bestimmen.[23] Alle übrigen Linkshänder jedoch sind seiner Meinung nach „natürliche“ Linkshänder, deren Händigkeit genetisch festgelegt ist.

Satz und seine Kollegen interessierten sich auch für andere Veränderungen, die bei Personen auftreten können, die aufgrund einer frühen Hirnschädigung zu Linkshändern wurden. So betrachten sie einen Wechsel in der Händigkeit als eine von mehreren Alternativen der Lateralitätsentwicklung, die ein von ihnen als pathologische Linkshändigkeit (PLH) bezeichnetes Syndrom bilden.[24] Eine dieser Veränderungen haben wir schon erwähnt – den Wechsel in der hemisphärischen Spezialisierung für die Sprache. Bei Linkshändern mit einer frühkindlichen Hirnschädigung ist die Wahrscheinlichkeit, daß die Sprache rechtshemisphärisch kontrolliert wird, dreimal so groß wie bei Linkshändern ohne frühe Hirnschädigung.

Eine andere Komponente des PLH-Syndroms ist nach Satz die Beeinträchtigung visuell-räumlicher Fähigkeiten. Er und seine Kollegen beziehen sich dabei auf die Arbeiten von Herbert Lansdell mit einer Gruppe linkshemisphärisch geschädigter Epileptiker, aus denen sich Hinweise auf eine Beziehung zwischen früher linksseitiger Hirnschädigung und verringerter visuell-räumlicher Leistungsfähigkeit ergaben.[25] Lansdell untersuchte den Zusammenhang zwischen dem Alter, in dem die ersten neurologischen Symptome auftraten, und dem Unterschied zwischen verbalen und nichtverbalen Ergebnissen im Wechsler-Bellevue-Intelligenztest. Seinen Beobachtungen zufolge waren die verbalen Leistungen bei frühen Verletzungen, die nichtverbalen hingegen bei späteren Läsionen (fünf Jahre) weniger beeinträchtigt. Lansdell spekulierte, daß sich bei einer frühen Verletzung der linken Hemisphäre sprachliche Funktionen zur rechten Gehirnhälfte verlagern, wo sie dann die visuell-räumlichen Funktionen, die sich dort eigentlich entwickeln sollten, beeinträchtigen oder verdrängen. Eine spätere Läsion würde nicht zu einer solchen Verschiebung führen, sondern vielmehr linkshemisphärische Leistungen vermindern und die rechtshemisphärischen visuell-räumlichen Fähigkeiten unberührt lassen.

Eine dritte Komponente des PLH-Syndroms besteht darin, daß sich die rechte Seite des Körpers nicht voll entwickelt. Satz und seine Mitarbeiter zitierten hierzu Arbeiten aus den dreißiger und vierziger Jahren, die zeigten, daß eine frühe einseitige Hirnverletzung das Wachstum der kontralateralen Körperhälfte oder von Teilen davon hemmen kann. In ihren eigenen Studien, in denen sie die Fußgröße von Epilepsiepatienten maßen, stellten sie fest, daß Patienten, deren Anfälle vor Vollendung des zweiten Lebensjahres begonnen hatten, kürzere rechte Füße aufwiesen, wenn die Läsion in der linken Hemisphäre lokalisiert war, und kürzere linke Füße, wenn es sich um rechtsseitige Hirnschäden handelte.

Noch ist viel Arbeit zu leisten, ehe die Existenz des PLH-Syndroms als gesichert gelten kann. Personen mit diesem Syndrom dürften relativ selten sein, und zur adäquaten Überprüfung der Hypothese müßten die Untersuchungen sämtliche Komponenten auf einmal betrachten, nicht nur eine oder zwei für sich. Die vorhandenen Belege erscheinen dennoch ausreichend, um die eher moderate Grundannahme zu stützen, daß Linkshändigkeit zum Teil durch krankhafte Veränderungen bedingt ist; einige Forscher nehmen allerdings die extreme Position ein, daß sich Linkshändigkeit allein dadurch erklären lasse.

Die Popularität des Pathologiemodells der Linkshändigkeit hat einige Wissenschaftler dazu veranlaßt, die kognitiven Fähigkeiten von Links- und Rechtshändern zu vergleichen. Dahinter steht eine einfache Überlegung: Wenn Linkshändigkeit tatsächlich auf Gehirnschäden beruht – und seien sie noch so leicht –, dann sollten auch verschiedene höhere geistige Funktionen davon beeinträchtigt sein. Wir werden über Untersuchungen, denen diese Hypothese zugrunde lag, später noch berichten.

Händigkeit und funktionelle Asymmetrie

Worin unterscheidet sich die Gehirnorganisation bei Linkshändern und Rechtshändern? Sowohl klinische Studien als auch Verhaltensuntersuchungen an gesunden Personen haben zur Beantwortung dieser Frage beigetragen.

Bei Untersuchungen mit dem bereits in Kapitel 1 beschriebenen Wada-Test zeigte sich, daß bei über 95 Prozent der Rechtshänder und bei 70 Prozent der Linkshänder die Sprache in der linken Hemisphäre lokalisiert war.[26] Bei den übrigen 30 Prozent fand man meist Hinweise auf eine beidseitige Repräsentation der Sprache.[27] Man könnte aus diesen Zahlen folgern, daß die meisten Linkshänder sich nicht von Rechtshändern unterscheiden.

Andere klinische Befunde lassen jedoch auf eine kompliziertere Situation schließen. Mehrere Studien zufolge ist bei einer Aphasie durch Schlaganfall die Prognose bei Linkshändern sehr viel günstiger als bei Rechtshändern.[28] Viele Forscher vermuten, daß die Erholung von einer schweren Schädigung der Hemisphäre, die die Sprache kontrolliert, davon abhängt, inwieweit deren Funktionen von der anderen, nicht geschädigten Hemisphäre übernommen werden können. Wenn das stimmt, liegt die Annahme nahe, daß die Sprachfunktionen bei mehr Linkshändern, als durch den Wada-Test ermittelt wurden, bilateral repräsentiert sind. Bei Linkshändern, deren Sprache überwiegend von einer Hemisphäre gesteuert wird, könnte in viel stärkerem Ausmaß als bei Rechtshändern die andere Gehirnhälfte in „Reserve" stehen.

Insgesamt bestätigen Verhaltensstudien mit normalen Versuchspersonen dieses komplexe Bild. Bei Untersuchungen, in denen man mit dichotischem Hören und tachistoskopisch lateralisierter Darbietung die Leistungen von Rechts- und Linkshändern vergleicht, ergeben sich bei Linkshändern weniger Hinweise auf Asymmetrien.[29] Generell läßt sich sagen, daß jede Asymmetrie, die man bei Rechtshändern findet, bei Linkshändern schwächer ausgeprägt ist oder gar umgekehrt vorliegt.

Für sich allein genommen, erlauben diese summarischen Angaben allerdings keine Unterscheidung zwischen einer Situation, in der Linkshänder hinsichtlich der gestellten Aufgaben wirklich keine Asymmetrien aufweisen, und einer, in der bei annähernd gleich vielen Linkshändern eine nach rechts oder nach links gerichtete Asymmetrie auftritt. Wenn man Befunde von einzelnen Versuchspersonen betrachtet, stellt man fest, daß linkshändige Versuchspersonen geringere Asymmetrien zeigen als rechtshändige, auch wenn es einige Linkshänder mit starker Links- oder Rechtsüberlegenheit gibt. Damit passen diese Befunde sehr gut zu den klinischen Beobachtungen, die auf eine größere Bilateralität bei Linkshändern hinweisen.

Die Rolle der familiären Linkshändigkeit

Die Beziehung zwischen zerebraler Asymmetrie und Linkshändigkeit scheint also komplizierter zu sein, als die Ergebnisse der Wada-Tests erwarten lassen. Aufgrund anderer klinischer Arbeiten nahm man an, ein Teil der Variabilität zwischen Linkshändern ließe sich erklären, wenn man bestimmt, ob die Verwandten ersten Grades eines Linkshänders (also seine Eltern, Geschwister oder Kinder) ebenfalls linkshändig sind.[30]

Linkshänder, bei denen man *familiäre Linkshändigkeit* (Linkshänder in der unmittelbaren Verwandtschaft) feststellte, zeigten etwa genauso häufig Sprachstörungen infolge einer Schädigung der rechten Hemisphäre wie infolge einer Schädigung der linken Gehirnhälfte. Bei Linkshändern ohne familiäre Linkshändigkeit traten nach rechtshemisphärischen Läsionen fast nie Sprachstörungen auf. Dieser Unterschied deutet darauf hin, daß es mindestens zwei Arten von Linkshändigkeit mit unterschiedlichen Formen der Hirnorganisation gibt.

Untersuchungen an normalen Versuchspersonen haben sich mit dem Einfluß der familiären Linkshändigkeit auf die Leistung in Lateralitätstests beschäftigt.

Etliche Befunde sprechen dafür, daß Linkshänder mit linkshändigen Verwandten sich von solchen ohne familiäre Linkshändigkeit unterscheiden. Unglücklicherweise stimmen die Ergebnisse der Studien in ihrer Aussage über die Art der Verschiedenheit nicht überein.[31]

Die Hinweise darauf, daß Personen mit oder ohne familiäre Linkshändigkeit eine unterschiedliche Hirnorganisation aufweisen, ist von einigen als Anzeichen einer genetischen Komponente der Händigkeit angesehen worden. Dieselbe Beziehung ließe sich allerdings auch als Beleg für eine umweltbedingte Bestimmung der Händigkeit auffassen.

Invertierte und nichtinvertierte Handhaltung beim Schreiben

Jerre Levy und MaryLou Reid identifizierten eine weitere Variable, die ihrer Ansicht nach helfen könnte, Linkshänder auf der Basis ihrer Hirnorganisation in verschiedene Gruppen einzuteilen.[32] Einige Linkshänder schreiben mit invertierter Handhaltung: Die Schreibhand ist so angewinkelt, daß Feder oder Bleistift über der Schreiblinie geführt werden. Andere Linkshänder halten – genau wie fast alle Rechtshänder – ihre Schreibgeräte so, daß die Hand unterhalb der Schreiblinie liegt.

Levy und Reid vertraten die Auffassung, die invertierte Handhaltung bedeute, daß die Sprachhemiphäre ipsilateral zur bevorzugten Hand liegt. Demnach müßte die Sprache eines Linkshänders mit invertierter Schreibhaltung von der linken Hemisphäre kontrolliert werden. Und die eines Rechtshänders mit invertierter Schreibhaltung (solche Personen sind selten) wäre rechtshemisphärisch gesteuert. Die Sprache von nichtinvertiert Schreibenden schließlich würde von der Hemisphäre kontrolliert, die der bevorzugten Hand gegenüberliegt. Diese Sichtweise steht im Widerspruch zu der gängigen Meinung, nach der die Handhaltung einfach eine Sache der Übung ist.

Levy und Reid gründeten ihre Annahmen auf Befunde aus zwei tachistoskopischen Experimenten. Dabei wurden jeweils in der rechten oder der linken Gesichtsfeldhälfte entweder dreibuchstabige Silben oder ein Punkt lateralisiert dargeboten. Bei den verbalen Aufgaben sollte die Versuchsperson die Silbe erkennen. Bei den Aufgaben mit den Punkten ging es darum, sich die Position des gesehenen Punktes zu merken, der an 20 verschiedenen Stellen erscheinen konnte. Rechtshänder, die beim Schreiben ihre Hand nicht invertierten, konnten Silber besser verarbeiten, wenn diese in der rechten Gesichtsfeldhälfte dargeboten wurden, zeigten aber bei visuell-räumlichen Aufgaben eine Überlegenheit der linken Gesichtsfeldhälfte. Bei den Linkshändern mit nichtinvertierter Schreibhaltung war es umgekehrt. Linkshänder mit invertierter Handhaltung verhielten sich dagegen wie Rechtshänder mit nichtinvertierter Schreibhaltung. Der einzige Rechtshänder, der mit invertierter Hand schrieb, lieferte bei der Untersuchung Ergebnisse, die denen von Linkshändern mit nichtinvertierter Haltung vergleichbar waren.

Mehrere Forscher haben versucht, diese Befunde auf andere Aufgaben und Maße der Hemisphärenasymmetrie auszudehnen – ohne großen Erfolg. Allerdings gibt es eine geringe Anzahl von Studien, deren Beobachtungen das Modell von Levy und Reid stützen.[33] Die klinischen Befunde zeigen leider das gleiche uneinheitliche Bild. Eine Forschergruppe hat behauptet, daß »das Auftreten oder Fehlen einer Aphasie bei einer rechtsseitigen oder linksseitigen Hemiparese genau dem entsprach, was aufgrund der Haltung der Schreibhand vorhergesagt worden wäre«.[34] (Als Hemiparese bezeichnet man eine unvollständige Lähmung einer Körperseite.) Die entsprechenden klinischen Befunde sind allerdings nicht veröffentlicht. Andere Forscher vermochten bei Patienten, die einem Wada-Test unterzogen wurden, keinen Hinweis für eine solche Beziehung zu finden.[35]

Insgesamt gibt es noch zu viele Widersprüche in den Befunden, als daß man daraus schließen könnte, die Schreibhaltung sei ein nützlicher Indikator der Gehirnasymmetrie.

Händigkeit und höhere geistige Funktionen

Unterscheiden sich Rechts- und Linkshänder noch in anderen Dingen als in der Hirnorganisation? Die Suche nach einem Zusammenhang zwischen Händigkeit und Gehirnasymmetrie brachte viele Forscher dazu, die Konsequenzen dieser Beziehung auch für andere Funktionen zu überprüfen. Erinnern wir uns beispielsweise an das Pathologiemodell der Linkshändigkeit. Ihm zufolge haben einige Linkshänder eine frühkindliche leichte Hirnschädigung erlitten, die den Wechsel von einer potentiellen Rechtshandpräferenz zu einer Bevorzugung der linken Hand bewirkt. Vom Pathologiemodell ausgehend, könnte man vorhersagen, daß eine leichte Hirnschädigung bei verschiedenen Tests höherer geistiger Funktionen leistungsmindernd wirken wird.

Kognitive Defizite bei Linkshändern?

In Untersuchungen, bei denen die Leistungen von Rechts- und Linkshändern in Tests kognitiver, das heißt höherer geistiger Funktionen verglichen wurden, haben sich nur wenige Hinweise auf geringere Leistungen bei Linkshändern ergeben. Eine Literaturübersicht führt beispielsweise 14 Arbeiten auf, die die Lesefähigkeit untersuchten. Nur in einer davon trat ein Unterschied zwischen Rechts- und Linkshändigkeit auf, und der bestand darin, daß die Linkshänder überlegen waren.[36] Mit Schulleistungstests fand man in einer Arbeit keinen Unterschied, während aus einer anderen hervorgeht, daß Linkshänder bei einer College-Aufnahmeprüfung schlechter abschnitten. In drei weiteren Untersuchungen wurden bei Linkshändern schlechtere Leistungen bei Wahrnehmungsaufgaben festgestellt; als man später eine dieser drei Arbeiten wiederholte, fand man allerdings keinen Unterschied.

Ungeachtet dieser recht mageren Sammlung empirischer Befunde zu Leistungsunterschieden zwischen Rechts- und Linkshändern ist die Verknüpfung von Linkshändigkeit mit Leistungsschwächen erhalten geblieben. Das beruht höchstwahrscheinlich darauf, daß unter geistig Behinderten und Personen mit Lesestörungen besonders viele Linkshänder vorkommen. Diese Beziehung legt nahe, daß ein Teil der Linkshändigkeit in diesen Gruppen, die durch Leistungsdefizite gekennzeichnet sind, pathologischen Ursprungs ist. Dieselbe Schädigung, die die geistige Behinderung hervorrief, könnte auch für den Wechsel von der Rechts- zur Linkshändigkeit verantwortlich sein. Daraus folgt allerdings nicht, daß eine ähnliche Beziehung zwischen Linkshändigkeit und Leistungsschwächen auch für Personengruppen außerhalb des klinischen Bereiches gilt.

Das Interesse an der Beziehung zwischen Händigkeit und kognitiven Fähigkeiten geht also großenteils auf das Konzept vom Zusammenhang zwischen krankhaften Veränderungen und Linkshändigkeit zurück. Eine andere Wechselbeziehung zwischen Händigkeit und kognitiven Funktionen wird von Levy angenommen.[37] Ihr war aufgefallen, daß viele Linkshänder zusätzlich zu der linkshemisphärischen auch eine gewisse Sprachfähigkeit in der rechten Hemisphäre zu haben schienen. Daraus ergab sich für Levy die Frage, welche Konsequenzen dies für die visuell-räumlichen Funktionen hat, die bei Rechtshändern normalerweise von der rechten Hemisphäre kontrolliert werden.

Sie nahm an, daß Sprache und visuell-räumliche Funktionen jeweils um das in einer Hemisphäre verfügbare neuronale „Substrat“ konkurrieren und daß im vorliegenden Fall die Sprachfunktionen auf Kosten anderer Funktionen vorherrschen würden. Die Sprache würde die visuell-räumlichen Zentren gewissermaßen verdrängen. Daher – so sagte sie voraus – sollten Linkshänder bei visuell-räumlichen Aufgaben schlechter abschneiden als Rechtshänder, bei sprachlichen Tests jedoch etwa gleich gut.

Um diese Hypothese von der kognitiven Verdrängung zu testen, untersuchte Levy zehn linkshändige und 15 rechtshändige Doktoranden des California Institute of Technology mit dem Wechsler-Intelligenztest für Erwachsene (WAIS). Der WAIS besteht aus zwei Teilen, einem sprachlichen und einem Handlungsteil. Bei den sprachlichen Untertests geht es um allgemeines Wissen, Wortschatz und das Auffinden von Gemeinsamkeiten (einfache Abstraktionen). Die Untertests des Handlungsteils umfassen den Würfel- oder Mosaiktest nach Kohs, das Zusammenlegen von Figuren (Puzzles) und die Ergänzung von Bildern (das Erkennen von Anomalien in Bildern).*

Levys Untersuchung ergab im Sprachteil gleiche Leistungen für Links- und Rechtshänder. Im Handlungsteil erzielten Linkshänder aber signifikant geringere Werte. Levys Vorhersage eines Defizits bei visuell-räumlichen Aufgaben wurde also bestätigt.

Es ist allerdings wichtig, darauf hinzuweisen, daß dieses „Defizit“ nur relativ war. Levys Versuchspersonen – die Linkshänder wie die Rechtshänder –

* Die verbalen Untertests sprechen eher auf Schädigungen der linken Hemisphäre an, vermutlich, weil sie so sprachabhängig sind. Von den Untertests des Handlungsteils ist bekannt, daß sich hier Schädigungen beider Hemisphären auswirken, inbesondere solche der Parietalregion. Zudem scheinen sie empfindlicher als die Sprachtests auf Hirnschäden im allgemeinen, speziell auf diffuse Schädigungen, zu reagieren. Sie zeigen mit steigendem Alter als erste erniedrigte Werte und sind am stärksten durch Gehirntraumata oder diffuse pathologische Prozesse betroffen.

erreichten in beiden Teilen des WAIS deutlich höhere Werte als die Normalpopulation. Die Leistungswerte im Handlungsteil waren bei den Linkshändern jedoch niedriger als im sprachlichen Teil, während sich bei Rechtshändern kein Unterschied zeigte.

Levys Forschungen haben ein beträchtliches Interesse geweckt, und es ist mehrmals versucht worden, ihre Ergebnisse zu replizieren – mit gemischtem Erfolg.[38]

Auch Leonardo war ein „Linkser"

Einige Forscher haben die Vermutung geäußert, die stärker ausgeprägte bilaterale Verteilung der Sprachfunktionen, die Linkshänder zu charakterisieren scheint, könne herausragende Fähigkeiten ermöglichen. Ein Argument war, daß eine intensivere Wechselwirkung zwischen sprachlichen und nichtsprachlichen Funktionen, wie sie durch die Präsenz beider in der gleichen Hemisphäre möglich sei, die Kreativität fördere. Vereinzelt wurde tatsächlich über besondere Leistungen von Linkshändern berichtet; diese Arbeiten zeichnen jedoch auch kein klareres Bild als jene, die auf ein Defizit bei Linkshändern hindeuten. Allerdings wird in diesem Zusammenhang meist eifrig darauf hingewiesen, daß sowohl Leonardo da Vinci als auch Benjamin Franklin und Michelangelo Linkshänder waren.

Es ist zweifellos äußerst interessant, daß Linkshändigkeit unter Künstlern sehr viel häufiger vorkommt als in der Gesamtpopulation. So waren beispielsweise bei einer Untersuchung, in der College-Studenten mit weniger als zwei Jahren Kunstunterricht mit Studenten verglichen wurden, die Kunst als Hauptfach studierten, 20 Prozent der „Künstler" linkshändig, von den „Nichtkünstlern" jedoch bloß sieben Prozent. Gemischte Händigkeit trat bei 27 Prozent der Künstler und bei lediglich 15 Prozent der Nichtkünstler auf.[39]

Die Bedeutung dieser Befunde ist unklar. Natürlich werfen sie für Levys Modell der kognitiven Defizite bei Linkshändern Probleme auf, es sei denn, man nimmt an, ein Defizit in visuell–räumlichen Fähigkeiten komme nur bei einer Untergruppe der Linkshänder vor. Eine andere Interpretation ist die, daß das Interesse an und die praktische Erfahrung mit Kunst als solche zum stärkeren Gebrauch der linken Hand führen und daß nicht die Hirnorganisation Linkshänder direkt zu größeren künstlerischen Leistungen befähigt.

So stehen jedem Hinweis auf Defizite bei Linkshändern Belege positiver Besonderheiten entgegen; es ist jedoch offensichtlich, daß Unterschiede zwischen den kognitiven Fähigkeiten von Linkshändern und denen von Rechtshändern im allgemeinen sehr klein und von geringer praktischer Bedeutung sind. Auch ist die Variation zwischen den Individuen innerhalb einer Gruppe weitaus größer als der statistische Unterschied zwischen den Gruppen. (Dieses Problem statistischer Unterschiede in den kognitiven Leistungen und der Händigkeit wird man sicherlich weiterverfolgen, da es für Theorien zur Variabilität von Gehirnen und ihrer Organisation von Bedeutung ist.)

Neue Vorstellungen über die Händigkeit

In diesem Kapitel haben wir grundlegende Probleme der Händigkeit behandelt. Im wesentlichen ging es dabei um ihre Entstehung, ihren Zusammenhang mit menschlichen Fähigkeiten und ihre Beziehung zur funktionellen Hemisphärenasymmetrie. Im folgenden Abschnitt wollen wir nun zwei relativ neue und sehr spekulative Überlegungen zur Händigkeit besprechen.

Linkshändigkeit und das Immunsystem

In den frühen achtziger Jahren wurde erstmals die Behauptung aufgestellt, zwischen der Händigkeit und dem körpereigenen Immunsystem bestehe ein Zusammenhang – eine Idee, die seitdem von großem Interesse, aber auch von einigen Kontroversen begleitet wurde. Sie geht auf eine Tagung in Boston im Jahre 1980 zurück, auf der der Neurologe Norman Geschwind empfahl, bei der Untersuchung der Genetik der *Dyslexie** nicht nur die Häufigkeit von Lese- und Buchstabierproblemen bei den Verwandten der Dyslexie-Patienten zu untersuchen, sondern auch andere Störungen zu berücksichtigen, die in diesen Familien gehäuft auftreten. Unter den Zuhörern saßen neben Psychologen und Neurologen auch viele Eltern von Kindern mit Lese- und Rechtschreibschwächen; einige berichteten Geschwind anschließend über das Auftreten von Immunstörungen und Migräne in ihren Familien. Diese Informationen veranlaßten Geschwind, zusammen mit Peter Behan eine Serie von Untersuchungen durchzuführen, die letztlich einen unerwarteten Zusammenhang zwischen Linkshändigkeit und Immunerkrankungen aufzeigten.

In den ersten beiden Arbeiten wurden insgesamt 500 extrem linkshändige und 900 extrem rechtshändige Versuchspersonen verglichen.[40] Immunstörungen waren bei den Linkshändern zweieinhalbmal so häufig wie bei den Rechtshändern, und Lernstörungen kamen zehnmal so oft vor. In der zweiten Studie wurden neben einer Kontrollgruppe von 652 extremen Rechtshändern und 440 Linkshändern 304 Patienten untersucht, die wegen Autoimmunerkrankungen behandelt wurden.[41] In der Kontrollgruppe traten bei den Linkshändern signifikant häufiger Migräne, Allergien, Dyslexie, Stottern, Skelettmißbildungen und Schilddrüsenstörungen auf als bei den Rechtshändern. Andererseits war unter den Patienten mit nachgewiesenen Autoimmunstörungen die Zahl der Linkshänder bei fünf der acht in dieser Studie unterschiedenen Krankheitsformen signifikant höher als in der Normalbevölkerung.

Aufgrund dieser Beobachtungen entwickelten Geschwind und der Neurologe Albert Galaburda eine weitreichende Theorie der Lateralisierung, die sowohl diese als auch viele andere Befunde erklärt.[42] Ihrer Ansicht nach ist für die hohe Quote der Linkshändigkeit wie auch für die Anfälligkeit gegenüber

* Mit dem Begriff Dyslexie bezeichnet man Lese- und Buchstabierschwierigkeiten, die ohne primär sensorische Beeinträchtigungen auftreten; im deutschsprachigen Bereich wird die Lese-Rechtschreib-Schwäche häufig auch Legasthenie genannt. Wir werden in Kapitel 10 noch ausführlicher darauf eingehen.

Immunstörungen ein gemeinsamer Faktor verantwortlich. Aus der Tatsache, daß die Häufigkeit von Linkshändern und von Entwicklungsstörungen im Bereich der Sprache und anderer kognitiver Funktionen bei Männern größer ist, folgerten sie, daß ein solcher Faktor höchstwahrscheinlich geschlechtsspezifisch männlich ist. Da sich ähnliche Effekte jedoch – wenngleich weniger stark ausgeprägt – auch bei Frauen einstellen, mußte der Faktor bei Frauen ebenfalls potentiell wirksam werden können. Das männliche Sexualhormon Testosteron erfüllt diese Bedingungen. Feten beiderlei Geschlechts sind ihm ausgesetzt, die weiblichen allerdings nur geringeren Mengen davon.

Geschwind und Galaburda stellten die Hypothese auf, daß Testosteron während der fetalen Stadien das Wachstum bestimmter Teile der linken Hemisphäre verlangsamt, so daß die entsprechenden Bereiche auf der rechten Seite sich relativ gesehen schneller entwickeln. Daher kommt es, so argumentieren sie, bei Männern zu einer stärkeren Verschiebung in Richtung einer rechtshemisphärischen Beteiligung an Händigkeit und Sprache; somit sind bei ihnen auch höherentwickelte rechtshemisphärische Fertigkeiten wahrscheinlicher. In einigen Fällen mag die Verzögerung der linkshemisphärischen Entwicklung zu einer andauernden entwicklungsbedingten Lernbehinderung führen, die bei Männern häufiger auftritt als bei Frauen.

Nach Meinung von Geschwind und Galaburda beeinflußt Testosteron nicht nur die Entwicklung der linken Hemisphäre, sondern kann gleichzeitig einen störenden Einfluß auf die Entwicklung des Immunsystems ausüben und so die Anfälligkeit für spätere Immunerkrankungen erhöhen. So also könnte Testosteron für den scheinbaren Zusammenhang zwischen dem Auftreten von Linkshändigkeit und dem von Immunstörungen verantwortlich sein.

Die Ideen von Geschwind und Galaburda sind faszinierend und lassen eine ganze Reihe interessanter Schlußfolgerungen zu. So weisen die beiden Wissenschaftler darauf hin, daß in manchen Fällen die durch Testosteron bewirkte relativ schnellere Entwicklung der rechten Hemisphäre auch zu besonderen Fähigkeiten führen kann. Zum Beispiel zeigen einige autistische Personen außergewöhnlich hohe künstlerische Fertigkeiten (siehe hierzu auch Kapitel 10). Die Auswirkungen des Testosterons auf die linke Hemisphäre würden die Beeinträchtigungen erklären, unter denen diese Personen leiden, während die damit einhergehende verstärkte Entwicklung der rechten Gehirnhälfte die Grundlage für jene isolierten überragenden Leistungen bildet.

Ein derartiger Mechanismus könnte sogar für spezifische Formen besonderer Leistungsfähigkeit verantwortlich sein, die bei Personen ohne kognitive Defizite zu finden sind. In einer Untersuchung an einer größeren Gruppe von Kindern (überwiegend Jungen) mit mathematischer Begabung fand man fünfmal so viele Kinder mit Allergien und doppelt so viele Linkshänder wie in einer weniger begabten Gruppe.[43] Kann die Testosteronhypothese auch das erklären? Geschwind und Galaburda hielten dies vorläufig durchaus für möglich: Je nach dem genauen Zeitpunkt und nach der Höhe des Testosteronspiegels während der intrauterinen Entwicklung könnten die negativen Auswirkungen einer Verlangsamung der linkshemisphärischen Entwicklung vermieden werden, gleichzeitig aber die Vorteile einer rechtshemisphärischen Förderung zum Tragen kommen.

Bis sich Vorhersagen, die auf der Theorie der zerebralen Asymmetrie von Geschwind und Galaburda beruhen, verifizieren oder falsifizieren lassen (und eigentlich auch, um sie zuerst einmal eindeutig zu formulieren), ist offensichtlich noch sehr viel Forschungsarbeit zu leisten. Zahlreiche Untersuchungen sind bereits erfolgt. Einige bestätigen Teile der Theorie, andere sprechen gegen sie.[44] In Anbetracht der Komplexität und der besonderen Bedeutung des Modells kann man davon ausgehen, daß sich diese Forschungsbemühungen noch lange Zeit fortsetzen werden.[45]

Linkshändigkeit und Sterblichkeit

Eine Reihe von anderen kontrovers diskutierten Befunden entstammt den Arbeiten Stanley Corens von der University of British Columbia. Coren war verblüfft, in seinen eigenen Daten zu entdecken, daß der Anteil der Linkshändigkeit von 13 Prozent bei Zwanzigjährigen auf weniger als ein Prozent bei den Achtzigjährigen abnimmt. Sind diese Unterschiede echt, und wenn ja, was bedeuten sie? Coren und seine Kollegin Diane Halpern begannen dem nachzugehen und analysierten als erstes die Händigkeit und das Todesalter von 2272 Baseballspielern, die in der *Baseball Encyclopedia* aufgeführt sind.[46] Sie wählten diese Datenbasis, weil die Händigkeit im Baseball ein wichtiger Teil des Spielerprofils ist und deshalb bei der Beschreibung eines verstorbenen Spielers mit Sicherheit erwähnt wird.

Solange man für das Risiko, zu sterben, Unterschiede von weniger als einem halben Prozent unberücksichtigt ließ, zeigten sich bis zum Alter von 33 Jahren keine Unterschiede zwischen Links- und Rechtshändern. Ab diesem Alter jedoch überlebten durchschnittlich rund zwei Prozent mehr Rechtshänder als Linkshänder. Am oberen Ende der Altersspanne traten die Unterschiede zwischen Linkshändern und Rechtshändern am deutlichsten zutage: Der älteste überlebende Linkshänder war 91 Jahre alt, der älteste überlebende Rechtshänder 109 Jahre. Mehr als 2,5 Prozent der Rechtshänder wurden 90 Jahre alt, während weniger als 0,5 Prozent Prozent der Linkshänder dieses Alter erreichten.

Coren führte danach gemeinsam mit Halpern eine weitere Studie durch, diesmal mit einer breiter gestreuten Stichprobe und einem anderen Ansatz.[47] Die Untersucher sammelten Informationen über die Händigkeit kürzlich verstorbener Personen, indem sie Angehörige befragten, die aber über das Ziel der Untersuchung nicht Bescheid wußten. Nach den Gesamtergebnissen zu urteilen, ist es von Vorteil (wie bekannt), eine Frau zu sein (das mittlere Sterbealter der Frauen betrug 77,55 Jahre, das der Männer 71,61 Jahre); ein viel größerer Unterschied ergab sich jedoch als Funktion der Händigkeit: Das mittlere Todesalter der Rechtshänder betrug 75,34 Jahre, das der Linkshänder 66,20 Jahre.

Diese Befunde stimmen mit den Ergebnissen der Baseballspielerstudie überein. Wie lassen sie sich erklären? Zu Beginn dieses Kapitels haben wir einige Indizien dafür diskutiert, daß ein Teil der Linkshändigkeit krankhaften Ursprungs ist. Vielleicht rufen die pathologischen Faktoren, die Linkshändigkeit erzeugen, zugleich andere Bedingungen hervor, die die Sterblichkeit beeinflussen. Wir haben gerade auch die Arbeiten von Geschwind und Kollegen besprochen, die auf einen Zusammenhang zwischen Linkshändigkeit und Immunstörungen hinweisen; diese Verbindung könnte sich ebenfalls auf die Sterberate auswirken.

Coren zieht eine mögliche Rolle dieser Einflußgrößen durchaus in Betracht, schlägt aber noch eine weitere Erklärung vor – eine höhere Unfallrate bei Linkshändern. In der Studie, die auf der Befragung der Angehörigen beruhte, hatten Halpern und Coren auch die Todesursache erfragt und sich ferner danach erkundigt, ob unfallbedingte Verletzungen dabei eine Rolle gespielt hatten.[48] Sie stellten für Linkshänder ein sechsfach größeres Risiko fest, an den Folgen eines Unfalls zu sterben, als für Rechtshänder. Nahmen sie die Verkehrsunfälle für sich, so ergab sich für Linkshänder eine vierfach höhere Wahrscheinlichkeit, bei einem Autounfall zu sterben. Coren kam aufgrund seiner Auswertungen zu dem Schluß, daß ein Großteil des Unterschieds in der Mortalität zwischen Links- und Rechtshändern auf Unfälle zurückzuführen sei, welche die Überlebensrate der Linkshänder im Vergleich zu den Rechshändern herabsetzte.

Die Arbeiten von Coren und Halpern zur Beziehung zwischen Linkshändigkeit und Mortalität sind sehr umstritten. Strittig sind dabei nicht so sehr die Daten selbst – obwohl manche Kritiker eingewendet haben, eine Voreingenommenheit gegenüber den Antworten könnte das Ergebnis des Fragebogens beeinflußt haben[49] – als vielmehr ihre Interpretation. Während Coren und Halpern behaupteten, Linkshänder schieden durch ihr früheres Sterben aus der Population aus, betrachten andere die Altersunterschiede zum Zeitpunkt des Todes von Links- und Rechtshändern als ein Artefakt, das den Zusammenhang zwischen dem Alter und der Auftretenshäufigkeit von Linkshändigkeit in der Bevölkerung als Ergebnis kultureller Zwänge widerspiegelt.[50]

Kenneth Hugdahl und seine Kollegen haben letztere Auslegung als die Modifikationshypothese[51] bezeichnet – als Gegenstück zur Eliminationshypothese von Coren und Halpern. Nach der Modifikationshypothese sind die Unterschiede in der Linkshändigkeit zwischen jungen und alten Leuten auf eine Veränderung der sozialen Normen zurückzuführen. Die älteren Menschen waren wahrscheinlich einem stärkeren Druck ausgesetzt, von der Benutzung der linken zur Benutzung der rechten Hand zu wechseln, was zu einer geringeren Anzahl von Linkshändern in der älteren Bevölkerung führt. Es gibt also unter den älteren Personen relativ gesehen weniger Linkshänder, nicht weil sie früher sterben, sondern weil die älteren Menschen in ihrer Kindheit eher dazu gezwungen wurden, die rechte Hand zu gebrauchen.

Hugdahl und seine Kollegen haben versucht, die Modifikationshypothese direkt zu prüfen, indem sie bei jeweils denselben Versuchspersonen Daten zur Händigkeit und zum Wechsel des Handgebrauchs in der Kindheit erhoben. Auf der Basis der Daten von fast 3000 Probanden beobachteten sie, daß die Linkshändigkeit mit steigendem Alter abnahm, während die Anzahl der Personen, die beim Schreiben vom Gebrauch der linken zur rechten Hand gewechselt hatten, gleichzeitig genau entgegengesetzt zunahm.

Ein Wechsel in der Handbenutzung scheint aber die Verteilung der Händigkeit über das Alter nicht vollkommen erklären zu können, und so bleibt die Frage nach einer möglichen Beziehung von Händigkeit und Mortalität weiterhin von großem Interesse. Immer mehr Forscher widmen sich diesem Problem mit zunehmend raffinierteren Methoden, und so dürfen wir auch bald bessere Antworten erwarten.

6. Weitere Befunde aus der Klinik: Aphasie, Apraxie und Agnosie

Neuropsychologie heute

Im ersten Kapitel haben wir aus historischer Sicht beleuchtet, wie sich aus Erkenntnissen an hirngeschädigten Patienten das Konzept der Gehirnasymmetrien entwickelt hat. In diesem Kapitel erörtern wir nun, welche weiteren Einblicke in die Hirnfunktion dadurch gewonnen wurden, daß man die Auswirkungen verschiedener Schädigungen der zerebralen Hemisphären untersucht hat. Solche Untersuchungen gehören in den Bereich der klinischen Neuropsychologie. Bevor die Computertomographie (CT) und andere bildgebende Verfahren zur Darstellung des Gehirns aufkamen, haben sich Neuropsychologen meist auf ihre klinischen Erfahrungen verlassen, um bei Patienten mit verschiedenartigen Funktions- oder Verhaltensstörungen den Ort der Schädigung zu beschreiben. Das gilt in gewissem Maße auch noch für die heutige Neuropsychologie, wenn neurologische und physiologische Untersuchungsmethoden keine eindeutigen Befunde erbringen. Doch liegt das Schwergewicht des neuropsychologischen Ansatzes auf der umfassenden Erhebung jeglicher geistigen Beeinträchtigung und Verhaltensbehinderung, die zusammen mit Hinweisen auf eine Hirnschädigung auftreten; dies dient zwar meist klinischen Zwecken, führt oft aber auch zu theoretischen Erkenntnissen.

Die moderne Neuropsychologie bemüht sich, die Bedingungen zu analysieren, unter denen psychische Prozesse zusammenbrechen, um damit unser Wissen über diese Prozesse selbst zu erweitern. Manchmal erweist sich dabei ein Verhalten, das man vorher für einen einheitlichen geistigen Prozeß gehalten hat, als komplizierte Wechselbeziehung; ein andermal entdeckt man dagegen, daß vermeintlich getrennte geistige Aktivitäten den gleichen Gehirnmechanismen entspringen. Gedächtnis, Sprache und Emotionen gehören zu den psychischen Prozessen, die neuropsychologisch untersucht wurden.

Klinische Informationen über Hirnschäden müssen wegen etlicher verwirrender Probleme sehr vorsichtig interpretiert werden. Neuropsychologen, die die Beziehungen zwischen Gehirn und Verhalten anhand von Hirnschädigungen erforschen, sind auf „natürliche“ (krankheits- oder unfallbedingte) Läsionen angewiesen oder auf solche, die aus medizinischen Gründen von Chirurgen gesetzt werden. Diese sind in der Regel nicht gerade ideal für die Beantwortung bestimmter Fragen, die ein Forscher angehen möchte. Läsionen wie etwa jene, die durch einen Schlaganfall verursacht werden, respektieren nicht die anatomischen Grenzen. Eine solche Läsion kann einen

Gehirnbereich zerstören, der an einem bestimmten psychischen Prozeß beteiligt ist, oder Bezirke abtrennen, die zu diesem Prozeß beitragen, oder auch beides zugleich bewirken.

Es gibt noch weitere Probleme, die eindeutige Aussagen erschweren. In Kapitel 1 sprachen wir bereits von der Tendenz des Gehirns, seine Funktion so gut wie möglich an eine Schädigung anzupassen. Vor hundert Jahren hat der Neurologe John Hughlings Jackson darauf hingewiesen, daß sich im gestörten Verhalten nach einer Hirnläsion das Funktionieren des verbliebenen Hirngewebes widerspiegelt. Das noch erhaltene Gewebe kann die Schädigung kompensieren und so das Defizit verringern. Manchmal reagiert es jedoch auch umgekehrt und arbeitet schlechter, wodurch sich die Defizite noch verstärken; man bezeichnet dies als *Diaschisis*.

Kognitive Neuropsychologie

Mit dem Aufkommen der kognitiven Psychologie (siehe Kapitel 1) haben die oben erwähnten Probleme nicht an Bedeutung verloren. Sie sind jedoch direkter mit den Annahmen verknüpft worden, die dem kognitiven neuropsychologischen Ansatz zugrunde liegen. In Kapitel 1 haben wir eine davon bereits kurz beschrieben, nämlich die der „Modularität" geistiger Prozesse. Ihr zufolge stellen geistige Vorgänge jeweils das Ergebnis der koordinierten Aktivität vieler verschiedener „Module" dar, von denen jedes unabhängig von den Funktionen der anderen seine eigene Art der Verarbeitung durchführt.

Mit dem Ansatz, den kognitive Neuropsychologen verfolgen, sind gleichzeitig einige andere Annahmen verbunden[1], darunter auch die folgenden:

Neurologische Spezifizität oder *Isomorphismus*. Die Annahme, daß die Organisation des Geistes mit der Gehirnorganisation übereinstimmt.
Transparenz. Die Annahme, daß es möglich ist, aufgrund der Leistung nach einer Hirnschädigung festzustellen, welche Funktion des Systems gestört ist.
Subtraktionsprinzip (beziehungsweise *Additivitätshypothese*). Die Annahme, daß die Leistung nach einer Hirnschädigung den vorherigen Zustand des intakten kognitiven Apparates, abzüglich der beschädigten Systeme, widerspiegelt und daß das ausgereifte Gehirn keine neuen Module ausbildet.

Die beiden ersten Annahmen sind überwiegend Teil aller – älteren und gegenwärtigen – neuropsychologischen Ansätze, die anstreben, aufgrund von Hirnschädigungen die Beziehungen zwischen Gehirn und Verhalten aufzudecken. Was die dritte Annahme betrifft, so geht die kognitive Neuropsychologie etwas direkter darauf ein, wie eine Hirnschädigung die hypothetische moduläre Organisation des Gehirns beeinflußt. In sehr strenger Auslegung besagt die Subtraktionsannahme, daß eine Hirnschädigung die normalen Funktionen derjenigen Module, die nicht direkt betroffen sind, unbeeinträchtigt läßt; daher zeigt sich in der Leistung nach der Hirnschädigung die normale Arbeitsweise aller unbeschädigten Module.

Diese letzte Feststellung ist mit ziemlicher Sicherheit eine starke Vereinfachung, weil wohl zumindest ein Teil des ungeschädigten Gehirns einige seiner normalen Funktionsweisen verändern dürfte. Die meisten kognitiven Neuropsychologen stimmen dem auch zu, doch betonen sie nachdrücklich, es sei nicht entscheidend, daß alte Module für neue Aufgaben eingesetzt werden, sondern daß nach einer Beschädigung des Gehirns keine neuen Module entstehen.[2] Falls nämlich das Gehirn nach einer Verletzung wirklich in der Lage wäre, seine Struktur neu zu organisieren und neue Module zu bilden, dann dürfte es ihrer Meinung nach unmöglich sein, aus den klinischen Abweichungen viel über die normalen Gehirnfunktionen zu lernen. Doch alles spricht dafür, daß einmal eingetretene neuronale Zerstörungen meist von Dauer sind und daß Kompensation und Erholung auf Veränderungen der verschonten Gehirnbereiche angewiesen sind. Man darf also mit einiger Sicherheit annehmen, daß ein geschädigtes Gehirn nur mit den schon zuvor vorhandenen Modulen auskommt. Mit zunehmender Erholung und der Entwicklung neuer Strategien könnten diese jedoch mit der Zeit ihre Funktionsweise verändern.

Trotz praktischer und konzeptioneller Schwierigkeiten hat die Neuropsychologie einen zuverlässigen Rahmen von Befunden und Theorien geschaffen, die die meisten Störungen von Gehirn und Verhalten kategorisieren und zu erklären versuchen. Eine Erörterung neuropsychischer Störungen umschließt viele Konzepte und Definitionen, die im Laufe der Jahre von angesehenen Forschern entwickelt worden sind.[3] Wir möchten hier nicht die gesamte Entwicklung nachvollziehen, sondern vielmehr bestimmte weitgehend abgesicherte Konzepte vorstellen und neuere Studien nur zitieren, sofern sie sich mit der Hemisphärenasymmetrie befassen. Der weiter interessierte Leser sei auf einige der hervorragenden Bücher zur allgemeinen klinischen Neuropsychologie verwiesen.[4] Wir wollen uns in diesem Kapitel darauf konzentrieren, wie aktuelle neuropsychologische Forschungsergebnisse unser Verständnis von den Funktionen der einzelnen Hemisphären gefördert haben.

Sprach- und Sprechstörungen

Sprache ist eine komplexe Fertigkeit mit vielen Facetten; dazu gehören die Bildung von Lauten, ausgefeilte Regelsysteme und die Existenz großer Mengen an Informationen über Bedeutung und Wichtigkeit sprachlicher Elemente. In der Linguistik, der formalen Sprachwissenschaft, sind viele Konzepte entwickelt worden, die sich mit der Struktur von Sprache befassen und auf alle Sprachen zutreffen.

Linguisten haben vier wesentliche Sprachaspekte definiert: neben der *Phonologie,* die sich mit der Produktion und der Verarbeitung von Lauten befaßt, die *Syntax,* also die Grammatik mit den vielfältigen Regeln der Wortstellung und der Formenbildung, die *Semantik,* bei der es um die Wort- und Satzbedeutungen geht, und schließlich die *Pragmatik,* zu der Aspekte wie die Intonation beim Sprechen (die Sprachmelodie) sowie die praktische Bedeutung und der Kontext gehören.

Unter dem Begriff *Aphasie* faßt man eine große Gruppe von Störungen des Sprechens und Verstehens zusammen, die auf Hirnschädigungen beruhen. Wir werden im folgenden eine Übersicht über die wichtigsten Kategorien der

Aphasie geben und dabei jeweils berücksichtigen, wie sie durch die Schädigung verschiedener Gehirnbezirke entstanden sind und in welchem Maße sie die Organisation von Sprachprozessen erhellen. Die Aphasieforschung liefert außerdem klassische Beispiele für theoretische Kontroversen, wie sie oft entstehen, wenn man versucht, die Beziehung zwischen Gehirn und Verhalten dadurch zu bestimmen, daß man aufgrund klinischer Befunde psychologische Theorien formuliert.

Aphasien

Die beiden wichtigsten Kategorien der Aphasie sind die motorische (expressive) Aphasie und die sensorische (rezeptive) Aphasie; allerdings stimmen nicht alle Forscher dieser Unterscheidung zu.

Die *motorische, expressive* oder *Broca-Aphasie* ist eine Störung, die in erster Linie das Sprechen des Patienten betrifft; sein Verständnis der Sprache anderer bleibt relativ intakt. Dieser Typ der Aphasie hängt mit Schäden jener frontolateralen Regionen der linken Hemisphäre zusammen, die das Sprechen kontrollieren – insbesondere mit dem als Brocasches Areal bekannten Gebiet. Das in Abbildung 6.1 dargestellte Areal liegt direkt vor den primären motorischen Bereichen für die Sprechmuskulatur (Lippen, Zunge, Kiefer, Kehlkopf und so weiter). Diese Bezirke der Sprechmotorik sind aber bei der klassischen Broca-Aphasie nicht betroffen; es tritt also keine Lähmung des Sprechapparates auf.*

Ein Patient mit einer Broca-Aphasie spricht sehr wenig. Wenn er es versucht, redet er stockend – er hat Schwierigkeiten, die Wörter herauszubringen. Kleine grammatische Elemente der Sprache (Artikel und Partikeln beispielsweise) sowie richtige Beugungsformen fehlen. Diese Art zu sprechen wird oft als *Telegrammstil* oder als *Agrammatismus* bezeichnet. Ein solcher Patient könnte ein Bild, auf dem eine Frau beim Spülen, ein überfließendes Becken und Kinder zu sehen sind, die eine Plätzchendose zu erreichen versuchen und dabei mit einem Hocker umfallen, etwa wie folgt beschreiben: „Spüle... Wasser... J... Junge... Junge fallen... klettern..." In schweren Fällen sind die Patienten oft nur noch imstande, ein oder zwei Wörter zu sprechen, die sie dann bei jedem Versuch, etwas zu beschreiben, dauernd wiederholen.

Wenn ein Patient ein Wort sagen kann, ist die Aussprache gewöhnlich einigermaßen gut. Es fällt den Patienten aber übermäßig schwer, Dinge zu benennen; kleine Hilfen erweisen sich jedoch als sehr effektiv. Dies rechtfertigt die Ansicht, daß das Defizit nicht einfach auf der Ebene der Artikulation zu suchen ist. Die meisten Personen mit Broca-Aphasie scheinen gesprochene oder geschriebene Sprache zu verstehen, so daß das Problem eher auf der Stufe der motorischen Sprachäußerung als im Verständnis liegt. Die Patienten scheinen sich auch der meisten ihrer Fehler bewußt zu sein. Einige Forscher haben jedoch behauptet, das Sprachverständnis sei bei diesen Aphasi-

* Eine Beeinträchtigung der Aussprache (wie undeutliches Sprechen), die auf Lähmungen der Sprechmuskulatur beruht, nennt man *Dysarthrie.*

kern gar nicht so intakt, wie viele glauben. Edgar Zurif nimmt an, daß viele solcher Patienten einen Satz nur verstehen, indem sie seinen Sinn aus den wichtigsten Substantiven und Verben erschließen.[5] Sobald die syntaktische Struktur eines Satzes komplexer ist, kommt es zu schwerwiegenden Verständnisschwierigkeiten. Die Patienten scheinen nicht fähig zu sein, die von komplexen grammatischen Strukturen übermittelte Information zu verwerten.

Die *sensorische, rezeptive* oder *Wernicke-Aphasie* ist eine Störung, bei der der Patient allgemein große Schwierigkeiten hat, Sprache zu verstehen. Sie hängt mit Schäden des Wernickeschen Areals, der hinteren Region der ersten Schläfenwindung (siehe Abbildung 6.1), zusammen. Ein Patient mit rezeptiver Aphasie spricht zwar sehr viel flüssiger als einer mit expressiver Aphasie, aber die Äußerungen können – je nach Ausmaß der Schädigung – etwas merkwürdig bis vollkommen unsinnig erscheinen. Solche Patienten verwenden oft unpassende Wörter (Paraphasien) oder solche, die es gar nicht gibt (Neologismen). Bei manchen Patienten hört sich das Gesprochene wie totales „Kauderwelsch“ an („semantischer Jargon“), wenngleich Rhythmus und Fluß der Sprache erhalten zu sein scheinen. Auf die Frage, wie es ihm gehe, antwortete ein Patient beispielsweise so: »I felt worse because I can no longer keep in mind from the mind of the minds to keep me from mind and up to the ear which can be to find among ourselves.«[6] (Zur Verdeutlichung sei hier noch ein deutschsprachiges Beispiel für vorwiegend semantische Paraphasien ei-

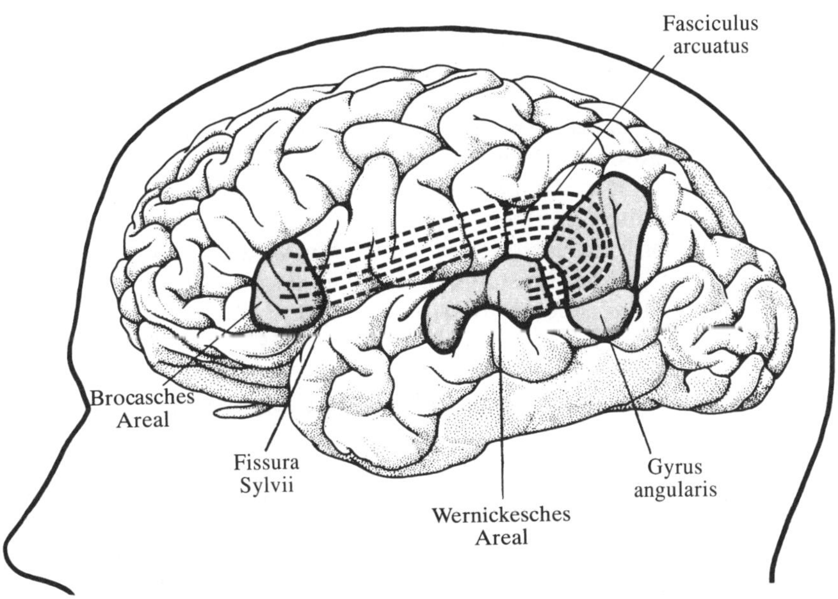

6.1 Die hier hervorgehobenen Bezirke der linken Hemisphäre des Menschen hängen mit dem Sprechen und dem Sprachverständnis zusammen. Der Fasciculus arcuatus ist ein Bündel von Nervenfasern unterhalb des Cortex, die Brocasches und Wernickesches Areal miteinander verbinden. (Nach N. Geschwind „Language and the Brain“, *Scientific American* (1972). Alle Rechte vorbehalten.)

nes Patienten mit Wernicke-Aphasie angeführt; dieser beantwortete eine Frage nach seinem Befinden wie folgt: »Ja das kann ich Ihnen sagen, daß ich Beschwerden habe. Na ich muß mal anders... ich glaube man sollte bei Null beginnen und nicht bei oben. Es ist so: gegenüber früher möcht ich erst einmal sagen über den ganz großen Beginn erst mal als ich ankam ist es natürlich ganz entschieden... eh... ein Unterschied... heute besser als früher wollen gar nicht drüber debattieren.«[6a]

In schweren Fällen weist die Sprache nicht einmal wortähnliche Strukturen auf. Sie kann überwiegend aus bedeutungslosen Äußerungen („phonematischer Jargon") bestehen und dennoch flüssig klingen, wie bei dem folgenden englischen Wortwechsel (Einwürfe des Untersuchers sind in eckigen Klammern vermerkt):

»Untersucher: How did you get sick?
Patient: Eeh, oh, malaty? Eeeh, favility? Abelabla tay kare. Abelabla tay to po stay here. [stay here?] Aberdar yeste day. [yesterday?] and then abedeyes dee, aaah, yes dee, ye ship, yeste dey es dalababela. Abla desee, abla detoasy, abla ley e porephee, tee arabek. Abla get sik? [get sick?].«[7]

Phonematische Paraphasien zeigt auch die nachstehende deutschsprachige Wortfolge, die ein Patient mit Wernicke-Aphasie auf die Frage nach dem Beginn seiner Krankheit hervorbrachte: »Ja ich bin... ich war unter... und bin eh im jui dui unter geworden und bin zusammengegamen und war weg... aus aus... twass dann... und dann bin ich auch gekommen und so bin ich auch schon da...«[7a] Oft sind sich solche Patienten gar nicht bewußt, daß ihre Sprache fehlerhaft oder bedeutungslos ist, und sie reden, als ob alles in Ordnung wäre.*

Auch Lesen und Schreiben sind vergleichbar beeinträchtigt. Wenn man aphasischen Patienten ein Buch zu lesen gibt, führen manche Sprechbewegungen wie beim lauten Lesen aus, produzieren dabei aber nur Kauderwelsch. Einige Forscher glauben, das Defizit der Wernicke-Aphasie sei auf eine Zerstörung sprachlicher oder semantischer Gedächtnisspeicher zurückzuführen.[8] Dies unterscheidet sich von dem Defekt in syntaktischen und artikulatorischen Mechanismen, der der Broca-Aphasie zugrunde liegt.

Jenseits der Unterscheidung von rezeptiv und expressiv

Auch wenn nahezu rein expressive oder rein rezeptive Aphasieformen vorkommen, bedeutet die Unterteilung der Aphasie in diese zwei Typen eine Kategorisierung, die gewöhnlich nicht so scharf zu treffen ist. Patienten weisen oft Symptome auf, die man beiden Arten der Aphasie zuschreiben kann, und einige Forscher meinen, die Einteilung sei zu künstlich und spiegele nicht wider, wie die Sprache im Gehirn wirklich organisiert ist. Wir werden uns später mit einigen dieser Kritikpunkte auseinandersetzen, wollen jedoch

* Anmerkung des Herausgebers: Die Patienten sind sogar häufig in ihrem Redefluß kaum zu stoppen, was diesem Verhalten die Bezeichnung Logorrhoe eingebracht hat.

zunächst noch einige andere Kategorien der Aphasie betrachten. Jenseits der Unterscheidung von expressiv und rezeptiv haben Wissenschaftler – mit Blick auf die Art des Hirnschadens wie auch auf die Muster der sprachlichen Defizite – noch weitere Formen der Aphasie beschrieben. Einige dieser Kategorisierungen sind umstritten, aber viele Neuropsychologen und Sprachpathologen behaupten, daß sie wirklich unterschiedlichen, immer wieder auftretenden klinischen Syndromen entsprechen.

Wernicke beschrieb neben der sensorischen, rezeptiven Aphasie, die nach ihm benannt ist, noch eine andere Aphasieform, von der er annahm, sie entstehe durch eine Läsion, die die neuronalen Verbindungen zwischen dem Zentrum für die Sprachproduktion (dem Brocaschen Areal) und dem für das Sprachverständnis zuständigen Wernickeschen Areal zerstört. Diese Aphasie, die er *Leitungsaphasie* nannte, ist durch die Unfähigkeit des Patienten charakterisiert, etwas Gehörtes laut zu wiederholen. Darüber hinaus kommt bei spontanen Sprachäußerungen oft ein flüssiges, aber unsinniges Kauderwelsch heraus – wie bei der Wernicke-Aphasie; anders als bei dieser ist jedoch das Verständnis von gesprochener und geschriebener Sprache weitgehend ungestört.

Man kann diese Symptome erklären, indem man eine Trennung der rezeptiven von den expressiven Sprachzentren des Gehirns annimmt. Tatsächlich ist in solchen Fällen von einer Schädigung des *Fasciculus arcuatus* berichtet worden, jener Nervenbahn, die Brocasches und Wernickesches Areal miteinander verbindet (siehe Abbildung 6.1).[9] Stuart Dimond hat die These aufgestellt, der Fasciculus arcuatus sei – zusammen mit einigen subcorticalen Strukturen (der Thalamusregion) – an der Integration von „Input"- und „Output"-Aspekten der Sprache beteiligt.[10] Außerdem mutmaßte er, daß diese Nervenbahnen und die mit ihnen verbundenen Strukturen als Speicher für Sprachinformationen dienen und möglicherweise als Sprachgenerator wirken.

Das anatomische Modell der Leitungsaphasie wurde von Norman Geschwind weiter ausgearbeitet, um verschiedene andere Symptomkombinationen, die man bei aphasischen Patienten beobachtet hatte, erklären zu können.[11] Die *transcorticalen Aphasien* beruhen demzufolge auf Läsionen, die zwar die Sprachzentren selbst und die sie verbindenden Nervenleitungen aussparen, aber auf verschiedene Weise diese Bezirke vom Rest des Gehirns abtrennen. Je nachdem, ob die Hirnschädigung das Wernickesche Areal (transcorticale sensorische Aphasie), das Brocasche Areal (transcorticale motorische Aphasie) oder beide (transcorticale gemischte Aphasie) isoliert, treten unterschiedlich stark ausgeprägte Verständnisprobleme oder Schwierigkeiten beim spontanen Sprechen auf. Die Patienten vermögen jedoch etwas, das man ihnen vorspricht, recht gut zu wiederholen. In extremen Fällen sprechen transcorticale Aphasiker alles nach, was sie hören; man bezeichnet das als *Echolalie.* Daß Nachsprechen ungestört möglich ist, unterscheidet die transcorticalen Aphasien von der Broca-, der Wernicke- und der Leitungsaphasie. Abschließend seien noch einige weitere Aphasietypen erwähnt:

Worttaubheit entsteht durch Läsionen, die das Wernickesche Areal vom auditiven „Input" abtrennen. Das Verständnis ist nur bei gesprochenen Wörtern gestört, die Fähigkeit, nichtverbales akustisches Material zu hören und zu erkennen, dagegen im allgemeinen nicht beeinträchtigt. Das Verständnis von geschriebenem Text ist normal, ebenso der sprachliche und schriftliche Ausdruck, obwohl das Sprechen der Patienten gelegentlich darunter leidet, daß ihnen die Rückmeldung durch die eigene Sprache fehlt.

Die *anomische* oder *amnestische Aphasie* ist durch Schwierigkeiten beim Benennen von Objekten gekennzeichnet. Obwohl solche Probleme bei den meisten Aphasikern auftreten, entsteht eine „reinere", isolierte Form dieser Aphasie durch eine Schädigung, die auf die corticale Region an der Kreuzung von Temporal-, Parietal- und Okzipitallappen – ein Bereich, den man *Gyrus angularis* nennt – beschränkt ist (siehe Abbildung 6.1). Ein rein anomischer Patient versteht normal gut und kann bei spontanen Unterhaltungen auch fast normal sprechen. Wenn er jedoch mit bestimmten Gegenständen zu tun hat oder ein Wort oder einen Namen zu finden versucht, um eine Person oder ein Objekt zu benennen, versagt der Patient kläglich. Man hat angenommen, diese Störung beruhe auf einer Unterbrechung von Verbindungen, welche zwischen verschiedenen sensorischen Modalitäten (und daher auch verschiedenen Regionen des Gehirns) vermittelt, die am Vorgang des Benennens beteiligt sind.

Mit *globaler Aphasie* bezeichnet man schwere Schädigungen aller Sprachfunktionen. Hierbei sind sowohl Verständnis als auch Produktion von Sprache fehlerhaft oder fallen ganz aus. Man kann versuchen, eine Kommunikation über ein Symbolsystem – beispielsweise mit Plastikzeichen, die für Wörter stehen – herzustellen, aber sogar das ist sehr schwierig und manchmal erfolglos. Eine globale Aphasie entsteht durch eine ausgedehnte Schädigung der linken Hemisphäre, bei der die meisten Bezirke betroffen sind, die bei der Sprache vermutlich eine Rolle spielen.

Theoretische Fragen bei der Klassifikation von Aphasien

Die Auffassung, daß für einzelne Aspekte der Sprachverarbeitung verschiedene Zentren existieren, ist als *Lokalisations-Verbindungs-Konzept* (*localizationist-connectionist view*) bezeichnet worden.* Mit ihm ließen sich die verschiedenen Sprachstörungen kategorisieren, die man in der Klinik vorfand, und außerdem bis zu einem gewissen Grade vorhersagen, welche Art von Störung als Folge bestimmter Hirnschädigungen zu erwarten war. Die Beurteilung der Sprachstörungen eines Patienten anhand der Aphasieklassifikationen läßt sich auch umgekehrt einsetzen – nämlich zu einer Aussage darüber, wo die jeweilige Schädigung liegen könnte.

Der Lokalisationsansatz ist allerdings von Forschern kritisiert worden, die die darin enthaltene „Flußdiagramm"-Vorstellung vom menschlichen Gehirn und von der Organisation der Sprache für zu vereinfachend halten. Diese Kritik läßt sich bis zu den ganzheitlichen (holistischen) Konzepten der Hirnfunktion des 19. Jahrhunderts zurückverfolgen, als Neurologen wie Jackson

* Es wird manchmal auch *Lokalisations-Assoziations-Konzept* genannt, da die meisten modernen Ansätze, die Funktionen bestimmten Bezirken des Gehirns zuschreiben, zugleich die Wechselwirkungen zwischen diesen Bezirken bei jeder komplexen geistigen Aktivität betonen.

behaupteten, jede Aphasie gehe mit einem gestörten Sprachverständnis einher – das heißt, ihnen allen unterliege eine sensorische Aphasie. Einige der heutigen Wissenschaftler werfen dem Lokalisationskonzept vor, es gehe zu sehr von unabhängigen Komponenten oder Depots aus, die durch neuronale Verdrahtung miteinander gekoppelt sein sollen.[12]

Kognitive Neuropsychologen halten die Idee von unabhängigen Komponenten an sich gar nicht für falsch; sie betonen aber, daß wir unsere Vorstellungen von dem, was Komponenten oder „Module" eigentlich sind, ändern müßten.[13] Die meisten Neuropsychologen stimmen jedoch darin überein, daß die tatsächliche Situation dynamischer ist, als von der traditionellen konnektionistischen Sichtweise her angenommen wird, und daß jede Sprachfunktion gleichzeitige Wechselwirkungen vieler Bezirke umfaßt. Die erwähnten Belege für eine Störung des Sprachverständnisses bei Patienten mit Broca-Aphasie stützen diese Kritik.

Der Neurologe Jason Brown hat eine Alternative zur üblichen Lokalisationstheorie des Zusammenhangs zwischen Gehirn und Sprache vorgeschlagen.[14] Aufbauend auf der Arbeit verschiedener früherer Theoretiker, betrachtet er das Gehirn als in evolutionären Schichten organisiert, welche durch das Reifungswachstum verändert werden.[15] Brocasches und Wernickesches Areal seien nur die „Spitzen" der letzten Stufen – sowohl hinsichtlich der Evolution des Gehirns als auch hinsichtlich von Hirnfunktionen und Sprachbildung. Sprechen und Sprache gehen in diesen corticalen Bereichen gleichermaßen aus primitiveren linguistischen Ebenen hervor, die darunter liegen. Demzufolge durchtrennen Läsionen im Cortex nicht so sehr den corticalen Informationsfluß, der für Sprache notwendig ist, sondern zwingen vielmehr das Sprachsystem, auf einer primitiveren, unvollständigen Stufe zu arbeiten.

Unterstützt wird eine solche hierarchische Sicht der Sprachorganisation durch Befunde, die zeigen, daß gewisse subcorticale Strukturen, insbesondere der Thalamus, eine wichtige Rolle bei der Sprache spielen.

Subcorticale Aphasie: Die Rolle des Thalamus

Läsionen von tiefer im Gehirn gelegenen Strukturen, vor allem solche des Thalamus, können zu Sprachstörungen führen. Wie Abbildung A. 1 im Anhang zeigt, ist der Thalamus ebenfalls in eine rechte und eine linke Hälfte geteilt. Von Schädigungen des linken Thalamus weiß man, daß sie die Sprachflüssigkeit beeinträchtigen und Wortfindungsstörungen sowie Perseverationstendenzen (mehrmalige Wiederholung desselben Lautes oder Wortes) hervorrufen.[16] Wie wir schon bei der Darstellung der Leitungsaphasie erwähnt haben, gibt es Vermutungen, daß der Thalamus als Integrationszentrum für vordere und hintere corticale Sprachbezirke dient.

Der Neurochirurg George Ojemann, der bei bestimmten Hirnoperationen elektrische Stimulationen durchführte, hat über die Effekte von Thalamusreizungen berichtet. Das Verfahren, das er benutzte, ähnelt im Prinzip der corticalen Stimulation, die in Kapitel 1 beschrieben wurde. Bei einer Reizung des linken Thalamus geriet das Sprechen gewöhnlich ins Stocken, oder es kam zu Benennungsstörungen, wobei der Patient häufig mehrmals die Anfangssilbe des Wortes wiederholte, das er sagen wollte (Perseveration). Ojemann berichtete ferner, daß die Sprache insgesamt langsamer, undeutlich und verzerrt herauskam. Seiner Ansicht nach erfüllt der Thalamus beim Sprechen zwei grundlegende Funktionen: Einerseits übt er eine aktivierende Wirkung aus, um die Aufmerksamkeit auf sprachliche Informationen in der Umgebung zu richten, und hilft verbale Information richtig aus dem sprachlichen Gedächtnis abzurufen; andererseits kontrolliert er zumindest teilweise einige der körperlichen Grundfunktionen beziehungsweise Organe des Sprechens, wie Atmung und Sprechmuskulatur.[17]

Linksseitige Hemisphärektomie

Eine Hemisphärektomie, also die Entfernung einer Hälfte des Gehirns, ist eine selten durchgeführte Operation und umfaßt – trotz ihres Namens – gewöhnlich nur die Entfernung des Cortex einer Hemisphäre. Sie wird manchmal an Säuglingen vorgenommen, die unter schweren zerebralen Geburtsschäden leiden. Wegen ihres geringen Alters genesen solche Kinder oft und entwickeln sich nach der Operation meist bemerkenswert gut. Wir werden in Kapitel 9 noch näher auf Hemisphärektomien bei Kindern eingehen.

Bei Erwachsenen wird eine Hemisphärektomie äußerst selten durchgeführt, meist, um eine Krebsgeschwulst zu entfernen. Die Operation gilt wegen der einschneidenden Folgen fast nie der dominanten Hemisphäre. Wenn aber linksseitige Hemisphärektomien vorgenommen werden, bieten sie den Forschern die Möglichkeit, Funktionen der isolierten rechten Hemisphäre zu untersuchen. Der Neurophsychologe Aaron Smith und andere haben solche Patienten eingehend untersucht.[18] Einige der Patienten machten beachtliche Genesungsfortschritte, obwohl ihre Sprachfunktionen anfangs stark beeinträchtigt waren. Sie konnten schließlich sogar kurze, grammatisch einigermaßen korrekte Sätze bilden. Die meisten linksseitig hemisphärektomierten Patienten zeigen ein überraschend gut ausgeprägtes Sprachverständnis, auch wenn spontanes Sprechen, Lesen und Schreiben schwer gestört bleiben.

1969 berichtete Smith über einen Patienten, dem der größte Teil seiner geschädigten rechten Hemisphäre operativ entfernt worden war[19] – ein Fall, der sehr wichtig ist für unser Verständnis der Wechselwirkungen beider Hemisphären bei einer Schädigung der einen Gehirnhälfte. Die Sprache dieses Patienten war nach der Operation *besser* als vorher! Das läßt vermuten, daß die geschädigte rechte Hemisphäre zuvor die Fähigkeiten der linken behinderte. Höchstwahrscheinlich umfaßt die normale Kommunikation zwischen den Hemisphären auch zahlreiche hemmende Signale, die dazu dienen, Funktionen zu koordinieren und unnötige Verdoppelungen oder gegenseitigen Wettstreit zu vermeiden. Wenn eine Hemisphäre geschädigt ist, können ihre inhibitorischen Wirkungen auf die andere krankhaft werden oder zumindest einer Wiederherstellung der Funktionen nicht förderlich sein. Je mehr dies zutrifft, desto schwieriger sind die Effekte umschriebener Hirnschäden zu interpretieren. Möglicherweise könnte aber auch die Klärung der pathologischen

Hemmung Chirurgen eine Entscheidungsgrundlage dafür liefern, wann zerstörtes Hirngewebe aus therapeutischen Gründen entfernt werden sollte.

Lesen und Schreiben

Störungen des Lesens und Schreibens kommen bei einigen Arten der Aphasie vor, insbesondere bei solchen, die auf Läsionen hinterer Gehirnbezirke zurückgehen. Bereits erwähnt haben wir, daß einige Patienten mit Wernicke-Aphasie zwar die typischen Verhaltensweisen zeigen, die beim lauten Lesen üblich sind, dabei aber nur Kauderwelsch hervorbringen. Lesen und Schreiben können allerdings auch allein gestört sein; das heißt, ein Lese- oder ein Schreibdefizit kann nach einer Hirnschädigung als vorrangiges Problem auftreten, während Sprechen und Verstehen relativ gut erhalten sind.*

Die meisten Lese- und Schreibstörungen treten auf, wenn entweder der linke Gyrus angularis direkt oder die angrenzenden Bezirke geschädigt sind. Wie wir schon bei der Besprechung der anomischen Aphasie erwähnt haben, liegt der Gyrus angularis da, wo Parietal-, Temporal- und Okzipitallappen zusammenstoßen: man vermutet, daß er die in diesen Regionen verarbeiteten somatosensorischen, auditiven und visuellen Informationen integriert. Diese zentrale Position in der Nähe der wichtigsten sensorischen und Sprachverständnissysteme des Gehirns läßt den linken Gyrus angularis als äußerst wichtig für Lesen und Schreiben erscheinen.

Untersucher haben die Lese- und Schreibstörungen in zwei Hauptkategorien unterteilt: *Alexie mit Agraphie* (Lese- *und* Schreibunfähigkeit) und *Alexie ohne Agraphie* (Verlust der Lesefähigkeit bei erhaltener Schreibfähigkeit). Erstere schließt fast immer eine Zerstörung des Gyrus angularis ein. Neben den Schwierigkeiten beim Lesen und Schreiben treten dabei oft auch aphasische Defizite wie Wortfindungsstörungen und Schwierigkeiten beim Benennen auf. Alexie ohne Agraphie ist ein wirklich erstaunliches Phänomen, denn ein Patient mit dieser Störung kann zwar einen Satz richtig schreiben – sowohl spontan als auch nach Diktat –, aber wenn man ihm das Geschriebene zeigt, vermag er es nicht zu lesen.

Alexie ohne Agraphie hat man als „Diskonnektion" oder „Abtrennung" bestimmter, für die visuelle Verarbeitung zuständiger Gehirnbezirke vom Gyrus angularis interpretiert. Sie scheint bei Läsionen aufzutreten, die den linken Okzipitallappen und einen Teil der Nervenbahnen, die das Corpus callosum bilden, betreffen. Die Läsion des Balkens trennt den intakten rechten Okzipitallappen vom linken Gyrus angularis ab, so daß, wenn überhaupt, nur noch wenig visuelle Information zu den Sprachverarbeitungsarealen fließen kann.[20] Daher ist ein solcher Patient nicht imstande zu lesen, obwohl er sehen kann. Die Schreibfähigkeit bleibt erhalten, da der Gyrus angularis intakt ist und Schreiben auch mit geringer visueller Rückmeldung ablaufen kann.

* Wir möchten darauf hinweisen, daß unsere Erörterung der Schreib- und Lesestörungen hier nur solche betrifft, die infolge einer Schädigung erworben wurden, nachdem die Fähigkeiten bereits entwickelt waren. Auf einige Entwicklungsstörungen bei Kindern gehen wir im zehnten Kapitel ein.

In einer weiteren, stärker umstrittenen Form der Alexie, der sogenannten *tiefen Dyslexie,* kommen wahrscheinlich gewisse rechtshemisphärische Lesefähigkeiten zum Ausdruck.[21] (Die Natur rechtshemisphärischer sprachlicher Fertigkeiten wird im nächsten Abschnitt besprochen.) Wenn man beispielsweise alexische Patienten mit linkshemisphärischem Schaden bittet, das geschriebene Wort „Tisch" laut zu lesen, sagen manche „Stuhl". Diese Fehlerart bezeichnet man als *paralexisch;* sie umfaßt eine falsche Antwort, die aber mit dem Zielwort doch in einem sinnvollen Zusammenhang steht.* Zur Erklärung hat man vorgeschlagen, bei solchen Patienten hätten Hirnschäden die normalen Lesemechanismen der linken Hemisphäre völlig ausgeschaltet. Dank ihrer begrenzten semantischen Fähigkeiten verstehe die rechte Hemisphäre das Wort und übermittle einige Information über dessen Bedeutung zur linken Gehirnhälfte. Diese Hemisphäre wiederum löse die Artikulierung eines Wortes mit verwandter Bedeutung aus, da sie nicht genau „wisse", welches Wort die rechte Hemisphäre gesehen hat. Die von der rechten Gehirnhälfte übertragene semantische Information reiche nicht aus, um zwischen Synonymen oder eng verwandten Wörtern zu unterscheiden, und so produziere die sprechende linke Hemisphäre semantische Paralexien.

Zu den Belegen für diese Theorie gehört, daß bei Leseversuchen paralexische Reaktionen meist nur bei konkreten Wörtern – wie Substantiven, die Gegenstände bezeichnen – auftreten, kaum aber bei abstrakten Begriffen. Wie wir gleich sehen werden, sind die Verständnisfähigkeiten der rechten Hemisphäre augenscheinlich auf Wörter beschränkt, die Objekte beschreiben.

Sprache und die rechte Gehirnhälfte

Die semantische Verarbeitung, also das Verstehen von Wortbedeutungen, ist bei einer Schädigung der hinteren Regionen der linken Hemisphäre – wie beispielsweise bei der Wernicke-Aphasie – ernstlich gestört. Bei rechtshemisphärischen Läsionen läßt sich keine vergleichbare Beeinträchtigung beobachten. Jedoch hat man – wie in Kapitel 2 bei der Erörterung der Split-Brain-Patienten erwähnt – nachgewiesen, daß auch die rechte Hemisphäre durchaus einige Wörter verstehen kann, insbesondere Substantive, die Gegenstände bezeichnen. Untersuchungen mit normalen Versuchspersonen weisen darauf hin, daß das Ausmaß, in dem Wortbedeutungen von der rechten Hemisphäre verstanden werden, davon abhängt, wie konkret (im Gegensatz zu abstrakt) sie sind.[22] Daher scheint das richtige Verständnis von Wörtern wie „Gerechtigkeit", „Harmonie" und „Haß" fast ausschließlich auf linkshemisphärischer Verarbeitung zu beruhen, während Substantive wie „Tisch", „Auto" und „Krankenhaus" auch die rechte Hemisphäre versteht.

Die Fähigkeit der rechten Gehirnhälfte, bestimmte Wörter zu verstehen, trägt jedoch wahrscheinlich nicht viel zu unseren Sprechfertigkeiten und un-

* Anmerkung des Herausgebers: Es handelt sich hier um eine semantische Paralexie. Solche Paralexien sehen einige Forscher als Kennzeichen der tiefen Dyslexie an. Ähnlich wie bei den Paraphasien gibt es auch phonologische oder phonematische Paralexien.

serem Sprachverständnis bei, da die linke Hemisphäre dasselbe und noch mehr kann. Leistet die rechte Hemisphäre denn irgendeinen ganz spezifischen Beitrag zu unseren sprachlichen Kommunikationsfähigkeiten? Diese Frage ist – aufgrund von Beobachtungen an vielen Patienten und etlichen Untersuchungen mit normalen Versuchspersonen – wohl zu bejahen.

Intonation

Zur sprachlichen Kommunikation gehören zahlreiche subtile Nuancen, die keine direkten Bestandteile von Struktur und Inhalt der Sätze sind. Tonfall und emotionaler Ausdruck der Sprache spielen offensichtlich eine wichtige Rolle in der verbalen Verständigung.

Viele linkshemisphärisch geschädigte Aphasiker vermögen zwischen verschiedenen Absichten einer Äußerung zu unterscheiden. Patienten mit Broca-Aphasie können – trotz ihrer Schwierigkeiten mit dem sprachlichen „Output" – die richtigen Intonationsmuster verwenden, um etwa eine Feststellung (im Gegensatz zu einer Frage) zu formulieren.[23] Patienten mit einer rechtshemisphärischen Schädigung sprechen dagegen oft mit wenig differenzierter Tonhöhe; sie haben auch Schwierigkeiten, die emotionale Tönung in der Sprache anderer zu beurteilen.[24] Von rechtshemisphärisch geschädigten Patienten weiß man, daß sie ihren Äußerungen gewissermaßen noch Zusätze in Klammern hinzufügen, um ihre Gefühle stärker zu betonen – zum Beispiel: „Ich bin wütend (und das meine ich ernst)."[25] Sie tun dies, wenn sie bemerken, daß ihre Sprache nicht ausdrucksvoll oder emotional genug ist, um die erwünschte Wirkung zu erzielen.

Der Neurologe Elliot Ross hat ein Modell entwickelt, dem zufolge Läsionen der verschiedenen rechtshemisphärischen Bereiche die Rhythmik und Intonation der Sprache (Prosodie) in ähnlicher Weise stören, wie linkshemisphärische Läsionen dies bezüglich syntaktischer und semantischer Aspekte tun. Nach Ross' Ansicht gibt es deshalb eine „Leitungsaprosodie", eine „transcorticale sensorische Aprosodie" und so weiter.[26] Dieses Modell wird zwar durch die allgemeinen Hinweise auf die Bedeutung der rechten Hemisphäre für die Intonation teilweise gestützt, bleibt aber hinsichtlich feinerer Unterscheidungen rechtshemisphärischer Sprachstörungen umstritten.

Die melodische Intonationstherapie

Da bei aphasischen Patienten die Fähigkeit zu singen und richtig zu intonieren oft gut erhalten ist (vergleiche Kapitel 1), hat man darauf eine Therapie aufgebaut, um mit Hilfe des Gesanges solchen Patienten Sätze beizubringen. Das als *melodische Intonationstherapie* bezeichnete Programm war bei manchen Patienten erfolgreich, die ein recht gutes Sprachverständnis zeigten, aber Probleme mit der Sprachproduktion hatten (wie bei der Broca-Aphasie). Man baut zunächst Wortfolgen in ein Lied ein, dessen Melodie dann schrittweise immer weniger betont wird, bis der Patient den Satz schließlich aussprechen kann, ohne zu singen. Man nimmt an, die intakte rechte Hemisphäre lerne auf diese Art die Sätze und entwickle somit größere Fähigkeiten zur Sprachproduktion, die das Defizit der linken Hemisphäre bis zu einem gewissen Grad kompensieren. Die Wissenschaftler, die das Programm entworfen haben, führen an, daß einige Aphasiker, die nach einem Schlaganfall mehr als ein Jahr lang keine sinnvollen sprachlichen Äußerungen hervorgebracht hatten, schon nach ein bis zwei Monaten Therapie in der Lage gewesen seien, kurze, sinnvolle Gespräche zu führen.[27]

Metaphern und Humor

Es gibt noch verschiedene andere sprachbezogene Fähigkeiten, an denen die rechte Hemisphäre beteiligt zu sein scheint. Dies äußert sich in bestimmten Defiziten, die man bei rechtshemisphärisch verletzten, nicht aber bei aphasischen (linkshemisphärisch geschädigten) Patienten findet. Beispielsweise tendieren rechtshemisphärisch geschädigte Patienten dazu, Wörter, Geschichten und Cartoons übertrieben wörtlich zu verstehen. Wenn sie die Wahl haben, interpretieren sie metaphorische Wendungen („alter Hut") und Redensarten („Wer den Pfennig nicht ehrt, ist des Talers nicht wert") eher wörtlich als im übertragenen Sinne.[28] Sie fügen auch häufig einer Folge von Einzelbildern eines Cartoons ein absolut unpassendes Ende hinzu, so als ob der Humor in einem überraschenden Schluß bestünde.[29]

Wieder sehen wir, daß die rechte Hemisphäre wichtige Beiträge zur sprachlichen Kommunikation leistet. Zusätzlich zu der bereits diskutierten Fähigkeit, Sprache zu verstehen, steuert sie als echte Ergänzung der linkshemisphärischen Sprachfertigkeit und Sprachverarbeitung einige zwar subtilere, aber zweifellos wichtige Kommunikationsfähigkeiten bei. Emotionale Intonation, bestimmte metaphorische Aspekte und einige Merkmale des Humors scheinen auf rechtshemisphärischen Fähigkeiten zu beruhen. Inwieweit die rechte Hemisphäre weitere Sprachfunktionen bereichert, bleibt noch zu klären.

Die Rolle der rechten Hemisphäre bei der Erholung von einer Aphasie

Eine teilweise oder vollständige Genesung von schwerwiegenden Behinderungen, wie sie nach einem Schlaganfall oder einer Kopfverletzung auftreten, ist keine Seltenheit. Nach den vorliegenden Berichten erfolgt die deutlichste Erholung in den ersten sechs bis zwölf Monaten, wobei eine Reihe von Faktoren, beispielsweise das Alter des Patienten oder Ursache und Schweregrad der ursprünglichen Symptome, eine Rolle spielen. Die Tatsache, daß eine solche Besserung stattfindet, wirft etliche Fragen zu den dafür verantwortlichen Mechanismen und zur Plastizität des Zentralnervensystems auf.

Eine der Hypothesen, die erklären sollen, wie Sprache nach linkshemisphärischen Läsionen wiedererlangt werden kann, geht davon aus, daß sich Teile der intakten rechten Hemisphäre stärker an den sprachlichen Prozessen beteiligen. Wernicke war wahrscheinlich der erste, der diese bis heute von den Forschern in Betracht gezogene Erklärung vorschlug. Die Hypothese wird durch verschiedene Argumente gestützt. Gegen Ende des 19. Jahrhunderts beobachtete man, daß Patienten, die sich von einer Aphasie nach einer linkshemisphärischen Verletzung erholt hatten, einen Rückfall erlitten, wenn eine weitere Schädigung in der rechten Hemisphäre hinzukam.[30]

In einer jüngeren Studie untersuchte Marcel Kinsbourne, wie sich bei drei Patienten, die von einer Aphasie nach linkshemisphärischen Läsionen genesen waren, die Injektion von Barbituraten in die Halsschlagadern (Wada-Test) auswirkte.[31] Er fand heraus, daß sich die Sprache nach Injektionen in die linke Halsschlagader (Arteria carotis) nicht verschlechterte, nach Injektionen in die rechte aber bei zwei der drei Patienten blockiert wurde.

Weitere Hinweise für eine Beteiligung der rechten Hemisphäre an der Wiederherstellung von Sprachfunktionen stammen aus Untersuchungen über die Folgen einer linksseitigen Hemisphärektomie (das heißt der Entfernung der linken corticalen Hemisphäre) bei Säuglingen und Kleinkindern, die nach einem solchen Eingriff scheinbar normale Sprachfähigkeiten entwickeln (siehe Diskussion in Kapitel 9). Zusätzliche Belege liefern einige Einzelfallstudien wie die über einen 54jährigen Patienten, der sich von einer globalen Aphasie erholte, obwohl die temporo-parietale Region seiner linken Hemisphäre vollständig zerstört worden war.[32]

In einigen neueren Untersuchungen des Erholungsprozesses hat man direktere physiologische Maße der Hirnaktivität verwendet. In einer Studie fand man mit der Technik der testreizbedingten Potentiale bei Patienten, die von einer Aphasie genesen waren, eine Beteiligung der rechten Hemisphäre an sprachlichen Aufgaben, die über das normale Maß hinausging.[33]

Einige Hirndurchblutungsuntersuchungen sprechen ebenfalls für eine gesteigerte Mitwirkung der rechten Hemisphäre am Erholungsprozeß nach einer Aphasie.[34]

Ein anderer möglicher Mechanismus der funktionellen Erholung hat etwas mit der Auflösung der „Diaschisis" zu tun. Wir erwähnten die Diaschisis bereits kurz, als wir davon sprachen, wie Gehirngewebe, das durch eine Verletzung oder einen Schlaganfall gar nicht direkt betroffen wurde, dennoch negativ reagieren beziehungsweise schlechter funktionieren kann. Dies erklärt man sich damit, daß die Verletzung neuronale Bahnen und Informationswege zerstört, über die die betreffenden Gebiete normalerweise angeregt werden. Funktionelle bildgebende Verfahren haben kürzlich gezeigt, daß das bei einigen Schlaganfallpatienten für Bereiche außerhalb der geschädigten Gehirnregion tatsächlich der Fall ist. Manche dieser Bezirke zeigen trotz angemessener Blutversorgung eine unterdurchschnittliche Aktivierung. Somit könnte Diaschisis nicht nur einige der Leistungsdefizite der Patienten unmittelbar nach dem Schlaganfall erklären, sondern auch die Verminderung dieser Leistungseinbußen, wenn sich der nicht primär geschädigte Gehirnbereich erholt.[35]

Die zwei Modelle – das von der Auflösung der Diaschisis und das von der Übernahme von neuen Funktionen durch die intakte Hirnhälfte – konkurrieren miteinander, schließen sich aber als Erklärungen der funktionellen Erholung nicht notwendigerweise aus. In vielen Fällen geschieht wahrscheinlich beides.

Störungen der Willkürbewegungen

Unsere alltäglichen Aktivitäten umfassen viele Bewegungen, die nahezu automatisch ablaufen. Wir führen zahlreiche komplizierte Tätigkeiten aus, ohne über ihren Ablauf nachdenken zu müssen – etwa, wenn wir einen Füller greifen, aus einer Tasse trinken oder Parfüm auftragen. Komplexe erlernte Bewegungsmuster sind sowohl räumlich als auch zeitlich geordnet und in ineinandergreifende Einzelsequenzen gegliedert, die durch Erfahrung festgelegt werden. Als *Apraxie* bezeichnet man die Unfähigkeit, gewisse erlernte oder zweckgerichtete Bewegungen auszuführen, ohne daß eine Lähmung oder ein Verlust der Sinneswahrnehmung vorliegt. Diese Bewegungsstörungen können in verschiedenen, im folgenden beschriebenen Formen auftreten.

Die *kinetische* (oder *motorische*) *Apraxie* kommt meist bei Läsionen im prämotorischen Bereich des Frontallappens jener Hemisphäre vor, die der beeinträchtigten Körperseite gegenüberliegt. Diese Form der Apraxie beeinträchtigt die feineren Bewegungen der rechten oder linken oberen Extremität, beispielsweise die Fähigkeit, einen Füller richtig zu halten oder einen Brief in einen Umschlag zu stecken. Das gezielte Ergreifen eines Gegenstandes besteht aus einer Serie weitgehend unbewußt ablaufender Bewegungen, die von einer Gedächtnisrepräsentation ähnlicher Handlungen abhängig sind. Man kann die kinetische Apraxie als Zusammenbruch jenes Programms oder „Gedächtnisses“ verstehen, das die zur Ausführung elementarer Handlungen notwendigen motorischen Abläufe speichert.

Die *ideomotorische Apraxie* beruht gewöhnlich auf einer Schädigung des Parietallappens der linken (dominanten) Hemisphäre, scheint aber das Verhalten beidseitig zu beeinflussen. Die Patienten können viele komplexe Handlungen nicht auf Befehl ausführen, obwohl sie spontan in entsprechenden Situationen durchaus dazu in der Lage sind. Die Schwierigkeit wird besonders auffällig, wenn man einen solchen Patienten zur Pantomime auffordert – wenn er beispielsweise so tun soll, als putze er sich die Zähne, oder wenn man ihn fragt: „Wie zünden Sie ein Streichholz an?“ oder: „Wie winken Sie zum Abschied?“ Der Patient scheint zwar zu verstehen, was er machen soll, ist aber nicht imstande, es auszuführen. Wenn er die entsprechenden Gegenstände im richtigen Kontext erhält, verbessert sich seine Leistung meist erheblich. Die Störung scheint also hauptsächlich im willentlichen Abruf einer Handlung zu liegen, nicht in der Ausführung selbst. Daher hält man hier – anders als bei der kinetischen (motorischen) Apraxie – nicht das motorische Gedächtnis für Handlungen für gestört. Viele führen die ideomotorische Apraxie vielmehr darauf zurück, daß Nervenbahnen zwischen den Zentren für die sprachliche Formulierung einer motorischen Handlung und den für die Ausführung zuständigen motorischen Bezirken im Frontallappen unterbrochen sind.*

* Anmerkung des Herausgebers: Die Erklärung der ideomotorischen Apraxie als Diskonnektionsstörung mit unterbrochener Verbindung zwischen sprachlichen und motorischen Regionen ist insofern unbefriedigend, als die meisten Patienten auch nicht in der Lage sind, Bewegungen zu imitieren, die ihnen vom Untersucher (ohne sprachliche Beschreibung) vorgemacht werden. Außerdem können bei verbaler Aufforderung, bestimmte Bewegungen auszuführen, auch Pati-

Die *ideatorische Apraxie* besteht im Unvermögen, Handlungen in die richtige Reihenfolge zu bringen oder bestimmte Gegenstände korrekt zu benutzen. Die Patienten scheinen zu wissen, wie man die einzelnen Bewegungen ausführt – um beispielsweise ein Streichholz anzuzünden –, machen es aber trotzdem falsch. Wenn man ihnen etwa eine Kerze und eine Streichholzschachtel gibt, kann es sein, daß sie die Kerzenspitze über die Reibfläche ziehen. Manchmal werden komplexe Bewegungsfolgen in der falschen Reihenfolge ausgeführt – beispielsweise, wenn ein Patient schon mit Schreibbewegungen anfängt, bevor er überhaupt den Füllfederhalter in die Hand genommen hat.

Oft scheint bei diesen Patienten die Einschätzung des eigenen Verhaltens gestört zu sein, so daß man schon vorgeschlagen hat, diese Apraxie als eine Form der Agnosie anzusehen. Der Ort der Schädigung bei derartigen Störungen ist umstritten. Nach der klassischen Auffassung entsteht die ideatorische Apraxie durch Läsionen des Parietallappens der linken (dominanten) Hemisphäre. Sie tritt jedoch auch nach diffuser bilateraler Schädigung auf, wie sie etwa einer Unterbrechung der Sauerstoffzufuhr zum Gehirn (Anoxie) folgt.

Bei der *konstruktiven Apraxie* ist die Fähigkeit gestört, Bilder zu zeichnen beziehungsweise abzuzeichnen und Formen zusammenzusetzen. Obwohl grundlegende visuelle und motorische Funktionen intakt sind, scheint ein Verlust der visuellen Orientierung vorzuliegen oder die Fähigkeit beeinträchtigt zu sein, sich bestimmte Manipulationen vorzustellen. Zur konstruktiven Apraxie kommt es bei bestimmten Schäden des okzipitalen und parietalen Cortex, die womöglich die sie verbindenden Nervenleitungen betreffen.

Beeinträchtigungen, die von verschiedenen Forschern als konstruktive Apraxie bezeichnet werden, scheinen bei links- wie rechtshemisphärischen Läsionen gleich häufig aufzutreten. Neuere Übersichten zeigen, daß es in der Qualität der Leistung bei konstruktiven Tests charakteristische Unterschiede zwischen rechts- und linkshemisphärisch geschädigten Patienten gibt.[36] Bei geschädigter linker Hemisphäre zeichnen die Patienten beispielsweise Bilder, bei denen zwar die Gesamtgestalt der Dinge erhalten ist, aber oft Einzelheiten fehlen; dies stützt die Ansicht, daß die rechte Hemisphäre allgemeine räumliche Beziehungen besser wahrnimmt. Wenn dagegen die rechte Hemisphäre geschädigt ist, enthalten die Zeichnungen der Patienten zwar viele richtige Einzelheiten, doch der Gesamtzusammenhang geht verloren; Proportionen und räumliche Beziehungen sind oft sehr schlecht wiedergegeben.

Die Rolle der Hemisphären bei apraktischen Störungen

Wie oben bereits erwähnt, umfaßt die ideomotorische Apraxie – und vielleicht auch die ideatorische – häufiger Läsionen der linken Hemisphäre als der rechten. Dem anatomischen Modell der ideomotorischen Apraxie zufolge beruht diese Störung darauf, daß die posterioren Hirnbezirke für die sprach-

---

enten mit Broca- oder amnestischer Aphasie (also mit intaktem Sprachverständnis) eine ideomotorische Apraxie zeigen. Einseitige Apraxien der linken Hand dagegen sind häufig Diskonnektionsstörungen im oben beschriebenen Sinne. Hier unterbricht eine Verletzung des Balkens die Verbindung zwischen sprachlichen Bereichen der linken Hemisphäre und motorischen Gebieten der rechten.

liche Formulierung einer Handlung von jenen Bezirken der Frontallappen abgetrennt sind, die die motorische Reaktion hervorrufen.

Es ist unklar, inwieweit apraktische Störungen allgemein mit Sprache zu tun haben – in dem Sinne, daß ein „inneres Sprechen“ an vielen Arten von Bewegungen vermittelnd beteiligt sein könnte. Aphasische Patienten haben häufig auch eine Apraxie, aber die Tatsache, daß beide Störungen durchaus unabhängig voneinander auftreten können, läßt vermuten, daß apraktische Störungen ein motorisches Gedächtnis betreffen, das in manchen Fällen vom Sprachsystem getrennt sein kann. Es ist trotzdem interessant, darüber zu spekulieren, ob nicht für die Produktion von Sprache und für die Produktion feinmotorischer Bewegungen der Gliedmaßen ähnliche Mechanismen erforderlich sind. Wir werden darauf und auf die Beziehung zur Händigkeit in Kapitel 12 zurückkommen.

Bei der konstruktiven Apraxie handelt es sich, wie wir gesehen haben, offenbar nicht um eine einheitliche Störung, sondern um mehrere verschiedene, die entweder eine Hemisphäre oder beide zugleich betreffen. Der Neuropsychologe Arthur Benton hat zwischen verschiedenen Arten von visuellen Defiziten unterschieden, was auch die konstruktive Apraxie in einem neuen Licht erscheinen läßt.[37] Er trennt *visuell-konstruktive, visuell-perzeptive* und *visuell-räumliche Defizite* und behauptet, die rechte Hemisphäre sei an den beiden letztgenannten Störungen stärker beteiligt. An visuell-konstruktiven Aufgaben – hierher gehören das Legen von Würfelmustern und das Zeichnen von Figuren – sind gewöhnlich beide Hemisphären beteiligt, wenn auch auf verschiedene Weise, wie wir in der kurzen Erörterung der konstruktiven Apraxie bereits dargelegt haben. Bei visuell-perzeptiven Aufgaben, die das visuelle Herauslösen einer Figur aus einem komplexen Hintergrund, das Erkennen deformierter Objekte und das Unterscheiden von Gesichtern umfassen, spielt die rechte Hemisphäre eine wichtigere Rolle als die linke. Für visuell-räumliche Aufgaben schließlich, wo es um die Beurteilung von Tiefe, die Orientierung von Linien und den Vergleich einfacher Muster geht, ist schließlich die rechte Hemisphäre nahezu allein verantwortlich.

Wahrnehmungsstörungen

Unsere Wechselwirkung mit der Außenwelt ist von intakten Sinnes- und Wahrnehmungsprozessen in den beiden Hemisphären abhängig. Uns allen ist klar, daß die Zerstörung peripherer Sinnesorgane wie der Augen oder der Ohren die Nutzung der jeweiligen Sinnesmodalität nachhaltig ausschließt. Auf ähnliche Weise führen auch schwere Schädigungen der Gehirnbezirke, die neuronale Information direkt von einem Sinnesorgan erhalten, zu Blindheit und Taubheit. Es gibt jedoch noch viele andere, subtilere Beeinträchtigungen unserer Wahrnehmungssysteme – solche, die zu Symptomen führen wie dem, daß man nicht versteht, was man sieht. Wir werden im folgenden darstellen, wie einige dieser Störungen von Wissenschaftlern kategorisiert worden sind und was wir über die Arbeitsweise des rechten und linken Gehirns daraus gelernt haben.

Agnosie

Mit dem Begriff *Agnosie* beschreibt man gewöhnlich eine Unfähigkeit, etwas wiederzuerkennen, die weder auf einer Beeinträchtigung des sensorischen „Inputs" beruht noch auf einer Benennungsstörung, wie sie bei Aphasien auftritt*. Agnostische Menschen können beispielsweise nicht sagen, was sie gerade anschauen, obwohl sich nachweisen ließe, daß sie fähig sind, das Objekt zu sehen, und sie auch keine Schwierigkeiten hätten, es zu benennen, wenn sie es in der Hand hielten. Definitionen der Agnosie kranken daran, daß sie nicht sorgfältig genug zwischen einem Sinnesverlust und einem Verlust des Wiedererkennens auf „höherer Ebene" unterscheiden können – weil eine klare Differenzierung tatsächlich nicht möglich ist. Bei den meisten basiert die Zuordnung auf einigen der Unterschiede, die man bei Patienten mit verschiedenen Formen von Wahrnehmungsproblemen in der Praxis beobachtet hat. Die einzelnen Agnosien sind nach der jeweils betroffenen Sinnesmodalität sowie nach der Art der Objekte oder Geräusche, die nicht erkannt werden können, klassifiziert worden.

Als *visuelle Objektagnosie* gilt – wie bereits erwähnt – die Unfähigkeit, Dinge zu erkennen, sofern diese nicht auf mangelnde Sehschärfe oder eine allgemeine geistige oder sprachliche Beeinträchtigung zurückzuführen ist. Nicht alle Kliniker bestehen auf dem Nachweis einer guten Sehleistung, wie sie bei den „reinen" Formen der visuellen Agnosie vorliegen muß. Gewisse Fälle von gemischten Sinnes- und Wahrnehmungsverlusten sind ebenfalls als Agnosie bezeichnet worden. Es ist oft schwer zu entscheiden, ob es sich bei einem visuellen Defizit um ein Problem allein der Sinnesorgane oder um eines der Wahrnehmung auf höherer Ebene handelt. Die meisten Fälle liegen irgendwo dazwischen. Schwere Objektagnosien treten überwiegend nach beidseitiger Schädigung parieto-okzipitaler Gehirnbezirke auf, oder wenn zugleich sowohl diese Bereiche in der linken, dominanten Hemisphäre als auch die interhemisphärischen Verbindungen geschädigt sind. Im letztgenannten Fall wird vermutlich durch die Abtrennung der noch intakten Areale für die visuelle Verarbeitung von den Sprachzentren der linken Hemisphäre eine bilaterale Schädigung vorgetäuscht. Ein Patient mit visueller Agnosie kann noch imstande sein, Dinge taktil zu erkennen, oft aber führen ausgedehnte parietale Schäden zu Schwierigkeiten in beiden Modalitäten.

Oft wird zwischen einer *assoziativen Objektagnosie* und einer *apperzeptiven Objektagnosie* unterschieden. Bei einer assoziativen Agnosie vermag der Patient die Form (oder Gestalt) sowie Details eines Objektes wahrzunehmen, was man daran erkennen kann, daß er zum Beispiel in der Lage ist, eine Zeichnung zu kopieren. Und dennoch erweist er sich als unfähig, Gegenstände zu erkennen oder zu benennen. Bei einer apperzeptiven Agnosie ist es dem Patienten nicht nur unmöglich, einen Gegenstand zu erkennen, er zeigt außerdem Schwierigkeiten bei der Formwahrnehmung und beim Abzeichnen. Im Licht dieser Definition erscheint die apperzeptive Agnosie als eine grundlegendere Wahrnehmungsbeeinträchtigung, beispielsweise der

* Die Unfähigkeit darf auch nicht – wie etwa bei der Demenz – an einer allgemeinen geistigen Beeinträchtigung liegen.

visuellen Wahrnehmung, während die assoziative Agnosie offenbar ein Defizit auf einer späteren Stufe der Objektwahrnehmung darstellt.

Bei *akustischer Agnosie* vermag ein Patient trotz seines unbeeinträchtigten Gehörs nicht zu erkennen oder zu unterscheiden, was er hört. Dabei kann es sich um musikalische Klänge oder um vertraute Geräusche wie das Klingeln eines Telefons oder das Fließen von Wasser handeln. Der Ausfall ist manchmal nur auf Sprachreize beschränkt, aber eine solche als Worttaubheit bezeichnete Agnosie wird gewöhnlich als Form der Aphasie angesehen, wie wir weiter oben in diesem Kapitel schon erwähnt haben. Die akustische Agnosie hängt mit der Zerstörung von Bereichen des Temporallappens der linken, dominanten Hemisphäre zusammen; allerdings sind bei bilateraler Schädigung die Ausfälle schwerwiegender.

Astereognosie bezeichnet den Zusammenbruch der taktilen Formerkennung (der *Stereognosie*). Der Patient kann vertraute Objekte nicht durch Berühren oder Abtasten erkennen, obwohl die Tastempfindung der Hände normal zu sein scheint. Diese Störung tritt gewöhnlich bei einer Schädigung jener Bereiche des Parietallappens auf, die an die somatosensorischen Projektionsfelder angrenzen (siehe die Abbildungen A.3 und A.4 im Anhang). Man nimmt an, daß ein solcher Schaden mit taktil-kinästhetischen Gedächtnisinhalten interferiert, die im Laufe der Jahre erworben und gespeichert worden sind und zusammengenommen die Wahrnehmung von Form, Größe und Struktur ausmachen. Klinische Befunde belegen, daß die rechte Hemisphäre eine besonders wichtige Rolle bei der taktilen Formerkennung spielt. In verschiedenen Untersuchungen wird auf astereognostische Phänomene bei Patienten mit rechts-posterioren Läsionen hingewiesen.[38]

Die Rolle der rechten und der linken Hemisphäre bei der Wahrnehmung

Von den Agnosien, die wir gerade beschrieben haben, entsteht nur die Astereognosie allein durch rechtshemisphärische Läsionen. Unserer Erörterung der visuellen Objektagnosie hat dagegen der rechten Hemisphäre keinen entscheidenden Einfluß zugesprochen, sondern deutete vielmehr auf eine Schädigung der linken oder beider Hemisphären hin. Dies mag für den Leser überraschend sein, wenn er an die der rechten Hemisphäre allgemein zugeschriebene visuell-räumliche Ausrichtung denkt. Tatsächlich sollte man aber die Bezeichnung „visuell-räumlich" nicht auf das Sehen oder die visuelle Wahrnehmung beziehen. Beide Hemisphären sind vollständig dafür ausgestattet, mit den meisten Formen von visueller Information umzugehen. Der zweifellos etwas vage Begriff „visuell-räumlich" bezieht sich eher auf komplexere Operationen mit visuellen Reizen – wie sie etwa in Abbildung 1.4 im ersten Kapitel dargestellt sind – oder auf Aufgaben, die die Beurteilung räumlicher Beziehungen erfordern.

Neuere klinische Befunde wie auch solche, die auf funktionellen bildgebenden Verfahren beruhen, lassen auf interessante Unterschiede zwischen den Beiträgen beider Hemisphären zur Wahrnehmung schließen. Einige dieser Erkenntnisse entstammen Untersuchungen an Patienten mit einer selektiven Agnosie für Gesichter.

Prosopagnosie. Wir können ein vertrautes Gesicht meist sofort erkennen – trotz der ungeheuren Zahl von Gesichtsausdrücken und Haltungen im Raum, die es annehmen kann; wir vermögen es sogar von Hunderten ähnlicher Gesichter in einer Menschenmenge zu unterscheiden. Patienten mit Prosopagnosie sind nicht in der Lage, das Gesicht ihnen bekannter Personen wiederzuerkennen, und manchmal haben sie sogar Schwierigkeiten, ihr eigenes Gesicht im Spiegel zu erkennen. Es fällt ihnen jedoch keineswegs schwer zu erkennen, daß es sich um ein Gesicht handelt. Nachdem man ursprünglich angenommen hatte, die Prosopagnosie beruhe auf einem rechtshemisphärischen Defizit, stellte man später fest, daß an prosopagnostischen Symptomen Läsionen in beiden Hemisphären beteiligt sind.

Arthur Benton hat etwas Licht in die Kontroverse gebracht, indem er zwei Formen der Unfähigkeit zur Gesichtererkennung unterschied.[39] Die eine ist die Agnosie für vertraute Gesichter, die eigentliche Prosopagnosie; bei der anderen haben die Betroffenen Schwierigkeiten, unbekannte Gesichter zu unterscheiden oder sich neue Gesichter zu merken. Benton behauptete, daß die eigentliche Prosopagnosie hauptsächlich auf rechtshemisphärischen Defiziten beruht, aber auch die linke Hemisphäre betrifft. Die parieto-okzipitalen Regionen beider Hemisphären müssen einen Schaden erleiden, damit sich dieses Defizit klar ausbildet. Andererseits kann das fehlerhafte Unterscheiden neuer (unvertrauter) Gesichter – eine sehr viel häufigere Störung – allein durch posteriore Schäden der rechten Hemisphäre hervorgerufen werden.

Diese Differenzierungen werfen natürlich die Frage auf, ob es für das Unterscheiden von Gesichtern spezialisierte Mechanismen gibt und welche Beziehung sie zu anderen rechtshemisphärischen Fähigkeiten haben könnten. Man hat oft spekuliert, daß Gesichter deshalb so schnell erkannt werden, weil dieser Vorgang auf einer globalen oder holistischen Analyse beruht und nicht auf der Einzelverarbeitung verschiedener Merkmale (*feature-by-feature processing*). Das entspricht natürlich genau dem, was vielfach als Unterschied in den Verarbeitungsstrategien der beiden Hemisphären angesehen wird.

In Kapitel 4 haben wir eine Studie beschrieben, in der aufgrund von PET-Aufnahmen des Gehirns über eine fast ausschließlich rechtshemisphärische Aktivierung bei einer Gesichtererkennungsaufgabe berichtet wurde. Justine Sergent, die Leiterin dieser Untersuchung, führte ferner an, daß sich in Studien zur Gesichtsfeldasymmetrie ein rechtshemisphärischer Vorteil für die Verarbeitung von Gesichtern nur beim ersten Anblick des Gesichts ergeben hätte – danach sei ein linkshemisphärischer Vorteil zutage getreten.[40] Diese Befunde stimmen eindeutig mit den Vorschlägen Bentons überein, daß Hemisphärenunterschiede in der Verarbeitung von Gesichtern auf einer Unterscheidung von bekannt und unbekannt beruhen.

In der gleichen PET-Untersuchung stellte man auch fest, daß die Kategorisierung von visuellen Objekten fast ausschließlich eine Aktivierung der linken Hemisphäre zu erfordern scheint. Diese Beobachtungen stehen mit neuropsychologischen Befunden in Einklang, die visuelle Objektagnosien meist mit linkshemisphärischen Läsionen in Verbindung bringen. Ließen sich also die Rolle der linken und der rechten Hemisphäre in der visuellen Wahrnehmung dahingehend charakterisieren, daß die eine Objekte erkennt und die andere unbekannte Gesichter analysiert? Wie aus anderen Befunden hervorgeht, vereinfacht eine solche Sichtweise die Dinge zu sehr und sagt außerdem nichts über die allgemeinen Prinzipien der hemisphärischen Spezialisierung aus, die den oben geschilderten Unterschieden zugrunde liegen.

Neue Ansichten zur visuellen Agnosie. Eine neuere Untersuchung fand bei prosopagnostischen Patienten, von denen keiner im Bereich des linken Okzipitallappens verletzt war, daß sie allesamt Schwierigkeiten hatten, Gegenstände zu erkennen, wenn diese aus einer ungewöhnlichen Perspektive gezeigt wurden – beispielsweise wenn ein Eimer oder ein Hut von oben zu sehen war. Aber die Patienten vermochten die gleichen Gegenstände ohne weiteres zu erkennen, wenn sie in einer typischeren Ansicht dargestellt waren.[41] Diese Befunde ließen vermuten, daß der Beitrag der rechten Hemisphäre zur Objekterkennung besonders dann an Bedeutung gewinnt, wenn Wahrnehmungsoperationen ausgeführt werden müssen, bei denen Korrekturen, Transformationen oder Rotationen des Reizes eine Rolle spielen.

Ähnliche Beobachtungen liegen den Kategorien der visuellen Agnosie zugrunde, die der Neuropsychologe Elkonon Goldberg vorgeschlagen hat.[42] Goldberg kennzeichnete die apperzeptive Agnosie als den Verlust der Fähigkeit, einen Gegenstand als jeweils identisch wiederzuerkennen, wenn er unter verschiedenen Bedingungen gesehen wird.* Der Patient hat nicht unbedingt Probleme zu erkennen, um was für einen Gegenstand es sich handelt (zum Beispiel kann er sagen, daß es ein Hut ist), aber er kann ihn nicht als denselben „Hut“ identifizieren, wenn er ihn in einer anderen räumlichen Stellung oder aus einem anderen Blickwinkel sieht.

Im Gegensatz dazu ist bei einer typischen, durch linkshemisphärische Läsionen bedingten visuellen Agnosie die Fähigkeit gestört, die Zugehörigkeit eines Gegenstands zu einer bestimmten übergeordneten Kategorie zu erkennen. Goldberg vermutete, daß das Erkennen von Gesichtern insofern eher auf rechtshemisphärische Funktionen angewiesen ist, als es sich hierbei eindeutig um eine Frage der spezifischen physischen Identifizierung handelt (also darum, einen bestimmten Hans Schmitz von einem Robert Schneider zu unterscheiden).[43]

Wenn wir in Kapitel 12 verschiedene theoretische Modelle der zerebralen Asymmetrie besprechen, werden wir auf einige dieser Unterscheidungen nochmals zu sprechen kommen und auch darauf, inwiefern sie sogar noch allgemeinere Unterschiede in den hemisphärischen Funktionen widerspiegeln.

Eine kognitionsneuropsychologische Sichtweise

Für einige kognitive Neuropsychologen stellt die Unterscheidung zwischen apperzeptiver Agnosie und anderen Agnosien nur einen Anfang dar. Sie glauben, daß eine umfassendere Theorie notwendig ist, um jene Fragen zu klären, die durch die neueren Untersuchungen zur Agnosie aufgeworfen wurden. Sie

* Wie bereits früher erwähnt wurde, hat man den Begriff der apperzeptiven Agnosie auch verwendet, um die Störung eines frühen, eher sensorischen Stadiums der Objekterkennung zu beschreiben, das noch vor der Bedeutungsgebung und dem Verständnis angesiedelt wird.

haben beispielsweise auf weitere Bedingungen hingewiesen, unter denen die Objekterkennung versagen kann. Ein Patient etwa vermag die Form eines Gegenstandes nicht richtig zu erkennen. Ein anderer kann zwar die Form ohne Probleme wahrnehmen, aber er ist nicht in der Lage, eine Repräsentation eines Gegenstandes aufzubauen, in der dessen spezifische und globale Merkmale integriert sind. Wieder ein anderer Patient kann den gesehenen Gegenstand erkennen und vielleicht sogar durch Gesten seine Benutzung andeuten, aber unfähig sein, ihn verbal zu identifizieren. Demnach scheinen komplexe Fähigkeiten, wie die Objekterkennung, als eine Anzahl voneinander trennbarer funktioneller Komponenten oder Module organisiert zu sein, die alle jeweils selektiv gestört sein können.[44]

Kognitive Neuropsychologen haben ein Modell der Objektagnosie konstruiert, das die erwähnten Probleme agnostischer Patienten auf etwas andere Weise erklärt. Man stellt sich vor, daß das visuelle Erkennen von Gegenständen eine Folge von drei Repräsentationsformen durchläuft: 1. eine initiale Repräsentation, auch *primal sketch* („Ur-Skizze") genannt, in der Helligkeitsunterschiede und die zweidimensionale Geometrie eines Gegenstandes festgehalten werden; 2. eine „betrachterzentrierte Repräsentation" (*viewer-centered representation*), in der die räumliche Plazierung der Oberflächen eines Gegenstands, so wie der Betrachter sie von seinem Standpunkt aus sieht, intern generiert wird (diese Repräsentation läßt sich nicht verallgemeinern, da sie das Objekt nur aus der Sicht des Beobachters beschreibt – man bezeichnet sie auch als „2 1/2-dimensionale Skizze"*; 3. eine „objektzentrierte Repräsentation" (*object-centered representation*), also eine wirkliche dreidimensionale Darstellung des Gegenstandes.[45]

Die Objekterkennung kommt dadurch zustande, daß die betrachterzentrierten und die objektbezogenen Repräsentationen mit gespeicherten Strukturbeschreibungen von bekannten Objekten verglichen werden. Wenn die visuelle Repräsentation eines gesehenen Gegenstandes mit den gespeicherten Strukturbeschreibungen bekannter Objekte übereinstimmt, ergibt sich ein Zugang zu der semantischen Repräsentation des Gegenstandes, also zu seiner „Bedeutung".

Im Falle einer Agnosie, bei der der Patient schwere Beeinträchtigungen in der Formwahrnehmung zeigt und unfähig ist, einen gesehenen Gegenstand abzuzeichnen, wäre die Erzeugung einer betrachterbezogenen Repräsentation gestört. Patienten, die Probleme haben, Gegenstände zu erkennen, die sie aus einem ungewöhnlichen Blickwinkel sehen, hätten Störungen in der objektzentrierten Repräsentation. Eine solche Beeinträchtigung im Aufbau der objektbezogenen Repräsentation würde aber nicht verhindern, daß ein Gegenstand erkannt wird, wenn er in einer gewöhnlichen oder prototypischen Ansicht zu sehen ist, weil das unabhängige betrachterzentrierte Repräsentationsmodul noch intakt wäre.[46]

Der letztgenannte Fall einer beschädigten objektzentrierten Repräsentation entspricht im wesentlichen der Situation, die Goldberg als apperzeptive

---

* Anmerkung des Herausgebers: Im Gegensatz zu einer „dreidimensionalen Skizze" würde bei der Rotation der betrachterbezogenen Repräsentation die vorher nicht sichtbare Rückseite fehlen.

Agnosie beschrieben und mit rechtshemisphärischen Schädigungen in Verbindung gebracht hat. Der erstgenannte Fall einer Störung der betrachterbezogenen Repräsentation ist eine schwerwiegendere Beeinträchtigung, bei der die visuellen Funktionen des Patienten auf einer früheren und grundlegenderen Stufe gestört sind; dies ist der Zustand, den man traditionell als apperzeptive Agnosie bezeichnet – und der nicht spezifisch mit einer Schädigung ausschließlich der einen oder anderen Hemisphäre in Verbindung gebracht wird.

Es ist interessant festzustellen, wie ein großer Teil der neuropsychologischen Forschung – trotz einiger Unterschiede im Ansatz und sogar in den Definitionen – zu ähnlichen Unterscheidungen bezüglich der Organisation von Gehirnfunktionen kommt. Im Zuge weiterführender Arbeiten, darunter solcher, die einer stärker modulären Sicht der Gehirnorganisation verpflichtet sind, dürfen wir neue Unterscheidungen und eine gewisse Neuorganisation der Fragen erwarten sowie hoffentlich auch neue und genaue Ergebnisse über die zerebralen Prozesse, die an der Wahrnehmung beteiligt sind.

Weil es zwischen den Gehirnsystemen, die bei der Wahrnehmung zum Tragen kommen, und denen, die an der Gedächtnisspeicherung beteiligt sind, eine enge Beziehung gibt, werden wir uns dem Thema der Wahrnehmung nochmals zuwenden, wenn wir im nächsten Kapitel über Amnesien und das menschliche Gedächtnis diskutieren.

7. Weitere Erkenntnisse aus der Klinik: Neglekt, Amnesie, Musik und Emotion

Das Neglektsyndrom

Ein Patient in einem Rehabilitationskrankenhaus wacht morgens auf und fängt an, sich zu rasieren. Als er den Rasierapparat zurücklegt und zum Frühstück geht, sieht man, daß er nur die rechte Seite seines Gesichtes rasiert hat. Während des Frühstücks sucht der Patient angestrengt seine Kaffeetasse, bis ihn jemand darauf aufmerksam macht, daß sie direkt links von seinem Teller steht. Beim Mittagessen läßt er das Essen auf der linken Seite des Tellers unberührt, bittet aber um einen Nachschlag – nur um darauf hingewiesen zu werden, daß er noch etwas auf seinem Teller hat. Wenn man ihn bittet, eine Uhr zu zeichnen, zeichnet er zwar einen richtigen Kreis, ordnet aber dann alle Ziffern in der rechten Hälfte des Kreises an. Soll er eine Person darstellen, zeichnet er nur die rechte Körperhälfte und läßt den linken Arm und das linke Bein weg. Wenn man ihn auf die Zeichnungen anspricht, sagt er, daß sie seiner Meinung nach in Ordnung sind.

Dieses Phänomen, das als *Neglektsyndrom* oder *halbseitige Vernachlässigung* bekannt ist, kann man bei Schlaganfallpatienten oder Unfallopfern beobachten, die ausgedehnte Schäden in den hinteren (parietalen oder parietookzipitalen) Bezirken der rechten Hemisphäre erlitten haben.[1]

Manchmal tritt ein Neglekt auch nach einer ähnlichen Schädigung der linken Hemisphäre auf, allerdings sehr viel seltener, in abgeschwächter Form und auch nicht nur auf die kontralaterale rechte Seite beschränkt. Wenn man einen Patienten mit einem typischen linksseitigen Hemineglekt beobachtet, gewinnt man den Eindruck, daß er sich so benimmt, als ob der ganze Raum links von ihm und manchmal auch seine eigene linke Körperhälfte gar nicht existierten. Abbildung 7.1 zeigt Zeichnungen eines Patienten mit Hemineglekt.

Schon lange hat dieses Syndrom etliche Fragen aufgeworfen: Wie kommt es zu einer solch eklatanten Vernachlässigung einer Hälfte des Raumes? Inwieweit hängt sie mit einer Schädigung des Sehsystems zusammen? Warum zeigen Patienten mit einer rechtshemisphärischen Schädigung sehr viel häufiger dauerhafte Neglektsymptome als Patienten mit vergleichbaren Läsionen der linken Hemisphäre? Genaue Antworten stehen noch aus, aber das Phänomen der halbseitigen Vernachlässigung liefert uns einige wertvolle Hinweise auf die Arbeitsbeziehung zwischen rechtem und linkem Gehirn.

Viele Patienten mit Neglekt sind – obwohl sie es selbst vielleicht anfangs gar nicht bemerken – blind für die linke Gesichtsfeldhälfte. Da die Information aus diesem Teil des Gesichtsfeldes zunächst einmal in der Sehrinde der

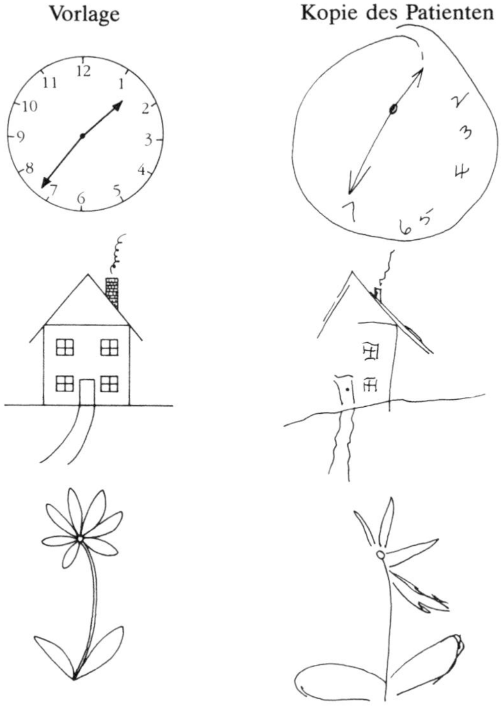

7.1 Zeichnungen eines Patienten mit Hemineglekt (halbseitiger Vernachlässigung). Der Patient, der einen Schlaganfall in der hinteren Region der rechten Hemisphäre erlitten hatte, wurde gebeten, die links gezeigten Vorlagen abzumalen. Man beachte die eindeutige Vernachlässigung der linken Seite in den drei Zeichnungen, die für viele solcher Patienten typisch sind.

rechten Hemisphäre verarbeitet wird, kann eine Schädigung dieses Bezirks eine *Hemianopsie* (wörtlich „Halbblindheit") hervorrufen: Der Patient vermag dann Dinge links vom Fixationspunkt nicht wahrzunehmen.

Diese halbseitige Blindheit allein kann jedoch die spezifische Unaufmerksamkeit von Neglektpatienten nicht erklären. Es gibt viele Beispiele für Patienten, die zwar für eine Gesichtsfeldhälfte blind sind, aber trotzdem keine Vernächlässigung dieser Seite des Raumes zeigen. Patienten, bei denen ein Schaden auf den Sehnerv oder die primäre Sehrinde der einen oder anderen Hemisphäre beschränkt ist, kompensieren ihre halbseitige Blindheit normalerweise durch Augen- und Kopfbewegungen. Auch linkshemisphärisch geschädigte Patienten, die blind für die rechte Gesichtsfeldhälfte sind, zeigen selten jene Art von dauerhaftem funktionellen Neglekt einer Raumhälfte, wie sie bei rechtshemisphärisch verletzten Patienten auftritt.

Darüber hinaus sind einige Neglektpatienten überhaupt nicht halbseitig blind. In Testsituationen können sie einfache visuelle Reize, die nur in der linken Gesichtsfeldhälfte dargeboten werden, genau wiedergeben. Wenn jedoch Reize in beiden Gesichtsfeldhälften gleichzeitig erscheinen – sei es im Experiment oder in Alltagssituationen –, berichten die Patienten nur über die rechts zu sehenden Dinge. Von der rechten Gesichtsfeldhälfte einfließende Information, die die gesunde linke Hemisphäre erreicht, scheint die Fähigkeit des Gehirns zu beeinträchtigen, die Information zu verarbeiten, die gleichzeitig von der linken Gesichtsfeldhälfte zur geschädigten rechten Hemisphäre gelangt. Die linke Hälfte eines Reizes wird so durch die rechte „ausgelöscht" (Extinktion); die Patienten können aber die linke Hälfte eines Musters deutlich wahrnehmen, wenn sie allein dargeboten wird.*

Die Extinktion bei solchen Patienten erklärt zumindest teilweise, warum Neglektpatienten die linke Seite ihrer Umgebung vernachlässigen. Ereignisse in der rechten Gesichtsfeldhälfte löschen möglicherweise kontinuierlich die Informationen von der beeinträchtigten linken Seite aus und lenken so die ganze Aufmerksamkeit nach rechts.

Was geschieht mit der ausgelöschten Information der linken Gesichtsfeldhälfte? Geht sie wirklich verloren? Oder ist sie im Nervensystem zwar erhalten, aber dem Bewußtsein nicht zugänglich? Diese Fragen sind mit verschiedenen Ansätzen erforscht worden. Einige Wissenschaftler fanden heraus, daß Patienten unter gewissen Umständen sogar dann angeben können, was sie in der linken Gesichtsfeldhälfte gesehen haben, wenn gleichzeitig auch rechts ein Reiz dargeboten wurde. Müssen sie zwischen mehreren Möglichkeiten wählen, schneiden sie dabei viel besser ab, als nach dem Zufall zu erwarten wäre, auch wenn ihnen möglicherweise nie bewußt wird, daß sie das Muster in der linken Gesichtsfeldhälfte tatsächlich gesehen haben.[2]

Im Rahmen eines etwas anderen Untersuchungsansatzes zeigten Patienten, die bei Darbietung von zwei verschiedenen Mustern den Reiz in der linken Gesichtsfeldhälfte gewöhnlich nicht wahrnahmen, keine solchen Extinktionseffekte, wenn man ein einzelnes großes Muster darbot, das sich auf beide Gesichtsfeldhälften erstreckte, obwohl die rechte Hälfte der Zeichnung allein ihnen nicht genügend Information bot, um sie zu erkennen.[3]

Informationen in der linken Gesichtsfeldhälfte werden offensichtlich nicht im gleichen Umfang verarbeitet wie die in der rechten Gesichtsfeldhälfte. Dennoch scheinen sie auf einem vorbewußten Niveau zur Verfügung zu stehen. Einige Wissenschaftler haben spekuliert, der Neglekt sei im Grunde das Ergebnis eingeschränkter visueller Fähigkeiten (aufgrund der rechtshemisphärischen Schädigung), verbunden mit einer Neigung der linken Hemisphäre, das, was sie sieht, zu erklären. Es gibt hierzu Parallelen in den Arbeiten mit Split-Brain-Patienten, in denen sich zeigte, daß die linke Hemisphäre teilweise gezeichnete Vorlagen oft „komplettiert", wenn sie berichten soll, was sie bei einer tachistoskopischen Darbietung gesehen hat. Sie erfindet sogar (falsche) verbale Antworten auf der Basis der visuellen Kommunikation, die ihr zur Verfügung steht.[4]

Man hat noch andere Erklärungen für den asymmetrischen Charakter des Neglektsyndroms vorgeschlagen. So könnten Mechanismen, die die selektive Aufmerksamkeit oder sogar die Erregung kontrollieren, rechtshemisphärisch lateralisiert sein. Eine andere Möglichkeit besteht darin, daß die rechte Hemisphäre allgemein in der räumlichen Orientierung geschickter ist und daß

* Anmerkung des Herausgebers: Je nach theoretischer Überzeugung wird dieses Phänomen als „hemianopische Aufmerksamkeitsschwäche" oder als „Extinktion" bezeichnet.

bei ihrem Fehlen daher die linke Gehirnhälfte räumliche Beziehungen nur schlecht verarbeitet.

Aufmerksamkeitstheorien des Neglektsyndroms postulieren eine Asymmetrie des Ausmaßes, in dem jede Hemisphäre die Orientierung auf Reize im extrapersonalen Raum lenkt, das heißt auf Ereignisse, die außerhalb des Körpers stattfinden. Marcel Kinsbourne vermutet, daß jede Hemisphäre ein gerichtetes Aufmerksamkeitsfeld besitzt, das in den jeweils kontralateralen Raum hineinreicht und außerdem die andere Hemisphäre hemmen kann. Die Richtungstendenzen der Hemisphären seien einander entgegengesetzt, aber nicht von gleicher Stärke; die linke Hemisphäre habe einen stärkeren Einfluß auf die Richtung (zur rechten Raumseite hin).[5] Als Beleg hierfür fand Kinsbourne, daß Neugeborene eine Tendenz haben, sich nach rechts zu wenden, daß Erwachsene beim Gehen ebenfalls eher nach rechts abweichen und daß gesunde Versuchspersonen Bilder bevorzugen, bei denen der informative Inhalt auf der rechten Seite zu finden ist. Die extreme Vernächlässigung der linksseitigen Ereignisse ergibt sich deshalb nach rechtshemisphärischen Hirnschädigungen, weil das normale Übergewicht der linken Hemisphäre in der Richtungsweisung zum rechten visuellen Raum dadurch noch verstärkt wird.

Kenneth Heilman hat eine andere Erklärung auf der Basis von Aufmerksamkeitsprozessen vorgeschlagen. Er behauptet, daß die rechte Hemisphäre für Aufmerksamkeit und Aktivierung dominant ist.[6] Die linke lenke die Aufmerksamkeit in die kontralaterale Richtung (das heißt nach rechts), aber die rechte sei in der Lage, die Aufmerksamkeit sowohl auf den kontralateralen als auch auf den ipsilateralen Raum zu richten. Der Beleg für dieses Modell besteht in einer eindrucksvollen Sammlung von Befunden aus der EEG-Literatur, aus Studien zur Hirndurchblutung sowie anderen physiologischen Experimenten, die eine Aktivierung in der rechten Parietalregion bei Aufgaben zeigen, in denen Orientierung oder Aufmerksamkeit auf Geschehnisse zu richten waren, die sowohl im linken als auch im rechten Raum stattfanden. Der linksseitige räumliche Neglekt tritt dieser Ansicht nach deshalb auf, weil rechtsseitige parietale Schädigungen lediglich die Aufmerksamkeitslenkungsmechanismen der linken Hemisphäre intakt lassen, diese aber die Aufmerksamkeit nur auf die rechte Seite richten.

Mit Untersuchungen der Augensuchbewegungen und der taktilen Erkundung fanden Sandra Weintraub und Marcel Mesulam heraus, daß viele rechtshemisphärisch geschädigte Patienten nicht nur die linke Raumhälfte vernachlässigen, sondern auch einen signifikanten Neglekt für Reize in der rechten Raumhälfte zeigen – sie übersehen erheblich mehr Stimuli auf der Seite ipsilateral zur Läsion als linkshemisphärisch geschädigte Patienten. Weintraub und Mesulam glauben, daß diese Befunde die entscheidende Unterstützung für ihr Modell liefern, dem zufolge die rechte Hemisphäre an der Verteilung der Aufmerksamkeit in beiden Raumhälften beteiligt ist.[7]

Unsere Diskussion zur Hemianopsie und zur Extinktion betonte die Sinnes- und Wahrnehmungskomponenten des Neglekts. Die anderen, gerade besprochenen Studien und Modelle streichen die Rolle von Aufmerksamkeit und explorativen Faktoren heraus, die sich etwa durch Augenbewegungsmessungen und Tests zur manuellen Erkundung untersuchen lassen. Einige Forscher haben die Meinung geäußert, daß man nicht alle Ausprägungen des

Neglekts und vielleicht noch nicht einmal den eigentlichen Kern des Problems erfasse, wenn man das Syndrom aus der Sicht der Wahrnehmung betrachtet, selbst wenn man die Aufmerksamkeit einbezieht.[8] Die folgende Beobachtung soll diesen Standpunkt verdeutlichen.

Ein italienischer Neglektpatient wurde gebeten, sich *vorzustellen,* er käme von der Nordseite her auf einen bekannten Mailänder Platz, die Piazza del Duomo, und dann zu beschreiben, was er sehe. Der Platz war dem Patienten vor seinem Schlaganfall sehr vertraut gewesen. Nach und nach beschrieb er alle Gebäude auf der Westseite – also gewissermaßen die zu seiner Rechten –, ohne irgendwelche Bauten der Ostseite zu erwähnen. Man bat ihn dann, sich nun vorzustellen, er betrete den Platz von Süden her, und erneut zu schildern, was er sehe. Jetzt beschrieb er alle Gebäude auf der Ostseite.[9]

Diese Geschichte legt die Vermutung nahe, daß das Neglektsyndrom von den sensorischen Vorgängen unabhängig sein kann, da es sogar das Abrufen von Bildern aus dem Gedächtnis beeinträchtigt. Ist der Neglekt nun eine Aufmerksamkeitsstörung oder eine Beeinträchtigung höherer Wahrnehmungsprozesse? Bisher gibt es darauf noch keine endgültige Antwort, doch könnten sich zusätzliche Erkenntnisse aus neueren Untersuchungen über das Gedächtnis und seine Beziehung zur Wahrnehmung ergeben, die wir im nächsten Abschnitt besprechen werden.

Amnesie und die Lokalisation des Gedächtnisses

In Konzepten zur Lokalisation von Funktionen im Gehirn gibt es schon seit langem die Vorstellung, daß für menschliche Erinnerungen spezifische Speicherplätze existieren. Seit Jahrzehnten sucht man nach dem Engramm („Gedächtnisspur"), der Speichereinheit des Gedächtnisses. Karl Lashley hat nach umfangreichen Experimenten mit Ratten, deren Gehirn systematisch – nach Ort und Größe unterschieden – Läsionen zugefügt worden waren, die These aufgestellt, daß es entscheidend von der Menge entfernten Cortexgewebes abhängt, wie stark das Gedächtnis gestört wird (Prinzip der Massenwirkung), nicht aber von der Lage der Läsion; demnach wären alle Bezirke des Cortex gleich wichtig für das Gedächtnis (Prinzip der Äquipotentialität).[10] Lashley war es nicht gelungen, durch die Entfernung von kleinen Gehirngewebestücken in irgendeinem von vielen Cortexbereichen die Leistung von Ratten bei erlernten Aufgaben signifikant zu reduzieren. Doch immer, wenn er an einer beliebigen Stelle einen größeren Teil des Cortex zerstörte, beeinträchtigte er damit erheblich die Erinnerung der Ratte an das zuvor Gelernte.

Klinische Befunde an Menschen haben im Laufe der Jahre Belege dafür geliefert, daß das, was wir vage Gedächtnis nennen, oder bestimmte Aspekte davon im Gehirn teils diffus, teils begrenzt organisiert sind. Aus den Hirnstimulationsuntersuchungen von Wilder Penfield und seinen Mitarbeitern, von denen wir einige in Kapitel 1 beschrieben haben, sind Schlüsse auf die Lokalisation des Langzeitgedächtnisses gezogen worden.[11] Bei der elektrischen Reizung bestimmter Stellen des Temporallappens, einschließlich des Hippocampus und der Amygdala in der Tiefe des Lappens (siehe Abbildung 7.2), erzielten sie interessante Reaktionen. Die Patienten berichteten manchmal von visuellen oder auditiven Erinnerungen und beschrieben diese als sehr lebendig – so als ob sie alles noch einmal erlebten. Die chirurgische Entfernung der ganzen Region schien jedoch keinerlei Erinnerungen auszulöschen. Diese und andere Befunde führten zu der Annahme, daß eine Gedächtnisstörung nach einer Hirnschädigung bestimmter Bezirke im allgemeinen weniger auf die Entfernung lokalisierbarer Engramme zurückzuführen ist als vielmehr auf eine Interferenz mit einem Teil der Mechanismen oder Schritte, die am Aufbau oder Abruf von Erinnerungen beteiligt sind.

Die meisten neurologischen Störungen, die höhere geistige Funktionen beeinträchtigen, wirken sich auch auf das Gedächtnis aus. Ein diffuser neurologischer Schaden, wie er zum Beispiel oft bei unfallbedingten Kopfverletzungen vorkommt, führt charakteristischerweise zu auffälligen Gedächtnisstörungen. Der Gedächtnisverlust in diesen und vielen anderen Fällen umfaßt eine Amnesie für Ereignisse vor dem Unfall (*retrograde Amnesie*) und den Verlust der Fähigkeit, neue Gedächtnisinhalte abzuspeichern (*anterograde Amnesie*). Die retrograde Amnesie bessert sich gewöhnlich in geordneter Weise: Die ältesten Erinnerungen kommen zuerst wieder. Beide Formen von Gedächtnisverlust klingen im Laufe der Genesung typischerweise gleichzeitig ab. Am Ende scheint nur noch das Abrufen gewisser Ereignisse direkt nach dem Unfall nicht mehr möglich zu sein.

Auch die Alzheimersche Krankheit, die meist ältere Menschen befällt, führt zu einer auffallenden Gedächtnisstörung. Bei dieser Erkrankung kommt es zu einer Degeneration von Nervengewebe mit besonders starken Zerfallserscheinungen im hinteren Bereich der Temporallappen.[12] Obwohl die „senilen" Symptome dieses Leidens die meisten geistigen Funktionen betreffen, sind Defizite in Orientierung und Erinnerungsfähigkeit die hervorstechendsten Störungen. Bei Alzheimer-Patienten bleiben gewöhnlich die älteren Erinnerungen – an Ereignisse und Menschen, denen die Betroffenen früh in ihrem Leben begegnet sind – bis in späte Stadien der Krankheit erhalten.

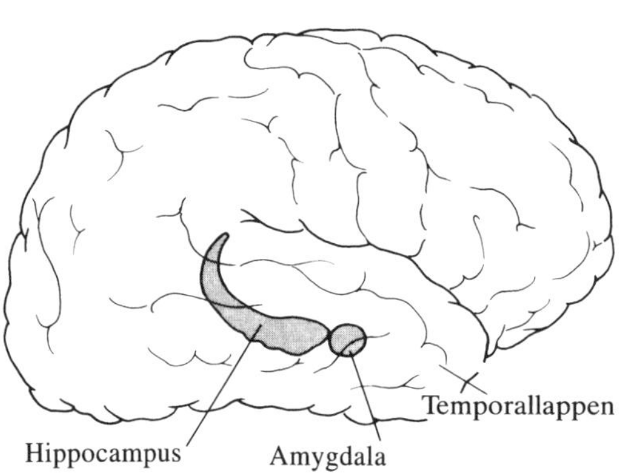

7.2 Bestimmte Gedächtnisprozesse scheinen mit Strukturen auf der (medialen) Innenfläche der Temporallappen wie dem Hippocampus und der Amygdala verknüpft zu sein. Von unilateralen Läsionen dieser Strukturen weiß man, daß sie das Gedächtnis unterschiedlich beeinträchtigen – je nachdem welche Hemisphäre betroffen ist. Bilaterale Läsionen verursachen oftmals schwere Gedächtnisstörungen.

Isolierte Gedächtnisstörungen

Neben dem Gedächnisverlust, der häufig mit neurologischen Störungen einhergeht, die auch andere Funktionen betreffen, kommt es gelegentlich zu auffälligen Beeinträchtigungen des Gedächtnisses, die isoliert, also weitgehend ohne andere Defizite in höheren geistigen Funktionen, auftreten. Solche isolierten Gedächtnisstörungen hängen mit der Schädigung relativ spezifischer Gehirnbereiche, insbesondere des Temporallappens, des Hippocampus und verschiedener anderer Strukturen zusammen, die tiefer im Gehirn liegen (siehe Abbildung 7.2). Patienten, bei denen diese Strukturen geschädigt sind, können – bei oberflächlicher Beobachtung – ganz unauffällig wirken und auch intellektuell normal leistungsfähig sein. Ihre Störung liegt hauptsächlich im Erwerben und Behalten von neuen Gedächtnisinhalten. An ihre Lebensgeschichte und zurückliegende Ereignisse können sich viele in unterschiedlichem Ausmaß erinnern.

Bei den meisten amnestischen Syndromen gibt es keinen überzeugenden Hinweis auf eine echte Auslöschung des Langzeitgedächtnisses. Wenn ältere Gedächtnisinhalte beeinträchtigt sind, so scheint die Störung, einigen Belegen zufolge, im Abruf dieser Inhalte zu liegen, da die meisten von ihnen im Laufe der Genesung des Patienten wiederkommen. Auch Gedächtnisstützen und Teilinformationen können amnestischen Patienten helfen, viele Erinnerungen zurückzugewinnen.

Wie man das Gedächtnis aufteilt

Man geht davon aus, daß den beiden Grundformen der Gedächtnisrepräsentation, dem *Kurzzeitgedächtnis* und dem *Langzeitgedächtnis,* unterschiedliche physiologische Prozesse zugrunde liegen. Im Kurzzeitgedächtnis können Materialien nur für kurze Zeiträume aufbewahrt werden, und die Informationsmenge, die sich speichern läßt, ist sehr begrenzt.[13] Hierzu gehört beispielsweise, sich eine Telefonnummer für einige Sekunden zu merken. Man ist sich der Information im Kurzzeitgedächtnis auch immer sehr bewußt. Dinge, die sich im Langzeitgedächtnis befinden, werden dagegen über lange Zeiträume gespeichert und können sehr große Informationsmengen darstellen. Normalerweise sind wir uns dieser Inhalte weder bewußt, noch beschäftigen wir uns aktiv mit ihnen, es sei denn, sie werden aktiviert und dann (wahrscheinlich) wieder in das Kurzzeitgedächtnis zurückgebracht.

Um zu beschreiben, was wohl während der meisten geistigen Aufgaben stattfindet, hat man das Konzept des *Arbeitsgedächtnisses* vorgeschlagen. Leistungen wie Kopfrechnen, Lesen, Problemlösen und Schlußfolgern allgemein setzen allesamt nicht nur eine Form der vorübergehenden Speicherung voraus, sondern auch eine Wechselwirkung zwischen kurzfristig behaltenen Informationen und einem größeren Umfang an gespeichertem Wissen.[14] Das Arbeitsgedächtnis entspricht also den aktivierten Materialien im Langzeitgedächtnis, den Inhalten im Kurzzeitgedächtnis und den Entscheidungsprozessen, die festlegen, welche Informationen aktiviert werden.[15] An dem entscheidungsfindenden System, welches selektiv Inhalte des Langzeitgedächtnisses aktiviert und die erforderlichen Informationen zur Bewältigung einer Aufgabe ins Kurzzeitgedächtnis ein- und wiederauswechselt, sind vermutlich die Frontallappen beteiligt.

Die Konstellationen von verlorenen und erhaltenen Gedächtnisfunktionen, die sich bei Hirngeschädigten beobachten lassen, haben die Forscher dazu bewogen, Gedächtnisprozesse noch weiter in unterschiedlicher Weise „aufzuteilen", so beispielsweise in episodisch versus semantisch, explizit versus implizit, bewußt versus unbewußt und deklarativ versus nichtdeklarativ.

Diese Unterscheidungen stehen nicht notwendigerweise in Konflikt miteinander, aber sie betonen jeweils etwas andere Aspekte des Gedächtnisses. Die meisten wurden entwickelt, um bestimmten Dissoziationen (Aufspaltungen) von typischerweise erhaltenen Gedächtnisfunktionen (dem ersten Begriff in jedem Gegensatzpaar) und gestörten Funktionen (dem zweiten Begriff), wie man sie bei der überwiegenden Zahl der amnestischen Patienten beobachtet, Rechnung zu tragen. Ein großer Teil der neuropsychologischen Forschung wurde darauf verwendet, derartige Unterscheidungen zu bestätigen oder zu widerlegen.

Episodisches versus semantisches Gedächtnis – Neocortex- versus Hippocampusläsionen. Viele Gedächtnisforscher stimmen darin überein, daß sich zwei Formen des Langzeitgedächtnisses unterscheiden lassen: ein episodisches und ein semantisches. Das *episodische Gedächtnis* speichert Informationen über bestimmte Ereignisse im Kontext mit anderen Ereignissen im Leben einer Person – etwa die Erinnerung, im ersten Schuljahr das Fußballspielen erlernt zu haben. Das *semantische Gedächtnis* betrifft unser ständiges Wissen über die Welt; es umfaßt vorrangig Tatsachen, Konzepte, Regeln und Bedeutungen.* Man nimmt an, daß es die Information enthält, die für das Wiedererkennen bei der Wahrnehmung und für komplexe motorische Fertigkeiten wie Sprechen, Klavierspielen oder Tippen notwendig sind.

Vermutlich dient die Großhirnrinde (Neocortex) dem semantischen Gedächtnis. Wenn – wie bei bestimmten Aphasien – Information über Wortbedeutungen verlorengeht oder wenn bei gewissen Agnosien Gegenstände nicht wiedererkannt werden, läßt sich das als Ausfall semantischer Gedächtnisinhalte interpretieren, der auf Schädigungen der Sprachregionen beziehungsweise der Wahrnehmungsregionen des Gehirns beruht. Folglich kann der Gedächtnisverlust bei Verletzungen neocorticaler Bezirke recht spezifisch sein, wie im Falle der Wernicke-Aphasie, bei der eine Schädigung des linken Temporallappens das sprachliche Wissen zu beeinträchtigen scheint.

Im Gegensatz zur Rolle des Neocortex beim semantischen Gedächtnis haben der (archicorticale) Hippocampus und die mit ihm zusammenhängenden Strukturen vermutlich vorrangig mit dem episodischen Gedächtnis zu tun, denn bilaterale Hippocampusläsionen (die in Verbindung mit tiefliegenden Schädigungen der Temporallappenmitte auftreten) rufen schwere Ausfälle bezüglich neuer episodischer Information hervor.[16] Patienten mit solchen

* In diesem Kontext ist der Begriff *semantisch* weiter gefaßt als in der Linguistik, wo er sich nur auf Wortbedeutungen bezieht. Das semantische Gedächtnis umfaßt ein allgemeineres Wissen über die Bedeutungen, das auch die Verarbeitung von Wahrnehmungen, motorische Fertigkeiten und andere Informationen zum „Wie" und „Was" einschließt.

Schäden vergessen Dinge des täglichen Lebens sehr schnell: wo sie sich gerade befinden, was sie mittags gegessen haben, wo sie ihr Scheckbuch hingesteckt oder ob sie überhaupt einen Scheck ausgestellt haben. Ihre verbalen Fähigkeiten sind jedoch oft weitestgehend intakt, und sie können normale Gespräche führen – zumindest über Ereignisse, die vor ihrer Erkrankung aufgetreten sind. Wie man gezeigt hat, vermögen die Patienten auch neue Fertigkeiten, beispielsweise ein neues Kartenspiel, zu erlernen, wenn die Zerstörung mehr oder weniger auf den Hippocampus beschränkt ist. Wenn man sie später testet, sind sie durchaus in der Lage, die Regeln anzuwenden und richtig zu spielen – jedoch ohne sich daran erinnern zu können, wann sie das Spiel gelernt haben.

Explizites versus implizites Gedächtnis. Direkte oder *explizite* Gedächtnistests fördern bei amnestischen Patienten meist massive Defizite im bewußten Erinnern von Ereignissen, Gesichtern, neuen Fakten und so weiter zutage. Wenn man die Leistungen dieser Patienten jedoch sorgfältig untersucht, stellt sich gewöhnlich heraus, daß früher dargebotene Informationen dennoch einige dauerhafte, wenn auch unbewußte Auswirkungen auf das Verhalten des Patienten haben.

Implizite Gedächtnistests stellen keinen ausdrücklichen Bezug zur Vergangenheit beziehungsweise zu früher dargebotenem Material her. Sie versuchen vielmehr aus der Leistung zu erschließen, ob es Hinweise auf eine Erinnerung an einen Gegenstand oder auf irgendwelches Übungseffekte gibt. So könnte man einem Patienten, der sich in einem Testdurchgang an keines der zuvor angegebenen Wörter zu erinnern vermochte, anschließend Wortteile wie etwa „Du___", vorgeben und ihn bitten, Wortendigungen dazu zu produzieren. Amnestische Patienten werden dann häufig Endigungen wählen, die ein Wort ergeben, das eine Beziehung zu einem der Wörter hat, die ihnen im vorangegangenen Test präsentiert worden waren, an die sie sich aber nicht erinnern konnten. So könnte eine Patientin zum Beispiel mit „Dusche" antworten statt den Wortanfang durch andere, gleich wahrscheinliche Endigung zu ergänzen, weil sie vorher mit dem Wort „Bad" konfrontiert worden war.

Diesen Effekt nennt man „Semantisches Priming"*, weil die Bedeutungen oder die Kategorien der zuvor dargebotenen Informationen die Wahl in den nachfolgenden Tests beeinflussen. Andere Formen des Priming werden ebenfalls oft untersucht, darunter auch eine einfache Art, bei der die Priming-Reize im Grunde schon die Wörter darstellen, die sich später zur Ergänzung der vorgegebenen Wortteile eignen. So präsentiert man beispielsweise das Wort „Dusche" und später dann den Wortteil „Du____."

Implizite Formen des Gedächtnisses kommen auch in der Fähigkeit eines Patienten zum Ausdruck, eine bestimmte sensomotorische Leistung zu erbringen oder ein Spiel zu spielen, nachdem er dies bei einer vorhergehenden Sitzung gelernt hat. Und dies, obwohl sich der Patient – wie bereits erwähnt –

* Anmerkung des Herausgebers: Wörtlich „semantische Zündung" oder „semantische Anregung"; im Deutschen spricht man auch von „assoziativer Aktivierung". Obschon dieser Begriff hier sehr gut paßt, werden wir im folgenden die mittlerweile gängige Bezeichnung „Priming" beibehalten. Man findet inzwischen Beschreibungen mehrerer Formen von Priming, für die es noch keine einheitlichen und unmißverständlichen deutschen Bezeichnungen gibt.

womöglich gar nicht daran erinnern kann, daß eine solche Sitzung jemals stattgefunden hat.

Andere neuropsychologische Störungen, wie Neglekt und Aphasie, sind ebenfalls mit Blick auf eine mögliche Differenzierung von expliziten versus impliziten Tests unter die Lupe genommen worden. Da die Unterscheidung zwischen implizit und explizit über die verschiedensten Störungen hinweg ähnliche Befunde ergibt, sieht man hierin mittlerweile einen Hinweis auf ein generelles Organisationsprinzip des Gehirns. Viele Forscher sind der Meinung, daß explizites und implizites Testen im Grunde jeweils bewußte und unbewußte Gehirnprozesse aufdecken.

Bewußtes versus unbewußtes Gedächtnis – moduläre versus zentrale Prozesse. Meist beschreibt man heutzutage Amnesie nur noch als Störung des bewußten Erinnerns vorher erworbener Information und nicht mehr als allgemeinen Verlust des Gedächtnisses.[17] Die Ebene, auf der die Gehirnfunktionen dieser Patienten geschädigt sind, läßt sich am besten ermitteln, indem man die Störungen sorgfältig analysiert und dabei Beeinträchtigungen unbewußter versus bewußter Stufen der Aufgabenverarbeitung unterscheidet.

Der Neuropsychologe Morris Moscovitch hat eine Gedächtnistheorie ausgearbeitet, die die Unterscheidung von bewußt und unbewußt miteinschließt. Moscovitch differenziert zwischen *modulären* und *zentralen* Prozessen im Gehirn. Moduläre Prozesse bezieht er dabei eher auf automatische und oft elementare Stadien von Funktionsabläufen im Gehirn. Die eigentlichen Prozesse können dabei durchaus ziemlich kompliziert sein; sie sind aber „oberflächlich" in dem Sinne, daß sie Verarbeitungsstufen darstellen, die automatisch und ohne bewußte Anstrengung oder Veränderung ablaufen. Die Module operieren ausschließlich innerhalb eines Bereichs (beispielsweise im Bereich der visuellen Aufnahme), befassen sich mit einer begrenzten Form von Information und liefern ein Ergebnis, das der bewußten Beeinflussung nicht zugänglich ist.[18]

Im Falle des Gedächtnisses sollen die Eingangsstufen der verschiedenen sensorischen Modalitäten durch multiple Module repräsentiert sein. Diese Eingangsmodule werden durch Stimulation modifiziert: Spezifische Aspekte von Ereignissen bilden in den Eingangsmodulen eine Art „Spur", indem sie als Reaktion auf die Stimulation Veränderungen in den neuronalen Schaltkreisen hervorrufen. Organisation und Arbeitsweise des Hippocampus, dessen Beschädigung, wie erwähnt, von sehr großer Bedeutung für die Erzeugung von amnestischen Störungen ist, sollen modulär sein. Der hippocampale Abrufprozeß erfolgt automatisch und führt zu der oft beschriebenen Erfahrung einer Erinnerung, die einem urplötzlich in den Sinn kommt, wenn man einen Hinweisreiz erhalten hat. Zu dem Prozeß, der zu dieser plötzlichen Erinnerung führt, haben wir größtenteils keinen bewußten Zugang, noch nehmen wir ihn bewußt wahr (Die Tatsache, daß hierbei keine bewußte Strategie oder Veränderung beteiligt ist, ist ein Grund dafür, daß Moscovitch das hippocampale System als modulär, mit „oberflächlichem" Verarbeitungsergebnis, betrachtet.)

Die meisten Aufgaben jedoch, darunter auch das wirkliche Erinnern von vergangenen Ereignissen, erfordern bewußte Strategien und Beurteilungen.

An diesen sollen die „zentralen Systeme“ des Gehirns beteiligt sein, insbesondere die Frontallappen. Moscovitch behauptet, daß Patienten mit Frontalhirnläsionen auf dramatische Weise zeigen, wie das Gedächtnis arbeiten würde, wenn ihm nur die „oberflächlichen“ Ergebnisse des hippocampalen Systems zur Verfügung stünden. Solche Patienten scheinen ausgiebig zu konfabulieren, da die Geschichten, die sie produzieren, keinen zeitlichen oder räumlichen Zusammenhang aufweisen. Doch sind ihre Geschichten keine reinen Erfindungen[19]; sie erwecken lediglich diesen Eindruck, da sie oft völlig zusammenhanglos sind, das heißt nicht erkennen lassen, wann oder wo die betreffenden Ereignisse stattgefunden haben, und deren Reihenfolge durcheinander geraten ist.

Viele Untersucher stimmen darin überein, daß den Frontallappen eine entscheidende Funktion bei der Steuerung von Prozessen des bewußten Gedächtnisabrufs zukommt. Beispielsweise haben wir bereits erwähnt, daß man vermutet, der frontale Cortex kontrolliere, was an Informationen aus dem Langzeitgedächtnis in das Kurzzeitgedächtnis gebracht wird, um das Arbeitsgedächtnis zu bilden.[20] Ob nun die Gedächtnisfunktionen der Frontallappen moduläre Prozesse darstellen oder nicht, ist teilweise eine Frage der Definition; dies sollte zu klären sein, sobald die kognitiven Neuropsychologen ihre Ansätze und Vorstellungen auf der Basis neuer experimenteller Ergebnisse verbessert haben.

Hemisphärenunterschiede beim Gedächtnis

Seit vielen Jahren existieren wissenschaftliche Berichte, denen zufolge es Hemisphärenunterschiede in der Art der Gedächtnisverluste nach Läsionen des linken beziehungsweise des rechten Temporallappens gibt. Die deutlichsten derartigen Asymmetrien hat man bei Patienten beobachtet, denen ein Temporallappen herausoperiert worden war; diese einseitige Lobektomie diente der Entfernung von Tumoren oder von Gewebe, das als verantwortlich für epileptische Anfälle galt. Nach temporaler Lobektomie auf der linken (für Sprache dominanten) Seite hatten die Patienten Schwierigkeiten, sprachliches Material zu erlernen und zu behalten. Dieses Defizit äußerte sich unabhängig davon, ob das Material visuell oder auditiv dargeboten wurde, und trat sowohl bei Gedächtnistests auf, in denen es um einen direkten Abruf ging, als auch bei solchen, die mit Wiedererkennungsaufgaben arbeiteten.[21]

Eine rechtsseitige Temporallappenentfernung führte bei visueller wie auditiver Darbietung zu Schwierigkeiten mit nichtsprachlichem Material.[22] (Zu „nichtsprachlichem Material“ gehören Reize, die schwer zu benennen oder sprachlich schwer zu speichern sind, beispielsweise abstrakte Muster.) Darüber hinaus konnte Brenda Milner zeigen, daß Patienten nach rechtsseitiger temporaler Lobektomie Schwierigkeiten beim Labyrinthlernen haben, und zwar bei visuellen wie taktilen Labyrinthaufgaben.[23]

Gedächtnisausfälle, die auf lateralisierten Läsionen wie der Entfernung eines Temporallappens beruhen, scheinen also den Verlust bestimmter semantischer Gedächtnisfähigkeiten zu betreffen. Sie treten allerdings oft zusammen mit Beeinträchtigungen der Kontextinformation (der episodischen

Information) auf, die vom Hippocampus abhängt, da diese Struktur des Temporallappens ebenfalls geschädigt sein kann.

Untersuchungen mit Split-Brain-Patienten stützen die bei Läsionsstudien gefundenen Belege für Hemisphärenunterschiede in den Gedächtnisprozessen. Wie in Kapitel 2 erwähnt, scheint bei gewöhnlichen Tests das Durchtrennen des Corpus callosum kaum eine Wirkung auf das Gedächtnis der Patienten zu haben. Wenn man jedoch die Hemisphären einzeln prüft, ist ein deutlicher Unterschied in der Art der Information nachzuweisen, die die eine oder andere Gehirnhälfte lernen und wiedergeben kann.[24] Wenn man Techniken wie die im zweiten Kapitel beschriebenen anwendet, um Informationen nur jeweils einer Hemisphäre darzubieten, wird von der linken Hemisphäre vorrangig sprachliche, von der rechten insbesondere visuell-räumliche Information am besten behalten. Beispielsweise zeigten Untersuchungen zur Hirndurchblutung eine höhere Aktivierung des rechten Temporallappens während einer Wiedererkennungsaufgabe, bei der visuell-räumliche Information verarbeitet werden mußte.[25] Diese Unterschiede entsprechen natürlich den Erwartungen aus den (bereits in früheren Kapiteln diskutierten) Befunden darüber, mit welchen Reizen jede der beiden Hemisphären am besten umgehen kann.

Andere Untersuchungen, die aus dem Blickwinkel der kognitiven Neuropsychologie durchgeführt wurden, haben ebenfalls Asymmetrien bezüglich der Wirkungen von hemisphärischen Läsionen auf das Gedächtnis aufgezeigt. Zum Beispiel scheint es nach Schädigung der unteren (inferioren) Region des linken hinteren Parietallappens zu einer selektiven Beeinträchtigung der kurzzeitigen phonologischen Speicherung zu kommen.[26] Das visuell-räumliche Kurzzeitgedächtnis hingegen war speziell durch Läsionen in bestimmten Bereichen des hinteren Teiles der rechten Hemisphäre betroffen.[27] Weitere Befunde, die für ein neueres Modell der Gedächtnisfunktion von Bedeutung sind, werden im nächsten Abschnitt dargestellt.

Gehirnuntersuchungen zum deklarativen versus nichtdeklarativen Gedächtnis mit bildgebenden Verfahren

Die weiter oben aufgeführte Liste möglicher Unterteilungen des Gedächtnisses enthielt auch die Unterscheidung zwischen *deklarativ* und *nichtdeklarativ*. Dieses Klassifikationsschema ist ein Versuch, die ältere Dichotomie von episodisch versus semantisch zu modifizieren, denn diese schien nicht immer alle Formen des Gedächtniseinbruchs erklären zu können. Deklarative Gedächtnisinhalte sind Erinnerungen an spezifische Fakten und Ereignisse, also praktisch explizites Gedächtnis. Das deklarative Gedächtnis umfaßt demnach das gesamte episodische Gedächtnis, schließt aber auch einiges an semantischem Wissen im Sinne von Erinnerungen an Gesichter, Wörter, Gegenstände und so weiter ein. Dem nichtdeklarativen Gedächtnis liegen die Reiz-Reaktions-Einheiten (konditionierte Reaktionen, englisch *habits*) sowie die verschiedenen motorischen und kognitiven Fertigkeiten zugrunde, die im wesentlichen automatisiert wurden. Es sind eigentlich Inhalte des impliziten Gedächtnisses, die sich durch implizite Testtechniken nachweisen lassen, beispielsweise durch jene, die man benutzt, um die indirekten Auswirkungen von Testdurchgängen auf nachfolgende Sitzungen zu untersuchen. Unbewußte motorische Fertigkeiten und Effekte des Priming sind Beispiele hierfür.

Der Neuropsychologe Larry Squire und seine Kollegen, die die Unterscheidung von deklarativ versus nichtdeklarativ verfechten, haben kürzlich eine PET-Studie bei normalen Versuchspersonen in verschiedenen Stadien der Gedächtnisprüfung durchgeführt. Nach Squire weisen die Ergebnisse dieser Untersuchung zusammen mit denen aus verwandten elektrophysiologischen Studien darauf hin, daß deklarative und nichtdeklarative Gedächtnisinhalte mit neuronalen Aktivitäten in unterschiedlichen Hirnregionen und verschiedenen Hemisphären assoziiert sind.

Die PET-Studie lieferte einen direkten Beleg für die wichtige Rolle, die der rechte posteriore Cortex – und zwar der Bereich, der knapp außerhalb des primären visuellen (striären) Cortex liegt – beim Wort-Priming spielt. Das Priming wurde dadurch gemessen, daß man die Versuchspersonen Wörter beurteilen („mag ich" beziehungsweise „mag ich nicht") und anschließend eine Wortteilergänzungsaufgabe durchführen ließ, bei der sie zur Ergänzung Wörter aus dem vorangegangenen Untersuchungsabschnitt benutzen durften.[28] Die Hirndurchblutung in einer Region des rechten extrastriären Cortex war während der Wortteilergänzungsaufgabe nach Priming signifikant niedriger als während der Kontrollbedingung, in der Wortteile ohne vorheriges Priming ergänzt werden mußten.

Eine Erklärung der reduzierten Aktivität während des Priming besagt, daß für eine gewisse Zeitdauer nach Präsentation des Wahrnehmungsreizes weniger neuronale Aktivität für die Bearbeitung des gleichen Stimulus benötigt wird. Squire schlug vor, daß dies eine physiologische oder neuronale Konsequenz des psychologischen Hauptmerkmals des Priming sei – daß nämlich weniger Informationen erforderlich sind, um einen Reiz wahrzunehmen und zu identifizieren, wenn er zum zweiten Mal dargeboten wird.[29]

Die Untersucher maßen auch das explizite Gedächtnis, indem sie Wortteile als Hinweisreize für die Reproduktion zuvor dargebotener Wörter verwendeten. Sie fanden dabei eine Aktivierung in den rechten hippocampalen Regionen. Darüber hinaus war der gesamte Anstieg in der Hirndurchblutung unter dieser Reproduktionsbedingung mit Reizvorgabe signifikant größer als während des Priming.

Neuere elektrophysiologische Studien zu ereigniskorrelierten Potentialen (ERPs beziehungsweise EPs) bei gesunden Versuchspersonen deuten ebenfalls darauf hin, daß für deklaratives und nichtdeklaratives Gedächtnis unterschiedliche Gehirnsysteme zuständig sind.[30] Ereigniskorrelierte Potentiale im Zusammenhang mit deklarativem Gedächtnis (Reproduzieren oder Wiedererkennen von Wörtern) zeigten eine anderer Amplitude, Latenz sowie Verteilung über dem Kopf als EPs auf Priming (Wortteilergänzungen oder identifizierende Wahrnehmung). In einer Untersuchung trat das größte EP beim Erinnern nach einer Latenz von 500 bis 800 Millisekunden auf, während das EP beim Priming nach einer Latenz von 400 bis 500 Millisekunden am stärksten ausgeprägt war. Ferner hatte das Erinnerungs-EP die höheren Amplituden über den linken anterioren Elektroden, das Priming-EP hingegen über den posterioren Ableitungsorten.

Zusammengenommen ergeben sich aus den PET- und EP-Experimenten Indizien dafür, daß der posteriore Bereich der rechten Hemisphäre beim Gedächtnis unter Priming-Bedingungen eine Rolle spielt. Unter der Bedingung des aktiven Erinnerns ergaben sich jedoch zwei unterschiedliche Befunde: In der PET-Studie fand man einen rechtshemisphärischen Aktivierungsort, in der elektrophysiologischen Untersuchung einen linkshemisphärischen. Bei beiden aber führte die Erinnerungsbedingung zu einer Hirnaktivität, die sich eindeutig von der in den Priming-Experimenten unterscheidet.

Squire ist der Meinung, daß diese Untersuchungen die Vorstellung von verschiedenen Gedächtnisformen stützen und auch die Annahme belegen, daß deklaratives und nichtdeklaratives Gedächtnis tatsächlich mit verschiedenen und voneinander getrennten neuronalen Prozessen assoziiert sind. Er ist davon überzeugt, daß die Effekte des Priming auf Funktionen des rechten posterioren Cortex beruhen, die noch vor einer Analyse der Bedeutung in Aktion treten. An späteren Stadien des Gedächtnisprozesses sind dann der Hippocampus und weiter verteilte corticale Areale beteiligt. Diese bewirken das eigentliche bewußte Erinnern – der Gedächtnisgegenstand wird deklarativ erinnert, das heißt in bezug auf seine Bedeutung und auf den Zusammenhang, in dem er dargeboten wurde.[31] Die Ergebnisse dieser Untersuchungen müssen noch repliziert und weitergehend analysiert und geklärt werden, doch ist es allein schon faszinierend, Hinweise dafür zu haben, daß sich die Stadien der Gedächtnisbildung womöglich links- und rechtshemisphärisch aufteilen lassen.

Gedächtnis und Wahrnehmung – die neue Synthese

In den sechziger Jahren entdeckten die Physiologen David Hubel und Torsten Wiesel, daß viele Neuronen im visuellen Cortex nur auf außerordentlich spezifische Merkmale von optischen Reizen reagieren, beispielsweise auf eine bestimmte räumliche Orientierung einer Linie. Außerdem fanden sie heraus, daß diese Neuronen hierarchisch organisiert sind und der Grad der Spezifität ihrer Reaktionen immer mehr zunimmt. Dies führte dann zu der Ansicht einer geradlinig, in einer Richtung verlaufenden Informationsverarbeitung in der Wahrnehmung und sogar in den Gehirnfunktionen im allgemeinen. Dieser Sichtweise zufolge suchen sich die „frühen" oder auf „niedrigerem Niveau" funktionierenden sensorischen Neuronen die relevanten Details aus einer Unzahl von Daten heraus, die die reale Welt bietet. Eine Zusammenfassung wird dann zu Neuronen eines „höheren Niveaus" gesandt. Im Zuge dieser hierarchischen Verarbeitung wird die Information verfeinert und integriert. Das fertige Produkt, das dann im Gedächtnis gespeichert wird, besteht gewissermaßen aus einem »Destillat, das aber dennoch das Wesen einer Erfahrung vollständig beinhaltet« – so etwas wie ein fertiger Spielfilm.[32]

Diese Sicht der Dinge mag vielleicht die früheste Phase in der Analyse sensorischer Daten korrekt beschreiben, birgt aber ansonsten viele Probleme. Eines besteht darin, daß hier die Kunst des Wahrnehmens gewissermaßen einem „Menschlein" (oder „Homunculus") zugewiesen wird, das den fertigen

Film betrachtet. Eine andere Schwierigkeit ergibt sich daraus, daß unsere geistige Bibliothek unmögliche Ausmaße nähme, wenn jede Erfahrung individuell in ihrer Gesamtheit kodiert und separat gespeichert würde.

Es gibt eine alternative Vorstellung: Statt jedes mögliche Bild in höheren Gehirnzentren zu speichern, versucht das Gehirn, die Bilder zu rekonstruieren, indem es sensorische Fragmente zu unterschiedlichen Mustern reaktiviert. Die zur Zeit gängigen Konzepte betonen die enge Beziehung zwischen dem Ort der Speicherung und dem Ort, an dem die verarbeitenden Systeme das zu lernende Material wahrnehmen, bearbeiten und analysieren.[33] Die Beiträge einer Gehirnregion zum Gedächtnis sind gewöhnlich eng mit den nichtmnemonischen (gedächtnisunabhängigen) Funktionen verbunden.[34] So beeinträchtigen beispielsweise Läsionen des inferioren posterioren temporalen Cortex – einer Region, die für die visuelle Diskrimination von Bedeutung ist – visuelles Erkennen und assoziatives Gedächtnis.[35] Schädigungen des superioren temporalen Cortex, also eines Gebiets, das für die auditive Diskrimination wichtig ist, führt zu Verlusten im auditiven Erkennen.[36]

In einer Reihe von PET-Studien wurde versucht darzustellen, wie stark der sensorische Cortex während des Vorstellens und des Erinnerns aktiviert wird. Und in der Tat verzeichnete man signifikante Zunahmen in der Aktivität von Hirnregionen, die ausschließlich sensorischen Funktionen zugeordnet worden waren.[37] Man hatte Versuchspersonen gebeten, sich mit geschlossenen Augen bestimmte Ereignisse bildhaft vorzustellen. Eine gesteigerte Hirndurchblutung fand sich nicht nur in Assoziationsgebieten (wo Verarbeitungen auf höherem Niveau vermutet werden), sondern auch im primären sensorischen Cortex (diese Regionen werden im Anhang näher beschrieben und erklärt). Diese Befunde stützen die Ansicht, daß das Erinnern von Ereignissen auch eine gewisse Aktivität derjenigen Hirnregionen voraussetzt, die an der ursprünglichen sensorischen Analyse und Wahrnehmung dieser Geschehnisse beteiligt waren.

Konvergenzzonen der Wahrnehmung und das Gedächtnis

Der Neurologe Antonio Damasio hat die oben beschriebene Überlegung weiter ausgeführt und die Existenz einer besonderen Form der hierarchischen Cortexorganisation vorgeschlagen, die sich für die Rekonstruktion von Gedächtnisinhalten effizient nutzen ließe. Statt eine Gedächtnisrepräsentation eines individuellen Gegenstandes abzuspeichern, würden in bestimmten Regionen bestimmte Konstellationen aus denjenigen Details zusammengestellt, die erforderlich sind, um einen Gegenstand von einem anderen zu unterscheiden. Für solche Regionen schlug Damasio den Begriff der *Konvergenzzonen* vor. Im Falle der Prosopagnosie, so vermutet er, hätten die Patienten die Konvergenzzonen für jedes einzigartige visuelle Bild (von einem Gesicht und, in vielen Fällen, von bestimmten Automarken) verloren. Zonen auf niedrigerem Niveau, die eine geringere Anzahl von Merkmalen miteinander verbinden, um beispielsweise ein Gesicht als solches (und nicht als einen Hut) zu erkennen, blieben unverändert, ebenso wie solche auf höherem Niveau, die verschiedenste Merkmale wie Gang, Stimme, Gesicht und Namen miteinander verknüpfen. Geschädigt wären Zonen auf mittlerem Niveau, die ein Gesicht (oder ein Auto) von einem anderen unterscheiden.[38]

Auf der Basis von Hirnläsionsbefunden bei vielen Patienten kommt Damasio zu dem Schluß, daß sich ähnliche Hierarchien von Konvergenzzonen über den zerebralen Cortex hinweg erstrecken – Konvergenzzonen für allgemeines Wissen, die ihrerseits in Konvergenzzonen für spezifisches Wissen einmünden. Die Konvergenzzonen speichern nur Informationen, die für die Verbindung von Wissensfragmenten benötigt werden, nicht die Fragmente selbst. Diese Fragmente – zum Beispiel die Farbe der Augen und die Form der Nasenflügel – bleiben in den verschiedenen sensorischen Cortexarealen verstreut. Um ein Bild zu erinnern, müssen die Konvergenzzonen die verschiedenen Fragmente reaktivieren. Damasio weist darauf hin, daß sich mit Hilfe dieser Idee die fließende Wandelbarkeit geistiger Bilder mit der begrenzten Speicherkapazität des Gehirns in Einklang bringen läßt.[39]

Die Technologie, mit deren Hilfe sich solche Fragen angehen lassen, hat sich erst kürzlich etabliert. Unsere Vorstellungen vom Gedächtnis sind immer noch etwas vage und nicht optimal definiert: Um zu einem nutzbringenden Verständnis von den Gehirnprozessen zu kommen, die den Gedächtnisfunktionen zugrunde liegen, benötigen wir zumindest weitere Begriffsklärungen für jene Vielzahl von psychischen Phänomenen, die wir recht lose als Gedächtnis ansprechen. Die Neurowissenschaftler glauben, daß sich diese Klärungen aus weiteren Analysen von Gedächtnisdefiziten ergeben werden.

Musik und die Hemisphären

Im ersten Kapitel haben wir einige Belege für die Rolle der rechten Hemisphäre im Bereich der Musik angeführt. Bei Patienten mit linkshemisphärischem Schlaganfall, der ihr Sprechen beeinträchtigte, war das Singen oft nicht gestört. Umgekehrt führte ein Schlaganfall in der rechten Hemisphäre häufig zu einem Verlust der musikalischen Fähigkeiten, während das Sprechen erhalten blieb.

Ältere Forschungsergebnisse entsprachen der Vorstellung, daß die meisten Aspekte der Musikwahrnehmung rechtshemisphärische Funktionen sind. Bei Epilepsiepatienten, denen zur Entfernung anfallsauslösenden Gewebes der linke oder rechte Temporallappen herausgenommen wurde, hat man vor und nach der Operation die musikalischen Fähigkeiten getestet.[40] Dabei zeigte sich, daß bei Tests zu Melodie, Lautstärke, Tondauer und Klangfarbe signifikant mehr Fehler auftraten, wenn die rechte Hemisphäre entfernt worden war. Bei Entfernung der linken Hemisphäre blieb die Leistung unverändert. Die Fähigkeit zu singen wurde auch bei Patienten untersucht, deren rechte Hemisphäre im Rahmen eines Wada-Tests vorübergehend betäubt war. Das Singen erwies sich als stark gestört, und obwohl rhythmische Elemente erhalten waren, reduzierte sich die Melodie auf die Wiederholung eines Tones.[41]

Berichte über andere klinische Fälle weisen jedoch darauf hin, daß die Dominanz der rechten Hemisphäre im Bereich der Musik nicht immer vollständig ist. Weitere Untersuchungen mit der Natriumamobarbital-Technik lassen ein komplexeres Bild erkennen: Wie erwartet, behindert eine rechtsseitige Injektion das Singen, doch kommt es auch nach linksseitiger Injektion zu einer Inteferenz, die allerdings weniger stark ausgeprägt ist.[42] In einem Überblick über die Literatur zur musikalischen Wahrnehmung nach Hirnschädigungen zeigte Robert Zatorre, daß die Ausfälle nach rechtsseitigen Schädigungen am beständigsten die Verarbeitung von Tonhöhenmustern und von Klangfarbenunterschieden betreffen.[43] Linksseitige Schäden bewirken Probleme bei der Benennung und beim Erkennen von bekannten Melodien, egal ob gleichzeitig eine aphasische Behinderung besteht oder nicht.

So waren bei manchen Musikern nach einem linkshemisphärischen Schlaganfall zumindest einige dieser Fähigkeiten nachweislich beeinträchtigt. Der Komponist Maurice Ravel (1875–1937) erlitt auf dem Gipfel seiner Karriere einen Schlaganfall (mutmaßlich in der linken Hemisphäre) und entwickelte eine Wernicke-Aphasie. Viele seiner musikalischen Fähigkeiten blieben intakt. Er konnte Melodien erkennen und bemerkte sogar kleinste Fehler bei musikalischen Aufführungen. Außerdem hörte er auch weiterhin sehr genau heraus, wie gut ein Klavier gestimmt war. Doch im Gegensatz zu diesen erhaltenen Fertigkeiten erlebte Ravel einen beträchtlichen Verlust in der Fähigkeit, einzelne Töne zu erkennen (zu benennen) und Noten zu lesen. Er konnte auch nicht länger Klavier spielen oder Musikstücke schreiben, nicht einmal per Diktat.[44]

Obwohl man behaupten könnte, die meisten musikalischen Defizite Ravels hingen entweder (wie die Unfähigkeit, Musik spontan niederzuschreiben oder zu diktieren) mit seiner Sprachstörung oder (wie der Verlust der Fähigkeit, Klavier zu spielen) mit motorischen Schwierigkeiten zusammen, lassen Untersuchungen mit normalen Versuchspersonen darauf schließen, daß die linke Hemisphäre an gewissen Aspekten der Musikverarbeitung beteiligt ist. In einer Studie mit dichotischem Hören, bei der Tonhöhen- und Rhythmuswechsel entdeckt werden sollten, schnitt das rechte Ohr bei Folgen aus jeweils fünf Tönen in beiden Aufgaben besser ab.[45]

Ergebnissen anderer Forscher kann man entnehmen, daß Lateralitätsunterschiede in der Musikwahrnehmung von der Übung abhängen.[46] In einem Wiedererkennungstest zeigten Nichtmusiker bessere Leistungen mit dem linken Ohr. Bei Versuchspersonen mit musikalischer Ausbildung trat dagegen eine Überlegenheit des rechten Ohres zutage. Die Forscher gehen davon aus, daß unbefangene Hörer sich vornehmlich auf den Gesamteindruck einer Melodie konzentrieren, wohingegen erfahrene Hörer eine Melodie eher als eine gegliederte Folge von Teilelementen wahrnehmen. Diese Befunde sind umstritten, da einige Forscher zu anderen Ergebnissen gekommen sind.[47]

Alles in allem deuten die Befunde über Musik und Hemisphären jedoch darauf hin, daß manche musikalischen Fähigkeiten nicht ausschließlich in der rechten Hemisphäre lokalisiert sind, so wie auch nicht alle Sprachkomponenten eine gleichartige linkshemisphärische Lateralisierung aufweisen. Bei bestimmten Aspekten der Musikverarbeitung, die die Beurteilung von Dauer, Zeitstruktur, Reihenfolge und Rhythmus erfordern, ist charakteristischerweise die linke Hemisphäre stärker einbezogen, während die rechte eher an der Beurteilung von Klangfarbe und Lautstärke sowie am Gedächtnis für Töne und am Wiedererkennen von Melodien mitwirkt.

Die Module von Musikern: Erkenntnisse aus PET-Studien der Hirndurchblutung

Justine Sergent vom Montreal Neurological Institute führte vor kurzem eine ehrgeizige PET-Untersuchung durch, bei der sie die Hirndurchblutung bei zehn klassisch ausgebildeten Musikern registrierte.[48] In der experimentellen Hauptbedingung sahen die Probanden auf einem Fernsehmonitor die Noten eines wenig bekannten Stückes, das jeder von ihnen mit der rechten Hand auf einer Klaviatur spielen mußte. Die Versuchspersonen hörten dabei, was sie spielten. Zusätzlich wurden PET-Scans unter sechs anderen „Kontrollbedingungen" erstellt; beispielsweise mußten die Probanden einfach den erhellten Bildschirm fixieren, sich Tonleitern anhören, mit der rechten Hand Tonleitern auf der Klaviatur spielen, bei Darbietung eines Punktes auf dem Bildschirm mit einer einfachen Handbewegung reagieren, vorgegebene Noten lesen sowie vom Band vorgespielten Noten zuhören.

Die PET-Scans des Gehirns wurden für jede Bedingung über alle Versuchspersonen hinweg gemittelt und dann jeweils paarweise (Aufgabe minus Kontrolle) miteinander verglichen, um die Teiloperationen der sukzessiv komplexer werdenden Aufgaben zu isolieren. Jede der drei Komponenten der experimentellen Hauptbedingung (Spielen, Hören, Lesen) aktivierte ein spezifisches Cortexareal. Beim Hören der Tonleitern fand sich eine Aktivierung im auditiven Cortex beider Hemisphären (wie man es bei akustischen Reizen auch vermuten würde) und in der superioren Temporalregion der linken Hemisphäre, egal ob die Tonleitern den Versuchspersonen nur vorgespielt oder von ihnen selbst produziert wurden. Wenn die Probanden ein Musikstück hörten, ergab sich eine Aktivierung der gleichen Areale, aber zusätzlich zeigte sich auch eine Aktivität im rechten superioren Temporalcortex; somit erfolgte eine bilaterale Aktivierung, die beim einfachen Anhören von Tonleitern nicht festgestellt worden war.

Das Lesen der Noten aktivierte den visuellen Cortex in beiden Okzipitallappen (wie man es bei optischen Reizen erwarten würde), aber dabei wurden jene zusätzlichen Areale, die beim Verarbeiten von Wörtern angeregt werden, nicht miteinbezogen. Statt dessen zeichnete sich ein Bereich am Übergang zwischen linkem Okzipital- und Parietallappen ab. Sergent erklärt dies damit, daß man die relevante Information für das Lesen von Noten – im Gegensatz zum Lesen von Wörtern – dadurch erhält, daß man die räumliche Plazierung der Noten auf den Notenlinien analysiert (diese hat ja einen direkten Bezug zu den Tonhöhenintervallen).

Beim gleichzeitigen Notenlesen und Hören der entsprechenden Musik erfahren Bereiche in den unteren Parietallappen beider Hemisphären eine Aktivierung, was nicht der Fall ist, wenn man jede der beiden Bedingungen für sich allein untersucht. Sergent vermutet, daß hier eine Kartierung erfolgt, bei der der musikalischen Notation die entsprechenden Töne oder Melodien zugeordnet werden. Eine ähnliche Projektion von visuell nach auditiv führt der Parietalcortex beim Lesen von Wörtern durch, zwar nicht in der gleichen, wohl aber in einer benachbarten Region.*

* Hier geht man vom Läsionsort bei Patienten mit Alexie ohne Agraphie aus (Kapitel 6).

Demnach »erfolgt die Kartierung von gedruckter musikalischer Notation und ihrer auditiven Repräsentation in Bereichen, die sich in enger Nachbarschaft zu jenen Strukturen befinden, sich aber von diesen unterscheiden, die der visuellen und auditiven Repräsentation von Wörtern zugrunde liegen«.[49]

Bei Durchführung der experimentellen Hauptaufgabe zeigten sich schließlich noch zwei weitere Regionen aktiviert. Eine davon befand sich in den superioren Parietallappen beider Hemisphären. Diese Aktivität soll die Umsetzung der Notenschrift in visuell kontrollierte Fingerstellungen bei der Ausführung des Musikstückes repräsentieren. Die andere aktivierte bezog den Bereich im linken Frontallappen unmittelbar oberhalb des Brocaschen Areals ein. Da das Brocasche Areal eine entscheidende Rolle bei der Organisation der motorischen Sequenzen spielt, die der Sprachproduktion zugrunde liegen, ist Sergent der Meinung, daß die benachbarte Region eine ähnliche Funktion beim Spielen auf der Tastatur hat. Diese Studie zeigt, daß das Lesen und Spielen von Noten Hirnrindenareale aktiviert, die sich von denen, die ähnliche verbale Operationen unterstützen, unterscheiden, ihnen aber benachbart sind. Sergent zufolge erklärt dieses Ergebnis, warum einige Musiker, die eine linkshemisphärische Schädigung mit Aphasie erlitten haben, auch in ihren musikalischen Fertigkeiten beeinträchtigt sind. Die Untersucherin weist ferner darauf hin, daß diese Befunde mit einer modulären Sichtweise der Gehirnorganisation übereinstimmen und die einzigartigen Fähigkeiten spezifischer zerebraler Regionen betonen. Darüber hinaus stehen die Ergebnisse mit der Vorstellung von einer verteilten zerebralen Organisation im Einklang. Diese sei deshalb notwendig, weil es sich bei musikalischen Leistungen und den meisten anderen Formen des menschlichen Ausdrucks um vielfältige Prozesse handelt.

Emotionen

Gefühle sind beim Menschen mit vielerlei seelischen Zuständen, Reaktionen und Einstellungen verbunden. Einige von ihnen stehen über die beteiligten Gehirnmechanismen zueinander in Beziehung, andere nicht. Informationen über Emotionen spiegeln sich im Gesichtsausdruck wie auch in weniger auffälligen körperlichen Zeichen wider. Gefühle kann man direkt sprachlich äußern oder auch im Tonfall zum Ausdruck bringen. Wie bei anderen Untersuchungen des Zusammenhangs zwischen Gehirn und Verhalten hängt die Antwort auf die Frage, wo und wie emotionale Prozesse im Gehirn ablaufen, stark davon ab, welche Aspekte emotionalen Verhaltens man erforscht.

Emotionstheorien

Um Emotionen zu erklären, hat man drei wichtige Theorien vorgeschlagen:

Rückmeldung körperlicher Zustände. Nach der James-Lange-Theorie rufen emotionsauslösende Reize körperliche Veränderungen (in den Muskeln und

Eingeweiden) hervor, und das Erleben dieser Veränderungen soll im wesentlichen die Emotion sein.[50] Das „komische Gefühl in der Magengegend", das mit Angst und aufregenden Situationen einhergeht, oder die mit einem „Adrenalinstoß" verbundenen Empfindungen im Oberkörper, die im Zusammenhang mit Gefahr und Furcht auftreten, seien solche körperlichen Veränderungen, deren Wahrnehmung wir als emotionale Zustände interpretieren.

Obwohl diese Theorie seit ungefähr 100 Jahren kursiert und von vielen Psychologen ins Lächerliche gezogen oder zumindest abgelehnt worden ist, zeigen einige neuere Untersuchungen, daß sich durchaus verschiedene körperliche Reaktionen mit unterschiedlichen Emotionen in Verbindung bringen lassen.[51] Auch können bestimmte Pharmaka, die nur im Körper wirken (und nicht ins Gehirn gelangen) Angst und Furcht bei Menschen und Tieren verringern.[52] Darüber hinaus gibt es Hinweise dafür, daß Patienten mit sehr hoch sitzenden Rückenmarksverletzungen, welche die Verbindung zwischen Gehirn und einem großen Teil des Körpers unterbrechen (Querschnittslähmungen), emotionale Zustände weniger intensiv erleben als Patienten mit Läsionen tiefer gelegener Rückenmarksabschnitte.[53]

Diese „somatische" Theorie liefert wohl kein allumfassendes Modell der Emotionen, doch zeigt sie einen wichtigen, oft übersehenen Aspekt des emotionalen Erlebens auf.

Kognitive Erregung. Die Theorien der kognitiven Erregung nach Maranon und Schachter gehen davon aus, daß ein kognitiver Zustand mit der Erregung interagieren muß, um eine Emotion zu erzeugen.[54] Der Psychologe Stanley Schachter glaubte die James-Lange-Theorie von der körperlichen Rückmeldung widerlegt zu haben, nachdem er gezeigt hatte, daß eine pharmakologisch induzierte körperliche Erregung allein noch keinen emotionalen Zustand hervorruft. In Schachters Experiment schrieben die Versuchspersonen dem gleichen (durch eine Adrenalininjektion hervorgerufenen) Erregungszustand unterschiedliche Emotionen zu, je nachdem, in welchem mentalen Zustand sie sich befanden. Dieser Zustand wurde dadurch manipuliert, daß man die Versuchspersonen unterschiedlich auf das Experiment vorbereitete.[55]

Diese oft zitierte Untersuchung ist immer wieder kritisiert worden, vor allem wegen der sehr weitgehenden, verallgemeinernden Schlußfolgerungen. Diese seien aufgrund des sehr beschränkten methodischen Vorgehens, beispielsweise der Verwendung nur eines einzigen Pharmakons, nicht gerechtfertigt.[56] Dennoch sind viele Neuropsychologen der Meinung, daß die Theorie der kognitiven Erregung mit den Auswirkungen links- und rechtshemisphärischer Schädigungen auf die Emotionen, die in der Klinik zu beobachten sind, gut übereinstimmen.

Zentrale Emotionstheorien. Den zentralen Theorien zufolge sind Emotionen und subjektive Gefühle ausschließlich auf Aktivitäten des Zentralnervensystems zurückzuführen, also allein auf Funktionen des Gehirns und nicht auf Veränderungen im Körper. Cannon sprach im Jahre 1927 dem Thalamus, einer Struktur in der Tiefe des Gehirns, eine entscheidende Bedeutung zu.[57] Er meinte, vom Thalamus gingen Signale aus, die nicht nur für das emotionale Verhalten wichtig seien, sondern beim Erreichen des Cortex auch das subjektive emotionale Leben hervorriefen. Seit Cannons Zeiten haben andere „zentralistische" Emotionstheorien zunächst den Hypothalamus, eine andere subcorticale Struktur, zum Hauptorgan der Emotion gemacht[58] und später dann einen umfangreichen Regelkreis zugrunde gelegt, an dem Hypothalamus, Thalamus, Hippocampus und Cortex beteiligt sind.[59]

Höchstwahrscheinlich wird eine umfassende Theorie der Emotionen und der emotionalen Erfahrungen einerseits die Funktion zentraler Hirnstrukturen berücksichtigen müssen und andererseits zu bewerten haben, in welchem Umfang unsere emotionalen Erfahrungen von körperlichen Zuständen abhängen. Selbstverständlich werden auch die Körperreaktionen, die die James-Lange-Theorie so betont, vom Gehirn bestimmt, doch scheint dies automatisch, fast unmittelbar, zu erfolgen. Demnach unterliegen sowohl die kognitive Bewertung als auch die körperlichen Veränderungen, die mit einer emotionsauslösenden Situation einhergehen, der Steuerung durch das Gehirn. Daraus ergeben sich nun folgende Fragen: Was kommt zuerst, die körperliche Veränderung oder die kognitive Bewertung? Welche relative Bedeutung kommt jeweils dem einen und dem anderen zu? Und sind für die emotionsbedingten Veränderungen, seien sie nun körperlich oder kognitiv, spezifische Hirnregionen zuständig? Die meisten Forschungen auf dem Gebiet der Hemisphärenunterschiede in bezug auf Emotionen haben sich mit dieser letzten Frage beschäftigt. Dabei suchte man einfach nach Unterschieden jeglicher Art, die mit links- beziehungsweise rechtshemisphärischen Schädigungen einhergehen, oder nach Hinweisen auf Asymmetrien im emotionalen Ausdruck oder in der emotionalen Wahrnehmung bei gesunden Versuchspersonen.

Emotionale Veränderungen nach Hemisphärenverletzungen

In mehreren Studien ist das emotionale Verhalten von Patienten, die einseitige Hirnschäden erlitten hatten, untersucht worden. Von linkshemisphärisch geschädigten Patienten wird berichtet, daß sie Gefühle von Verzweiflung, Hoffnungslosigkeit und Wut zum Ausdruck bringen (oft als Katastrophenreaktion oder als dysphorische Reaktion bezeichnet), während eine rechtshemisphärische Schädigung mit einer indifferent euphorischen Reaktion einhergeht, bei der die Krankheitssymptome heruntergespielt werden und emotionale Gelassenheit sowie gehobene Stimmung vorherrschen. In einer vielzitierten Untersuchung ist beispielsweise die Häufigkeit von Katastrophen- und Indifferenzreaktionen bei 150 Patienten mit unilateralen Hirnläsionen verglichen worden. Von den Patienten mit linkshemispärischen Läsionen zeigten 62 Prozent die Katastrophenreaktion, von den rechtshemisphärisch geschädigten aber nur zehn Prozent. Die Indifferenzreaktion trat hingegen bei 38 Prozent der Patienten mit rechtshemisphärischen Läsionen und nur bei elf Prozent derjenigen mit linksseitigen Schäden auf.[60]

Extreme emotionale Reaktionen sind auch nach einseitiger Injektion von Natriumamobarbital (Natrium-Amytal) in die Arteria carotis (Wada-Test) festgestellt worden. Einige Forscher beobachteten nach linksseitigen Injektionen dysphorische Reaktionen, die oft von Weinen begleitet waren.[61] Indifferent-euphorische Reaktionen traten bei signifikant weniger Patienten auf.

Ein Forscher hat die Katastrophenreaktion so beschrieben: »... der Patient wirkt, besonders wenn er angesprochen wird, verzweifelt und bringt ein Gefühl der Schuld, der Nichtigkeit und der Unwürdigkeit zum Ausdruck und macht sich Sorgen über seine Zukunft oder über die seiner Angehörigen ...«[62] Nach rechtsseitiger Injektion traten dagegen häufiger indifferent-euphorische Reaktionen auf als dysphorische, wobei die Patienten manchmal in schallendes Gelächter ausbrachen, wenn die Wirkung des Natrium-Amytals nachließ. Der gleiche Forscher beschrieb die Indifferenzreaktion als »eine völlig gegensätzliche emotionale Reaktion, eine Euphorie, die in manchen Fällen sogar die Intensität einer manischen Reaktion haben kann. Der Patient erscheint völlig unbesorgt, lächelt und lacht und bringt in der Mimik wie auch in Worten beträchtliche Lebendigkeit und Wohlgefühl zum Ausdruck.«[63]

Obwohl nicht alle Forscher zu derart konsistenten Ergebnissen gelangt sind[64], lassen die Befunde, die wir gerade zusammenfassend dargestellt haben, doch den Schluß zu, daß sich die beiden Seiten des Gehirns bezüglich der von ihnen unterstützten emotionalen Zustände unterscheiden. Diese Interpretation wirft allerdings zwei Schwierigkeiten auf, mit denen wir uns hier beschäftigen müssen. Erstens könnten die im Zusammenhang mit Verletzungen sowohl der linken wie der rechten Gehirnhälfte beschriebenen emotionalen Veränderungen gar nicht darauf beruhen, daß jene Hirnfunktionen, die den Emotionen zugrunde liegen, beeinträchtigt wurden. Vielleicht stellen sie einfach eine Reaktion der Patienten auf die hirnverletzungsbedingten Leistungseinbußen dar. Eine Katastrophenreaktion infolge einer linkshemisphärischen Verletzung oder Betäubung wäre dann als Reaktion auf das Erlebnis zu verstehen, plötzlich nicht mehr sprechen zu können, und brächte nicht etwa eine Lateralisierung der Gefühle selbst zum Ausdruck. Auch wenn sich für die euphorischen Reaktionen nach rechtshemisphärischen Läsionen nicht ohne weiteres eine vergleichbare Erklärung anbietet, ist es durchaus möglich, daß dysphorische wie euphorische Reaktionen sekundäre Begleiterscheinungen anderer Beeinträchtigungen sind und nicht die unmittelbare Folge von Veränderungen lateralisierter Mechanismen, die die Grundlage der Gefühle bilden.

Die zweite Schwierigkeit betrifft die Beziehung zwischen den beiden Seiten des Gehirns und den hier diskutierten emotionalen Zuständen. Beispielsweise kann die Schädigung einer Gehirnseite emotionale Reaktionen durch ihre Auswirkungen auf eben diese Hemisphäre auslösen; möglicherweise wird aber auch die kontralaterale Seite beeinflußt – etwa weil ein Hirnbereich zerstört wurde, der normalerweise bestimmte Aktivitäten der anderen Hemisphäre hemmt. Wenn man das Wesen der Hemisphärenasymmetrien im emotionalen Bereich verstehen will, ist es wichtig zu ergründen, welche der beiden Möglichkeiten zutrifft.

Der Psychologe Harold Sackheim und seine Kollegen betrachteten Fälle von pathologischem, zwanghaftem Lachen und Weinen, in denen Patienten spontane, unkontrollierbare emotionale Verhaltensäußerungen zeigen, die in keinem Zusammenhang mit irgendwelchen objektivierbaren Ereignissen stehen.[65] Ihre Übersicht ergab, daß Patienten mit Zwangslachen dreimal so häufig rechtshemisphärische Läsionen erlitten hatten wie linkshemisphärische, während Zwangsweinen mehr als doppelt so oft in Verbindung mit linksseitigen Hirnschädigungen auftrat. Sackheim argumentiert, daß pathologisches Lachen und Weinen häufig vor allen anderen Beeinträchtigungen auftreten; oft stellte sie die ersten Anzeichen einer Hirnschädigung dar. Somit scheinen diese Befunde die Hypothese zu stützen, daß die beiden Seiten des Gehirns in unterschiedlicher Weise positiven und negativen Gefühlszuständen als Grundlage dienen.

Anschließend untersuchte Sackheim Fälle von unkontrollierten emotionalen Ausbrüchen in Form von Lach- und Weinanfällen, die manchmal mit epileptischen Anfällen einhergehen. Bei 91 Patienten mit Lachanfällen war die Wahrscheinlichkeit eines linksseitigen Herdes (Focus) der epileptischen Aktivität doppelt so groß wie die eines rechtsseitigen. Die Zahl der Patienten, die unter Weinanfällen litten, war sehr viel geringer. In den sechs untersuchten Fällen war die Beziehung zur Lage des Herdes weniger eindeutig. Bei vier Patienten vermutete man einen rechtsseitigen Focus, bei einem weiteren einen Herd auf der linken Seite; beim letzten schließlich konnte man sich nicht einigen, von welcher Seite die Anfälle ausgingen.

In Fällen von hirnverletzungsbedingtem pathologischem Lachen lagen vorwiegend rechtsseitige Läsionen vor. Im Falle des epilepsieverursachten unkontrollierbaren Lachens dagegen war der Focus der Krampfanfälle häufiger links als rechts lokalisiert. In einem ähnlichen Gegensatz standen die Befunde bei den wenigen Patienten mit hirnverletzungsbedingtem pathologischem Weinen beziehungsweise mit epileptischen Weinkrämpfen.

Obwohl diese Ergebnisse auf den ersten Blick widersprüchlich erscheinen könnten, sind sie in Wirklichkeit durchaus folgerichtig, denn epileptische Krampfanfälle hängen mit der Übererregbarkeit der Gehirnregionen im Bereich des Focus zusammen, während bei Läsionen Gehirngewebe zerstört und damit funktionsuntüchtig wird. Die Befunde lassen also den Schluß zu, daß unkontrollierbare Ausbrüche von Lachen entweder auf der Erregung innerhalb der linken Gehirnhälfte (wie bei der Epilepsie) oder auf der Ausschaltung eines hemmenden (inhibitorischen) Einflusses aufgrund einer rechtshemisphärischen Läsion (wie im Falle von Hirnverletzungen) beruhen. Die Folgerungen bezüglich des unkontrollierbaren Weinens müssen wegen der geringen Anzahl der Fälle noch als vorläufig betrachtet werden. Die vorliegenden Befunde passen jedoch zu der Vorstellung, daß zwanghaftes Weinen von einer Erregung innerhalb der rechten Gehirnhälfte herrührt oder durch die fehlende Hemmung der rechten Hemisphäre infolge einer linkshemisphärischen Verletzung zustande kommt.

Die Idee einer Enthemmung, wie sie hier vertreten wird, setzt voraus, daß die beiden Hälften des Gehirns bezüglich des Gefühlsausdrucks gewöhnlich einen inhibitorischen Einfluß aufeinander ausüben, der einen normalen, ausgeglichenen Zustand ohne unkontrollierbare emotionale Ausbrüche gewährleistet. Im Falle einer einseitigen Verletzung wird diese Form der gegenseitigen Inhibition beeinträchtigt, und die geschädigte Seite vermag ihr Gegenstück nicht mehr im gleichen Maße zu hemmen; die andere Hemisphäre wird somit enthemmt.

Dem Modell einer hemisphärischen Kontrolle der Emotionen zufolge, das sich aus dieser Übersicht ergibt, unterstützt die linke Seite des Gehirns gewöhnlich positive Emotionen, während die rechte Hemisphäre typischer-

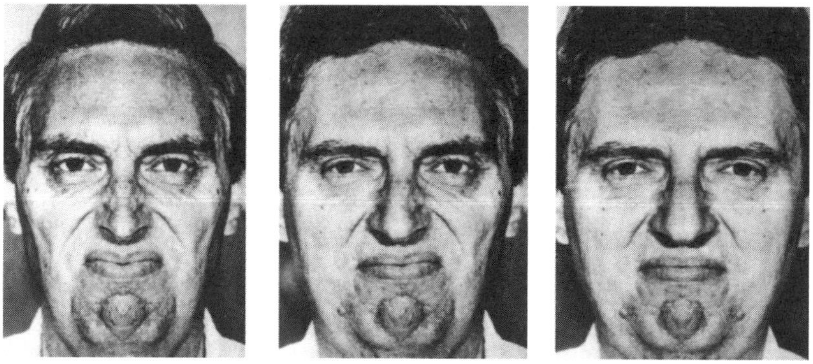

7.3 Vergleich der Intenstät des Gesichtsausdrucks bei zusammengesetzten Gesichtern: a) Bildmontage aus zwei linken Gesichtshälften, b) Originalgesicht, c) Montage aus zwei rechten Gesichtshälften. (Aus H. Sackheim, „Emotions Are Expressed More Intensely on the Left Side of the Face", *Science* 202 (1978): 434, Abb. 1. American Association for the Advancement of Science.)

weise für negative Emotionen zuständig ist. Das Modell stellt eine nützliche Arbeitshypothese dar, mit deren Hilfe sich ein Großteil der oben erwähnten Befunde erklären läßt. Es ist aber beileibe noch nicht vollständig und allgemein anerkannt.

Die Wahrnehmung von Gefühlen

Klinische Befunde. Wie bereits bei der Erörterung der Sprachstörungen erwähnt, lassen einige klinische Befunde vermuten, daß die rechte Hemisphäre bei der Verarbeitung emotionaler Information eine wichtige Rolle spielt. Kenneth Heilman und seine Mitarbeiter berichten beispielsweise, daß Patienten mit einer Schädigung der rechten Gehirnhälfte mehr Schwierigkeiten haben als linkshemisphärisch geschädigte, die emotionale Botschaft zu erfassen, die beim Sprechen durch den Tonfall vermittelt wird.[66]

Die Patienten betrachteten Bilder von vier Gesichtern – einem glücklichen, einem traurigen, einem wütenden und einem gleichgültigen – und hörten dabei Sätze, die mit verschiedenem Ausdruck vorgelesen wurden. Die Sätze selbst waren neutral und ohne emotionalen Inhalt; die emotionale Information lag allein in der Art, wie der Versuchsleiter die Sätze las. Die Aufgabe der Versuchsperson bestand darin, auf das Gesicht zu zeigen, das der Stimmung, die der Sprecher bei jedem Versuchsdurchgang zum Ausdruck brachte, am besten entsprach. Aphasische Patienten, darunter sogar einer mit einer globalen Aphasie, vermochten das recht gut – oft sogar fehlerlos. Dagegen hatten Patienten mit rechtshemisphärischen Schäden größte Schwierigkeiten bei diesem Test.

Eine andere Untersuchung war darauf angelegt, die Frage zu klären, ob dieses Versagen rechtshemisphärisch geschädigter Patienten auf der Unfähigkeit beruht, den emotionalen Ausdruck zu erkennen – also auf einem Wegfall der Wahrnehmung –, oder darauf, daß ihnen die Bedeutung verschiedener Emotionen nicht mehr klar ist – das wäre dann ein kognitiver Ausfall. Die Forscher ließen Patienten mit rechtshemisphärischen Schäden zwischen paarweise angebotenen Sätzen unterscheiden, die denselben Wortlaut hatten, aber entweder im gleichen oder in verschiedenem Tonfall gesprochen waren. Die Patienten brauchten die Emotionen nicht zu identifizieren, sondern sollten lediglich sagen, ob die Sätze gleich oder verschieden klangen.

Wie in der vorangegangenen Heilmanschen Arbeit schnitten auch hier die rechtshemisphärisch geschädigten Patienten schlechter ab als aphasische Kontrollpatienten. Ihre Leistung entsprach jedoch der der Vergleichsgruppe, wenn man testete, ob sie die Emotion erkennen konnten, die durch den Inhalt einer Geschichte übermittelt wurde. Man hat diese Ergebnisse dahingehend interpretiert, daß rechtshemisphärisch geschädigte Patienten nicht die Vorstellung oder das Verständnis verschiedener Emotionen verloren haben, sondern daß es ihnen vielmehr schwerfällt, die üblichen Hinweisreize für Gefühle wahrzunehmen.[67]

Neuere Untersuchungen haben im allgemeinen (wenn auch nicht einhellig) die Vorstellung unterstützt, daß rechtshemisphärische Schädigungen die Wahrnehmung von Emotionen stärker behindern als linkshemisphärische Verletzungen. In einer Studie fand man heraus, daß Patienten mit rechtsseitigen Hirnschäden bei Aufgaben, in denen sie emotionale Wörter unterscheiden und erkennen mußten, signifikant schlechter abschnitten, als bei vergleichbaren Aufgaben mit nichtemotionalen Wörtern.[68] Diese Dissoziation ließ sich weder bei linkshemisphärisch geschädigten Patienten noch bei gesunden Kontrollversuchspersonen nachweisen. Doch ergab eine andere Studie neueren Datums, die das Verständnis für den emotionalen Tonfall (Prosodie) untersuchte, mit dem unterschiedliche Sprachreize dargeboten wurden, daß links- und rechtshemisphärisch geschädigte Patienten gleichermaßen beeinträchtigt waren.[69]

Joan Borod hat in ihrem kürzlich erschienen Überblicksartikel zur Emotionsforschung darauf hingewiesen, daß sich viele scheinbar miteinander unvereinbare Befunde in der Literatur erklären lassen, wenn man näher analysiert, welcher „Verarbeitungsmodus" (Ausdruck oder Wahrnehmung), welcher „Kommunikationskanal" (Gesicht, Tonfall oder Wortwahl) und welche „emotionale Qualität" (positiv oder negativ) untersucht worden ist.[70] Sie behauptet, daß die Forschungsergebnisse insgesamt gesehen zeigen, daß die rechte Hemisphäre dominiert, wenn es um die emotionale Wahrnehmung von Gesichtsausdrücken und von lexikalischen Informationen (daß heißt von emotionalem Vokabular) geht, und zwar unabhängig davon, ob es sich um positive oder negative Emotionen handelt. Was die Untersuchungen des emotionalen Ausdrucks betrifft, ist die Situation komplizierter, wobei es oft eine wichtige Rolle spielt, ob es sich um positive oder negative Aspekte einer Emotion handelt und ob die Kommunikation per Gesichtsausdruck erfolgt oder nicht. Im großen und ganzen, so Borod, stützen die Studien zur Produktion einer angemessenen sprachlichen Betonung (Prosodie) die Annahme, daß die rechte Hemisphäre sowohl für den positiven wie den negativen emotionalen Ausdruck dominant ist. Welche Schlüsse man jedoch bezüglich der Hirnregionen zieht, die emotionale Gesichtsausdrücke steuern, hängt – wie wir noch sehen werden – eher davon ab, ob man positive oder negative Emotionen untersucht.

Verhaltensuntersuchungen an normalen Versuchspersonen. Auch Arbeiten mit normalen Probanden belegen, wie wichtig die rechte Hemisphäre für die Wahrnehmung von Emotionen ist. In einer Studie, die sich mit möglichen Asymmetrien im Ausdruck von Gefühlen befaßte, schnitt man Photographien von Gesichtern und deren spiegelbildliche Umkehrungen in der Mitte entzwei und setzte aus jeweils zwei linken und zwei rechten Hälften neue Bilder zusammen.[71] Versuchspersonen sollten anschließend bei einer Serie solcher Bilder, die sich hinsichtlich der gezeigten Gefühle unterschieden, die Intensität des emotionalen Ausdrucks beurteilen. Abbildung 7.3 zeigt ein solches Gesicht und die daraus neu zusammengesetzten Bilder.

Den Beurteilungen der Probanden zufolge kamen in Gesichtern, die aus zwei linken Hälften zusammengesetzt waren, Gefühle stärker zum Ausdruck als in solchen aus zwei rechten Hälften. Die Forscher verwiesen darauf, daß Gesichtsmuskeln vorwiegend über kontralaterale Nervenbahnen kontrolliert werden, und sahen in ihren Ergebnissen einen Beleg für eine stärkere Beteiligung der rechten Hemisphäre an der Erzeugung des emotionalen Ausdrucks. Mehrere Folgeuntersuchungen erbrachten insgesamt weitgehend ähnliche Resultate.

Widersprüche treten jedoch auf, wenn man Gesichtsausdrücke in positive und negative Kategorien einteilt. Einige Forscher haben im Asymmetriemuster Unterschiede zwischen positiven und negativen Gefühlen festgestellt. Joan Borod und ihre Mitarbeiter fanden beispielsweise heraus, daß negative Gesichtsausdrücke durchgängig und signifikant linksseitig, positive dagegen nicht systematisch lateralisiert waren.[72] In anderen Arbeiten sind linksseitige Effekte allerdings unter bestimmten Umständen sowohl für positive als auch für negative Reize gefunden worden.[73] Und wieder andere Untersuchungen berichten über unterschiedliche Gesichtsasymmetrien als Reaktion auf positive und negative emotionale Erregung: Positive Reize führten zu auffälligeren Veränderungen der rechten Gesichtshälfte, während die negativen Reize stärkere linksseitige Gesichtsausdrücke zur Folge hatten.[74]

Auch andersartige Tests mit neurologisch gesunden Versuchspersonen förderten Ergebnisse zutage, die zeigen, daß anscheinend allein die rechte Hemisphäre am Erkennen emotionaler Zustände beteiligt ist, während die linke dabei keine besondere Rolle spielt. In einer Studie zum dichotischen Hören stellte man mit nichtsprachlichen menschlichen Geräuschen wie Lachen und Husten einen leichten Vorteil für das linke Ohr fest, und in einer anderen Arbeit, in der die Probanden sowohl den emotionalen Unterton als auch den sprachlichen Inhalt von dichotisch dargebotenen Sätzen erkennen sollten, trat bei der Beurteilung des erstgenannten Merkmals ebenfalls ein leichter Vorsprung für das linke Ohr auf.[75] Auch eine Untersuchung mit visuellen Reizen, die tachistoskopisch in der rechten oder linken Gesichtsfeldhälfte dargeboten wurden, belegt eine unterschiedliche hemisphärische Beteiligung. Bei den Reizen handelte es sich um fünf verschiedene Cartoonfiguren, die mit jeweils fünf unterschiedlichen emotionalen Ausdrücken dargestellt waren – extrem positiv, leicht positiv, neutral, leicht negativ und extrem negativ – und die man sehr kurz einzeln entweder in der linken oder in der rechten Gesichtsfeldhälfte präsentierte. Die Aufgabe der Versuchspersonen bestand darin, zu beurteilen, ob der Gesichtsausdruck derselbe war wie bei einem zweiten Bild, das in der Mitte des Gesichtsfeldes dargeboten wurde. Es ergaben sich bessere Leistungen für Darbietungen in der linken Gesichtsfeldhälfte, was einer Überlegenheit der rechten Hemisphäre bei diesem Test entspricht.[76]

Abschließende Bemerkungen: Gibt es im Bereich der Emotion eine Dominanz der rechten Hemisphäre?

Alles in allem scheint einiges dafür zu sprechen, daß die rechte Hemisphäre stärker als die linke daran beteiligt ist, emotionale Informationen zu verarbeiten und emotionales Ausdrucksverhalten zu erzeugen. Über den Grund dafür läßt sich nur spekulieren. Joan Borod hat vorgeschlagen, daß »an der emotionalen Verarbeitung Strategien und Funktionen beteiligt sind, bei denen die rechte Hemisphäre überlegen ist: Strategien, die als nichtsprachlich, synthetisch, integrativ, holistisch und gestalthaft bezeichnet werden, und Funktionen, zu denen Musterwahrnehmung, visuell-räumliche Organisation und visuelle Vorstellung zählen.«[77] Howard Gardner meinte, die entscheidende Funktion der rechten Hemisphäre bei der emotionalen Verarbeitung sei im Grunde eine räumliche; das heißt, die rechte Hemisphäre spreche besonders auf Beziehungen zwischen den Emotionen an, was es ihr ermögliche, zu bestimmen, welches Verhalten in einer gegebenen Situation angebracht sei.[78]

Kenneth Heilman hat als Erklärung vorgeschlagen, daß die rechte Hemisphäre in engerem Kontakt zu den subcorticalen Systemen steht, die für Erregung und intentionales Verhalten von Bedeutung sind.[79] Das häufige Vorkommen eines Halbseitenneglekts infolge rechtshemisphärischer Läsionen, das wir zu Anfang dieses Kapitels diskutierten, scheint diese Ansicht zu stützen. Weitere Belege ergeben sich aus Berichten über einen Zusammenhang zwischen krankhaften Veränderungen der rechten Hemisphäre und anormalen Reaktionen der Herzfrequenz beziehungsweise Änderungen des Hautwiderstands (beides Funktionen des autonomen Nervensystems).[80]

Heilman zufolge steht die Theorie der kognitiven Erregung (die er als Selbstattributions-Modell der Emotionen bezeichnet) durchaus im Einklang mit dem Befund, daß Patienten mit rechtshemisphärischen Schädigungen zu Affektnivellierung und linkshemisphärisch Erkrankte zu depressiven und Katastrophenreaktionen neigen.[81] Da rechtshemisphärisch geschädigte Patienten Schwierigkeiten haben, emotionale Gesichtsausdrücke zu verstehen, könnten diese Probleme sie auch daran hindern, die richtigen kognitiven Zustände zu entwickeln, die notwendig sind, um die körperlichen Erregungen, die in ihnen ausgelöst werden, zu deuten und mit ihnen umzugehen. Wenn zudem noch Hinweise zutreffen, nach denen rechtshemisphärische Verletzungen die Erregung selbst vermindern, würde dies die Situation weiter verschlimmern.[82]

Umgekehrt sollten Patienten mit linksseitigen Hirnschäden keine Schwierigkeiten haben, Betonung und Gesichtsausdrücke oder ihre eigenen körperlichen Zustände richtig zu interpretieren. Darüber hinaus sollte ihre Erregung aufgrund der wegfallenden linkshemisphärischen Kontrolle und der damit verbundenen Enthemmung des rechtshemisphärischen Aktivierungsmechanismus ansteigen und sie somit anfälliger für Katastrophenreaktionen machen.

So interessant diese Spekulationen auch sein mögen, so wichtig ist es, sich daran zu erinnern, daß über die Lateralität der Emotion noch längst nicht entschieden ist – die zuvor besprochenen Befunde, die auf eine spezielle Rolle der linken Hemisphäre hinweisen, sind nur ein Beispiel hierfür. Die rechte Hemisphäre als für Emotionen spezialisiert zu bezeichnen, wäre eindeutig eine grobe Vereinfachung unseres Wissens über hemisphärisch Asymmetrien und über das, was wir Emotion nennen. Noch komplexer wird das Bild durch Befunde, die in Kapitel 10 besprochen werden und die mögliche Beziehungen zwischen Hemisphärenunterschieden und psychopathologischen Störungen betreffen. Von der künftigen Forschung (vielleicht auch von einer Neukonzeption des Untersuchungsgegenstands) erhoffen wir uns Hinweise darauf, wie dies alles zusammenpassen soll.

8. Asymmetrie und Geschlecht

Stellen wir uns einmal das folgende einfache Experiment vor. In einer Testserie werden die Versuchspersonen aufgefordert, in Gedanken das Alphabet durchzugehen und alle die Buchstaben zu zählen, die den Laut „e“ enthalten (einschließlich des *e* selbst). In einer zweiten Serie bittet man die Probanden, die Buchstaben zu zählen, die bei Großschreibung eine Rundung enthalten. In beiden Fällen müssen die Personen die Aufgaben vollständig „im Kopf“ lösen; sie dürfen weder schreiben noch die Buchstaben laut aussprechen. Die Teilnehmer werden gebeten, so rasch wie möglich zu zählen, da die Ergebnisse außer nach Richtigkeit auch nach Schnelligkeit bewertet werden.

Welche Aufgabe ist schwieriger – gleiche Klänge oder runde Formen zu zählen? Die Antwort hängt bei einer solchen Untersuchung davon ab, ob Männer oder Frauen getestet werden. Männer sind beim Formtest genauer und etwas schneller, Frauen schneiden beim Klangtest besser ab.[1]

Diese Studie ist eine von vielen, die für bestimmte menschliche Fähigkeiten – hier für sprachliche und räumliche – Unterschiede zwischen den Geschlechtern aufzeigen.[2] Etliche Ergebnisse lassen vermuten, daß Frauen Männern bei zahlreichen Fertigkeiten, die den Gebrauch von Sprache erfordern – etwa Sprachflüssigkeit, Schnelligkeit der Artikulation und Grammatik –, überlegen sind. Frauen sind zumeist auch schneller als Männer, wenn es um Aufgaben geht, bei denen es auf Wahrnehmungsgeschwindigkeit (beispielsweise die Fähigkeit, identische Elemente zu entdecken), manuelle Genauigkeit und Rechnen ankommt. Männer dagegen zeigen durchschnittlich bessere Leistungen bei räumlichen Aufgaben, beispielsweise bei Labyrinthversuchen, beim Zusammenlegen von Bildern und beim Würfeltest, beim Drehen von Figuren in der Vorstellung sowie bei Aufgaben zur mechanischen Geschicklichkeit. Darüber hinaus schneiden Männer beim mathematischen Denken und beim Orientieren nach einer Karte besser ab als Frauen. Schließlich sind Männer auch noch genauer beim Werfen und Fangen. In Abbildung 8.1 sind einige dieser Unterschiede dargestellt.

Faszinierend ist dabei, daß die Kategorien der Fertigkeiten, in denen sich die Geschlechter unterscheiden, in etwa die gleichen sind, nach denen sich die Funktionen der Hemisphären aufteilen lassen. Hängen Geschlechtsunterschiede in den kognitiven Fähigkeiten also in irgendeiner Weise mit Geschlechtsunterschieden in der Gehirnorganisation zusammen? Gibt es zwischen Männern und Frauen Unterschiede in der Hemisphärenasymmetrie? In diesem Kapitel werden wir einen Überblick über die interessanten und häufig widersprüchlichen Befunde geben, die es zu Geschlechtsunterschieden in der Gehirnorganisation und ihrer möglichen Beziehung zu kognitiven Funktionen gibt.

Probleme, bei deren Lösung Frauen im Vorteil sind:

Tests der sogenannten Wahrnehmungsgeschwindigkeit, bei denen Bildpaare rasch zu erkennen sind – hier gilt es, das Gegenstück des links abgebildeten Hauses zu finden:

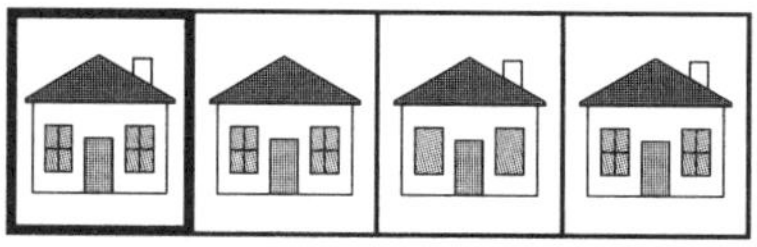

Aufgaben wie die, sich zu erinnern, ob einzelne Gegenstände in einem Ensemble verschoben oder daraus entfernt würden:

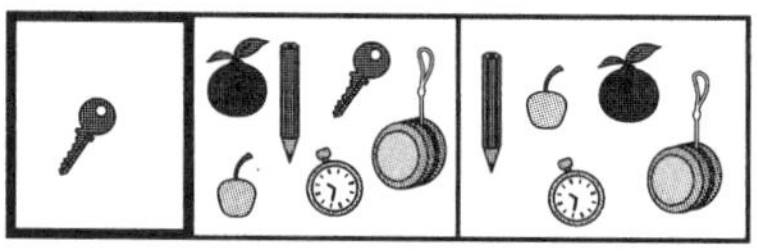

Tests der Ideen- und Wortflüssigkeit, bei denen die Probanden etwa Gegenstände derselben Farbe oder Wörter mit demselben Anfangsbuchstaben aufzählen sollen:

L _ _ _	Liebe, Leid, Lachen, Loch, Lage, Lager, Leben, Leber, Leiste, Leim, Lift, Luft, Last, Laster, List, ...

Tests der feinmotorischen Koordination – etwa das Einstecken von Stiften in die Löcher eines Brettes:

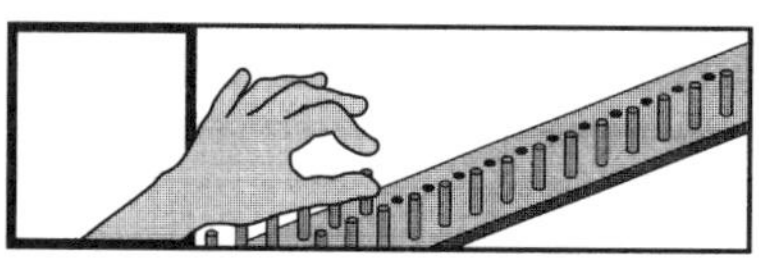

Rechenaufgaben:

77	$14 \times 3 - 17 + 52$
43	$2\,(15 + 3) + 12 - \frac{15}{3}$

Probleme, bei deren Lösung Männer im Vorteil sind:

Bestimmte Aufgaben zum räumlichen Vorstellungsvermögen und zur mentalen Rotation wie die, dieses dreidimensionale Objekt in der Vorstellung zu drehen,

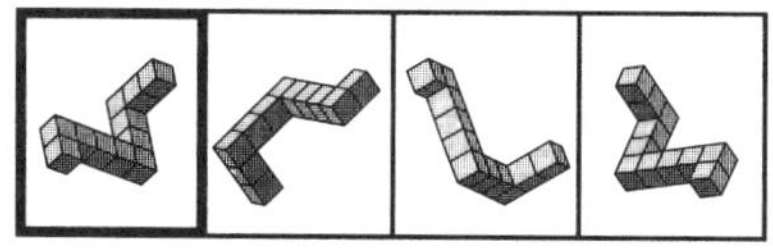

oder zu bestimmen, in welcher Position die Löcher in einem gefalteten Blatt nach dem Aufklappen liegen:

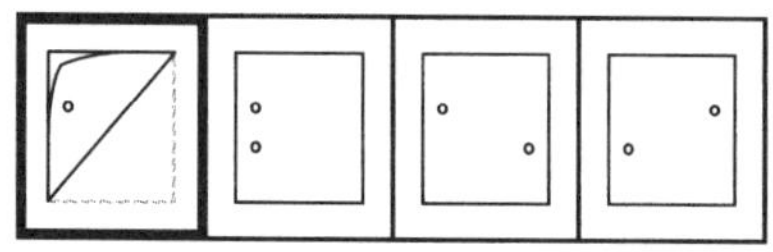

Tätigkeiten, die den Einsatz von zielgerichteten motorischen Fertigkeiten erfordern, wie beispielsweise das Werfen und Auffangen von Gegenständen:

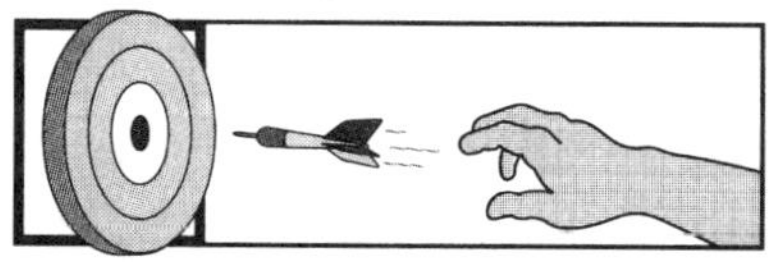

Auffinden einfacher Formen wie der links gezeigten in einer Vielzahl überlagerter Strukturen:

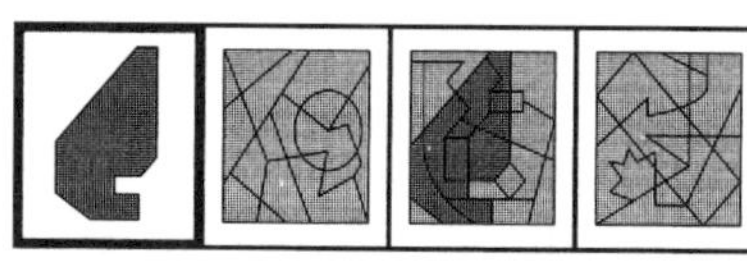

Mathematisches Schlußfolgern:

1100	Wenn nur 60 Prozent aller Setzlinge angehen, wie viele muß man pflanzen, um 660 Bäume zu erhalten?

8.1 Verbale und räumliche Aufgaben, bei denen sich Geschlechtsunterschiede in den Leistungen zeigen. (Aus D. Kimura, „Weibliches und männliches Gehirn", *Spektrum der Wissenschaft* 11 (1992): 104–113.)

Hirnschädigung, Hirnaktivität und Hirnanatomie: Hinweise auf Geschlechtsunterschiede

Wenn die Gehirnhälften von Männern und Frauen verschieden organisiert sind, dann sollte es auch Hinweise darauf geben, daß sich Hirnschädigungen bei beiden Geschlechtern unterschiedlich auswirken. Herbert Lansdell von den National Institutes of Health der USA (NIH) war einer der ersten, die bemerkten, daß die Schädigung einer Gehirnhälfte für Männer und Frauen unterschiedliche Folgen zu haben schien.[3] Lansdell interessierte sich dafür, wie sich bei Patienten, die zur Linderung von epileptischen Anfällen operiert worden waren, die Entfernung eines Teils des Temporallappens einer Hemisphäre auswirkte. Aufgrund zahlreicher älterer Untersuchungen erwartete er nach einer Operation an der rechten Gehirnhälfte ein größeres Leistungsdefizit in visuell-räumlichen Aufgaben und nach einem Eingriff an der linken Hemisphäre ein größeres Defizit in sprachlichen Aufgaben. Seine Vorhersagen wurden bestätigt – allerdings nur bei männlichen Patienten. Dieses unerwartete Ergebnis ließ Lansdell vermuten, daß einige der physiologischen Mechanismen, die visuell-räumlichen und sprachlichen Fähigkeiten zugrunde liegen, sich bei Frauen überschneiden, bei Männern aber in entgegengesetzten Hemisphären lokalisiert sind.

Spätere Arbeiten führten zum selben Schluß. Die Psychologin Jeanette McGlone berichtete beispielsweise über Versuche mit 85 rechtshändigen Erwachsenen mit Schädigungen der linken oder rechten Gehirnhälfte.[4] Die meisten hatten einen Schlaganfall erlitten, es waren aber auch einige Tumorpatienten darunter. Jedem wurde eine Reihe psychologischer Tests vorgelegt – darunter der Wechsler-Intelligenztest für Erwachsene (WAIS) und ein Aphasietest, um festzustellen, ob das dabei zutage tretende Muster sprachlicher und nichtsprachlicher Defizite sowohl vom Geschlecht als auch von der Seite der Hirnschädigung abhing.

Die Ergebnisse bezüglich der Sprachbeeinträchtigung waren eindrucksvoll. Aphasie als Folge einer Schädigung der linken Hemisphäre trat bei Männern dreimal so oft auf wie bei Frauen. Selbst wenn man alle Patienten mit den Zeichen einer Aphasie von der Analyse ausschloß, waren unter den restlichen Patienten Defizite in höheren sprachlichen Fertigkeiten bei Männern häufiger und gravierender.

Dagegen gab es bei den nichtsprachlichen Untertests des WAIS insgesamt keine signifikanten Unterschiede in der Leistung, die auf dem Geschlecht oder der Seite der Schädigung beruhten. Wenn jedoch die Leistungen in den nichtsprachlichen Tests mit denen in den sprachlichen verglichen wurden, traten die Unterschiede bezüglich Geschlecht und Läsionsseite wieder zutage. Als Maß nimmt man hier die Differenz zwischen den IQ-Werten, die im nichtsprachlichen Testteil und im sprachlichen Teil ermittelt worden waren. Bei Männern beeinträchtigte eine linkshemisphärische Schädigung den sprachlichen IQ mehr als den nichtsprachlichen; ein rechtshemisphärischer Schaden verminderte die nichtsprachlichen Leistungen relativ zu den sprachlichen. Bei Frauen zeigte sich kein Effekt der Läsionsseite: Ihre sprachlichen und nichtsprachlichen IQ-Werte waren bei einer Schädigung der linken beziehungsweise der rechten Gehirnhälfte nicht signifikant verschieden. Auch diese Befunde stützen Lansdells Spekulation, daß sprachliche wie räumliche Fähigkeiten bei Frauen stärker bilateral repräsentiert sind.

Sind Geschlechtsunterschiede schon immer vorhanden gewesen?

Wie lassen sich diese Ergebnisse damit vereinbaren, daß man zuvor in hundert Jahren klinischer Forschung zur Hemisphärenasymmetrie keine Geschlechtsunterschiede gefunden hat? Eine Erklärung liegt darin, daß viele der älteren Untersuchungen fast ausschließlich an männlichen Patientenpopulationen vorgenommen worden sind. Eingehend untersucht hat man beispielsweise Patienten von Versorgungskrankenhäusern für Armeeangehörige, und das waren fast ausschließlich Männer. Viele Forschungsprojekte wurden auch mit Patienten durchgeführt, die an einer kriegsbedingten Hirnschädigung litten – ebenfalls überwiegend Männer. Eine „schiefe" Verteilung wiesen auch Patientengruppen auf, die sich einer Operation am Temporallappen unterziehen mußten. Solche Eingriffe werden meist zur Linderung von Epilepsien vorgenommen, einer Krankheit, die bei Männern sehr viel häufiger vorkommt.

Noch ein anderer wichtiger Faktor könnte erklären, warum in früheren Arbeiten keine Geschlechtsunterschiede festgestellt wurden: Man hat einfach nicht danach gesucht. Was die Auswirkung einseitiger Hirnschäden betrifft, ist die Variation von Patient zu Patient (sogar innerhalb eines Geschlechts) außerordentlich groß. Eine Schädigung der linken Hemisphäre führt bei manchen Rechtshändern zu einer erheblichen Störung der sprachlichen Fähigkeiten, während sich bei anderen eine vergleichbare Schädigung kaum auswirkt. Diese Variabilität in den Folgen von Hirnschäden, die innerhalb der Gruppe der Männer beziehungsweise der Frauen auftritt, erschwert es, Unterschiede zwischen den Geschlechtern zu finden – sofern man nicht in einer ausreichend großen Population von Versuchspersonen gezielt danach sucht.

Aufgrund solcher Überlegungen haben James Inglis und J. S. Lawson den interessanten Versuch unternommen, eine Anzahl älterer Arbeiten – Studien über die Auswirkungen von einseitigen Hirnschädigungen auf verbale und räumliche Fertigkeiten, in denen man nicht nach Unterschieden zwischen Männern und Frauen gefahndet hatte – einer erneuten Analyse zu unterziehen.[5] Die beiden Forscher sagten zu Beginn ihrer Untersuchung voraus, daß diejenigen Arbeiten, die über signifikante verbale und räumliche Defizite in Gruppen mit jeweils links- und rechtsseitigen Hirnverletzungen berichteten, auf Befunden von Patientengruppen mit einem deutlich größeren Anteil von Männern beruhen würden. An Studien, in denen man kein entsprechendes Defizitmuster gefunden hatte, sollten mehr weibliche Patienten beteiligt gewesen sein, denn – so das Argument von Inglis und Lawson – die geringeren Lateralitätseffekte bei Frauen würden die bei den Männern gefundenen stärkeren Asymmetrien verdecken. Die Analyse bestätigte diese Hypothesen und erbrachte damit einen weiteren Hinweis auf die Bedeutung von Geschlechtsunterschieden in der Erforschung von Hirnschädigungen und Gehirnasymmetrien.

Unterschiede in der Hirnanatomie

In Kapitel 4 haben wir einige der Befunde erörtert, die auf anatomische Unterschiede zwischen den Hemisphären hinweisen. Das steigende Interesse an Geschlechtsunterschieden in der Lateralisierung regte auch Untersuchungen an, die klären sollten, ob das Geschlecht sich bei diesen Asymmetrien auswirkt; inzwischen liegen einige Ergebnisse vor, die dies bestätigen.

Obwohl in vielen Arbeiten Angaben über das Geschlecht fehlen, gibt es eine sehr umfassende Untersuchung, die solche Informationen für die meisten der *post mortem* untersuchten Gehirne enthält.[6] Bei jedem Gehirn wurde das Verhältnis zwischen der Größe des rechten Planum temporale und der des linken bestimmt. Insgesamt war dieses Verhältnis kleiner als eins, die Fläche auf der linken Seite also größer. Von den Individuen aber, die ein umgekehrtes Muster zeigten, waren die meisten weiblich. Wenn man annimmt, daß eine solche Umkehrung eine größere funktionelle Bilateralität widerspiegelt, stimmen diese an menschlichen Gehirnen gewonnene Ergebnisse mit den anderen bisher vorgestellten Befunden überein: Frauen scheinen schwächer lateralisiert zu sein.

Geschlechtsunterschiede in der Asymmetrie des Gehirns sind auch bei einer bestimmten Spezies der weißen Ratte nachgewiesen worden.[7] Marian Diamond und ihre Mitarbeiter stellten bei männlichen Ratten aller Altersstufen – sehr alte Tiere ausgenommen – eine signifikant dickere rechte Hemisphäre fest. Weibliche Ratten hatten dagegen etwas dickere linke Hemisphären; hier war der Unterschied allerdings statistisch nicht signifikant.

Messungen am Hippocampus, der, wie wir in Kapitel 7 besprochen haben, für das Gedächtnis von großer Bedeutung ist, zeigten ebenfalls Lateralitätseffekte. Sehr junge männliche Ratten weisen große Unterschiede zugunsten des rechten Hippocampus auf, die sich mit zunehmendem Alter beträchtlich verringern. Bei weiblichen Ratten findet sich die umgekehrte Asymmetrie: Der linke Hippocampus ist dicker als der rechte, wobei die Unterschiede aber nur in einem Alter von 21 bis 90 Tagen statistische Signifikanz erreichen.

Andere Forschungsergebnisse offenbaren den Einfluß von Sexualhormonen auf die Entwicklung des Corpus callosum der Ratte. Bei der männlichen Ratte ist das Corpus callosum größer als bei der weiblichen. Gibt man nun neugeborenen weiblichen Ratten Testosteron, dann wird das Corpus callosum größer. Männliche Feten hingegen, die mit einem Antiandrogen (einem Pharmakon, das mit Testosteron interferiert) behandelt wurden, haben ein kleineres Corpus callosum.[8]

Zeigen sich Geschlechtsunterschiede auch im Corpus callosum des Menschen? Einer neueren Studie zufolge, in der die Neuroanatomin Laura Allen und der Neuroendokrinologe Roger Gorski von der University of California in Los Angeles die Gehirne von 146 normalen Versuchspersonen mit einem bildgebenden Verfahren untersuchten, weist die Form des Corpus callosum eindrucksvolle Unterschiede zwischen den Geschlechtern auf.[9] Zwar ließen sich keine signifikanten Größenunterschiede als Funktion des Geschlechts ausmachen, doch war der Querschnitt des Splenium (des hinteren Fünftels des Corpus callosum) bei Frauen birnen- oder zwiebelförmig, beim Mann hingegen eher gestreckt. Es ist nicht bekannt, ob diese Formunterschiede irgendeine Beziehung zu Geschlechtsunterschieden in der Anzahl oder relativen Verteilung von Nervenfasern aufweisen. Wenn es solche tatsächlich gibt, könnten sie – zumindest teilweise – den Geschlechtsunterschieden in der Lateralität des Gehirns zugrunde liegen.

Wir müssen hier allerdings erneut betonen, daß der Zusammenhang zwischen anatomischen und funktionellen Asymmetrien zur Zeit noch eine ungeprüfte Annahme ist. Bevor man von anatomischen Befunden auf die Funktion schließen kann, muß diese Verbindung erst einmal sicher nachgewiesen sein.

Hirndurchblutung

Eine Überblicksarbeit zu Geschlechtsunterschieden in den räumlichen Fähigkeiten kam zu dem Schluß, das große Unterschiede zugunsten von Männern immer nur dann zu finden waren, wenn man die Fähigkeit zur mentalen Rotation gemessen hatte.[10] Eine neuere Untersuchung hat mittels Hirndurchblutungsmessungen Ausschau nach Geschlechtsunterschieden beim Ausführen einer mentalen Rotationsaufgabe gehalten[11] (siehe auch Abbildung 4.8).

Im Rahmen dieser Studie erzielten Frauen, sowohl was die Genauigkeit als auch was die Anzahl der ausgeführten Aufgaben anging, geringere Leistungen als Männer. Allerdings zeigten Frauen wie Männer eine erhöhte rechtshemisphärische Aktivierung während dieser Aufgabe, was den Schluß nahelegt, daß bezüglich der Lateralität keine Geschlechtsunterschiede vorliegen. Als man jedoch die regionalen Muster der Aktivitätszunahmen in der rechten Hemisphäre analysierte, stellte man fest, daß die Männer einen sehr viel größeren Aktivierungsanstieg im rechten Frontallapen zeigten, während die größeren Steigerungen bei den Frauen im temporo-parietalen Bereich zu finden waren (Abbildung 8.2).

Ob dieser Unterschied in der regionalen Aktivierung innerhalb der rechten Hemisphäre in irgendeiner Weise mit den schlechteren Leistungen der Frauen zusammenhängt, ist unbekannt. Jedenfalls traten unter einer anderen Untersuchungsbedingung, bei der es um eine sprachliche Aufgabe ging (in einer Tonbandaufzeichnung mußten Wörter mit einem „br“-Laut innerhalb einer Serie mit vielen Wörtern, die ähnliche Laute, beispielsweise „pr“, beinhalteten, identifiziert werden), bei Männern und Frauen ähnliche Unterschiede in den regionalen Durchblutungsmustern der linken Hemisphäre zutage, und dies, obwohl beide Gruppen die Aufgabe gleich gut bewältigten.

8.2 Geschlechtsunterschiede in der frontalen Hirndurchblutung während der Ausführung einer mentalen Rotationsaufgabe. Dargestellt sind die Durchblutungswerte (rCBF = cerebral blood flow rate), die an 16 Stellen jeder Hemisphäre gemessen wurden, und zwar in Ruhe und während der mentalen Rotationsaufgabe (bei komplexen Würfelkonfigurationen, wie sie in Abbildung 8.1 rechts oben verwendet wurden). Das eingefügte Gehirnschema gibt die ungefähren Positionen der Detektoren an: F = frontal, C = zentral, T = temporal, P = parietal und O = okzipital. Man beachte, wie eng die Werte für rechts und links in der Ruhebedingung zusammenliegen. Während der Rotationsaufgabe jedoch tauchen Asymmetrien in der Durchblutung auf, wobei viele Regionen eine stärkere Zunahme in der rechten Hemisphäre zeigen. Zwar ließ sich während dieser visuell-räumlichen Aufgabe bei beiden Geschlechtern eine höhere Aktivie-

a
mentale Rotationsaufgabe
normale Männer (N=32)

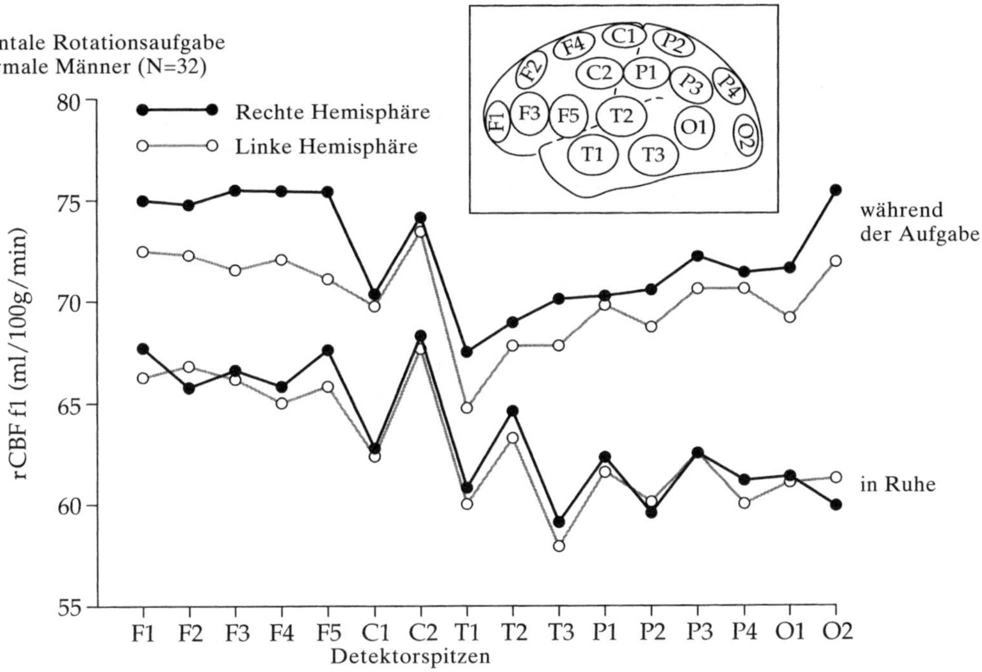

b
mentale Rotationsaufgabe
normale Frauen (N=29)

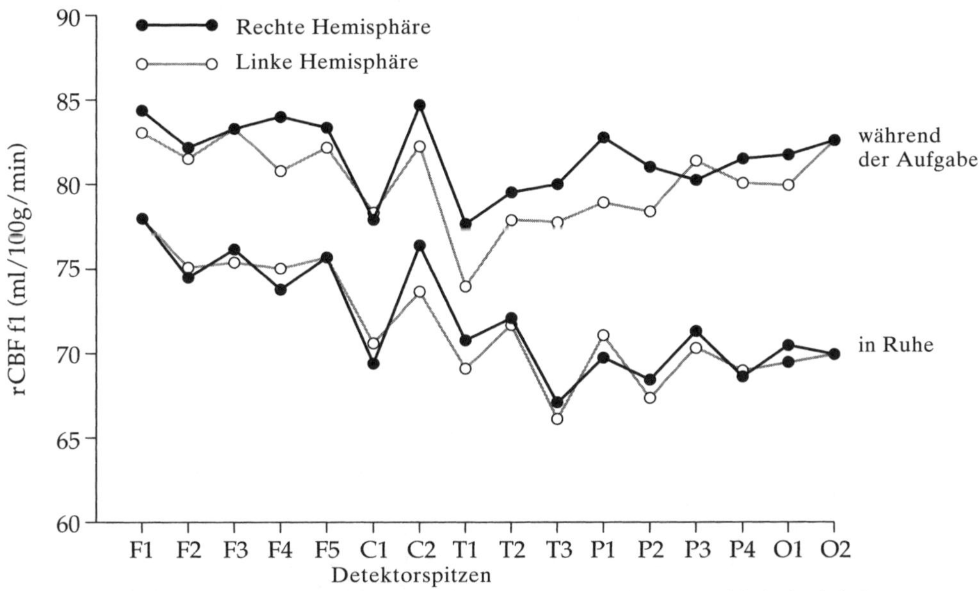

rung in der rechten Hemisphäre nachweisen, doch traten Geschlechtsunterschiede im lokalen Muster der Durchblutung in Erscheinung: Die Männer (a) wiesen größere Frontallappenasymmetrien (Detektoren F1–F5) auf als die Frauen (b).

Bei den Männern stieg die Durchblutung im hinteren Frontallappenbereich der linken Gehirnhälfte stärker an, wohingegen sie bei den Frauen im linken Temporalcortex mehr zunahm.

Insgesamt gesehen lag der offensichtlichste Geschlechtsunterschied bei diesen Untersuchungen darin, daß bei den Männern während der Ausführung zweier vollkommen verschiedener Aufgaben die Frontallappenaktivität eine größere Asymmetrie zeigte. Diese Befunde lassen den Schluß zu, daß womöglich auch einige andere der beschriebenen Geschlechtsdifferenzen in der Lateralität auf Geschlechtsunterschiede in der Organisation und Nutzung der frontalen Bereiche beider Hemisphären zurückzuführen sind.

Auch neuere neuropsychologische Befunde stützen die Annahme, daß der linke und der rechte Frontallappen bei den Geschlechtern unterschiedlich organisiert sind. Einem Modell der hemisphärischen Lateralität zufolge, das wir in Kapitel 12 näher besprechen werden, sollen Hemisphärenunterschiede in der frontalen Organisation mit „Einstellungsveränderung" oder *set shifting* (rechte Hemisphäre) und „Einstellungskonstanz" oder *set constancy* (linke Hemisphäre) zu tun haben. Demnach spielt der rechte Frontallappen eine bedeutende Rolle bei der Fähigkeit, Strategien und Lösungsansätze zu verändern, während die linke Hemisphäre die Fähigkeit besitzt, einen Plan beizubehalten und auszuführen.

Die ersten Untersuchungen zur Überprüfung dieses Modells erfolgten an männlichen Patienten mit Frontalhirnläsionen. Und tatsächlich fand man mit einem Test, der die Tendenz zum „Verändern" gegenüber der Neigung zur „Konstanz" messen sollte, die erwartete Seitenlokalisation der Läsion.[12] Als man jedoch sowohl männliche als auch weibliche Frontalhirnpatienten ähnlichen Tests unterzog, zeigten sich bei den Frauen nicht die vorhergesagten Effekte. Dieses Ergebnis stützt die Vorstellung, daß es Geschlechtsunterschiede in der Organisation des rechten und linken Frontallappens gibt.[13]

Hinweise aus Experimenten mit lateralisierter Reizdarbietung

Auditive und visuelle Untersuchungen

Viele Forscher, die die Lateralität mit Verhaltensexperimenten erforschen, haben begonnen, nach Geschlechtsunterschieden zu suchen. In einigen sprachlichen Tests mit dichotischem Hören fand man bei Männern einen größeren Vorteil für das rechte Ohr als bei Frauen. M. P. Bryden, ein Psychologe, der viele solcher Untersuchungen zur Hirnasymmetrie durchgeführt hat, faßte die Befunde aus mehreren seiner Arbeiten, bei denen Zahlenpaare dichotisch dargeboten wurden, zusammen und überprüfte sie auf Geschlechtsunterschiede.[14] Von den 98 getesteten Versuchspersonen zeigte 73,6 Prozent der Männer (elf Linkshänder und 42 Rechtshänder) und 62,2 Prozent der Frauen (drei Linkshänderinnen und 42 Rechtshänderinnen) eine Überlegenheit des rechten Ohres. Ein Geschlechtsunterschied in der Ohrasymmetrie trat auch in Arbeiten auf, in denen gesprochene Silben als dichotische Reize verwendet wurden.

Doch nicht alle Versuche, bei dichotischer Darbietung von sprachlichen Reizen Geschlechtsunterschiede zu finden, waren erfolgreich. Insgesamt sind bei etwa der Hälfte solcher Untersuchungen keine Geschlechtsunterschiede zu entdecken; die übrigen lassen eine größere Lateralisierung bei Männern erkennen.

Möglichen Geschlechtsunterschieden bei der Verarbeitung nichtsprachlicher Reize hat man sehr viel weniger Aufmerksamkeit gewidmet. In zwei Arbeiten, in denen die Ohrasymmetrie für Melodien und vertraute Geräusche ermittelt wurde, fand man bei Frauen einen signifikanten, bei Männern aber nur einen geringen statistisch nicht signifikanten Vorteil für das linke Ohr.[15] Diese Ergebnisse lassen vermuten, daß für bestimmte nichtsprachliche akustische Reize die Lateralisierung bei Frauen stärker sein könnte als bei Männern – im Gegensatz zu der Tendenz bei sprachlichen Reizen.

Auch mit Gesichtsfelduntersuchungen hat man versucht, mögliche Geschlechtsunterschiede festzustellen. Die meisten Ergebnisse deuten auf eine stärker ausgeprägte Lateralisierung bei Männern hin, wenn die Aufgaben die Verarbeitung von Wörtern beinhalten; eine geringe Tendenz zu einer größeren Lateralisierung bei Männern zeigt sich auch, wenn es darum geht, die Lage oder die Anzahl von Punkten anzugeben, die man den Versuchspersonen darbietet. Allerdings ließen sich auch in mehreren tachistoskopischen Tests keine Geschlechtsunterschiede finden.[16]

Die Untersuchung von Geschlechtsunterschieden bei Kindern

Bei Kindern hat man signifikante Geschlechtsunterschiede in der Lateralisierung räumlicher Funktionen gefunden. Die Verhaltensuntersuchungen, mit denen man gewöhnlich die Rolle der rechten Hemisphäre bei der räumlichen Informationsverarbeitung erforscht, erwiesen sich bei Kindern als schwer durchführbar. Sandra Witelson hat daher einen Test zur taktilen Wahrnehmung entwickelt, der bei Kindern verschiedener Altersgruppen angewandt werden kann.[17]

Der als dichaptische Stimulation bekannte Test verlangt, daß die Versuchsperson zwei verschiedene, für sie nicht sichtbare Dinge gleichzeitig abtastet, jedes mit einer Hand. Nachdem sie die dabei verwendeten sinnfreien Formen zehn Sekunden lang befühlt hat, soll sie beide unter sechs visuell dargebotenen Figuren herausfinden. Für jede Hand wird die Zahl der Objekte bewertet, die richtig erkannt werden. Abbildung 8.3 veranschaulicht diesen Test.

Witelson untersuchte 200 ausgeprägt rechtshändige Kinder im Alter von sechs bis 13 Jahren. Die Ergebnisse ließen einen signifikanten Zusammenhang zwischen den Faktoren Hand und Geschlecht erkennen. Bei den Jungen waren die Werte für die rechte Hand signifikant besser als die für die linke, während bei den Mädchen kein signifikanter Unterschied zwischen den Händen auftrat. Ein dichotischer Zahlentest, der mit den gleichen Versuchspersonen durchgeführt wurde, erbrachte – was das Verhältnis von Kindern mit einem Vorteil des rechten Ohres zu solchen mit einem Vorteil des linken Ohres angeht – keinen Geschlechtsunterschied.

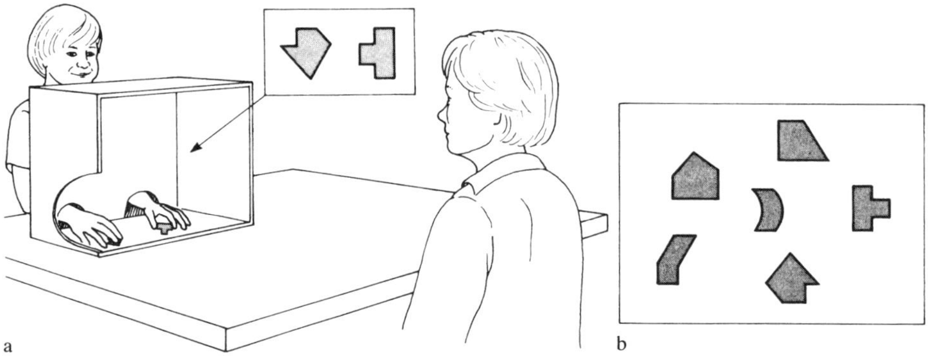

8.3 Dichaptischer Stimulationstest. Die Versuchsperson erhält zwei sinnfreie Formen wie die links oben dargestellten und tastet sie dann – ohne sie sehen zu können – zehn Sekunden lang mit beiden Händen gleichzeitig ab, jedes Objekt mit einer Hand (a). Anschließend soll die Versuchsperson die beiden Formen unter sechs visuell dargebotenen heraussuchen (b).

Die Ergebnisse von Witelsons Studie lassen vermuten, daß die Lateralisierung räumlicher Fähigkeiten schon früh im Leben beginnt. In einem späteren Abschnitt werden wir noch auf Mechanismen eingehen, die diesen Unterschieden möglicherweise zugrunde liegen.

Bestehen wirklich Geschlechtsunterschiede in der Lateraliät?

Weil viele Untersuchungen keinen zuverlässigen Geschlechtsunterschied aufdeckten, bezweifelten einige Wissenschaftler, ob überhaupt Geschlechtsunterschiede in der Lateralität bestehen. Nach Ansicht mancher ist dieser Bereich der Forschung durch den *Fehler erster Art* belastet.

Als Fehler erster Art (auch Alpha-Fehler oder Fehler vom Typ I genannt) bezeichnet man es, wenn ein Untersucher annimmt, daß Unterschiede, die sich in einem Experiment zeigen, echte Unterschiede wiedergeben, obwohl sie tatsächlich nur zufällig aufgetreten sind. Die meisten Forscher veröffentlichen viel lieber Ergebnisse, die Unterschiede zwischen Gruppen zeigen, als solche, die keine Unterschiede demonstrieren. Auch die Herausgeber wissenschaftlicher Zeitschriften sind viel mehr darauf erpicht, Studien mit „positiven" Ergebnissen anzunehmen. Kritiker vermuten, daß die Fachzeitschriften nur die Spitze des Eisbergs aller Forschungsbemühungen zu Geschlechtsunterschieden in der Lateralität enthalten und daß die meisten Arbeiten mit negativen Ergebnissen nie veröffentlicht werden.

Diejenigen, die Geschlechtsunterschiede in der Lateralität für real halten, weisen diese Kritik mit dem Gegenargument zurück, daß Arbeiten, die keine Belege für Geschlechtsunterschiede erbringen, wahrscheinlich nicht empfindlich genug dafür sind. Sie betonen, die Variabilität der Lateralität sei schon bei einem Geschlecht enorm hoch und mache es äußerst schwierig, tatsächlich vorhandene, aber sehr geringe Unterschiede zwischen den Geschlechtern aufzudecken. Besonders Untersuchungen, die – wie es häufig der Fall ist – lediglich zehn bis 15 Versuchspersonen pro Gruppe umfassen, leiden unter dieser Schwierigkeit.

Gibt es Geschlechtsunterschiede in der Verteilung von sprachlichen und räumlichen Funktionen zwischen den Hemisphären? Viele der in den vorhergehenden Abschnitten erwähnten Befunde lassen einen solchen Schluß zu. Eine Fülle von Belegen deutet darauf hin, daß Männer häufig für sprachliche und räumliche Fähigkeiten stärker lateralisiert sind, während Frauen zu einer eher bilateralen Repräsentation beider Arten von Funktionen neigen. Aber wie steht es mit dem Fehler erster Art? Gibt es nicht auch Arbeiten (die wir teilweise überhaupt nicht kennen, weil sie nicht veröffentlicht sind), in denen sich diese scheinbaren Geschlechtsunterschiede nicht nachweisen ließen?

Unsere Durchsicht der Literatur über die Lateralisierung hat uns einen gesunden Respekt vor dem Fehler erster Art eingeflößt und vor dem wissenschaftlichen Chaos, das er hervorrufen kann. Doch die Häufigkeit von Berichten über Geschlechtsunterschiede in der zerebralen Organisation wie auch die Übereinstimmung zwischen ihnen lassen uns trotzdem an die Existenz solcher Unterschiede glauben, zumindest als Arbeitshypothese. Unserer Meinung nach spricht als gewichtigstes Argument dafür, daß die mit ganz verschiedenen Methoden (klinische Arbeiten, dichotisches Hören, tachistoskopische Darbietung und Elektrophysiologie) erzielten Ergebnisse alle in dieselbe Richtung weisen: Frauen sind offensichtlich weniger stark lateralisiert als Männer.

Eine Übersicht über Arbeiten, die eine solche Folgerung nicht stützen, zeigt, daß hier in den meisten Fällen kein Unterschied zwischen den Geschlechtern gefunden wurde. Nur sehr selten weist eine Untersuchung auf einen Geschlechtsunterschied in anderer Richtung hin, also auf eine stärkere Lateralisierung bei Frauen. Diese Übereinstimmung legt nahe, daß es tatsächlich Unterschiede gibt, die allerdings gering sind und daher leicht durch die individuelle Variabilität oder andere nicht kontrollierte Faktoren überdeckt werden können.

Der Ursprung der Geschlechtsunterschiede

Wenn wir davon ausgehen, daß Geschlechtsunterschiede in der Lateralität echt sind, müssen wir uns fragen, welche Mechanismen hierfür verantwortlich sind. Deborah Waber verwies darauf, daß Mädchen körperlich früher reifen als Jungen, und schlug daher vor, daß Geschlechtsunterschiede wie die hier diskutierten nicht durch das Geschlecht direkt bedingt seien, sondern durch die unterschiedlichen Reifungsgeschwindigkeiten beider Geschlechter hervorgerufen würden.[18]

Waber überprüfte ihre Hypothese, indem sie früh und spät Reifende unter Mädchen und Jungen durch eine Reihe verbaler und räumlicher Tests miteinander verglich. Spät Reifende waren besser bei räumlichen Aufgaben, früh Reifende besser bei sprachlichen. Weitere Analysen zeigten, daß nur bei den räumlichen Tests die Werte mit der Reifungsgeschwindigkeit zusammenhingen. Allein auf das Geschlecht zurückgehende signifikante Unterschiede gab es nicht.

Waber kam zu dem Schluß, daß die hormonellen Veränderungen, die die zeitliche Abfolge der Pubertät bestimmen, auch für die Geschlechtsunterschiede in den kognitiven Fähigkeiten verantwortlich sind. Zwar klingt ihre Idee sehr interessant, doch lassen sich mit ihr die Unterschiede zwischen Mädchen und Jungen in Aufgaben wie der mentalen Rotation, die lange vor Beginn der Pubertät zu finden sind, nur schwer erklären. Darüber hinaus zeigen die Befunde, daß der Zusammenhang zwischen räumlicher Fähigkeit und Pubertätsbeginn recht schwach ist.

Jerre Levy hat sich Gedanken über die evolutionäre Grundlage der Geschlechtsunterschiede gemacht.[19] Sie behauptet, während der Evolution der Hominiden seien Männer stets als Jäger und als Führer bei Wanderungen aufgetreten, und diejenigen mit guten visuell-räumlichen Fertigkeiten hätten einen Selektionsvorteil gehabt. Zugleich dürfte der Selektionsdruck bei Frauen stärker auf solche Fähigkeiten eingewirkt haben, die mit der Kinderbetreuung zu tun haben – wie der Sprache als Mittel der Kommunikation, der Entwicklung sozialer Empfindsamkeit und einer Gewandtheit in der nonverbalen Kommunikation.

Levy nimmt an, eine größere Bilateralität der Funktionen könne die von Frauen genutzten Fähigkeiten fördern, weil diese Fertigkeiten eine Verknüpfung hemisphärischer Spezialisierungen voraussetzen, die am besten durch ihre Repräsentation in jeder der Hemisphären zu erreichen sei. Im Gegensatz dazu folgt aus Levys Hypothese von der kognitiven Verdrängung, die in Kapitel 5 vorgestellt wurde, daß eine striktere Trennung von Funktionen erforderlich ist, um den hohen Grad an visuell-räumlichen Fertigkeiten zu erzielen, den die Männer für die Jagd benötigten. (Es sei daran erinnert, daß die Hypothese von der kognitiven Verdrängung besagt, daß zwei oder mehr kognitive Funktionen, die hauptsächlich von ein und derselben Hemisphäre kontrolliert werden, um das vorhandene Hirngewebe konkurrieren. Verbale Fertigkeiten – so die weitergehende Annahme – verdrängen räumliche, wenn sich beide den gleichen „neuronalen Raum" teilen müssen.)

Hormone und kognitive Funktionen

In Kapitel 5 haben wir eine Theorie von Geschwind und Galaburda diskutiert, der zufolge hohe vorgeburtliche Testosteronspiegel das neuronale Wachstum der linken Hemisphäre verlangsamen und so eine relativ stärkere Entwicklung der rechten Hemisphäre ermöglichen. Da männliche Organismen während der vorgeburtlichen Entwicklung höheren Konzentrationen an Testosteron (das aus den sich entwickelnden Hoden und, in geringerem Umfang, von der Mutter stammt) ausgesetzt sind, erklärt diese Hypothese unter anderem die größere Zahl von Linkshändern unter den Männern. Die Theorie läßt sich aber auch allgemeiner anwenden, um generelle Unterschiede in der Gehirnorganisation von Männern und Frauen zu erfassen.

Es gibt sehr viele Belege für die tiefgreifenden Einflüsse, die Sexualhormone auf die Entwicklung des Körpers und des Verhaltens von Säugetieren ausüben. Welche Auswirkungen sie auf die Gehirnorganisation und die kognitiven Funktionen des Menschen haben, ist weit weniger bekannt. Zum besseren Verständnis der folgenden Diskussion sollten wir anmerken, daß Sexualhormone bei den Männern von den Hoden (Testes), bei den Frauen von den Eierstöcken (Ovarien) und bei beiden Geschlechtern von den Nebennieren ins Blut freigesetzt werden. Männer und Frauen besitzen sowohl männliche als auch weibliche Hormone, allerdings in Verhältnissen und Konzentrationen, die für beide Geschlechter und über die verschiedenen Lebensphasen hinweg unterschiedlich sind. Bei Frauen sind die Konzentrationen der weiblichen Hormone, der Östrogene und des Progesterons, höher und bei Männern, die der männlichen Hormone, der sogenannten Androgene (etwa Testosteron).

Im frühen Lebensalter bestimmen die Wirkungen von Sexualhormonen die Geschlechtsdifferenzierung. Produzieren die Hoden eines genetisch männlichen Organismus keine Androgene oder ist die Wirkung dieser Hormone in dem sich entwickelnden Gewebe blockiert, so kommt es zu einer weiblichen Entwicklung des Organismus. Die Sexualhormone bewirken in den frühen Lebensphasen auch die Organisation von geschlechtsspezifischem Verhalten. Wenn man einem Nager mit sich normal entwickelnden männlichen Geschlechtsorganen kurz nach der Geburt Androgene entzieht, dann zeigt er im Erwachsenenalter stärker ausgeprägtes weibliches und schwächeres männliches Sexualverhalten. Der gegenteilige Effekt läßt sich ebenfalls nachweisen: Verabreicht man einem weiblichen Organismus unmittelbar nach der Geburt Androgene, so trägt das Verhalten im Erwachsenenalter eher männliche Züge. Die Belege für diese Auswirkungen sind gut fundiert.[20]

Demgegenüber sind Studien, die den Zusammenhang zwischen vorgeburtlichen Hormonen und kognitivem Verhalten beim Menschen erforschen, verhältnismäßig neu und eher rar. Nichtsdestotrotz sind die Befunde faszinierend. June Reinisch und Stephanie Sanders untersuchten den Zusammenhang zwischen vorgeburtlichen Sexualhormonen und kognitiven Funktionen bei zehn männlichen Personen, deren Mütter während der Schwangerschaft Diäthylstilböstrol (DES)* eingenommen hatten.[21] Die Kontrollgruppe bestand aus zehn männlichen Geschwistern, die nicht unter den Einfluß von DES geraten waren. Beide Gruppen wurden dem dichaptischen Stimulationstest (*Witelson Dichaptic Shapes Test,* Abbildung 8.3) unterzogen. Die richtigen Zuordnungen verteilten sich in der DES-exponierten Gruppe auf beide Hände gleich – ein typisch weibliches Ergebnismuster. In der Kontrollgruppe zeigte sich hingegen eine männliche Konfiguration der Ergebnisse, nämlich bessere Leistungen mit der nicht bevorzugten Hand. Dieses Resultat war von den Autorinnen vorhergesagt worden, denn es war bekannt, daß DES eine verweiblichende Wirkung auf den männlichen Fetus hat.

* DES ist ein synthetisches Östrogen, das in den fünfziger Jahren häufig therapeutisch zur Vermeidung von Fehlgeburten eingesetzt wurde und sich später als unwirksam erwies. Wahrscheinlich ist es Auslöser einer seltenen Form von Genitalkrebs, der bei den weiblichen Nachkommen von Frauen auftrat, die während der Schwangerschaft DES eingenommen hatten.

Der Wechsler-Intelligenz-Test wurde ebenfalls durchgeführt. Bei den räumlichen Aufgaben zeigten die DES-exponierten Personen niedrigere Leistungen als ihre nichtexponierten Brüder, beispielsweise in der Zeit, die sie benötigten, um fehlende Teile eines Bildes zu finden oder ein Puzzle zu vervollständigen. Obwohl sich die Leistung insgesamt und auch der Intelligenzquotient zwischen den Gruppen nicht unterschieden, waren die Forscherinnen der Meinung, daß der Einfluß von DES *in utero* auf subtile Weise Einfluß darauf nimmt, wie diese Männer die Lösung von räumlichen Aufgaben angehen.

Studien bei Kindern, die unter einem adrenogenitalen Syndrom (AGS) leiden, das genetisch bedingt, also angeboren ist und mit einer Vergrößerung der Nebennierenrinde einhergeht, haben ebenfalls gezeigt, daß frühe hormonelle Einwirkungen kognitive Veränderungen bewirken.[22] Bei dieser Erkrankung produzieren die Nebennieren des Fetus ab dem dritten Schwangerschaftsmonat abnorm hohe Androgenmengen. Die Forscher fanden heraus, daß Mädchen mit AGS in Tests der räumlichen Manipulation, räumlichen Rotation und beim Aufsuchen von einfachen Mustern, die in komplexeren eingebettet waren – also alles Aufgaben, bei denen Jungen gewöhnlich besser abschneiden –, bessere Leistungen als gesunde Mädchen erbrachten. In anderen Wahrnehmungsaufgaben und verbalen Tests fanden sich keine Unterschiede zwischen den beiden Gruppen. Jungen, die an dieser Erkrankung litten, zeigten in den Test keine Auffälligkeiten.

Andere Arbeiten sind der Frage nachgegangen, wie sich die Hormonspiegel auf die Leistungen Erwachsener auswirken. Valerie Shute analysierte die Verhältnisse zwischen den unterschiedlichen Androgenspiegeln im Blut von Männern und Frauen.[23] Obwohl die Androgenkonzentrationen bei allen Versuchspersonen im Bereich ihrer jeweiligen geschlechtsspezifischen Norm lagen, fand Shute, daß Frauen mit relativ hohen Androgenspiegeln in räumlichen Tests besser abschnitten als Frauen mit relativ niedrigen Werten. Bei den Männern waren niedrige Androgenkonzentrationen mit besseren Leistungen assoziiert. Eine Studie, in der die Testosteronwerte im Speichel bestimmt wurden, führte zu ähnlichen Ergebnissen. Frauen mit hohem Testosteronspiegel erbrachten bessere Leistungen als Frauen mit niedrigen Testosteronkonzentrationen, aber Männer mit niedrigen Testosteronwerten waren solchen mit höheren Testosteronspiegeln überlegen. Die Untersucher vermuten, daß es ein optimales Androgenniveau für räumliche Aufgaben gibt, das womöglich im unteren männlichen Normbereich liegt.

Die Forschung, die wir gerade im Überblick besprochen haben, zeichnet ein faszinierendes Bild von den hormonellen Einflüssen auf kognitive Fähigkeiten. Wie aber wirken sich hormonelle Schwankungen bei ein und demselben Menschen aus? Sprechen kognitive Fähigkeiten auch auf diese Veränderungen an?

Wie Arbeiten von Elizabeth Hamson und Doreen Kimura gezeigt haben, ändern sich die Leistungen von Frauen bei bestimmten Aufgaben im Laufe des Menstruationszyklus.[24] Hamson und Kimura wählten Aufgaben, die normalerweise die größten Geschlechtsunterschiede aufweisen, beispielsweise Aufgaben zur Artikulationsgeschwindigkeit und räumliche Tests. Sie stellten fest, daß Frauen in der Zyklusmitte (wenn die Östrogene ihr höchstes Niveau erreicht haben) in der Geschwindigkeit, mit der sie einen Zungenbrecher wiederholen konnten, in einem Test der Sprachflüssigkeit und in einer manuellen Geschicklichkeitsaufgabe signifikant bessere Leistungen erzielten als während der Menstruation (wenn die Hormonspiegel niedrig sind). In den räumlichen Aufgaben erbrachten sie die besseren Leistungen jedoch während der Zyklusphase, die durch niedrige Hormonwerte gekennzeichnet ist. Eine Kontrollgruppe nichtmenstruierender Frauen, bei denen eine Hormonsubstitutionstherapie durchgeführt wurde, zeigte das gleiche Muster an Leistungsunterschieden, wohingegen sich bei einer weiteren Kontrollgruppe ohne Hormonsubstitutionstherapie keine solchen Unterschiede fanden.

Diese Ergebnisse ließen sich durch nachfolgende Untersuchungen bestätigen. In neuerer Zeit berichtete Kimura auch von jahreszeitlichen Schwankungen in den räumlichen Fähigkeiten von Männern, wobei im Frühjahr – wenn die Testosteronspiegel niedriger sind – verbesserte Leistungen gemessen wurden.[25] Insgesamt gesehen sind diese Befunde zu den Auswirkungen prä- und postnataler Hormone auf die kognitiven Funktionen eindrucksvoll. Es ist klar, daß unser Verständnis von deren Bedeutung letzten Endes entscheidend zu dem Ziel beitragen wird, die Geschlechtsunterschiede im Bereich der Kognition und der unterschiedlichen Beteiligung der beiden Hemisphären erschöpfend zu erklären.

Mathematische Begabung: Geschlecht, Händigkeit und Immunstörungen

Die mathematische Begabung ist eines der neuesten Interessengebiete von Neuropsychologen, die sich mit möglichen biologischen Grundlagen der Kognition beschäftigen. Mathematisches Talent beziehungsweise mathematische Begabung wurde definiert als eine schon im frühen Alter erkennbare Fähigkeit, auf hohem Niveau mathematisch denken zu können. Eines der auffälligsten Merkmale mathematisch Hochbegabter ist, daß unter ihnen sehr viel mehr männliche als weibliche Personen zu finden sind.

Unter Verwendung des Mathematikteils eines Tests (*Scholastic Aptitude Test, SAT-M*), der in den USA für die Zulassung zum College absolviert werden muß, beurteilten Camilla Benbow und Julian Stanley die mathematische Begabung von 40 000 hochintelligenten Siebtklässlern. Jungen und Mädchen waren gleich häufig vertreten. Den Ergebnissen ihrer Studie zufolge betrug das Verhältnis von Jungen zu Mädchen für diejenigen, die im SAT-M 500 Punkte erzielt hatten 2,1:1; bei einer Punktquote von 600 stieg das Verhältnis auf 4,1:1; und für die, die 700 Punkte geschafft hatten, erreichte es 12,9:1.[26]*

Die Autoren schlossen daraus, daß es sehr viel mehr mathematisch begabte – und vor allem höher und höchstbegabte – Jungen als Mädchen gibt. Weitere Untersuchungen haben gezeigt, daß sich diese Unterschiede durch Sozialisations- und Umwelteinflüsse nicht vollständig erklären lassen.

Auf der Suche nach Erklärungen für diesen Geschlechtsunterschied hat Benbow auch die Händigkeit als eine mögliche Variable untersucht. Sie be-

* Ein Wert von 660 im SAT-M entspricht dem 78. Perzentil in der Verteilung der männlichen Zwölftklässler, und ein Ergebnis von 700 dem 95. Perzentil.

schränkte die Auswahl ihrer Probanden auf Schüler, die vor dem Erreichen des 13. Lebensjahres im SAT-M mindestens 700 oder im Verbalteil des SAT zumindest 630 Punkte erreicht hatten (das entspricht dem Spitzenanteil von einem hundertstel Prozent oder 1 auf 10 000 in den jeweiligen Leistungsteilen ihrer Altersgruppe). Sie fand heraus, daß die mit einem Fragebogen erhobene Linkshändigkeit bei dieser Gruppe doppelt so häufig vorkam wie in der Normalpopulation. Außerdem stellte sie fest, daß etwa 50 Prozent dieser extrem frühentwickelten Schüler entweder linkshändig, beidhändig oder aber rechtshändig mit linkshändigen Familienmitgliedern waren. Benbow zufolge stützen diese Befunde die Annahme, daß nicht eine größere Spezialisierung der Hemisphären, sondern Bilateralität mit extremer mathematischer und sprachlicher Begabung verknüpft sei. Die überraschend hohe Übereinstimmung zwischen den Befunden bezüglich der extremen sprachlichen und mathematischen Fähigkeiten erklärt Benbow damit, daß das, was im Verbalteil des SAT gemessen wird, vor allem verbales Denken betrifft, und dieses stünde, im Gegensatz zu Sprachproduktion und Syntax, womöglich unter größerem Einfluß rechtshemisphärischer Prozesse.[27]

Die Häufigkeit von Allergien war in dieser Personengruppe ebenfalls sehr hoch: Über 50 Prozent der außerordentlich früh gereiften Schüler litt unter Allergien – doppelt so viel wie in der allgemeinen Bevölkerung. Benbow brachte sowohl die Allergiedaten als auch die Händigkeitsbefunde mit der Theorie von Geschwind und Galaburda in Verbindung, der zufolge höhere Testosteronspiegel *in utero* die Entwicklung der linken Hemisphäre verlangsamen und gleichzeitig die Entwicklung des Immunsystems beeinflussen.[28]

Obwohl noch sehr viel mehr Forschungsarbeit notwendig sein wird, um die Grundlagen der mathematischen Begabung zu verstehen, ergibt sich aus den hier vorgestellten Befunden doch ein weiteres Steinchen im Mosaik der kognitiven Geschlechtsunterschiede.

Die Bedeutung der Geschlechtsunterschiede

Von einem theoretischen Standpunkt aus betrachtet, sind Geschlechtsunterschiede in der Organisation des Gehirns von großer Bedeutung. Wenn es solche Unterschiede tatsächlich gibt, welchen Anpassungsvorteil haben (oder hatten) sie dann? Welcher Zusammenhang besteht zwischen der Hirnorganisation und Ausprägungen höherer geistiger Funktionen? Beeinflussen geschlechtsspezifische Unterschiede in der Erziehung die Hirnasymmetrie? Dies sind nur einige wichtige Fragen, die noch unbeantwortet sind.

Besonders interessant ist die Frage, wie bestimmte Fähigkeiten und das Ausmaß der Lateralisierung zusammenhängen. Führt eine stärkere Lateralisierung einer Funktion zu höheren Leistungen in dieser Funktion? Sind die räumlichen Fähigkeiten von Männern besser als die von Frauen, weil Männer sich anscheinend bei der Verarbeitung räumlicher Informationen mehr auf eine Hemisphäre verlassen? Natürlich gibt es rein logisch keinen Grund zu erwarten, daß eine stärkere Lateralisierung notwendigerweise zu größeren Fähigkeiten führt. Tatsächlich müßte man sogar das Gegenteil annehmen, um die größeren verbalen Fähigkeiten von Frauen erklären zu können. Denn klinischen Befunden und Verhaltenstests zufolge scheinen bei Frauen Sprachfunktionen weniger lateralisiert zu sein, und doch sind sie als Gruppe den Männern in sprachlichen Fertigkeiten überlegen. Und wie wir gerade gesehen haben, könnte mathematische Begabung ebenfalls mit einer größeren Bilateralität einhergehen.

Möglicherweise bestehen für verschiedene Aufgaben unterschiedliche Beziehungen zwischen Lateralisierung und Fähigkeitsgrad. Wenn das zutrifft, wäre es faszinierend zu erfahren, warum das Gehirn sich für die Optimierung verschiedener Fähigkeiten so unterschiedlich organisiert. Zur Zeit können wir über den Zusammenhang zwischen Lateralisierung und Fähigkeiten nur spekulieren. Gehen wir beispielsweise einmal davon aus, daß beim Menschen komplexe visuell-räumliche Fertigkeiten der Entwicklung der Sprache vorausgegangen sind (was eine vernünftige Annahme ist). Man könnte dann spekulieren, daß sich bei Männern nur die linke Gehirnhälfte mit Sprache beschäftigte und somit die visuell-räumlichen Funktionen in der rechten Hemisphäre quasi unbehelligt blieben. Bei den Frauen hingegen wurde Sprache in beiden Gehirnhälften ausgebildet, was zur Einengung der hochspezialisierten visuell-räumlichen Fähigkeiten führte. Falls dies tatsächlich so stattgefunden haben sollte, wäre „mehr Lateralisierung“ besser für visuell-räumliche Funktionen und „weniger Lateralisierung“ besser für die Sprache.

Obwohl vermutlich die meisten Forscher zustimmen dürften, daß theoretische Fragen dieser Art wichtig sind, gäbe es in der Beurteilung der praktischen Bedeutung von Geschlechtsunterschieden in der Hirnorganisation und deren möglicher Beziehung zu kognitiven Funktionen zweifellos weit weniger Übereinstimmung. Geschlechtsunterschiede in höheren geistigen Funktionen liegen normalerweise in der Größenordnung von einer viertel Standardabweichung. Das bedeutet, daß es in der Verteilung der Fähigkeiten von Männern und Frauen große Überlappungen gibt. Einige Frauen werden ausgeprägtere räumliche Fähigkeiten als die meisten Männer besitzen und manche Männer bessere sprachliche Fähigkeiten als die meisten Frauen.

Wer sich der Überschneidung in den Fähigkeiten bewußt ist, wird Vorschläge, das Geschlecht allein als Hauptkriterium zu nehmen, um Berufswege oder Ausbildungsmöglichkeiten festzulegen, nicht gutheißen. Daß Lehrpläne benötigt werden, die besser auf die Fähigkeiten bestimmter Untergruppen zugeschnitten sind, ist klar. Wahrscheinlich wäre es jedoch klüger, die Zusammensetzung solcher Gruppen mit individuellen Tests festzulegen als einfach aufgrund des Geschlechts.

9. Phylogenese und Ontogenese: Die Evolution und Entwicklung der Asymmetrie

Wenn man die wissenschaftliche Erforschung der Hemisphärenasymmetrie mit den Beobachtungen von Broca beginnen läßt, dann ist dieses Forschungsgebiet mittlerweile ungefähr 130 Jahre alt. Während des größten Teils dieser Zeit haben die Untersucher das lateral asymmetrische Gehirn als den Endpunkt einer evolutionären und fortschreitenden Entwicklung betrachtet. Man glaubte, daß nur Menschen, aber keine anderen Tiere, und nur ältere Kinder sowie Erwachsene, aber keine Säuglinge, lateralisierte Gehirne besäßen. In den letzten 25 Jahren haben neuere Befunde diese Annahmen jedoch in Frage gestellt und unser Verständnis von der Gehirnlateralität und ihrer Bedeutung wesentlich erweitert.

Die Evolution von Merkmalen und Eigenschaften in den verschiedenen Arten wird als *Phylogenese* (Stammesgeschichte) bezeichnet. Demgegenüber versteht man unter *Ontogenese* die Entwicklung eines einzelnen Organismus. In diesem Kapitel werden wir uns zunächst mit der Phylogenese von Asymmetrien beschäftigen und nachsehen, ob es bei Tieren Hinweise auf ähnliche laterale Asymmetrien wie beim Menschen gibt. Der Erkundung von Asymmetrien bei Tieren liegt die Annahme zugrunde, daß Lateralität ein echtes biologisches Merkmal ist, das sich auf ähnliche Weise untersuchen läßt wie andere biologische Phänomene, also beispielsweise wie das Farbensehen oder die Verdauung. Durch das Studium anderer Arten sollte man also Vorläufer der menschlichen Lateralität entdecken können.

Wenn die Forschung zeigen könnte, daß es auch bei Tieren Hemisphärenasymmetrien gibt, würde dies zweifellos zu einem besseren Verständnis von Ursprung und Bedeutung der Asymmetrie beim Menschen beitragen. Manche Wissenschaftler haben zum Beispiel behauptet, die Gehirnasymmetrie sei eng mit höheren sprachlichen Fähigkeiten verknüpft. Die Existenz von Hemisphärenunterschieden bei nichtsprechenden Lebewesen wäre ein Indiz dafür, daß diese Ansicht nicht richtig ist, und möglicherweise könnten die gefundenen Asymmetrien dann den Schlüssel zur evolutionären Grundlage der Gehirnasymmetrie liefern. Andererseits würde ein überzeugender Beweis, daß sogar die evolutionär engsten Verwandten des Menschen keine Asymmetrien aufweisen, dafür sprechen, daß die Gehirnasymmetrie für die Art *Homo sapiens* einzigartig ist und vielleicht tatsächlich direkt mit der Sprachfähigkeit zusammenhängt.

Nachdem wir die Lateralität bei Tieren behandelt haben, werden wir uns der Ontogenese von Asymmetrien zuwenden und fragen, ob die Asymmetrie, die wir beim Menschen finden, bereits bei der Geburt vorhanden und schon voll ausgeprägt ist oder ob sie sich erst im Laufe der Zeit entwickelt. Wenn zumindest einige Asymmetrien schon bei der Geburt oder kurz danach vorhanden wären, ließe sich dies als starkes Argument für die Annahme einer biologischen Grundlage betrachten, denn es gibt in dieser frühen Lebensphase keine oder nur geringe Einflußmöglichkeiten für Lernen und Erfahrung.

Überdies könnten Befunde zur Entwicklung von Asymmetrien bei einem Individuum und zu den Bedingungen, unter denen sie sich modifizieren läßt, zu einem besseren Verständnis von Sprachstörungen und anderen Problemen beitragen, die mit der Aufteilung von Funktionen zwischen den beiden Hemisphären in Verbindung gebracht werden.

Welche Pfote reicht Ihnen Ihr Hund?

Das offensichtlichste Zeichen der Lateralisierung beim Menschen ist die Händigkeit. Forscher haben deshalb untersucht, ob auch Tiere eine Pfote oder ein Bein bevorzugt gebrauchen – was auf eine Gehirnasymmetrie hindeuten würde –, und fanden tatsächlich bei vielen Arten solche Präferenzen.[1] Katzen etwa benutzen bei Aufgaben, in denen sie nach einem Gegenstand greifen sollen, charakteristischerweise eine bestimmte Pfote. Selbst Mäuse bevorzugen beständig eine Pfote, wenn sie in Tests jeweils nur mit einer Extremität nach Futter greifen sollen.

Obwohl das Muster der Pfotenbevorzugung bei einem einzelnen Tier durchaus Ähnlichkeiten mit der Handpräferenz beim Menschen aufweist, gibt es doch einen wesentlichen Unterschied. Bei Katzen, Affen und Mäusen bevorzugen etwa 50 Prozent die rechte Pfote und 50 Prozent die linke. Das unterscheidet sich auffallend von der Aufteilung beim Menschen – 90 Prozent Rechtshändigkeit, zehn Prozent Linkshändigkeit.

Angesichts der 50:50-Verteilung bei Tieren haben einige Forscher behauptet, Pfotenpräferenzen seien eine Folge von Zufallsfaktoren. Nach dieser Hypothese wird es vom Zufall bestimmt, welche Pfote ein Tier in seinem Leben zuerst benutzt. Der Zuwachs an Geschicklichkeit, der sich aus der ersten praktischen Erfahrung ergibt, steigert dann die Wahrscheinlichkeit, daß dieselbe Pfote wieder eingesetzt wird. Unterstützt wird die Annahme eines solchen Mechanismus durch die Arbeiten des Genetikers Robert Collins über die Pfotenpräferenz von Mäusen. Wir haben sie bereits in Kapitel 5 kurz angesprochen, als wir die Faktoren betrachteten, die die Händigkeit bestimmen.

Wenn ein Merkmal genetisch kontrolliert wird, sollte es sich positiv selektieren lassen, das heißt, wenn man selektiv Individuen, die das Merkmal besitzen, miteinander paart, sollte dieses Merkmal bei jeder nachfolgenden Generation häufiger auftreten. Ein solcher Anstieg über die Generationen hinweg ist nicht zu erwarten, wenn das Merkmal vom Zufall bestimmt wird.

Collins begann damit, daß er Mäuse mit gleicher Pfotenpräferenz paarte. In der nächsten Generation paarte er diejenigen Nachkommen, die dieselbe Pfote bevorzugten wie die Eltern. Nachdem Collins diese selektive Inzucht dreimal wiederholt hatte, untersuchte er das Verhältnis von linkspfötigen zu rechtspfötigen Nachkommen in der letzten Generation. Er fand dasselbe 50:50-Verhältnis wie in der ursprünglichen Elterngeneration.[2]

Handbevorzugung bei Primaten

Bis vor kurzem berichteten die meisten Übersichtsarbeiten zur Pfotenbevorzugung bei Tieren, daß Affen ein ähnliches Muster der Gliedmaßenpräferenz aufweisen wie Katzen und Mäuse, daß also einzelne Tiere zwar eine bestimmte Extremität bevorzugt benutzen, es aber insgesamt gesehen auf Populationsebene keine Präferenz der einen oder anderen Extremität gibt. Dieses Fazit warf insbesondere für eine evolutionäre Betrachtungsweise der Asymmetrie Probleme auf, da man doch bei den stammesgeschichtlich nächsten Verwandten des Menschen Hinweise auf eine Asymmetrie erwarten sollte.

Peter McNeilage, Michael Studdert-Kennedy und Björn Lindblom haben die Diskussion hierzu wieder eröffnet.[3] Sie behaupteten, die wenig schlüssigen Befunde zur Handbevorzugung bei nichtmenschlichen Primaten seien dadurch zustande gekommen, daß die Aufgaben unangemessen und die Tiere zu jung gewesen seien, um beständige Präferenzen nachweisen zu können. Mit Blick auf diese Faktoren unterzogen die Autoren die vorhandenen Befunde einer erneuten Analyse und stellten eine linkshändige Spezialisierung visuell kontrollierter Bewegungen (das heißt Greifbewegungen) und eine rechtshändige Spezialisierung für Manipulationen und beidhändige Koordination fest. Sie folgerten, daß »die linkshändigen wie die rechtshändigen Bevorzugungsmuster, die man bei nichtmenschlichen Primaten beobachtet hatte, Vorläufer der menschlichen Spezialisierung sein könnten. Allerdings scheinen Affen und Menschen durch einen evolutionären Fortschritt voneinander getrennt worden zu sein, bei dem die Fähigkeit, auf die Umwelt einzuwirken (einschließlich der Nutzung der beidhändigen Koordination und der weitgehenden Bevorzugung der rechten Hand), derart an Bedeutung gewann, daß nun die rechte Hand der linken den Rang abgelaufen hat, und dies sogar bei den visuell kontrollierten Bewegungen«.[4] Die Analyse der drei Autoren hat zahlreiche heftige Diskussionen ausgelöst, zugleich aber auch ein gesteigertes Interesse am Handgebrauch der Primaten hervorgerufen.

Joel Fagot und Jacques Vauclair haben in einer weiteren Überblicksarbeit vorgeschlagen, die Handbenutzung bei Primaten auf eine andere Weise zu interpretieren.[5] Sie verwiesen darauf, daß Menschen stärkere Handbevorzugungen bei Tätigkeiten aufweisen, die besonders hohe Fertigkeiten verlangen. So zeigt sich beispielsweise beim Ergreifen eines Gegenstandes eine geringere Lateralisation als bei der Benutzung eines Werkzeugs.[6] Davon ausgehend unterschieden sie zwischen Aufgaben höheren Niveaus, die aufgrund von räumlicher sowie zeitlicher Komplexität und/oder kognitiver Komplexität fein abgestimmte motorische Aktionen erfordern (beispielsweise die Aufgabe, einen Lichtpunkt auf einem Bildschirm mit Hilfe eines Steuerknüppels zu dirigieren), und Aufgaben niedrigeren Niveaus, die grobe Bewegungen, geläufige, hochgeübte Tätigkeiten oder beides beinhalten (beispielsweise nach Futter zu greifen).

Fagot und Vauclair sagten voraus, daß laterale Bevorzugungen am ehesten für die Aufgaben höheren Niveaus zu erwarten seien, und nicht für die auf niedrigerem Niveau angesiedelten. Die Ergebnisse ihrer Analyse einer großen Anzahl von Untersuchungen stimmen im großen und ganzen mit dieser Vorhersage überein.[7]

In ihrer abschließenden Bewertung unterschieden Fagot und Vauclair zwischen Händigkeit (die Bevorzugung, die ein einzelnes Tier in der Handbenutzung bei einer Tätigkeit niedrigeren Niveaus zeigt) und Handspezialisierung (die Bevorzugung einer Hand, die eine Gruppe von Tieren bei einer Aufgabe der höheren Niveaus zeigt). Die letztere, nämlich die Handspezialisierung, dürfte nach Ansicht der Autoren am meisten dazu beitragen, Lateralität beim Menschen verstehen zu helfen.

Schädigung einer Hemisphäre: Sind die Auswirkungen asymmetrisch?

In vielen Arbeiten hat man untersucht, welche Arten von Verhaltensdefiziten auftreten, wenn man im Tierversuch bestimmte Gehirnstrukturen chirurgisch schädigt. Im allgemeinen sind Defizite infolge einseitiger Schädigungen (unilateraler Läsionen) weniger schwerwiegend als solche, die auf bilaterale Gehirnverletzungen folgen, und zwar unabhängig davon, auf welcher Seite sich die Läsion befindet.

In Studien an Affen ließ sich beispielsweise zeigen, daß deren Fähigkeit, Farben oder Musterorientierungen zu unterschieden, jeweils gleich stark gestört ist, ob nun eine bestimmte Region der linken oder das entsprechende Gebiet der rechten Hemisphäre geschädigt wurde, und daß die Ausfälle unabhängig von der jeweiligen Handpräferenz der Affen sind.[8] Auch Defizite, die nach Schädigung der Hörregion bezüglich der Diskrimination von komplexen Folgen akustischer Reize auftreten, haben sich als unabhängig von der Verletzungsseite erwiesen.[9] In einer neueren Studie wurde jedoch gezeigt, daß einseitige Temporallappenläsionen die Fähigkeit von Makaken signifikant beeinträchtigen, zwischen zwei verschiedenen Lautäußerungen zu unterscheiden, die von Artgenossen produziert worden waren.[10]

Was unterscheidet nun jene Untersuchungen, die Auswirkungen einseitiger Läsionen feststellten, von denen, die keine solchen Effekte fanden? Eine Variable, die möglicherweise von entscheidender Bedeutung sein könnte, ist die Art der Reize, die zu verarbeiten sind, beziehungsweise die Art der Aufgabe. Einige Studien haben Stimuli verwendet, mit denen sich wahrscheinlich auch beim Menschen keine Asymmetrie nachweisen lassen dürften. Warum sollte man dann eine bei Primaten finden? Um die Hypothese einer Hemisphärenspezialisierung bei Primaten zufriedenstellend zu testen, müssen Aufgaben verwendet werden, die komplex genug sind, um etwaige bei diesen Tieren vorhandene Gehirnasymmetrien aufzudecken.

Split-Brain-Forschung mit Tieren

In Kapitel 2 hatten wir bereits ausführlich erörtert, was man aus Split-Brain-Studien beim Menschen über Gehirnasymmetrien gelernt hat. Im Grunde ist die Split-Brain-Forschung auch für die Untersuchung der Hemisphärenspezialisierung bei Tieren ideal. Die Durchtrennung der Faserbündel, welche die Hemisphären verbinden, erlaubt es, die Fähigkeiten beider Gehirnhälften getrennt zu untersuchen. Abgesehen von den möglichen funktionellen Hemisphärenunterschieden – dem eigentlichen Gegenstand der Forschung – sind beide Gehirnhälften genetisch identisch und waren denselben Umwelteinflüssen ausgesetzt.

Im Gegensatz zur Forschung mit menschlichen Patienten, die sich notwendigerweise auf Personen mit (gewöhnlich langjähriger) Epilepsie beschränkt, werden Tierversuche mit gesunden Individuen durchgeführt, die zwei intakte Hemisphären besitzen. Wenn man dabei Unterschiede findet, lassen sich diese natürlich viel eindeutiger interpretieren. Außerdem umgeht die Split-Brain-Forschung jene Probleme, die sich ergeben, wenn man aus den Auswirkungen von Schädigungen in spezifischen Gehirngebieten auf die Funktion dieser Gebiete schließt. Überdies müssen die Forscher bei Läsionsstudien im voraus eine Vorstellung davon haben, welche Teile des Gehirns bestimmte Funktionen kontrollieren. Bei Split-Brain-Untersuchungen ist es nicht erforderlich, eine Funktion einer spezifischen Region zuzuordnen; man untersucht die Leistung der gesamten Hemisphäre.

Was ist nun bei den Arbeiten mit Affen und Katzen herausgekommen, in denen man vergleichend untersucht hat, wie gut die rechte beziehungsweise die linke Hemisphäre verschiedene Arten von Aufgaben zu lernen und auszuführen vermag? Ergebnisse von Tests zur einfachen Musterunterscheidung lassen vermuten, daß sich beide Gehirnhälften in ihrer Lernkapazität ähneln.[11] Einige wenige Studien haben dagegen in Lern- und Leistungsfähigkeit quantitative Unterschiede zwischen den Hemisphären nachgewiesen (etwa eine unterschiedliche Anzahl benötigter Versuchsdurchgänge, bis ein bestimmtes Leistungskriterium erreicht war). Allerdings liegen in diesen Arbeiten die Vorteile keineswegs einheitlich bei einer Gehirnhälfte.[12] Wenn sich in einer Untersuchung keine durchgängigen Unterschiede ergeben, so kann man vermuten, daß die gefundenen Unterschiede möglicherweise eine Folge asymmetrischer Schädigungen sind, die auf der Operation selbst beruhen.

Wie bei Läsionsstudien sind jedoch die meisten Aufgaben, mit denen man Asymmetrien bei Split-Brain-Tieren untersucht, recht einfach und ähneln nur wenig jenen Reizen und Aufgaben, die beim Menschen Asymmetrien erkennen lassen. Eine Ausnahme bilden mehrere Arbeiten von Charles Hamilton, bei denen die operativ getrennten Hemisphären von Makaken mit ähnlichen Reizen getestet wurden, wie man sie beim Menschen erfolgreich eingesetzt hat, um Asymmetrien aufzudecken.[13]

Hamilton und seine Mitarbeiterinnen wählten Stimuli, die denen ähnelten, die zur Auslösung von lateralisierten Verarbeitungsprozessen bei Menschen verwendet werden, beispielsweise Balken mit unterschiedlicher Ausrichtung (Orientierung) und Bilder von verschiedenen Gesichtsausdrücken oder iden-

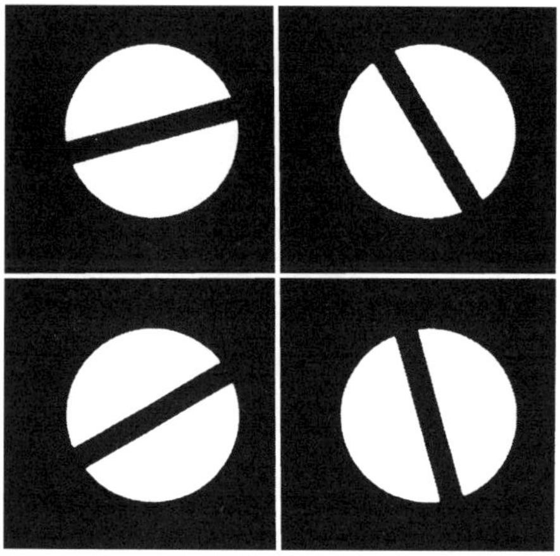

Balkenorientierungen

geometrische Muster

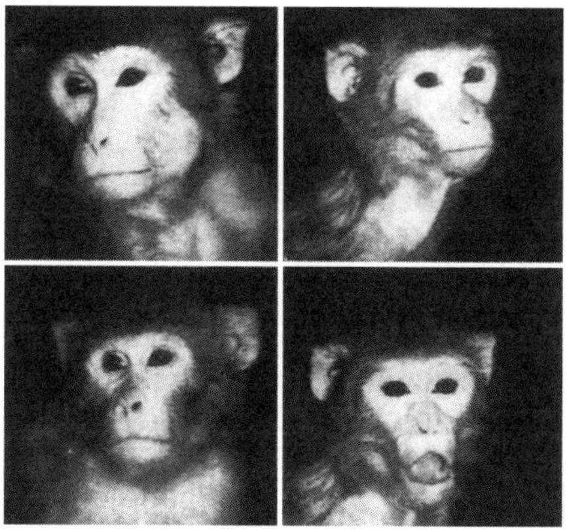

Gesichter

9.1 Typische Beispiele für die drei Arten von visuellen Reizen, die von Hamilton verwendet wurden.

tischen Gesichtern (hier von Affen). Geometrische Muster, von denen keine Seitenunterschiede zu erwarten waren, dienten als Kontrollreize. Einige Beispiele sind in Abbildung 9.1 gezeigt. Da bei den Affen die zerebralen Kommissurenbahnen und die Sehnervenkreuzung (Chiasma opticum) vollständig durchtrennt worden waren, ließen sich die Stimuli jeweils nur einer Hemisphäre darbieten, indem man sie dem ipsilateralen Auge präsentierte. Affen war beigebracht worden, zwischen zwei Reizen zu unterscheiden.

Dabei lernten die Affen, immer dann auf den Bildschirmschalter zu drücken, wenn sie den einen der beiden Stimuli sahen, und nicht zu reagieren, wenn der andere dargeboten wurde. Anschließend berechnete man für jede Gehirnhälfte die Anzahl der Versuchsdurchgänge, die das Tier benötigt hatte, um ein Kriterium von 90 Prozent zu erreichen.

Wie erwartet lieferten die geometrischen Muster keine Hinweise auf eine Asymmetrie; sie wurden von beiden Hemisphären gleich gut gelernt. Man fand keinerlei systematischen Zusammenhang mit dem Geschlecht, der Händigkeit oder der bei der Operation retrahierten Hemisphäre.* Hamiltons Kontrollaufgaben zeigten, daß es ihm gelungen war, einige Fehlerfaktoren zu eliminieren, die andere Studien möglicherweise beeinflußt hatten; die Ergebnisse lieferten einen weiteren Beweis dafür, daß bei Affen beide Gehirnhälften gleichermaßen fähig sind, einfache Muster unterscheiden zu lernen. Räumliche Diskriminationen führte jedoch die linke Hemisphäre wesentlich besser aus, wohingegen die rechte Hemisphäre besser Gesichter zu unterscheiden vermochte.

Wie sollen wir diese Ergebnisse deuten? Mit Hamilton glauben wir, daß die von ihm gefundenen Unterschiede tatsächlich eine komplementäre Spezialisierung der Hemisphären widerspiegeln. Diese Ansicht wird durch die Ergebnisse bei der Verwendung der geometrischen Kontrollmuster gestützt, denn hier ergaben sich keine Anzeichen für eine Lateralität. Darüber hinaus erbringt eine Analyse der Befunde von den 25 Affen, die sowohl die Balkenorientierungs- als auch die Gesichterdiskriminationsaufgabe erlernt hatten, einen überzeugenden Beleg für die komplementäre Spezialisierung: Von diesen 25 Tieren zeigten 16 bei der Balkenorientierungsaufgabe höhere Diskriminationsleistungen mit der linken Hemisphäre, während sie mit der rechten die Gesichteraufgabe besser lösten. Dieses Ergebnis schließt aus, daß mögliche unerkannte asymmetrische Einwirkungen während der Operation oder während der Tests die Leistungsasymmetrien künstlich hervorgerufen haben könnten. Aber Hamilton wäre natürlich einer der ersten, der uns darin zustimmen würde, daß noch sehr viel zusätzliche Arbeit zu leisten ist, um verstehen zu lernen, wie die Hemisphärenasymmetrie bei Affen beschaffen ist und worin sie sich von der menschlichen Asymmetrie unterscheidet.[14]

Anatomische Asymmetrien bei Tieren

Aus anatomischen Studien läßt sich schließen, daß es möglicherweise bei einigen nichtmenschlichen Primaten im Temporallappengebiet strukturelle Asymmetrien zwischen den Hemisphären gibt, die denen im menschlichen Gehirn ähneln. In einer Untersuchung fand man bei Menschen und in geringerem Ausmaß auch bei Schimpansen Asymmetrien zugunsten der linken Hemisphäre; bei den Rhesusaffen dagegen unterschieden sich die beiden Gehirnhälften nicht wesentlich.[15]

In einer anderen Arbeit, in der die Gehirne mehrerer verschiedener Affen und Menschenaffen untersucht wurden, kam man zu einem ähnlichen Schluß.

---

* Anmerkung des Herausgebers: Der Zugang zum Spalt zwischen den Endhirnhälften, in dessen Tiefe das zu durchtrennende Corpus callosum liegt, erfolgt gewöhnlich von einer Seite; auf dieser wird dann die Hemisphäre etwas abgezogen (retrahiert), um den Spalt während der Operation zu verbreitern.

Von 28 großen Menschenaffen aus der Familie der Pongidae (Orang-Utans, Schimpansen und Gorillas) zeigten 16 eine Asymmetrie zugunsten der linken Hemisphäre; bei einem war das Ergebnis umgekehrt. Im Gegensatz dazu wiesen von 41 Affen aus der Familie der Hylobatidae (Gibbons und Siamangs) nur drei eine wesentliche Asymmetrie auf.[16] Ein anderer Forscher untersuchte anstelle der Gehirngröße die Schädelgröße. Dabei wurden bei drei Arten von Gorillas die rechte und die linke Seite des Schädels vermessen; Anzeichen für eine Asymmetrie gab es nur beim Berggorilla, nicht aber bei den anderen Arten.[17]

Es ist verlockend, Vermutungen darüber anzustellen, ob diese Asymmetrien mit der Fähigkeit von Menschenaffen, insbesondere von Schimpansen, zusammenhängen, eine Sprache zu erlernen. Wie man gezeigt hat, sind Schimpansen in der Lage, mehrere Wörter, etwas Grammatik und sogar einige abstrakte Konzepte zu lernen, wenn sie dazu eine Zeichensprache verwenden oder mit Plastiksymbolen hantieren. Nach Meinung einiger Forscher spiegeln die anatomischen Asymmetrien bei den großen Menschenaffen die Tatsache wider, daß sie eine „vorsprachliche" Entwicklungsstufe erreicht haben, auf der ihre Denkmuster denen der Menschen durchaus ähnlich, wenn auch viel primitiver sind.

Der Nachweis anatomischer Asymmetrien im Gehirn ist jedoch nicht auf Primaten beschränkt. Marian Diamond und ihre Mitarbeiter hatten fast 20 Jahre lang untersucht, wie sich die Großhirnrinde von Ratten durch Umwelterfahrungen verändern kann, und dabei stets die Befunde von beiden Hemisphären zusammengefaßt, da sie sie als einander ähnlich ansahen. Das neuerwachte Interesse an Hemisphärenunterschieden veranlaßte Diamond jedoch, die beiden Gehirnhälften einzeln zu untersuchen; dabei trat ein interessantes Asymmetriemuster mit Unterschieden zwischen männlichen und weiblichen Ratten zutage. Diese Befunde hatten wir in Kapitel 8 besprochen.[18]

Natürlich muß man sich hier im klaren darüber sein, daß wir bei Tieren bisher keinerlei Befunde über den Zusammenhang zwischen anatomischen Asymmetrien und echten funktionellen Asymmetrien haben, wie sie beim Menschen beispielsweise für die Sprache existieren. Im Grunde genommen ist nicht einmal für den Menschen die Verbindung zwischen anatomischen und funktionellen Asymmetrien überzeugend belegt. Möglicherweise hängen Asymmetrien im Gehirn von Primaten und Ratten nicht mit Verhaltensasymmetrien zusammen – so wie auch die Asymmetrien im menschlichen Gehirn durchaus von Verhaltensunterschieden unabhängig sein können. Dem Interesse an anatomischen Asymmetrien liegt jedoch vor allem die noch unbewiesene Annahme zugrunde, daß eine solche Beziehung letztlich nachzuweisen sein wird.

Neurochemische Asymmetrien

Weitere Belege dafür, daß die Ratte ein geeignetes Versuchstier sein könnte, um Gehirnasymmetrien zu erforschen, sind den Arbeiten von Stanley Glick und seinen Kollegen von der Mount Sinai School of Medicine zu entnehmen.[19] Sie fanden heraus, daß Ratten sich in der Nacht drehen oder im Kreis laufen und daß einzelne Tiere dabei eine bestimmte Richtung bevorzugen. Einige ziehen es vor, sich nach links zu bewegen, andere laufen ständig nur nach rechts. Diese Bevorzugung scheint schon sehr früh angelegt zu sein – anhand der Richtung, in die neugeborene Ratten ihren Schwanz drehen, kann man vorhersagen, zu welcher Seite sie sich später bevorzugt wenden werden.

Glick zeigte, daß die für eine Ratte charakteristische Bevorzugung einer Drehrichtung mit einem chemischen Ungleichgewicht in einer Region des Gehirns zusammenhängt, die man als *nigrostiatale Bahn* bezeichnet und die an der Koordination von Bewegungen beteiligt ist. Die Forscher stellten fest, daß die Konzentration von Dopamin, einem chemischen Transmitter, der von den Neuronen der nigrostriatalen Bahn abgesondert wird und die Drehbewegungen hervorruft, auf derjenigen Seite des Gehirns, die der bevorzugten Drehrichtung gegenüberliegt, um ungefähr 15 Prozent erhöht ist. Tiere mit höheren Dopaminkonzentrationen in der linken Gehirnhälfte ziehen also die rechte Drehrichtung vor, solche mit höheren Konzentrationen auf der rechten Seite drehen sich bevorzugt nach links.

Auch bei Untersuchungen an Menschen hat man Asymmetrien in der Konzentration von Neurotransmittern im Gehirn entdeckt. Bei einer erneuten Analyse von Befunden anderer Wissenschaftler fanden Glick und seine Kollegen für einige chemische Substanzen höhere Konzentrationen in der linken Hemisphäre, für andere in der rechten. Besonders faszinierend war die Beobachtung, daß der Dopamingehalt in der linken Gehirnhälfte höher war als in der rechten. Da die meisten der Patienten, deren Gehirne nach dem Tod untersucht wurden, mutmaßliche Rechtshänder waren, scheint dieser Befund darauf hinzudeuten, daß die Konzentration von Dopamin auf derjenigen Seite größer ist, die der bevorzugten Hand gegenüberliegt. Dies würde mit den bei Ratten erhobenen Befunden übereinstimmen.

Glicks Forschungen lassen darauf schließen, daß Untersuchungen an Ratten Funktionen und Mechanismen der Gehirnasymmetrie aufzeigen können, die ebenso für den Menschen gelten. Obwohl man mit solchen Studien erst vor kurzem begonnen hat, zog Ernst Mach diese Möglichkeit schon vor mehr als einem Jahrhundert in Betracht:

»Der Gedanke, daß die Unterscheidung von rechts und links auf einer Asymmetrie, und in letzter Linie möglicher Weise auf einer chemischen Verschiedenheit beruhe, verfolgt mich seit meiner Jugend; ich habe denselben bei Gelegenheit meiner ersten Vorlesungen schon ausgesprochen (1861) ... Desorientierte Menschen und Thiere bewegen sich ausnahmslos nahezu in Kreisen ... Guldberg sieht hierin auch eine teleologische Einrichtung zum Wiederfinden der pflegebedürftigen Jungen.«[20]*

---

* Anmerkung des Herausgebers: Mach weist aber im weiteren darauf hin, daß das Kreislaufen sowohl nach rechts wie auch nach links erfolgt; der zitierte Satz lautet vollständig »Desorientierte Menschen und Thiere bewegen sich ausnahmslos nahezu in Kreisen, deren Radien nach der Species variiren, während der Mittelpunkt, je nach dem Individuum und der Species, bald auf der rechten, bald auf der linken Seite des die Kreisbahn durchlaufenden Individuums liegt.«

Verhaltenstests

Die Suche nach Asymmetrien bei Tieren hat in vielerlei Hinsicht eine ähnliche Entwicklung genommen wie die Lateralitätsforschung beim Menschen. Ein wesentlicher Unterschied besteht jedoch in der Bedeutung, die dabei den Verhaltensstudien zukommt. Untersuchungen zum Verhalten stellen einen großen Teil der Literatur über die Lateralität beim Menschen, doch bis auf die Arbeiten zur Pfotenpräferenz gab es bis vor kurzem nur sehr wenige Studien, die den Hemisphärenunterschieden bei Tieren mit diesem Ansatz nachgegangen sind.*

In einer solchen Untersuchung brachte man japanischen Rotgesichtsmakaken bei, zwischen zwei verschiedenen Lautäußerungen zu unterscheiden, die von Artgenossen produziert worden waren. Man bot die aufgezeichneten Laute in zufälliger Reihenfolge dem linken oder dem rechten Ohr der Tiere dar. Die Forscher stellten bei allen fünf untersuchten Affen fest, daß die Tiere bessere Leistungen zeigten, wenn man die Laute dem rechten Ohr präsentierte. Von fünf Affen anderer Arten wies nur einer eine Ohrasymmetrie auf, wenn man die Lautäußerungen der Rotgesichtsmakaken darbot.[21] Wenn wir davon ausgehen, daß Töne, die man dem rechten Ohr präsentiert, bevorzugt in die linke Hemisphäre übertragen werden, deuten diese Ergebnisse darauf hin, daß bei japanischen Rotgesichtsmakaken eine Hemisphärenasymmetrie für die Verarbeitung der Lautäußerungen von Artgenossen vorliegt.

William Hopkins und seine Kollegen verfolgten bei der Untersuchung von sprachtrainierten Schimpansen einen anderen Ansatz.[22] Ihre Versuchstiere – eine kleine Gruppe von Schimpansen – waren während der letzten zwölf bis 18 Jahre darauf trainiert worden, eine künstliche Sprache auf der Basis visuell-geometrischer Symbole zu gebrauchen. Die Testaufgabe bestand für die Tiere darin, eine Reaktionstaste gedrückt zu halten, bis sie einen Hinweisreiz erhielten, auf den hin sie dann reagieren sollten. Bei jedem Versuchsdurchgang wurde ein geometrisches Symbol als Warnreiz in die linke oder rechte Gesichtsfeldhälfte projiziert. Dieses Symbol hatte manchmal eine Bedeutung, manchmal keine, war den Tieren aber auf jeden Fall bekannt. Der Warnreiz sollte einen Priming-Effekt haben und diejenige Hemisphäre, die diesen Stimulus präsentiert bekam, in eine erhöhte Reaktionsbereitschaft versetzen. Die Ergebnisse zeigten einen Vorteil für bedeutungsvolle Priming-Stimuli, die in der rechten Gesichtsfeldhälfte dargeboten wurden. Hopkins schloß daraus, daß »die Daten darauf hinweisen, daß die Art und Weise, in der diese Schimpansen Symbole wahrnehmen, welche eine funktionelle Bedeutung angenommen haben, mit dem vergleichbar ist, was man bei menschlichen Versuchspersonen während der Verarbeitung von Wörtern beobachten kann. Weitere Forschungen, die sich traditioneller lateralisierter Wiedererkennungs- und Gedächtnisparadigmen bedienen, sollten sich darin als hilfreich erweisen, die Beziehung zwischen den einfachen Priming-Effekten und anderen höheren corticalen Prozessen zu bestimmen«.[23]

* Anmerkung des Herausgebers: Siehe aber unter anderem W. Ludwig, *Das Rechts-Links-Problem im Tierreich und beim Menschen* (Berlin: Springer, 1932); der Autor berichtet in diesem Buch über eine Vielzahl von Verhaltensuntersuchungen an den verschiedensten Tierarten.

Asymmetrie bei Vögeln: Was wir vom Vogelgehirn lernen können

Bisher haben wir die Übersicht über Asymmetrien bei Tieren auf Arbeiten mit Säugetieren, besonders mit nichtmenschlichen Primaten, beschränkt. Es gibt zwar einige Hinweise darauf, daß bei diesen Arten Asymmetrien existieren, sie sind jedoch alles andere als eindeutig. Vor diesem Hintergrund ist es besonders interessant zu erfahren, daß Forscher an der Rockefeller University bei einer ganz anderen Tiergruppe, nämlich bei Singvögeln, eine auffällige Asymmetrie zwischen den Gehirnhälften entdeckt haben. Um ihre Ergebnisse richtig einschätzen zu können, müssen wir allerdings kurz abschweifen und uns ansehen, wie der Vogelgesang entsteht.

Der Stimmapparat der Vögel besteht im wesentlichen aus der Syrinx, einer lauterzeugenden Struktur am Übergang der Luftröhre in die beiden Hauptbronchien, die über wie Blasebälge wirkende Luftsäcke betrieben wird. Lage und Spannung der Gewebefalten und Membranen in der Syrinx bestimmen die Frequenz und die Amplitude der produzierten Laute. Die Syrinx ist in eine linke und eine rechte Hälfte geteilt, die unabhängig voneinander durch den linken beziehungsweise rechten Hypoglossus(nerv) kontrolliert werden.* Singvögel entwickeln ihren Gesang charakteristischerweise während des ersten Lebensjahres. Um den arttypischen Gesang zu erlernen und zu erhalten, sind sie auf akustische Rückmeldungen angewiesen.

Fernando Nottebohm und seine Mitarbeiter konnten zeigen, daß sich bei erwachsenen Buchfinken und Kanarienvögeln der Gesang auf eindrucksvolle Weise verändert, wenn man den linken Hypoglossus durchtrennt. Die meisten Gesangskomponenten verschwinden und werden entweder durch Pausen oder durch schlecht modulierte Töne ersetzt. Wird dagegen der rechte Hypoglossus durchschnitten, wirkt sich dies nur minimal auf den Gesang aus, der weitgehend ungestört bleibt.[24]

In weiteren Arbeiten stellte sich heraus, daß der rechte Hypoglossus bis zu einem gewissen Grad die Kontrolle über den Gesang erlangen kann, und zwar in Abhängigkeit von dem Alter, in dem sein Gegenstück auf der linken Seite durchtrennt wird. Kanarienvögel, bei denen man den linken Hypoglossus innerhalb der ersten zwei Wochen nach dem Schlüpfen zerstört, entwickeln einen Gesang von normaler Komplexität, der vollständig durch den rechten Hypoglossus gesteuert wird. Auch bei Vögeln, die bei der Operation ausgewachsen sind, zeigt sich insofern eine gewisse Plastizität, als sie einen neuen Gesang unter der Kontrolle des rechten Hypoglossus erlernen können; das Endergebnis ist allerdings weniger vollkommen als bei ungeschädigten Kanarienvögeln oder solchen, die die Schädigung in einer frühen Lebensphase erlitten haben.

Die Asymmetrien in der Kontrolle des Vogelgesangs scheinen sich bis in die höchsten Lautgebungszentren des Gehirns zu erstrecken. Untersuchungen zeigen, daß nach Schädigungen der linken Hemisphäre ein fast völlig

* Die Kontrolle der Syrinx erfolgt gleichseitig oder ipsilateral und nicht – wie aufgrund unserer bisherigen Beschreibungen erwartet werden könnte – gekreuzt oder kontralateral.

strukturloser Gesang produziert wird, dem alle Komponenten fehlen, die vor der Operation vorhanden waren. Im Gegensatz dazu bleibt der Gesang bei rechtshemisphärisch geschädigten Vögeln normal strukturiert, wenn auch einige Bestandteile verlorengehen. Im Laufe der Zeit erlangen Kanarienvögel mit geschädigter linker Gehirnhälfte ihre Fähigkeit zum Singen wieder; der rechte Hypoglossus übernimmt dann die Kontrolle wie in den Experimenten, in denen der linke Hypoglossus durchschnitten wurde. Auch hier ist jedoch der Gesang, der sich ergibt, weniger perfekt als bei normalen Vögeln.

Auf den ersten Blick sind die Ähnlichkeiten zwischen dem Vogelgesang und der menschlichen Sprache verblüffend. Doch lassen es eine Reihe von Faktoren geraten erscheinen, bei der Interpretation vorsichtig zu sein. Erstens konnten Nottebohm und seine Mitarbeiter im Gehirn von Kanarienvögeln keine offensichtlichen Asymmetrien zwischen den höheren Lautgebungszentren der linken und rechten Seite entdecken. Die funktionellen Unterschiede scheinen also beim Kanarienvogel ohne jeden sichtbaren anatomischen Unterschied vorzukommen. Zweitens bleibt unklar, welche evolutionäre Bedeutung die linksseitige Hypoglossusdominanz bei Vögeln hat. Offensichtlich ist sie keine Vorbedingung für vokales Lernen, da sogar so produktive Stimmartisten wie die Papageien keine Hypoglossusdominanz aufweisen. Schließlich liefern neuere physiologische Ergebnisse Hinweise darauf, daß die Gesangsproduktion im Vogelgehirn tatsächlich bilateral kontrolliert wird und daß sich die früheren Befunde durch periphere Asymmetrien erklären lassen können.[25]

Diese Gesichtspunkte wie auch die Distanz in der evolutionären Beziehung zwischen Vögeln und Menschen sollten uns davon abhalten, die Befunde zum Vogelgesang unkritisch zu interpretieren. Sie bleiben dennoch faszinierend, insbesondere im Licht der neuesten Arbeiten aus Nottebohms Labor, die sich mit Hemisphärenunterschieden in der Diskrimination von Vogelgesängen befaßten.

Bei Zebrafinken wurden einseitige Läsionen gesetzt, die jeweils den auditiven Eingang zum Gesangskontrollsystem der rechten oder linken Hemisphäre unterbrachen. Wenn die Vögel lernen mußten, zwischen zwei Gesängen zu unterscheiden, zeigten diejenigen mit rechtsseitigen Läsionen bessere Leistungen als linksseitig geschädigte, wenn sie den Gesang eines Käfiggenossen und ihren eigenen auseinanderhalten sollten. Tieren mit linksseitigen Läsionen gelang es besser, zwischen zwei Versionen eines unbekannten Gesanges zu differenzieren, wobei sich die Versionen nur in der harmonischen Struktur eines Teils des Gesanges unterschieden. Die Forscher zogen den Schluß, daß Singvögel den Gesang ihrer eigenen Art mit beiden Hemisphären unterschiedlich wahrnehmen und verarbeiten, was ein zur Hemisphärenasymmetrie beim Menschen analoges Phänomen darstellen würde.[26]

Die theoretische Bedeutung von Asymmetrien bei Tieren

Die vergleichende Forschung mit nichtmenschlichen Arten kann uns vielleicht helfen, zwei grundsätzliche Fragen zur Gehirnlateralisierung zu beantworten: Warum gibt es überhaupt Asymmetrien? Und warum sind solche Asymmetrien im allgemeinen gleich ausgerichtet – weshalb also ist etwa die Sprache gewöhnlich in der linken und nicht in der rechten Hemisphäre repräsentiert?

Die Befunde, die wir betrachtet haben, deuten darauf hin, daß anatomische, neurochemische und/oder Verhaltensasymmetrien in einem breiten Spektrum von Tierarten vorhanden sind. Allerdings bleibt noch viel zu tun, um die Existenz dieser Asymmetrien wirklich abzusichern und um herauszufinden, in welcher Beziehung sie zur Lateralität beim Menschen stehen. Norman Geschwind, einer derjenigen Forscher, denen es in besonderem Maße zu verdanken ist, daß den biologischen Grundlagen der Lateralität gegenwärtig wieder vermehrt Aufmerksamkeit geschenkt wird, hat zur vergleichenden Asymmetrieforschung bei Tieren einige weitreichende Spekulationen angestellt.

Seiner Ansicht nach wird die verbreitete Meinung, Menschen besäßen bestimmte vollkommen einzigartige Charakteristika wie Sprache und hochentwickelte künstlerische sowie musikalische Fähigkeiten, um so mehr in Frage gestellt werden, je mehr wir über Asymmetrien bei Tieren lernen.[27] Geschwind interessierte sich besonders für die wissenschaftliche Diskussion der letzten Jahre über die Frage, ob man Schimpansen eine „echte" Sprache beibringen kann. Schimpansen sind erfolgreich darauf trainiert worden, eine Zeichensprache als Kommunikationsmittel zu verwenden, aber bis heute gibt es keine Einigung darüber, ob dies Sprache in dem Sinne darstellt, wie Menschen sie benutzen.

Geschwind schlug ein hypothetisches Experiment vor, das helfen sollte, dieses Problem zu lösen. Seiner Meinung nach könnte man den Mechanismus der „Sprache" von Schimpansen dem der menschlichen Sprache gleichsetzen, wenn bei Schimpansen eine linksseitige Läsion in Gehirnregionen, die den menschlichen Sprachzentren entsprechen, zu Defiziten führen würde; allerdings dürfe eine beidseitige Läsion in anderen Bereichen des Gehirns keine Beeinträchtigungen dieser (zeichensprachlichen) Leistung nach sich ziehen. Sollten jedoch diese Fertigkeiten des Schimpansen bei beidseitigen Läsionen in Gehirnbereichen, die nicht als homolog zu den menschlichen Sprachzentren aufgefaßt werden, beeinträchtigt sein, während sie bei linksseitigen Läsionen intakt blieben, dann wäre das ein Befund, der gegen die linguistische Natur der Leistungen des Schimpansen sprechen würde.*

---

* Wir stimmen mit Geschwind darin überein, daß ein „positives" Ergebnis dieses hypothetischen Experiments ein gewichtiger indirekter Hinweis auf die linguistische Natur der Leistungen des Schimpansen wäre. Wir bezweifeln jedoch, daß die Möglichkeit, die Sprache der Schimpansen in gleicher Weise wie die des Menschen als linguistisch anzuerkennen, notwendigerweise ausgeschlossen wäre, falls man bei Schimpansen keine Hemisphärenasymmetrie der Art nachweisen könnte, wie man sie beim Menschen findet.

Die Tatsache, daß man Asymmetrien auch bei Tieren findet, die keine sprachlichen Fähigkeiten zu besitzen scheinen, würde seine Argumentation nicht schwächen, meinte Geschwind. Vielleicht gibt es eine Vorform der Sprache, die nichts mit der Kommunikation zwischen Individuen zu tun hat, dem einzelnen Tier aber sehr wohl von Nutzen sei. Geschwind konstatierte:

»Es ist leicht vorstellbar, daß eine solche interne Codierungsmethode schon sehr früh im Verlauf der Evolution aufgetreten sein könnte und von einzelnen nichtmenschlichen Tieren verwendet wurde. Die Fähigkeit zu kommunizieren ist zwar von großer Bedeutung, sie könnte aber eine spätere „technische" Entwicklung darstellen, die es ermöglichte, den Code von einem Individuum zum anderen zu übertragen; der entscheidende Schritt der Entwicklung eines internen Codes hat möglicherweise viel früher stattgefunden.«[28]

Obwohl es sich hier nur um spekulative Vorstellungen handelt, stehen sie doch stellvertretend für die Probleme, die Neurowissenschaftler, welche die Lateralisierung verstehen wollen, jetzt angehen. Indem die Forscher die Untersuchung der Asymmetrien über den Menschen hinaus ausgedehnt haben, sind sie den Antworten näher gekommen. In den folgenden Abschnitten dieses Kapitels wenden wir uns einem anderen Thema zu, das für ein Verständnis der Lateralität von entscheidender Bedeutung ist – der Ontogenese oder Entwicklung der Asymmetrie beim Menschen.

Die Entwicklung der Asymmetrie beim Menschen

Das Gehirn eines Neugeborenen wiegt nur etwa ein Viertel soviel wie das eines Erwachsenen. Doch bis zum Ende des zweiten Lebensjahres hat das Gehirn des Kindes seine Masse verdreifacht und fast seine volle Größe erreicht. Diese eindrucksvolle Vergrößerung geht mit ebenso eindrucksvollen Veränderungen in den Fähigkeiten des Kindes einher. Im Alter von zwei Jahren hat ein durchschnittliches Kind bereits zu sprechen angefangen und entwickelt nach und nach viele der höheren geistigen Funktionen, die für den Menschen charakteristisch sind.

Uns geht es in den folgenden Abschnitten um die Frage, wie und zu welchem Zeitpunkt sich in diese physischen und funktionellen Veränderungen während der Kindheit jene grundlegenden Unterschiede zwischen linker und rechter Gehirnhälfte einfügen, die man beim Erwachsenen vorfindet. Entstehen die Asymmetrien, während sich das Kind entwickelt, oder sind sie bereits bei der Geburt oder sogar schon vorher vorhanden? Welche Rolle spielen genetische Faktoren und Umweltbedingungen bei der Ausprägung der Asymmetrie? Kann sich das Muster der Asymmetrie verändern, und – wenn ja – welche Faktoren setzen dem Grenzen?

Diese grundsätzlichen Fragen stehen im Mittelpunkt zahlreicher Forschungsarbeiten, die nach sehr unterschiedlichen Methoden vorgehen. Die

Antworten sollten entscheidend dazu beitragen können, Sprachstörungen bei Kindern und Erwachsenen besser zu verstehen, und vielleicht verhelfen sie den Forschern auch zu einem tieferen Verständnis anderer Probleme, die man mit der Trennung der Funktionen zwischen den Hemisphären in Zusammenhang gebracht hat.

Hirnschädigung im Kindesalter: Lateralität und Plastizität

Der Wissenschaftler, der vielleicht am meisten für das gegenwärtige Interesse an der Entwicklung der Lateralisierung getan hat, ist der vor einigen Jahren verstorbene Psychologe Eric Lenneberg von der Cornell University. Mitte der sechziger Jahre faßte Lenneberg etliche Befunde zu dieser Frage zusammen und kam zu dem Schluß, daß die Lateralisierung der Funktionen im Gehirn sich allmählich entwickelt, aber bis zur Pubertät abgeschlossen ist.[29] Seine Untersuchungen deuteten auch darauf hin, daß die Pubertät einen kritischen Wendepunkt in der Fähigkeit markiert, allein dadurch neue Sprachen akzentfrei zu lernen, daß man ihnen „ausgesetzt" ist. Lenneberg hielt es nicht für einen bloßen Zufall, daß sowohl die Lateralisierung als auch diese Fähigkeit zum Spracherwerb mit der Pubertät festgelegt zu sein scheinen. Er sah das eine als biologische Grundlage des anderen an.

Lenneberg stützte sich bei seinen Schlußfolgerungen über den zeitlichen Verlauf der Lateralisierung weitgehend auf klinische Befunde, die der Neurologe L. S. Basser erhoben hatte.[30] Basser berichtete über eine Gruppe von 72 Kindern, die alle vor dem Ende des zweiten Lebensjahres eine Hirnschädigung erlitten hatten: Etwa die Hälfte jener Kinder begann im üblichen Alter zu sprechen, während es bei den übrigen zu leichten Verzögerungen kam. Dies war unabhängig davon, ob die Schäden in der linken oder in der rechten Gehirnhälfte aufgetreten waren, was vermuten ließ, daß die Hemisphärenasymmetrie für Sprache bis zum Alter von zwei Jahren noch nicht genau festgelegt ist. Bei einer anderen Gruppe von Kindern, bei denen die Hirnschädigung nach dem Beginn der Sprachentwicklung und vor dem zehnten Lebensjahr erfolgte, zeigten sich dagegen Hemisphärenunterschiede. Hier führte eine Verletzung auf der linken Seite in 85 Prozent der Fälle zu Sprachstörungen, eine rechtsseitige aber nur in 45 Prozent.

Trotz dieser deutlichen Links-Rechts-Effekte unterscheidet sich jedoch das Muster der Störungen von dem, das man bei jugendlichen und erwachsenen Rechtshändern mit Hirnverletzungen findet. Bei diesen folgt einer Verletzung der rechten Gehirnhälfte nur sehr selten eine Aphasie; nach einer Schädigung der linken Hemisphäre tritt sie dagegen sogar noch häufiger auf. Aufgrund dieser Befunde zog Lenneberg den Schluß, daß die Lateralisierung zur Zeit des Spracherwerbs beginnt, aber erst mit der Pubertät abgeschlossen ist.

Neuere Überlegungen zur Lateralisierung bis zur Pubertät

Lennebergs Interpretation der Befunde blieb nicht unwidersprochen. Eine sorgfältige Überprüfung der Befunde von Basser ergab, daß in allen Fällen, in denen eine Schädigung der rechten Hemisphäre zu Sprachstörungen geführt hatte, die dafür verantwortliche Verletzung vor dem Alter von fünf Jahren aufgetreten war. In dem einen Fall, in dem die rechte Gehirnhälfte erst später geschädigt wurde, machte sich kein Sprachausfall bemerkbar. So gesehen ließen sich die Befunde von Basser auch mit der Hypothese vereinbaren, daß die Lateralisierung bereits mit fünf Jahren und nicht erst mit der Pubertät abgeschlossen ist. Jedenfalls erlaubt es die geringe Patientenzahl nicht, die Annahme zu überprüfen, die Lateralisierung sei erst später vollständig ausgebildet.[31]

Nach Meinung von Marcel Kinsbourne passen die Befunde sogar zu der Hypothese, daß die Lateralisierung bereits bei der Geburt – und nicht erst im Alter von fünf Jahren oder mit der Pubertät – abgeschlossen ist. Kinsbourne hat die neurologischen Befunde der von Basser herangezogenen Fälle überprüft und den Schuß gezogen, daß in den meisten Fällen, in denen eine rechtshemisphärische Schädigung in der Kindheit zu einer Aphasie führte, in Wirklichkeit die rechte und die linke Gehirnhälfte betroffen waren.[32] Wenn das stimmt, unterscheiden sich die bei Kindern und die bei Erwachsenen gefundenen Häufigkeiten von Aphasien nach links- beziehungsweise rechtshemisphärischer Schädigung gar nicht voneinander.

Im Jahre 1978 berichteten Bryan Woods und Hans Lucas Teuber über 65 Kinder, die eine einseitige Hemisphärenverletzung erlitten hatten, als sie bereits sprechen konnten.[33] Woods und Teuber fanden heraus, daß sich unter den 34 Kindern mit linkshemisphärischen Läsionen 25 befanden, die anfangs aphasisch waren, während es bei den Kindern mit Schädigungen der rechten Gehirnhälfte (darunter zwei Linkshänder) nur vier von 31 waren. Nach einem Überblick über die frühere Literatur stellten die Autoren fest, daß sich die Häufigkeit, mit der bei Kindern nach einer rechtshemisphärischen Verletzung Aphasien auftraten, auffallend verändert hatte: Bei Untersuchungen, die nach dem Jahre 1941 begonnen wurden, war nämlich ein deutlicher Rückgang zu beobachten.

Die Autoren führen diese Veränderung über die Zeit teilweise auf den Gebrauch von Antibiotika zurück, der dazu geführt hat, daß bei Kindern Aphasie- und Hemiplegiefälle, die auf Komplikationen bei Scharlach und anderen Krankheiten zurückgehen, weitestgehend ausgeschaltet wurden. Frühere Untersuchungen hatten gezeigt, daß diese Infektionen in schweren und unbehandelten Fällen örtlich begrenzte Hirnläsionen sowie unspezifische Hirnschädigungen in beiden Hemisphären hervorrufen konnten. Ein Kind, das infolge einer solchen Infektion linksseitig gelähmt war und eine Aphasie aufwies, wäre wohl als rechtshemisphärisch geschädigt eingestuft worden, obwohl sehr wahrscheinlich die linke Gehirnhälfte gleichermaßen betroffen war. Die Forscher schlossen daraus, daß man die Häufigkeit von Aphasien nach rechtshemisphärischen Verletzungen bei Kindern weit überschätzt hatte und daß die Befunde im ganzen gesehen eher dafür sprechen, daß das bei Erwachsenen gefundene Muster der Sprachfunktionen im wesentlichen schon bald nach der Geburt ausgebildet ist.

Neuere klinische Belege deuten also darauf hin, daß die Hemisphärenspezialisierung für die Sprache bereits bei der Geburt existiert und sich nicht erst im Laufe der Zeit entwickelt. Diese Schlußfolgerung stellt keineswegs in Frage, was wir über jene Fähigkeit der rechten Gehirnhälfte wissen, nach sehr frühen Schädigungen der linken Hemisphäre Sprachfunktionen zu übernehmen. Was die Genesung von einer Aphasie angeht, sind eindrucksvolle Unterschiede zwischen Kindern und Erwachsenen unbestritten; mit den theoretischen Folgen dieses Befundes werden wir uns später in diesem Kapitel befassen.

Die Entfernung einer Gehirnhälfte: Hemisphärektomie bei Säuglingen

Gelegentlich ist es medizinisch notwendig, daß Ärzte eine der beiden Gehirnhälften weitgehend entfernen. In Kapitel 6 haben wir einige Folgen der Hemisphärektomie bei Erwachsenen besprochen. Die Operation wird manchmal auch in früher Kindheit ausgeführt, wenn die Gefahr besteht, daß eine ausgedehnte Schädigung der einen Hemisphäre auch die unbeschädigte Seite in ihrer Funktion beeinträchtigt.*

In der Literatur sind Berichte über mehrere Dutzend Fälle von Hemisphärektomie erschienen, die uns weitere Informationen über die Entwicklung der funktionellen Asymmetrie zwischen den Hemisphären liefern. Welche Folgen die Operation hat, hängt davon ab, wie alt der Patient zum Zeitpunkt des Eingriffs ist und welche Hemisphäre entfernt wird. Wie bereits erwähnt, sind erwachsene Patienten, denen die rechte Gehirnhälfte entfernt wurde, sprachlich typischerweise wenig oder gar nicht beeinträchtigt, während die Entfernung der linken Hemisphäre im allgemeinen zu einer ausgeprägten Aphasie führt, die sich mit der Zeit nur geringfügig bessert. Bei Kindern zeigen sich ähnliche lateralisierte Auswirkungen. Wie schwer die Störung ist, hängt direkt mit dem Alter des Kindes zum Zeitpunkt des Eingriffs zusammen; die Prognose, also die Chance, daß die Sprache sich wieder erholt, steht in umgekehrtem Verhältnis zum Alter.[34]

Mehreren Berichten zufolge bleiben im Erwachsenenalter keinerlei Anzeichen lateralisierter Ausfälle in höheren geistigen Funktionen zurück, wenn die Hemisphärektomie im frühen Kleinkindalter erfolgt. Dieser Befund läßt darauf schließen, daß die übriggebliebene Hemisphäre – sei es die linke oder die rechte – die entfernte Gehirnhälfte ersetzen und die Funktionen ausüben kann, die normalerweise in jener laterialisiert wären.

---

* Anmerkung des Herausgebers: Über die Auswirkungen einer Hemisphärektomie im Kindesalter gibt es im deutschsprachigen Bereich einige interessante, hier nicht erwähnte Arbeiten. Im Vordergrund stehen dabei die allgemeinen gesundheitlichen und psychischen Veränderungen, die trotz aller Risiken einen so schweren Eingriff gerechtfertigt erscheinen lassen. Genannt seien hier zwei Aufsätze: H. Stutte, „Zur Psychopathologie hemisphärektomierter Kinder“ *Jahrbuch für Jugendpsychiatrie und ihre Grenzgebiete* 4 (1965): 85–97; H. W. Pia, „Die Hemisphärektomie in der Behandlung der cerebralen Kinderlähmung“, *Deutsche Zeitschrift für Nervenheilkunde* 181 (1960): 359.

Aus den Befunden lassen sich mindestens zwei verschiedene theoretische Schlüsse ziehen. Zum einen wäre es möglich, daß in Fällen, in denen die Hemisphärektomie schon früh vorgenommen wird, überhaupt kein Wechsel der Funktionen stattfinden muß, weil es im frühen Säuglingsalter noch keine Lateralisierung von Funktionen gibt. Eine zweite Interpretation lautet, daß Hemisphärenunterschiede in der frühen Kindheit zwar schon vorhanden sind, daß aber das junge Gehirn noch enorme Fähigkeiten besitzt, sich neu zu organisieren, wenn spezifische Bereiche geschädigt sind.

Seit kurzem liegen eingehende Untersuchungen über die Fähigkeit von Patienten mit links- oder rechtsseitiger Hemisphärektomie vor, die darauf hindeuten, daß von den beiden Möglichkeiten wohl eher die letztere zutrifft, die die „Plastizität" des Gehirns betont. Maureen Dennis und Harry Whitaker haben Patienten, denen schon früh eine Hemisphäre entfernt worden war, mit verschiedenen Sprachtests untersucht und dabei sehr subtile Anzeichen lateralisierter Funktionsbeinträchtiungen entdeckt.[35] Standardmessungen der verbalen Intelligenz scheinen zwar nicht zwischen frühen linksseitigen und frühen rechtsseitigen Hemisphärektomien zu unterscheiden; das bedeutet jedoch nicht, daß man nicht mit anderen Tests einen solchen Unterschied aufdecken könnte.

Dennis und Whitaker untersuchten drei Kinder im Alter von neun bis zehn Jahren, die mit fünf Monaten einer Hemisphärektomie unterzogen worden waren. Bei dem einen handelte es sich um einen Patienten mit rechtsseitiger Hemisphärektomie; bei den beiden anderen war die linke Gehirnhälfte entfernt worden. Es zeigte sich, daß alle drei Kinder Sprachlaute normal unterscheiden und aussprechen konnten. Sie schnitten auch gleich gut ab, wenn sie Wörter produzieren und unterscheiden sollten. Wesentliche Unterschiede zwischen den Hemisphären traten jedoch in Untersuchungen zutage, in denen die syntaktischen Fähigkeiten der Patienten getestet wurden – also ihr Umgang mit den Regeln, nach denen Wörter zu grammatikalisch richtigen Sätzen zusammengesezt werden. Man forderte beispielsweise jedes Kind auf, zu beurteilen, ob die folgenden Sätze annehmbar oder falsch waren (aufgrund der syntaktischen Eigenheiten der englischen Sprache bleiben sie hier unübersetzt):

1. I paid the money by the man.
2. I was paid the money to the lady.
3. I was paid the money by the boy.

Der Patient mit rechtsseitiger Hemisphärektomie gab zutreffend an, daß die Sätze 1 und 2 grammatikalisch falsch sind und daß nur Satz 3 annehmbar ist. Die beiden anderen Patienten trafen diese Unterscheidung nicht.

Die Forscher folgern daraus, daß bei den Patienten mit linksseitiger Hemisphärektomie die rechte Gehirnhälfte die Bedeutung von Passivsätzen nicht richtig versteht. Nach weiteren Tests kamen sie zu dem Schluß, daß es sich bei dem Defizit der rechten Hemisphäre eher um ein organisatorisches, analytisches und syntaktisches Problem handelt als um eines, das in den begrifflichen oder semantischen Aspekten der Sprache wurzelt. Die Ergebnisse lassen vermuten, daß der Plastizität des kindlichen Gehirns Grenzen gesetzt sind und –

was für uns jetzt noch wichtiger ist – daß Hemisphärenasymmetrien bereits sehr früh im Leben vorhanden sind.

Dennis' und Whitakers Schlußfolgerungen sind allerdings angesichts der Belege, die die Autoren zur Stützung ihrer Annahmen vorlegten, als verfrüht kritisiert worden. Dorothy Bishop hat auf Probleme bei der statistischen Analyse hingewiesen und darauf, daß eine adäquate Kontrollgruppe fehlte, mit der die Leistungen der Patienten hätten verglichen werden können.[36] Ferner merkt Bishop auf der Grundlage nachfolgender Untersuchungen an, daß der einzige Patient mit einer rechtsseitigen Hemisphärektomie, der von Dennis und Whitaker untersucht wurde, in einer Vielzahl von sprachlichen Aufgaben bessere Leistungen erbracht hatte als die meisten anderen Patienten nach Entfernung der rechten Großhirnhemisphäre; es sei aber nicht gerechtfertigt, auf der Basis von Beobachtungen an einem einzelnen Patienten einen Standard zu definieren, gegen den dann die sprachlichen Fähigkeiten der Patienten mit linksseitiger Hemisphärektomie verglichen würden. Bishop empfiehlt daher, die Schlußfolgerungen von Dennis und Whitaker mit Vorsicht zu betrachten und erst zu akzeptieren, wenn überzeugendere Befunde vorgelegt werden.

Es ist durchaus möglich, daß irgendwann einmal Befunde eindeutig belegen, daß die Plastizität des Gehirns begrenzt ist. Aber wie auch immer sich diese Grenzen darstellen mögen, die Plastizität spielt ohne Zweifel eine große Rolle – beispielsweise bei Kindern, die sich nach einer Schädigung der linken Hemisphäre oft in bemerkenswerter Weise von ihrer Aphasie erholen. Die Fähigkeit des Gehirns, seine Funktion verhältnismäßig schnell neu anzupassen, macht es schwierig, ein System, in dem eine Lateralisierung nicht oder nur in Ansätzen existiert, von einem zu unterscheiden, das zwar eine umfassende Lateralisierung aufweist, in dem aber bei einer einseitigen Schädigung eine schnelle Kompensation möglich ist. Nur mit sehr empfindlichen Tests, mit denen sich feine Leistungsunterschiede erfassen lassen, können wir diese Alternativen nach und nach entwirren.

Die Suche nach den Anfängen der Lateralisierung

Klinische Befunde über die Auswirkungen einer frühen Hirnschädigung auf die Sprachfunktionen haben entscheidend zu unserer heutigen Vorstellung von der Entwicklung der Asymmetrie beigetragen. Zu diesem Thema liegen aber auch noch Ergebnisse aus anderen Quellen vor, denen wir uns jetzt zuwenden werden.

Anatomische Gehirnasymmetrien bei Säuglingen

Die Vorstellung, daß die Gehirnasymmetrie schon zu Beginn des Lebens ausgebildet wird, scheint sich auch durch anatomische Untersuchungen an Feten und Säuglingen stützen zu lassen. Bei der größten derartigen Studie wurden 207 Gehirne vermessen; das Alter reichte von zehn bis 44 Wochen nach der

Empfängnis. Bei 54 Prozent der Gehirne war das Planum temporale in der linken Hemisphäre größer, bei 18 Prozent dagegen in der rechten. In 28 Prozent der Fälle fand man in der Größe des Planum temporale keinen signifikanten Unterschied zwischen den beiden Gehirnseiten.[37]

In einer weiteren großangelegten Untersuchung an 100 Gehirnen kam man zu ähnlichen Ergebnissen. Bei dieser Studie betrug das Durchschnittsalter – wiederum vom Zeitpunkt der Empfängnis an gerechnet – 48 Wochen. Das linke Planum temporale erwies sich im Mittel als um 77 Prozent größer als das rechte. Bei zwölf Säuglingen war es rechts größer als links, und in 32 Fällen hatte es auf beiden Seiten annähernd die gleiche Ausdehnung.[38]

Doch einmal mehr stoßen wir bei der Interpretation solcher anatomischer Untersuchungen auf Schwierigkeiten. Wir wissen nicht genau, in welcher Beziehung anatomische und funktionelle Asymmetrien stehen. Ist erstere die strukturelle Grundlage für letztere? Wenn ja, sind dann immer funktionelle Unterschiede zwischen den Hemisphären vorhanden, wenn wir anatomiche Unterschiede finden? Wir werden die Befunde zur anatomischen Asymmetrie erst dann sicher auslegen können, wenn uns weitere Informationen helfen, derartige Fragen zu beantworten. Bis dahin bleiben die Belege zwar durchaus suggestiv und eindrucksvoll, lassen aber die Frage, ob eine funktionelle Lateralisierung bereits bei der Geburt besteht, noch offen.

Kopfdrehungen bei Säuglingen

Neugeborene haben nur ein begrenztes Repertoire von Verhaltensweisen, und es gibt wenig Möglichkeiten, laterale Präferenzen (Bevorzugungen einer Seite) – wie etwa die Händigkeit – zu untersuchen. Babys drehen jedoch ihren Kopf auf die linke oder rechte Seite, und die Häufigkeit der Rechts- oder Linksdrehungen wird somit zu einem potentiell interessanten Maß. Verschiedene Studien haben gezeigt, daß Säuglinge, die erst ein paar Tage alt sind, eine ausgeprägte Vorliebe dafür haben, den Kopf nach rechts zu drehen.[39] Obwohl die Bedeutung dieser Präferenz nicht feststeht, gibt es doch die vorläufige Hypothese, daß sie etwas mit der späteren Handpräferenz zu tun haben könnte.

Eine Forschergruppe hat über eine statistisch signifikante, wenn auch nicht sonderlich hohe Korrelation zwischen der Drehrichtung des Kopfes im Säuglingsalter und der Händigkeit im Alter von sieben Jahren berichtet.[40] Für diesen Zusammenhang bieten sich mindestens zwei mögliche Erklärungen an. Die erste geht davon aus, daß die Vorliebe für eine bestimmte Drehrichtung des Kopfes im Kleinkindalter die spätere Entwicklung der Handpräferenz beeinflußt. So sehen beispielsweise diejenigen Säuglinge, die ihren Kopf vorzugsweise auf die rechte Seite drehen, häufiger ihre rechte Hand als ihre linke; dies könnte zu einer besseren Koordination zwischen Auge und rechter Hand führen und das wiederum dazu, daß diese Hand beim visuell gesteuerten Greifen bevorzugt wird. Zweitens wäre es möglich, daß die Bevorzugung einer Kopfdrehrichtung und die spätere Handpräferenz deshalb zusammenhängen, weil beide durch dieselben Gehirnmechanismen festgelegt werden.

Evozierte Potentiale bei Säuglingen

Da elektrophysiologische Ableitungen keinerlei willkürliche Reaktion der Versuchsperson erfordern, ist dieses Verfahren hervorragend dazu geeignet, Hemisphärenasymmetrien bei Säuglingen zu untersuchen. Der Psychologe Dennis Molfese war einer der ersten Forscher, der bei Neugeborenen Asymmetrien in den elektrischen Ableitungen von der linken und rechten Gehirnhälfte nachzuweisen vermochte. In einer Untersuchung boten er und seine Mitarbeiter Säuglingen, die zwischen einer Woche und zehn Monaten alt waren, Sprachlaute wie „ba“ dar und leiteten dabei von beiden Hemisphären die evozierten Potentiale (EPs) ab.[41]

Bei neun der zehn untersuchten Kinder fand Molfese, daß die EPs auf der linken Seite größere Amplituden hatten, worin sich vermutlich widerspiegelt, daß diese Hemisphäre an der Verarbeitung der Sprachlaute stärker beteiligt ist. Der Effekt trat sowohl bei den jüngsten als auch bei den älteren Säuglingen auf. Das eine Baby, bei dem das Ergebnis umgekehrt ausfiel, war acht Monate alt. Als Molfese den Kleinkindern bestimmte nichtsprachliche Laute – etwa einen Knall oder einen Klavierakkord – darbot, kam er zu entgegengesetzten Resultaten: Die evozierten Potentiale aller zehn Kinder wiesen größere Amplituden über der rechten Gehirnhälfte auf. Diese Ergebnisse sind insofern aufregend, als sie darauf hindeuten, daß das Gehirn eines Neugeborenen bereits über spezialisierte Zentren verfügt, die im späteren Leben für die tiefgehende Verarbeitung von Lauten verantwortlich sein werden, obwohl der Säugling selbst noch nicht „verstehen“ kann, was man ihm darbietet.

Wada und Davis haben einen anderen Ansatz gewählt, um EP-Asymmetrien bei Kleinkindern zu untersuchen. »Wenn bereits vor der Entwicklung der Sprache und der Sprechfunktionen eine grundsätzliche Asymmetrie der nervösen Verschaltungen besteht«, so die Autoren, »dann sollten wir einen solchen Unterschied aufdecken können, ohne verbale Reize zu verwenden.«[42] Wada und Davis leiteten EPs auf Klickgeräusche und Lichtblitze ab und maßen die Kohärenz (also die Ähnlichkeit in der Form) der EPs in den temporalen und okzipitalen Hirnregionen von Säuglingen.

In einer früheren Arbeit, in der erwachsene Patienten mit Natriumamobarbital (Natrium-Amytal) getestet worden waren, hatten die beiden Wissenschaftler beobachtet, daß bei Klickgeräuschen die Kohärenz in der sprachdominanten Hemisphäre am größten war und bei Lichtblitzen in der nicht sprachdominanten. Zu ähnlichen Ergebnissen kamen sie bei ihrer Untersuchung von 50 Säuglingen, die zwischen einem Tag und fünf Wochen alt waren. Es zeigte sich, daß die Formen der okzipitalen und temporalen EPs auf Klickgeräusche sich in der linken Gehirnhälfte stärker ähnelten als in der rechten; die Ähnlichkeit war in der rechten Hemisphäre größer, wenn man Lichtblitze darbot. Die Forscher nehmen an, daß ihre Befunde die Spezialisierung der beiden Gehirnhälften auf die Verarbeitung verschiedener Arten von Information widerspiegeln und daß diese Spezialisierung bereits bei der Geburt vorhanden ist.

Dichotisches Hören bei Säuglingen

In zahlreichen Untersuchungen hat man versucht zu bestimmen, wann beim dichotischen Hören zum ersten Mal eine Überlegenheit des rechten Ohres feststellbar ist. Bei dieser in Kapitel 3 ausführlich dargestellten Methode bietet man den Versuchspersonen gleichzeitig zwei verschiedene sprachliche Mitteilungen dar, und zwar jedem Ohr eine; normalerweise bittet man die Versuchspersonen dann, zu wiederholen, was sie gehört haben. Natürlich setzt dieses Verfahren dem Alter der Kinder, die untersucht werden können, Grenzen. Der Standardtest zum dichotischen Hören ist aber schon bei Dreijährigen durchgeführt worden, und man entdeckte bei ihnen tatsächlich eine Überlegenheit des rechten Ohres.[43]

Inzwischen ist man mit ausgeklügelten Methoden der Technik des dichotischen Hörens sozusagen bis in die Wiege vorgedrungen, um herauszufinden, ob schon Säuglinge eine Überlegenheit des rechten Ohres zeigen. In einer Untersuchung lernten durchschnittlich 50 Tage alte Babys zunächst, an einem Schnuller zu nuckeln, damit ihnen ein Wortpaar dichotisch dargeboten wurde. Jedesmal wenn die Säuglinge mit einer vorher festgelegten Stärke saugten, bot man ihnen dieselben Wörter dar – bis die anhaltende Reduktion der Nuckelrate eine Habituation oder Gewöhnung an das dichotische Reizpaar anzeigte. In dieser Phase wurde dann entweder der Reiz im linken oder im rechten Ohr abgewandelt, und der Versuchsleiter zeichnete die Veränderungen in der Nuckelrate des Kindes auf. Die Ergebnisse der Untersuchung zeigten, daß die Säuglinge den Reizwechsel in jedem Ohr bemerkten (die Nuckelrate stieg an), daß aber eine Veränderung im rechten Ohr zu einem stärkeren Anstieg führte.[44]

Weil es zu einer charakteristischen Steigerung der Nuckelrate kommt, sobald Säuglingen ein neuartiger Reiz dargeboten wird, deuten die Ergebnisse mit den dichotischen Sprachreizen darauf hin, daß es für das rechte Ohr leichter ist, den Unterschied zwischen alten und neuen Reizen zu entdecken – zweifellos eine Überlegenheit des rechten Ohres. Mit nichtsprachlichen Reizen fand man einen stärkeren Anstieg der Nuckelrate nach Veränderungen im linken Ohr. Dies ist ein weiterer Beleg dafür, daß der „Ohrenunterschied" in der dichotischen Aufgabe eine Gehirnasymmetrie widerspiegelt.

Obgleich diese Abwandlung des dichotischen Tests klug erdacht ist und jene bestärken sollte, die der Ansicht sind, die Lateralisierung der Funktionen sei schon bei der Geburt vorhanden, haben sich andere Forscher schwergetan, die Ergebnisse zu reproduzieren. Bei einer Untersuchung wurde die Arbeit mit den Sprachreizen wiederholt, allerdings in leicht veränderter Form, um unbeabsichtigte Verzerrungen durch den Versuchsleiter auszuschalten.* In dieser Studie – in der man ebenfalls Reize darbot, die jeweils in einem Ohr verändert wurden – ergaben sich keinerlei Hinweise auf unterschiedliche Saugarten.[45] Es bedarf weiterer Arbeiten, um festzustellen, ob sich bei Säuglingen Ohrasymmetrien nachweisen lassen.

* Der „Versuchsleitereffekt" ist ein potentielles Problem bei jeder Verhaltensuntersuchung, die ihn nicht strikt kontrolliert. In der eben vorgestellten Studie war der Versuchsleiter, der mit dem Kind arbeitete, nicht „blind" für die Reihenfolge der Reizbedingungen; das heißt, er

Verändert sich die Lateralität mit der Zeit?

Die Tatsache, daß sich eine einseitige Hirnverletzung zu einem frühen Zeitpunkt im Leben anders auswirkt als später, läßt vermuten, daß sich das Gehirn im Laufe der Zeit wesentlich verändert. Sprachstörungen, die nach einer Schädigung in der linken Hemisphäre auftreten, sind im allgemeinen um so weniger schwerwiegend und dauerhaft, je jünger die betroffene Person zum Zeitpunkt der Verletzung ist. Bedeutet das, daß die Lateralität mit zunehmendem Alter umfassender oder vollständig wird? Nicht unbedingt. Man kann die Befunde nämlich auch so interpretieren, daß die Plastizität des Gehirns mit zunehmendem Alter schwächer wird – daß also beim alternden Menschen die rechte Hemisphäre allmählich die Fähigkeit verliert, die Kontrolle über die Sprache zu übernehmen.

Um die Frage zu beantworten, ob sich die Lateralität selbst mit dem Alter verändert, müssen wir ihr Ausmaß bei Menschen verschiedener Altersstufen messen und dann vergleichen, wie stark die Asymmetrien in den einzelnen Altersgruppen ausgeprägt sind. Dieser Ansatz wurde besonders ausgiebig mit Untersuchungen zum dichotischen Hören verfolgt.

Leider stehen die dabei erzielten Ergebnisse nicht im Einklang miteinander. So stellte man in einer großangelegten Untersuchung mit jeweils 30 Kinder in fünf verschiedenen Altersgruppen (5, 7, 9, 11 und 13 Jahre) bei einer dichotischten Konsonant-Vokal-Aufgabe für alle Altersstufen einen Vorteil des rechten Ohres fest, wobei die Stärke der Ohrasymmetrie in den fünf Gruppen übereinstimmte.[46]

Im Gegensatz dazu fand man in einer anderen Arbeit, bei der jeweils 24 Kinder in fünf Altersgruppen (6, 7, 10, 12 und 14 Jahre) untersucht wurden, daß die Stärke der Ohrasymmetrie mit steigendem Alter zunahm. Tatsächlich war hier die Überlegenheit des rechten Ohres nur in den Gruppen der 12- und 14jährigen signifikant von Null verschieden.[47] In einem Übersichtsartikel zur Frage entwicklungsbedingter Veränderungen führen die Autoren vier Untersuchungen zum dichotischen Hören an, bei denen über den gesamten Zeitraum ein Anstieg in der Asymmetrie zu verzeichnen war, und fünf Untersuchungen, bei denen die Asymmetrie entweder geringfügig abnahm oder sich ab einem Alter von drei bis fünf Jahren nicht mehr veränderte.[48]

Auch mit anderen Messungen ist man der Frage nachgegangen, ob sich die Lateralität mit dem Alter verändert. Die bereits erwähnten, von Molfese durchgeführten Untersuchungen der evozierten Potentiale auf sprachliche und nichtsprachliche Reize schlossen auch Kinder im Alter zwischen vier und elf Jahren und Erwachsene im Alter zwischen 23 und 29 Jahren ein.[49] Für die nichtsprachlichen Stimuli ergaben die Auswertungen, daß bei den Säuglingen die Asymmetrie in der Größe der evozierten Potentiale ausgeprägter war als

---

wußte, in welchem Ohr sich der Geräuschreiz bei einem bestimmten Versuchsdurchgang verändern würde. Er konnte also möglicherweise den Säugling unabsichtlich dahingehend beeinflussen, die erwartete Reaktion zu zeigen. Bei der versuchten Wiederholung dieser Arbeit reduzierte man die Interaktion zwischen Experimentator und Säugling auf ein Minimum, und der Versuchsleiter, der sich im selben Raum wie das Kind aufhielt, wußte nicht, welche spezifische Bedingung zum gegebenen Zeitpunkt untersucht wurde.

bei den Kindern und Erwachsenen. Für die Sprachreize fand sich bei Säuglingen und Kindern eine vergleichbare Asymmetrie, die allerdings bei beiden Gruppen größer war als bei den Erwachsenen. Die Autoren sind der Ansicht, daß die Asymmetrie der evozierten Potentiale möglicherweise deshalb mit zunehmendem Alter schwächer wird, weil die Gehirnkommissuren, die beide Hemisphären miteinander verbinden, allmählich heranreifen. Um ihr Argument zu untermauern, verweisen sie auf anatomische Untersuchungen, die zeigen, daß das Corpus callosum bei der Geburt nur unvollständig entwickelt ist.

Wie bereits erwähnt, ließen sich im Gehirn von Säuglingen anatomische Asymmetrien nachweisen. In einer weiteren Arbeit wurden nun Gehirne von Säuglingen und Erwachsenen so vermessen, daß man das Ausmaß der Asymmetrie in beiden Gruppen miteinander vergleichen konnte. Indem man die Größe des rechten Planum temporale (R) prozentual zu der des linken (L) angab, erhielt an ein von der absoluten Größe unabhängiges Maß. Damit konnten die Forscher die Babys direkt mit den Erwachsenen in Beziehung setzen. Das R/L-Verhältnis betrug bei den Säuglingen durchschnittlich 67 Prozent, bei den Erwachsenen 55 Prozent; demnach war die Asymmetrie bei letzteren also stärker ausgeprägt.[50] Diese Ergebnisse lassen vermuten, daß die Asymmetrie in der Größe des Planum temporale in den beiden Hemisphären mit dem Alter zunimmt.

Angesichts der Variabilität der Ergebnisse von Untersuchungen, die mit verschiedenen Methoden arbeiten, wie auch von solchen, die dieselben Lateralitätsmaße verwenden, ist es natürlich verfrüht, endgültige Schlüsse über die altersbedingte Veränderung der Asymmetrie zu ziehen. Um die anstehenden Fragen beantworten zu können, bedarf es weiterer Forschung mit verfeinerten Messungen der Lateralität. Es wäre auch nützlich, Hemisphärenunterschiede über das ganze Leben hinweg zu untersuchen, um festzustellen, ob der Alterungsprozeß die beiden Gehirnhälften unterschiedlich beeinflußt. Auf diesem Gebiet ist bisher sehr wenig geforscht worden.

Die Rolle des Corpus callosum in der Entwicklung

Das Gehirn der meisten Säugetiere einschließlich des Menschen ist bei der Geburt noch weitgehend unterentwickelt. Die strukturellen und funktionellen Reifungsprozesse laufen größtenteils im Säuglingsalter und während der frühen Kindheit ab. Neben der sichtbren Größenzunahme finden dramatische Veränderungen auf mikroskopischem Niveau statt. Die Verbindungen zwischen den Neuronen vermehren sich in den ersten Jahren enorm und verändern sich vermutlich während des ganzen Lebens. Außerdem werden isolierende, fetthaltige Hüllen aus Myelin um die Nervenfasern gelegt, die dadurch als Leiter von elektrischen Impulsen leistungsfähiger werden.

Das Corpus callosum ist bei der Geburt zwar vorhanden, erscheint aber in einem Querschnitt unverhältnismäßig klein, wenn man das Gehirn eines Neugeborenen mit dem eines Erwachsenen vergleicht. Abbildung 9.2 zeigt, wie sich die Größe der Gehirnkommissuren beim Menschen im Laufe von drei Entwicklungsstufen ändert.

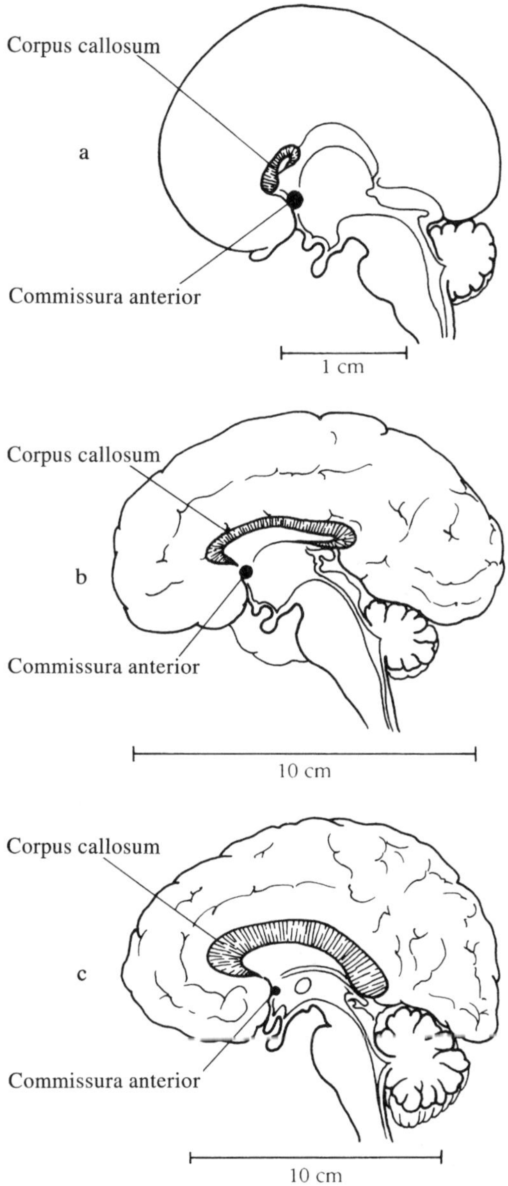

9.2 Drei Entwicklungsstadien des Corpus callosum und der Commissura anterior beim Menschen: a) beim Fetus (16 Wochen), b) bei der Geburt (40 Wochen) und c) beim Erwachsenen. (Aus C. B. Trevarthen, „Cerebral Embryology and the Split Brain", in *Hemisphere Disconnection and Cerebral Function,* Hrsg. M. Kinsbourne und L. Smith (Springfield, III.: Thomas, 1974), S. 228 f, Abb. XI-7.)

Sandra Witelson hat sich besonders dafür interessiert, wie sich das Corpus callosum in der Zeit zwischen Geburt und Erwachsenenalter verändert.[51] Sie hat alle Studien analysiert, die sich mit der Entwicklung des Corpus callosum befaßt haben, und stellte fest, daß der Balken am schnellsten während der Fetalentwicklung wächst. Im Zeitraum zwischen Geburt und der Vollendung des zweiten Lebensjahres nimmt das Corpus callosum zwar auch noch rapide an Größe zu, jedoch etwas langsamer als während des fetalen Stadiums. Befunde zur Balkengröße im Alter zwischen zwei und achtzehn Jahren sind spärlich, aber Witelson merkte an, daß das Corpus callosum eines Erwachsenen um 300 Prozent größer sein müßte, als es tatsächlich ist, wenn die Wachstumsgeschwindigkeit des Säuglingsalters beibehalten würde.

Witelson schlägt vor, daß sich das Corpus callosum im Alter zwischen zwei und 18 Jahren grundsätzlich auf zweierlei Weise entwickeln könne: Entweder wächst der Balken im gleichen Tempo weiter wie in den ersten beiden Jahren und erreicht mit drei bis vier Jahren die Größe, die es im Erwachsenenalter hat, oder die Wachstumsgeschwindigkeit verringert sich im genannten Zeitraum sehr stark, so daß der Balken die Größe, die dem erwachsenen Gehirn entspricht, erst nach einem langen, sehr langsamen Wachstum erreicht. Obwohl es für diese Zeitspanne keine Befunde gibt, die die Frage direkt beantworten können, favorisiert Witelson die zweite Hypothese. Sie bezieht sich dabei auf andere Veränderungen im Gehirn (beispielsweise auf die Myelinisierung des Balkens und die Gehirngröße selbst), die zeitlich ebenfalls so vonstatten gehen, daß einer schnellen Wachstumsphase in den ersten zwei Lebensjahren eine sehr viel langsamere bis zum Erreichen des Erwachsenenzustands folgt.

Witelson sah gewisse Verbindungen zwischen diesem Muster des Gehirnwachstums und der corticalen Entwicklung und führte kognitive und „neurokognitive“ Ereignisse an, die sich in diesen Zeitrahmen einfügen. So wies sie beispielsweise darauf hin, daß Hirnschädigungen im ersten Lebensjahr andere Auswirkungen haben als solche, die danach erlitten werden. Insbesondere gingen Hirnverletzungen vor dem vollendeten ersten Lebensjahr mit insgesamt erniedrigten Werten im Intelligenztest und mit – relativ zu den verbalen – geringeren nichtverbalen Fähigkeiten einher. Schädigungen, die nach dem ersten Lebensjahr erfolgten, wirken sich geringer auf den Gesamtintelligenzquotienten aus und erzeugen ein Defizitmuster, das durch den Ort der Verletzung bestimmt wird. Überdies zeigt die Handbevorzugung nach dem ersten Jahr bei gesunden Kinder Zeichen einer Stabilisierung. Vielleicht, so mutmaßte Witelson, spiegelt das callosale Wachstum corticale Veränderungen wider und entsprechend auch kognitive Veränderungen.

Agenesie des Corpus callosum

Was würde passieren, wenn die zerebralen Kommissurenbahnen bei der Geburt durchtrennt würden? Welche Bedeutung haben die Bahnen für die Lateralität und die normale Entwicklung kognitiver Funktionen? Zwar sind keinerlei Fälle von Split-Brain-Operationen bei Säuglingen bekannt, doch ergibt sich bei Kinder, denen das Corpus callosum von Geburt an fehlt – bei einer sogenannten Agenesie des Balkens – die einmalige Gelegenheit, diesen Fragen nachzugehen.

Die frühesten Arbeiten über die Balkenagenesie richteten ihr Augenmerk auf die Organisation von Sprache und Gehirn. Wenn das Corpus callosum in der Entwicklung der Hemisphärenasymmetrie eine wichtige Rolle spielt, indem es beispielsweise die gleichzeitige Aktivierung vergleichbarer Regionen der anderen Gehirnhälfte hemmt, dann sollte man erwarten, daß Sprachfunktionen bei Personen, die keinen Balken besitzen, beidseitig repräsentiert sind. Das hat sich aber als unzutreffend erwiesen. Bei den meisten Menschen mit Balkenagenesie findet man nicht nur eine deutliche Handbevorzugung sowie geringe, aber zuverlässig nachweisbare Asymmetrien beim dichotischen Hören und in Tests zur Gesichtsfeldasymmetrie, sondern auch (bei Anwendung des Wada-Tests) linkshemisphärische Sprache.[52]

Noch bis vor relativ kurzer Zeit wurde man auf Balkenagenesien nur aufmerksam, wenn sie mit anderen neurologischen Störungen einhergingen, wobei diese häufig mit geistigen Behinderungen verbunden waren. Mit der Einführung nichtinvasiver bildgebender Verfahren zur Darstellung des Gehirns wie der Computertomographie und den Magnetresonanztechniken (wie sie in Kapitel 4 diskutiert wurden), entdeckte man Personen mit Balkenagenesie, die keine gröberen neurologischen Funktionsstörungen und normale oder fast normale Intelligenzquotienten aufwiesen.

In einer neueren Untersuchung verglich man die Leistungen von Menschen mit Balkenagenesie mit denen einer Parallelstichprobe mit intaktem Corpus callosum (das heißt, man ordnete die Kontrollpersonen jeweils aufgrund eines vergleichbaren Intelligenzquotienten einer Person der Experimentalgruppe zu). Man fand bei der Gruppe mit Agenesie des Corpus callosum keine kognitiven Defizite, die sich auf das Fehlen des Balkens hätten zurückführen lassen.[53] Die Versuchspersonen ohne Balken zeigten auch vergleichbare Leistungen im sprachlichen und im sogenannten Handlungsteil des Intelligenztests; es ergaben sich also keine Hinweise auf Unterschiede zwischen diesen beiden Leistungskategorien, wie sie bei Hirnschäden vorkommen können. Allerdings traten bei Personen ohne Balken im Vergleich zur Parallelstichprobe Defizite in Tests zutage, die Handgeschicklichkeit und beidhändige Koordination maßen.

Christine Temple hat umfangreiche Studien an einer kleinen Anzahl normal intelligenter Kinder ohne Corpus callosum durchgeführt, um herauszufinden, ob sich bei diesen spezifische kognitive Beeinträchtigungen aufdecken lassen, wenn man die kognitive Entwicklung – unter Hinzuziehung spezieller Tests – detailliert analysiert.[54] Ihre ersten Ergebnisse zeigten, daß die Kinder Probleme hatten, Reime zu produzieren und zu erkennen. Unter anderem kam dabei auch ein Wortflüssigkeitstest zur Anwendung. Hierbei sollten die Versuchspersonen in einer Minute möglichst viele Wörter sagen, die sich auf ein vorgegebenes Wort reimten (vorgegeben wurden beispielsweise *fear, ring, nine*). In einem Erkenntungstest wurde jedes der Wörter aus dem Flüssigkeitstest mit vier anderen Wörtern gepaart (zum Beispiel *fear-beer, fear-feel, fear-four, fear-hen*). Die Wortpaare wurden in zufälliger Reihenfolge laut vorgesprochen, und die Versuchspersonen sollten beurteilen, ob sich ein Paar reimt.

Die Defizite bei diesen Tests überraschten, denn die Kinder zeigten keine offensichtlichen Behinderungen; ihre Sprache war deutlich und gut ausgeprägt und ihre allgemeinen sprachlichen Leistungen normal. Doch »bei Reimaufgaben, die eine explizite Auflösung, Analyse und Synthese des sprachverwandten Materials verlangen, gibt es«, so Temple, »signifikante Leistungsdefizite.«[55]

In einer nachfolgenden Untersuchung zeigte sich, daß die allgemeine Lesefähigkeit der Kinder zwar normal war, daß die Kinder aber beim lauten Lesen von Nichtwörtern (also von Buchstabenketten, die den orthographischen Regeln der Sprache zwar genügen, aber keine Bedeutung haben, wie etwa *gip* oder *sutter*) Schwierigkeiten hatten. Auch normale Kinder können Wörter besser als Nichtwörter lesen, aber dieser Unterschied wird mit zunehmendem Alter und mit wachsender Erfahrung im Umgang mit den Regeln der englischen Sprache immer geringer. Für Kinder mit Balkenagenesie aber bleiben die Schwierigkeiten beim lauten Lesen von Nichtwörtern womöglich bestehen.

Temple fand, daß diese Kinder zwar unregelmäßige Wörter wie *yacht* lesen konnten, aber Schwierigkeiten mit einem Nichtwort wie *gip* hatten. Sie schlug als Erklärung vor, daß das phonologische (lautsprachliche) Lesen bei diesen Kindern beeinträchtigt, das lexikalische (ganzwortliche) Lesen hingegen normal sei. Zusätzliche Tests ergaben, daß die Behinderung sich auch auf die einfache Unterscheidung von Sprachlauten erstreckt. Bei dieser Untersuchung mußten die Kinder beurteilen, ob ein laut ausgesprochenes Wortpaar aus identischen Wörtern besteht (zum Beispiel *tub-tug*). Temple schloß daraus, daß die allgemeine sprachliche Entwicklung dieser Kinder mit Balkenagenesie zwar normal verlaufen kann, daß aber die lautsprachliche Verarbeitung ein beständiges Defizit aufweist.

Könnte es sein, daß diese Kinder in gewissen Aspekten der räumlichen Kognition ebenfalls beeinträchtigt sind, obwohl sie insgesamt gesehen normale Leistungen bringen? Indem Temple verschiedenste visuell-räumliche Tests anwendete, stellte sie fest, daß alle Kinder mit Balkenagenesie in bestimmten visuellen konstruktiven Fertigkeiten, die eine koordinierte Abfolge von Bewegungen erforderten, Defizite an den Tag legten, beispielsweise, wenn sie Puzzleteile zu einem abstrakten Muster zusammensetzen sollten. Abschließend zog Temple den Schluß, daß »die Ergebnisse auf eine Anzahl selektiver kognitiver Bereiche hinweisen, für die das Corpus callosum eine maßgebliche Rolle spielt, um normale Leistungen zu erreichen. Die Ergebnisse zeigen ferner, daß Untersuchungen an Personen ohne Corpus callosum nützliche Hinweise auf die Art der modulären Teilkomponenten von kognitiven Fertigkeiten liefern, wobei sich diese Komponenten verhältnismäßig unabhängig voneinander entwickeln können.«[56]

Auf diesem Feld bleibt noch eine Menge zu tun; vor allem müssen Untersuchungen mit größeren Probandengruppen erfolgen, um festzustellen, ob sich die von Temple beobachteten Defizite verallgemeinern lassen, das heißt, für alle Kinder mit einer Balkenagenesie zu erwarten sind. Die augenscheinliche weitgehende Normalität von Personen mit einer Agenesie des Corpus callosum deutet zum einen an, wie nichtcallosale Kommissurenbahnen das Fehlen des Balkens auszugleichen vermögen; zum anderen könnte die Existenz ganz spezieller Defizite uns helfen, das Wesen der Lateralität zu verstehen wie auch die Rolle, die das Corpus callosum bei der Entwicklung kognitiver Funktionen spielt.

Die Rolle von Anlage und Umwelt bei der Ausprägung von Asymmetrien

Anlage

Viele der in diesem Kapitel vorgestellten Arbeiten lassen darauf schließen, daß Hemisphärenasymmetrien in irgendeiner Form schon bei der Geburt oder kurz danach vorhanden sind. Je geringer das Alter ist, in dem man bereits Asymmetrien entdeckt, desto sicherer können wir sein, daß sie zur biologischen Ausstattung des Organismus gehören und von Erfahrungen unabhängig sind.*

Man hat verschiedene genetische Modelle entworfen, die die Hemisphärenasymmetrien erklären sollen. Einige von ihnen haben wir bereits in Kapitel 5 im Zusammenhang mit der Diskussion der Händigkeit vorgestellt.

Vor kurzem haben einige Forscher erstmals auch andere – nicht im strengen Sinne genetische – Möglichkeiten in Betracht gezogen, wie Lateralitätsmuster vererbt werden könnten. Aus Untersuchungen wissen wir, daß das Zell- oder Cytoplasma – jene in allen Zellen einschließlich der weiblichen Eizelle enthaltene Flüssigkeit – bei einigen Arten bestimmte Merkmale von den Eltern auf die Nachkommen übertragen kann. Eine solche „cytoplasmatische Vererbung“ ist für den Menschen als mögliche Grundlage der Übertragung der Asymmetrie von den Eltern auf ihre Kinder vorgeschlagen worden.

Michael Corballis und Michael Morgan haben die Hypothese aufgestellt, daß während der Embryonalentwicklung ein cytoplasmatischer Gradient wirksam sei, der die Entwicklung der linken Körperseite begünstige.[57] Dieser Gradient sei, so ihre Annahme, für die physiologischen Asymmetrien bei Menschen und Tieren verantwortlich und diese wiederum für die beobachteten funktionellen Asymmetrien. In dieser Sicht der Dinge sind die linksseitige Kontrolle des Gesangs bestimmter Vögel, die linkshemisphärische Vergrößerung des Planum temporale von Schimpansen, Orang-Utans und Menschen (die zuvor in diesem Kapitel und in Kapitel 4 besprochen wurde) wie auch die Linksverlagerung des Herzens von Säugetieren allesamt Beispiele dafür, wie sich dieser Entwicklungsgradient auswirkt. Rechtshändigkeit wie linkshemisphärische Kontrolle der Sprache des Menschen werden als weitere Manifestationen einen solchen Gradienten betrachtet.

Warum nun sind einige Menschen linkshändig, und warum ist die Sprache bei manchen in der rechten Hemisphäre oder vielleicht sogar in beiden Gehirnhälf-

* Auch Asymmetrien, die später in Erscheinung treten, können Teil der biologischen Ausstattung eines Organismus sein. Vielleicht bestimmen genetische Faktoren, daß diese Asymmetrien erst in späteren Entwicklungsstadien auftreten.

ten repräsentiert? Corballis und Morgan meinen, daß einigen Individuen dieser hypothetische Gradient fehle und daß in solchen Fällen Umweltfaktoren eine Hauptrolle dabei spielen, welches Lateralitätsmuster sich ausprägt.

Die Vorstellungen von Corballis und Morgan sind faszinierend und ein Versuch, die menschliche Handbevorzugung und Hemisphärenasymmetrie in einen allgemeineren biologischen Zusammenhang zu stellen. Sie betrachten den Gradienten, der die schnellere Entwicklung der linken Seite fördert, als etwas Grundlegendes, das viele Arten miteinander teilen; Händigkeit und Sprachlateralisation seien einfach artspezifische Konsequenzen dieses Gradienten. Kritiker dieser Auffassung verweisen jedoch auf Beispiele bei Mensch und Tier, in denen sich offenbar die rechte Körperseite bevorzugt entwickelt.[58] (Siehe hierzu auch die in der Fußnote auf Seite 238 erwähnte Literaturstelle.)

Umwelt

Was läßt sich zur Rolle sagen, die Erfahrungen oder Umweltfaktoren bei der Festlegung von Hemisphärenasymmetrien spielen? Auf der einen Seite haben wir gesehen, daß es zu einer dramatischen Neuorganisation lateralisierter Funktionen kommen kann, wenn eine Gehirnhälfte frühzeitig geschädigt wird. Die Tatsache, daß Menschen, denen in früher Kindheit die linke Hemisphäre entfernt wurde, Sprachfertigkeiten in der rechten Gehirnhälfte entwickeln, ist nur einer der Belege für die enorme Plastizität des Gehirns. Doch ist die Kompensation nach einer frühzeitigen Entfernung einer Hemisphäre nicht vollständig. Mit empfindlichen Tests lassen sich Sprachausfälle aufdecken, was darauf hindeutet, daß der Grundplan für die Asymmetrie bereits sehr früh im Leben feststeht und seine Spuren noch erhalten bleiben, auch wenn eine Schädigung eine Umorganisation des Gehirns auslöst. Bei unserer Diskussion der Linkshändigkeit haben wir erwähnt, daß einige Forscher jede Linkshändigkeit (und wahrscheinlich jegliche rechtshemisphärische Sprachkontrolle) als Folge einer – sei es noch so geringen – Hirnverletzung deuten. Andere Belege sprechen jedoch dafür, daß Qualität und Quantität sprachlicher Kontakte die Entwicklung der Lateralisierung beeinflussen.

Sprachliche Kontakte

Gewisse Hinweise darauf, daß sich frühe Umwelteinflüsse auf die Asymmetrie auswirken, ergaben sich aus der Untersuchung eines jungen Mädchens namens Genie, das elfeinhalb Jahre lang unter extremem sozialem Erfahrungsentzug gelebt hatte. Genie wurde entdeckt, als sie dreizehneinhalb Jahre alt war; bis dahin hatte sie den größten Teil ihres Lebens beinahe völlig isoliert verbracht und war stets bestraft worden, wenn sie irgendein Geräusch von sich gab. Zwei Jahre nach ihrer Befreiung hatte sie – so wurde berichtet – langsame, aber stetige Fortschritte beim Spracherwerb gemacht. Dies ist überaus wichtig für die theoretische Frage, ob man nach der Pubertät noch eine erste Sprache erlernen kann.

Uns interessiert hier jedoch insbesondere, wie Genie bei zwei Tests zum dichotischen Hören abschnitt. Der eine umfaßte gebräuchliche Wörter, der andere alltägliche Umweltgeräusche. Genie konnte jeden dieser Reize richtig identifizieren, wenn jeweils nur ein Ohr getestet wurde. Bot man jedoch die Wörter dichotisch dar, wich ihre Leistung deutlich von den Erwartungen ab. Anstelle einer leichten Überlegenheit des rechten Ohres, wie man sie im allgemeinen bei rechtshändigen Versuchspersonen findet, zeigte sich bei Genie ein extremer Vorteil für das linke Ohr. Die Leistung mit diesem Ohr war perfekt, während sie für das rechte Ohr nur auf dem Zufallsniveau lag. Bei den Umweltgeräuschen zeigte Genie eine leichte Überlegenheit des linken Ohres, was mit der Annahme übereinstimmen würde, daß solche Geräusche besser in der rechten Hemisphäre verarbeitet werden.[59]

Aufgrund dieser Ergebnisse ist anzunehmen, daß bei Genie die rechte Gehirnhälfte sowohl die sprachlichen als auch die nichtsprachlichen Reize verarbeitet. Die Forscher, die mit ihr gearbeitet haben, mutmaßten, daß Genies linke Hemisphäre möglicherweise vor der Isolierung schon begonnen hatte, eine Sprache zu lernen, daß sie aber später – nach jahrelangem Nichtgebrauch – nicht mehr in der Lage war, ihre ursprüngliche Funktion zu erfüllen. Als Genie zum zweitenmal sprechen lernte, übernahm die rechte Hemisphäre die Kontrolle, vermutlich weil sie ihre Funktionen trotz der Gefangenschaft (durch visuell-räumliche Prozesse) ausgeübt hatte.

Das Problem bei einer Einzelfallstudie dieser Art ist, daß wir keine Möglichkeit haben zu erfahren, was für ein Asymmetriemuster sich in Genies Gehirn entwickelt hätte, wenn sie eine normale Kindheit gehabt hätte. Vielleicht wäre ihre rechte Hemisphäre ohnehin auf sprachliche und nichtsprachliche Reize spezialisiert gewesen. Dennoch sind die Ergebnisse hochinteressant, insbesondere im Hinblick auf Arbeiten, die sich mit der Hemisphärenasymmetrie bei taub geborenen Menschen befassen.

Helen Neville vom Salk Institute hat die Hemisphärenasymmetrie bei Taubstummen untersucht, deren Eltern ebenfalls taubstumm waren.[60] Alle hatten die Amerikanische Gebärdensprache (*American Sign Language, ASL*) von ihren Eltern in dem Alter erlernt, in dem Kinder normalerweise die Sprache erwerben, doch hatte keiner von ihnen sprechen gelernt. Als man normalen Kontrollpersonen einzelne Wörter in der linken und rechten Gesichtsfeldhälfte darbot, die sie dann niederschreiben sollten, zeigten diese Probanden einen Vorteil für Reize, die sich rechts vom Fixationspunkt befanden. Die Leistungen der Taubstummen aber waren für links- und rechtsseitige Darbietungen gleich. Als man den taubstummen Versuchspersonen jedoch Abbildungen von Personen, die ASL-Zeichen gaben, lateralisiert präsentierte und sie bat, diese in ASL zu wiederholen, dann reagierten alle genauer auf die Darbietungen in der rechten Gesichtsfeldhälfte.

Neville schloß daraus, daß die sprachliche Spezialisierung der linken Hemisphäre keiner Erfahrungen mit gehörter Sprache bedarf und daß der Faktor, der für die Aufrechterhaltung einer linkshemisphärischen Spezialisierung entscheidend ist, im Erwerb sprachgrammatikalischer Fertigkeiten besteht. ASL ist nicht lautsprachlich, aber in höchstem Maße grammatikalisch.

Die Befunde von Neville passen sehr gut zu Ergebnissen von Untersuchungen an Taubstummen, die alle ASL als Hauptkommunikationsmittel benutzten und rechts- oder linksseitige schlaganfallbedingte Hirnschäden erlitten hatten. Linkshemisphärisch verletzte Taubstumme vermochten visuell-räumliche Beziehungen gut zu verarbeiten, zeigten aber schwere „Aphasien" in der Benutzung der ASL. Im Gegensatz dazu waren rechtshemisphärisch geschädigte taubstumme Patienten im visuell-räumlichen Bereich schwer gestört, „ASL-sprachlich" jedoch nicht beeinträchtigt. Die Autoren zogen hieraus den Schluß, daß Hören und Sprechen für die Hemisphärenspezialisierung nicht notwendig sind und daß die Hemisphären taub geborener ASL-Benutzer für die Verarbeitung einer auf Zeichen basierenden Sprache sowie für nichtsprachliche räumliche Prozesse unterschiedlich spezialisiert sind, obgleich die Gebärdensprache räumlich-manipulative Aspekte besitzt.[61]

Das zweisprachige Gehirn

Verändert sich das Hirnorganisationsmuster, wenn man zwei Sprachen erlernt? Diese Frage ist derzeit Gegenstand vieler Kontroversen. Etliche Untersuchungen kamen zu dem Schluß, daß bei einer zweisprachigen Person die linke Hemisphäre sowohl bei der Verarbeitung der Muttersprache als auch bei der Zweitsprache dominiert. Anderen Arbeiten zufolge ist jedoch bei bilingualen Menschen die linksseitige Lateralisierung für Sprache schwächer ausgeprägt; in wieder anderen stellte man bei „Zweisprachlern" eine unterschiedliche Hemisphärenasymmetrie für die Sprachen fest. In einer Überblicksarbeit haben Loraine Obler und ihre Kollegen versucht, etwas Ordnung in das augenscheinliche Chaos der Befunde zu bringen, indem sie einige Variablen identifizierten, die die Unterschiede zwischen den Studien erklären könnten.[62] Zu diesen Variablen gehörte auch der Grad, in dem die Probanden die beiden Sprachen beherrschten, sowie das Alter und die Art und Weise, in denen sie die Zweitsprache erworben hatten.

Michael Paradis führte ins Feld, daß solche Versuche, die Unterschiede zwischen Studien zu erklären, indem man die zweisprachigen Personen in zunehmend spezifischere Untergruppen aufteilt, nichts bringen und daß tatsächlich keine überzeugenden Belege dafür existieren, daß sich Menschen mit bilingualen Fähigkeiten jeglicher Art in ihrem Lateralitätsmuster von einsprachigen Personen unterscheiden.[63] Er machte insbesondere geltend, daß klinische Befunde keine Hinweise darauf liefern, daß die Asymmetrie bei zweisprachigen Patienten für eine oder beide Sprachen vermindert ist. Eine gekreuzte Aphasie, bei der eine Läsion ipsilateral zur bevorzugten Hand mit aphasischen Störungen auftritt, ist bei zweisprachigen Patienten nicht häufiger als bei einsprachigen. Die Ergebnisse von Wada-Tests ergaben ein ähnliches Bild – Behinderungen in beiden Sprachen stellten sich jeweils nur nach linksseitigen Betäubungen ein.

Allerdings stimmen nicht alle Forscher mit Paradis überein, wenn er meint, es sei Zeit für die Neuropsychologen, sich anderen, produktiveren Forschungsfragen zuzuwenden.[64] Das Thema ist nach wie vor höchst umstritten und wird es auch bleiben, solange wir keine guten Erklärungen für die Vielzahl unterschiedlicher Befunde haben.

Einige theoretische Probleme

Obwohl die Forscher von einer endgültigen Antwort auf die in diesem Kapitel aufgeworfenen Fragen noch weit entfernt sind, schält sich aus den Befunden doch ein gewisses Grundmuster heraus. Von großer theoretischer Bedeutung sind jene Beobachtungen, die darauf hindeuten, daß Hemisphärenunterschiede schon bei der Geburt vorhanden sind. Im Widerspruch dazu scheinen klinische Befunde zu stehen, die zeigen, daß die Folgen sehr früh erlittener einseitiger Hirnverletzungen von der Verletzungsseite unabhängig sind. Diese Ergebnisse lassen sich jedoch mit dem Konzept der schon bei der Geburt vorhandenen Lateralität in Einklang bringen, wenn man die Plastizität des Gehirns berücksichtigt, dank derer das junge Gehirn die Auswirkungen einer einseitigen Schädigung kompensieren kann. In diesem Zusammenhang haben wir betont, wie wichtig Tests sind, die sehr empfindlich auf kleinste Störungen ansprechen und mit denen es möglich sein sollte, zwischen dem Ergebnis einer schädigungsbedingten Umorganisation und einer von Anfang an fehlenden Lateralisierung zu unterscheiden (vorausgesetzt, die Umorganisation ist nicht in jeder Hinsicht perfekt).

Die Forschungsarbeiten, die sich mit dem zeitlichen Verlauf der Lateralisierung und mit den Faktoren beschäftigen, die ihn beeinflussen, gestalten sich aus mehreren Gründen schwierig. Erstens sind unsere Lateralitätsmaße alles andere als vollkommen. Wenn man keine Unterschiede zwischen den Hemisphären findet – bedeutet das, daß es keine gibt? Können wir sicher sein, daß wir nicht einfach versäumt haben, Bedingungen zu schaffen, die es uns erlauben würden, echte Unterschiede zu entdecken?

Ein verwandtes Thema ist, daß viele Tests offenbar auf andere Faktoren als die Gehirnlateralität reagieren. In Kapitel 3 haben wir erörtert, wie nachhaltig die unterschiedliche Art und Weise, in der Menschen eine Aufgabe angehen, das Muster der Asymmetrie beeinflussen kann, das man in Verhaltenstests beobachtet. Vielleicht spiegeln die altersabhängigen Unterschiede in der Hemisphärenasymmetrie eher verschiedene Strategien der Versuchspersonen wider als Unterschiede in der Lateralität.

Ein zweites großes Problem bei der Untersuchung der Faktoren, die an der Lateralisierung beteiligt sind, liegt in der allgemeinen Schwierigkeit, Fragen nach dem Verhältnis von Anlage und Umwelt beim Menschen zu klären. Die Umweltauswirkungen, die wir untersuchen können, sind äußerst begrenzt, und genetische Modelle lassen sich häufig nicht angemessen überprüfen.

Wir stehen hier vor einer großen Herausforderung, und einfache Lösungen wird es nicht geben. Doch immer mehr Forscher erkennen, wie wichtig solche entwicklungsbezogenen Themen sind und mit welcher Sorgfalt man sie angehen muß, so daß wir in Zukunft weitere Anworten erwarten können.

10. Die Rolle der Asymmetrie bei Entwicklungsstörungen und psychiatrischen Erkrankungen

Die Hemisphärenforschung hat sich auf viele Bereiche ausgewirkt, in denen es um die Untersuchung von Funktionen und Fehlfunktionen beim Menschen geht. Im ersten, sechsten und siebten Kapitel haben wir die klinischen Symptome erörtert, die nach Schädigungen der rechten oder linken Gehirnhälfte auftreten. In diesem Kapitel werden wir uns mit einigen anderen Störungen und Beeinträchtigungen des menschlichen Verhaltens beschäftigen, die mit der Aufteilung der Funktionen zwischen den Hemisphären zusammenhängen. Es handelt sich dabei weniger um Folgeerscheinungen offensichtlicher physischer Schädigungen; vielmehr resultieren diese Behinderungen oft aus subtilen Problemen in der linken oder der rechten Seite des Gehirns.

Ist Stottern darauf zurückzuführen, daß die beiden Hemisphären eines anomal schwach lateralisierten Individuums um die Kontrolle über das Sprechen wetteifern? Neigt ein Kind mit unvollständiger Lateralisierung zu Lesestörungen, obwohl es ansonsten normal intelligent ist? Warum sprechen – um ein Beispiel aus der Psychiatrie zu nennen – Depressionen anscheinend besser auf eine rechtshemisphärische als auf eine linkshemispärische Elektroschocktherapie an? Dies sind einige der Fragen, denen Forscher nachgegangen sind, um festzustellen, welche Rolle das linke und das rechte Gehirn bei krankhaften Prozessen spielen.

Für die augenblicklich dominierenden Vorstellungen, die einen möglichen Zusammenhang zwischen bestimmten psychiatrischen Erkrankungen und Hemisphärenunterschieden sehen, spielen jene Forschungsergebnisse eine besondere Rolle, die eine Aussage zur rechtshemisphärischen Beteiligung an Emotionen treffen. Wir werden deshalb einen kurzen Überblick über die Experimente an neurologisch gesunden Versuchspersonen geben, die sich mit diesem Thema beschäftigt haben, und die Befunde zu Emotionen und Hemisphärenunterschieden ergänzen, die wir in Kapitel 7 diskutiert haben.

Es gibt mindestens zwei verschiedene Möglichkeiten, eine Beziehung zwischen krankhaften Prozessen und der funktionellen Hemisphärenasymmetrie herzustellen. So kann die jeweilige Störung unmittelbar mit einer Fehlfunktion der rechten oder linken Hemisphäre zusammenhängen – das heißt, mit der Beeinträchtigung einer oder mehrerer Funktionen, auf die diese Hemisphäre spezialisiert ist. Oder sie beruht darauf, daß die Muster der Asymmetrie nicht normal sind. Wahrscheinlich spielen bei krankhaften Verhaltensänderungen beide Arten der Fehlfunktion eine Rolle.

Lesestörungen: Ein Mangel an Dominanz?

Einer der ersten, die Lateralisierung und Lesestörungen miteinander verknüpft haben, war der Arzt Samuel T. Orton. Er arbeitete während der ersten Jahrzehnte dieses Jahrhunderts mit Kindern, die unter Lese- und Schreibschwächen litten. Im Verlauf seiner Tätigkeit bemerkte er, daß diese Kinder manchmal in Spiegelschrift schrieben, wobei sie sowohl die Orientierung der Einzelbuchstaben als auch die Abfolge der Buchstaben im Wort umkehrten. So wurde etwa das Wort „cat" (englisch für Katze) wie "Ɉɒɔ„ geschrieben – als ob man „cat" im Spiegel lese. Entsprechend kehrten die Kinder auch beim Lesen oft Buchstabenfolgen um und sagten beispielsweise „was" statt „saw" (ein deutsches Pendant wäre „ein" statt „nie").

Orton beobachtete, daß die Kinder, die solche spiegelbildlichen Umkehrungen beim Lesen und Schreiben produzierten, häufig keine stabile Präferenz für eine Hand hatten. Er interpretierte dies als Zeichen einer unvollständigen zerebralen Dominanz. Das gemeinsame Auftreten von Lesestörungen und unvollständiger Dominanz veranlaßte ihn anzunehmen, daß zwischen beiden eine Beziehung bestehe.

Da die beiden Seiten des Gehirns in bezug auf die Mittellinie symmetrisch sind, nahm Orton an, jede visuelle Information über die Außenwelt sei rechts und links in spiegelbildlicher Form repräsentiert. Orton behauptete nun, die in der dominanten Hemisphäre repräsentierte Information weise die richtige Orientierung auf, während sie in der nichtdominanten Hemisphäre in spiegelbildlicher Form vorliege (siehe Abbildung 10.1). Ohne ausreichend entwik-

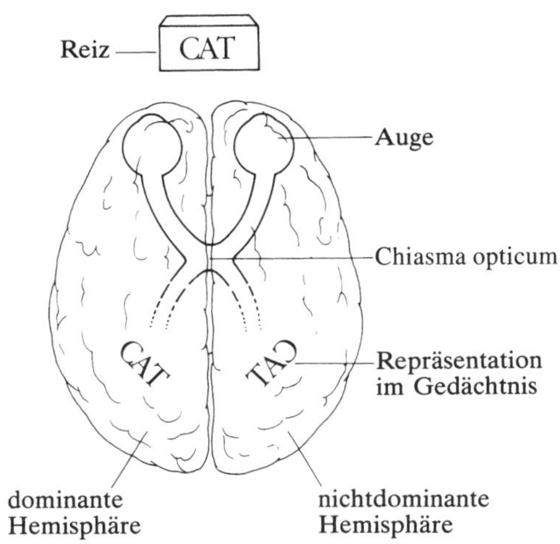

10.1 Schematische Darstellung der Ortonschen Theorie. Orton nahm an, ein visueller Reiz (hier das englische Wort *cat* für Katze) werde in den beiden Hemisphären in umgekehrter, spiegelbildlicher Orientierung repräsentiert. (Aus M. C. Corballis, „The Left-Right Problem in Psychology", *Canadian Psychologist* (1974).

kelte zerebrale Dominanz führten die beiden Repräsentationen zu Verwirrung beim Lesen und Schreiben. Orton bezeichnete die sich daraus ergebende Störung als *Strephosymbolie*.[1]

Ortons Begriff für diese Art von Lese- und Schreibschwierigkeiten ist inzwischen nicht mehr in Gebrauch, und seine Vorstellungen darüber, wie in den Hemisphären Informationen in spiegelbildlicher Form abgelegt werden, haben sich als falsch erwiesen. Doch seine Grundannahme, daß Lesestörungen mit der Hemisphärenasymmetrie zusammenhängen könnten, wird auch heute noch intensiv untersucht. Die Entwicklung neuer verhaltensexperimenteller Techniken zur Erforschung der Hemisphärenasymmetrie machte es möglich, die Überlegung, daß Lesestörungen mit einer atypischen Hirnasymmetrie verknüpft sind, unmittelbar zu testen. Dabei stellte sich heraus, daß Orton durchaus recht gehabt haben könnte – wenn auch mit der falschen Begründung.

Dyslexie ist der im Augenblick gängige Begriff für eine schwere Beeinträchtigung in der Entwicklung der Lesefähigkeit, die nicht im Verhältnis zur allgemeinen Intelligenz und zum Bildungsniveau der Person steht.[2] (Vergleichen Sie hierzu auch die Fußnote auf Seite 154.) Dyslexie ist unter Kindern im Schulalter weit verbreitet und betrifft zwischen zwei und acht Prozent von ihnen. In den meisten Fällen scheint es sich um ein sprachliches Problem zu handeln, und nicht um eines der visuellen Wahrnehmung.

Generell geht man davon aus, daß bei der Dyslexie das Entziffern, also das fehlerfreie Lesen der Wörter, und nicht das Leseverständnis an sich betroffen ist. Ein im Lesematerial vorhandener Zusammenhang kann dyslektischen Personen helfen, bestimmte Wörter zu entschlüsseln, die sie nur mit Mühe lesen könnten, wenn sie allein dargeboten würden. Mit der Zeit verbessern sich viele der dyslektischen Kinder und zeigen keine offensichtlichen Probleme mehr beim Lesen. Doch fördern neuropsychologische Tests häufig noch subtile Defizite in der phonologischen Kodierung zutage – also in der Fähigkeit, einzelne Phoneme (Sprachlaute) in Wörtern zu identifizieren und die phonologischen Regeln (Laut-Symbol-Zuordnungen) der englischen Sprache anzuwenden. So kann beispielsweise die Fähigkeit eingeschränkt sein, Nichtwörter zu lesen, bei denen die phonologischen Regeln angewendet werden müssen, während das Lesen bekannter Wörter keine Probleme bereitet. Auch das Buchstabieren kann beeinträchtigt sein. Neuere Befunde weisen darauf hin, daß die Dyslexie eine starke genetische Komponente besitzt. Rund 35 bis 40 Prozent der Söhne eines dyslektischen Elternteils weisen selbst eine Dyslexie auf; von den Töchtern sind es 17 bis 18 Prozent. Bei Jungen mit einem betroffenen Elternteil erhöht sich also die Wahrscheinlichkeit, an Dyslexie zu leiden, um das Fünf- bis Siebenfache, während das Risiko bei den Mädchen um das Zehn- bis Zwölffache steigt.[3]

Verhaltensuntersuchungen bei Kindern mit und ohne Leseschwächen

Welche Belege gibt es für mögliche Gehirnmechanismen, die der Dyslexie zugrunde liegen könnten? Zahlreiche Verhaltensstudien haben sich mit der funktionellen Lateralität bei Kindern mit Leseschwierigkeiten beschäftigt.

Hierbei wurden sie zumeist mit normal lesenden Kindern in Tests verglichen, mit denen sich bei unauffälligen Kindern und Erwachsenen regelmäßig laterale Asymmetrien nachweisen lassen. Es handelte sich dabei unter anderem um Untersuchungen des dichotischen Hörens sowie um tachistoskopische und taktil-dichaptische Aufgaben, wie sie in Kapitel 8 beschrieben worden sind.

M. P. Bryden führt in einer Überblicksarbeit 51 solcher Studien an.[4] 30 von ihnen behaupteten, schlechte Leser seien weniger stark lateralisiert als gute Leser. In 14 Untersuchungen fanden sich keine Unterschiede und 7 berichteten, schlechte Leser besäßen eine stärker ausgeprägte Lateralität. Insgesamt gab es also signifikant mehr Arbeiten, die bei schlechten Lesern eine schwächere Lateralisierung verzeichneten als solche, die für diese eine deutlichere Lateralität beschrieben. Das gleiche Ergebnismuster trat zutage, wenn man die drei unterschiedlichen Methoden, die zur Messung der Lateralität herangezogen worden waren, im einzelnen betrachtete: Von den 35 Untersuchungen mit dichotischem Hören stellten 20 eine geringer und fünf eine stärker ausgeprägte Lateralität bei schwachen Lesern fest; zehn vermochten keine Unterschiede zwischen den Probandengruppen auszumachen. Acht von 14 tachistokopischen Gesichtsfeldstudien kamen zu dem Ergebnis, daß die Lateralität bei schlechten Lesern schwächer ausgeprägt sei, zwei fanden eine stärkere Lateralisierung und vier keine Unterschiede. In den beiden dichaptischen Untersuchungen ergaben sich ebenfalls Hinweise auf eine geringere Lateralität bei schwächeren Lesern.

In unserer Diskussion der Verhaltensuntersuchungen in Kapitel 3 führten wir mehrere Variablen an, wie beispielsweise Aufmerksamkeitsstrategien, welche die Ergebnisse von dichotischen und anderen Tests – unabhängig von einer Hemisphärenasymmetrie – beeinflussen können. Bryden räumt zwar ein, es sei notwendig, jene Faktoren, die derartige Unterschiede zwischen den verschiedenen Studien hervorrufen können, besser zu kontrollieren, beschließt seinen Artikel aber dennoch mit der Feststellung, daß »die Gerüchte über einen Zusammenhang zwischen Lesestörungen und Lateralität zumindest etwas Wahres enthalten. Zwar hat man im Laufe der Zeit fast alle möglichen Ergebnisse gewonnen, doch scheint das allgemeine Muster darauf hinauszulaufen, daß schwache Leser für rezeptive Sprachfunktionen weniger stark lateralisiert sind als gute Leser.«[5]

Strukturelle und funktionelle Asymmetrien auf der Basis von Untersuchungen mit neuroanatomischen und bildgebenden Verfahren

Es gibt Berichte über anatomische Befunde, die auf eine Beziehung zwischen Gehirnasymmetrie und Dyslexie hinweisen und eine vielversprechende Ausgangsbasis für weitere Untersuchungen von Lateralitätsunterschieden zwischen normalen Lesern und dyslektischen Personen bieten. Albert Galaburda und Mitarbeiter sezierten die Gehirne von sieben dyslektischen Personen, die zumeist bei Unfällen ums Leben gekommen waren. Bei den vier Männern fanden sie jeweils eine ungewöhnliche Symmetrie des Planum temporale.[6] Im Gegensatz hierzu führten wir in Kapitel 4 Belege dafür an, daß das Planum bei 65 bis 75 Prozent der Allgemeinbevölkerung auf der linken Seite größer ist. Auch unter dem Mikroskop offenbarten die vier Gehirne eine große Zahl neurologischer Anomalien: Dysplasien und Ektopien in der linken perisylvischen Region. Von diesen neuronalen Anomalien vermutet man, daß sie während des zweiten Trimesters der Fetalentwicklung auftreten, wenn die Nervenzellen im sich entwickelnden Gehirn unterwegs sind, um ihre Bestimmungsorte zu erreichen. Bei der Untersuchung der drei weiblichen Gehirne zeigten sich ebenfalls stark symmetrische Plana und deplazierte Neuronen.[7] Die Symmetrie ist nicht auf eine geringere Größe des linken Planums zurückzuführen, sondern darauf, daß das rechte Planum temporale vergrößert ist.

Auch neuroanatomische bildgebende Verfahren werden zum Studium zerebraler Asymmetrien eingesetzt. Autopsien gegenüber besitzen sie den augenfälligen Vorteil, daß man größere Zahlen von Personen studieren und darüber hinaus noch Verhaltenstests unterziehen kann.

Personen mit Dyslexie sind neuerdings sowohl mittels Computertomographie (CT) als auch mittels Magnetresonanzverfahren (NMR) untersucht worden, vor allem um Asymmetrien der posterioren Hemisphären zu messen. Bei gesunden Personen ist gewöhnlich der linke parietookzipitale Teil größer als der rechte. Bei dyslektischen Patienten zeigten sich sowohl stärkere Symmetrien als auch eine Umkehrung der normalen Asymmetrie.[8] In einigen Untersuchungen ergab sich die stärkere Symmetrie durch rechtsseitige Vergrößerungen, während andere von Verkleinerungen auf der linken Seite berichteten. In einer der Studien wurde beschrieben, daß der hintere Teil des Corpus callosum vergrößert gewesen sei, was möglicherweise eine zahlenmäßige Zunahme von Nervenfasern widerspiegelt, die sich mit einem vergrößerten rechten Planum temporale verbinden.[9]

Mittlerweile erscheinen auch zunehmende Berichte über Untersuchungen, die sich funktioneller bildgebender Verfahren wie der Positronenmissionstomographie (PET) und regionaler Hirndurchblutungsmessungen bedienen. In diesen Studien präsentiert man Kontrollversuchspersonen und dyslektischen Patienten einfache sprachbezogene Aufgaben (beispielsweise unter Wortpaaren diejenigen zu identifizieren, die sich reimen), und vergleicht dabei die Aktivierung in verschiedenen Hirnregionen mit Grundwerten des Ruhezustands. Die ersten Befunde scheinen auf unterschiedliche Aktivierungsmuster bei Dyslektikern hinzudeuten, doch ist es noch zu früh, um in den verschiedenen Untersuchungen mit unterschiedlichen Aufgaben und Methoden konsistente Aktivierungsmuster auszumachen.[10] Besonders aufregend sind Studien, bei denen man plant, kernspintomographische Befunde zu Temporallappenasymmetrien und zur Balkenstruktur mit Aktivierungsmustern der Positronenemissionstomographie in Verbindung zu bringen.

Bewertung der Befunde

Alles in allem sprechen die eben dargestellten Befunde sehr für einen Zusammenhang zwischen Hirnasymmetrie und Lesestörung, auch wenn sich Unterschiede zwischen den Versuchspersonen und zwischen den durchgeführten Tests zweifellos stark auf die Ergebnisse solcher Arbeiten auswirken. Aber selbst wenn dieser Zusammenhang zuverlässig nachgewiesen wäre, könnte man nicht sicher sein, ob Lesefähigkeiten durch das Ausmaß oder die Art der Gehirnlateralisierung festgelegt werden.

Orton nahm an, daß eine schwache zerebrale Dominanz die Leseschwäche verursacht. Aus den bisher vorgestellten Befunden ließe sich ebensogut schließen, daß ein dritter Faktor für die beobachtete Beziehung verantwortlich ist und daß Lateralisierung und Lesefähigkeit überhaupt nicht direkt kausal miteinander verknüpft sind.

Vorerst sollte man zwei Dinge beachten, wenn man den Zusammenhang zwischen Lateralisierung und Lesefähigkeit betrachtet. Erstens haben die meisten Menschen, die wenige Anzeichen für Asymmetrien (oder sogar eine umgekehrte Asymmetrie) zeigen, keinerlei Probleme mit dem Lesen. Zweitens weisen viele Personen mit solchen Problemen diesen Tests zufolge eine normale Lateralität auf. Eine verminderte Lateralisierung ist also weder eine notwendige noch eine hinreichende Bedingung für Leseschwierigkeiten. Diese stellen einen Problemkomplex dar, zu dem vielerlei Faktoren beitragen können. Entsprechend ist die Lateralisierung nur ein Aspekt eines ganzen Netzwerks von Hirnfunktionen, die das neurologische Substrat des Lesens bilden.

Stottern: Ein Wettstreit um die Kontrolle über das Sprechen?

Die meisten Leute haben wahrscheinlich schon die Behauptung gehört, es sei unklug von Eltern zu versuchen, ein Kind, das eine natürliche Präferenz für die linke Hand habe, dazu zu zwingen, die rechte Hand zu gebrauchen. Angeblich können solche Bemühungen schwerwiegende Folgen für die allgemeine Anpassung des Kindes haben und unter anderem die Wahrscheinlichkeit erhöhen, daß es später stottert.

Samuel Orton war maßgeblich daran beteiligt, daß sich diese Idee durchsetzte. Er hielt das Stottern in manchen Fällen für das Ergebnis eines Wettstreits zwischen den Hemisphären um die Kontrolle über das Sprechen. Bei Individuen mit gut ausgeprägter zerebraler Dominanz übernimmt die linke Hemisphäre die Kontrolle, während solche mit schlecht ausgeprägter Dominanz Gefahr laufen, zu Stotterern zu werden. Wenn man ein Kind zwingt, die Hand entgegen seiner natürlichen Präferenz zu wechseln, stört dies möglicherweise den Aufbau der Dominanz und führt zu Stotterproblemen. Orton konnte im Rahmen seiner praktischen Erfahrungen mit Stotterern beobachten, daß Kinder zu stottern aufhörten, wenn man ihnen erlaubte, statt der gezwungenermaßen gebrauchten rechten Hand wieder die ursprünglich bevorzugte linke Hand zu benutzen.

Stottern wird als eine Unterbrechung im Redefluß definiert, die durch willkürliche hörbare oder leise Wiederholungen sowie Verlängerungen in der Laut- und Silbenproduktion gekennzeichnet ist. Es wird geschätzt, daß etwa ein Prozent der Bevölkerung in einem gewissen Ausmaß stottert.

Welche Belege gibt es für eine Beziehung zwischen Hemisphärenorganisation und Stottern? Als ein Indiz wird manchmal angeführt, daß unter Stotterern Linkshändigkeit und Beidhändigkeit anscheinend häufiger vorkommen als in der allgemeinen Bevölkerung. Andere Arbeiten haben jedoch die Zahlen, die für ein erhöhtes Vorkommen von Linkshändern in dieser Personengruppe sprechen, in Frage gestellt.[11]

Einige Hinweise, die diese Frage betreffen, stammen aus Untersuchungen zum dichotischen Hören. In einer der ersten Studien dieser Art wies man bei 55 Prozent der erwachsenen Stotterer, aber nur bei 25 Prozent der normalen Versuchspersonen, einen Vorteil für das linke Ohr nach.[12] In späteren Untersuchungen ließen sich diese Ergebnisse allerdings weder bei Erwachsenen noch bei Kindern reproduzieren.[13]

In einem anderen interessanten Ansatz hat man sich Stotterern zugewendet, die sich wegen einer anderweitigen neurologischen Erkrankung Natriumamobarbital-(Natrium-Amytal-)Tests unterziehen mußten.[14] In einer Studie war das Sprechen bei allen vier Patienten – drei Linkshändern und einem Rechtshänder – nach links- und rechtseitigen Injektionen beeinträchtigt. Dieses Ergebnis steht im Widerspruch zu dem typischen Befund bei Wada-Tests, daß nur nach Injektion auf einer der beiden Seiten (gewöhnlich der linken) eine vorübergehende aphasieähnliche Sprachstörung auftritt. Darüber hinaus endete das Stottern bei jedem der Patienten, nachdem man aus medizinischen Gründen eines der mutmaßlichen Sprachzentren chirurgisch entfernt hatte. Diese Entdeckung ist wahrscheinlich der eindeutigste Beleg für einen Zusammenhang zwischen Stottern und bilateraler Sprachkontrolle.

Allerdings vermochte man bei einer nachfolgenden Natriumamobarbital-Untersuchung keine übereinstimmenden Ergebnisse zu erzielen.[15] Die Versuchspersonen dieser Studie waren vier Rechtshänder, von denen lediglich einer Anzeichen einer bilateralen Repräsentation der Sprache aufwies. Daß jedoch überhaupt einer der Rechtshänder bilaterale Sprache zeigte, ist schon bedeutsam, da dies bei normalen Rechtshändern extrem selten vorkommt. Die Natriumamobarbital-Befunde können daher als eine gewisse, wenn auch keineswegs vollständige Bestätigung der Hypothese gelten, daß die Sprache bei Stotterern bilateral repräsentiert ist.

Auf der Grundlage der Wada-Tests könnte man annehmen, daß Verfahren, die eher auf die Lateralisierung der Sprachproduktion als auf die des Sprachverständnisses ansprechen, am besten dafür geeignet sein dürften, nach möglichen Unterschieden zwischen Stotterern und Nichtstotterern zu suchen. Bei einem anderen Versuch, die Lateralisierung der Sprachproduktion zu erforschen, haben Harvey Sussman und Peter MacNeilage einen Test entwickelt, den sie *pursuit auditory tracking* („auditives Zielverfolgen“) nannten. Die Versuchsperson hört hierbei zwei Töne gleichzeitig – einen Zielton mit dem einen Ohr und einen einstellbaren Ton mit dem anderen. Ihre Aufgabe besteht nun darin, der Frequenz des sich zufällig ändernden Zieltones mit dem einstellbaren Ton zu folgen, den sie durch Unterkieferbewegungen verändern kann.

Sussman und MacNeilage fanden heraus, daß normale Versuchspersonen jeweils besser abschnitten, wenn der einstellbare Ton dem rechten Ohr dargeboten wurde und der Zielton dem linken.[16] Bei der Untersuchung einer Gruppe von 28 Stotterern waren dagegen keine Lateralitätsunterschiede festzustellen.[17] Die Forscher sahen in diesen Ergebnissen eine Bestätigung der Hypothese, daß bei Stotterern die Sprachproduktion bilateral kontrolliert ist.

In beschränktem Umfang sind auch regionale Hirndurchblutungsmessungen zur Untersuchung des Stotterns herangezogen worden. In einer Studie stellte man bei zwei stotternden Patienten fest, daß der Blutzufluß zur Brocaschen Region während des lauten Lesens – im Vergleich zur Durchblutung der entsprechenden Region der rechten Hemisphäre – vermindert war. Führten die Patienten die gleiche Aufgabe durch, nachdem sie Haloperidol, ein Pharmakon, das bei einigen Personen das Stottern verringert, erhalten hatten, zeigte sich die linke Hemisphäre stärker durchblutet.[18]

In einer neueren Studie, welche die regionale Hirndurchblutung ruhender Personen zum Thema hatte, untersuchte man 20 erwachsene Stotterer und verglich sie mit nichtstotternden Kontrollprobanden. Die Durchblutung wurde in mehreren Bereichen gemessen, wobei die Stotterer insgesamt im Vergleich zu den normalen Personen in allen diesen Regionen eine verringerte Durchblutung zeigten. In drei Bereichen zeigten sie außerdem Asymmetrien, die signifikant von dem Muster abwichen, das man bei Kontrollpersonen beobachtet hatte: die Durchblutung war auf der rechten Seite im Verhältnis zur linken stärker.[19] Die Autoren zogen hieraus den Schluß, daß Stottern eine neurogene Störung sei, an der jene Hirnregionen beteiligt sind, die bekanntermaßen die sprachliche und motorische Kontrolle ausüben.

Insgesamt sind die Belege für die Rolle der Hirnasymmetrie beim Stottern weniger überzeugend als die für ihre Rolle bei Lesestörungen. Erstens gibt es viel weniger Arbeiten, in denen eine solche Beziehung bei Stotterern untersucht worden ist. Zweitens gilt Stottern heute als eine Störung mit vielen möglichen Ursachen, von denen vielleicht nur eine mit der Hirnorganisation zusammenhängt. Es mag an den unterschiedlichen Zusammensetzungen der Probandengruppen liegen, daß sich manche Versuchsergebnisse nicht reproduzieren ließen, und dieses Problem wird bestehen bleiben, bis man einzelne, spezielle Untergruppen zu identifizieren vermag.

Wie steht es mit der Behauptung, ein Kind, das man zum Wechsel der bevorzugten Hand zwinge, werde später mit höherer Wahrscheinlichkeit stottern? Zur Zeit gibt es keine gesicherten Belege dafür, daß Hirnlateralisierung und Stottern etwas miteinander zu tun haben, geschweige denn dafür, daß ein Wechsel des Handgebrauchs in früher Kindheit die Verteilung der Sprachfunktionen zwischen den Hemisphären entscheidend beeinflussen kann.

Frühkindlicher Autismus

Autismus zählt zu den verwirrendsten kindlichen Verhaltensstörungen. Die klassischen Symptome des Autismus sind die Unfähigkeit zur normalen sprachlichen Kommunikation, stereotype und zwanghafte Bewegungen sowie soziale Unzugänglichkeit. Gewöhnlich werden erste Anzeichen dieser Störung bereits bemerkt, wenn das Kind noch ein Säugling ist: Solche Babys sind oft nicht empfänglich für die Zuwendung ihrer Eltern und scheinen auf ihre Umgebung nicht zu reagieren. Andere autistische Kinder können sich bis weit in das Kleinkindalter hinein normal entwickeln, bevor sie dann im Sozial-, Sprach- und Spielverhalten zu regredieren beginnen.

Der Autismus kann nach Schweregrad und Prognose sehr unterschiedlich in Erscheinung treten. Intelligente erwachsene Autisten können durchaus so gut zurechtkommen, daß sie imstande sind, ein relativ unabhängiges Leben zu führen und in einer beschützten Umgebung auch einer festen Tätigkeit nachzugehen. Doch müssen diejenigen mit schwereren Behinderungen lebenslang von ihren Familien, in einem Wohnheim oder von einer entsprechenden Institution betreut werden. In den meisten Fällen bleiben die autistischen Verhaltensauffälligkeiten während des ganzen Lebens erkennbar.[20]

Bis vor kurzem galt Autismus vorrangig als eine Störung mit psychodynamischen Ursachen. Man hielt fehlerhafte Interaktionsmuster seitens der Eltern für entscheidend und konzentrierte sich aus diesem Grund besonders auf die Eigenheiten der Eltern autistischer Kinder.

Heute vermutet man die Ursache des Autismus eher in Fehlfunktionen des Gehirns. Obwohl die Art der funktionellen Störung noch längst nicht geklärt ist, könnte sie nach Ansicht mehrerer Wissenschaftler speziell die linke Hemisphäre betreffen. Die Forscher verweisen zum einen auf das Verhalten autistischer Kinder. Besonders auffällig ist deren Unfähigkeit zum normalen Spracherwerb. Intelligenz als solche scheint kein wesentlicher Faktor zu sein, da sogar geistig schwer behinderte (aber nicht autistische) Kinder ohne besondere Übungsmaßnahmen sprechen lernen.

Im Gegensatz zu ihren geringeren Sprachfertigkeiten weisen autistische Kinder oft erstaunliche künstlerische oder musikalische Fähigkeiten auf oder haben ein außerordentlich gutes Gedächtnis für bestimmte Dinge. Es ist beispielsweise nicht ungewöhnlich, daß ein autistisches Kind genau angeben kann, auf welchen Tag – über mehrere Jahrhunderte hinweg – ein bestimmtes Datum fällt. Auch die Fähigkeit, schwierigste Kopfrechenaufgaben zu lösen, ist belegt.

1977 wurde eine Fallstudie über ein Mädchen mit einem außergewöhnlichen Maltalent veröffentlicht.[21] Dieses Kind, Nadia, konnte schon im Alter von dreieinhalb Jahren naturgetreue Zeichnungen mit beachtlichen Details anfertigen (siehe Abbildung 10.2). Wie es auch für die Fertigkeiten anderer autistischer Kinder gilt, führte Nadia die Zeichnungen schnell und nahezu ohne bewußte Anstrengung aus. Man hat vermutet, daß sich in diesen speziellen Fähigkeiten Beiträge der rechten Hemisphäre widerspiegelten. Nadias Zeichentalent ließ im Laufe der Therapie nach; es ist jedoch nicht festzustellen, ob diese Veränderung eine Folge der Therapie war oder ob sie auch im Zuge der natürlichen Reifung aufgetreten wäre.

Eine begrenzte Anzahl anderweitiger Belege stimmt mit der Hypothese überein, daß beim Autismus anomale Muster der Hemisphärenasymmetrie vorliegen. In einem neueren Übersichtsartikel wurden die Befunde mehrerer Untersuchungen zur Händigkeit bei autistischen Kindern zusammengefaßt; insgesamt waren 52 Prozent der Kinder Linkshänder oder ohne ausgeprägte Handbevorzugung.[22] Autistische Kinder, die eine Handpräferenz entwickelt hatten, zeigten in einer Reihe von kognitiven Aufgaben bessere Leistungen

10.2 Pferde gehörten zu Nadias Lieblingsmotiven. Dieses Karussellpferd zeichnete sie, als sie noch keine vier Jahre alt war. (Aus L. Selfe, *Nadia – A Case of Extraordinary Drawing Ability in an Autistic Child* (London: Academic Press, 1977).)

als Kinder mit gemischter Händigkeit. Diese Zahlen deuten – wenn auch nur indirekt – auf Unterschiede in der Hemisphärenasymmetrie zwischen normalen und autistischen Kindern hin. Sie sagen aber natürlich nichts über die Ursachen dieser Unterschiede aus; hier kommen sowohl frühkindliche Hirnschäden als auch genetische Faktoren in Frage.

Man hat inzwischen eine Vielzahl von Tests angewendet, um die Lateralität bei Autisten zu bestimmen. In Studien, die sich mit der Ohrpräferenz beschäftigten, zeigte sich bei autistischen Patienten typischerweise ein Vorteil für das linke oder für kein Ohr; allerdings waren die Ergebnisse nicht überwältigend.[23]

Ein überzeugendes Bild ergibt sich aus Untersuchungen der elektrischen Aktivität des Gehirns. In einer Studie wurde während verschiedener sprachlicher und visuell-räumlicher Tests die EEG-Aktivität autistischer Kinder mit der von Kontrollversuchspersonen verglichen, die ihnen in Alter und Händigkeit entsprachen.[24] Man analysierte die Befunde, indem man das Verhältnis zwischen der Alpha-Aktivität über der rechten Hemisphäre und der über der linken Hemisphäre (das R/L-Verhältnis) bestimmte. Da die Alpha-Aktivität abnimmt, wenn eine Gehirnhälfte sich mit einer Aufgabe beschäftigt, wertet man hohe Verhältniswerte als stärkere Aktivierung der linken Hemisphäre und geringe Werte als stärkere Beteiligung der rechten. Die Ergebnisse zeigten, daß sich während der räumlichen Tests die Muster der hemisphärischen Aktivierung bei autistischen Kindern und Kontrollpersonen nicht signifikant voneinander unterschieden, daß aber bei sprachlichen Tests die autistischen Kinder eine stärkere Beteiligung der rechten Hemisphäre aufwiesen. Sieben der zehn autistischen Personen und drei der zehn Kontrollversuchspersonen zeigten eine rechtshemisphärische Dominanz bei der verbalen Aufgabe.

In einer nachfolgenden Studie mit autistischen Personen zeichneten die Untersucher die corticalen akustisch evozierten Potentiale über der linken und rechten Hemisphäre auf und fanden bei elf der 17 Probanden Anzeichen einer rechtshemisphärischen Spezialisierung für Sprache, wobei diese mit schlechterer sprachlicher Fähigkeit und einem höheren Grad an Asymmetrie einherging.[25]

Da diese Ergebnisse für einen Zusammenhang zwischen mangelnden sprachlichen Fähigkeiten und rechtshemisphärischen Sprachfunktionen bei autistischen Störungen sprachen, glaubten die Autoren, Untergruppen von autistischen Kindern anhand des Grades bilden zu können, indem diese sich bei sprachlichen Funktionen auf die linke Hemisphäre stützten. Die Personen einer Untergruppe, die unter starken linkshemisphärischen Störungen leiden, wären verstärkt auf die rechte Hemisphäre angewiesen, was schlechtere sprachliche Fähigkeiten nach sich zöge. Die Personen einer anderen Untergruppe mit geringeren Beeinträchtigungen der linken Hemisphäre sollten sich in Sachen Sprache immer noch auf diese stützen und folglich bessere Sprachfunktionen aufweisen.

Aufgrund der geringen Zahl von Fällen, die für Untersuchungen zur Verfügung stehen, gibt es nur wenige anatomische Studien über das Gehirn von Autisten. Neuere bildgebende Verfahren ermöglichen es jedoch, im lebendigen Organismus nach strukturellen und funktionellen Abnormitäten zu suchen. Bisher ließen sich allerdings weder in CT- noch in NMR-Studien Auffälligkeiten in den Gehirnhemisphären oder in den subcorticalen Strukturen von Autisten nachweisen. Es fanden sich auch keine statistisch signifikanten abnormen Gehirnasymmetrien im frontalen oder posterioren Bereich.[26]

In Untersuchungen, die sich auf das Kleinhirn konzentrierten, entdeckte man jedoch, daß diese Struktur bei Autisten verkleinert war. Diese Befunde aus Studien mit bildgebenden Verfahren stimmen mit Autopsieergebnissen überein, die einen Verlust von Purkinje-Zellen beschreiben. All diese Abweichungen von der Norm scheinen jedoch beidseitig und symmetrisch ausgeprägt zu sein.[27] Bislang ist die Zahl der Untersuchungen mit bildgebenden Verfahren allerdings noch gering, und ihre Ergebnisse sind nicht schlüssig.[28] Obwohl es auf den ersten Blick als eher unwahrscheinlich erscheinen mag, daß Veränderungen des Kleinhirns ein anatomisches Substrat des Autismus, der ja eine Störung höherer kognitiver Funktionen darstellt, bilden sollen, so gibt es doch Belege dafür, daß das Cerebellum für normale kognitive Funktionen von Bedeutung ist.[29]

Welche Schlüsse lassen sich nun bezüglich der Rolle einer untypischen funktionellen Hemisphärenasymmetrie beim Autismus ziehen? Ein Übersichtsartikel zu diesem Thema, der zu einer Zeit verfaßt wurde, als noch keine Befunde aus Untersuchungen mit bildgebenden Verfahren vorlagen, mahnte zu großer Vorsicht bezüglich möglicher Folgerungen.[30]

Die Autoren waren der Meinung, daß die autistische Sprache im wesentlichen nicht durch echte Defizite, sondern eher durch eine verzögerte sprachliche Entwicklung charakterisiert ist. Dies würde das Argument eines linkshemisphärischen Funktionsausfalls schwächen. Darüber hinaus kritisierten sie, daß diese Art der Erklärung all jene Beeinträchtigungen ignoriert, die autistische Kinder bezüglich der Prosodie (der Sprachrhythmik), der sozialen

Verwendung von Sprache oder der Fähigkeit zeigen, den emotionalen Ausdruck sprachlicher Äußerungen zu erkennen. Soweit diese Funktionen bei gesunden Erwachsenen lateralisiert sind, werden sie der rechten, nicht der linken Hemisphäre zugeordnet.

Ihre Übersicht führte die Autoren zu dem Schluß, daß die Hypothese einer linkshemisphärischen Dysfunktion in Einzelfällen nützlich sein kann, nicht aber für ganze Gruppen. Obwohl sie auf die Probleme einiger Kinder durchaus anwendbar scheint, halten die Autoren die neurologischen Beeinträchtigungen beim Autismus doch für variabler und vielfältiger, als im Modell der linkshemisphärischen Funktionsstörungen angenommen wird.

Die neuesten Ergebnisse von Untersuchungen mit bildgebenden Verfahren geben weiteren Anlaß, vorsichtig zu sein. Wir haben jetzt Hinweise dafür, daß das Kleinhirn etwas mit Autismus zu tun hat, was das Ganze noch komplizierter macht. Es ist offensichtlich, daß die autistischen Symptome von Individuum zu Individuum sehr stark variieren – vielleicht gibt es verschiedene Formen des Autismus, mit unterschiedlichen Ätiologien und Auslösern. Weitere Forschungen, die sich der Methoden der modernen kognitiven Neuropsychologie bedienen, sollten zu einem besseren Verständnis dieser Störung führen und zu besseren Einteilungen und Unterscheidungen jener Menschen, die unter dem Etikett „autistisch" zusammengefaßt werden.

Hemisphärenasymmetrie und psychiatrische Krankheitsformen

Im Laufe der letzten 15 Jahre haben sich manche Forscher der Frage zugewandt, inwieweit bei bestimmten psychiatrischen Störungen, insbesondere bei Schizophrenie und Depression, die beiden Gehirnhälften unterschiedlich betroffen sein könnten. Diese Überlegungen fügten sich gut in die allgemeinen Konzepte von den Funktionen der rechten und der linken Hemisphäre ein. Denkstörungen und sprachliche Halluzinationen, die zu den häufigen Symptomen der Schizophrenie zählen, passen zum Bild der linken Hemisphäre als der analytischen, sprachdominanten Hälfte des Gehirns. Die für affektive Krankheiten charakteristischen Störungen der Gemütslage stehen in Einklang mit der Vorstellung, daß die rechte Hemisphäre die nichtsprachlichen Funktionen kontrolliert.

Klinische Beobachtungen

Einer der ersten Versuche, psychiatrische Krankheitsformen mit einem Modell der Hemisphärenspezialisierung in Verbindung zu bringen, wurde vor ungefähr 25 Jahren von dem Psychiater Pierre Flor-Henry unternommen.[31] Flor-Henry verglich 50 Patienten mit Temporallappenepilepsie, die zusätzlich psychotische Symptome zeigten, mit 50 Fällen ohne psychotische Symptome. Unterteilte man beide Gruppen hinsichtlich der Lokalisation des epileptischen Focus, dann zeigte sich, daß bei schizophrenieartiger Symptomatik häufiger ein linkshemisphärischer und bei Affektpsychosen häufiger ein rechtshemisphärischer Focus vorlag.

Zwar ist diese Arbeit wegen ihrer statistisch wenig eindeutigen Resultate kritisiert worden, doch weisen die Ergebnisse anderer Untersuchungen in die gleiche Richtung. Eine großangelegte Überblicksarbeit zur Literatur über schizoforme Psychosen bei zentralnervösen Störungen kam beispielsweise zu dem Ergebnis, daß Wahnvorstellungen und katatone Symptome am häufigsten mit linkshemisphärischen Läsionen, zumeist des Temporallappens, assoziiert sind.[32]

Natürlich gehen die meisten psychotischen Erkrankungen nicht auf Hirnschädigungen im Erwachsenenalter zurück. Man geht vielmehr davon aus, daß der Ursprung in Entwicklungsstörungen des Nervensystems zu suchen ist. Vielleicht, so die Vermutung, lassen sich diese Störungen durch Funktionsbeeinträchtigungen lateralisierter regionaler Bereiche oder durch einen anomalen Integrationsmodus zwischen den Hemisphären beschreiben.

Weitere klinische Belege für eine Beteiligung der rechten Hemisphäre bei affektiven Störungen ergeben sich aus dem Einsatz einseitiger Elektroschocks (*electroconvulsive shock, ECS*). Die Elektroschocktherapie, bei der man dem Gehirn über Elektroden auf der Kopfhaut elektrischen Strom zuführt, wird gelegentlich bei Depressionen angewandt. Zahlreiche Berichte sprechen dafür, daß sich Verwirrung und Gedächtnisverlust, die oft nach der Schocktherapie auftreten, vermindern lassen, wenn man die Elektroden nur auf einer Seite des Kopfes befestigt.

Von drei sorgfältigen Untersuchungen, in denen die therapeutische Wirksamkeit linksseitiger, rechtsseitiger und bilateraler Elektroschockbehandlungen verglichen wurde, zeigten zwei, daß die alleinige Behandlung der linken Hemisphäre für die Linderung von Depressionen weniger erfolgreich war als die der rechten. In der dritten Studie fand man keinen Unterschied.[33] Allgemein läßt sich der Eindruck gewinnen, daß Depressionen besser auf eine Elektroschockbehandlung der rechten Hemisphäre als auf eine der linken ansprechen, was auf einen Zusammenhang zwischen Lateralität und Depression hinweist.

Verhaltensuntersuchungen, elektrophysiologische Messungen und Studien mit bildgebenden Verfahren

Mehrere verschiedene verhaltensphysiologische und insbesondere elektrophysiologische Techniken sind angewandt worden, um die Rolle der Hirnorganisation bei psychiatrischen Krankheiten zu untersuchen. John Gruzelier und seine Mitarbeiter haben bei schizophrenen und depressiven Patienten Veränderungen in der Hautleitfähigkeit auf wiederholte akustische Reize untersucht.[34] Wenn man einer Versuchsperson in aufmerksam wachem Zustand einen Reiz präsentiert, sinkt der Hautwiderstand des Armes gegenüber einem schwachen elektrischen Strom. Dies ist eine von mehreren peripheren körperlichen Veränderungen, die auftreten, wenn eine Person auf etwas Neues oder Andersartiges reagiert.

Die meisten Schizophrenen zeigten keine oder kaum eine Reaktion in der Hautleitfähigkeit der linken Hand. Dagegen waren die reaktiven Veränderungen bei den depressiven Patienten an der rechten Hand schwächer als an der linken. Gruzelier weist darauf hin, daß man annimmt, diese Orientierungsreaktionen würden von der ipsilateralen Hemisphäre kontrolliert; seine Ergebnisse lassen also bei Schizophrenie und Depression auf eine links- beziehungsweise rechtshemisphärische Störung schließen.

Post mortem-Untersuchungen zeigten bei chronisch Schizophrenen ein signifikant vergrößertes Corpus callosum. Graham Beaumont und Stuart Dimond sahen diese Größenzunahme als Kompensation für eine fehlerhafte interhemisphärische Kommunikation an.[35] Um ihre Hypothese zu testen, benutzten sie die tachistoskopische Methode. Die Versuchspersonen mußten mit „gleich" oder „ungleich" auf gleichzeitig dargebotene Reizpaare reagieren. Die größten Unterschiede zwischen schizophrenen Patienten und Kontrollversuchspersonen traten zutage, wenn die beiden Reize eines Paares jeweils einer anderen Hemisphäre präsentiert wurden.

Geringere Unterschiede waren zu beobachten, wenn man beide Reize der gleichen Hemisphäre darbot. Beaumont und Dimond behaupteten, daß die Schwierigkeiten, die Schizophrene bei der „beidhemisphärischen" Aufgabe hätten, auf einem Defekt in der Kommunikation zwischen den Hemisphären beruhen würden. Eine Zusammenfassung von Befunden, die an schizophrenen Patienten erhoben wurden, stützt diese Schlußfolgerung im großen und ganzen.[36]

Vor kurzem haben der Psychiater Wayne Drevets und seine Kollegen bestimmte Hirnregionen identifiziert, die bei schweren Depressionen betroffen sein sollen.[37] Mittels PET maßen sie die Hirndurchblutung bei 13 Erwachsenen, die zur Zeit der Untersuchung unter Depressionen litten, und bei zehn weiteren Personen, die zuvor schon als depressiv eingestuft worden waren, aber während der Studie keine Symptome zeigten. Alle Patienten hatten einen oder mehrere nahe Blutsverwandte, die ebenfalls eine depressive Symptomatik zeigten. Als Kontrollgruppe dienten Personen, bei denen sich anamnestisch keine Hinweise auf Depressionen ergaben.

Die Untersucher stellten fest, daß die Durchblutung (als Folge einer erhöhten Aktivität von Hirnzellen) der linken Amygdala (einer subcorticalen Struktur, die an der emotionalen Steuerung beteiligt ist) bei allen depressiven Patienten deutlich gesteigert war. Außerdem floß mehr Blut durch den linken präfrontalen Cortex, aber nur bei den Patienten, die sich in einer akuten Depression befanden, nicht hingegen bei den Personen in Remission. Drevets vermutet, daß die gesteigerte Durchblutung des linken präfrontalen Cortex eine akute depressive Phase anzeigt und daß diese Region die womöglich ständig vorhandenen negativen Gedanken, die eine Depression kennzeichnen, verarbeitet. Diese Befunde weisen also auf eine spezielle Beteiligung der linken Hemisphäre an schweren Depressionen hin.

Einige theoretische Überlegungen

Aus den Arbeiten, die zu diesem Themenkomplex vorliegen, sind hauptsächlich zwei Theorien zur hemisphärischen Beteiligung an Psychosen hervorgegangen. Die eine ist die Theorie der Hemisphärenstörung, der zufolge eine der Hirnhälften beeinträchtigt sein soll, und dies womöglich nur sehr geringfügig und auf sehr subtile Art und Weise. Die Psychose wäre dann Folge dieser Störung. Die zweite Theorie, nämlich die des hemisphärischen funktionellen Ungleichgewichts, besagt, daß die normalen interhemisphärischen Funktionen, die durch das Corpus callosum vermittelt werden, gestört sind.[38]

Es ist sicher noch verfrüht, ein Modell den anderen vorzuziehen, egal, um welche Form der Psychopathologie es sich handelt. Obwohl alle Belege, die wir aufgeführt haben, für eine gewisse Beteiligung der Hirnasymmetrie bei psychiatrischen Störungen sprechen, ist jeder Einzelbefund für sich genommen nicht sonderlich überzeugend. Wie die Lesestörung und das Stottern haben wahrscheinlich auch Geisteskrankheiten mehrere verschiedene Ursachen, von denen viele die gleichen allgemeinen Symptome hervorrufen können. Möglicherweise sind Störungen der normalen Hirnasymmetrie an einigen, aber nicht an allen Formen der Schizophrenie und der affektiven Erkrankungen beteiligt. Eine sorgfältige Einteilung der Patienten und die neuen Verfahren zur Hirnaktivitätsmessung sollten sich als besonders wertvoll erweisen, wenn man sich mit der möglichen Bedeutung der Gehirnlateralität für die Psychopathologie beschäftigt.

Die Rollen des linken und des rechten Gehirns bei krankhaften Veränderungen

Die in diesem Kapitel berücksichtigten Entwicklungsstörungen und psychiatrischen Erkrankungen reichen vom Stottern bis zur Schizophrenie. In jedem Fall hat man die eine oder andere Form von anomaler Lateralität angenommen, wenn auch nicht ohne Widerspruch nachweisen können. Bevor man versucht, die Forschungsergebnisse auf die Behandlung von Patienten mit derartigen Störungen anzuwenden, muß man sicher sein, daß die Befunde auf solidem Fundament stehen.

Wir haben mehrfach betont, wie wichtig es ist, sich klarzumachen, daß viele Krankheitsformen wahrscheinlich mehr als eine Ursache haben. Anzunehmen, ähnliche Symptome beruhten immer auf den gleichen Ursachen, hieße die Kompliziertheit der Beziehung zwischen menschlichem Gehirn und Verhalten unzulässig zu vereinfachen. Eine lateralisierte Fehlfunktion kann zwar bei einigen, muß aber nicht bei allen Formen einer Erkrankung beteiligt sein. Es ist auch wichtig, sich im klaren darüber zu sein, daß lateralisierte Fehlfunktionen allein möglicherweise nicht ausreichen, um eine bestimmte Störung hervorzurufen; damit eine Beeinträchtigung entstehen kann, müssen gleichzeitig noch andere Faktoren wirksam werden. Wir haben darauf hingewiesen, daß die Lateralitätsmuster, die man bei normalen Versuchspersonen beobachtet, eine große Spannbreite haben; daher ist anzunehmen, daß bestimmte Ausprägungen der Lateralität für sich genommen nicht genügen, um bestimmte Defizite entstehen zu lassen.

11. Lateralität, Erziehung und veränderte Bewußtseinszustände

Das rasch anwachsende Wissen über die Natur der Hemisphärenasymmetrie hat selbstverständlich auch Spekulationen darüber angeregt, wie sich diese Asymmetrie auf das Verhalten im täglichen Leben auswirkt. Entspricht die Spezialisierung, die man in den Hemisphären normaler Individuen gefunden hat, bestimmten Denkweisen? Stützen sich einige Menschen mehr auf die linke Gehirnseite, andere mehr auf die rechte? Gibt es kulturelle Unterschiede in der Lateralität? Betonen die Erziehungssysteme der westlichen Zivilisation das sogenannte linkshemisphärische Denken und vernachlässigen dabei vielleicht die Leistungsfähigkeit der rechten Gehirnhälfte?

Diese und andere allgemein wichtige Fragen haben sich aus den Entdeckungen ergeben, die in den bisherigen Kapiteln erörtert worden sind. Mit einigen davon wollen wir uns in diesem Kapitel beschäftigen.

Zwei Gehirnhälften, zwei Denkstile?

Wie wir gesehen haben, gibt es Anzeichen dafür, daß nach einer operativen Trennung der beiden Hemisphären die Lern- und Gedächtnisfähigkeit sowohl in der linken als auch in der rechten Gehirnhälfte erhalten bleiben kann. Jede Hemisphäre eines Split-Brain-Patienten ist imstande, unabhängig von der anderen zu empfinden, wahrzunehmen und vielleicht sogar Begriffe zu bilden. Außerdem liefern praktisch alle Methoden zur Erforschung von Hemisphärenprozessen – einschließlich der Untersuchung gesunder Personen – Befunde, die für die Existenz von Hemisphärenunterschieden sprechen. Bereits in früheren Kapiteln haben wir erörtert, wie schwer sich die Forscher tun, diese Unterschiede zu charakterisieren. Einige Forscher zogen eine Grenzlinie zwischen verbal und nichtverbal. Andere argumentierten, daß sich die Gehirnhälften darin unterschieden, wie sie allgemein Informationen verarbeiteten.

Seit den ersten Split-Brain-Operationen sind die Prozesse in der linken und der rechten Gehirnhälfte mit einer ständig wachsenden Zahl begrifflicher Etiketten versehen worden. Man kann die am häufigsten genannten Charakteristika in fünf annähernd hierarchisch geordnete Hauptgruppen unterteilen. Jede Kennzeichnung auf einer bestimmten Ebene schließt normalerweise die über ihr stehenden Merkmale mit ein und geht darüber hinaus:

linke Hemisphäre	**rechte Hemisphäre**
verbal	nichtverbal, visuell-räumlich
sequentiell	gleichzeitig
zeitlich	räumlich
digital	analog
logisch	ganzheitlich
analytisch	synthetisch
rational	intuitiv
westliches Denken	östliches Denken

Die Bezeichnungen am oberen Ende der Liste fußen offensichtlich auf experimentellen Befunden; die anderen erscheinen eher spekulativ. Die Unterscheidung zwischen sprachlich und nichtsprachlich etwa war die erste, die sich aus der Split-Brain-Forschung und aus Verhaltensuntersuchungen mit gesunden Menschen ergab. In der Unterscheidung zwischen sequentiell (oder seriell) und gleichzeitig (parallel) spiegelt sich jenes verbreitete, wenn auch nicht allgemein akzeptierte, theoretische Modell wider, dem zufolge die linke Hemisphäre bevorzugt schnelle zeitliche Veränderungen verarbeitet und Reize auf ihre Einzelheiten und Merkmale hin analysiert, während die rechte Gehirnhälfte sich eher mit simultanen Beziehungen und mit den globalen Eigenschaften von Reizmustern beschäftigt. In diesem Modell arbeitet die linke Hemisphäre etwa wie ein digitaler Computer, die rechte wie ein analoger.

Viele Forscher, die sich mit solchen spekulativen Fragen befaßten, haben versucht, noch über diese Unterscheidungen hinauszugehen. Eine weithin akzeptierte Ansicht über die Hemisphärenunterschiede ist die, daß die linke Gehirnhälfte auf logische, analytische Weise und die rechte auf ganzheitliche, synthetische Weise arbeitet.

Wenn man einmal anfängt, mit solchen Bezeichnungen die Wirkungsweise der Hemisphären zu beschreiben, tauchen mehrere Fragen auf. Handelt es sich hierbei einfach um griffige Beschreibungen der Art, wie die Hemisphären Informationen verarbeiten? Oder deuten sie an, daß sich die Gehirnhälften in ihrem Denkstil unterscheiden? Lassen sich die spezialisierten Funktionen der linken und rechten Hemisphäre gar als vollkommen unterschiedliche Denkweisen interpretieren?

In der Geschichte haben Philosophen und Geistesforscher die intellektuellen Fähigkeiten des Menschen vielfach in zwei Klassen eingeteilt. Nehmen Sie etwa das folgende Zitat eines Yogaphilosphen, der im Jahre 1910 schrieb:

»Der Intellekt ist ein Organ, welches sich aus mehreren Gruppen von Funktionen zusammensetzt, die man wiederum in zwei Hauptklassen einteilen kann – die Funktionen und Fähigkeiten der rechten Seite und die Funktionen und Fähigkeiten der linken. Die Fähigkeiten der rechten Seit sind umfassend, kreativ und synthetisch, die Fähigkeiten der linken kritisch und analytisch... Die linke Seite beschränkt sich auf die bestätigte Wahrheit, die rechte bemächtigt sich dessen, was noch unsicher oder nicht bestätigt ist. Beide sind wesentlich für die Vollständigkeit der menschlichen Vernunft. Diese wichtigen Funktionen des Menschen müssen alle auf ihren höchsten und besten Leistungsstand gebracht werden, wenn man ein Kind nicht unvollständig oder einseitig erziehen will.«[1]

Auch viele westliche Denker haben über die geistige Organisation gesprochen, als wäre sie in zwei Teile geteilt. Beispiele dafür sind die Dichotomien rational/intuitiv, explizit/implizit, analytisch/synthetisch, abstrakt/konkret und objektiv/subjektiv.

Warum gibt es so viele Zweiteilungen? Bezeichnen sie wirklich spezifische, getrennte Qualitäten, oder beschreiben sie lediglich die extremen Pole eines kontinuierlichen Verhaltensspektrums? Mit anderen Worten: Haben wir es mit Alles-oder-Nichts-Unterschieden zu tun, oder gibt es dazwischen Abstufungen? Manche Autoren haben auf der ersten Auffassung bestanden, weil diese – so behaupten sie – am ehesten den neuroanatomischen Gegebenheiten entspreche, nämlich der Existenz einer linken und einer rechten Gehirnhälfte, die beide unabhängig voneinander arbeiten können. Andere meinen hingegen, daß die Formulierung von Dichotomien oder Gegensätzen sich lediglich als praktisch erweist, um komplexe Verhältnisse überschaubar zu machen.

Der Psychologe Robert Ornstein stellte die Hypothese auf, daß der westliche Mensch nur die Hälfte seines Gehirns und folglich auch nur die Hälfte seiner geistigen Fähigkeiten nutzt.[2] Seiner Meinung nach hat die Betonung der Sprache und des logischen Denkens in den westlichen Gesellschaften dafür gesorgt, daß die linke Gehirnhälfte sehr gut trainiert ist. Weiter argumentierte er, daß im Westen die Funktionen der rechten Hemisphäre einen vernachlässigten Teil der menschlichen Fähigkeiten und des menschlichen Intellekts bilden und daß diese Funktionen in den Kulturen, der Mystik und den Religionen des Ostens besser entwickelt sind. Kurz gesagt, Ornstein setzte die linke Hemisphäre mit der Denkweise des technologischen, rationalen Westens gleich und die rechte Gehirnhälfte mit dem Denkstil des intuitiven, mystischen Ostens. Ornsteins Ansichten haben viele seltsame Behauptungen und Fehlinterpretationen nach sich gezogen. So ist von manchem die linke Gehirnhälfte schlicht mit den Übeln der modernen Gesellschaft gleichgesetzt worden.[3]

Wie wir gesehen haben, gibt es verschiedene Vorstellungen von der Art der Hemisphärenunterschiede. Ausgehend von der Unterscheidung zwischen sprachlich und nichtsprachlich, führte die Entwicklung zu immer abstrakteren Konzepten der Beziehung zwischen geistiger Funktion und den Hemisphären. Im Verlauf dieses Prozesses haben sich die Vorstellungen über Hemisphärenunterschiede immer weiter von den grundlegenden Forschungsbefunden entfernt. Einige Wissenschaftler zeigten sich über diese Entwicklung beunruhigt, weil die Grenze zwischen Tatsache und Mutmaßung oft verschwimmt. Mit Blick auf die Lawine von Populärliteratur, die durch die spekulativsten Ansichten losgetreten wurde, ist der Begriff *Dichotomanie* geprägt worden. Ein Forscher hat dazu bemerkt:

»Man gewöhnt sich langsam an den Anblick: Eine künstlerische Wiedergabe der beiden Gehirnhälften springt dem Leser – häufig vom Titelblatt einer Illustrierten – direkt ins Auge. Quer über die linke Hemisphäre sind (wahrscheinlich ganz in schwarz und grau) Begriffe wie „logisch", „analytisch" und „westliche Vernunft" gedruckt. Über der rechten Gehirnhälfte finden sich in helleren Tönen (in einem kräftigen Orange oder in Königspurpur) die Wörter „intuitiv", „künstlerisch" oder „östliches Bewußtsein". Bedauerlicherweise sagen die Bilder mehr über die derzeit gängige populärwissenschaftliche Mode als über das Gehirn aus.«[4]

Lateralität

Die Vorstellung, daß die beiden Hemisphären auf unterschiedliche Denkweisen spezialisiert sind, hat zum Konzept der Lateralität („Hemisphärizität", siehe die Fußnote auf Seite 100) geführt – zu dem Gedanken, daß sich ein bestimmter Mensch mehr auf die eine Denkweise oder Hemisphäre verläßt als auf die andere. Man nimmt an, daß diese unterschiedliche Nutzung sich im „kognitiven Stil" des Individuums widerspiegelt – in seinen speziellen Präferenzen und seiner Art, Probleme zu lösen. Die Tendenz, verbal oder analytisch an ein Problem heranzugehen, gilt als ein Hinweis auf linksseitige Lateralität; dagegen gelten Menschen, die Informationen eher ganzheitlich oder auf räumliche Weise verarbeiten, als rechtshemisphärisch.

Man hat verschiedentlich behauptet, die Lateralität betreffe außer dem Denken nicht nur die Wahrnehmung, sondern dehne sich auf alle möglichen Dimensionen von Intellekt und Persönlichkeit aus. Vor einigen Jahren erschien in einer bekannten Zeitschrift eine Karikatur, die einen sehr feinen Country-Club zeigte, vor dessen Tür ein kleines Schild mit der Aufschrift „Nur für Linkshemisphärische" angebracht war. Die Vorstellung, die Unterschiede zwischen den Menschen könnten damit zusammenhängen, daß sie jeweils ihre beiden Hemisphären unterschiedlich intensiv nutzen, hat viel Anklang gefunden und die Phantasie der Massenmedien angeregt. Zwei Gebiete, auf denen experimentell geforscht worden ist, sind Kultur und Beruf.

Die Rolle von Kultur und Beruf

Einige Versuche von Anthropologen, die kognitiven Prozesse verschiedener Kulturen und Subkulturen zu charakterisieren, scheinen durchaus mit vielen der Vorstellungen über das linke und das rechte Gehirn übereinzustimmen.

Eine Auffassungsrichtung geht davon aus, daß sich die Denkweisen zwischen Gesellschaften, zwischen Schichten und zwischen Individuen qualitativ unterscheiden. Die meisten Anthropologen jedoch beharren darauf, daß der Verstand des „Durchschnittsmenschen“ prinzipiell auf dieselbe Art und Weise funktioniert – unabhängig von kulturellen Unterschieden. Einige Forscher haben darauf hingewiesen, daß es inkonsequent ist, wenn man erklärt, der menschliche Geist funktioniere überall gleich, und gleichzeitig behauptet, die grundsätzlichen Denkstile würden sich je nach kulturellem Hintergrund radikal voneinander unterscheiden.[5]

Einen Ausweg aus dem Dilemma bietet die Annahme, daß das menschliche Gehirn die Fähigkeit zu mehr als einer Art von logischer Vorgehensweise besitzt und daß sich Kulturen insofern unterscheiden, als die Menschen in ihnen unterschiedliche Prozesse einsetzen, um mit bestimmten Situationen umzugehen. Daß innerhalb des Gehirns zwei verschiedene Strukturen die Kapazität für qualitativ unterschiedliche logische Prozesse besitzen, war eine attraktive Vorstellung für jene Wissenschaftler, die sich für eine Lösung des „Kultur-Kognitions-Paradoxons“ interessierten.

Können interkulturelle Unterschiede im kognitiven Stil damit erklärt werden, daß man eine unterschiedliche Nutzung von linker und rechter Hemisphäre annimmt? In einer Arbeit verglich man die Testleistungen von 1220 Personen unterschiedlicher Herkunft, darunter Hopi-Indianer, schwarze Städter und Weiße, die auf dem Lande oder in der Stadt lebten. Alle wurden zwei Tests unterzogen, die man bezüglich der Hemisphärenleistung, die sie erschließen, für ziemlich trennscharf hält. Bei dem einen Test, dem Gestaltergänzungstest nach R. F. Street, nimmt man an, daß vor allem die rechte Gehirnhälfte an der Verarbeitung beteiligt ist (Abbildung 11.1). Bei dem anderen, einem Untertest des Wechsler-Intelligenztests für Erwachsene (WAIS), der in der deutschen Version „Gemeinsamkeitenfinden“ heißt, geht man von einer vorwiegend linkshemisphärischen Verarbeitung aus; er enthält Fragen wie „Worin gleichen sich ein Schraubenzieher und ein Hammer?“

Die Forscher beurteilten bei jeder Versuchspersonengruppe das Verhältnis von „rechtshemisphärischer zu linkshemisphärischer Denkweise“, indem sie jeweils die mittleren Meßwerte im Gestalttest den Mittelwerten im „Gemeinsamkeitenfinden“ gegenüberstellten. Hohe Verhältniszahlen (größerer Zähler) wurden als Zeichen für eher rechtshemisphärisches Denken interpretiert, geringere Verhältniszahlen (größerer Nenner) sollten eine mehr linkshemisphärische Denkweise anzeigen. Der höchste Verhältniswert ergab sich für die auf dem Lande wohnenden Hopi-Indianer; dann folgten die städtischen schwarzen Frauen, die städtischen schwarzen Männer, die auf dem Lande wohnenden Weißen und schließlich die weißen Städter. Aus diesen Ergebnissen zogen die Forscher den Schluß, daß Hopi-Indianer und Schwarze sich beim Denken stärker auf die rechte Gehirnhälfte stützen als Weiße.[6]

Bald nach Veröffentlichung dieser Forschungsarbeit erschien eine Kritik, in der überzeugend dargelegt wurde, daß es sich bei den beschriebenen Unterschieden lediglich um eine Bestätigung der in verbalen Intelligenztests gefundenen kulturellen Differenzen handele – und nicht um einen Nachweis dafür, daß gesellschaftlich meist benachteiligte Gruppen in stärkerem Maße rechtshemisphärisch denken. Die Autoren erklärten, daß es beim („rechtshe-

11.1 Beispiele aus dem Gestaltergänzungstest von R. F. Street. Was stellen diese Muster dar?

misphärischen") Gestalttest keine merklichen Unterschiede zwischen den Gruppen gegeben hatte und daß sie sich nur in dem verbalen Test unterschieden. Versucht man die Befunde hinsichtlich der Hemisphären zu interpretieren, so bleibt nach Meinung der Autoren nur der Schluß zu ziehen, daß »die rechte Gehirnhälfte bei von Grund auf verschiedenen kulturellen Gruppen offenbar einen ähnlichen Leistungsstand entwickelt, während die Entwicklung der linken Hemisphäre bei mangelnder erzieherischer Förderung unterdrückt wird.«[7]

Ein weiteres Problem bei dieser und vielen anderen Untersuchungen, die angeblich bestimmte Muster im Gebrauch der beiden Gehirnhälften aufzeigen, ist der fragwürdige Charakter der dabei verwendeten Maße. Obwohl solche Tests wie das „Gemeinsamkeitenfinden" zweifellos eher sprachlich als räumlich angelegt erscheinen, ist keineswegs sicher, daß sie allein die Fähigkeiten der linken Hemisphäre messen. Die Situation wird sogar noch bedenklicher, wenn man sich einige der standardisierten nichtsprachlichen Tests ansieht. Wie man gezeigt hat, beinhalten viele sogenannte Tests für räumliche Fähigkeiten eine beträchtliche und manchmal wesentliche sprachliche Komponente. Zur Zeit gibt es keine Testverfahren, die nachweislich nur die rechte oder nur die linke Hemisphäre testen.

Natürlich schließt diese Kritik nicht die Möglichkeit aus, daß in bestimmten Situationen tatsächlich kulturelle Unterschiede in der Beteiligung der Hemisphären existieren. In Kapitel 3 haben wir gesehen, wie wichtig es für das Ergebnis von Lateralisierungsuntersuchungen ist, welcher Strategie sich eine Versuchsperson bedient. Wenn bestimmte Gruppen in einer Vielzahl von Tests durchgängig unterschiedliche Strategien anwenden, sollte in Lateralisierungsstudien ein Hinweis auf solche Unterschiede zu finden sein. Für Untersuchungen, die sich speziell mit diesen Auswirkungen befassen, braucht man jedoch Tests, die auf kleinste Unterschiede in der Hemisphärennutzung ansprechen.

Einige wenige Studien, die die Methode des dichotischen Hörens und EEG-Messungen der Asymmetrie verwendeten, lassen erkennen, daß es sich lohnt, auf diesem Gebiet weiterzuforschen. Doch sind die Beweise dürftig und oft widersprüchlich. Es bedarf noch umfangreicher weiterer Arbeit, um herauszufinden, ob kulturelle Unterschiede in der Nutzung der Hemisphären tatsächlich existieren und – wenn ja – welchem Umstand sie zuzuschreiben sind.

Ähnliche Fragen lassen sich auch zur Lateralität von Personen stellen, die unterschiedliche Berufe ausüben. Nutzen etwa Künstler die rechte Hemisphäre mehr als Juristen? Auch hier haben einige wenige Arbeiten andeutungsweise unterstützende Befunde geliefert.[8]

Doch bleibt leider festzustellen, daß die bislang beschriebenen Unterschiede, die eine berufsgruppenabhängige unterschiedliche Beteiligung der Hemisphären vermuten lassen, im allgemeinen nur schwach sind und bei einigen Untersuchungen nicht repliziert werden konnten. Zweifellos tragen Unterschiede in der Empfindlichkeit der verwendeten Tests sowie die Variabilität in den Versuchspersonengruppen zu diesen Problemen bei. Es sind unbedingt weitere Forschungsarbeiten nötig, bevor es gerechtfertigt erscheint, eindeutig für oder gegen die Vorstellung einer berufsspezifischen Lateralität Stellung zu beziehen.

Weiterhin sollte man nicht vergessen, daß Befunde, die auf mögliche berufsbedingte Unterschiede in der Hemisphärennutzung hindeuten, nicht notwendigerweise die Vermutung stützen, daß sich die Hemisphärenorganisation an sich zwischen verschiedenen Gruppen unterscheidet. Studien, die die Vorstellung von einer unterschiedlichen Lateralität stützen, stimmen mit der Annahme überein, daß das Aktivierungsmuster in den Gehirnhälften berufsspezifisch zwischen den Gruppen variieren kann, daß aber die zugrundeliegende asymmetrische Organisation des Gehirns bei allen ähnlich ist.

Läßt sich die individuelle Lateralität mit Hilfe von Fragebögen messen?

Es gibt etliche Papier-und-Bleistift-Tests, mit denen man angeblich die individuelle Ausprägung der Hemisphärenasymmetrie bestimmen kann. Wer einen dieser Lateralitätsfragebögen ausfüllt und ihn (häufig gegen Zahlung einer beträchtlichen Gebühr) auswerten läßt, erfährt schließlich, welche Gehirnhälfte sie beziehungsweise er bevorzugt, versichern die Entwickler dieser Tests. Dies wiederum, so versprechen sie, ließe sich nutzen, um eine bestimmte

Berufsentscheidung zu treffen oder einen Ehepartner auszuwählen, oder in jeder anderen Wahlsituation, in der eine Lateralitätsübereinstimmung wünschenswert sein könnte.

Insbesondere Manager bilden eine Zielgruppe als potentielle Nutzer solcher Fragebögen. Angeblich lassen sich die Erkenntnisse, die man aufgrund der Ergebnisse gewinnt, dazu nutzen, die Produktivität der Angestellten zu steigern und individuelle wie organisatorische Probleme zu lösen. Eine ganze Industrie hat sich um die Berater entwickelt, die Trainingsseminare für Unternehmen anbieten, in denen sie die Entwicklung neuer Marktstrategien und Verkaufstechniken wie auch höhere Leistungen und zufriedene Mitarbeiter verheißen – und dies alles auf der Grundlage der „Lateralität“.[9]

Ein solcher Fragebogen, der genauer analysiert worden ist – von Personen, die nicht zu seinen Entwicklern gehörten –, heißt *Your Style of Learning and Thinking* („Ihr Lern- und Denkstil“).[10] Der von dem pädagogischen Psychologen E. P. Torrance und seinen Kollegen zu Forschungszwecken entwickelte Fragebogen umfaßt 36 Fragen mit jeweils drei Antwortmöglichkeiten. Eine davon soll auf linkshemisphärische Spezialisierung hinweisen (Beispielsweise „nicht gut im Erinnern von Gesichtern“ oder „gehemmt im Ausdruck von Gefühlen und Emotionen“), eine andere auf rechtshemisphärische Spezialisierung (beispielsweise „nicht gut im Erinnern von Namen“ oder „fähig, Gefühle und Emotionen uneingeschränkt auszudrücken“) und eine dritte schließlich auf einen „integrativen“ Stil (beispielsweise „gleich gut im Erinnern von Namen und Gesichtern“ oder „kontrolliert im Ausdruck von Gefühlen und Emotionen“).[11]

Bei näherer Betrachtung dieses Fragebogens zeigt sich, daß seine Ergebnisse hoch mit denen von Tests zur Messung der Kreativität korrelieren. Angesichts der Logik, die solchen Tests zugrunde liegt, ist dies nicht überraschend. Als die „nichtverbale“ Hemisphäre wird die rechte Gehirnhälfte für die Intuition verantwortlich gemacht, die wiederum als entscheidende Voraussetzung für Kreativität angesehen wird. Folgt man dieser Argumentation, dann würde ein Test, der die Kreativität mißt, den Anteil der rechtshemisphärischen Beteiligung widerspiegeln und somit auch die Lateralität.

Einen ähnlichen Ansatz verfolgte Ned Herrmann, als er das *Herrmann Brain Dominance Instrument* (*HBDI*) entwickelte.[12] Seinen Reklamebroschüren zufolge ist das HBDI ein »umfassender, computeranalysierter, wissenschaftlich entwickelter Fragebogen, der den Weltstandard für die Identifizierung der Hirndominanz darstellt«. Herrmann geht über die einfache Rechts-Links-Dichotomie hinaus und beschreibt vier Typen der geistigen Präferenz: analytisch/logisch, organisiert/detailliert, zwischenmenschlich/expressiv und phantasievoll/konzeptionell. Ein Verständnis dieser Bevorzugungen führe, so verspricht er, zu wertvollen Einsichten und besseren Leistungen bei Managern und Mitarbeitern.

Wenn wir die Ansprüche prüfen wollen, die an Fragebögen und Lateralität gestellt werden, müssen wir zwischen dem möglichen Nutzen der Ergebnisse unterscheiden und den Aussagen, die die Fragebögen selbst betreffen. Die Leiter von Unternehmen können von den Vorschlägen, die ihnen dort gemacht werden, durchaus profitieren; sie sollten ja am ehesten in der Lage sein zu beurteilen, ob eine bestimmte Methode zu größerer Produktivität und erhöhter Zufriedenheit der Angestellten führt. Wir wollen uns hier auf die grundlegendere Behauptung konzentrieren, diese Fragebögen würden die Lateralität messen.

Ein Hauptproblem dieser Ansprüche besteht in dem Mangel an wissenschaftlichen Belegen für eine Verbindung zwischen Kreativität und rechter Hemisphäre, ganz zu schweigen von Beweisen für eine Beziehung zwischen dem Ausprägungsgrad der Kreativität und dem Ausmaß einer rechtshemisphärischen Nutzung des Gehirns. Ehe man die Idee einer individuellen Lateralität wirklich gerecht beurteilen kann, braucht man ein gutes Maß der unterschiedlichen Aktivität der beiden Hemisphären. Es gibt etliche mögliche Kandidaten für einen solchen Indikator – Asymmetrien des Ohrvorteils beim dichotischen Hören, ereigniskorrelierte (evozierte) Potentiale, regionale Hirndurchblutung –, aber jedes dieser Maße ist mit Problemen verbunden, die seine Verwendung zur Bestimmung der Hemisphärenaktivität einer einzelnen Person sehr stark einschränken. Irgendwann einmal könnten sich diese – und vielleicht noch andere – Methoden durchaus als nützlich erweisen, um zu untersuchen, ob sich tatsächlich jeder von uns mehr auf die eine seiner zwei Hemisphären stützt. Aber im Augenblick gibt es noch keine Möglichkeit, die individuelle Lateralität zu messen. Somit bleibt ihre Existenz eine zwar interessante, aber unüberprüfbare Hypothese.

Veränderte Bewußtseinszustände

Im vorigen Abschnitt sind wir der Möglichkeit nachgegangen, daß die Hemisphären bei verschiedenen Gruppen von Versuchspersonen unterschiedlich aktiv sind. Diesem Ansatz liegt die Prämisse zugrunde, daß bestimmte individuelle Merkmale eine Vorhersage darüber erlauben, in welchem Ausmaß eine Person ihre beiden Gehirnhälften bei einer gegebenen Aufgabe einsetzt. Im folgenden Abschnitt werden wir uns mit einer ähnlichen Idee beschäftigen – nämlich, daß Veränderungen im Geisteszustand einer Person mit Unterschieden in der Hemisphärenaktivität einhergehen. Während sich der erste Ansatz also mit Unterschieden zwischen Personen befaßt, geht es im zweiten um Unterschiede innerhalb einer Person zu verschiedenen Zeitpunkten. Hypnose und Traum sind jene zwei veränderten Bewußtseinszustände, die unter dem Gesichtspunkt der Hemisphärenunterschiede die größte Aufmerksamkeit erlangt haben.

Träume und die Hemisphären

Die Verknüpfung zwischen Hemisphärenaktivität und Traum geht auf gelegentliche Berichte zurück, nach denen Patienten mit Hirnschädigungen in der posterioren (hinteren) Region der rechten Gehirnhälfte nicht mehr träumen.[13] Dieser rechtshemisphärische Effekt paßt sehr gut zu der Vorstellung, daß Träume häufig nicht logisch sind und visuelle Bilder und emotionale Gedanken beinhalten. Da sich die Befunde jedoch auf die Aussagen der Patienten stützten, ließen sich die Ergebnisse auch so erklären, daß die Patienten bloß nicht in der Lage waren, sich an ihre Träume zu erinnern, was nicht hieße, daß sie tatsächlich keine gehabt hatten. Die Annahme, daß nur die rechte Hemisphäre am Träumen beteiligt ist, wurde in einer Untersuchung an Split-Brain-Patienten, auf die wir bereits in Kapitel 2 eingegangen sind, direkt überprüft. Während die Patienten schliefen, zeichnete man ihre EEGs auf und wartete, bis jene Aktivität einsetzte, die Träume anzeigt. Sobald man eine solche Aktivität registrierte, weckte man die Patienten und bat sie, ihren Traum wiederzugeben. Die Patienten waren dazu imstande, was darauf hindeutet, daß die linke Hemisphäre Zugang zum Trauminhalt hatte.[14]

Der Psychoanalytiker Klaus Hoppe hat untersucht, welcher Art die Träume bei Split-Brain-Patienten sind. Hoppe analysierte die Traumerlebnisse von zwölf solchen Patienten und berichtete, daß die »Patienten nach einer Kommissurotomie einen Mangel an Träumen, Phantasien und Symbolen offenbaren. Ihren Träumen fehlen die Merkmale der Traumarbeit; ihre Phantasien sind ohne Einbildungskraft, utilitaristisch und realitätsbezogen; ihre Symbolisierung ist konkretistisch, diskursiv und starr.«[15]

Diese Beschreibung läßt vermuten, daß die linke Hemisphäre keinen Zugang zu Vorstellungskraft und Phantasie hat, zu Funktionen also, die vermutlich in der abgetrennten rechten Gehirnhälfte lokalisiert sind. Man sollte sich jedoch daran erinnern, daß diese Patienten eine langandauernde Epilepsie hatten, und es wäre wichtig festzustellen, wieviel von diesen Ergebnissen der Hemisphärentrennung und wieviel anderen Faktoren zuzuschreiben ist.

Hypnose und Hypnotisierbarkeit

Auf die Möglichkeit, daß die Hemisphären an hypnotischen Trancezuständen unterschiedlich beteiligt sind, stieß man erstmals, als man individuelle Unterschiede in der Hypnotisierbarkeit untersuchte. Wie leicht Personen zu hypnotisieren sind, ist sehr unterschiedlich, und Forscher haben festzustellen versucht, welche Faktoren dabei eine Rolle spielen. Zwei der Faktoren, die einen positiven Zusammenhang mit der Hypnotisierbarkeit aufweisen, sind das Konzentrationsvermögen und die Fähigkeit, sich von einem Roman fesseln zu lassen. Die Ähnlichkeit zwischen diesen Fähigkeiten und dem, was als charakteristisch für die rechte Hemisphäre gilt, führte natürlich zu der Hypothese, daß die Hypnotisierbarkeit mit der rechtshemisphärischen Aktivierung zusammenhängt.

Einige Befunde, die mit dieser Vorstellung übereinstimmen, ergaben sich bei einer Arbeit, bei der laterale Augenbewegungen gemessen wurden.[16] In diesen Untersuchungen zeigte sich, daß Menschen, die ihre Augen bevorzugt nach links bewegen, leichter zu hypnotisieren sind. Wie wir in Kapitel 3 erörtert haben, sind Augenbewegungen jedoch umstrittene Indikatoren der Hemisphärenaktivität.

Bei einer anderen Untersuchung, bei der man nach neuropsychologischen Korrelaten der Hypnotisierbarkeit suchte, leitete man EEGs ab, während die Versuchspersonen verschiedenartige Aufgaben durchführten, darunter solche zur räumlichen Orientierung, zum Tongedächtnis, zur Sprachkategorisierung und zum Kopfrechnen. Man erwartete, daß die ersten beiden Aufgaben die Alpha-Aktivität stärker in der rechten Hemisphäre unterdrücken würden, die letzten zwei dagegen eher in der linken. Es zeigte sich, daß bei den Versuchspersonen, die als gut hypnotisierbar eingestuft worden waren, die corticale Aktivierung deutlicher zwischen den jeweils für die Aufgaben „zuständigen" Gehirnhälften wechselte als bei den schwer Hypnotisierbaren, wenn auch in beiden Gruppen bei den meisten Personen eine Verlagerung in der erwarteten Richtung zu beobachten war. Im Gegensatz zu den Augenbewegungsbefunden, die darauf hindeuten, daß bei gut hypnotisierbaren Personen, die rechte Gehirnhälfte stärker aktiv ist, lassen diese Ergebnisse vermuten, daß bei solchen Menschen die aufgabenspezifische Beteiligung der Hemisphären deutlicher ausgeprägt ist.[17]

Auch die Beziehung zwischen Händigkeit und Hypnotisierbarkeit ist untersucht worden.[18] Die Hälfte aller untersuchten rechtshändigen Versuchspersonen fiel in die mittlere Kategorie der Hypnotisierbarkeit, während Linkshänder unter den schwer und unter den leicht zu hypnotisierenden über-repräsentiert waren. Angesichts der Beziehung zwischen Händigkeit und Hemisphärenasymmetrie sind diese Befunde zweifellos interessant; ihre Bedeutung bleibt jedoch unklar.

Eine direktere Möglichkeit, um Hypnose und Hemisphärenaktivität zu untersuchen, besteht darin, die Hemisphärenbeteiligung während des hypnotischen Zustandes zu betrachten. In einer Studie hörten die Versuchspersonen vor, während und nach einer Hypnose dichotisch dargebotene Sprache. Die vorher und nachher gefundene Überlegenheit des rechten Ohres war während der Hypnose deutlich reduziert, und zwar, weil sich die Werte für das linke Ohr verbessert hatten.[19] Diese Ergebnisse weisen darauf hin, daß in der Hypnose die Hemisphären unterschiedlich aktiviert sein können. Es bedarf jedoch noch umfangreicher Forschungen, bevor man von einem eindeutigen Zusammenhang zwischen Hypnose – oder anderen veränderten Bewußtseinszuständen – und der Hemisphärenasymmetrie sprechen kann.

Erziehung und die Hemisphären

Fördert ein Grundschulprogramm, das auf Lesen, Schreiben und Rechnen beschränkt ist, hauptsächlich eine Hemisphäre und läßt die andere Hälfte der individuellen Möglichkeiten ungeschult? Ist unser gesamtes Erziehungssystem einseitig gegen die Entwicklung rechtshemisphärischer Fähigkeiten ausgerichtet?

Joseph Bogen, einer der Pioniere der Kommissurotomie, ist besonders vehement dafür eingetreten, daß in unseren Schulen ein „appositionelles Denken" entwickelt wird.[20] John Hughlings Jackson hatte im 19. Jahrhundert das Wort *propositionell* eingeführt, um die Dominanz der linken Hemisphäre beim Sprechen, Schreiben, Rechnen und ähnlichen Aufgaben zu charakterisieren (in dem Sinne, daß sie in Propositionen, in „Aussagen", denke). Als Gegensatz dazu prägte Bogen den Begriff *appositionell*, um die Informationsverarbeitung in der rechten Hemisphäre bei Rechtshändern mit deutlicher Lateralisierung zu kennzeichnen.

Nach Bogens Ansicht hat die Gesellschaft die Propositionalität auf Kosten der Appositionalität überbetont. Intelligenztests etwa sind auf propositionelle, linkshemisphärische Fähigkeiten ausgerichtet. Ihre Anwendung wird durch den Anspruch gerechtfertigt, daß sie ein Maß für den zukünftigen Erfolg eines Menschen in einer Gesellschaft liefern, die Erfolg sehr oft nach finanziellen Gesichtspunkten und nach Kriterien der Produktivität mißt. Bogen argumentiert, daß solche Maße sehr beschränkt sind und daß sie künstlerische Kreativität und andere schwer quantifizierbare rechtshemisphärische Fertigkeiten außer acht lassen.

Der Gedanke, daß die Hälfte – genauer gesagt, die rechte Hälfte – unserer geistigen Fähigkeiten vernachlässigt wird, hat sich in zunehmendem Maße in erziehungswissenschaftlichen Zeitschriften, in Anleitungen zur Selbsthilfe und in vielfältigen anderen Veröffentlichungen niedergeschlagen. Die Artikel enthalten gewöhnlich eine zusammenfassende Darstellung der Befunde zur Lateralität und dazu die persönliche Interpretation des Autors, was diese Befunde zu bedeuten haben. Einige enden mit dem Rat, „das rechtshemisphärische Denken anzukurbeln“ oder „die rechte Gehirnhälfte zu trainieren“.

Die Hauptaufgabe der linken Gehirnhälfte wird in diesen Artikeln häufig darin gesehen, die Wirklichkeit logisch abzubilden und mit der Außenwelt zu kommunizieren. Auch Denken, Lesen, Schreiben, Rechnen und Zeiterlebnis werden normalerweise der linken Hemisphäre zugeschrieben. Als Aufgabe der rechten Gehirnhälfte gilt dagegen das Verständnis von Mustern und komplexen Beziehungen, die nicht präzise definiert werden können und vielleicht nicht logisch sind. Die Qualitäten der rechten Hemisphäre, so stellt mancher Autor fest, sind unabdingbar für schöpferische Erkenntnis, aber meistens nur ungenügend entwickelt.

Folgender Textauszug gibt stellvertretend eine verbreitete Interpretation wieder, warum die rechte Gehirnseite vernachlässigt wird:

»Weil wir in einer so folgerichtig erscheinenden Welt leben und weil das logische Denken der linken Hemisphäre in unserer Kultur so verehrt wird, sind wir dabei, den Beitrag unserer rechten Gehirnhälfte immer mehr einzudämmen, zu entwerten und zu mißachten. Es ist nicht so, daß wir gänzlich aufhören, uns ihrer zu bedienen; sie wird bloß infolge eingefahrener Strukturen immer weniger verfügbar für uns.«[21]

An Lehrer aller Schulstufen erging der Aufruf, bei ihren Schülern eine stärkere Beteiligung des rechten Gehirns anzuregen. Man empfahl ihnen eine ganze Palette von Maßnahmen, unter anderem das *show and tell* (das Zeigen und Erzählen), um beide Gehirnhälften zu stimulieren, häufiger Zeichnungen und Graphiken zu verwenden, um „linkshirnige“ Texte aufzubessern, mehr Zeit mit dem Hören von Musik oder dem Betrachten von Kunst zu verbringen sowie verstärkt das Fernsehen als ein „rechtshirniges Input-System“ zu nutzen.[22]

Das vermehrte Fernsehen einmal ausgenommen, gibt es nichts, was gegen diese Vorschläge zu sagen wäre. Die meisten Lehrer der Grundstufen verwenden diese Methoden schon seit langem und finden sie wertvoll. Das Problem, das wir dabei sehen, ist der Versuch, diese und andere eher umstrittene Ansätze dadurch zu rechtfertigen, daß man sich auf Erkenntnisse über die beiden Hemisphären des Gehirns beruft.

Unsere Erziehungssysteme mögen unzureichend sein und ein breites Spektrum an menschlichen Fähigkeiten einschränken. Wir bezweifeln jedoch, daß Denkstile nach Hemisphären getrennt sind. Es ist sehr wohl möglich, daß an der Bildung neuer Ideen in bestimmten Phasen intuitive Prozesse mitwirken, die unabhängig von analytischen Denkvorgängen oder sprachlichen Auseinandersetzungen ablaufen. Vielleicht können vorläufige Denkschemata, mit denen sich neue Befunde ordnen lassen oder bereits bestehendes Wissen umordnen läßt, sogar ziellosen Phantasien entspringen, in denen eine Verbindung zwischen einem gegenwärtigen und einem vergangenen Ereignis erkennbar wird oder sich entfernte Analogien abzeichnen. Aber handelt es sich hier um Funktionen der rechten Hemisphäre? Wir glauben nicht, daß das so einfach ist, und ganz gewiß gibt es keine schlüssigen Beweise dafür. Es mag schon sein, daß in unserem Erziehungssystem die Hälfte des Gehirns nicht trainiert oder entwickelt wird; sehr wahrscheinlich werden hier aber Talente beider Hemisphären vernachlässigt.

Von der Theorie zur Praxis: Zeichnen lernen

Bisher haben wir nur Vorstellungen sehr allgemeiner Art zum Thema Erziehung und Hemisphären erörtert. Im folgenden Abschnitt werden wir uns nun mit zwei Ansätzen beschäftigen, die in ihren Empfehlungen weitaus spezifischer sind.

Betty Edwards, eine kalifornische Kunsterzieherin, hat in ihrem Buch *Drawing on the Right Side of the Brain* (deutsch unter dem Titel *Garantiert Zeichnen lernen* erschienen) eine besondere Methode des Zeichenunterrichts vorgestellt.[23] Ihre Grundprämisse ist einfach: Unter normalen Bedingungen ist Zeichnen eine Fähigkeit der rechten Hemisphäre. Wenn diese Gehirnhälfte alleine arbeitet, produziert sie auch bei ungeübten Erwachsenen sehr ansehnliche Zeichnungen. Der Haken ist aber, daß bei den meisten von uns die rechte Hemisphäre nicht die Gelegenheit erhält, ihre Talente zu entfalten. Die verbale, analytische linke Gehirnhälfte (der es an künstlerischer Fähigkeit mangelt) greift ein und stört. Edwards zufolge liegt die Quelle dieser Störung in der natürlichen Neigung, ein Bild oder eine Szene zu benennen und zu analysieren, bevor man sie malt.

Edwards' Unterrichtsmethode zielt darauf ab, das Ausmaß, in dem die linke Hemisphäre am Prozeß des Zeichnens mitwirkt, zu verringern. Bei einer der ersten Übungen sollen die Schüler eine Skizze von einem Menschen abzeichnen, die auf dem Kopf steht. Die Überlegung dabei ist einfach: Steht ein Bild auf dem Kopf, ist es nicht mehr so leicht zu erkennen. Es fällt sogar schwer, einzelne Teile zu benennen. Daher kann nach Edwards' Ansicht die rechte Hemisphäre die Kopieraufgabe ohne Störung durch die linke angehen. Wie Edwards ausführt, werden die meisten Erwachsenen angenehm überrascht sein, wenn sie mit ihren Zeichnungen fertig sind und diese dann um 180 Grad drehen.

Die Methode von Edwards umfaßt mehrere Stadien, und wir können ihr an dieser Stelle nicht gerecht werden. Aber kurz gesagt, geht es darum, Bedingungen zu schaffen, die die Wahrscheinlichkeit, daß beim Zeichnen die linke Hemisphäre beteiligt wird, möglichst gering halten. Edwards schlägt als Teil dieses Prozesses vor, die linke Hemisphäre verbal zu beruhigen, daß man sie nicht außer acht gelassen hat und daß nur vorübergehend eine neue Technik ausprobiert werden soll.

Funktioniert Edwards' Methode? Uns sind keine Forschungsarbeiten bekannt, die dieser Frage nachgegangen sind, aber ihr Buch ist voll von Zeichnungen, die ihre erwachsenen Schüler vor und nach der Unterweisung angefertigt haben. Die Unterschiede sind wirklich verblüffend. Falls sie tatsächlich repräsentativ sind, hat Edwards eine taugliche Methode entwickelt, und wir wollen den Erfolg nicht abstreiten. Jedoch möchten wir anmerken, daß wir derzeit keine Möglichkeit haben festzustellen, ob ihr Verfahren aus den von ihr genannten Gründen funktioniert.

Allgemein läßt sich sagen, daß es keinen Beweis dafür gibt, daß bei irgendeiner kognitiven Aufgabe lediglich eine der Hemisphären beteiligt ist, und das gilt auch für die Sprache, von der wir wissen, daß sie stark lateralisiert ist. Bei sprachlichen Aufgaben findet man beispielsweise eine stärkere Durchblutung der linken Hemisphäre, aber auch in der rechten ist ein Anstieg zu verzeichnen, wenn auch in etwas geringerem Umfang. Es gibt keinen Grund anzunehmen, daß dies nicht auch beim Zeichnen der Fall ist oder daß die linke Hemisphäre die rechte beim Zeichnen behindert.

Obwohl die Split-Brain-Forschung nachgewiesen hat, daß die linke Hemisphäre der rechten beim Zeichnen bestimmter Muster unterlegen ist, gibt es auch andere Befunde, die zeigen, daß beide Hemisphären, wenn auch in unterschiedlicher Weise, zum Zeichnen beitragen. Bei Patienten mit parietalen Läsionen beispielsweise ist das Zeichnen beeinträchtigt, egal auf welcher Seite sich die Schädigung befindet; die Art der Störung aber variiert je nach der Seite, die betroffen ist. Die linke Hemisphäre scheint mehr daran beteiligt zu sein, Details und interne Elemente zu identifizieren, während die rechte sich mehr mit Orientierung, räumlicher Plazierung und Dimensionalisierung beschäftigt.[24] Analysiert man diese Beiträge der beiden Hemisphären zum Zeichnen, so kommt einem der Gedanke, daß sich Edwards' Ergebnisse auf ganz andere Weise erklären lassen. Womöglich bewirkt die Drehung der Vorlage gar keine stärkere Beteiligung der rechten Hemisphäre, sondern führt vielmehr dazu, daß sich der Zeichner noch mehr auf die Fähigkeiten der linken Hemisphäre verläßt und das Bild in kleinste Teile zerlegt, die er dann Merkmal für Merkmal, Linie für Linie abzeichnet. Diese Auffassung läßt sich überdies durch Befunde des Psychologen Lauren Harris stützen, der zeigen konnte, daß aufrecht dargebotene Gesichter besser erkannt werden, wenn man sie in der linken Gesichtsfeldhälfte (also der rechten Hemisphäre) darbietet, während auf dem Kopf stehende Gesichter besser erkannt werden, wenn man sie in der rechten Gesichtsfeldhälfte (also der linken Hemisphäre) präsentiert.[25] Dieser Befund stimmt mit der Vorstellung überein, daß die linke Hemisphäre geeigneter ist, den analytischen, Merkmal-für-Merkmal-Ansatz zu bewältigen, der dann zum Tragen kommt, wenn ein Gesicht nicht mehr als Gesicht erkennbar ist.

Es bleibt der künftigen Forschung überlassen, nachzuweisen, warum die Methode von Edwards funktioniert.* Vorerst ist festzuhalten, daß der Wert der Methode nicht davon abhängt, auf welchem Mechanismus sie angeblich beruht. Er wird auch durch die Bemühungen um eine neuropsychologische Erklärung nicht größer, ebensowenig wie die Haltbarkeit dieser Erklärung durch den Erfolg der Methode bewiesen werden kann.

„Hemisphärentherapie“

Die Annahme, daß bei bestimmten Störungen wie Leseschwäche und Stottern (siehe Kapitel 10) möglicherweise atypische Muster von Hemisphärenasymmetrie vorliegen, führte geradewegs zur Entwicklung von Erziehungsprogrammen, die therapeutisch wirken sollten. Der Physiotherapeut Glen Doman und der pädagogische Psychologe Carl Delacato haben ein speziell auf zurückgebliebene und behinderte Kinder zugeschnittenes Erziehungsprogramm entworfen und verfochten.[26]

Das von ihnen vorgeschlagene Behandlungsprogramm, das sogenannte *patterning* (deutsch etwa „Musterentwicklung“), beruht auf der Annahme, daß sich die normale corticale Dominanz in mehreren Stufen entwickelt. Das Programm wird individuell auf jedes Kind abgestimmt, je nachdem, welches „neurologische Organisationsniveau“ es erreicht hat, ohne irgendwelche Entwicklungsstufen ausgelassen zu haben. Kinder, die noch nicht gehen können, müssen die meiste Zeit auf dem Boden, vor allem mit Krabbeln, verbringen. Ein Team aus Therapeuten, Eltern und freiwilligen Helfern wechselt sich darin ab, den Kopf und die Gliedmaßen eines Kindes zu stimulieren und zu bewegen, wenn es die notwendigen Bewegungen nicht allein durchführen kann. Weitere Techniken, die man bei bestimmten Kindern anwendet, bestehen darin, den Gebrauch eines Armes einzuschränken, ein Auge zu bedekken oder Singen und Musikhören zu verbieten. Mit diesem Ansatz soll eine vollständige corticale Dominanz entwickelt werden, die sich nicht nur

* Anmerkung des Herausgebers: Zwei weitere kritische Kommentare zu dem Buch von Betty Edwards erscheinen angebracht. Zum einen sind die Übungen, die die Autorin zur Aktivierung beziehungsweise zur Unterdrückung rechts- oder linkshemisphärischer Funktionen vorschlägt, wissenschaftlich nie nachgeprüft worden; einige sind nur mit Mühe aus der wissenschaftlichen Literatur über Hemisphärenasymmetrien abzuleiten, andere stehen in deutlichem Widerspruch dazu. Zum anderen sollte man – was den Erfolg der Methode betrifft – auch wissen, daß die Kurse, aus denen die Autorin ihre Beispielzeichnungen bezog, freiwillig besuchte Veranstaltungen waren. Da also ein gewisses Interesse der Kursteilnehmer am Zeichnen vorausgesetzt werden kann, hätte dieser Personenkreis in ähnlichem Ausmaß auch von anderen Kursmethoden profitieren können. Damit soll nicht gesagt werden, daß sich unser Wissen über die Gehirnasymmetrie nicht schon jetzt fruchtbar zur Entwicklung neuer Unterrichtsmethoden einsetzen ließe. Vor einer Propagierung oder gar Kommerzialisierung solcher Methoden sollte aber deren Effektivität nachgewiesen worden sein. Darüber hinaus sind viele Versuche der Untermauerung von Lehrmethoden durch neuropsychologische Befunde häufig blind gegenüber anderen Faktoren, wie motivationalen und lerntheoretischen Gesichtspunkten, deren Auswirkungen auf das Erlernen neuer Fertigkeiten längst bekannt und besser gesichert sind (siehe etwa H. Wiedemann, *Klavierspiel und das rechte Gehirn. Neue Erkenntnisse der Gehirnforschung als Grundlage einer Klavierdidaktik für erwachsene Anfänger* (Regensburg: Bosse, 1985).)

auf die Sprache, sondern auch auf die Dominanz von Auge, Hand und Fuß erstreckt.

Die Methode von Doman und Delacato ist zwar weiterhin in Gebrauch, aber aus vielerlei Gründen heftig kritisiert worden.[27] Erstens weiß man, daß viele der Annahmen, auf die sie sich stützt, falsch sind. Beispielsweise ist, wie wir in Kapitel 9 gesehen haben, die Hemisphärenasymmetrie höchstwahrscheinlich schon bei Geburt vorhanden und entwickelt sich nicht erst mit der Zeit. Außerdem ist es unwahrscheinlich, daß sich eine dominante linke Hemisphäre ausbildet, wenn das linke Auge abgedeckt wird und musikalische Aktivitäten unterbunden werden. Kritiker verweisen auch darauf, daß man die Verfahren in einer Weise eingeführt hat, die es Eltern kaum erlaubte, die Behandlung zurückzuweisen, ohne daß dies ihre Zulänglichkeit als Eltern in Zweifel gezogen hätte. Weiterhin seien unbewiesene Erfolgsbehauptungen aufgestellt worden, die sogar so weit gingen, daß man normale Kinder zu überlegenen machen könne.[28]

Es mag zwar durchaus stimmen, daß die Methode der „Musterentwicklung“ tatsächlich einen gewissen Nutzen hat. Derzeit ist jedoch völlig unklar, ob sich dieser Gewinn wirklich der Behandlung zuschreiben läßt, da »eine strenge Überwachung, wiederholte Tests, eine strukturierte Umwelt und eine freundliche Atmosphäre ebenfalls wesentliche Verbesserungen von Intelligenzquotient und Sozialverhalten mit sich bringen können«[29].

Wissenschaft, Kultur und das Corpus callosum

Ausgehend von der Unterscheidung, daß die linke Hemisphäre analytisch und die rechte intuitiv ist, hat der Astronom und Biologe Carl Sagan in einem nächsten Schritt Betrachtungen darüber angestellt, wie sich die beiden Modi wechselseitig beeinflußt haben könnten, um die Leistungen unserer Zivilisation hervorzubringen. In seinem Buch *Die Drachen von Eden* beschreibt er die rechte Hemisphäre als Mustererkenner, der im Verhalten von Menschen wie in Naturereignissen teils reale, teils eingebildete Muster entdeckt. Die rechte Gehirnhälfte ist in ihrer emotionalen Tönung argwöhnisch, denn sie sieht Verschwörungen sowohl dort, wo keine sind, als auch da, wo tatsächlich welche existieren. Sie braucht die linke Hemisphäre, um die Muster, die sie produziert, kritisch zu analysieren und ihren Wahrheitsgehalt zu prüfen:

»Man kann nicht entscheiden, ob die von der rechten Hirnhemisphäre erkannten Muster real oder imaginär sind, ohne sie der Prüfung durch die linke Hemisphäre zu unterziehen. Andererseits ist rein kritisches Denken ohne kreative und intuitive Einsichten und ohne die Suche nach neuen Mustern steril und hinfällig. Das Lösen komplexer Probleme unter wechselnden Umständen erfordert die Aktivität beider Hirnhemisphären: Der Weg in die Zukunft führt durch den Balken.«[30]

Sagan fährt fort, daß sich intuitives Denken zweifellos in Situationen bewährt, wo wir auf frühere persönliche oder evolutionäre Erfahrungen zurückgreifen können. »Doch in neuen Bereichen – wie der Natur von nahen Himmelskörpern – muß es seine Grenzen erkennen und bereit sein, sich den Einsichten zu unterwerfen, die das rationale Denken der Natur abringt.«[31] Sagan beschreibt Wissenschaft als auf die Natur angewandtes paranoides Denken, als eine Suche nach Verkettungen in der Natur, nach Zusammenhängen zwischen Befunden:

»Unser Ziel ist es, aus der Natur Muster zu abstrahieren (Denken der rechten Hemisphäre), doch viele angenommene Muster entsprechen nicht den Daten. Folglich müssen alle angenommenen Muster durch das Sieb der kritischen Analyse gefiltert werden (Denken der linken Hemisphäre). Die Suche nach Mustern ohne kritische Analyse und auch bloße Skepsis ohne Suche nach Mustern sind die Antipoden lückenhafter Wissenschaft. Echtes Streben nach Wissen erfordert eben beide Funktionen.«[32]

Sagan zieht den Schluß, daß die bedeutendsten schöpferischen Errungenschaften einer Kultur – Gesetzeswerke und ethische Systeme, Kunst und Musik, Wissenschaft und Technologie – aus der Zusammenarbeit von linker und rechter Hemisphäre hervorgegangen sind. Dem stimmen wir voll zu. Sagan meint weiterhin: »Man ist versucht zu sagen, daß menschliche Kultur die Funktion des Corpus callosum ist.«[33] Das mag richtig sein, nicht so sehr, weil das Corpus callosum »analytisches« mit „intuitivem" Denken verknüpft, sondern weil jede Struktur im Gehirn eine Rolle im menschlichen Verhalten spielt und weil menschliche Kultur wiederum eine Funktion menschlichen Verhaltens ist.

12. Abschließende Hypothesen und Überlegungen

Über das rechte und das linke Gehirn ist weit mehr gesagt worden, als wir in den vorangegangenen Kapiteln darstellen konnten. Stets folgten den Entdeckungen bei Split-Brain-Patienten und anderen Untersuchungen zur Funktion der beiden Gehirnhälften Spekulationen über die Bedeutung der Hemisphärenasymmetrie. Das überrascht nicht, denn natürlich ist die Versuchung groß, Beobachtungen über unseren eigenen Verstand und über die verschiedenen Formen menschlicher Erfahrung im Lichte der Entdeckungen über das Gehirn zu erklären.

Viele Spekulationen berühren die Frage nach dem Wesen des Bewußtseins. Was kann die Lateralitätsforschung zu der uralten Frage nach dem Verhältnis zwischen Leib und Seele beziehungsweise Körper und Geist (oder Gehirn und Geist) beitragen? Liefert sie irgendwelche experimentellen Belege für Freuds Konzept des „Unbewußten"? Besitzt bei Split-Brain-Patienten jede Hemisphäre ein eigenes Bewußtsein?

Darüber hinaus haben Forscher viele theoretische Fragen zum „Wie" und „Warum" der Hemisphärenspezialisierung gestellt und erste Antworten gesucht. Warum ist Sprache im linken Gehirn lokalisiert? Welches ist die evolutionäre Ursache der Lateralisierung? Wie sehr unterscheidet sich die eine Hemisphäre wirklich von der anderen? Inwieweit sind die vielen beobachtbaren Asymmetrien eine Folge von Hemisphärenunterschieden in den sprachlichen Fähigkeiten und nicht so sehr Ausdruck anderer unterschiedlicher Verarbeitungsprozesse? Dominiert die sprachliche linke Hemisphäre wirklich das Verhalten? Dient sie dazu, ein Gefühl geistiger Einheit zu schaffen?

Die Fragen sind breit gestreut, und schon die Auseinandersetzung um eine einzelne kann auf verschiedenen Ebenen geführt werden. Bewußtsein beispielsweise ist ein besonders verwirrendes Thema, da verschiedene Forscher den Begriff unterschiedlich definieren. Der eine hält Bewußtsein für einen Denkstil oder eine bestimmte Art der Weltauffassung. Ein anderer mag den Begriff im Sinne von „sich selbst bewußt sein" verwenden. Wieder andere meinen damit alle Information, die jemandem zu einem bestimmten Zeitpunkt bewußt ist. Trotz dieser und weiterer Schwierigkeiten wollen wir in diesem Kapitel einige der oft komplexen und kontroversen Vorstellungen zusammentragen, die aus Bemühungen entstanden sind, Theorien zur Lateralität zu entwickeln und die Aussagen zum linken und rechten Gehirn über die reinen Forschungsergebnisse hinaus auszudehnen.

Das „Warum" und „Wie" der Hemisphärenspezialisierung

Obwohl in vielen Berichten beschrieben worden ist, was jede Hemisphäre kann und was sie nicht kann, weiß man immer noch sehr wenig darüber, warum es überhaupt zur Hemisphärenspezialisierung gekommen ist. Weitgehend ungeklärt sind auch die physischen Mechanismen, die diesen fundamentalen Unterschieden möglicherweise zugrunde liegen. Die Beschäftigung mit dem „Warum" und dem „Wie" sollte uns helfen, die Frage nach dem „Was" der Spezialisierung zu beantworten, eine Frage, mit der wir uns in diesem Buch so häufig befaßt haben. Es ist nicht klar, welche Frage die wichtigere ist oder welche man zuerst beantworten sollte. Aus Erkenntnissen, die die eine betreffen, sollten sich neue Vorstellungen bezüglich der anderen beiden ableiten lassen. Zu einem echten Verständnis der Hemisphärenspezialisierung werden wir zweifellos nur dann gelangen, wenn wir immer bessere Antworten auf jede der drei Fragen miteinander in Beziehung bringen.

In früheren Kapiteln haben wir schon hier und da erwähnt, welche Spekulationen verschiedene Forscher zur Evolution und zu den Mechanismen der Hemisphärenasymmetrie angestellt haben. Im folgenden wollen wir diese Spekulationen zusammenfassen und dabei auch auf einige der neueren Hypothesen über das Wesen der Hemisphärenspezialisierung und der Funktionen des Corpus callosum eingehen.

Beruht die Dominanz der linken Hemisphäre auf motorischen Fertigkeiten? Eine evolutionäre Perspektive

Warum ist die Hemisphäre, welche die Sprache kontrolliert, auch diejenige, die normalerweise die dominante Hand eines Menschen steuert? Ist das ein Zufall, oder gibt es hier einen tieferen Zusammenhang, der uns etwas darüber verraten könnte, welche Mechanismen sowohl am Sprechen als auch an manuellen Fertigkeiten beteiligt sind?

Doreen Kimura und ihre Mitarbeiter haben gezeigt, daß die linke Hemisphäre für gewisse Handbewegungen bestimmend sein kann.[1] Patienten, bei denen diese Hemisphäre geschädigt, die rechte Körperseite aber nicht gelähmt ist, haben manchmal Schwierigkeiten, mit ihrer linken oder rechten Hand eine vorgegebene Folge von Handbewegungen und komplexen Fingerstellungen auszuführen. Kimura sieht diesen Befund in einem Zusammenhang mit Berichten in der klinischen Literatur über Taubstumme, die zusätzlich zu ihrer früher entstandenen Sprech- und Hörunfähigkeit eine linkshemisphärische Schädigung erlitten hatten. Diese Menschen hatten zuvor über Handbewegungen mit anderen kommuniziert, aber nachdem die linke Gehirnhälfte geschädigt war, zeigten sie Störungen in diesen Bewegungen, die den Sprechbehinderungen bei normalen Menschen mit einer solchen Verletzung ähnelten.

Kimura untersuchte außerdem bei einer Gruppe von normalen Versuchspersonen die Handbewegungen beim Sprechen; unter den Probanden befanden sich auch solche mit rechtshemisphärischer Sprachdominanz, wie Tests zum dichotischen Hören gezeigt hatten. Wenn die Sprache wie bei den meisten Menschen durch die linke Gehirnhälfte kontrolliert wird, sind Gebärden mit der rechten Hand häufiger; hat aber die rechte Hemisphäre die Kontrolle, so führt die linke Hand mehr solche begleitenden Handbewegungen aus.

Nach Meinung Kimuras und anderer beruht die sprachliche Spezialisierung der linken Hemisphäre nicht so sehr darauf, daß sich symbolische Funktionen in der Evolution asymmetrisch entwickelt haben, sondern eher auf der Evolution bestimmter motorischer Fertigkeiten, »die sich zufällig gut zur Kommunikation eignen«.[2] Mit anderen Worten, die linke Hemisphäre entwickelte die Sprache nicht deshalb, weil sie zunehmend symbolischer oder analytischer wurde, sondern weil sie sich immer besser an bestimmte Arten motorischer Aktivität anpaßte.

Möglicherweise boten die evolutionären Vorteile, die sich durch die Entwicklung einer manipulatorisch geschickten Hand ergaben, auch noch eine äußerst nützliche Grundlage für ein neuartiges Kommunikationssystem, das sich zunächst auf Gebärden mit der rechten Hand beschränkte, aber später auch die Sprechmuskulatur zu nutzen begann. Als Folge davon erwarb die linke Hemisphäre praktisch das Monopol der Kontrolle über die motorischen Systeme, die am sprachlichen Ausdruck – sei es Sprechen oder Schreiben – beteiligt sind.

Die linke Hemisphäre scheint der rechten auch im Verständnis leicht überlegen zu sein, wenngleich die Unterschiede hier weitaus weniger eindrucksvoll sind als im Falle des Ausdrucks. Forscher an den Haskins-Laboratorien haben gezeigt, daß die linke Gehirnhälfte besser abschneidet, wenn es um die Entschlüsselung der außergewöhnlich schnellen Frequenzübergänge geht, die bei bestimmten Sprachlauten auftreten. Mit der Technik des dichotischen Hörens stellten sie fest, daß rechtshändige Versuchspersonen für Silben aus einem Konsonanten und einem Vokal wie beispielsweise „ba", „da" und „ga" eine Überlegenheit des rechten Ohres aufweisen. Diese Silben unterscheiden sich nur hinsichtlich der schnellen Frequenzübergänge innerhalb der ersten 50 Millisekunden der Silbe; offenbar vermag also die linke Hemisphäre diese sich schnell verändernde Information besser zu verarbeiten.[3]

Einen direkten Hinweis darauf, daß die linke Gehirnhälfte solche rasch wechselnden Frequenzinformationen verarbeitet, lieferte eine Untersuchung, bei der die Dauer dieser Information mittels computererzeugter Sprache gesteigert wurde. In einer Gruppe von Silben traten die Frequenzänderungen innerhalb der ersten 40 Millisekunden des Reizes auf, während in einer zweiten Gruppe die Information künstlich auf 80 Millisekunden ausgedehnt wurde. Die Silbenidentifizierung blieb von diesem Prozeß insgesamt unbeeinflußt, und bei dichotischer Darbietung fand man bei beiden Silbenarten eine signifikante Überlegenheit des rechten Ohres. Das Ausmaß dieser Überlegenheit verringerte sich jedoch signifikant, wenn die schnell wechselnde Frequenzinformation von 40 auf 80 Millisekunden verlängert wurde. Die Versuchspersonen gaben bei den 80-Millisekunden-Reizen weniger richtige Antworten auf die Stimuli im rechten Ohr und mehr auf die im linken Ohr als bei den 40-Millisekunden-Reizen.[4]

Aber beruht die Überlegenheit der linken Hemisphäre lediglich darauf, daß sie in der Lage ist, schnelle Frequenzänderungen in der Sprache aufzuspüren? Es besteht Grund zu der Annahme, daß noch mehr daran beteiligt ist. Die Wissenschaftler an den Haskins-Laboratorien haben entdeckt, daß die raschen Frequenzänderungen, die das *b* in der Silbe „ba“ kennzeichnen, sich von denen unterscheiden, die das *b* in „be“ oder „bo“ signalisieren. Ähnlich verändert sich auch die akustische Konfiguration anderer Konsonanten als Funktion des Vokals in der Silbe.[5] Abbildung 12.1 zeigt solche Veränderungen für das d.

Was haben nun alle diese verschiedenen *b*s oder *d*s gemeinsam, daß unser Wahrnehmungssystem sie als identische Laute erkennen kann? Die Forscher der Haskins-Laboratorien haben darauf hingewiesen, daß sie sich darin ähneln, wie sie produziert werden. Die Ähnlichkeit in der Produktion ist ihrer Meinung nach verantwortlich für die Ähnlichkeit in der Wahrnehmung.

Diese Vorstellung – die motorische Theorie der Sprachwahrnehmung – geht davon aus, daß sich das menschliche Gehirn, um Sprachlaute wahrzunehmen, vorstellt, was es hätte tun müssen, um sie zu produzieren. Sprachforscher haben viel Mühe darauf verwendet zu erklären, warum man so verschieden ausgesprochene Laute so gut verstehen kann. Eine Eigenschaft, die sich bei den unterschiedlichsten Formen eines Lautes offenbar nicht verändert, ist die Art und Weise, wie Kehle, Mund, Lippen und Zunge bei seiner Produktion kontrolliert werden. Die Forscher der Haskins-Laboratorien nehmen an, daß bei der Sprachwahrnehmung der Hörer irgendwie ausfindig macht, wie er dieselben Laute produzieren würde. Obwohl diese Theorie nicht allgemein akzeptiert wird, ist sie für unsere Diskussion doch von Interesse, denn sie deutet darauf hin, daß fein kontrollierte motorische Abläufe möglicherweise einen untrennbaren Teil unseres sprachlichen Kommunikationssystems darstellen, und zwar sowohl hinsichtlich der Produktion als auch der Wahrnehmung.

Einige Studien haben mit Hilfe bildgebender Verfahren überraschende Befunde erbracht, die die motorische Theorie der Sprachwahrnehmung stützen. Mit der Xenon-Inhalationsmethode ließ sich bei gesunden Freiwilligen eine signifikant gesteigerte Hirndurchblutung in der Brocaschen Region nachweisen, wenn diese Personen in einer vom Band vorgespielten Wortserie Wörter ausfindig machen mußten, die einen „br“-Laut enthielten.[6] In einer neueren

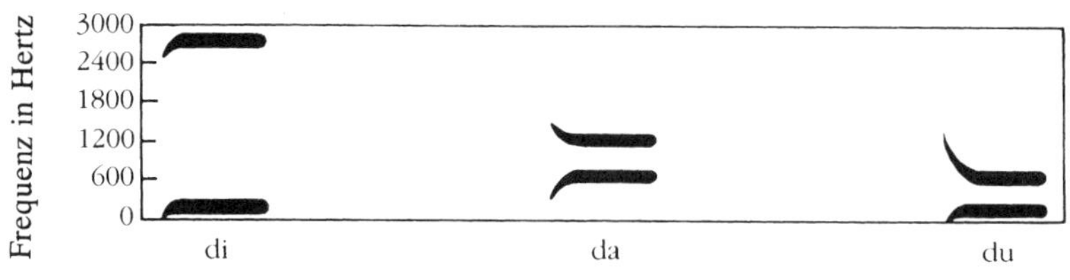

12.1 Idealisiertes Spektrogramm der Lautfrequenzen, die bei den Silben „di“, „da“ und „du“ produziert werden. Jeder Laut besteht aus Luftschwingungen, die hauptsächlich in zwei Frequenzbändern, den sogenannten ersten und zweiten Formanten, konzentriert sind. Um diese Laute erkennen zu können, muß man die schnelle Veränderung zu Beginn der Formanten wahrnehmen. Sogar dieser frühe Abschnitt des Formanten ändert sich, wenn der Vokallaut wechselt, obwohl alle Laute mit *d* beginnen.

PET-Untersuchung, in der die Probanden zu entscheiden hatten, ob Wortsilbenpaare auf die gleichen Konsonanten endeten, zeigte sich ebenfalls ein vermehrter Blutfluß im Brocaschen Areal.[7] Die Aufgaben verlangten in beiden Studien aber nur die Wahrnehmung, und nicht die Produktion von Sprachlauten. Die Autoren beider Untersuchungen vermuten deshalb, daß ihre Beobachtungen darauf schließen lassen, daß die Regionen der Sprachproduktion (einschließlich des Brocaschen Areals) an bestimmten Aspekten der Sprachwahrnehmung aktiv teilhaben.

Wie steht es mit der rechten Hemisphäre? Hat sie sich während jener Zeit verändert, in der die linke Gehirnhälfte ihre motorischen und kommunikativen Fertigkeiten erwarb? Fähigkeiten, die nur der rechten Hemisphäre zuzurechnen sind, bleiben schwer faßbar und schwer zu definieren, obwohl räumliche Fähigkeiten sicher eine große Rolle spielen. So wie die linke Gehirnhälfte die Sprache entwickelte – ein symbolisches System, das über eine einzelne sensorische Modalität hinausgeht –, so entwickelten vielleicht Gebiete der rechten Hemisphäre Möglichkeiten, um die zwei- und dreidimensionalen Beziehungen der Außenwelt, die über den Gesichtssinn, den Tastsinn und durch Bewegungen erfaßt werden, abstrakt abzubilden. Zusätzlich zu den räumlichen Aufgaben, die wir in früheren Kapiteln betrachtet haben, scheint auch die Fähigkeit, sich eine komplizierte Route geistig vorzustellen oder den Weg durch ein Labyrinth zu finden, von der rechten Gehirnhälfte abzuhängen. Obgleich man sie gewöhnlich als „räumlicher“ als die linke Hemisphäre bezeichnet, läßt sie sich wohl treffender als stärker manipulativ-räumlich kennzeichnen – das heißt, sie bestitzt die Fähigkeit, räumliche Muster und Beziehungen zu manipulieren.

Wir haben eben erörtert, wie verbale Fähigkeiten aus den feinmotorischen Fertigkeiten der linken Hemisphäre entstanden sein könnten. Möglicherweise sind die räumlichen Fähigkeiten der rechten Gehirnhälfte also auf eine andere Art motorischer Fertigkeit zurückzuführen: nämlich auf die, räumliche Beziehungen zu manipulieren. Unsere Fähigkeit, im Geiste Landkarten zu entwerfen, Bilder zu drehen und uns mechanische Apparate vorzustellen, mag sehr wohl ein abstraktes, internalisiertes Gegenstück der rechten Gehirnhälfte zu den motorischen Fertigkeiten der linken sein.

Sind diese rechtshemisphärischen Fertigkeiten die Folge einer evolutionären Spezialisierung, die sich in Ergänzung zu den Fähigkeiten in der linken Hemisphäre entwickelte? Oder handelt es sich hier um ältere Fertigkeiten, die einmal bilateral angelegt waren, aber mit dem Aufkommen der Sprache fast völlig aus der linken Gehirnhälfte verdrängt wurden? Wie wir bereits in Kapitel 2 erwähnt haben, vertreten verschiedene Forscher unterschiedliche Ansichten zu diesem Thema. Jerre Levy beispielsweise hat behauptet, die für die Sprache und für die Funktionen der räumlichen Wahrnehmung benötigten kognitiven Prozesse seien unvereinbar und hätten sich daher in verschiedenen Gebieten entwickeln müssen. Aus der Analyse jener Aufgaben und Fragen, die jeweils für die rechte oder die linke Hemisphäre von Split-Brain-Patienten am schwierigsten waren, zog sie den Schluß, daß sich die typisch links- beziehungsweise rechtshemisphärischen Verarbeitungsweisen gegenseitig behindern würden, wenn sie in derselben Gehirnhälfte angesiedelt wären.

Derartige Überlegungen mögen zwar Aufschlüsse darüber geben, warum es zu einer Lateralisierung gekommen sein könnte, aber sie entkräften nicht notwendigerweise die Vorstellung, daß es hauptsächlich die linke Hemisphäre war, die sich verändert hat. Die Fragen zu diesem Thema sind nicht einfach zu beantworten. Um sie zu lösen, wird es erforderlich sein, daß wir noch weit mehr darüber erfahren, was die beiden Hemisphären gemeinsam haben, worin sie sich unterscheiden und welche neuronalen Mechanismen sich hinter den Ähnlichkeiten und Unterschieden verbergen. Doch selbst wenn wir all dies wissen, wird es wahrscheinlich immer noch mehrere gleich plausible Schemata für die Evolution der Hemisphärenspezialisierung geben.

Hinweise auf eine linguistische Grundlage der linkshemisphärischen Spezialisierung

Einer anderen Vorstellung von Hemisphärenasymmetrie zufolge sollen die Fähigkeit der linken Hemisphäre, mit Grammatik und Syntax der Sprache umzugehen, und ihre einzigartige Eignung zur Vermittlung von Sprache den Kern der linkshemisphärischen Spezialisierung bilden. Im Gegensatz zu anderen Auffassungen, die davon ausgehen, daß die Spezialisierung der linken Hemisphäre aus ihrer Bedeutung für die motorische Kontrolle der Sprache beziehungsweise für Ausdruck und Verständnis von Symbolen im allgemeinen resultiert, erfährt die linguistische Erklärung besondere Unterstützung durch eine Reihe interessanter Experimente. Diese wurden von Forschern des Scripps Institute mit tauben und hörenden Personen durchgeführt, die in der Benutzung der Amerikanischen Gebärden (ASL) erfahren waren.[8]

Die Untersucher bedienten sich des Zweifachaufgaben-Interferenz-Paradigmas (*dual-task/time sharing*), das von Kinsbourne eingeführt wurde und das wir in Kapitel 3 besprochen haben. Mit dieser Methode mißt man, wie stark Fingerbewegungen der einen oder anderen Hand durch eine gleichzeitig ausgeführte Aufgabe bestimmter Art gestört werden. Kinsbourne betrachtete das Unterbrechungsmuster der Fingerbewegungen als ein Maß des Wettbewerbs um die Ressourcen einer bestimmten Hemisphäre. In einer ersten Phase der Untersuchungen am Scripps-Institute mußten 16 rechtshändige, hörende Erwachsene, die ASL fließend beherrschten, eine Reihe eigenhändiger Gebärden reproduzieren, während sie gleichzeitig mit der anderen Hand so schnell wie möglich eine Telegraphentaste mit dem Finger anschlagen sollten. Das gleiche führten sie nochmals aus, während sie englische Wörter aussprachen, statt Gebärden zu machen. Schließlich maß man noch die Klopfrate, ohne daß gleichzeitig eine andere Aufgabe auszuführen war.

Dabei zeigte sich, daß die Klopffrequenz der rechten Hand sowohl beim Gebärdenmachen als auch beim Wörtersprechen stärker abfiel als die der linken Hand. Dieses Ergebnis läßt eine stärkere Beteiligung der linken Hemisphäre vermuten. Als man dieses Experiment mit 48 rechtshändigen, hörenden, ASL-unkundigen Erwachsenen wiederholte, sollten diese neben gesprochenen Wörtern auch zwei motorische Gesten reproduzieren – eine mit Symbolcharakter (beispielsweise Aufwiedersehen winken) und eine andere, willkürliche Bewegung (ohne Bedeutung). Hierbei stellte sich heraus, daß nur das Nachsprechen der Wörter mit dem rechtshändigen Klopfen interferierte. Schließlich testeten die Untersucher noch zwölf rechtshändige, taube Personen, die alle im Gebrauch der ASL erfahren waren, mit einer Reihe gängiger ASL-Gebärden sowie mit symbolischen und willkürlichen Gesten. Lediglich bei den ASL-Zeichen ergab sich eine Verringerung der rechtshändigen Klopfbewegungen.

Der Befund, daß ausschließlich sprachliche Aufgaben die rechte Hand behinderten, weist nach Auffassung der Untersucher darauf hin, daß die linke Hemisphäre für linguistische Verarbeitungsprozesse spezialisiert ist, die von Muskelbewegungen oder symbolischen Fähigkeiten, die mit Sprache einhergehen, zu unterscheiden sind. In Kapitel 3 hatten wir darauf aufmerksam gemacht, daß das Zweifachaufgaben-Interferenz-Paradigma noch weit davon entfernt ist, vollständig verstanden oder als Maß der Hemisphärenbeteiligung allgemein akzeptiert zu sein. Außerdem sind die Aufgaben, die zur Bewertung der Funktionen von motorischen und symbolischen Prozessen verwendet werden, sicherlich nicht umfassend genug. Dennoch sind die Ergebnisse faszinierend und stellen Befunde dar, die es fraglos wert sind, erörtert zu werden.

Das Wesen der Hemisphärenspezialisierung und die Funktion des Balkens: Neuere Ideen

Das Vertraute und das Neue

Zu lernen und neuartige Leistungen zu vollbringen, bedeutet, Situationen nach bestimmten Regeln und Organisationsschemata anzugehen, die schon im Gehirn repräsentiert sind. Mit anderen Worten: Um all das, was sich um uns herum abspielt, zu bewältigen, nutzen wir ein bereits vorhandenes Repertoire ganz unterschiedlicher Möglichkeiten, Ereignisse zu beschreiben und zu strukturieren. Dieses Repertoire der Möglichkeiten eines Gehirns, Informationen zu organisieren und zu verstehen, stellt ein Kontinuum dar, das von der biologisch festgelegten visuellen Mustererkennung durch bestimmte Zellen bis zur Sprache, zur musikalischen Notation und zu kulturbedingten Spielregeln reicht. Die Neuropsychologen Elkhonen Goldberg und Louis Costa bezeichnen solche eingebauten Organisationsschemata als „deskriptive Systeme". Ihrer Meinung nach werden funktionelle Hemisphärenunterschiede durch das Ausmaß bestimmt, in dem die „deskriptiven Systeme" eines Individuums auf eine bestimmte aktuelle Situation anwendbar sind oder nicht. Sie stellen die Hypothese auf, daß die linke Gehirnhälfte immer dann sehr effizient arbeitet, wenn sie auf vertraute Routineabläufe zurückgreifen kann wie etwa im Falle der motorischen Aspekte der Sprachproduktion. Die rechte Hemisphäre hingegen spiele in jenen Situationen eine vorrangige Rolle, für die augenscheinlich kein Code oder deskriptives System zur Verfügung steht – also vor allem in neuartigen Situationen. Das Modell von Goldberg und Costa sagt auch einen Wechsel zwischen den Hemisphären für bestimmte Aufgaben voraus, je nachdem, wie effizient die Aufgabe mit der Zeit ausgeübt und somit zur Routine wird.[9]

Dieses Modell fußt zum einen darauf, daß man bei gewissen Aufgabenarten Abweichungen von der „erwarteten" Hemisphärenbeteiligung beobachtet hat, zum anderen auf bestimmten neuroanatomischen Überlegungen. Wie bereits in früheren Kapiteln besprochen wurde, fallen weder alle sprachbezogenen Funktionen in den Bereich der linken Hemisphäre noch alle visuellräumlichen in den der rechten Gehirnhälfte.*

»Verschiedene Klassen von Materialien können sich in ihrem Bezug zu den vorhandenen deskriptiven Systemen graduell unterscheiden, so daß sich für ihre Verarbeitung Gradienten der relativen Beteiligung von linker und rechter Hemisphäre ergeben«, meint Goldberg.[10] Als Beispiel erwähnt er, daß das Erkennen von Strichzeichnungen gewöhnlicher Objekte vor allem durch Läsionen im posterioren (hinteren) Bereich der linken Hemisphäre beeinträchtigt wird, während das Erkennen von photographierartigen Bildern sowohl nach linksseitigen als auch nach rechtshemisphärischen Verletzungen erschwert sein kann. Ferner ist bei den linkshemisphärisch geschädigten Patienten das Erkennen von Strichzeichnungen gravierender gestört als das Erkennen von vollständigen, naturgetreuen Abbildungen. Diesen Unterschied in der Beteiligung der beiden Gehirnhälften bei der Verarbeitung der zwei Typen von Reizen läßt sich nicht mit sprachlicher Codierbarkeit in Verbindung bringen – in beiden Fällen handelt es sich um Bilder von bedeutungshaltigen, realen Objekten. Man kann den Unterschied aber aus wahrnehmungspsychologischer Sicht erklären: Strichzeichnungen sind visuelle Modelle einer ganzen Gruppe oder Klasse von realen Objekten, photographisch getreue Bilder hingegen einzigartige Abbildungen von Objekten beziehungsweise Abbildungen von einzigartigen Objekten. Aufgrund der eben beschriebenen Befunde kann man das folgende Beispiel eines Gradienten der visuellen Wahrnehmung konstruieren – von Strichzeichnungen bedeutungshaltiger Objekte am einen Ende der Skala über detaillierte, photographisch exakte Bilder realer Objekte zu sinnfreien Mustern und schließlich zu menschlichen Gesichtern, wobei die Interpretation der Strichzeichnungen am stärksten von der linken Hemisphäre abhängig und das Erkennen der Gesichter am engsten an die rechte Hemisphäre gebunden wäre[11] (Abbildung 12.2).

Des weiteren diskutierten Goldberg und Costa Belege für Unterschiede in der neuroanatomischen Organisation der beiden Hemisphären, die als Erklärung für die zwei grundlegenden Unterschiede in der Verarbeitung in Frage kommen könnten. Die zusammengetragenen Befunde erlauben den Schluß, daß in der linken Hemisphäre wohl die für spezifische sensorische und motorische Funktionen reservierten Gebiete größer sind[12], während in der rechten charakteristischerweise der „assoziative" (auf höherem Niveau integrierende) Cortex mehr Raum einnimmt.[13] (Die Unterschiede zwischen sensomotorischen und assoziativen Cortexarealen sind im Anhang kurz erläu-

* Es sind insbesondere die sich wiederholenden Aspekte der Sprache – wie Syntax (Grammatik) und Phonologie (Lautstruktur) –, die am deutlichsten auf linkshemisphärische Funktionen angewiesen sind; die rechte Hemisphäre scheint dagegen eine gewisse Rolle bezüglich der Semantik (Bedeutung) zu spielen und sehr viel mit dem Kontext (dem sprachlichen Umfeld und den inhaltlichen Zusammenhängen) zu tun zu haben.

12.2 Ein Beispiel für visuelle Reize, die sich auf einem Kontinuum der stärker links- beziehungsweise rechtshemisphärischen Verarbeitung anordnen lassen. (Nach Goldberg und Mitarbeitern.)

tert.) Goldberg und Costa nehmen an, daß die rechte Gehirnhälfte im Vergleich zur linken mehr weiße Substanz besitzt, was auf stärkere Verbindungen zwischen den einzelnen Regionen in dieser Hemisphäre schließen läßt. Sie stützen sich dabei sowohl auf Befunde einer Untersuchung, der zufolge die rechte Hemisphäre aus mehr Gewebe besteht[14], als auch auf eine Studie, deren Ergebnisse auf eine Asymmetrie zwischen den beiden Hemisphären im Verhältnis zwischen grauer und weißer Substanz hindeuten.[15] »Demnach scheint in der neuronalen Organisation der rechten Hemisphäre die interregionale Integration vergleichsweise stärker betont zu sein und in der der linken die intraregionale Integration.« In Kapitel 1 hatten wir bereits eine ähnliche Schlußfolgerung von Josephine Semmes erwähnt, der zufolge mentale Prozesse in der rechten Hälfte des Gehirns über größere Gewebebereiche verteilt sind als in der linken.[16]

Goldberg und Costa schließen nun, daß aufgrund dieser anatomischen Unterschiede die rechte Hemisphäre besser imstande ist, mit der Komplexität von Informationen umzugehen und vielerlei Darbietungsformen innerhalb einer Aufgabe zu verarbeiten. Die linke Hemisphäre dagegen sei bei Aufgaben überlegen, die eine gezielte Konzentration auf einen einzigen oftmals immer wiederkehrenden Darbietungs- oder Ausführungsmodus verlangten.

Zusammenfassend wenden sich Goldberg und Costa gegen eine feste Zuordnung von hemisphärischen Eigenschaften zu bestimmten Materialien oder Aufgaben. Sie betonen, »daß es einen Gradienten der relativen hemisphärischen Beteiligung an einem weiten Spektrum von kognitiven Prozessen gibt, der das Ausmaß widerspiegelt, in dem diese Prozesse zur Routine geworden sind«.

Ein Modell der Balkenfunktionen

In unserer Diskussion über Modelle der funktionellen Asymmetrie der Hemisphären haben wir den Funktionen des Balkens (Corpus callosum) bis jetzt nur geringe Aufmerksamkeit gewidmet. In Kapitel 2 sprachen wir vom Corpus callosum als einer Struktur, die es ermöglicht, daß jede Gehirnhälfte über Informationen, die die jeweils andere Hemisphäre erhält, auf den neuesten Stand gebracht wird, oder die eventuell auch dazu dienen könnte, eine der Hemisphären zu hemmen, während die andere eine bestimmte Aktivität „in die Hand nimmt“.

Diese hypothetische Rollenverteilung wirft jedoch einige paradoxe Fragen auf. Falls der Balken tatsächlich getreue Kopien von Information liefert, indem er Informationen von der einen zur anderen Hemisphäre überträgt, warum – so hat Jerre Levy gefragt – benötigen wir den Balken dann überhaupt, »wenn wir doch eigentlich nur unsere Augen zu bewegen bräuchten«[17]. Immerhin scheinen die meisten Split-Brain-Patienten, nachdem sie sich von der Operation erholt haben, auch ganz gut zurechtzukommen. Wenn aber andererseits der Balken nur zur Hemmung dient, um es jeder Hemisphäre zu ermöglichen, unabhängig von der anderen zu funktionieren, warum ist das Corpus callosum dann so komplex und verknüpft in detaillierter Form so viele Regionen des Gehirns miteinander? Wir brauchen ein Modell, das zum einen – wie das „Kopiemodell" – die Notwendigkeit dieser umfassenden Verschaltungen erklärt, zum anderen aber auch erläutert, auf welche Weise diese Verbindungen einzigartige und wirklich nützliche Informationen bereitstellen.

Der Psychologe Norman Cook beschreibt vier mögliche neurophysiologische Funktionen des Corpus callosum; zwei gehen mit einer Verringerung der neuronalen Aktivität (Hemmung, Inhibition) einher und zwei mit einer Steigerung (Erregung, Exzitation) in jeweils der Hemisphäre, die dem Ausgangsort der Aktivität gegenüberliegt.[18] Hemmung wie Erregung können auf einem globalen (diffusen) Niveau erfolgen und so die gesamte Hemisphäre verlangsamen oder zu größerer Aktivität anregen; sie können aber auch lediglich regional wirksam sein, also nur in spezifischen Gebieten, gewissermaßen „von einem Punkt der einen Hemisphäre zu einem Punkt der anderen". (In der Tat verbinden die Balkenfasern vergleichbare Regionen beider Gehirnhälften in einer Punkt-zu-Punkt- oder „topographischen" Zuordnung.) Somit ergeben sich folgende vier Möglichkeiten: diffuse Erregung, topographische Erregung, diffuse Hemmung und topographische Hemmung. Nach Cooks Ansicht liefert weder das diffuse noch das topographische Erregungsmodell eine befriedigende Erklärung: Eine diffuse Erregung würde bedeuten, daß das Corpus callosum lediglich dazu da sei, die andere Hemisphäre anzuregen oder aufmerksam zu machen, und bei der topographischen Exzitation würden Informationen quasi als Durchschlagskopien zwischen den Hemisphären ausgetauscht. In beiden Fällen würde der Balken im Grunde nur das betonen oder duplizieren, was sich bereits in der anderen Hemisphäre abspielt; Cook meint aber, daß das Corpus callosum mehr leisten müsse als dies.

In ähnlicher Weise verwirft Cook auch die Möglichkeit einer diffusen Hemmung. Seiner Meinung nach ist es absurd anzunehmen, ein solch großes Nervenfaserbündel wäre nur dazu da, eine Hemisphäre abzustellen, während die andere aktiv ist. Außerdem, so argumentiert er, gebe es weder elektrophysiologische Befunde noch metabolische (beispielsweise aus Durchblutungsmessungen), die belegten, daß mit der Aktivierung einer Hemisphäre die Gesamtaktivität in der anderen reduziert würde. Damit bleibt für Cook nur noch das Modell der topographischen Inhibition. Dieses wird von ihm ausführlich diskutiert, vor allem im Hinblick auf die Frage, wie dabei funktionelle Asymmetrien akzentuiert werden.

Um sein Modell zu verstehen, muß man zunächst einmal zwei Annahmen akzeptieren, die durch experiementelle Befunde umfassend gestützt werden. Die erste lautet, daß Erregungs- und Aufmerksamkeitsmechanismen, die in der Tiefe des Gehirns lokalisiert sind, gewöhnlich Bereiche beider Hemisphären gleichermaßen aktivieren. Tatsächlich besteht das Haupterregungssystem des Gehirns, das *aufsteigende reticuläre aktivierende System* (ARAS), aus subcorticalen Kerngebieten und Bahnen, die bei einer Durchtrennung des Balkens nicht zerteilt werden. Wie bereits in Kapitel 4 erwähnt, zeigen Befunde aus Hirndurchblutungsmessungen, daß beim Anstieg der Stoffwechselrate Regionen beider Gehirnhälften in ähnlicher Weise reagieren – selbst bei der Sprachproduktion. Die zweite Annahme besagt, daß die verwandten Aspekte eines Gedächtnisinhalts im Gehirn in anatomischer, topographischer Nähe zueinander gespeichert sind oder zumindest so, daß der Zugriff auf die verwandten Teilaspekte über benachbarte Neuronen möglich ist.

Cooks Hypothese zufolge unterdrückt die topographische Hemmung über den Balken hinweg genau dasjenige neuronale Aktivitätsmuster in der anderen Hemisphäre, das in der einen seinen Ursprung hat, ermöglicht aber gleichzeitig eine Aktivierung in den jeweils angrenzenden Neuronen, in denen komplementäre Information, beispielsweise Aspekte des Kontextes der Originalinformation, repräsentiert sind. Abbildung 12.3 zeigt, wie dies vonstatten gehen könnte.

Während der meisten sprachbezogenen Aktivitäten würde beispielsweise eine Erregung in der linken Hemisphäre die entsprechenden Neuronen in der rechten hemmen, zugleich aber in deren unmittelbarer Umgebung eine kontextbezogene Verarbeitung unterstützen. Die Erregung jener corticalen Neuronen etwa, die in der linken Hemisphäre den Begriff „Katze" repräsentierten, würde zwar „Katze" in der rechten Cortexhälfte inhibieren, jedoch

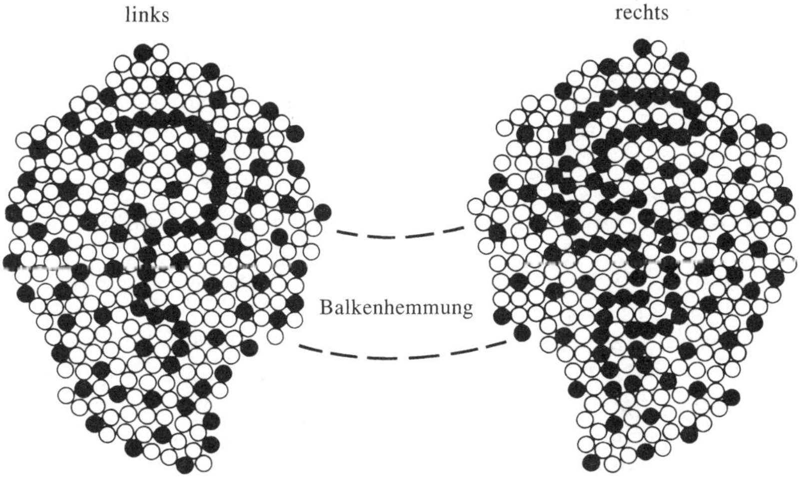

12.3 Ein Beispiel für die vom Corpus callosum vermittelte topographische Hemmung; sie bewirkt, daß in der rechten Hemisphäre die Aktivität jener Gruppierung von Neuronen unterdrückt wird, die der Gruppierung aktiver Zellen in der linken Hemisphäre entspricht. Gleichzeitig kommt es in der rechten Gehirnhälfte zu einer gesteigerten Aktivität in den unmittelbar angrenzenden Neuronen, von denen man annimmt, daß sie verwandte oder kontextbezogene Informationen codieren. Die ausgefüllten Kreise repräsentieren Neuronen oder Säulen (Kolumnen) von Neuronen, die gerade aktiv sind. (Aus N. D. Cook, „Callosal Inhibition: The Key to the Brain Code", *Behavioral Science* 29 (1984): 102, Abb. 1.)

gleichzeitig angrenzende neuronale Verschaltungen aktivieren, die mit dem Begriff „Katze" in Beziehung stehen („Kätzchen, Löwe, Hund" und so weiter). Beim Sprechen des Satzes „Die Katze stürzte sich auf die Maus" würden nicht nur einzelne Wörter verwandte, kontextbezogene Begriffe in der rechen Hemisphäre aktivieren, sondern auch der linkshemisphärische Satz als Ganzes einen rechtshemisphärischen Bedeutungszusammenhang hervorrufen.

Diese komplementären Aspekte aller Inhalte, die verarbeitet werden, sind Cook zufolge das Ergebnis einer „spiegelbildlichen negativen Beziehung" zwischen vergleichbaren Regionen beider Hemisphären, die durch die ständige topographische Hemmung über die zerebralen Kommissurenbahnen geschaffen oder zumindest betont wird. Im Falle der Sprache bedeutete dies, daß die rechte Hemisphäre zu allem, was die linke Hemisphäre explizit von sich gibt, ein allgemeineres Bedeutungsmuster erstellt, in dem die explizite Aussage selbst fehlt. Somit »ermöglicht es eine homotope (gleiche Orte verbindende) Hemmung über den Balken den „beiden Gehirnen" kurzfristig unterschiedliche Perspektiven derselben Information zu haben«, indem in bilateral identischen Gehirnregionen (die beide zuvor von dem allgemeinen Aufmerksamkeitssystem aktiviert wurden) zwei deutlich voneinander verschiedene neuronale Erregungsmuster erzeugt werden.[19]

Sprachbezogene Beispiele illustrieren nach Cook nur eine der Möglichkeiten, wie dieses System funktioniert. Die Vorstellung von komplementären Funktionen vergleichbarer Regionen läßt sich auch auf andere Bereiche ausdehnen; beispielsweise funktioniert die Wahrnehmung einer Figur einerseits und ihres Umfeldes beziehungsweise Hintergrundes andererseits auf ähnliche Weise. Cooks Annahme, daß gleichartige, homotope Regionen beider Hemisphären letztlich für komplementäre Aspekte aktiv werden, läßt sich durch das stützen, was man über subtile Sprach- und kognitive Beeinträchtigungen nach rechtshemisphärischen Schädigungen weiß – über Defizite in der Beurteilung des Kontextes, im Erkennen von metaphorischen Bedeutungen und im Umgang mit Humor, wie sie in Kapitel 6 besprochen wurden.

Benutzen die Hemisphären unterschiedliche neuronale Schaltkreise?

Der Psychologe S. H. Woodward postulierte eine Beziehung zwischen zwei unterschiedlichen Formen der neuronalen Verschaltung und den spezialisierten Funktionen der beiden Gehirnhemisphären. Woodward, der einige theoretische Konzepte der Gedächtnisspeicherung und eine Reihe grundlegender neurophysiologischer Befunde zusammenbrachte, nahm an, daß die linkshemisphärische Verarbeitung vor allem auf enge Verbindungen zwischen vertikalen Säulen von Neuronen angewiesen sei, während die Verarbeitung in der rechten Gehirnhälfte von schwächeren und längeren horizontalen Verbindungen abhänge.[20] Abbildung 12.4 veranschaulicht die deutlichen horizontalen und vertikalen Dimensionen, die in den Hauptschichten corticaler Neuronen und ihrer Verbindungen erkennbar sind. Sowohl die vertikalen als auch die horizontalen Verschaltungen sind von den Neurophysiologen sehr ausführlich untersucht worden, und es gibt keinerlei schlüssigen Beleg für irgendwelche Unterschiede zwischen den beiden Hemisphären, was die Art

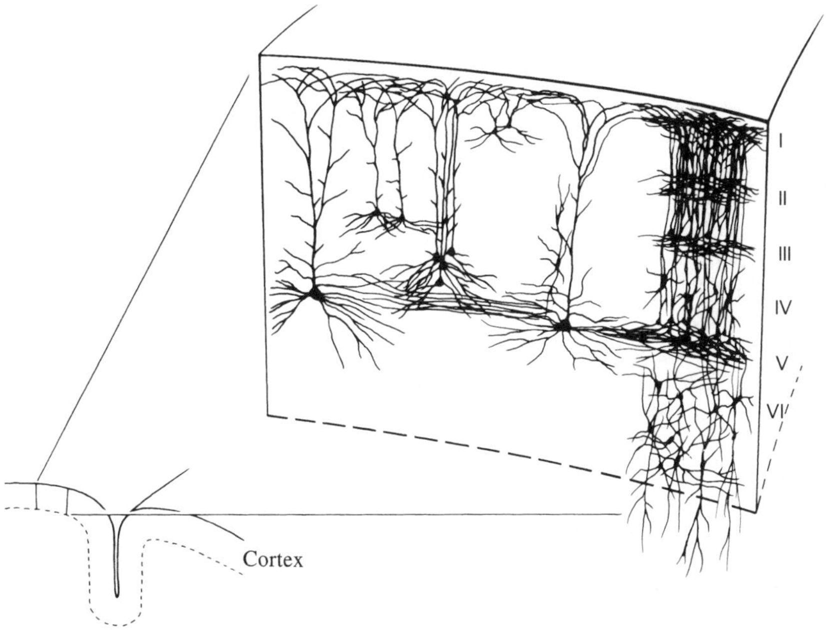

12.4 Ein Querschnitt durch einen Teil der Großhirnrinde, in dem die markante horizontale und vertikale Ausrichtung von Gruppen corticaler Neuronen und ihrer Verbindungselemente schematisch dargestellt ist. Die sechs Schichten verschiedenartiger Neuronen entsprechen den in Kapitel 4 beschriebenen. Die Verbindungselemente bestehen aus Axonen und Dendriten, vorwiegend solchen von Pyramidenzellen. (Nach Scheibel, Davies, Lindsay und Scheibel, „Basilar Dendritic Bundles of Giant Pyramidal Cells", *Experimental Neurology* 42 (1974): 309, Abb. 1.)

dieser Vernetzung betrifft. Unterschiede könnten allerdings darin bestehen, wie die beiden Hemisphären diesen oder jenen Typ der Verschaltung nutzen.

Woodward gab einen Überblick über mehrere moderne Theorien der Informationsspeicherung und verwies auf die verblüffenden Parallelen zwischen alternativen Modellen der Gedächtnisspeicherung und den Verarbeitungsmöglichkeiten, die horizontale und vertikale neuronale Schaltkreise bieten. Verschiedene Theoretiker haben untersucht, wie Informationen codiert werden können, und dabei ihr Hauptaugenmerk auf die Exaktheit und Effizienz jeder Codierungsform gerichtet. Zwei theoretisch unterschiedliche Arten der Speicherung, die sich mit anatomischen Gegebenheiten in Verbindung bringen lassen, sind die „verbindende Codierung" (*conjunctive encoding*) und die „grobe Codierung" (*coarse encoding*).[21]

Die verbindende Codierung nutzt für jeden Aspekt und jede wichtige Verbindung zwischen den zu speichernden Inhalten jeweils eine separate Gedächtniseinheit oder Gedächtnisspur (beispielsweise eine Verschaltung mehrerer Nervenzellen). Ein solches Codierungsschema ist zwar überaus spezifisch, aber ihm gehen letztlich schnell die zur Verfügung stehenden Einheiten aus. Bei der groben Codierung ist jede einzelne Gedächtniseinheit breiter angelegt, so daß die von ihr repräsentierten Eigenschaften und Kennzeichen verschieden weit mit denen anderer Einheiten überlappen. Jedes Teil oder

Merkmal eines beispielsweise visuell dargebotenen Gegenstandes wird folglich durch die Aktivität einer Gruppe von Einheiten wiedergegeben, in deren überlappende Repräsentationszonen es fällt. Ein System zur groben Codierung arbeitert zwar effizient und ziemlich flexibel, hat aber auch seine Grenzen und bricht zusammen, wenn es eine große Anzahl sehr ähnlicher, gleichzeitig stattfindender Ereignisse codieren soll.

Idealisiert man Hemisphärenunterschiede in dieser Weise, dann sollten in der linken Hemisphäre eng verkoppelte, nichtüberlappende Verbindungen zwischen vertikal ausgerichteten Zellsäulen dominieren. Eine solche säulenartige (kolumnäre) Organisation wäre von Vorteil, wenn es geringe Unterschiede, wie sie etwa bei der sprachlichen Artikulation oder bei feinmotorischen Bewegungen eine Rolle spielen, präzise zu codieren gilt. Demgegenüber wäre die Anatomie der rechten Gehirnhälfte von überlappenden horizontalen Verbindungen beherrscht, die jeweils größere Entfernungen überbrücken und außerdem schwächer und weniger präzise codieren als die engen vertikalen Neuronensäulen in der linken Hemisphäre. Das Codierungspotential eines derartigen strukturellen Aufbaus ähnelt dem des funktionellen Systems der groben Codierung und scheint eher für diffusere und sich weniger wiederholende Informationen geeignet zu sein. Die Effizienz der groben Codierung nimmt zu, wenn die Merkmale eines Reizes weiter gestreut und sehr verschiedenartig sind. »Diese Charakteristika entsprechen klassischen Vorstellungen von der rechten Hemisphäre als derjenigen, die Überragendes leistet, wenn es darauf ankommt, räumlich und zeitlich verteilte Merkmale zu integrieren und Reizmaterialien in ihrer „Ganzheit und Kontinuität" zu repräsentieren.«[22]

Da es keinerlei Hinweise auf eine Lateralisierung von vertikaler und horizontaler Anatomie gibt, muß Woodward die Lateralisierung der entsprechenden Aktivität – also Unterschiede zwischen den Gehirnhälften in der Art der funktionellen Nutzung (und nicht in ihrer Struktur) – erklären. Wie Neurophysiologen gezeigt haben, führen Aktivitäten innerhalb einer Hemisphäre gewöhnlich zu einer Unterdrückung oder Hemmung horizontaler Verbindungen; außerdem scheinen lokale corticale Muster von vertikalen Verschaltungen dominiert zu sein. (Tatsächlich werden auch in Norman Cooks weiter oben besprochenem Modell der Balkenfunktionen die angrenzenden „Kontextneuronen" in der linken Hemisphäre durch eine Hemmung unterdrückt, die durch die anfängliche Verarbeitung des Reizmaterials ausgelöst wird.)

Wenn vornehmlich vertikale neuronale Verschaltungen die Reaktion auf einen Reiz bestimmen, wie kommt es dann, daß in einigen Situationen die horizontalen Netzwerke die Oberhand behalten? Nach Woodwards Ansicht wird dies durch hemmende Signale erreicht, die über den Balken in die rechte Hemisphäre gelangen. Falls keine Lateralität vorhanden ist, dominiert im Normalfall – so Woodward – der vertikale Verarbeitungsmodus, und erst wenn die Informationen über den Balken in die rechte Hemisphäre eingegangen sind, läßt sich der horizontale grobcodierende Modus verstärkt zur Verarbeitung und Speicherung nutzen.

Anmerkungen zu den Theorien der callosalen Hemmung

Es ist interessant, wie sich die Funktionen ähneln, die Cook und Woodward dem Corpus callosum zuschreiben. In beiden Fällen ist die übertragene Information überwiegend hemmender Natur. In Cooks Modell unterdrücken die Balkensignale „identische Muster“ der Aktivität und fördern die Aktivierung benachbarter Neuronen, die mutmaßlich verwandte oder den Kontext betreffende Informationen repräsentieren. In Woodwards Modell unterdrücken die Balkensignale die vertikalen neuronalen Verschaltungen und erlauben so, daß die anderen, also die horizontalen Netzwerke, vermehrt benutzt werden können. In beiden Modellen dient die Hemmung über den Balken demnach dazu, das in der einen Hemisphäre aktivierte Erregungsmuster in der jeweils anderen zu unterdrücken und gleichzeitig eine andere Art der Aktivität zu fördern. Nach Cook steht diese andersartige Aktivität in enger Beziehung zu dem ursprünglichen Reiz, so daß beide Hemisphären sich letztlich mit unterschiedlichen Aspekten derselben Information beschäftigen, während im Modell von Woodward die Balkensignale Einfluß darauf nehmen, wie die rechte Hemisphäre im allgemeinen Informationen verarbeitet.

Zwei Gehirne, zweifacher Geist?

Vor rund 350 Jahren nahm der bedeutende französische Philosoph René Descartes an, die Zirbeldrüse im Gehirn sei der Sitz des Bewußtseins beziehungsweise der Seele. Seine Schlußfolgerung beruhte auf seinem Glauben an die Einheit des Bewußtseins und drauf, daß die Zirbeldrüse der einzige von ihm gefundene Teil des Gehirns war, der nicht in doppelter Form existierte.

Das Bewußtsein einem bestimmten Körperteil zuzuschreiben, scheint nicht in Descartes' sonstige Auffassungen zu passen, wenn man seine Schriften über das Verhältnis von Leib und Seele betrachtet. Denn obwohl er gewöhnlich die Funktionen von Lebewesen gerne als mechanische Systeme analysierte und sehr an der Anatomie des Menschen interessiert war (vergleiche Abbildung 12.5), glaubte er, es gebe beim Menschen etwas, das nicht auf diese Weise erklärbar sei. Zwar vertrat er die Ansicht, der menschliche Körper sei dem von Tieren ähnlich, er stellte jedoch in Frage, daß die menschliche Seele zu derselben physischen Welt gehören könnte. Die Analyse des eigenen Denkens, so meinte er, könne nicht die Existenz von etwas beweisen, das außerhalb der persönlichen Erfahrung liegt. Descartes kam zu dem Schluß, daß man zwischen dem Geistigen und dem Körperlichen strikt trennen muß.

Die Annahme, daß der Geist vom Körper unabhängig sei, wurde als *Cartesianischer Dualismus* bekannt. Einige moderne Skeptiker haben vom „Geist in der Maschine“ gesprochen. Die philosophischen Fragestellungen, die sich mit der Beziehung zwischen Körper und Geist befassen, werden allgemein als *Leib-Seele-Problem* bezeichnet (dem englischen *mind-body problem* entsprechend auch als Körper-Geist-Problem).

In den letzten 30 Jahren hat die Arbeit mit Split-Brain-Patienten Fragen zur Bedeutung der Split-Brain-Chirurgie für das Leib-Seele-Problem aufge-

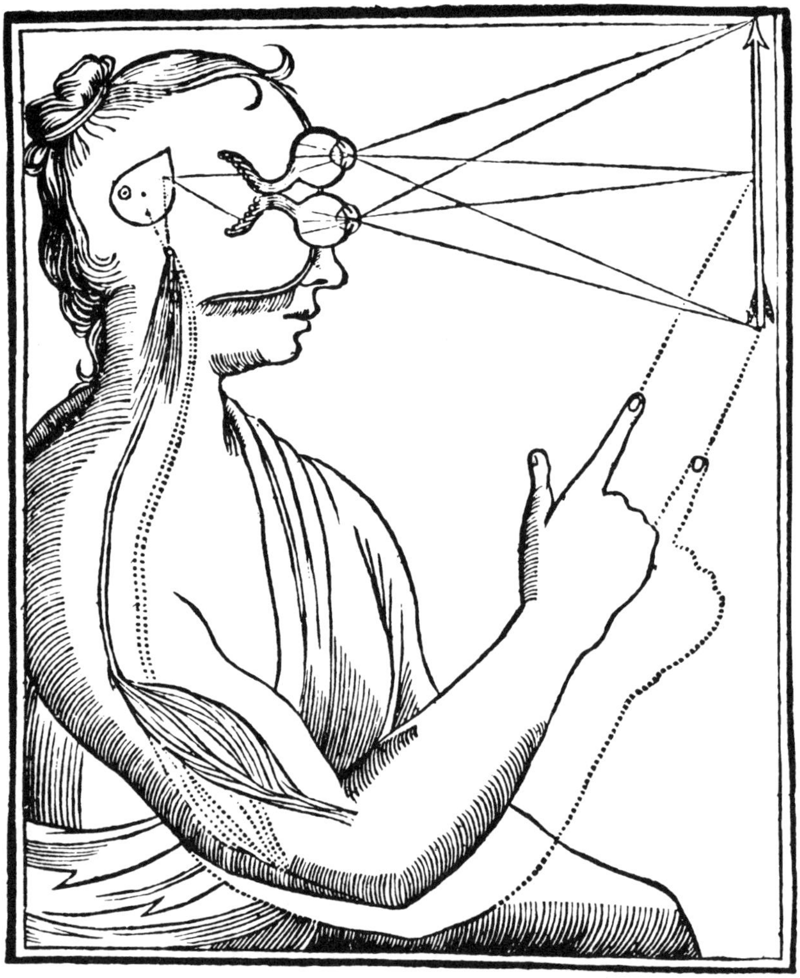

12.5 Dieses Bild von Descartes veranschaulicht seine Vorstellung von der Integration mechanischer und geistiger Prozesse in der Zirbeldrüse. Das Licht, das von einem Objekt (hier einem Pfeil) reflektiert wird, gelangt auf die Netzhaut der Augen. Das dortige Abbild wird über die Sehnerven zum Gehirn geleitet und in der etwa birnenförmigen Zirbeldrüse von der Seele aufgenommen. Die Zirbeldrüse löst dann die motorischen Reaktionen aus. (Nachdruck mit Genehmigung von Sandford Publications, Oxford.)

worfen. Wenn das Messer des Chirurgen eine Teilung des Bewußtseins bewirkt, dann ist die Spaltung des Gehirns eine Spaltung des Geistes. Folglich muß man – so heißt es weiter – auch akzeptieren, daß Geist gleich Gehirn ist, oder wenigstens, daß der Geist aus den Prozessen im Gehirn hervorgeht.

Obwohl man die Prämisse, ein hirnchirurgisch spaltbares Bewußtsein impliziere die Gleichheit von Geist und Gehirn, bestreiten kann, dreht sich die Kontroverse auf diesem Gebiet hauptsächlich darum, inwieweit sich tatsächlich nachweisen läßt, daß in solchen Patienten – wenigstens zeitweise – zwei Bewußtseinsbereiche existieren. Im zweiten Kapitel haben wir darauf hingewiesen, daß diese Frage schon von Gustav Frechner und William MacDougall theoretisch erörtert wurde. Fechner nahm an, eine Durchtrennung von Körper und Nervensystem entlang der Mittellinie führe zu einer Verdoppelung des Bewußtseins; MacDougall dagegen vertrat die Ansicht, das Bewußtsein werde von einem solchen Eingriff nicht beeinflußt.

Roger Sperry zufolge weisen einige Ergebnisse der Split-Brain-Forschung tatsächlich auf eine Verdoppelung des Bewußtseins bei diesen Patienten hin:

»Alles, was wir bislang beobachtet haben, deutet darauf hin, daß bei diesen Menschen nach der Operation zwei unabhängige geistige Einheiten existieren, das heißt, zwei separate Sphären des Bewußtseins. Was in der rechten Hemisphäre erlebt wird, scheint völlig außerhalb des Erfahrungsbereichs der linken Hemisphäre zu liegen. Diese geistige Dimension ist für Wahrnehmung, Denken, Wollen, Lernen und Gedächtnis nachgewiesen worden.«[23]

Der Eindruck geistiger Einheit bei den Split-Brain-Patienten ist für Sperry eine Illusion, die darauf beruht, daß die beiden Hälften des Gehirns sich am selben Ort und in der gleichen Situation befinden, dieselben Sinnesorgane benutzen und außerhalb spezieller Laborsituationen dieselben Alltagserfahrungen machen.

Sir John Eccles dagegen – der für seine physiologischen Arbeiten ebenfalls den Nobelpreis erhielt – glaubt nicht, daß ein Split-Brain-Patient einen zweifachen Geist besitzt oder daß die Durchtrennung der Kommissuren in irgendeiner Weise das Bewußtsein spaltet.[24] Seiner Meinung nach kann die rechte Hemisphäre nicht wirklich denken. Er unterscheidet zwischen einer „bloßen Bewußtheit", die die Menschen mit Tieren gemeinsam haben, und der Welt der Sprache, des Denkens und der Kultur, die kennzeichnend für den Menschen und grundlegend für jede Vorstellung von Geist ist.

Nach Eccles' Ansicht geht alles wirklich Menschliche aus der linken Hemisphäre hervor, in der sich die Sprachzentren befinden und die Wechselwirkung zwischen Gehirn und Geist stattfindet. Eine Split-Brain-Patientin, die errötet oder lächelt, wenn ihrer rechten Hemisphäre ein Aktphoto dargeboten wird, kann nicht nur nicht sagen, warum sie so reagiert, sie weiß es wirklich nicht. Die rechte Hemisphäre ist gar nicht in der Lage, dies zu wissen, da nur die linke über Gedanken und Wissen verfügt.

Obwohl derartige Kontroversen stark durch subjektive Definitionen von Bewußtsein durchsetzt sind, hat man doch schon mehrfach versucht, diesen Begriff präziser zu gebrauchen. Eine Möglichkeit besteht darin, ihn operational zu definieren. Eine operationale Definition eines Konzepts ist eine Definition anhand der Methoden, mit denen sich dieses Konzept messen läßt. In diesem Rahmen hat Donald McKay, der sich mit Theorien der künstlichen Intelligenz befaßt, darauf hingewiesen, daß ein „gespaltenes Gehirn" so lange nicht als „gespaltener Geist" gelten darf, wie nicht nachgewiesen ist, daß jede Hälfte ihr eigenes unabhängiges System hat, um Ereignisse zu bewerten, Ziele zu setzen und Prioritäten für die Reaktionen festzulegen.

Ein Experiment zur Klärung dieser Frage haben Joseph LeDoux und Michael Gazzaniga mit ihrem außergewöhnlichen Kommissurotomiepatienten P. S. durchgeführt. Sie machten sich dabei zunutze, daß die sprachlichen

Fähigkeiten der rechten Hemisphäre bei P. S. weit größer als üblich waren, wie wir bereits in Kapitel 2 erörtert haben. Die rechte Gehirnhälfte von P. S. vermochte sich dadurch auszudrücken, daß der Patient zur Erwiderung von Fragen mit der linken Hand Scrabble-Buchstaben aneinanderreihte. LeDoux' und Gazzanigas Absicht war es, jeder Hemisphäre einzeln subjektive Fragen zu stellen und die Ergebnisse zu vergleichen.

Bei jedem Versuchsdurchgang wurde P. S. mündlich eine Frage gestellt. Dabei ersetzte man die Schlüsselwörter jeweils durch das Wort *blank* (englisch für „Lücke", „Leerraum"). Der fehlende Begriff oder die fehlenden Begriffe wurden dann entweder in der linken Gesichtsfeldhälfte (der rechten Hemisphäre) oder in der rechten Gesichtsfeldhälfte (der linken Hemisphäre) visuell dargeboten. Die Fragen lauteten etwa „Wer (*sind sie?*)", „Buchstabieren Sie bitte die Bezeichnung für Ihr liebstes (*Hobby*)!" und „Was ist (*morgen*)?". Die kursiv gedruckten Begriffe sind die Schlüsselwörter, die jeweils in den Gesichtsfeldhälften aufblitzten. Immer wenn man sie der rechten Hemisphäre darbot, sollte die Versuchsperson ihre Antwort mit Hilfe der Scrabble-Buchstaben geben.

P. S. wurde auch gebeten, bestimmte Wörter gefühlsmäßig einzustufen, indem er auf eine Zahl zwischen 1 („mag ich sehr") und 5 („mag ich absolut nicht") zeigte. Einige der Wörter wurden wegen ihrer persönlichen Bedeutung für den Patienten ausgewählt. Dazu gehörten „Paul" (sein Name) und „Liz" (der Name seiner Freundin). Man fragte ihn also „Wie sehr mögen Sie ...?" und bot ihm dann entweder in der linken oder der rechten Gesichtsfeldhälfte ein Wort dar.

Die Ergebnisse zeigten zweierlei: zum einen, daß die rechte Hemisphäre die Fragen, die ihr gestellt wurden, beantworten konnte, und zum anderen, daß ihre Antworten und Bewertungen sich manchmal von denen der linken Gehirnhälfte unterschieden. Beispielsweise lagen die Beurteilungen der rechten Hemisphäre beim Wortbewertungstest durchgängig näher am „ablehnenden" Ende der Skala als die der linken Hemisphäre. Auf die Frage, welchen Beruf er gerne ausüben würde, antwortete die rechte Hemisphäre „Autorennen" – im Gegensatz zur normalen linkshemisphärischen Aussage, er wolle technischer Zeichner werden.

Zur Frage des doppelten Bewußtseins stellten die Forscher folgendes fest:

»Bei P. S. hat jede Hemisphäre ein eigenes Selbstbewußtsein, und jede besitzt ihr eigenes System, um aktuelle Ereignisse zu bewerten, zukünftige zu planen, Prioritäten in der Erwiderung festzulegen und persönliche Reaktionen auszulösen. Folglich erscheint es jetzt sinnvoll, die Tatsache, daß doppelte Bewußtseinsmechanismen existieren können, in ihrer praktischen und theoretischen Bedeutung zu berücksichtigen.«[25]

Zwar ist P. S. wegen seiner großen sprachlichen Fähigkeiten in beiden Hemisphären ein Sonderfall, doch die theoretischen Folgen der Schaffung eines doppelten Bewußtseins in einer Person reichen weit über diesen einen Fall hinaus. LeDoux und Gazzaniga glauben, daß ihre Beobachtungen nicht nur die ältere Vorstellung veranschaulichen, nach der eine Durchtrennung des Gehirns ein Teilen des Geistes bedeuten kann, sondern daß sie darüber hinaus auch »Natur und Ursprung der ausschließlich menschlichen geistigen

Fähigkeiten« aufzeigen. Diese sind ihrer Meinung nach von einem aktiven Sprachsystem abhängig:

»Wenn dieses System fehlt, wie in der rechten Hemisphäre der meisten Split-Brain-Patienten... arbeitet der Organismus hauptsächlich auf der Stufe von Wahrnehmung und Motorik. Obwohl in solchen Fällen auch gewisse kognitive Fertigkeiten nachweisbar sind, scheint es beim Fehlen linguistischer Differenzierung am Reichtum und an der charakteristischen Flexibilität des menschlichen Verhaltens zu mangeln... Füge einer isolierten Masse nichtsprachlichen Gewebes ein reiches sprachliches System hinzu – wie bei der rechten Hemisphäre von P. S. –, und es entsteht ein Mensch mit der Fähigkeit, zu werten, zu verlangen und Lebenserfahrungen zu überdenken.«[26]

Der Gedanke, Bewußtsein sei von der Sprache oder von Sprachprozessen abhängig, ist durchaus nicht neu. Mehrere Philosophen und Linguisten haben sogenannte „Sprachzugangstheorien" (*verbal access theories*) des Bewußtseins vertreten. Diesen Theorien ist das Konzept gemeinsam, daß die Ereignisse im Gehirn, die wir als bewußt erleben, diejenigen sind, die vom Sprachsystem des Gehirns verarbeitet werden.

Bewußtsein und die Hemisphären

Der Ursprung des Bewußtseins: Sprachzugangstheorien

Noch vor 3000 Jahren war *Homo sapiens* im Grunde genommen ein Automat, dem sowohl eine Vorstellung von Selbsterfüllung als auch ein Sinn für die Kürze des Lebens fehlte. Die Menschen hörten Stimmen in ihren Köpfen und nannten sie Götter. Diese Götter sagten ihnen, was sie tun und wie sie handeln sollten. Ihr Geist war zweigeteilt: in eine Entscheidungen treffende Exekutive, „Gott" genannt, und einen den Entscheidungen folgenden Teil, den „Menschen". Als das Schreiben und komplexere menschliche Aktivitäten die Autorität dieser akustischen Halluzinationen zu schwächen begannen, brach dieser in zwei Instanzen gegliederte Geist (*bicameral mind,* „Zwei-Kammer-Geist") allmählich zusammen. Die Stimmen der Götter verstummten, und das, was wir Bewußtsein nennen, wurde geboren.

Dies ist die radikale Hypothese des Psychologen Julian Jaynes aus Princeton. Jaynes nimmt an, die Stimmen der Götter seien in der rechten Hemisphäre entstanden und nach Durchlaufen der zerebralen Kommissuren von den auditiven Regionen und Sprachzentren der linken Hemisphäre gehört worden. Vielleicht, so vermutet er, verständigten sich die Mustererkennungs- und Raumverarbeitungssysteme der rechten Hemisphäre in einer primitiven Sprache mit der linken Gehirnhälfte.

Jaynes belegt viele seiner Behauptungen durch Verweise auf die Geschichte und die Literatur des Altertums. Er glaubt, daß beispielsweise in der *Ilias,* dem Homerschen Epos über den Trojanischen Krieg, Menschen beschrieben sind, die kein Bewußtsein hatten. Ohne die Eingebung eines Gottes oder irgendeine

Halluzination fingen sie nicht zu kämpfen an, entwarfen sie keine Strategien oder führten sonst irgend etwas aus.

»Diese auditiven und visuellen Halluzinationen, die in jeder neuen Situation auftraten, zeigen uns die Struktur des Zwei-Kammer-Geistes. Achilles hatte, wie alle „Zwei-Kammer-Menschen", einen gespaltenen Geist. Ein Teil – der Entscheidungen fällende Gott-Teil – hatte alle Warnungen der Vergangenheit gespeichert, paßte Dinge in ein Muster ein und teilte dem befolgenden Personen-Teil durch eine akustische Halluzination mit, was dieser zu tun habe.«[27]

Für Jaynes hängt Bewußtsein von sprachlichen Prozessen und vom Aufbau eines inneren, metaphorischen „Ich" ab. Das Bewußtsein ist ein kleinerer Teil unseres geistigen Lebens, als wir angenommen haben. Viele unserer geistigen Aktivitäten sind nicht bewußt, sondern automatisch: Wir denken nicht über sie nach. Aus diesem Grunde sollte es nicht allzu schwer fallen, sich frühe Menschen vorzustellen, die ohne das „Selbst-Bewußtsein", das wir entwickelt haben, durchs Leben gingen. Sie waren möglicherweise nicht fähig, sich selbst gewissermaßen aus der Distanz zu betrachten oder sich vorzustellen, was sie in der Zukunft tun würden.

»Bewußtsein wird auf der Grundlage der Sprache erlernt und an andere weitergegeben. Es ist eher eine kulturelle Schöpfung als eine biologische Notwendigkeit... Wir wissen heute, daß das Gehirn plastischer ist und stärker durch die Umgebung geformt werden kann, als wir bisher angenommen haben... Wir können vermuten, daß die Neurologie des Bewußtseins plastisch genug ist, um vor allem auf der Grundlage von Lernen und Kultur den Wechsel vom Zwei-Kammer-Geist zu einem Bewußtsein zu ermöglichen.«[28]

Um die Theorie von Jaynes gibt es eine heftige Kontroverse; die Idee, die Stimmen der Götter in früheren Zeiten mit einem Stadium der kulturellen Entwicklung der Sprache zu verknüpfen, ist jedoch faszinierend. Neben Jaynes' Standpunkt sind andere Möglichkeiten denkbar, wie die Entwicklung der Sprache für einige der urtümlichen Vorstellungen der Menschen verantwortlich gewesen sein könnte. Statt die Stimmen der Götter mit dem Versuch der rechten Hemisphäre, zur linken zu sprechen, gleichzusetzen, sollten wir vielleicht annehmen, daß die frühen Menschen die innere Sprache, die sich in der linken Hemisphäre entwickelte, falsch interpretierten. Möglicherweise traf es zu Beginn der Evolution der Sprache die Menschen unvorbereitet, daß sie nun mit sich selbst sprechen konnten.*

* Der Herausgeber hat bereits seit 1971 vergleichbare Untersuchungen durchgeführt, deren Ergebnisse auf ein Selbstbewußtsein auch in der nichtsprachlichen rechten Hemisphäre von Split-Brain-Patienten hindeuten. Operationalisiert wurde Selbstbewußtsein dabei durch die Messung spezifischer Reaktionen des autonomen Nervensystems auf lateralisierte Darbietungen von Photos des eigenen Gesichts. Während die Reaktionen auf Gesichter von Freunden und Bekannten wie auf andere emotional erregende Reize bei wiederholter Darbietung habituierten, blieb die Reaktion auf das eigene Gesicht erhalten, und zwar nach Präsentation in der rechten Hemisphäre noch deutlicher als nach linkshemisphärischer Darbietung. Siehe dazu: B. Preilowski, G. G. Gray, R. W. Sperry, „An Attempt to Test for Self-Recognition in the Right Hemi-

Einige andere Auffassungen von der Bedeutung der Sprache für das bewußte Denken

Jaynes' Hypothese ist eine recht verwegene Version jener Theorien, die Bewußtsein auf dem Hintergrund sprachlicher Mechanismen zu erklären versuchen. In unserer bisherigen Erörterung der spekulativen Schlußfolgerungen, die sich aus der Split-Brain-Forschung ziehen lassen, haben wir mehrere namhafte Wissenschaftler zitiert, die der Meinung sind, daß die linke Hemisphäre für das Bewußtsein zuständig sei, weil sie die dafür notwendigen sprachlichen Fertigkeiten besitze. Doch teilen nicht alle Forscher und Theoretiker der heutigen Zeit die Auffassung, daß Sprache eine Vorbedingung für Bewußtsein oder Denken ist. Einige Autoren haben die Vorstellung, daß Denken eine Verbalisierung erfordere, sogar ausdrücklich abgelehnt.[29] Einer von ihnen zitiert einen Brief, den er zu diesem Thema von Albert Einstein erhalten hatte:

»Wörter oder Sprache, so wie sie geschrieben und gesprochen werden, scheinen für meine Denkmechanismen keine Rolle zu spielen. Die psychischen Einheiten, die als Elemente von Gedanken zu dienen scheinen, sind gewisse Zeichen und mehr oder weniger klare Bilder, die „willkürlich" reproduziert und kombiniert werden können... Die oben erwähnten Elemente sind in meinem Fall von visueller und gewisser muskulärer Art. Gewöhnliche Worte oder andere Zeichen müssen erst in einem zweiten Stadium mühevoll gesucht werden, wenn das beschriebene assoziative Spiel ausreichend gefestigt ist und jederzeit willentlich reproduziert werden kann.«[30]

Und Francis Galton, der bedeutende Genetiker des 19. Jahrhunderts, stellte fest:

»Beim Schreiben und noch mehr, wenn ich meine Gedanken erklären soll, bereitet es mir ernste Schwierigkeiten, daß ich nicht so leicht in Worten wie auf andere Art denken kann. Es passiert mir oft, daß ich nach harter Arbeit zu Ergebnissen gekommen bin, die mir vollkommen verständlich und befriedigend erscheinen. Wenn ich sie dann sprachlich ausdrücken soll, habe ich das Gefühl, mich auf eine ganz andere intellektuelle Ebene begeben zu müssen. Ich muß meine Gedanken in eine Sprache übersetzen, die mit diesen nicht sonderlich gleichzulaufen scheint. Deshalb verschwende ich eine Unmenge an Zeit damit, passende Worte und Sätze zu finden, und ich bin mir bewußt, daß ich, wenn ich plötzlich über etwas reden muß, nur deshalb häufig obskur erscheine, weil ich verbal ungeschickt bin, und nicht, weil ich keine klare Vorstellung hätte. Das ist eines der kleinen Ärgernisse meines Lebens.«[31]

---

sphere of ‚Split-Brain' Patients", *Biology Annual Report* 81 (1972). Eine deutschsprachige kurze Darstellung der Resultate und eine Diskussion zum Thema Gehirn und Bewußtsein bietet: B. Preilowski, *Vergleichende Neuropsychologie: Untersuchungen zur Gehirnasymmetrie bei Menschen und Affen* (Konstanz: Universitätsverlag, 1985).

Auch andere haben die Meinung vertreten, daß Worte und verbale Mechanismen nicht mit Gedanken und Bewußtsein gleichgesetzt werden könnten. Der Mathematiker Hadamard behauptete, daß er keinerlei Worte im Kopf habe, wenn er wirklich denke, und daß jedes gelesene oder gehörte Wort sofort verschwinde, wenn er über es nachdenke.[32] Der Philosoph Schopenhauer hat diese allgemeine Sichtweise sehr kompromißlos zum Ausdruck gebracht, als er schrieb: »Gedanken sterben in dem Moment, in dem sie zu Worten werden.«[33]

Die rechte Hemisphäre und das Unbewußte

Der bekannte Schriftsteller Arthur Koestler hat behauptet, der „kreative Akt" trete gewöhnlich nicht durch bewußte analytische Intention ein. In seinem Buch *Der göttliche Funke* (Originaltitel *The Act of Creation*) greift Koestler den Gedanken der Inkubationszeit auf: Man schiebt ein Problem für gewisse Zeit beiseite, in der Hoffnung auf eine spätere Einsicht. Überdies ist er der Meinung, daß das Unbewußte maßgeblich daran beteiligt, Verbindungen oder Analogien herzustellen.

Viele berühmte Wissenschaftler haben berichtet, wie sie im Traum die Lösung eines Problems gefunden haben. Otto Loewi, der nachwies, daß Nervenimpulse mittels chemischer Botenstoffe übermittelt werden und dafür 1936 den Nobelpreis für Physiologie oder Medizin erhielt, hat geschildert, wie ihm das entscheidende Experiment in einem schlafähnlichen Zustand eingefallen ist. Die Idee der chemischen Übertragung war ihm schon 17 Jahre früher gekommen, aber er hatte sie „beiseite" gelegt, da er keine Möglichkeit sah, sie zu testen. 15 Jahre später führte er Versuche durch (ohne Bezug zu seiner alten Idee), für die er eine Technik entwickelt hatte, um vom Froschherzen abgesonderte Flüssigkeiten nachzuweisen. Eines Nachts, etwa zwei Jahre später, geschah folgendes:

»Ich erwachte, knipste das Licht an und notierte auf einem winzigen dünnen Stück Papier einige Bemerkungen. Dann schlief ich wieder ein. Um sechs Uhr morgens fiel mir auf, daß ich in der Nacht etwas äußerst Wichtiges aufgeschrieben hatte, aber ich konnte mein Gekritzel nicht entziffern. In der nächsten Nacht, um drei Uhr, kam mir erneut dieselbe Idee. Es war der Versuchsplan eines Experiments, mit dem ich prüfen konnte, ob die Hypothese der chemischen Übertragung, die ich 17 Jahre vorher geäußert hatte, richtig war oder nicht. Ich stand sofort auf, ging ins Labor und führte entsprechend dem nächtlichen Versuchsplan ein einfaches Experiment am Froschherzen durch.«[34]

Loewi arbeitete mit zwei isolierten Froschherzen, eines mit intakten Nervenverbindungen, das zweite ohne. Er stimulierte beim ersten Herzen den Vagusnerv. Der Vagus hat eine hemmende Wirkung auf das Herz, daher verlangsamten sich dessen Schläge. Loewi entfernte sofort einen Teil der Flüssigkeit, von der das Herz umgeben war, und führte diesen Teil dem anderen Herzen zu. Es schlug langsamer. In weiteren Versuchen konnte Loewi dann eindeutig nachweisen, daß Nerven das Herz (und andere Gewebe) dadurch beeinflussen, daß sie an ihren Endigungen chemische Substanzen freisetzen.

Nach sorgfältiger Prüfung der Kette von Ereignissen, die zu Loewis Experiment führte, erscheint es völlig ausgeschlossen, daß es sich hier um eine zufällige oder rein intuitive Entdeckung gehandelt hat. Zweifellos baute sie auf jahrelanger harter Arbeit auf. Doch zur Verbindung der zwei entscheidenden Ideen kam es offenbar, als Loewi sich in einem unbewußten oder halbbewußten Zustand befand.

Koestler schreibt dem Unbewußten eine bestimmte Rolle bei Entdeckungen zu und spricht hier von »Denkformen . . ., die in der Kindheit und bei primitiven Völkern vorherrschend, bei Erwachsenen dagegen normalerweise von Denkmethoden überlagert sind, die rationaler und realistischer sind«[35]. Was die Inkubationszeit angeht (wie die 17 Jahre im Falle Loewis), so spricht Koestler hier von einem „Wegdenken" oder von einer Rebellion gegen Zwänge, die eine »vorübergehende Befreiung von der Tyrannis überpräziser Begriffe, von all den Axiomen und Vorurteilen (bedeutet), die in überreicher Fülle in die Formen gerade unseres spezialisierten Denkens eingebaut sind«[36].

Die Versuchung, solche Überlegungen unter dem Aspekt der Lateralität neu zu interpretieren, ist offensichtlich groß. Verschiedene Forscher haben den Vorschlag gemacht, daß Träumen in die Zuständigkeit der rechten Hemisphäre fällt. Einige glauben, daß allein die rechte Hemisphäre träumt; andere meinen, daß die rechte Gehirnhälfte sich im Zustand des Träumens freier entfalten kann als gewöhnlich, da die linke Hemisphäre dann nicht dominiert oder störend eingreift. Sigmund Freud, der Vater der Psychoanalyse, vertrat die Ansicht, daß die Qualitäten des Unbewußten sich in der Logik der Träume offenbaren.

Haben die Entdeckungen bei Split-Brain-Patienten irgendwelche Konsequenzen für Freuds Theorien? David Galin hält das für möglich. Er glaubt, daß sie die Freudsche Annahme eines Unbewußten neurologisch bestätigen. Galin weist darauf hin, daß die rechtshemisphärische Art zu denken Freuds Beschreibung des „Unbewußten" ähnelt, und sieht eine Parallele zwischen der Funktionsweise der isolierten rechten Hemisphäre und geistigen Prozessen, die unterdrückt, unbewußt und nicht imstande sind, Verhalten direkt zu kontrollieren: »Gewisse Aspekte in der Funktionsweise der rechten Hemisphäre stimmen mit den kognitiven Prozessen überein, die Psychoanalytiker Primärvorgang genannt haben, also mit jener Form des Denkens, die Freud ursprünglich dem Unbewußten zugeordnet hat.«[37] Dazu gehören der häufige Gebrauch von Bildern, eine geringere Beteiligung an der Wahrnehmung von zeitlicher Dauer und der Reihenfolge von Ereignissen sowie eine eingeschränkte Sprache, wie sie in Träumen und bei Versprechern vorkommt.

Galin geht davon aus, daß die beiden Hemisphären normalerweise integriert arbeiten, daß aber zu bestimmten Zeiten die Kommunikation zwischen ihnen blockiert sein kann. Als Ergebnis könnte bei normalen Menschen eine Situation auftreten, die der bei Split-Brain-Patienten ähnelt. Galin beschreibt verschiedene Möglichkeiten, wie die zwei Hemisphären einer normalen Person so arbeiten könnten, als ob sie chirurgisch voneinander getrennt wären. In einem interessanten Beispiel spricht er von einer konfliktbedingten Hemmung der Informationsübermittlung: »Stellen Sie sich vor, wie es auf ein Kind wirkt, wenn seine Mutter sprachlich eine bestimmte Äußerung macht, aber durch ihren Gesichtsausdruck und ihre Körpersprache eine ganz andere: „Ich tue das, weil ich Dich liebe, mein Schatz", lauten die Worte, aber „Ich hasse Dich und will Dich vernichten", sagt das Gesicht.«[38]

Galin glaubt, daß zwar jede Hemisphäre die gleiche Eingangsinformation von den Sinnesorganen erhält, daß aber beide jeweils einen anderen „Input" empfangen, da sich jede nur auf eine der Botschaften konzentriert. Die linke wird die sprachlichen Hinweise beachten, die rechte die nichtsprachlichen. Galin schließt daran folgende Vermutung an:

»In dieser Situation könnten sich die zwei Hemisphären für entgegengesetzte Handlungsweisen entscheiden; die linke für Annäherung und die rechte für Flucht... Die linke Hemisphäre scheint meistens die Kontrolle über die „Output"-Kanäle zu gewinnen, aber wenn es ihr nicht gelingt, die rechte völlig „auszuschalten", geht sie möglicherweise dazu über, die Übermittlung der widersprüchlichen Information von der anderen Seite zu unterbinden... Jede Hemisphäre behandelt den schwachen kontralateralen „Input" so, wie Menschen im allgemeinen mit den gelegentlichen abweichenden Beobachtungen umgehen, die nicht in das Gros ihrer Überzeugungen hineinpassen: Sie werden zuerst ignoriert und dann, wenn sie hartnäckig bestehen bleiben, aktiv gemieden.«[39]

Galin zufolge liegt in solchen Momenten eine Art Hemisphärentrennung vor, und die linke Gehirnhälfte beherrscht allein das Bewußtsein. Geistige Vorgänge in der rechten Hemisphäre führen jedoch weiterhin ein Eigenleben und handeln wie das Freudsche Unbewußte als „unabhängiges Reservoir unzugänglicher Denkprozesse", die unangenehme Gefühle erzeugen können.

Es ist interessant, darauf hinzuweisen, daß LeDoux und Gazzaniga bei ihrem Patienten P. S. einige Beobachtungen am Rande gemacht haben, die psychodynamischer Natur zu sein scheinen. Die Autoren beziehen sich auf die Experimente, in denen sie der rechten und der linken Hemisphäre von P. S. unabhängig voneinander persönliche Fragen gestellt haben:

»An einem Tag, an dem die linke und die rechte Hemisphäre von P. S ihn selbst, seine Freunde und andere Dinge gleich bewerteten, war er ein ruhiger, fügsamer und sympathischer Jugendlicher. An Tagen, an denen die rechte und die linke Seite in ihren Bewertungen nicht übereinstimmten, erwies es sich als schwer, mit dem Patienten P. S. umzugehen. Es sieht ganz so aus, als ob jedes geistige System jederzeit die unterschiedlichen emotionalen Zustände des anderen registrieren kann. Wenn sie nicht übereinstimmen, wird ein Gefühl der Angst ausgelöst, das letztlich an Hyperaktivität und allgemeiner Aggression abzulesen ist. Angesichts des klaren chirurgischen Hintergrunds dieser Dynamik stellt sich die Frage, ob solche Vorgänge auch im normalen Gehirn ablaufen, wo verschiedene geistige Systeme, die unterschiedliche neuronale Codes verwenden, innerhalb und zwischen den zerebralen Hemisphären nebeneinander vorkommen.«[40]

Vom gespaltenen zum gesunden Gehirn: Ein Indiz für geistige Dualität in beiden

Wenn man tachistoskopisch das Wort *teacup* (englisch für „Teetasse“) auf einen Bildschirm projiziert, so daß *tea* links und *cup* rechts vom Fixationspunkt erscheint, vermag ein Split-Brain-Patient nicht das ganze Wort zu lesen. Er wird statt dessen angeben, das Wort *cup* gesehen zu haben, da die verbale linke Hemisphäre nur das sah, was rechts vom Fixationspunkt (in der rechten Gesichtsfeldhälfte) erschienen war. Die linke Hand des Patienten, die von der stummen rechten Gehirnhälfte kontrolliert wird, wird auf das Wort tea deuten, wenn man mehrere Wörter einschließlich *cup* und *teacup* anbietet. Einige Theoretiker glauben, diese Situation stelle ein überzeugendes Argument für die Dualität des Geistes bei Split-Brain-Patienten dar. Roland Puccetti zufolge deuten die Antworten des Patienten darauf hin, daß es in jeder Hemisphäre zu einer echten Wahrnehmungserfahrung gekommen ist. »So scheint es nun, daß das, was in jeder Hemisphäre vor sich geht, nicht nur ein anfängliches Registrieren des visuellen Materials ist, sondern eine – im einen Fall verbale, im anderen manuelle – Ausspeicherung dessen, was tatsächlich gesehen wurde.«[41]

Puccetti geht über die Frage hinaus, ob ein Split-Brain-Patient einen zweifachen Geist besitzt, und behauptet, daß sogar bei Menschen ohne derartige Operation ein doppeltes Bewußtsein die normale Situation darstellt. Im gesunden menschlichen Gehirn wird unter denselben experimentellen Bedingungen das Wort *teacup* gleichzeitig in beiden Hemisphären gesehen, wobei jeweils eine Hälfte des Wortes auf direktem Wege in jede Gehirnhälfte gelangt und die andere Hälfte indirekt über das Corpus callosum (siehe unsere Beschreibung des visuellen Systems in Kapitel 2). Warum, so fragt Puccetti, sieht die Versuchsperson dann nicht *teacup teacup,* sondern nur *teacup,* wenn das Bewußtsein doch beide Hemisphären umspannt?

Man könnte nun antworten, die Verdoppelung beträfe bloß die anfängliche sensorische Registrierung des Reizes, die nicht auf einem bewußten Niveau ablaufe; diese doppelten sensorischen Repräsentationen würden in jenem Verarbeitungsprozeß verschmolzen, der dazu führt, daß wir den Reiz „sehen“. Puccetti behauptet jedoch, daß jede Hemisphäre normalerweise das gesamte Gesichtsfeld „sieht“; das heißt, beide Gehirnhälften sind sich des Wortes *teacup* bewußt, so wie jede Hemisphäre sich des halben Wortes bewußt ist, wenn das Corpus callosum durchtrennt ist. Die Spaltung des Balkens bewirkt also nicht von sich aus ein geteiltes Bewußtsein, sondern schließt vielmehr nur zwei bestehende Bewußtseinsformen von der Hälfte ihrer normalen visuellen Eingangsinformation (der ipsilateralen Gesichtsfeldhälfte) aus; dadurch kommt dann das getrennte Bewußtsein zum Vorschein. Im gesunden Gehirn hat keine Hemisphäre einen introspektiven Zugang zu den Bewußtseinsinhalten der anderen. Die Verbindungen im Balken leisten dies nicht, meint Puccetti; seiner Meinung nach sorgen sie vielmehr für die Übertragung grundlegender sensorischer Information.

Puccetti erläutert seine Vorstellung von zwei getrennten Zentren des visuellen Bewußtseins, indem er einen Vergleich mit zwei nebeneinander plazierten Beobachtern eines Fußballspieles zieht. Jeder der beiden Beobachter sitzt in einer Kabine und kann durch ein Fenster direkt auf die eine Hälfte des Feldes sehen und über einen Fernseher, der etwa so groß ist wie das Fenster und an dieses anschließt, auf die andere. Die „Fensterhälfte" des einen ist die „Fernsehhälfte" des anderen. Wenn man die Fernsehkabel durchschneidet, verliert jeder Beobachter die Sicht auf jene Hälfte des Fußballfeldes, die der andere direkt durch das Fenster sieht.

»Doch nichts in der visuellen Erfahrung der beiden Beobachter – sei es nun vor oder nach dem Durchschneiden der Kabel – liefert einen introspektiven Hinweis darauf, daß es zwei Beobachter nebeneinander gibt. Wie Gazzaniga (1970) ausgeführt hat, bemerkt nach einer Split-Brain-Operation der sprechende Beobachter zur Linken tatsächlich zunächst nicht einmal, daß die Hälfte des Gesichtsfeldes verschwunden ist!«[42]

Warum aber diese Verdoppelung der bewußten Erfahrung? Puccetti behauptet – wie andere auch –, daß die Verdoppelung auf der sensorischen Ebene stattfinden muß, daß also jede Gehirnhälfte die Information über das Geschehene an die andere Hälfte weitergeben muß. »Wieviel wirkungsvoller ist es doch, wenn die Natur ein Übertragungssystem so verdrahtet, daß jede Gehirnhälfte denselben Zielreiz an derselben Stelle im Raum zu etwa derselben Zeit sieht.«[43] Gleichzeitig aber, so behauptet er, muß die Bewußtseinseinheit auf eine Hemisphäre begrenzt sein; anderenfalls ergäbe sich eine Verdopplung des sensorischen Feldes auf einem bewußten Niveau, und dies würde der Verarbeitung eines visuellen Zielreizes entgegenwirken. Folglich gibt es kein Gesamtbewußtsein, das beide Gehirnhälften umspannt.

Warum sind wir uns der beiden getrennten Bewußtseinseinheiten in unserem Kopf nicht bewußt? Warum arbeiten die beiden Gehirnhälften offensichtlich so gut zusammen? Puccetti glaubt, daß das sogenannte Cross-Cueing-Phänomen einen Teil der Antwort liefert. Experimente mit Split-Brain-Patienten haben gezeigt, daß die abgetrennte linke (verbale) Hemisphäre tatsächlich Anspruch auf Material erhebt, das nur der rechten Hemisphäre dargeboten wird. Das folgende Protokoll einer Sitzung mit dem Kommissurotomiepatienten L. B., dessen stummer rechter Hemisphäre man gerade ein Bild seiner Mutter gezeigt hatte, hilft, dies zu veranschaulichen:

»Untersucher: ›Wissen Sie, wer das ist?‹
L. B.: ›Uh-huh‹, in bejahendem Tonfall.
Untersucher: ›Können Sie den Namen nennen? Wer ist das?‹ Nachdem die Versuchsperson mehrere Sekunden lang nicht geantwortet hatte, fügte der Untersucher hinzu: ›Wissen Sie nicht, wer?‹
L. B.: ›Ich weiß, wer, aber ich kann es nicht aussprechen.‹
Untersucher: ›Können Sie den Namen nennen?‹
L. B.: ›Ich weiß, daß ich ihn buchstabieren kann, aber Sie lassen mich ja nicht.‹«[44]

L.B. konnte mit der linken Hand, also unter Kontrolle der stummen rechten Hemisphäre, „Mom" („Mutti") buchstabieren, aber das ließ der Untersucher nicht zu. Die rechte Hand war nicht dazu fähig, auch wenn die sprechende linke Gehirnhälfte behauptete, sie könne es. Wesentlich ist, daß »die verbale Gehirnhälfte darauf besteht, dieses Wissen irgendwo unter der Oberfläche zu besitzen, und zu verstehen gibt, daß kein anderes Bewußtseinszentrum existiert, das über jenes Wissen verfügt«[45].

Wie Puccetti des weiteren ausführt, kann die Tatsache, daß die rechte Hemisphäre unter solchen experimentellen Bedingungen fortfährt, der sprechenden Gehirnhälfte wie bei einer Scharade gewissenhaft Hinweisreize zu liefern, als Beweis dafür gelten, daß sie bezüglich der Kommunikation mit der Außenwelt meistens eine zweitrangige Rolle neben der linken Hemisphäre spielt. Nach einer Kommissurotomie ändert sich für die stumme rechte Hemisphäre nur wenig. Sie kann zwar gelegentlich eine unabhängige Handlung mit dem linken Arm oder dem linken Bein durchführen, aber insgesamt hat sie keine Möglichkeit, sich auszudrücken, außer dadurch, daß sie der linken Hemisphäre Informationen zuführt.

Wie man sich denken kann, ist Puccettis Hypothese von der Dualität des Bewußtseins im normalen Gehirn von vielen Seiten kritisiert worden. Nichtsdestoweniger liegt hier eine weitere interessante Betrachtungsweise vor, die durch die Split-Brain-Forschung angeregt wurde.

Was für ein „Selbst“* ist eine Hemisphäre?

Der Philosoph Daniel Dennett hat sich über die Personifizierung von Teilen des Gehirns mokiert, also darüber, daß man sie als „Wesen“ betrachtet und ihnen ein „Ich“ oder „Selbst“ zuspricht:

»Wie fühlt man sich so als Rechtshemisphären-Selbst in einem Split-Brain-Patienten? Das ist die natürlichste Frage der Welt, und sie beschwört ein Bild herauf, das einen nicht nur schwindlig macht, sondern auch frösteln läßt: Da bist Du also, gefangen in der rechten Gehirnhälfte eines Körpers, dessen linke Seite Dir sehr vertraut ist und die Du auch immer noch kontrollierst, dessen rechte Seite Dir nun aber so fern geworden ist wie der Körper eines Fremden, der Dir über den Weg läuft. Du würdest gern der Welt mitteilen, wie es ist, so zu sein, wie Du bist, aber Du kannst nicht! Da Du Deiner indirekten Telefonverbindungen mit dem Radiosender in der linken Hemisphäre verlustig gegangen bist, bist Du von allen verbalen Kommunikationsmöglichkeiten abgeschnitten. Du tust Dein Bestes, um der Außenwelt zu signalisieren, daß es Dich gibt, indem Du Deine Hälfte des Gesichts zu einem einseitigen Stirnrunzeln oder Lächeln verziehst – und manchmal (wenn Du ein Virtuose von einem Rechtshemisphären-Selbst bist), indem Du ein oder zwei Wörter mit der linken Hand kritzelst.«[46]

Dennett weist in der Folge darauf hin, daß diese Phantasieübung schlicht jeglicher Grundlage entbehre, da nach einer Kommissurotomie keine Konstellationen verblieben, die eigenständig und robust genug wären, um einem solchen separaten Selbst Rückhalt zu geben. Die Voraussetzungen, um jene Art

* Anmerkung des Herausgebers: Im Original wird in diesem Abschnitt jeweils von „selves“ gesprochen; im Deutschen fehlt bezeichnenderweise eine Pluralform des Wortes „Selbst“.

erzählerischen Reichtums und jene Unabhängigkeit hervorzubringen, die ein „auf eigenen Füßen stehendes“ Selbst ausmachen, seien nicht gegeben:

»In sorgfältig entworfenen Experimenten reagieren einige Patienten auf eine Zwangslage für kurze Zeit in zwiespältiger Weise, was vorübergehend einen zweiten erzählerischen Schwerpunkt entstehen läßt... die Lebensdauer dieses zweiten, rudimentären Selbst beträgt höchstenfalls Minuten – nicht viel Zeit, um jene Art von Lebensgeschichte zu schreiben, die für Ichs, die auf eigenen Füßen stehen, so kennzeichnend ist.«[47]

Auch nach Ansicht des Philosophen und Psychologen Daniel N. Robinson von der Georgetown-University werden Fragen, die mit der „Einheit des Bewußtseins“ zusammenhängen, von den Befunden der Split-Brain-Forschung kaum berührt.[48] Er erinnert daran, daß diese Problematik älter und tiefgründiger ist, als zeitgenössische Kommentatoren im allgemeinen zugeben, und daß sich bei der Analyse der historischen Dispute ganz ähnliche Einsichten und Verwirrungen offenbaren, wie sie heute die Seiten unserer Fachzeitschriften füllen. Die Konfusion hängt in erster Linie mit Problemen der Definition zusammen; vielfach werden Begriffe mit sehr unterschiedlichen Bedeutungen wechselweise verwendet, was – über die Verwirrung hinaus – auch zu subtilen Täuschungen führt.

Robinson erkennt die wissenschaftliche Bedeutung neuerer Befunde und Theorien zur Lateralität psychischer Prozesse durchaus an. Aber seiner Meinung nach gibt es im Rahmen der Split-Brain-Forschung nur eine konsistente Beobachtung, die für Fragen eines „gespaltenen Selbst“ oder eines „doppelten Bewußtseins“ als relevant anzusehen ist. Dabei handele es sich um den Zustand des „Erkenntniswiderspruchs“ (*epistemic contradiction*) – um die widerstreitenden Wissensangaben, die in manchen Testsituationen von Split-Brain-Patienten gemacht werden. Derselbe Patient mag beispielsweise fast gleichzeitg die Präsenz einer bestimmten Erinnerung bestätigen und leugnen: »Die linke Hand scheint, wie man so schön sagt, nicht zu wissen, was die rechte tut, oder – in der Sprache der modernen Kommentatoren ausgedrückt – das linke Gehirn weiß nicht, was das rechte sagt, weil das rechte Gehirn nicht reden kann.« Robinson meint weiter, daß diese Widersprüche »verwendet werden, um die Ansicht von der fehlenden Einheit oder Vielfältigkeit des Selbst – beziehungsweise von dessen Dualität, weil es eben zwei Hemisphären gibt – zu verteidigen.«

Tatsächlich vermögen Robinson zufolge verschiedenste experimentelle Techniken genau solche Zustände in vollkommen normalen, gesunden Versuchspersonen hervorzurufen. Zum Beispiel „erinnern“ sich Versuchspersonen bei Präsentation ganz bestimmter Hinweisreize auf einmal an eine Zahl oder einen Buchstaben, den sie im Anschluß an die ursprüngliche kurze Darbietung neben mehreren anderen nicht wiedererkennen konnten.[49] In gewissen psycho-physikalischen Experimenten reagieren Versuchspersonen auf einen Lichtblitz, von dem sie behaupten, ihn nicht „gesehen“ zu haben, genauso schnell wie auf den gleichen Lichtreiz, wenn er allein dargeboten wird.[50] Robinson führt noch weitere Beispiel an, etwa „hysterische“ Patienten, die vollkommen unterschiedliche Identitäten annehmen, Schlafwandler, die ziemlich komplexe Handlungen ausführen und sich danach an nichts mehr erinnern, und hypnotisierte Personen, die leugnen, was sie wissen.

»Für diejenigen, die in solchen Befunden Beweise für die Vielfältigkeit des Selbst sehen, gibt es Belege geradezu im Überfluß; was durch Kommissurotomien hinzukommt, fällt kaum ins Gewicht. Doch für die, die sich der Dualitätshypothese verschrieben haben, sind die Befunde schon zu gut, als daß die Hypothese wahr sein könnte. Übrigens sind Zustände des Erkenntniswiderspruchs nicht auf zwei pro Person beschränkt. Man denke an die *Drei Gesichter der Eva* (Titel eines in den USA erschienenen Romans) und die von Binet[51] entdeckten Fälle mit noch mehr Zuständen. Es erübrigt sich wohl zu erwähnen, daß es in keinem dieser Fälle irgendwelche Hinweise auf mehr als zwei Hemisphären gab.«[52]

Das Grundproblem liegt nach Robinson in den Bedeutungen und der synonymen Verwendung von Begriffen wie „Selbst", „Selbstidentität", „persönliche Identität" und „Person". Eine Person ist ein Mensch – von oftmals nicht bekannter Identität – mit Eigenschaften, die im übrigen Tierreich nicht in gleichem Ausmaß zu finden sind – gewissermaßen eine Sammlung von Eigenschaften, die von vielen Einheiten eines bestimmten Typs geteilt werden. „Es ist eine Person", stellt eine Antwort auf eine Was-Frage dar.

Um herauszufinden, wer diese Person ist, müssen wir über die Attribute, die den Personenstatus ausmachen, hinausgehen und die persönliche Identität feststellen. Wenn wir den Namen, den Beruf, die Anschrift und Einzelheiten aus dem Leben der Person erfragen, dann dürfen wir schließlich davon ausgehen, ihre Identität zu kennen – genauer gesagt, ihre persönliche Identität. Das ist jedoch etwas anderes als die Selbstidentität, denn beispielsweise könnte dieselbe Person unter einer Amnesie leiden und deshalb die von uns festgestellte Identität gar nicht kennen. Dennoch zweifelt der Amnestiker keineswegs an seiner Existenz, und »man muß ihm gewiß ein Selbst zugestehen, ja, er wird das sogar fordern, ob wir es ihm nun zugestehen oder nicht«.

Nach Robinsons Ansicht lassen sich einige der Phänomene, die man bei Split-Brain-Patienten beobachtet hat, sowie die anderen Beispiele für widersprüchliche Wissensbehauptungen vielleicht als Belege für multiple persönliche Identitäten und sogar für multiple Selbstidentitäten ansehen; auf keinen Fall aber seien sie der Beweis für ein multiples Selbst.* Robinson stellt anschließend fest:

»Die Erkenntnis der separaten persönlichen Identitäten und verschiedenen Selbstidentitäten, die einer Person zugeschrieben oder von ihr selbst angenommen werden, könnte schockierend für diese Person sein. Aber die grundlegende Tatsache der Existenz als bewußter Einheit kann nie schockierend sein, denn sie ist niemals etwas Neues. Bis jetzt lassen Logik, Sprache und wis-

* Und vielleicht sollte man sie, so möchten wir ergänzen, am besten einfach als (in Laborsituationen in Erscheinung tretende) Manifestation jener vielen unbewußten Vorgänge im Kopf einer Person betrachten, welche die Psychologie und die Physiologie über die letzten hundert Jahre hinweg zu dokumentieren versucht haben.

senschaftliche Befunde das „moi“ (ich) intakt, und so bleibt die Einheit des Selbst als Thema von dauerhaftem Interesse und sogar als Geheimnis weiter bestehen.«[53]

Hat sich das Leib-Seele-Problem erledigt?

Der aufregende Strom neuer Entdeckungen und Beobachtungen über Beziehungen zwischen Gehirn und Verhalten verleitet manchmal zu der Annahme, wir stünden kurz davor, den Geist (früher auch als Seele betrachtet) oder zumindest einige geistige Funktionen zu „verstehen“. Da es überdies oft so leicht ist, Ansätze zu widerlegen, in denen dem Bewußtsein in naiver und simplifizierter Weise bestimmte Strukturen (wie in früheren Zeiten) oder Stufen der Informationsverarbeitung (wie es in neuerer Zeit gelegentlich geschieht) zugeordnet werden, entsteht zunehmend der allgemeine Eindruck, daß philosophische und sogar psychologische Fragen, die sich mit dem Problem auseinandersetzen, ob geistige und physische Ereignisse zueinander in Beziehung stehen, unsinnig seien und an ihre Stelle eine neue „Neurophilosophie“ trete, die davon ausgeht, daß geistige Vorgänge neurophysischen Prozessen vollständig zuordenbar seien.

Tatsache aber ist, daß es noch wichtige konzeptionelle und philosophische Probleme zu bearbeiten gibt, wenn man die physischen Vorgänge, die „kognitiven Handlungen“ zugrunde liegen, aufdecken und erklären will. Diese Schwierigkeiten lassen sich weder damit abtun, daß man sich darüber lustig macht, welche Funktion Descartes der Zirbeldrüse zuschreibt, noch dadurch, daß man John Eccles’ Ansichten darüber ablehnt, wo in der Physiologie das „Bewußtsein“ die Szene betrete. Unglücklicherweise hat die relative Leichtigkeit, mit der sich einige Versuche zum Thema Bewußtsein angreifen ließen, gleichzeitig zu einer Trivialisierung der ernsten Fragen zur Gehirn-Geist-„Identität“ geführt. Wir haben in Kapitel 4 bereits darauf hingewiesen, daß das physiologische Korrelat eines geistigen Vorgangs nicht identisch mit diesem Vorgang ist. Unser geistiges Leben wird sich unter Umständen niemals durch äußerliche physiologische Messungen erklären lassen – nicht, weil es nicht aus der Gehirnaktivität entsteht, sondern weil das, was wir innerlich erleben, durch diskret meßbare Prozesse nicht erklärbar ist. Vielleicht lassen sich spezifische sensorische Aspekte von Erfahrungen mit spezifischen physischen Vorgängen in einen kausalen Zusammenhang bringen. Aber das bewußte Erleben als Ganzes besitzt womöglich zeitliche und mechanistische Hintergrundcharakteristika, die sich von der Zeit, der Struktur und den Prozessen, die wir zu messen versuchen, vollkommen unterscheiden.

Aber werden wir *es* jemals messen? Der Arzt und Schriftsteller Jonathan Miller formulierte es kürzlich so:

»In der Tat ist die Methode, die uns das Bewußtsein näher gebracht hat, so vollkommen verschieden von derjenigen, durch die wir uns mit Gehirnen vertraut machen, daß ich, wie es auch der Philosoph Colin McGinn tut, vermute, daß wir, obwohl wir uns auf nichts anderes als das Gehirn zu besinnen brauchen – keine Magie, die die Naturgesetze außer Kraft setzt –, die Verknüpfung zwischen beiden wohl niemals vollständig verstehen werden.«[54]

Und Miller schließt:

»Es gibt offensichtlich noch viel mehr über die Beziehung zwischen Gehirn und Geist zu lernen, und es wird Jahre, vielleicht Jahrhunderte dauern, bis wir zu dem gelangen, was Professor McGinn so mutig als *cognitive closure* (als „kognitives Schlußwort") bezeichnet hat. Die Tatsache, daß diese Forschung dazu bestimmt ist, eine asymptotische Kurve zu beschreiben, die der Grenze immer näher kommt, ohne sie jemals zu erreichen, schließt die Notwendigkeit, daß wir ihr folgen, nicht aus.«[55]

Links und Rechts in Biologie und Physik

Im 19. Jahrhundert entdeckte der französische Chemiker und Mikrobiologe Louis Pasteur, daß Weinsäuremoleküle in zwei verschiedenen spiegelbildlichen Formen vorkommen können und daß ein bestimmter Schimmelpilz auf die eine, nicht aber auf die andere Form der Säure einwirken konnte. Das bedeutete, daß der Schimmelpilz tatsächlich imstande war, links und rechts zu unterscheiden! Nach Pasteurs Ansicht konnte dies nur daran liegen, daß die molekulare Struktur des Schimmelpilzes selbst eine grundsätzliche Asymmetrie enthielt; er schrieb: »Dieses wichtige Kriterium (der molekularen Asymmetrie) macht vielleicht den einzigen exakt definierten Unterschied aus, den man zum gegenwärtigen Zeitpunkt zwischen der Chemie toter und lebender Materie feststellen kann.« Weiterhin spekulierte er, daß »das Leben von asymmetrischen Prozessen beherrscht wird. Ich könnte mir sogar vorstellen, daß alle Lebewesen in ihrer Stuktur, in ihren äußeren Formen ursprünglich Funktionen einer kosmischen Asymmetrie sind.«[56]

Liegen die Ursprünge der Asymmetrie des Menschen und bestimmter anderer Lebensformen tatsächlich in fundamentaleren Aspekten der Natur – in den grundlegenden Kräften, die in Biologie und Physik wirksam sind? Lange Zeit hat man angenommen, daß die Naturkräfte die Parität erhalten. Dieses Konzept aus der Physik besagt ganz allgemein, daß Phänomene unverändert bleiben, wenn sie an einer Ebene reflektiert oder in einem Spiegel gesehen werden; das heißt, daß die natürlichen Wechselwirkungen in der Welt, wenn man sie in einem Spiegel betrachtet, genauso aussehen wie bei direkter Betrachtung. Nur die Gegenwart menschlicher Kunstprodukte (wie der Schrift) oder das Wissen um die genauen Anordnungen in einer Originalszene können Aufschluß darüber geben, ob ein Bild spiegelverkehrt ist oder nicht. Die Gesetze, die im Spiegelbild wirksam sind und die unter anderem regeln, wie Gegenstände sich gegenseitig beeinflussen, scheinen mit jenen identisch zu sein, die das Original beherrschen. Nichtsdestotrotz erwies sich Pasteurs Idee von einer kosmischen Asymmetrie – auch wenn sie aufgrund der wenigen ihm vorliegenden Befunde nicht gerechtfertigt gewesen sein mag – als prophetische Vorwegnahme einiger neuerer Entwicklungen in Biologie und Physik.

Molekularbiologie

Die Entdeckung, daß Desoxyribonucleinsäure (abgekürzt DNS oder DNA, von englisch *deoxyribonucleic acid*) die Erbsubstanz in den Zellen bildet, und die Aufklärung ihrer spiralförmigen Struktur (Doppelhelix) gelten als überaus wichtige Beiträge zu Biologie und Genetik. In den Doppelsträngen eines DNA-Moleküls sind die genetischen Informationen – Angaben über die Reihenfolge von Aminosäurebausteinen – verschlüsselt. Die beiden langen Stränge winden sich wie Spiralen im Uhrzeigersinn umeinander; daher läßt sich ein DNA-Molekül nicht mit seinem Spiegelbild zur Deckung bringen. Einige Forscher haben spekuliert, daß diese und andere Asymmetrien auf molekularem Niveau der allgemeinen Asymmetrie bei manchen Organismen zugrunde liegen, etwa dem nach links versetzten Herzen und vielleicht auch der Händigkeit und der zerebralen Lateralisierung beim Menschen. Ihrer Ansicht nach müssen diese gröberen Asymmetrien auf den molekularen Mechanismen beruhen, die die Entwicklung der Struktur des Organismus steuern.[57] Obwohl alle Zellen identische DNA-Moleküle mit der gesamten Information enthalten, die zum Aufbau des vollständigen Organismus notwendig ist, entwickeln sich die Zellen unterschiedlich und bilden verschiedene Gewebearten aus (Muskeln, Knochen, Blut, Nervenzellen und so weiter). Man nimmt an, daß beim heranwachsenden Embryo die genetische Information in jeder Zelle in Wechselbeziehung mit „Positionsinformationen" anderen Ursprungs steht, die den Zelltyp und letztendlich die jeweilige Form und Struktur des Organismus festlegen.[58]

Die Mechanismen, die das Wachstum von Struktur und Gestalt steuern, sind erst unzulänglich bekannt, und die Existenz eines Positionscodes ist nur eine Hypothese. Nach Ansicht der Psychologen Corballis und Beale gehören alle systematischen Unterschiede in der Herausbildung von Links und Rechts zu diesem Code, und es sind nicht die Gene, die die Richtung der Asymmetrie verschlüsseln. Sie behaupten, daß der Positionscode selbst eine strukturelle Asymmetrie auf molekularem Niveau enthalten muß. Ob die Asymmetrien zum Ausdruck kommen oder nicht, hängt von der Wechselwirkung zwischen Positions- und genetischen Signalen ab. Wie wir in Kapitel 9 angeführt haben, sind Corballis und Beale der Ansicht, daß bei den meisten Menschen die Händigkeit und die zerebrale Lateralisierung von einem Links-Rechts-Gradienten beeinflußt werden, der in dem Positionscode enthalten ist und zu Rechtshändigkeit und linkshemisphärischer Sprachkontrolle führt. Bei einer kleinen Minderheit jedoch kommt dieser positionelle Gradient »nicht zum Ausdruck, und die Richtung, in der sich Händigkeit und zerebrale Lateralisierung entwickeln, wird zufällig und unabhängig festgelegt.«[59]

Parität in der Kernphysik

Wie bereits erwähnt, ist man lange Zeit davon ausgegangen, daß Naturkräfte die Parität erhalten; das heißt, die normalen Wechselbeziehungen in der Welt erlauben in keinerlei Hinsicht eine Definition von links und rechts, die sich daraus ableitet, wie Dinge funktionieren (oder wie Kräfte wirken). Selbst die Ablenkung einer Kompaßnadel durch einen parallel verlaufenden stromführenden Draht könnte man nicht dazu verwenden, rechts und links zu definieren, weil die Festlegung der „Nord"- und „Süd"-Pole der Nadel willkürlich ist. Das Spiegelbild eines Experiments, bei dem eine Kompaßnadel durch einen elektrischen Strom ausgelenkt wird, würde einem Beobachter als völlig normal erscheinen, weil dieser annehmen würde, die Pole seien vertauscht.

Im Jahre 1957 entdeckten jedoch Physiker, daß in einigen Phänomenen der sogenannten schwachen Kernkraft (oder schwachen Wechselwirkung) – nämlich bei radioaktiven Emissionen aus Atomen (Beta-Zerfall) – die Parität verletzt wird. Man konnte zeigen, daß der Kern des Kobalt-60-Atoms Elektronen bevorzugt in eine Richtung aussandte. Die Nord- und Südpole eines magnetischen Feldes ließen sich nunmehr absolut bestimmen, indem man festlegte, daß – wenn in einem Feld Kobalt-60-Kerne hintereinander aufgereiht sind – der Südpol dort ist, wohin die größere Anzahl der Elektronen ausgestoßen wird.[60] Damit wäre es auch möglich, zwischen der Ablenkung einer Kompaßnadel (durch einen stromführenden Draht) in der realen Welt und der Ablenkung in einem Spiegelbild zu unterscheiden.

Das Problem, ob es in den physikalischen Gesetzen des Universums eine grundsätzliche Unterscheidung zwischen links und rechts gibt, bleibt umstritten. Einige Physiker haben auf „tiefergreifende" Prinzipien verwiesen und argumentieren, daß die Parität auch weiterhin erhalten bleibt; sie führen beispielsweise die letztlich willkürliche Definition von „positiver" und „negativer" elektrischer Ladung ins Feld, auf der die Angabe der Fließrichtung des elektrischen Stromes gründet. Selbst die Richtung des Zeitflusses wird als Faktor ins Spiel gebracht, um mitzuhelfen, den Eindruck der vollständigen Symmetrie in den Wechselwirkungen der Natur aufrechtzuerhalten. Trotzdem gewinnt heutzutage die Annahme an Boden, daß – zumindest bei einer tiefergehenden Analyse der physikalischen Wechselwirkungen – tatsächlich natürliche Asymmetrien auftreten.

Bilden diese mehr oder weniger fundamentalen physikalischen Asymmetrien die Grundlage für jene Asymmetrien, die man auf molekularbiologischem Niveau festellen kann? Auf den ersten Blick erscheint dies unwahrscheinlich, weil nicht klar ist, wie Asymmetrien auf der Ebene der schwachen Wechselwirkungen im Atom das biochemische Niveau beeinflussen sollten, denn chemische Wechselwirkungen hängen von der elektromagnetischen Kraft ab, die weitaus stärker ist als die mit dem Kernzerfall zusammenhängende. Man vermutet, daß der Einfluß dieser Asymmetrien auf der Ebene der chemischen Wechselwirkungen vernachlässigbar ist, doch einige Theoretiker haben angesichts des Zeitrahmens der biochemischen Evolution auf der Erde spekuliert, daß der Einfluß doch beträchtlich gewesen sein könnte.[61] Überdies spricht einiges dafür, daß auch auf der Ebene elektromagnetischer und damit auch chemischer Wechselwirkungen die Parität nicht erhalten wird.[62]

In einem Überblick über diese und weitere Befunde zu Asymmetrien in der Natur ziehen Corballis und Beale den Schluß, daß »sie uns in der Überzeugung bestärken, daß die systematischen Asymmetrien in Morphologie, Molekularbiologie und subatomaren Wechselwirkungen letztlich miteinander verknüpft sind und daß es doch eine absolute, universelle Unterscheidung zwischen links und rechts gibt«.[63]

Schlußbemerkung

Während der Literaturrecherchen für dieses Buch und bei der Betrachtung unserer eigenen jahrelangen Arbeit auf dem Gebiet der Hemisphärenspezialisierung sind wir uns immer stärker des Problems der „Dichotomanie“ bewußt geworden. Zu den Symptomen des Problems gehört es, Hemisphärenunterschiede zu übertreiben und andere Formen der Hirnorganisation wie beispielsweise die regelhaften Unterschiede innerhalb einer Gehirnhälfte zu ignorieren.

Gleichzeitig hat uns aber in zunehmendem Maße die Realität der Hemisphärenunterschiede beeindruckt, die uns Möglichkeiten eröffnen, jene Hirnmechanismen besser zu verstehen, die den höheren geistigen Funktionen zugrunde liegen. Möglicherweise beruhen einige der grundlegendsten geistigen Fähigkeiten des Menschen darauf, daß die Natur in gewissem Maße eine sehr alte, stabile und erfolgreiche Methode zur Veränderung des Gehirns eingebüßt hat: die bilateralsymmetrische Evolution. Warum so vieles in der Natur eine spiegelsymmetrische Struktur aufweist und warum sich das Gehirn größtenteils spiegelsymmetrisch entwickelt hat, ist eine theoretische Frage, bei deren Beantwortung man weitgehend auf Vermutungen angewiesen bleibt.

Eine Annahme besagt, daß eine doppelt angelegte Struktur weniger verletzungsanfällig ist. Mechanismen auf der einen Seite können leicht Funktionen, die auf der anderen verlorengegangen sind, übernehmen, weil beide grundsätzlich dasselbe leisten. Mit der Entwicklung von Asymmetrien verschwand dieser Vorteil. Dieser Verlust an Redundanz wurde jedoch durch den gesteigerten Überlebenswert der Sprache, des verfeinerten räumlichen Vorstellungsvermögens und der sonstigen Begabungen ausgeglichen, die durch die integrierte Tätigkeit der asymmetrischen Komponenten beider Hemisphären hervorgebracht werden können.

Bei der Untersuchung dieser Asymmetrien gehen die Forscher weit über die Frage nach den Unterschieden zwischen den Gehirnhälften hinaus. Sie decken auf, mit welchen Vorgehensweisen das Gehirn verschiedene Arten von Information in der Umwelt verarbeitet und wie es einige unserer Verhaltensweisen erzeugt. Die Entdeckung unterschiedlicher Prozesse und Mechanismen im Gehirn fördert die Vorstellung, daß sich geistige Fähigkeiten auf diesem Weg erklären lassen. Forscher haben sich zu Themen wie dem Bewußtsein, dem Gefühl und der Einheit der Erfahrung geäußert. Darunter mögen einige voreilige Vorstöße gewesen sein, die sich auf unzureichende Befunde und ungeeignete Definitionen stützten, aber es sind erste Schritte auf dem sicher noch langen Weg, das Gehirn und vielleicht uns selbst zu begreifen.

Anhang: Funktionelle Neuroanatomie – Eine kurze Übersicht

In der geschichtlichen Entwicklung bewegten sich die Vorstellungen über das Verhältnis von Neuroanatomie und Verhalten zwischen zwei gegensätzlichen Standpunkten. Zum einen wurden von Zeit zu Zeit phantasievolle Karten des Gehirns gezeichnet, die Merkmale wie „Sparsamkeit", „Familiensinn", „Habgier", „Erinnerung" und ähnliches spezifischen Regionen zuordneten. Das andere Extrem bildete die Ansicht, das Gehirn arbeite als Einheit und es gebe keine Beziehungen zwischen einzelnen seiner Regionen und bestimmten Geistesfunktionen.

Die moderne Gehirnforschung hat sich von diesen extremen Standpunkten entfernt. Man geht heute davon aus, daß das Gehirn sowohl focal (also mit klar abgegrenzten Zentren) als auch diffus organisiert ist – je nachdem, welche Funktionen man untersucht. Sensorische und motorische Grundfunktionen werden von sehr spezifischen Regionen kontrolliert, während die höheren geistigen Funktionen mehrere über das Gehirn verteilte Bereiche beanspruchen.

Wir möchten dem Leser in diesem Anhang einen Überblick über einige Grundlagen der Neuroanatomie geben, uns aber dabei auf die corticalen Regionen der Hirnhemisphären konzentrieren – also auf diejenigen Bereiche des menschlichen Gehirns, um die es in den meisten Diskussionen über funktionelle Asymmetrien geht. Wir haben uns bemüht, Konzepte darzustellen, in denen die Hirnforscher weitgehend übereinstimmen; doch in vielen Bereichen gibt es immer noch beträchtliche Kontroversen. Angesichts dieser Unsicherheiten sind die jeweils neuesten „Karten" des Gehirns eher als grober Leitfaden denn als endgültiger Atlas anzusehen.*

Das Zentralnervensystem besteht aus dem Rückenmark und dem Gehirn. Das Gehirn teilt man gewöhnlich in drei Hauptregionen ein: das Rautenhirn (*Rhombencephalon*), das Mittelhirn (*Mesencephalon*) und das Vorderhirn (*Prosencephalon*). Diese Gebiete und einige der in ihnen liegenden Strukturen sind in Abbildung A.1 gegeneinander abgegrenzt.** Die Grobgliederung

* Hier sei auf zwei empfehlenswerte, zur Vertiefung geeignete deutschsprachige Bücher hingewiesen. Eine sehr übersichtliche Darstellung über die Gehirnanatomie des Menschen findet sich in: R. Nieuwenhuys, J. Voogd, C. van Huijzen, *Das Zentralnervensystem des Menschen*. 2. Aufl. (Berlin: Springer, 1990). Eine gute, zusammenfassende Beschreibung der Cortexfunktionen liefert O. D. Creutzfeld, *Cortex cerebri. Leistung, strukturelle und funktionelle Organisation der Hirnrinde* (Berlin: Springer, 1983).

** Häufig wird vom Hirnstamm (oder Stammhirn) und vom Großhirn (*Cerebrum*) gesprochen. Der Hirnstamm umfaßt das Rautenhirn, mit Ausnahme des Kleinhirns (*Cerebellum*) und das Mittelhirn. Einige Anatomen schließen auch die zentralen Kerngebiete (Nuclei) des Vorderhirns (etwa den Thalamus) mit ein, die unmittelbar oberhalb des Mittelhirns liegen. Mit dem Begriff des Großhirns ist das Vorderhirn beziehungsweise dessen vorderer Teil, das Endhirn (Telencephalon), gemeint.

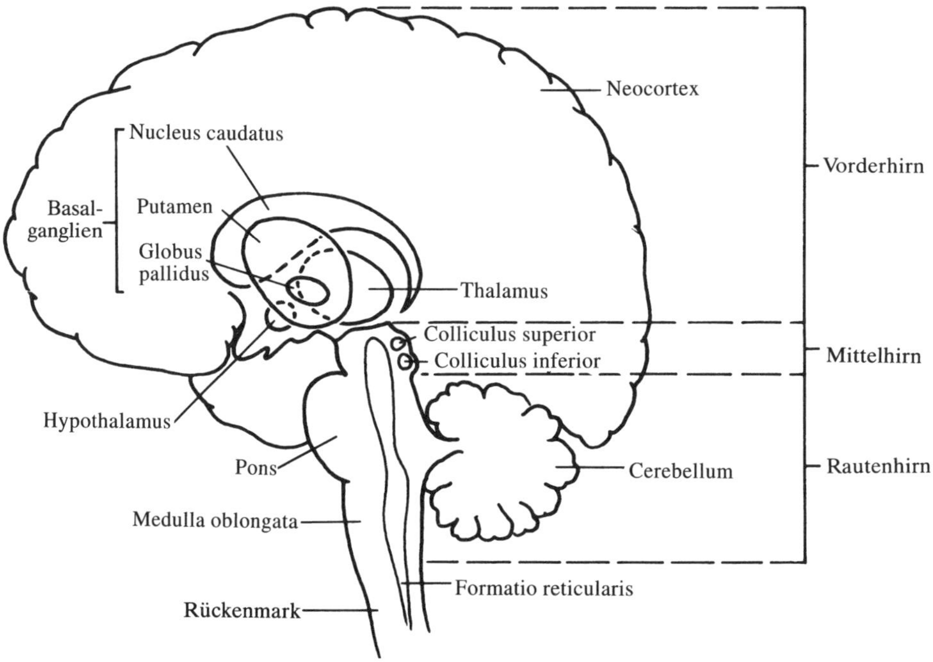

A.1 Diese schematische Darstellung zeigt die Grobgliederung des Gehirns und die Lage der tiefliegenden Kerngebiete (Nuclei) des Vorderhirns und der Strukturen des Hirnstammes. (Aus M. S. Gazzaniga, D. Steen und B. Volpe, *Functional Neuroscience* (New York: Harper & Row, 1979), S. 61, Abb. 3.13.)

erfolgt aufgrund der Embryonalentwicklung des Gehirns. Jeder der Hauptabschnitte entwickelt sich aus einem anderen Teil des embryonalen Neuralrohrs (den Hirnbläschen). Dies ermöglicht es, verschiedene Entwicklungsstufen in der Evolution des Nervensystems der Wirbeltiere in Beziehung zu setzen.

Die Rautenhirn- und Mittelhirnstrukturen kontrollieren nach üblicher Auffassung die mehr automatischen, unbewußten Aspekte des Verhaltens. Dazu gehören lebenswichtige Grundfunktionen wie das Atmen, der Wach-Schlaf-Rhythmus und der Grad der Aktivierung oder der Empfänglichkeit gegenüber äußeren Einflüssen. Wie sich immer deutlicher abzeichnet, tragen diese tieferen Gehirnstrukturen auch zu der Informationsverarbeitung bei, die für höhere geistige Funktionen notwendig ist.

Das Vorderhirn ist der größte und am höchsten entwickelte Gehirnabschnitt bei Menschen und höheren Tieren. Es besteht aus einer Ansammlung anatomisch abgegrenzter Gruppen von Nervenzellkörpern, sogenannten *Nuclei*, die von myelinumhüllten Nervenfasern umgeben und von der Großhirnrinde (*Cortex cerebri*) bedeckt sind.* Der Cortex bildet die be-

* Die myelinumhüllten Nervenfasern sind unter der Bezeichnung „weiße Substanz" bekannt, denn in frischem Hirngewebe sehen sie weiß aus. Die grau erscheinende Hirnrinde nennt man „graue Substanz".

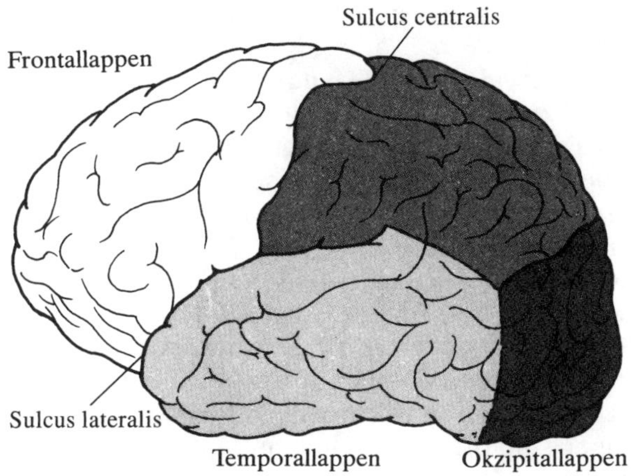

A.2 Die vier Lappen einer Großhirnhemisphäre.

kannte gefaltete Gehirnoberfläche und setzt sich aus mehreren Schichten komplex verschalteter Nervenzellen zusammen. Er stellt die stammesgeschichtlich „neueste" Struktur dar und ist nur bei Säugetieren gut entwickelt; einen besonders ausgedehnten und windungsreichen Cortex besitzt der Mensch. Der Neocortex, wie der größte (und stammesgeschichtlich jüngste) Teil der menschlichen Hirnrinde genannt wird, enthält etwa neun der zwölf Milliarden Neuronen des Zentralnervensystems. Er gilt im allgemeinen als verantwortlich für die höchsten Funktionen des menschlichen Gehirns, beispielsweise für das abstrakte Denken und die Sprache.

Das gesamte Zentralnervensystem ist im wesentlichen bilateralsymmetrisch angelegt. Eine durch die Mitte des menschlichen Körpers führende Schnittebene (die rechts und links trennt), die sogenannte Sagittalebene, spaltet das Nervensystem in zwei spiegelbildlich gleiche Teile. Die linke und rechte Hälfte des Hirnstammes sind bis unterhalb der Zwischenhirnregion des Vorderhirns physisch noch nicht getrennt. Das Vorderhirn selbst bildet zwei getrennte, spiegelbildliche Hälften, die über Faserbündel miteinander verbunden sind. Diese Hälften sind die Hirnhemisphären.

Die funktionellen Felder des Cortex

Der Neocortex bildet fast die gesamte Oberfläche der beiden Hemisphären. Jede Gehirnhälfte läßt sich in vier Lappen einteilen, wobei man die großen Falten der Hirnrinde, die *Gyri* (Windungen) und *Sulci* (Furchen), als Grenzlinien nimmt. Abbildung A.2 zeigt die Oberflächengliederung einer Hemisphäre. Die Zentralfurche (Sulcus centralis) trennt Frontal- und Parietallappen (Stirn- und Scheitellappen) voneinander. Sie bildet zugleich die Grenzlinie zwischen der anterioren, also vorderen Hälfte jeder Hemisphäre und den posterioren (hinteren) Regionen.

Die andere Hauptfurche, Sulcus lateralis oder Sylvische Furche (Fissura Sylvii) genannt, trennt den Temporallappen (Schläfenlappen) von Frontal-

und Parietallappen. Den hintersten Teil der Hirnrinde nennt man Okzipital- oder Hinterhauptslappen.

Jeder Lappen dient, wie man weiß, anderen sensorischen oder motorischen Funktionen. Der Okzipitallappen enthält das primäre Sehzentrum. Teile des Temporallappens sind am Hören beteiligt. Der vordere Teil des Parietallappens steht in Beziehung zu somatosensorischen Funktionen. Der hintere Abschnitt des Frontallappens vermittelt motorische Funktionen. Abbildung A.3 zeigt die beteiligten Regionen.

Diejenigen Cortexareale, die Informationen von den Sinnesorganen erhalten oder die Bewegungen bestimmter Körperteile steuern, nennt man primäre Projektionsfelder beziehungsweise primäre motorische Gebiete. Der primäre motorische Cortex des Frontallappens steuert spezifische Körperteile (siehe Abbildung A.4). Die primären sensorischen Gebiete im Parietal-, Temporal- und Okzipitallappen sind offenbar in hohem Maße für bestimmte Modalitäten (Sinnesqualitäten) spezifisch: Jeder Bereich ist nur dann aktiv, wenn Reize in der für ihn charakteristischen Modalität auftreten. Innerhalb jedes primären sensorischen Gebietes reagieren außerdem kleinere Areale nur auf höchst spezifische Merkmale oder Ausschnitte des jeweiligen „sensorischen Fensters".

Alle primären Gebiete sind topologisch so angelegt, daß verschiedene Teile des Körpers, verschiedene auditive Qualitäten und spezifische Partien des Gesichtsfeldes in systematischer Ordnung in der Hirnrinde repräsentiert sind. Verletzungen (Läsionen) in diesen Gebieten führen zu sehr spezifischen Ausfällen, etwa zu Blindheit in einem Teil des Gesichtsfeldes, zu selektiven Hörverlusten, zum Verlust der Empfindungsfähigkeit in einer Partie des Körpers oder zu einer teilweisen Lähmung. Dabei bestimmt das Ausmaß der Schädigung, wie groß der Ausschnitt des „sensorischen Fensters" ist, der verlorengeht.

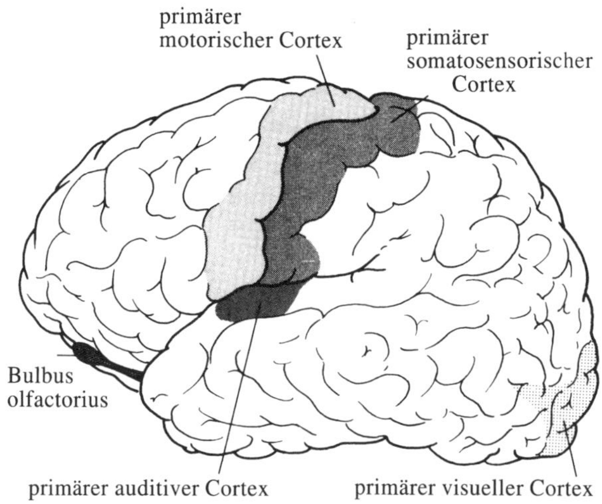

A.3 Die primären sensorischen und motorischen Hirnareale. Die übrigen Gebiete der Hirnrinde werden als „Assoziationscortex" bezeichnet.

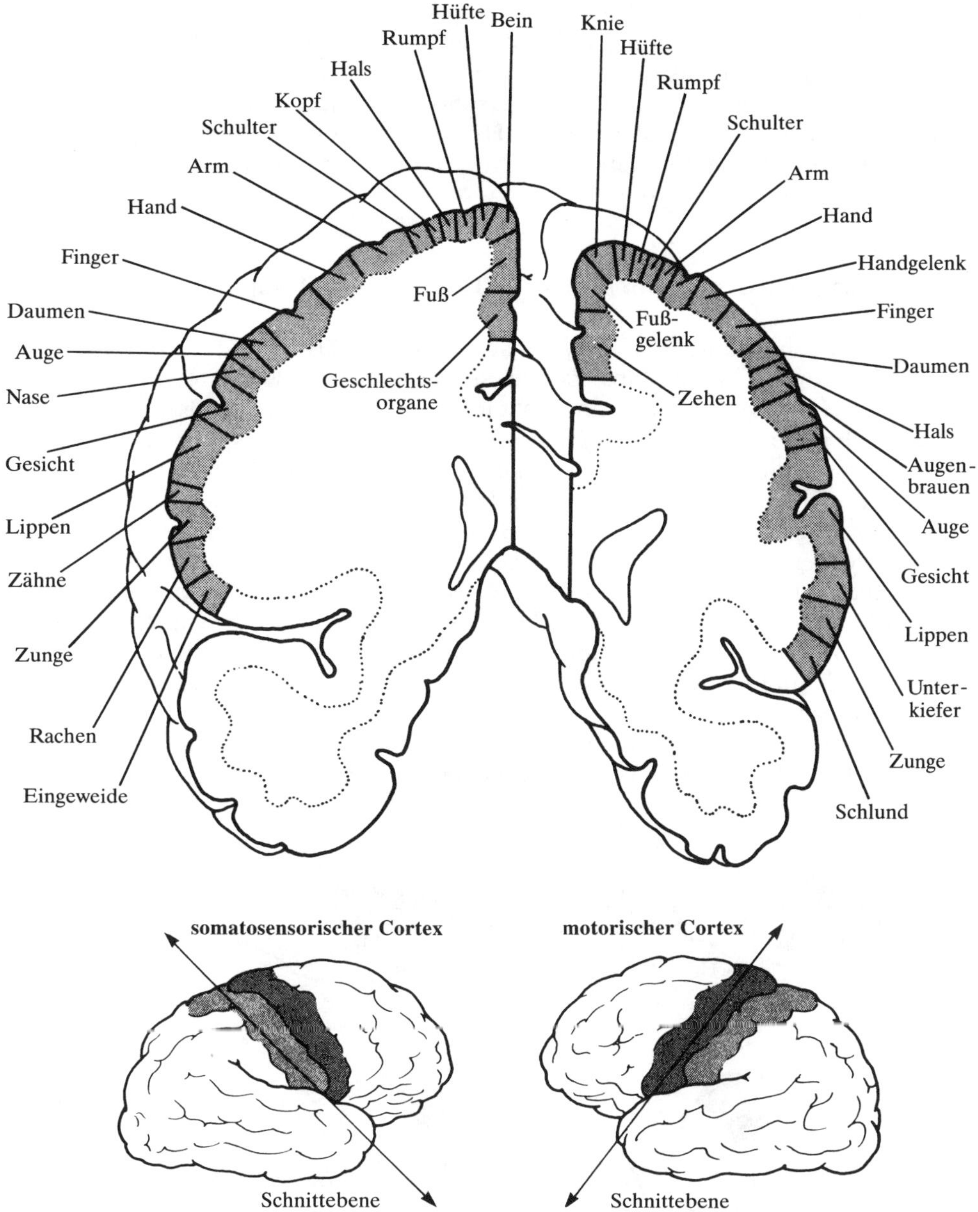

A.4 Die motorischen und somatosensorischen Areale der Hirnrinde stellen Projektionen von Teilen des Körpers dar (die Trennlinien im Cortex sollen dies verdeutlichen). Einige Gebiete wie etwa jene, die das Gesicht, die Zunge und die Finger repräsentieren, sind unverhältnismäßig groß, weil die Größe der Cortexoberfläche, die einem bestimmten Körperteil zugeordnet ist, die Erfordernisse dieses Körperteils widerspiegelt. Die Lippen belegen im motorischen Cortex mehr Platz als im somatosensorischen, da sie mehr muskelkontrollierte Bewegungen ausführen als Reize aufnehmen. (Nach N. A. Lassen, D. H. Ingvar und E. Skinhøj, „Brain Function and Blood Flow", *Scientific American*, 1978. Alle Rechte vorbehalten.)

Abbildung A.5 zeigt die primären Projektionsfelder in den Gehirnen von fünf Tierarten einschließlich des Menschen. Bei niederen Tieren ist der größte Teil des Gehirns sensorischen und motorischen Funktionen zugeordnet; darüber hinaus gibt es nicht viel. Bei höheren Tieren und besonders beim Menschen scheint ein großer Teil der Hirnrinde nicht auf einzelne Sinne festgelegt zu sein. Diese Gebiete bezeichnet man als *Assoziationsfelder* beziehungsweise als *Assoziationscortex*.

Die Assoziationsfelder von Parietal-, Okzipital- und Temporallappen

Einige Forscher unterscheiden zwischen sekundärem und tertiärem Assoziationscortex. Sekundäre Zonen sind diejenigen Gebiete, die an die primären Projektionsfelder angrenzen und ebenfalls noch als modalitätsspezifisch gelten; es handelt sich also um Zentren, die die spezifische sensorische Information, die im Primärgebiet eingeht, auf höherer Ebene verarbeiten. Die modalitätsspezifische Information wird in den sekundären Zonen zu einem bedeutungsvollen Ganzen integriert. Einzelne sensorische Reize werden kombiniert und in zunehmend komplexere Muster eingebaut. Eine Schädigung dieser sekundären Zonen führt zu Wahrnehmungsstörungen, die auf eine bestimmte Modalität beschränkt sind. Bei der visuellen Agnosie beispielsweise kann der Patient zwar durchaus sehen, aber er vermag nicht zu erkennen oder zu verstehen, was er sieht. Ähnliches gilt für auditive und taktile Agnosien.

Die tertiären Zonen liegen am Rande der parietalen, temporalen und okzipitalen sekundären Zonen.* In diesen Assoziationsfeldern ober „über-

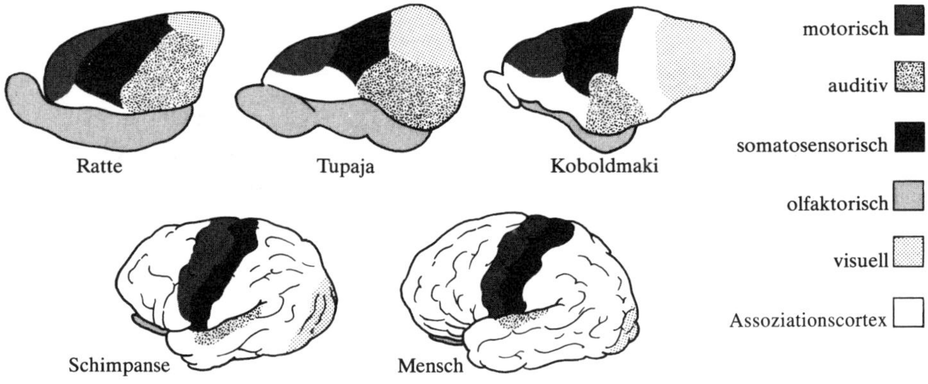

A.5 Die Gehirne von fünf Säugetieren zeigen deutliche Unterschiede im Verhältnis zwischen Assoziationscortex und Gebieten, die vor allem sensorischen und motorischen Funktionen dienen. (Nach W. Penfield, *Brain and Conscious Experience*, Hrsg. J. Eccles (New York: Springer, 1966). Pontifica Academia Scientiarum.)

* Die Definition der tertiären Zonen erfolgt nach A. R. Luria, *Higher Cortical Functions in Man* (New York: Basic Books, 1966).

lappenden Zonen“ verschwindet die Modalitätsspezifität. Die neuronale Aktivität scheint nicht davon abzuhängen, daß eine bestimmte, einzelne sensorische Modalität gereizt wird. Verschiedene sensorische Felder überschneiden sich, und aus kombinierten Empfindungen werden Wahrnehmungen einer zunehmend höheren Ordnung. Aus taktilen und kinästhetischen Impulsen entstehen Wahrnehmungen von Form und Größe, die sich mit visuellen Informationen über dieselben Gegenstände verbinden. Man glaubt, daß Objekte letztlich durch eine Konstellation von Erinnerungen aus mehreren Sinneskanälen repräsentiert werden. Sind Gebiete am Übergang von Parietal- zu Okzipitallappen oder von Parietal- zu Temporallappen geschädigt, kommt es zu Störungen, die über eine einzelne Modalität hinausgehen.

Auf dieser Ebene treten auch Hemisphärenasymmetrien zutage. Wenn es in der rechten Gehirnhälfte zu einer Schädigung solcher Zonen kommt, kann dies zu Störungen der manipulatorisch-räumlichen Fähigkeiten oder zum Neglektsyndrom führen, bei dem der Patient die linke Raumhälfte vernachlässigt. Entsprechende Schäden in der linken Hemisphäre können das Sprachverständnis oder die Fähigkeit, Gegenstände zu benennen, beeinträchtigen. Offenbar sind also die Assoziatonsfelder im hinteren Teil des Gehirns mit Wahrnehmungsprozessen auf höherer Ebene und mit der eher abstrakten „Manipulation“ dieser Prozesse befaßt. Der Unterschied zwischen linker und rechter Hemisphäre scheint darin zu bestehen, mit welchen Prozessen die jeweilige Hemisphäre besser umgehen kann.

Die Assoziationsfelder des Fontallappens

Den hinteren Teil des Frontallappens bildet das primäre motorische Gebiet. Das sekundäre motorische Areal – analog zu den sekundären sensorischen Zonen der posterioren Gehirnrinde – liegt unmittelbar vor dem motorischen Bereich des präzentralen Gyrus (motorischer Cortex) und wird prämotorisches Gebiet genannt. Es ist an der motorischen Steuerung auf höherer Ebene beteiligt. Wird diese Region geschädigt, kommt es zu Störungen in der Organisation von Bewegungen. (Eine Schädigung des motorischen Cortex selbst führt zu einer Lähmung.) Schädigungen in spezifischen Teilen des prämotorischen Gebietes der linken Hemisphäre (im Brocaschen Areal) führen zu einer erheblichen Sprechbehinderung – jener expressiven Funktionsstörung, die man als Broca-Aphasie bezeichnet.

Die Funktionen der übrigen Gebiete des Frontallappens scheinen schwerer faßbar zu sein. Die Gebiete in seinem vorderen Teil (die präfrontalen) sind nicht mehr direkt in die motorische Steuerung eingebunden und dienen vermutlich höheren, integrativen Funktionen. Man bezeichnet dieses präfrontale Gebiet wegen der charakteristischen „Körnerzellen“, aus denen es überwiegend besteht, oft auch als granulären frontalen Cortex. Wie Abbildung A.6 für verschiedene Säugetiergruppen zeigt, ist er im menschlichen Gehirn besonders weit ausgedehnt. Diese frontalen Hirngebiete bedingen die – im Vergleich mit den Schädeln anderer Primaten – ausgeprägt hohe Stirn des Menschen.

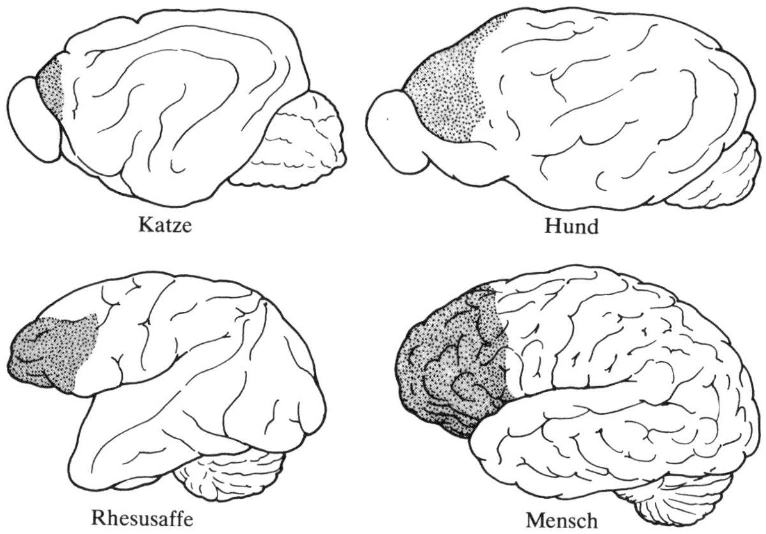

A.6 Der granuläre frontale Cortex des Gehirns dreier Tiere und des Menschen im Vergleich (nicht maßstabsgerecht). (Zeichnungen aus K. W. Walsh, *Neuropsychology – A Clinical Approach* (Edinburgh: Churchill-Livingstone, 1977), 110, Abb. 4.1.)

Eine Schädigung der präfrontalen Gebiete kann sowohl zu intellektuellen als auch zu Persönlichkeitsveränderungen führen. Obgleich die Patienten weiterhin imstande zu sein scheinen, viele unterschiedliche Aufgaben zu bewältigen, zeigen sich doch Ausfälle, wenn sie bestimmte Handlungsfolgen ausführen oder komplexe Probleme lösen sollen. Ein solcher Patient kann beispielsweise Schwierigkeiten haben, von einer Verhaltensweise auf eine andere zu wechseln, und sich daher bei einer Aufgabe „verrennen". Er zeigt sich unfähig, den zunächst eingeschlagenen Weg zu verlassen; wenn er einmal einen richtigen Schritt gemacht hat, behält er diese Strategie auch dann bei, wenn sie völlig unpassend ist. Man bezeichnet dies als Perseveration. Derartige Syndrome lassen vermuten, daß die Frontallappen an der Planung und Organisation von Handlungen beteiligt sind.

Die Unbeweglichkeit, die man bei bestimmten frontalen Syndromen feststellt, ist oft als Defizit im abstrakten Denken bezeichnet worden, aber diese Definition ist umstritten. Einige Forscher nehmen eine „Dissoziation zwischen Denken und Handeln" an. Der Patient vermag zwar verbal auszudrücken, was er tun sollte, kann die entsprechende Handlung aber nicht ausführen.

Noch schwerer faßbar als die intellektuellen Ausfälle sind die emotionalen und Persönlichkeitsveränderungen, die mit einer Schädigung des Frontallappens einhergehen. In den vierziger Jahren dieses Jahrhunderts waren die Frontalregionen Ziel vieler experimenteller chirurgischer Eingriffe, mit denen man verschiedene Formen von Geisteskrankheiten zu beherrschen hoffte. Obwohl es eine Flut von Literatur zu diesem Thema gibt, bleibt die Frage, wie die Frontallappen funktionieren und wie sich solche Operationen tatsächlich auswirken, letztlich unbeantwortet.

Allgemein scheinen die frontalen Assoziationsfelder nicht nur entscheidend an der Planung und Kontrolle von Handlungen mitzuwirken, sondern auch emotionale Tendenzen kontrollieren oder hemmen zu können. Luria hat vermutet, daß die Frontalgebiete als tertiäre Integrationszonen sowohl für das motorische System als auch für das limbische System dienen, eine tiefer im Vorderhirn gelegene, ältere Gehirnregion, die wahrscheinlich eine wesentliche Rolle bei Emotionen spielt.

Quellen

1. Frühe Befunde aus der Klinik: Die Entdeckung der Hemisphärenasymmetrie

1 R. W. Sperry, „Brain Bisection and Consciousness", in *Brain and Conscious Experience,* Hrsg. J. Eccles (New York: Springer-Verlag, 1966).

2 R. Ornstein, *The Psychology of Consciousness,* 2. Aufl. (New York: Harcourt Brace Jovanovich, 1977).

3 R. Ornstein, „The Split and Whole Brain", *Human Nature* 1 (1978): 76–83.

4 P. Bakan, „The Eyes Have It", *Psychology Today 4* (1971): 64–69.

5 J. E. Bogen, „The Other Side of the Brain. VII: Some Educational Aspects of Hemispheric Specialization", *UCLA Educator* 17 (1975): 24–32.

6 W. Gibson, „Pioneers in Localization of Brain Function", *Journal of the American Medical Association* 180 (1962): 944–951.

7 P. Broca (1863), zitiert in J. R. Joynt, „Paul Pierre Broca: His Contribution to the Knowledge of Aphasia", *Cortex* 1 (1964): 206–213.

8 P. Broca (1864), zitiert in M. Critchley, *Aphasiology and Other Aspects of Language* (London: Edward Arnold, 1970).

9 P. Broca (1865), zitiert in S. Dimond, *The Double Brain* (London: Churchill-Livingstone, 1972).

10 J. H. Jackson, *Selected Writings of John Hughlings Jackson,* Hrsg. J. Taylor (New York: Basic Books, 1958).

11 Ibid.

12 Ibid.

13 Ibid.

14 T. Weisenberg und K. E. McBride, *Aphasia: A Clinical and Psychological Study* (New York: Commonwealth Fund, 1935).

15 H. Hecaen und M. Albert, *Human Neuropsychology* (New York: Wiley, 1978).

16 O. Dalin (1745), zitiert in A. L. Benton und R. J. Joynt, „Early Descriptions of Aphasia", *Archives of Neurology* 3 (1960): 205–222.

17 A. Gates und J. Bradshaw, „The Role of the Cerebral Hemispheres in Music", *Brain and Language* 4 (1977): 403–431.

18 J. Semmes, „Hemispheric Specialization, a Possible Clue to Mechanism", *Neuropsychologia* 6 (1968): 11–26.

19 B. Bramwell, „On Crossed Aphasia", *Lancet* 8 (1899): 1473–1479.

20 W. Penfield und L. Roberts, *Speech and Brain Mechanisms* (Princeton, N. J.: Princeton University Press, 1959).

21 C. A. Mateer, R. L. Rapport und D. D. Polly, „Electrical Stimulation of the Cerebral Cortex in Humans", in *Neuromethods*, Hrsg. A. Boulton, G. Baker und M. Hiscock (Clifton, N. J.: Humana Press, 1990).

22 G. A. Ojemann, „Brain Organization for Language from the Perspective of Electrical Stimulation Mapping", *The Behavioral and Brain Sciences* 6 (1983): 235–238.

23 J. A. Wada und T. Rasmussen, „Intracarotid Injection of Sodium Amytal for the Laterialization of Cerebral Speech Dominance: Experimental and Clinical Observations", *Journal of Neurosurgery* 17 (1960): 266–282.

24 R. Rausch und M. Risinger, „Intracarotid Sodium Amobarbitol Procedure", in *Neuromethods*, Hrsg. A. Boulton, G. Baker und M. Hiscock (Clifton, N. J.: Humana Press, 1990).

25 T. Rasmussen und B. Milner, „The Role of Early Left–Brain Injury in Determining Lateralization of Cerebral Speech Functions", in *Evolution and Lateralization of the Brain*, Hrsg. S. Dimond und D. Blizzard (New York: New York Academy of Sciences, 1977).

26 D. W. Loring, K. Meador, G. Lee, A. Murro, J. Smith, H. Flanigin, B.Gallagher und D. King, „Cerebral Language Lateralization: Evidence from Intracarotid Amobarbitol Testing", *Neuropsychologia* 28 (1990): 831–838.

27 A. W. Ellis und A. W. Young, *Human Cognitive Neuropsychology* (London: Erlbaum, 1988).

28 T. Shallice, *From Neuropsychology to Mental Structure* (Cambridge: Cambridge University Press, 1988).

29 N. Geschwind, „Disconnection Syndromes in Animals and Man", *Brain* 88 (1965): 585–644.

30 A. W. Ellis und A. W. Young, *Human Cognitive Neuropsychology* (London: Erlbaum, 1988).

31 Ibid.

32 D. Marr, „Early Processing of Visual Information", *Philosophical Transactions of the Royal Society of London* B 275 (1976): 483–524.

2. Die operative Trennung der Hemisphären: Split-Brain-Patienten

1 T. C. Erikson, „Spread of Epileptic Discharge", *Archives of Neurology and Psychiatry* 43 (1940): 429–452.

2 W. Van Wagenen und R. Herren, „Surgical Division of Commissural Pathways in the Corpus Callosum", *Archives of Neurology and Psychiatry* 44 (1940): 740–759.

3 G. Fechner (1860), zitiert in O. Zangwill, „Consciousness and the Cerebral Hemispheres", in *Hemispheric Function in the Human Brain*, Hrsg. S. Dimond und G. Beaumont (New York: Halsted Press, 1974).

4 A. J. Akelaitis, „Studies on the Corpus Callosum. II: The Higher Visual Functions in Each Homonymous Field Following Complete Section of the Corpus Callosum", *Archives of Neurology and Psychiatry* 45 (1941): 789–796; A. J. Akelaitis, „The Study of Gnosis, Praxis and Language Following Section of the Corpus Callosum and Anterior Commissure", *Journal of Neurosurgery* 1 (1944): 94–102.

5 R. E. Myers, „Function of Corpus Callosum in Interocular Transfer", *Brain* 79 (1956): 358–363; R. E. Myers und R. W. Sperry, „Interhemispheric Communication Through the Corpus Callosum. Mnemonic Carry-Over Between the Hemispheres", *Archives of Neurology and Psychiatry* 80 (1958): 298–303.

6 R. W. Sperry, „Hemispheric Deconnection and Unity in Conscious Awareness", *American Psychologist* 23 (1968): 723–733.

7 M. S. Gazzaniga, *The Bisected Brain* (New York: Appleton-Century-Crofts, 1970).

8 S. M. Ferguson, M. Rayport und W. S. Corrie, „Neuropsychiatric Observations on Behavioral Consequences of Corpus Callosum Section for Seizure Control", in *Epilepsy and the Corpus Callosum*, Hrsg. A. G. Reeves (New York: Plenum Press, 1985).

9 F. Bremer, „An Aspect of the Physiology of Corpus Callosum", *Journal of Electroencephalography and Clinicial Neurophysiology* 22 (1967): 391.

10 C. B. Trevarthen, „Manipulative Strategies of Baboons, and the Origins of Cerebral Asymmetry", in *Hemispheric Asymmetry of Function*, Hrsg. M. Kinsbourne (London: Tavistock, 1974).

11 R. W. Doty, „Electrical Stimulation of the Brain in Behavioral Cortex", *Annual Review of Psychology* 20 (1969): 289–320.

12 J. Levy, C. B. Trevarthen und R. W. Sperry, „Perception of Bilateral Chimeric Figures Following Hemispheric Disconnections", *Brain* 95 (1972): 61–78.

13 L. Franco und R. W. Sperry, „Hemisphere Lateralization for Cognitive Processing of Geometry", *Neuropsychologia* 15 (1977): 107–114.

14 P. Greenwood, D. H. Wilson und M. S. Gazzaniga, „Dream Report Following Commissurotomy", *Cortex* 13 (1977): 311–316.

15 C. R. Clark und G. M. Geffen, „Corpus Callosum Surgery and Recent Memory", *Brain* 112 (1989): 165–175.

16 E. Phelps, W. Hirst und M. S. Gazzaniga, „Deficits in Recall Following Partial and Complete Commissurotomy", *Cerebral Cortex* 1 (1991): 492–498.

17 M. S. Gazzaniga und S. A. Hillyard, „Language and Speech Capacity of the Right Hemisphere", *Neuropsychologia* 9 (1971): 273–280.

18 E. Zaidel, „A Technique for Presenting Lateralized Visual Input with Prolonged Exposure", *Vision Research* 15 (1975): 283–289.

19 E. Zaidel, „Auditory Language Comprehension in the Right Hemisphere Following Cerebral Commissurotomy and Hemispherectomy: A Comparison with Child Language and Aphasia", in *Language Acquisition and Language Breakdown*, Hrsg. A Caramazza und E. Zurif (Baltimore: Johns Hopkins University Press, 1978).

20 M. S. Gazzaniga, „Right Hemisphere Language Following Brain Bisection: A 20 Year Perspective", *American Psychologist* 38 (1983): 525–537.

21 E. Zaidel, „A Response to Gazzaniga: Language in the Right Hemisphere, Convergent Perspectives", *American Psychologist* 38 (1983): 342–346.

22 E. Zaidel, „Language Functions in the Two Hemispheres Following Complete Cerebral Commissurotomy and Hemispherectomy", in *Handbook of Neuropsychology*, Bd. 4, Hrsg.: F. Boller und J. Grafman (Amsterdam: Elsevier, 1990).

23 N. Geschwind, „The Frequency of Callosal Syndromes in Neurological Practice", in *Epilepsy and the Corpus Callosum,* Hrsg. A. G. Reeves (New York: Plenum Press 1985).

24 R. D. Nebes, „Direct Examination of Cognitive Function in the Right and Left Hemispheres", in *Asymmetrical Function of the Brain*, Hrsg. M. Kinsbourne (Cambridge: Cambridge University Press, 1978).

25 L. Franco und R. W. Sperry, „Hemisphere Lateralization for Cognitive Processing of Geometry", *Neuropsychologia* 15 (1977): 107–111.

26 R. Puccetti, „The Alleged Manipulospatiality Explanation of Right Hemisphere Visuospatial Superiority", *Behavioral and Brain Sciences* 4 (1981): 75–76.

27 H. Erlichman und J. Barrett, „Right Hemisphere Specialization for Mental Imagery: A Review of the Evidence", *Brain and Cognition* 2 (1983): 55–76.

28 M. J. Farah, M. S. Gazzaniga, J. D. Holtzman und S. M. Kosslyn, „A Left Hemisphere Basis for Visual Imagery?“ *Neuropsychologia* 23 (1985): 115–118.

29 M. J. Farah, „The Neurological Basis of Mental Imagery“, *Cognition* 18 (1984): 245–272.

30 S. M. Kosslyn, „Seeing and Imagining in the Cerebral Hemispheres“, *Psychological Review* 94 (1987): 148–175.

31 J. Sergent, „The Neuropsychology of Visual Image Generation: Data, Method, and Theory“, *Brain and Cognition* 13 (1990): 98–129.

32 Ibid.

33 W. F. McKeever, K. F. Sullivan, S. M. Ferguson und M. Rayport, „Hemispheric Disconnection Effects in Patients with Corpus Callosum Section“, in *Epilepsy and the Corpus Callosum,* Hrsg. A. G. Reeves (New York: Plenum Press, 1985).

34 J. Levy-Agresti und R. W. Sperry, „Differential Perceptual Capacities in Major and Minor Hemispheres“, *Proceedings of the National Academy of Science,* U.S.A. 61 (1968): 115.

35 J. Levy, „Psychobiological Implications of Bilateral Asymmetry“, in *Hemispheric Function in the Human Brain,* Hrsg. S. Dimond und S. Beaumont (New York: Halstead Press, 1974).

36 C. B. Trevarthen und M. Kinsbourne, zitiert in J. Levy, „Cerebral Asymmetries as Manifested in Split Brain Main“, in *Hemispheric Disconnection and Cerebral Function,* Hrsg. M. Kinsbourne und W. L. Smith (Springfield, Ill.: Charles C. Thomas, 1974).

37 J. Levy und C. B. Trevarthen, „Metacontrol of Hemispheric Function in Human Split Brain Patients“, *Journal of Experimental Psychology: Human Perception and Performance* 2 (1976): 299–312.

38 Ibid.

39 J. Levy, „The Regulation and Generation of Percepton in the Asymmetric Brain“, in *Brain Circuits and Functions of the Mind – Essays in Honor of Roger Sperry,* Hrsg. C. B. Trevarthen (Cambridge: Cambridge University Press, 1990).

40 R. W. Sperry, „Lateral Specialization in the Surgically Separated Hemispheres“, in *The Neurosciences Third Study Program,* Hrsg. F. O. Schmitt und F. C. Worden (Cambridge, Mass.: MIT Press, 1974).

41 J. D. Holtzman, J. J. Sidtis, B. T. Volpe, D. H. Wilson und M. S. Gazzaniga, „Dissociation of Spatial Information for Stimulus Localization and the Control of Attention“, *Brain* 104 (1981): 861–872.

42 J. Sergent, „Furtive Incursions into Bicameral Minds“, *Brain* 113 (1990): 537–568.

43 S. E. Seymour, P. A. Reuter-Lorenz und M. S. Gazzaniga, „The Disconnection Syndrome: Basic Findings Reaffirmed“, in Druck.

44 M. S. Gazzaniga und J. E. LeDoux, *The Integrated Mind* (New York: Plenum Press, 1978).

3. Asymmetrien im normalen Gehirn

1 M. Mishkin und D. G. Forgays, „Word Recognition as a Function of Retinal Locus“, *Journal of Experimental Psychology* 43 (1952): 43–48.

2 M. I. Barton, H. Goodglass und A. Shai, „Differential Recognition of Tachistoscopically Presented English and Hebrew Words in Right and Left Visual Fields“, *Perceptual and Motor Skills* 21 (1965): 431–437.

3 E. L. Schwartz, R. Desimone, T. D. Albright und C. G. Gross, „Shape Recognition and Inferior Temporal Neurons“, *Proceedings of the National Academy of Sciences,* U. S. A. 80 (1984): 5776–5778.

4 G. Geffen, J. L. Bradshaw und G. Wallace, „Interhemispheric Effects on Reaction Time to Verbal and Nonverbal Visual Stimuli“, *Journal of Experimental Psychology* 87 (1971): 415–422; G. Rizzolatti, C. Umilta und G. Berlucchi, „Opposite Superiorities of the Right and Left Cerebral Hemispheres in Discriminative Reaction Time to Physiognomical and Alphabetic Material“, *Brain* 94 (1971): 431–442.

5 D. Kimura, „Spatial Localization in Left and Right Visual Fields“, *Canadian Journal of Psychology* 23 (1969): 445–458.

6 M. P. Bryden und C. Rainey, „Left-Right Differences in Tachistoscopic Recognition“, *Journal of Experimental Psychology* 66 (1963): 568–571; H. L. Dee und D. Fontenot, „Cerebral Dominance and Lateral Differences in Perception and Memory“, *Neuropsychologia* 11 (1973): 167–173; D. Kimura, „Dual Functional Asymmetry of the Brain in Visual Perception“, *Neuropsychologia* 4 (1966): 275–285.

7 D. Kimura, „Some Effects of Temporal Lobe Damage on Auditory Perception“, *Canadian Journal of Psychology* 15 (1961): 156–165.

8 M. R. Rosenzweig, „Representation of the Two Ears at the Auditory Cortex“, *American Journal of Physiology* 167 (1951): 147–158.

9 D. Dirks, „Perception of Dichotic and Monaural Verbal Material and Cerebral Dominance in Speech“, *Acta Otolaryngologica* 58 (1964): 73–80.

10 B. Milner, L. Taylor und R. W. Sperry, „Lateralized Suppression of Dichotically Presented Digits After Commissural Section in Man“, *Science* 161 (1968): 184–185; S. P. Springer und M. S. Gazzaniga, „Dichotic Listening in Partial and Complete Split Brain Patients“, *Neuropsychologia* 13 (1975): 341–346.

11 R. Zatorre, „Perceptual Asymmetry in the Dichotic Fused Words Test and Cerebral Speech Lateralization Determined the by Carotid Amytal Test", *Neuropsychologia* 27 (1989): 1207–1219.

12 G. Geffen und R. Caudrey, „Reliability and Validity of the Dichotic Monitoring Test for Language Laterality", *Neuropsychologia* 19 (1981): 413–423.

13 H. W. Gordon, „Degree of Ear Asymmetries for Perception of Dichotic Chords and for Illusory Chord Localization in Musicians of Different Levels of Competence", *Journal of Experimental Psychology: Human Perception and Performance* 6 (1980): 516–527; B. Bartholomeus, „Effects of Task Requirements on Ear Superiority for Sung Speech", *Cortex* 10 (1974): 215–223.

14 M. P. Bryden, „Tachistoscopic Recognition, Handedness, and Cerebral Dominance", *Neuropsychologia* 3 (1965): 1–8.

15 D. Kimura, „Functional Asymmetry of the Brain in Dichotic Listening", *Cortex* 3 (1967): 163–178.

16 D. Kimura und S. Folb, „Neural Processing of Backwards Speech Sounds", *Science* 161 (1968): 395–396; M. Studdert-Kennedy und D. Shankweiler, „Hemispheric Specialization for Speech Perception", *Journal of the Acoustical Society of America* 48 (1970): 579–594.

17 D. Kimura, „Left–Right Differences in the Perception of Melodies", *Quarterly Journal of Experimental Psychology* 16 (1964): 355–358.

18 F. W. K. Curry, „A Comparison of Left-Handed and Right-Handed Subjects on Verbal and Nonverbal Dichotic Listening Tasks", *Cortex* 3 (1967): 343–352.

19 R. Klatzky und R. Atkinson, „Specialization of the Cerebral Hemispheres in Scanning for Information in Short-Term Memory", *Perception and Psychophysics* 10 (1971): 335–338.

20 M. H. VanKleeck, „Hemispheric Differences in Global Versus Local Processing of Hierarchical Visual Stimuli by Normal Subjects: New Data and a Meta-Analysis of Previous Studies", *Neuropsychologia* 27 (1989): 1165–1178.

21 J. G. Seamon und M. S. Gazzaniga, „Coding Strategies in Cerebral Laterality Effects", *Cognitive Psychology* 5 (1973): 249–256.

22 S. Sasanuma, „Kana and Kanji Processing in Japanese Aphasics", *Brain and Language* 2 (1975): 369–383.

23 S. Sasanuma und O. Fujimura, „Selective Impairment of Phonetic and Non-Phonetic Transcription of Words in Japanese Aphasic Patients: Kana vs. Kanji in Visual Recognition and Writing", *Cortex* 7 (1971): 1–18.

24 S. Sasanuma, M. Itoh, K. Mori und Y. Kobayashi, „Tachistoscopic Recognition of Kana and Kanji Words“, *Neuropsychologia* 15 (1977): 547–553.

25 J. Sergent und J. B. Hellige, „Role of Input Factors in Visual-Field Asymmetries“, *Brain and Cognition* 5 (1986): 174–199.

26 S. Christman, „Perceptual Characteristics in Visual Field Research“, *Brain and Language* 11 (1989): 238–257.

27 F. L. Kitterle und R. S. Kaye, „Hemispheric Symmetry in Contrast and Orientation Sensitivity“, *Perception and Psychophysics* 37 (1985): 391–396; M. Rebai, L. Mecacci, J. D. Bagot und C. Bonnet, „Hemispheric Asymmetries in the Visual Evoked Potentials to Temporal Frequency: Preliminary Evidence“, *Perception* 15 (1986): 589–594.

28 J. L. Bradshaw, *Hemispheric Specialization and Psychological Functions* (New York: Wiley, 1989).

29 J. B. Hellige, „Hemispheric Asymmetry“, *Annual Review of Psychology* 41 (1990): 55–80.

30 M. P. Bryden, „Strategy Effects in the Assessment of Hemispheric Asymmetry“, in *Strategies of Information Processing,* Hrsg. G. Underwood (London: Academic Press, 1978).

31 M. P. Bryden, „An Overview of the Dichotic Listening Procedure and Its Relation to Cerebral Organization“, in *Handbook of Dichotic Listening,* Hrsg. K. Hugdahl (Chichester: Wiley, 1988).

32 T. A. Montor und M. P. Bryden, „On the Relationship Between Visual Spatial Attention and Visual Field Asymmetries“, *Quarterly Journal of Experimental Psychology* 44 (1992): 529–555; M. P. Bryden und T. A. Montor, „Attentional Factors in Visual Field Asymmetries“, *Canadian Journal of Psychology* 45 (1991): 427–447.

33 D. Hines und P. Satz, „Cross-Modal Asymmetries in Perception Related to Asymmetry in Cerebral Function“, *Neuropsychologia* 12 (1974): 239–247; E. B. Zurif und M. P. Bryden, „Familial Handedness and Left–Right Difference in Auditory and Visual Perception“, *Neuropsychologia* 7 (1969): 179–187.

34 S. Blumstein, H. Goodglass und V. Tarter, „The Reliability of Ear Advantage in Dichotic Listening“, *Brain and Language* 2 (1975): 226–236; D. Hines und P. Satz, „Cross-Modal Asymmetries in Perception“, *Neuropsychologia* 12 (1974): 239–247.

35 J. Levy und C. B. Trevarthen, „Metacontrol of Hemispheric Function in Human Split Brain Patients“, *Journal of Experimental Psychology: Human Perception and Performance* 2 (1976): 299–312.

36 J. B. Hellige, „Cerebral Laterality and Metacontrol“, in *Recent Advances in Laterality,* Hrsg. F. Kitterle (Hillsdale, N. J.: Erlbaum, 1991).

37 J. B. Hellige, „Interhemispheric Interaction When Both Hemispheres Have Access to the Same Stimulus Information", *Journal of Experimental Psychology: Human Perception and Performance* 15 (1989): 711–722.

38 J. B. Hellige, „Cerebral Laterality and Metacontrol", in *Recent Advances in Laterality,* Hrsg. F. Kitterle (Hillsdale, N. J.: Erlbaum, 1991).

39 M. Kinsbourne, „The Mechanism of Hemisphere Asymmetry in Man", in *Hemispheric Disconnection and Cerebral Function,* Hrsg. M. Kinsbourne und W. L. Smith (Springfield, Ill.: Charles C. Thomas, 1974).

40 M. Kinsbourne, „The Control of Attention by Interaction Between the Cerebral Hemispheres", in *Attention and Performance IV,* Hrsg. S. Kornblum (New York: Academic Press, 1973).

41 J. Morais und M. Landercy, „Listening to Speech While Retaining Music: What Happens to the Right Ear Advantage?" *Brain and Language* 4 (1977): 295–308.

42 P. A. Reuter-Lorenz, M. Kinsbourne und M. Moscovitch, „Hemispheric Control of Spatial Attention", *Brain and Cognition* 12 (1990): 240–266.

43 M. Moscovitch, „Information Processing", in *Handbook of Neurobiology-Neuropsychology,* Hrsg. M. S. Gazzaniga (New York: Plenum Press, 1979).

44 M. E. Day, „An Eye Movement Phenomenon Relating to Attention, Thought, and Anxiety", *Perceptual and Motor Skills* 19 (1964): 443–446.

45 P. Bakan, „Hypnotizability, Laterality of Eye Movement and Functional Brain Asymmetry", *Perceptual and Motor Skills* 28 (1969): 927–932.

46 M. Kinsbourne, „Eye and Head Turning Indicates Cerebral Lateralization", *Science* 176 (1972): 539–541.

47 D. Galin und R. Ornstein, „Individual Differences in Cognitive Style. 1: Reflexive Eye Movements", *Neuropsychologia* 12 (1974): 367–376; K. Kocel, D. Galin, R. Ornstein und E. Merrin, „Lateral Eye Movement and Cognitive Mode", *Psychonomic Science* 27 (1972): 223–224.

48 H. Ehrlichman und A. Weinberger, „Lateral Eye Movements and Hemispheric Asymmetry: A Critical Review", *Psychological Bulletin* 85 (1979): 1080–1101.

49 S. Carlton, P. Bakan und M. Moretti, „Conjugate Lateral Eye Movements: A Second Look", *International Journal of Neuroscience* 48 (1989): 1–18.

50 M. Kinsbourne und R. E. Hicks, „Mapping Cerebral Functional Space: Competition and Collaboration in Human Performance", in *Asymmetrical Function of the Brain,* Hrsg. M. Kinsbourne (Cambridge: Cambridge University Press, 1978).

51 M. Kinsbourne und J. Cook, „Generalized and Lateralized Effects of

Concurrent Verbalization on a Unimanual Skill", *Quarterly Journal of Experimental Psychology* 23 (1971): 341–345.

52 R. E. Hicks, „Intrahemispheric Response Competition Between Vocal and Unimanual Performance in Normal Adult Human Male", *Journal of Comparative and Physiological Psychology* 89 (1975): 50–60.

53 D. W. Kee und B. Cherry, „Lateralized Interference in Finger Tapping: Initial Value Differences Do Not Affect the Outcome", *Neuropsychologia* 28 (1990): 313–316.

4. Messungen des Gehirns und seiner Aktivitäten: Physiologische Korrelate der Asymmetrie

1 N. Geschwind und W. Levitsky, „Human Brain: Left-Right Asymmetries in Temporal Speech Region", *Science* 161 (1968): 186–187.

2 J. A. Wada, R. Clark und A. Hamm, „Cerebral Hemispheric Asymmetry in Humans", *Archives of Neurology* 32 (1975): 239–246; S. F. Witelson und W. Pallie, „Left Hemisphere Specialization for Language in the Newborn: Anatomical Evidence of Asymmetry", Brain 96 (1973): 641–646.

3 A. M. Galaburda, J. Corsiglia, G. D. Rosen und G. F. Sherman, „Planum Temporale Asymmetry, Reappraisal Since Geschwind and Levitsky", *Neuropsychologia* 25 (1987): 853–868.

4 M. LeMay und A. Culebras, „Human Brain-Morphologic Differences in the Hemispheres Demonstrable by Carotid Arteriography", *New England Journal of Medicine* 287 (1972): 168–170.

5 M. LeMay und N. Geschwind, „Asymmetries of the Human Cerebral Hemispheres", in *Language Acquisition and Language Breakdown,* Hrsg. A. Caramazza und E. Zurif (Baltimore: John Hopkins University Press, 1978).

6 W. H. Oldendorf, „Principles of Imaging Structure by Nuclear Magnetic Resonance", *Archives of Neurology* 32 (1983): 239–246.

7 A. M. Galaburda, M. LeMay, T. Kemper und N. Geschwind, „Right-Left Asymmetries in the Brain", *Science* 199 (1978): 852–856.

8 D. Galin und R. Ornstein, „Lateral Specialization of Cognitive Mode: An EEG Study", *Psychophysiology* 9 (1972): 412–418.

9 D. L. Molfese, R. B. Freeman Jr. und D. S. Palermo, „The Ontogeny of the Brain Lateralization for Speech and Nonspeech Stimuli", *Brain and Language* 2 (1975): 356–368.

10 C. C. Wood, W. R. Goff und R. S. Day, „Auditory Evoked Potentials During Speech Perception", *Science* 173 (1971): 1248–1251.

11 A. C. Papanicolaou, A. L. Schmidt, B. D. Moore und H. M. Eisenberg,

„Cerebral Activation Patterns in an Arithmetic and a Visuospatial Processing Task“, *International Journal of Neuroscience* 20 (1983): 283–288.

12 A. C. Papanicolaou, H. S. Levin, H. M. Eisenberg und B. D. Moore, „Evoked Potential Indices of Selective Hemispheric Engagement in Affective and Phonetic Tasks“, *Neuropsychologia* 21 (1983): 401–405.

13 A. S. Gevins, N. H. Morgan, S. L. Bressler, B. A. Cutillo, R. M. White, J. Illes, D. S. Greer, J. C. Doyle und G. M. Zeitlin, „Human Neuroelectric Patterns Predict Performance Accuracy“, *Science* 235 (1987): 580–585; A. S. Gevins und J. Illes, „Neurocognitive Networks of the Human Brain“, in *Windows on the Brain,* Hrsg. R. A. Zappulla, F. F. LeFever, J. Jaeger und R. Bilder, *Annals of the New York Academy of Sciences* 620 (1991).

14 D. S. Barth, W. Sutherling, J. Engel Jr. und J. Beatty, „Neuromagnetic Localization of Epileptiform Spike Activity in the Human Brain“, *Science* 218 (1982): 891–894.

15 G. L. Romani, S. J. Williamson und L. Kaufman, „Characterization of the Human Auditory Cortex by the Neuromagnetic Method“, *Experimental Brain Research* 47 (1982): 381–393.

16 A. C. Papanicolaou, S. Baumann, R. L. Rogers, C. Saydjari, E. G. Amparo und H. M. Eisenberg, „Localization of Auditory Response Sources Using Magnetoencephalography and Magnetic Resonance Imaging“, *Archives of Neurology* 47 (1990): 33–37.

17 N. A. Lassen und D. H. Ingvar, „Radioisotopic Assessment of Regional Cerebral Blood Flows“, in *Progress in Nuclear Medicine,* Bd. 1 (Baltimore: University Park Press, 1972).

18 N. A. Lassen, D. H. Ingvar und E. Skinhøj, „Brain Function and Blood Flow“, *Scientific American* 239 (1978): 62–71. [Deutsch veröffentlicht unter dem Titel „Hirnfunktion und Hirndurchblutung“, *Spektrum der Wissenschaft 12* (1978): 50–61.]

19 J. Risberg, J. H. Halsey, E. L. Wills und E. M. Wilson, „Hemispheric Specialization in Normal Man Studied by Bilateral Measurements of the Regional Cerebral Blood Flow: A Study with the ^{133}Xe Inhalation Technique“, *Brain* 98 (1975): 511–524.

20 G. Deutsch, W. T. Bourbon, A. C. Papanicolaou und H. M. Eisenberg, „Visuospatial Tasks Compared via Activation of Regional Cerebral Blood Flow“, *Neuropsychologia* 26 (1988): 445–452.

21 G. Deutsch, A. C. Papanicolaou, W. T. Bourbon und H. M. Eisenberg, „Cerebral Blood Flow Evidence of Right Frontal Activation in Attention Demanding Tasks“, *International Journal of Neuroscience* 36 (1987): 23–28.

22 R. Kuzniecky, J. M. Mountz und F. Thomas, „Ictal^{99m}Tc-HMPAO Brain

SPECT and EEG Nonlocalizable Partial Seizures“, *Journal of Neuroimaging,* in Druck.

23 J. M. Mountz und G. Deutsch, „^{99m}Tc-HMPAO SPECT Measures of a Mental Rotation Task“, *Journal of Nuclear Medicine,* in Druck.

24 P. T. Fox, S. E. Peterson, M. I. Posner und M. E. Raichle, „Language-Related Brain Activation Measured with PET: Comparison of Auditory and Visual Word Presentations“, *Journal of Cerebral Blood Flow and Metabolism* 7, Supplement 1 (1987): S294.

25 J. Sergent, S. Ohta und B. MacDonald, „Functional Neuroanatomy of Face and Object Processing“, *Brain* 115 (1992): 15–36.

26 Ibid.

27 J. V. Haxby, C. L. Grady, B. Horwitz, L. G. Ungerleider, M. Mishkin, R. E. Carson, P. Herscovitch, M. B. Schapiro und S. I. Rapoport, „Dissociation of Object and Spatial Visual Processing Pathways in Human Extrastriate Cortex“, *Proceedings of the National Academy of Sciences,* U.S.A: 88 (1991): 1621–1625; B. Horwitz, C. L. Grady, J. V. Haxby, L. G. Ungerleider, M. B. Schapiro, M. Mishkin und S. I. Rapoport, „Functional Associations Among Human Posterior Extrastriate Brain Regions During Object and Spatial Vision“, *Journal of Cognitive Neuroscience* 4 (1992): 311–322.

28 J. den Hollander, H. Hetherington, D. Twieg und G. Pohost, „^{31}P NMR Metabolite Mapping of Human Brain at 4.1T Using Time Domain Analysis“, *Magnetic Resonance in Medicine,* in Druck; M. A. Thomas, H. P. Hetherington, D. J. Meyerhoff und D. B. Twieg, „Localized Double Quantum Filtered ^{1}H NMR Spectroscopy“, *Journal of Magnetic Resonance* 93 (1991): 485–496.

29 S. Ogawa, T.-M. Lee, A. R. Kay und D. W. Tank, „Brain Magnetic Resonance Imaging with Contrast Dependent on Blood Oxygenation“, *Proceedings of the National Academy of Sciences,* U.S.A. 97 (1990): 9868–9872.

30 G. Deutsch, „A Critical Overview of the Contributions of Functional Neuroimaging to Neuropsychology“, *Journal of Experimental and Clinical Neuropsychology* 14 (1992): 86–87.

31 A. Oke, R. Keller, I. Mefford und R. N. Adams, „Lateralization of Norepinephrine in the Human Thalamus“, *Science* 200 (1978): 1411–1413.

32 L. Amaducci, S. Sorbi, A. Albanese und G. Gainotti, „Choline-Acetyl Transferase (CHAT) Activity Differs in Right and Left Human Temporal Lobes“, *Neurology* 31 (1981): 799–805.

33 S. D. Glick, D. A. Ross und L. B. Hough, „Lateral Asymmetry of Neurotransmitters in Human Brain“, *Brain Research* 234 (1982): 53–63.

34 K. H. Pribram und D. McGuinness, „Arousal, Activation, and Effort in

the Control of Attention“, *Psychological Review* 82 (1975): 116–149.

35 D. M. Tucker und P. A. Williamson, „Asymmetric Neural Control Systems in Human Self-Regulation“, *Psychological Review* 91 (1984): 185–215.

36 M. E. Phelps, „Electron Generator Produced Labeled Precursors and Compounds for Positron Emission Tomography“, Vortrag gehalten bei *Functional Neuroimaging Looking at the Mind*, 5. bis 6. November, Back Bay Hilton, Boston, Massachusetts (1992).

37 D. N. Robinson, *The Enlightened Machine* (New York: Columbia University Press, 1980).

5. Das Rätsel der Linkshändigkeit

1 W. Dennis, „Early Graphic Evidence of Dextrality in Man“, *Perceptual and Motor Skills* 8 (1958): 147–149; R. A. Dart, „The Predatory Implement Technique of Australopithecus“, *American Journal of Physical Anthropology* 7 (1949): 1–38; R. S. Uhrbrock, „Laterality in Art“, *Journal of Aesthetics and Art Criticism* 32 (1973): 27–35; S. Coren und C. Porac, „Fifty Centuries of Right Handedness: The Historical Record“, *Science* 198 (1977): 631–632.

2 M. C. Corballis, „The Origins and Evolution of Human Laterality“, in *Neuropsychology and Cognition,* Bd. 1, Hrsg. R. N. Malateska und L. C. Hartlage (The Hague: Martinus Nijhoff Publishers, 1982).

3 M. Barsley, *Left Handed People* (North Hollywood, Calif.: Wilshire Book Co., 1979).

4 C. Sagan, *Die Drachen von Eden. Das Wunder der menschlichen Intelligenz* (München: Droemer/Knaur, 1978). [Originalausgabe *The Dragons of Eden* (New York: Random House, 1977).]

4a A. Buchanan, „Mechanical Theory of the Predominance of the Right Hand Over the Left, or, More Generally, of the Limbs of the Right Side Over Those of the Left Side of the Body“, in *Proceedings of the Philosophical Society of Glasgow* 5 (1862): 142–167.

5 J. A. Froude, *Thomas Carlyle in London, 1834–1881* (London: Longmans, Green, 1884).

6 D. J. Cunningham, „Right Handedness and Left Handedness“, *Journal of the Royal Anthropological Institute of Great Britain and Ireland* 32 (1902): 273–296.

7 R. C. Oldfield, „The Assessment and Analysis of Handedness: The Edinburgh Inventory“, *Neuropsychologia* 9 (1971): 97–114.

8 S. Coren und C. Porac, *Lateral Preferences and Human Behavior* (New York: Springer-Verlag, 1981); S. Coren und C. Porac, „Effects of

Simulated Refractive Assymetries on Eye Dominance", *Bulletin of the Psychonomic Society* 9 (1977): 269–271.

9 Ibid.

10 Ibid.

11 H. D. Chamberlain, „The Inheritance of Left Handedness", *Journal of Heredity* 19 (1982): 557–559.

12 R. L. Collins, „The Sound of One Paw Clapping: An Inquiry Into the Origins of Left Handedness", in *Contributions to Behavior-Genetic Analysis – The Mouse as Prototype,* Hrsg. G. Lindzey und D. B. Thiessen (New York: The Meredith Corporation, 1970).

13 R. L. Collins, „When Left Handed Mice Live in Right Handed Worlds", *Science* 187 (1975): 181–184.

14 A. Blau, *The Master Hand* (New York: American Ortho-Psychiatric Association, 1946).

15 M. Annett, „A Model of the Inheritance of Handedness and Cerebral Dominance", *Nature* 204 (1964): 59–60.

16 M. Annett, *Left, Right, Hand and Brain* (London: Erlbaum, 1985).

17 R. G. Howard und A. M. Brown, „Twinning: A Marker for Biological Insults", *Child Development* 41 (1970): 519–530.

18 H. Gordon, „Left-Handedness and Mirror Writing Especially Among Defective Children", *Brain* 43 (1920): 313–368.

19 T. Rasmussen und B. Milner, „The Role of Early Left-Brain Injury in Determining Lateralization of Cerebral Speech Functions", in *Evolution and Lateralization of the Brain,* Hrsg. S. Dimond und D. Blizzard (New York: New York Academy of Sciences, 1977).

20 P. Bakan, G. Dibb und P. Reed, „Handedness and Birth Stress", *Neuropsychologia* 11 (1973): 363–366.

21 A. Searleman, C. Porac und S. Coren, „Relationship Between Birth Order, Birth Stress, and Lateral Preference: A Critical Review", *Psychological Bulletin* 105 (1989): 397–408.

22 M. Schwartz, „Discrepancy Between Maternal Report and Hospital Records", *Developmental Neuropsychology* 4 (1988): 303–304; M. Schwartz, „Handedness, Prenatal Stress, and Pregnancy Complications", *Neuropsychologia* 26 (1988): 925–929; M. Schwartz, „Left-Handedness and Prenatal Complications" in *Left Handedness: Behavioral Implications and Anomalies,* Hrsg. S. Coren (Amsterdam: Elsevier, 1990).

23 P. Satz, „Pathological Left-Handedness: An Explanatory Model", *Cortex* 8 (1972): 121–135.

24 P. Satz, D. L. Orsini, E. Saslow und R. Henry, „The Pathological Left-

Handedness Syndrome“, *Brain and Cognition* 4 (1985): 27–46; P. Satz, D. L. Orsini, E. Saslow und R. Henry, „Early Brain Injury and Pathological Left-Handedness: Clues to a Syndrome“, in *The Dual Brain,* Hrsg. E Zaidel (New York: Guilford Press, 1985).

25 H. Lansdell, „Verbal and Nonverbal Factors in Right-Hemisphere Speech: Relation to Early Neurological History“, *Journal of Comparative and Physiological Psychology* 69 (1969): 734–738.

26 T. Rasmussen und B. Milner, „The Role of Early Left-Brain Injury in Determining Lateralization of Cerebral Speech Functions“, in *Evolution and Lateralization of the Brain,* Hrsg. S. Dimond und D. Blizzard (New York: New York Academy of Sciences, 1977).

27 D. W. Loring, K. Meador, G. Lee, A. Murro, J. Smith, H. Flanigin, B. Gallagher und D. King, „Cerebral Language Lateralization: Evidence from Intracarotid Amobarbitol Testing“, *Neuropsychologia* 28 (1990): 831–838.

28 A. R. Luria, *Traumatic Aphasia* (The Hague: Mouton, 1970). A. Subirana, „The Prognosis in Aphasia in Relation to Cerebral Dominance and Handedness“, *Brain* 81 (1958): 415–425.

29 M. P. Bryden, „Tachistoscopic Recognition, Handedness, and Cerebral Dominance“, *Neuropsychologia* 3 (1965): 1–8; P. Satz, K. Achenbach, E. Patteshall und E. Fennell, „Order of Report, Ear Asymmetry, and Handedness in Dichotic Listening“, *Cortex* 1 (1965): 377–396.

30 H. Hecaen und J. Sauget, „Cerebral Dominance in Left Handed Subjects“, *Cortex* 7 (1971): 19–48.

31 D. L. Orsini, P. Satz, H. V. Soper und R. K. Light, „The Role of Familial Sinistrality in Cerebral Organization“, *Neuropsychologia* 23 (1985): 223–232.

32 J. Levy und M. Reid, „Variations in Writing Posture and Cerebral Organization“, *Science* 194 (1976): 337.

33 A. M. Weber und J. L. Bradshaw, „Levy and Reid's Neurological Model in Relation to Writing Hand Posture: An Evaluation“, *Psychological Bulletin* 90 (1981): 74–78; J. Levy, „Handwriting Posture and Cerebral Organization: How Are They Related?“ *Psychological Bulletin* 91 (1982): 589–608.

34 J. H. Halsey, V. W. Blauenstein, E. M. Wilson und E. L. Wills, „Brain Activation in the Presence of Brain Damage“, *Brain and Language* 9 (1980): 47–60.

35 E. Strauss, J. Wada und B. Kosaka, „Writing Posture and Cerebral Dominance for Speech“, *Cortex* 20 (1984): 143–147.

36 C. Hardyck und L. Petrinovich, „Left Handedness“, *Psychological Bulletin* 84 (1977): 385–404.

37 J. Levy, „Possible Basis for the Evolution of Lateral Specialization of the Human Brain", *Nature* 224 (1969): 614–615.

38 E. Miller, „Handedness and the Pattern of Human Ability", *British Journal of Psychology* 62 (1971): 111–112; F. Newcombe und G. Ratcliff, „Handedness, Speech Lateralization, and Ability", *Neuropsychologia* 11 (1973): 339–407.

39 C. Mebert und G. Michel, „Handedness in Artists", in *Neuropsychology of Left Handedness,* Hrsg. J. Herron (New York: Academic Press, 1980).

40 N. Geschwind und P. Behan, „Left-Handedness: Association with Immune Disease, Migraine, and Developmental Learning Disorders", *Proceedings of the National Academy of Sciences,* U.S.A. 79 (1982): 5097–5100.

41 N. Geschwind und P. Behan, „Laterality, Hormones, and Immunity", in *Cerebral Dominance: The Biological Foundations,* Hrsg. N. Geschwind und A. M. Galaburda (Cambridge, Mass.: Harvard University Press, 1984).

42 N. Geschwind und N. Galaburda, *Cerebral Laterilizations: Biological Mechanisms, Associations and Pathology* (Cambridge, Mass.: MIT Press, 1987).

43 C. P. Benbow und J. C. Stanley, „Sex Differences in Mathematical Ability: Fact or Artifact?", *Science* 210 (1983): 1262–1264.

44 M. P. Bryden, I. C. McManus und R. E. Steenhuis, „Handedness is Not Related to Self-Reported Disease Incidence", *Cortex* 27 (1991): 605–611; W. F. McKeever und D. A. Rich, „Left Handedness and Immune Disorders", *Cortex* 26 (1990): 33–40; B. D. Smith, M. B. Meyers und R. Kline, „For Better or Worse: Left Handedness, Pathology, and Talent", *Journal of Clinical and Experimental Neuropsychology* 11 (1989): 944–958.

45 I. C. McManus und M. P. Bryden, „Geschwind's Theory of Cerebral Lateralization: Developing a Formal, Causal Model", *Psychological Bulletin* 110 (1991): 237–253.

46 D. F. Halpern und S. Coren, „Do Right Handers Live Longer?" *Nature* 333 (1988): 213.

47 D. F. Halpern und S. Coren, „Hand Preference and Life Span", *New England Journal of Medicine* 324 (1991): 998.

48 S. Coren, „Left-Handedness and Accident-Related Injury Risk", *American Journal of Public Health* 79 (1989): 1–2; S. Coren und D. F. Halpern, „Left-Handedness – A Marker for Decreased Survival Fitness", *Psychological Bulletin* 109 (1991): 90–106.

49 D. M. Morens und A. R. Katz, „Left-Handedness and Life Expectancy", *New England Journal of Medicine* 325 (1991): 1041.

50 M. E. Salive, J. M. Guralnik und R. J. Glynn, „Left-Handedness and Mortality", *American Journal of Public Health* 83 (1993): 265–267.

51 K. Hugdahl, P. Satz, M. Mitrushina und E. N. Miller, „Left-Handedness und Old Age: Do Left-Handers Die Earlier?" *Neuropsychologia* 31 (1993): 325–333.

6. Weitere Befunde aus der Klinik: Aphasis, Apraxie, Agnosie

1 A. W. Ellis und A. W. Young, *Human Cognitive Neuropsychology* (London: Lawrence Erlbaum, 1988).

2 Ibid.

3 H. Hecaen und M. L. Albert, *Human Neuropsychology* (New York: Wiley, 1978); A. R. Luria, *Higher Cortical Functions* (New York: Basic Books, 1966).

4 K. W. Walsh, *Neuropsychology – A Clinical Approach* (London: Churchill-Livingstone, 1978); K. M. Heilman und E. Valenstein, *Clinical Neuropsychology* (New York: Oxford University Press, 1979).

5 E. B. Zurif, „Language Mechanisms: A Neuropsychological Perspective", *American Scientist* 68 (1980): 305–311.

6 A. Kreindler, C. Calavrezo und L. Mihailescu, „Linguistic Analysis of One Case of Jargon Aphasia", *Revue Roumaine de Neurologic* 8 (1971): 209–228.

6a W. Huber, K. Poeck und D. Weniger (Hrsg.), *Klinische Neuropsychologie* (Stuttgart: Thieme, 1982).

7 J. W. Brown, *Aphasia, Apraxia and Agnosia* (Springfield, Ill.: Charles C. Thomas, 1972).

7a W. Huber, K. Poeck und D. Weniger (Hrsg.), *Klinische Neuropsychologie* (Stuttgart: Thieme, 1982).

8 A. K. Coughlan und E. K. Warrington, „Word-Comprehension and Word-Retrieval in Patients with Localized Cerebral Lesions", *Brain* 101 (1978): 163–185; S. J. Dimond, *Neuropsychology: A Textbook of Systems and Psychological Functions of the Human Brain* (London: Butterworths, 1980).

9 N. Geschwind, „Disconnexion Syndromes in Animals and Man", *Brain* 88 (1965): 237–294; N. Geschwind, „The Organization of Language and the Brain", *Science* 170 (1970): 940–944.

10 S. J. Dimond, *Neuropsychology: A Textbook of Systems and Psychological Functions in the Human Brain* (London: Butterworths, 1980).

11 N. Geschwind, „Disconnexion Syndromes in Animals and Man", *Brain* 88 (1965): 237–294.

12 J. C. Marshall, „On the Biology of Language Acquisition“, in *Biological Studies of Mental Processes*, Hrsg. D. Caplan (Cambridge, Mass.: MIT Press, 1980).

13 T. Shallice, *From Neuropsychology to Mental Structure* (Cambridge: Cambridge University Press, 1988); A. W. Ellis und A. W. Young, *Human Cognitive Neuropsychology* (London: Erlbaum, 1988).

14 J. W. Brown, *Mind, Brain, and Consciousness* (New York: Academic Press, 1977).

15 P. MacLean, „Cerebral Evolution and Emotional Processes: New Findings on the Striatal Complex“, *Annals of the New York Academy of Science* 193 (1972): 137–149; G. Coghill, *Anatomy and the Problem of Behavior* (New York: Cambridge University Press, 1929).

16 S. J. Dimond, *Neuropsychology: A Textbook of Systems and Psychological Functions of the Human Brain* (London: Butterworths, 1980).

17 G. A. Ojemann, „Subcortical Language Mechanisms“, in *Studies in Neurolinguistics*, Bd. 1, Hrsg. H. Whitaker and H. A. Whitaker (New York: Academic Press, 1976); G. A. Ojemann, „Asymmetric Function of the Thalamus in Man“, *Annals of the New York Academy of Science* 299 (1977): 380–396.

18 A. Smith, „Speech and Other Functions After Left (Dominant) Hemispherectomy“, *Journal of Neurology, Neurosurgery and Psychiatry* 29 (1966): 467–471; C. W. Burkland und A. Smith, „Language and the Cerebral Hemispheres“, *Neurology* 27 (1977): 627–633.

19 A. Smith, „Nondominant Hemispherectomy“, *Neurology* 19 (1969): 442–445.

20 N. Geschwind, „Disconnexion Syndromes in Animals and Man“, *Brain* 88 (1965): 237–294.

21 M. Coltheart, „Deep Dyslexia: A Right-Hemisphere Hypothesis“, in *Deep Dyslexia*, Hrsg. M. Coltheart, K. Patterson und J. C. Marshall (London: Routledge and Kegan Paul, 1980).

22 D. Hines, „Differences in Tachistoscopic Recognition Between Abstract and Concrete Words as a Function of Visual Half-Field and Frequency“, *Cortex* 13 (1977): 66–73.

23 M. Danly und B. Shapiro, „Speech Prosody in Broca's Aphasia“, *Brain and Language* 16 (1982): 171–190.

24 K. M. Heilman, R. Scholes und R. T. Watson, „Auditory Affective Agnosia: Disturbed Comprehension of Affective Speech“, *Journal of Neurology, Neurosurgery and Psychiatry* 38 (1975): 69–72.

25 E. D. Ross und M. M. Mesulam, „Dominant Language Functions of the Right Hemisphere“, *Archives of Neurology* 36 (1979): 144–148.

26 E. D. Ross, „The Aprosodias: Functional-Anatomic Organization of the Affective Components of Language in the Right Hemisphere“, *Annals*

of Neurology 38 (1981): 561–589.

27 M. L. Albert, R. W. Sparks und N. A. Helm, „Melodic Intonation Therapy for Aphasia“, *Archives of Neurology* 29 (1973): 130–131.

28 E. Winner und H. Gardner, „The Comprehension of Metaphor in Brain-Damaged Patients“, *Brain* 100 (1977): 717–729.

29 N. S. Foldi, M. Cicone und H. Gardner, „Pragmatic Aspects of Communication in Brain Damaged Patients“, in *Language Functions and Brain Organization*, Hrsg. S. J. Segalowitz (New York: Academic Press, 1983).

30 W. R. Gowers, *A Manual of Diseases of the Nervous System* (London: J & A Churchill, 1893).

31 M. Kinsbourne, „The Minor Cerebral Hemisphere as a Source of Aphasic Speech“, *Archives of Neurology* 25 (1971): 302–306.

32 J. L. Cummings, D. F. Benson, M. J. Walsh und H. L. Levine, „Left-to-Right Transfer of Language Dominance: A Case Study“, *Neurology* 29 (1979): 1547–1550.

33 A. C. Papanicolaou, B. D. Moore, H. S. Levin und H. M. Eisenberg, „Evoked Potential Correlates of Right Hemisphere Involvement in Language Recovery Following Stroke“, *Archives of Neurology* 44 (1987): 521–524.

34 G. Deutsch, A. C. Papanicolaou und H. M. Eisenberg, „CBF During Tasks Intended to Differentially Activate the Cerebral Hemispheres: New Normative Data and Preliminary Applications in Recovering Stroke Patients“, *Journal of Cerebral Blood Flow and Metabolism* 7 Supplement (1987): S306.

35 M. Fiorelli, J. Blin, S. Bakchine, D. Laplane und C. J. Baron, „PET Studies of Cortical Diaschisis in Patients with Motor Hemi-Neglect“, *Journal of Neurological Sciences* 104 (1991): 135–142.

36 E. K. Warrington, „Constructional Apraxia“, in *Handbook of Clinical Neurology*, Bd. 4, Hrsg. P. J. Vinken und G. W. Bruyn (Amsterdam: Elsvier/North-Holland Biomedical Press, 1969).

37 A. L. Benton, „Visuoperceptive, Visuospatial and Visuoconstructive Disorders“, in *Clinical Neuropsychology*, Hrsg. K. M. Heilman und E. Valenstein (Oxford: Oxford University Press, 1979).

38 E. DeRenzi, P. Faglioni und G. Scotti, „Hemispheric Contribution to Exploration of Space Through Visual and Tactile Modality“, *Cortex 6* (1970): 191–203; D. J. Fontenot und A. L. Benton, „Tactile Perception of Direction in Relation to Hemispheric Locus of Lesion“, *Neuropsychologia* 9 (1971): 83–88.

39 A. L. Benton, „The Neuropsychology of Facial Recognition“, *American Psychologist* 35 (1980): 176-186; A. L. Benton „Visuoperceptive, Visuo-

spatial and Visuoconstructive Disorders", in *Clinical Neuropsychology*, Hrsg. K. M. Heilman und E. Valenstein (Oxford: Oxford University Press, 1979).

40 J. Sergent, S. Ohta und B. MacDonald, „Functional Neuroanatomy of Face and Object Recognition", *Brain* 115 (1992): 15–36.

41 J. Sergent und J. L. Signoret, „Outstanding Issues in the Study of Prosopagnosia", *Journal of Clinical and Experimental Neuropsychology* 13 (1991): 34.

42 E. Goldberg, „Associative Agnosias and the Functions of the Left Hemisphere", *Journal of Clinical and Experimental Neuropsychology* 12 (1990): 467–484.

43 Ibid.

44 A. W. Ellis und A. W. Young, *Human Cognitive Neuropsychology* (London: Erlbaum, 1988).

45 D. Marr, *Vision* (San Francisco: W. H. Freeman, 1982).

46 A. W. Ellis und A. W. Young, *Human Cognitive Neuropsychology* (London: Erlbaum, 1988).

7. Weitere Erkenntnisse aus der Klinik: Neglekt, Amnesie, Musik und Emotion

1 K. Heilman und S. Watson, „The Neglect Syndrome – A Unilateral Defect of the Orienting Response", in *Lateralization in the Nervous System*, Hrsg. S. Harnad, R. Doty, L. Goldstein, J. Jaynes und G. Krauthamer (New York: Academic Press, 1977).

2 B. T. Volpe, J. E. LeDoux und M. S. Gazzaniga, „Information Processing of Visual Stimuli in an ‚Extinguished' Field", *Nature* 282 (1979): 122–124.

3 G. Deutsch, J. Tweedy und B. Lorinstein, „Some Temporal and Spatial Factors Affecting Visual Neglect", *International Journal of Neuroscience* 12 (1981): 271.

4 R. D. Nebes, „Direct Examination of Cognitive Function in the Right and Left Hemispheres", in *Asymmetrical Function of the Brain*, Hrsg. M. Kinsbourne (Cambridge: Cambridge University Press, 1978); M. S. Gazzaniga und J. E. LeDoux, *The Integrated Mind* (New York: Plenum Press, 1978).

5 M. Kinsbourne, „Mechanisms of Unilateral Neglect", in *Neurophysiological and Neuropsychological Aspects of Spatial Neglect*, Hrsg. M. Jeannerod (New York: North Holland Publishing Co., 1987), 69–86.

6 K. Heilman und T. Van Den Abell, „Right Hemisphere Dominance for Attention: The Mechanisms Underlying Hemispheric Asymmetries of

Inattention (Neglect)“, *Neurology* 30 (1980): 327–330.

7 S. Weintraub und M.-M. Mesulam, „Right Cerebral Dominance in Spatial Attention: Further Evidence Based on Ipsilateral Neglect“, *Archives of Neurology* 44 (1987): 621–625.

8 E. Bisiach, „Understanding Consciousness: Clues from Unilateral Neglect and Related Disorders“, in *The Neuropsychology of Consciousness*, Hrsg. A. Milner und M. Rugg (London: Academic Press, 1992).

9 E. Bisiach und C. Luzatti, „Unilateral Neglect of Representational Space“, *Cortex* 14 (1978): 129–133.

10 K. S. Lashley, „In Search of the Engram“, in *Symposium of the Society for Experimental Biology* No. 4 (London: Cambridge University Press, 1950).

11 W. Penfield und P. Perot, „The Brain's Record of Auditory and Visual Experience. A Final Summary and Discussion“, *Brain* 86 (1963): 595–696. W. Penfield und L. Roberts, *Speech and Brain Mechanisms* (Princeton, N.J.: Princeton University Press, 1959).

12 G. Deutsch und J. R. Tweedy, „Cerebral Blood Flow in Severity Matched Alzheimer and Multi-Infarct Patients“, *Neurology* 37 (1987): 431–438.

13 G. A. Miller, „The Magical Number Seven, Plus or Minus Two: Some Limits on Our Capacity for Processing Information“, *Psychological Revue* 63 (1956): 81–97.

14 S. M. Kosslyn und O. Koenig, *Wet Mind: The New Cognitive Neuroscience* (New York: Free Press-Macmillan, 1992).

15 Ibid.

16 R. P. Kesner, „Mnemonic Functions of the Hippocampus: Correspondence Between Animals and Humans“, in *Conditioning Representation of Neural Function*, Hrsg. C. D. Woody (New York: Plenum Press, 1983); B. Milner, „Hemispheric Specialization: Scope and Limits“, in *The Neurosciences: Third Research Program*, Hrsg. F. O. Schmitt und F. G. Warden (Cambridge, Mass.: MIT Press, 1974).

17 M. Moscovitch und C. Umilta, „Conscious and Nonconscious Aspects of Memory: A Neuropsychological Framework of Modules and Central Systems“, in *Perspectives on Cognitive Neuroscience,* Hrsg. R. G. Lister und H. J. Weingartner (Oxford: Oxford University Press, 1991); M. Moscovitch, „Memory and Working-with-Memory: A Component Process Model Based on Modules and Central Systems“, *Journal of Cognitive neuroscience*, 4 (1992): 257–267.

18 Ibid.

19 M. Moscovitch, „Confabulation and the Frontal System: Strategic vs Associative Retrieval in Neuropsychological Theories of Memory“, in

Varieties of Memory and Consciousness: Essays in Honor of Endel Tulving, Hrsg. H. L. Roediger und F. I. M. Craik (Hillsdale, N.J.: Erlbaum, 1989).

20 S. M. Kosslyn und O. Koenig, *Wet Mind:The New Cognitive Neuroscience* (New York: Free Press-Macmillan, 1992).

21 C. B. Blakemore und M. A. Falconer, „Long Term Effects of Anterior Temporal Lobectomy on Certain Cognitive Functions", *Journal of Neurology, Neurosurgery and Psychiatry* 30 (1967): 364–367; B. Milner und H. L. Teuber, „Alteration of Perception and Memory in Man: Reflections on Methods", in *Analysis of Behavioral Change*, Hrsg. L. Weiszkrantz (New York: Harper & Row, 1968).

22 B. Milner, „Visual Recognition and Recall After Right Temporal-Lobe Excision in Man", *Neuropsychologia* 6 (1968): 191–209.

23 B. Milner, „Visually Guided Maze Learning in Man: Effects of Bilateral Hippocampal, Bilateral Frontal, and Unilateral Cerebral Lesions", *Neuropsychologia* 3 (1965): 317–338.

24 N. Geschwind, „The Organization of Language and the Brain", *Science* 170 (1970): 940–944; M. S. Gazzaniga und J. E. LeDoux, *The Integrated Mind* (New York: Plenum Press, 1978).

25 G. Deutsch, A. C. Papanicolaou, H. M. Eisenberg, D. W. Loring und H. S. Levin, „CBF Gradient Changes Elicited by Visual Stimulation and Visual Memory Tasks", *Neuropsychologia* 24 (1968): 283–287.

26 T. Shallice und G. Vallar, „The Impairment of Auditory-Verbal Short-Term Storage", in *Neuropsychological Impairments of Short-Term Memory*, Hrsg. G. Vallar und T. Shallice (Cambridge: Cambridge University Press, 1990).

27 E. DeRenzi und P. Nichelli, „Verbal and Non-Verbal Short-Term Memory Impairment Following Hemispheric Damage", *Cortex* 11 (1975): 341–354.

28 C. L. Marsolek, S. M. Kosslyn und L. R. Squire, „Form-Specific Visual Priming in the Right Cerebral Hemisphere", *Journal of Experimental Psychology: Learning, Memory and Cognition* 18 (1992): 492–508.

29 Ibid.

30 K. A. Paller, „Recall and Stem-Completion Priming Have Different Electrophysiological Correlates and Are Modified Differentially by Directed Forgetting", *Journal of Experimental Psychology: Learning, Memory and Cognition* 16 (1990): 1021–1032; K. A. Paller und M. Kutas, „Brain Potentials During Memory Retrieval: Neurophysiological Support for the Distinction Between Conscious Recollection and Priming", *Journal of Cognitive Neuroscience* (1993): in Druck.

31 L. R. Squire, „Declarative and Nondeclarative Memory: Multiple Brain Systems Supporting Learning and Memory", *Journal of Cognitive*

Neuroscience 4 (1992): 232–243.

32 J. Kinoshita, „Mapping the Mind“; *New York Times Magazine*, 18. Oktober (1992): 44–54.

33 M. Mishkin, „A Memory System in the Monkey“, *Philosophical Transactions Review Society of London*, Series Biological 298 (1982): 85–92; L. R. Squire, *Memory and Brain* (New York: Oxford University Press, 1987).

34 R. Desimone, „The Physiology of Memory: Recordings of Things Past“, *Science* 258 (1992): 245–246.

35 M. Mishkin, „A Memory System in the Monkey“, *Philosophical Transactions Review Society of London*, Series Biological 298 (1982): 85–92.

36 M. Colombo, M. R. D'Amato, H. R. Rodman und C. G. Gross, „Auditory Association Cortex Lesions Impair Auditory Short-Term Memory in Monkeys“, *Science* 247 (1990): 336.

37 G. Goldenberg, I. Podreka, M. Steiner, und K. Wilmes, „Regional Cerebral Blood Flow Patterns in Imagery Tasks – Results of Single Photon Emission Computed Tomography“, in *Cognitive and Neuropsychological Approaches to Mental Imagery*, Hrsg. D. M. Engelkamp und J. T. E. Richardson (Dordrecht: Martinus Nijhoff, 1988).

38 A. R. Damasio, „Category-Related Recognition Defects as a Clue to the Neural Substrates of Knowledge“, *Trends in Neuroscience* 13 (1990): 95–98.

39 J. Kinoshita, „Mapping the Mind“, *New York Times Magazine*, 18. Oktober 18 (1992): 44–54.

40 B. Milner, „Laterality Effects in Audition“, in *Interhemispheric Relations and Cerebral Dominance*, Hrsg. V. Mountcastle (Baltimore: Johns Hopkins University Press, 1962).

41 J. E. Bogen und H. W. Gordon, „Musical Tests of Functional Lateralization with Intracarotid Amobarbital“, *Nature* 230 (1971): 524–525.

42 H. W. Gordon und J. E. Bogen, „Hemispheric Lateralization of Singing After Intracartoid Sodium Amorbarbitone“, *Journal of Neurology, Neurosurgery, and Psychiatry* 37 (1974): 727–738.

43 R. J. Zatorre, „Musical Perception and Cerebral Function: A Critical Review“, *Music Perception* 2 (1984): 196–221.

44 T. Alajouanine, „Aphasia and Artistic Realization“, *Brain* 71 (1948): 229–214.

45 A. Gates und J. Bradshaw, „The Role of the Cerebral Hemispheres in Music“, *Brain and Language* 4 (1977): 403–431.

46 T. Bever und R. Chiarello, „Cerebral Dominance in Musicians and Nonmusicians“, *Science* 185 (1974): 137–139.

47 R. J. Zatorre, „Recognition of Dichotic Melodies by Musicians and Nonmusicians", *Neuropsychologia* 17 (1979): 607–617.

48 J. Sergent, E. Zuck, S. Terriah und B. MacDonald, „Distributed Neural Network Underlying Musical Sight-Reading and Keyboard Performance", *Science* 257 (1992): 106–109.

49 Ibid.

50 W. James, *The Principles of Psychology* (New York: Holt, 1890).

51 P. Eckman, R. W. Levenson und W. V. Friesen, „Autonomic Nervous System Activity Distinguishes Emotions", *Science* 221 (1983): 1208–1210.

52 K. M. Heilman und R. T. Watson, „Arousal and Emotions". in *Handbook of Neuropsychology*, Bd. 3, Hrsg. F. Boller und J. Grafman (Amsterdam: Elsevier, 1989).

53 G. Hohmann, „Some Effects of Spinal Cord Lesions on Experimental Emotional Feelings", *Psychophysiology* 3 (1966): 143–156.

54 S. Schachter, „The Interaction of Cognitive and Physiological Determinants of Emotional State", in *Advances in Experimental Social Psychology*, Bd. 1, Hrsg. L. Berkowitz (New York: Academic Press, 1970).

55 Ibid.

56 A. C. Papanicolaou, *Emotion: A Reconsideration of the Somatic Theory* (New York: Gordon and Breach, 1989).

57 W. B. Cannon, „The James-Lange Theory of Emotion: A Critical Examination and an Alternative Theory", *American Journal of Psychology* 39 (1927): 106–124.

58 P. Bard, „Emotion. I: The Neuro-Humoral Basis of Emotional Reactions", in *Handbook of General Experimental Psychology,* Hrsg. C. Murchison (Worcester, Mass.: Clark University Press, 1934).

59 J. W. Papez, „A Proposed Mechanism of Emotion", *Archives of Neurology and Psychiatry* 38 (1937): 725–743.

60 G. Gainotti, „Reactions 'Catastrophiques' et Manifestations d'Indifference au Cours des Atteintes Cerebrales", *Neuropsychologia* 7 (1969): 195–204.

61 G. F. Rossi und G. Rosadini, „Experimental Analysis of Cerebral Dominance in Man", in *Brain Mechanisms Underlying Speech and Language*, Hrsg. C. H. Milikan und F. L. Danley (New York: Grune & Stratton, 1967); H. Terzian, „Behavioral and EEG Effects of Intracarotid Sodium Amytal Injection", *Acta Neurochirurgia* (Wien) 12 (1964): 230–239.

62 H. Terzian, „Behavioral and EEG Effects of Intracartoid Sodium Amytal Injection", *Acta Neurochirurgia* (Wien) 12 (1964): 230–239.

63 Ibid.

64 B. Milner, „Comments of Rossi and Rosadini“, in *Brain Mechanisms Underlying Speech and Language*, Hrsg. Milikan und Danley (New York: Grune & Stratton, 1967); T. Tsunoda und M. Oka, „Lateralization for Emotion in the Human Brain and Auditory Cerebral Dominance“, *Proceedings of the Japanese Academy* 52 (1976): 528–531.

65 H. A. Sackheim, M. S. Greenberg, A. L. Weiman, R. C. Gur, J. P. Hungerbuhler und N. Geschwind, „Hemispheric Asymmetry in the Expression of Positive and Negative Emotions: Neurological Evidence“, *Archives of Neurology* 39 (1982): 210–218.

66 K. M. Heilman, R. Scholes und R. T. Watson, „Auditory Affective Agnosia: Disturbed Comprehension of Affective Speech“, *Journal of Neurology, Neurosurgery and Psychiatry* 38 (1975); 69–72.

67 D. M. Tucker, R. T. Watson und K. M. Heilman, „Affective Discrimination and Evocation in Patients with Right Parietal Disease“, *Neurology* 27 (1977): 947–950.

68 J. C. Borod, F. Andelman, L. K. Obler, J. R. Tweedy und J. Welkowitz, „Right Hemisphere Specialization for the Appreciation of Emotional Words and Sentences: Evidence from Stroke Patients“, *Neuropsychologia* 30 (1992): 827–844.

69 D. Van Lancker und J. J. Sidtis, „Identification of Affective-Prosodic Stimuli by Left and Right Hemisphere Damaged Subjects: All Errors Are Not Created Equal“, *Journal of Speech and Hearing Research* 35 (1992): 963–970.

70 J. C. Borod, „Interhemispheric and Intrahemispheric Control of Emotion: A Focus on Unilateral Brain Damage“, *Journal of Consulting and Clinical Psychology* 60 (1992): 339–348.

71 H. A. Sackheim, R. C. Gur und M. Saucy, „Emotions Are Expressed More Intensely on the Left Side of the Face“, *Science* 202 (1978): 434–436.

72 J. C. Borod und H. S. Caron, „Facedness and Emotion Related to Lateral Dominance, Sex, and Expression Type“, *Neuropsychologia* 18 (1980): 237–242.

73 J. C. Borod, E. Koff und B. White, „Facial Asymmetry in Posed and Spontaneous Expressions of Emotion“, *Brain and Cognition* 2 (1983): 165–175.

74 B. B. Schiff und B. MacDonald, „Facial Asymmetries in the Spontaneous Response to Positive and Negative Emotional Arousal“, *Neuropsychologia* 28 (1990): 777–785.

75 F. L. King und D. Kimura, „Left Ear Superiority in Dichotic Perception of Vocal Nonverbal Sounds“, *Canadian Journal of Psychology* 26 (1972): 111–116; M. P. Haggard und A. M. Parkinson, „Stimulus and Task Factors as Determinants of Ear Advantages“, *Quarterly Journal of*

Experimental Psychology 23 (1971): 168–177.

76 R. G. Ley und M. P. Bryden, „Hemispheric Differences in Recognizing Faces and Emotions“, *Brain and Language* 7 (1979): 127–138.

77 J. C. Borod, E. Koff und B. White, „Facial Asymmetry in Posed and Spontaneous Expressions of Emotion“, *Brain and Cognition* 2 (1983): 165–175.

78 H. Gardner, H. H. Brownell, W. Wapner und D. Michelow, „Missing the Point: The Role of the Right Hemisphere in the Processing of Complex Linguistic Materials“, in *Cognitive Processing in the Right Hemisphere*, Hrsg. E. Perecman (New York: Academic Press, 1983).

79 J. C. Borod, E. Koff und B. White, „Facial Asymmetry in Posed and Spontaneous Expressions of Emotion“, *Brain and Cognition* 2 (1983): 165–175.

80 K. Yokoyama, R. Jennings, P. Ackles, B. S. Hood und F. Boller, „Lack of Heart Rate Changes During an Attention Demanding Task after Right Hemisphere Lesions“, *Neurology* 37 (1987): 624–630; P. Zoccolotti, D. Scabini und C. Violani, „Electrodermal Responses in Patients with Unilateral Brain Damage“, *Journal of Clinical Neuropsychology* 4 (1982): 143– 150.

81 K. M. Heilman und R. T. Watson, „Arousal and Emotions“, in *Handbook of Neuropsychology*, Bd. 3, Hrsg. F. Boller und J. Grafman (Amsterdam: Elsevier, 1989).

82 K. M. Heilman, H. D. Schwartz und R. T. Watson, „Hypoarousal in Patients with the Neglect Syndrome and Emotional Indifference“, *Neurology* 28 (1978): 229–232.

8. Asymmetrie und Geschlecht

1 M. Coltheart, E. Hull und D. Slater, „Sex Differences in Imagery and Reading“, *Nature* 253 (1975): 438–440.

2 D. F. Halpern, *Sex Differences in Cognitive Abilities* (New York: Erlbaum, 1992).

3 H. Lansdell, „A Sex Difference in Effect of Temporal Lobe Neurosurgery on Design Preference“, *Nature* 194 (1962): 852–854.

4 J. McClone, „Sex Differences in Functional Brain Asymmetry“, *Cortex* 14 (1978): 122–128.

5 J. Inglis und J. S. Lawson, „Sex Differences in the Effects of Unilateral Brain Damage on Intelligence“, *Science* 212 (1981): 693–695.

6 J. A. Wada, R. Clark und A. Hamm, „Cerebral Hemisphere Asymmetry

in Humans“, *Archives of Neurology* 32 (1975): 239–246.

7 M. Diamond, „Age Sex, and Environmental Influences on Anatomical Asymmetry in Rat Forebrain“, in *Cerebral Dominance: The Biological Foundations*, Hrsg. N. Geschwind und A. M. Galaburda (Cambridge, Mass.: Harvard University Press, 1984).

8 A. S. Berreb, R. H. Fitch, D. L. Ralphe und J. O. Denenberg, „ Corpus Callosum: Region Specific Effects of Sex, Early Experience, and Age“, *Brain Research* 438 (1988): 216–224.

9 L. Allen, M. Richey, Y. Chai und R. Gorski, „Sex Differences in the Corpus Callosum of the Living Human Being“, *Journal of Neuroscience* 11 (1991): 933–942.

10 M. C. Linn und A. C. Petersen, „Emergence and Characterization of Sex Differences in Spatial Ability: A Meta-Analysis“, *Child Development* 56 (1985): 1479–1498.

11 G. Deutsch und J. H. Halsey, Jr., „Cortical Blood Flow Indicates Frontal Asymmetries Dominate in Males but not in Females During Task Performance“, *Journal of Cerebral Blood Flow and Metabolism 11* (1991): S787.

12 K. Podell, E. Goldberg, R. Harner und S. Riggio, „Lateralization of Frontal Lobe Functions in Human Males“, *Society for Neuroscience Abstracts* 17 (1991): 340.3.

13 E. Goldberg und K. Podell, „Sex Differences in the Lateralization of Frontal Lobe Functions“, *Society for Neuroscience Abstracts* 19 (1993).

14 D. A. Lake und M. P. Bryden, „Handedness and Sex Differences in Hemispheric Asymmetry“, *Brain and Language* 3 (1976): 266–282.

15 D. M. Piazza, „The Influence of Sex and Handedness in the Hemispheric Specialization of Verbal and Nonverbal Tasks“, *Neuropsychologia* 18 (1980): 163–176.

16 M. P. Bryden, *Laterality: Functional Asymmetry in the Intact Brain* (New York: Academic Press, 1982).

17 S. F. Witelson, „Sex and the Single Hemisphere: Specialization of the Right Hemisphere for Spatial Processing“, *Science* 193 (1976): 425–427.

18 D. P. Waber, „The Search for Biological Correlates of Behavioral Sex Differences in Humans“, in *Human Sexual Dimorphism*, Hrsg. J. Ghesquiere, R. D. Martin und F. Newcombe (London: Taylor and Francis, 1985).

19 J. Levy, „Lateral Differences in the Human Brain in Cognition and Behavioral Control“, in *Cerebral Correlates of Conscious Experience*, Hrsg. P. Buser und A. Rougeul-Buser (New York: North Holland Publishing Co., 1978).

20 J. B. Becker, S. M. Breedlove und D. Crews, *Behavioral Endocrinology* (Cambridge, Mass.: MIT Press, 1992).

21 J. M. Reinisch und S. A. Sanders, „Effects of Prenatal Exposure to Diethylstilbestrol (DES) on Hemispheric Laterality and Spatial Ability in Human Males“, *Hormones and Behavior* 26 (1992): 62–75.

22 S. M. Resnick, S. A. Berenbaum, I. I. Gottesman und T. J. Bouchard, „Early Hormonal Influences on Cognitive Functioning in Congenital Adrenal Hyperplasia,“ *Developmental Psychology* 22 (1986): 191–198.

23 V. Schute, zitiert in D. Kimura, „Sex Differences in the Brain“, *Scientific American* (1992): 118–122. [Deutsch veröffentlicht unter dem Titel „Weibliches und männliches Gehirn“, *Spektrum der Wissenschaft* 11 (1992): 104–113.]

24 E. Hamson, „Variations in Sex-Related Cognitive Abilities Across the Menstrual Cycle“, *Brain and Cognition* 14 (1990): 26–43.

25 D. Kimura, zitiert in D. Kimura, „Sex Differences in the Brain“, *Scientific American* (1992): 118–122. [Deutsch veröffentlicht unter dem Titel „Weibliches und männliches Gehirn“, *Spektrum der Wissenschaft* 11 (1992): 104–113.]

26 C. P. Benbow, „Mathematical Ability: Is Sex a Factor?“ *Science* 212 (1981): 118–119.

27 C. P. Benbow, „Sex Differences in Mathematical Reasoning Ability in Intellectually Talented Preadolescentes: Their Nature, Effects, and Possible Causes“, *Behavioral and Brain Sciences* 11 (1988): 169–232.

28 Ibid.

9. Phylogenese und Ontogenese: Die Evolution und Entwicklung der Asymmetrie

1 R. L. Collins, „On the Inheritance of Handedness. I: Laterality in Inbread Mice“, *Journal of Heredity* 59 (1968): 9–12; J. M. Warren, J. M. Abplanalp und H. B. Warren, „The Development of Handedness in Cats and Rhesus Monkeys“, in *Early Behavior: Comparative and Developmental Approaches*, Hrsg. H. W. Stevenson, E. H. Hess und H. L. Reingold (New York: Wiley, 1967).

2 R. L. Collins, „On the Inheritance of Handedness II: Selection for Sinistrality in Mice“, *Journal of Heredity* 60 (1969): 117–119.

3 P. F. MacNeilage, M. G. Studdert-Kennedy und B. Lindblom, „Primate Handedness Reconsidered“, *Behavioral and Brain Sciences* 10 (1987): 247–303.

4 Ibid.

5 J. Fagot und J. Vauclair, „Manual Laterality in Non-Human Primates. A Distinction Between Handedness and Manual Specialization", *Psychological Bulletin* 109 (1991): 76–89.

6 R. Steenhuis und M. P. Bryden, „Different Dimensions of Hand Preference That Relate to Skilled and Unskilled Acitvities", *Cortex* 25 (1989): 289–304.

7 W. D. Hopkins, D. A. Washburn und D. M. Rumbaugh, „Note on Hand Use in the Manipulation of Joysticks by Rhesus Monkeys and Chimpanzees", *Journal of Comparative Psychology* 104 (1989): 91–94.

8 G. Ettlinger und D. Gautrin, „Visual Discrimination Perfomance in the Monkey: The Effect of Unilateral Removal of Temporal Cortex", *Cortex* 7 (1971): 315–331; J. M. Warren und A. J. Nonneman, „The Search for Cerebral Dominance in Monkeys", in *Origins and Evolution of Language and Speech*, Hrsg. S. Harnad, H. Steklis und J. Lancaster (New York: New York Academy of Sciences, 1976).

9 J. H. Dewson, A. Cowey und L. Weiskrantz, „Disruptions of Auditory Sequence Discrimination by Unilateral and Bilateral Cortical Ablations of Superior Temporal Gyrus in the Monkey", *Experimental Neurology* 28 (1970): 529–548.

10 H. E. Heffner und R. S. Heffner, „Temporal Lobe Lesions and Perception of Species-Specific Vocalizations by Macaques", *Science* 226 (1984): 75–76.

11 F. F. Ebner und R. E. Myers, „The Corpus Callosum and Interhemispheric Transmission of Tactual Learning", *Journal of Neurophysiology* 25 (1962): 380–391.

12 J. S. Stamm und R. W. Sperry, „Function of Corpus Callosum in Contralateral Transfer of Somesthetic Discrimination in Cats", *Journal of Comparative and Physiological Psychology* 50 (1957): 138–143; H. Gulliksen und T. J. Voneida, „An Attempt to Obtain Replicate Learning Curves in the Split Brain Cat", *Physiological Psychology* 3 (1975): 77–85; S. Robinson und T. J. Voneida, „Hemisphere Differences in Cognitive Capacity in the Split Brain Cat", *Experimental Neurology* 38 (1973): 123–134.

13 C. R. Hamilton, „Hemispheric Specialization in Monkeys", in *Brain Circuits and Functions of the Mind*, Hrsg. C. B. Trevarthen (Cambridge: Cambridge University Press, 1990); C. R. Hamilton, „Functional Lateralization in Monkeys", in *Recent Advances in Laterality*; Hrsg. F. Kitterle (Hillsdale: Erlbaum, 1991).

14 C. R. Hamilton, „Hemispheric Specialization in Monkeys", in *Brain Circuits and Functions of the Mind*, Hrsg. C. B. Trevarthen (Cambridge: Cambridge University Press, 1990).

15 G. H. Yeni-Komshian und D. Benson, „Anatomical Study of Cerebral

Asymmetry in the Temporal Lobe of Humans, Chimpanzees, and Rhesus Monkeys“, *Science* 192 (1976): 387–389.

16 M. Le May und N. Geschwind, „Hemispheric Differences in the Brains of Great Apes“, *Brain, Behavior, and Evolution* 11 (1975): 48–52.

17 C. P. Groves und N. K. Humphrey, „Asymmmetry in Gorilla Skulls. Evidence of Lateralized Brain Function?“ *Nature* 244 (1973): 53–54.

18 M. Diamond, „Age, Sex, and Environmental Influences on Anatomical Asymmetry in Rat Forebrain“, in *Cerebral Dominance: The Biological Foundations*, Hrsg. N. Geschwind und A. M. Galaburda (Cambridge, Mass.: Harvard University Press, 1984).

19 S. D. Glick, J. N. Carlson, K. L. Drew und R. M. Shapiro, „Functional and Neurochemical Asymmetry in the Corpus Striatum“, in *Duality and Unity of the Brain*, Hrsg. D. Ottoson (New York: Plenum Press, 1987).

20 E. Mach, „Die Analyse der Empfindungen und das Verhältnis des Physischen zum Psychischen.“ 3. verm. Aufl. (1. Aufl. von 1885) Jena: G. Fischer 1902: 88–89 (mit Bezug auf F. O. Guldberg, „Die Circularbewegung als thierische Grundbewegung, ihre Ursache, Phänomenalität und Bedeutung“, *Zeitschrift für Biologie* 35 (1897): 419–458).

21 M. R. Petersen, M. D. Beecher, S. R. Zoloth. D. B. Moody und W. C. Stebbins, „Neural Lateralization of Species-Specific Vocalizations by Japanese Macaques“, *Science* 202 (1978): 324–326.

22 W. D. Hopkins, K. D. Morris, S. Savage-Rumbaugh und D. Rumbaugh, „Hemispheric Priming by Meaningful and Nonmeaningful Symbols in Language Trained Chimpanzees: Further Evidence of a Left Hemisphere Advantage“, *Behavioral Neuroscience* 106 (1992): 575–582.

23 Ibid.

24 F. Nottebohm, „Brain Pathways for Vocal Learning in Birds. A Review of the First Ten Years“, *Progress in Psychobiology and Physiological Psychology* 9 (1980): 86–124; F. Nottebohm, „Learning, Forgetting, and Brain Repair“, in *Cerebral Dominance: The Biological Foundation*, Hrsg. N. Geschwind und A. M. Galaburda (Cambridge, Mass.: Harvard University Press, 1984).

25 J. S. McCasland, „Neuronal Control of Bird Song Production“, *Journal of Neuroscience* 7 (1987): 23–39.

26 J. Cynx. H. Williams und F. Nottebohm, „Hemispheric Differences in Avian Song Discrimination“, *Proceedings of the National Academy of Sciences*, U.S.A. 89 (1992) 1372–1375

27 N. Geschwind, „Implications for Evolution, Genetics, and Clinical Syndromes“, in *Cerebral Lateralization in Nonhuman Species*, Hrsg. S. Glick (Orlando: Academic Press, 1985).

28 Ibid.

29 E. H. Lenneberg, *Biological Foundations of Language* (New York:

Wiley, 1967).

30 L. S. Basser, „Hemiplegia of Early Onset and the Faculty of Speech with Special Reference to the Effects of Hemispherectomy", *Brain* 85 (1962): 427–460.

31 S. Krashen, „Lateralization, Language Learning, and the Critical Period: Some New Evidence", *Language Learning* 23 (1973): 63–74.

32 M. Kinsbourne, „The Ontogeny of Cerebral Dominance", in *Developmental Psycholinguistics and Communication Disorders*, Hrsg. D. Aaronson und R. W. Reiber (New York: New York Academy of Sciences, 1975).

33 B. T. Woods und H. L. Teuber, „Changing Patterns of Childhood Aphasia", *Annals of Neurology* 3 (1978): 273–280.

34 A. Smith, „Speech and Other Functions After Left (Dominant) Hemispherectomy", *Journal of Neurology, Neurosurgery, and Psychiatry* 29 (1966): 467–471; A. Smith und C. W. Burkland, „Dominant Hemispherectomy", *Science* 153 (1966): 1280–1282.

35 M. Dennis und H. Whitaker, „Language Acquisition Following Hemidecortication: Linguistic Superiority of the Left Over the Right Hemisphere", *Brain and Language* 3 (1976): 404–433.

36 D. V. M. Bishop, „Linguistic Impairment After Left Hemidecortication for Infantile Hemiplegia? A Reappraisal", *Quarterly Journal of Experimental Psychology* 35 (1983): 199–207.

37 J. Chi, E. Dooling und F. Giles, „Left-Right Asymmetries of the Temporal Speech Areas of the Human Fetus", *Archives of Neurology* 34 (1972): 346–348.

38 J. A. Wada, R. Clark und A. Hamm, „Cerebral Hemispheric Asymmetry in Humans", *Archives of Neurology* 32 (1975): 239–246.

39 G. Turkewitz und S. Creighton, „Changes in Lateral Differentiation of Head Posture in the Human Neonate", *Developmental Psychology* 8 (1974): 85–89; J. Liederman und M. Kinsbourne, „The Mechanism of Neonatal Rightward Turning Bias: A Sensory or Motor Asymmetry?", *Infant Behavior and Development* 5 (1980): 223–238.

40 J. Viviani, G. Turkewitz und E. Karp, „A Relationship Between Laterality of Functioning at 2 Days and at 7 Years of Age", *Bulletin of the Psychonomic Society* 12 (1978): 189–192.

41 D. L. Molfese, R. B. Freeman, Jr. und D. S. Palermo, „The Ontogeny of Brain Lateralization for Speech and Nonspeech Stimuli", *Brain and Language* 2 (1975): 356–368.

42 J. A. Wada und A. Davis, „Fundamental Nature of Human Infants' Brain Asymmetry", *Canadian Journal of Neurological Sciences* 4 (1977): 203–207.

43 M. Nagafuchi, „Development of Dichotic and Monaural Hearing Abilities in Young Children", *Acta Otolaryngologica* 69 (1970): 409–414.

44 A. K. Entus, „Hemispheric Asymmetry in Processing of Dichotically Presented Speech and Nonspeech Stimuli by Infants", in *Language Development and Neurological Theory*, Hrsg. S. J. Segalowitz und F. Gruber (New York: Academic Press, 1977).

45 F. Vargha-Khadem und M. C. Corballis, „Cerebral Asymmetry in Infants", *Brain and Language* 8 (1979): 1–9.

46 C. Berlin, L. Hughes, S. Lowe-Bell und H. Berlin, „Right Ear Advantage in Children 5 to 13", *Cortex* 9 (1973): 394–402; P. Satz, D. J. Bakker, J. Tenunissen, R. Goebel und H. Van der Vlugt, „Developmental Parameters of the Ear Asymmetry: A Multivariate Approach", *Brain and Language* 2 (1975): 171–185.

47 P. Satz, D. J. Bakker, J. Tenunissen, R. Goebel und H. Van der Vlugt, „Developmental Parameters of the Ear Asymmetry: A Multivariate Approach", *Brain and Language* 2 (1975): 171–185.

48 Ibid.

49 D. L. Molfese, R. B. Freeman, Jr. und D. S. Palermo, „The Ontogeny of Brain Lateralization for Speech and Nonspeech Stimuli", *Brain and Language* 2 (1975): 356–368.

50 J. A. Wada, R. Clark und A. Hamm, „Cerebral Hemispheric Asymmetry in Humans", *Archives of Neurology* 32 (1975): 239–246.

51 S. Witelson und D. L. Kigar, „Anatomical Development of the Corpus Callosum in Humans: A Review With Reference to Sex and Cognition", in *Brain Lateralization in Children*, Hrsg. D. L. Molfese und S. J. Segalowitz (New York: Gilford, 1988).

52 C. Chiarello, „A House Divided? Cognitive Functioning with Callosal Agenesis", *Brain and Language* 11 (1980): 128–158; M. Lassonde, M. P. Bryden und P. Demers, „The Corpus Callosum and Cerebral Speech Lateralization", *Brain and Language* 38 (1990): 195–206.

53 H. C. Sauerwein, P. Nolin und M. Lassonde, „Cognitive Functioning in Callosal Agenesis", in *Callosal Agenesis: The Natural Split Brain*, Hrsg. M. Lassonde und M. Jeeves (New York: Plenum Press, 1993).

54 C. Temple und J. Ilsley, „Sounds and Shapes: Language and Spatial Cognition in Callosal Agenesis", in *Callosal Agenesis*, Hrsg. M. Lassonde und J. Jeeves (New York: Plenum Press 1993).

55 Ibid.

56 Ibid.

57 M. Morgan, „Embryology and Inheritance of Asymmetry", in *Lateralization in the Nervous System*, Hrsg. S. Harnad, R. Doty, L. Goldstein,

J. Jaynes und G. Krauthamer (New York: Academic Press, 1977).

58 M. Corballis und M. J. Morgan, „On the Biological Basis of Human Laterality: I. Evidence for a Maturational Left-Right Gradient", *Behavioral and Brain Sciences* 2 (1978): 261–336.

59 S. Krashen, „Lateralization, Language Learning, and the Critical Period: Some New Evidence", *Language Learning* 23 (1979): 63–74.

60 H. J. Neville, „Whence the Specialization of the Language Hemisphere?" in *Modularity and the Motor Theory of Speech Perception*, Hrsg. I. G. Mattingly und M. Studdert-Kennedy (Hillsdale, N. J.: Erlbaum, 1991).

61 H. Poizner, U. Bellugi und E. Klima, „Brain Function for Language: Perspectives from Another Modality", in *Modularity and the Motor Theory of Speech Perception*, Hrsg. I. G. Mattingly und M. Studdert-Kennedy (Hillsdale, N. J.: Erlbaum, 1991).

62 L. Obler, R. Zattore, L. Galloway und J. Vaid, „Cerebral Lateralization in Bilinguals: Methodological Issues", *Brain and Language* 15 (1982): 40–54.

63 M. Paradis, „Language Lateralization in Bilinguals – Enough Already", *Brain and Language* 39 (1990): 576–586.

64 A. Berquier und R. Ashton, „Language Lateralization in Bilinguals: More Not Less Is Needed: A Reply to Paradis", *Brain and Language* 43 (1992): 528–533.

10. Die Rolle der Asymmetrie bei Entwicklungsstörungen und psychiatrischen Erkrankungen

1 S. T. Orton, *Reading, Writing, and Speech Problems in Children* (New York: Norton, 1937).

2 J. M. Rumsey, „Biology of Developmental Dyslexia", *Journal of the American Medical Association* 268 (1992): 912–915; D. D. Duane und D. B. Gray, Hrsg. *The Reading Brain: The Biological Basis of Dyslexia* (Parkland, M. D.: York Press, 1991).

3 J. M. Rumsey, „Biology of Developmental Dyslexia", *Journal of the American Medical Association* 268 (1992): 912–915.

4 M. P. Bryden, „Does Laterality Make Any Difference? Thoughts on the Relation Between Cerebral Asymmetry and Reading", in *Brain Lateralization in Children* Hrsg. D. Molfese und S. Segalowitz (New York: Guilford Press, 1988).

5 Ibid.

6 A. M. Galaburda, G. P. Sherman, G. D. Roesen, F. Aboitiz und

N. Geschwind, „Developmental Dyslexia: Four Consecutive Patients with Cortical Anomalies“, *Annals of Neurology* 18 (1985): 222–233.

7 P. Humphreys, W. E. Kaufmann und A. Galaburda, „Developmental Dyslexia in Women: Neuropathological Findings in Three Cases“, *Annals of Neurology* 28 (1990): 727–738.

8 E. W. Hynd, M. Semrud-Clikeman, A. R. Lorys, E. S. Novey und D. Elipulos, „Brain Morphology in Developmental Dyslexia and Attention Deficit Disorder/Hyperactivity“, *Archives of Neurology* 47 (1990): 919–926; J. P. Larsen, T. Hoien, I. Lundberg und H. Odegaard, „MRI Evaluation of the Size and Symmetry of the Planum Temporale in Adolescents with Developmental Dyslexia“, *Brain and Language* 39 (1990): 289–301.

9 R. Duara, A. Kusch, K. Gross-Glenn, W. Barker, B. Jullad und S. Pascal, „Neuroanatomic Differences Between Dyslexic and Normal Readers on Magnetic Resonance Imaging Scans“, *Archives of Neurology* 48 (1991): 410–416.

10 D. L. Flowers, F. D. Wood und C. Naylor, „Regional Cerebral Blood Flow Correlates of Language Processing in Reading Disability“, *Archives of Neurology* 48 (1991): 637–643; J. M. Rumsey, P. Andreason, A. Zametkin, T. Aquino, A. C. King, S. D. Hamburger, A. Pikus, J. L. Rapoport und R. M. Cohen, „Failure to Activate Left Temporoparietal Cortex in Dyslexia: A^{15}O PET Study“, *Archives of Neurology* 49 (1992): 527–534.

11 J. G. Sheenan, *Stuttering: Research and Therapy* (New York: Harper & Row, 1970).

12 F. K. Curry und H. H. Gregory, „The Performance of Stutterers on Dichotic Listening Tasks Thought to Reflect Cerebral Dominance“, *Journal of Speech and Hearing Research* 12 (1969): 73–82.

13 P. Quinn, „Stuttering, Cerebral Dominance, and the Dichotic Word Test“, *Medical Journal of Australia* 2 (1972): 639–643; N. Slorach und B. Noehr, „Dichotic Listening in Stuttering and Dyslalic Children“, *Cortex* 9 (1973): 295–300.

14 R. K. Jones, „Observations on Stammering After Localized Cerebral Injury“, *Journal of Neurology, Neurosurgery, and Psychiatry* 29 (1966): 192–195.

15 G. Andrews, P. T. Quinn und W. A. Sorby, „Stuttering: An Investigation into Verbal Dominance for Speech“, *Journal of Neurology, Neurosurgery, and Psychiatry* 35 (1972): 414–418.

16 H. Sussman und P. MacNeilage, „Studies of Hemispheric Specialization for Speech Production“, *Brain and Language* 2 (1975): 131–151.

17 H. Sussman und P. MacNeilage, „Hemispheric Specialization for Speech Production in Stutterers“, *Neuropsychologia* 13 (1975): 19–26.

18 F. Wood, D. Stump, A. McKeehan, S. Sheldon und J. Proctor, „Patterns of Regional Cerebral Blood Flow During Attempted Reading Aloud by Stutterers Both On and Off Haloperidol Medication“, *Brain and Language* 9 (1980): 141–144.

19 K. D. Pool, M. D. Devous, F. J. Freeman, B. C. Watson und T. Finitzo, „Regional Cerebral Blood Flow in Developmental Stutterers“, *Archives of Neurology* 48 (1991): 509–512.

20 I. Rapin, „Autistic Children: Diagnosis and Clinical Features“, *Pediatrics* 87 Supplement (1991): 751–761.

21 L. Selfe, *Nadia: A Case of Extraordinary Drawing Ability in an Autistic Child* (New York: Academic Press, 1977).

22 D. Fein, M. Humes, E. Kaplan, D. Lucci und L. Waterhouse, „The Question of Left Hemisphere Dysfunction in Infantile Autism“, *Psychological Bulletin* 95 (1984): 258–281.

23 G. Dawson, „Cerebral Lateralization in Autism: Clues to the Role in Language and Affective Development“, in *Brain Lateralization in Children*, Hrsg. D. Molfese und S. Segalowitz (New York: Guilford Press, 1988).

24 G. Dawson, S. Warrenburg und P. Fuller, „Cerebral Lateralization in Individuals diagnosed as Autistic in Early Childhood“, *Brain and Language* 15 (1982): 353–368.

25 G. Dawson, C. Phillips und L. Galpert, „Hemispheric Specialization and the Language Abilities of Autistic Children“, *Child Development* 57 (1986): 1440–1453.

26 K. Aiken, „Examining the Evidence for a Common Structural Basis to Autism“, *Developmental Medicine and Child Neurology* 33 (1991): 930–938.

27 E. Courchesne, „Neuroanatomic Imaging in Autism“, *Pediatrics* 87 Supplement (1991): 781–790.

28 M. Zilbovicius, B. Garreau, N. Tzourio, B. Mazoyer, B. Bruck, J.-L. Martinot, C. Raynaud, Y. Samson, A. Syrota und G. Lelord, „Regional Cerebral Blood Flow in Childhood Autism“, *American Journal of Psychiatry* 149 (1992): 924–930.

29 N. A. Akshoomoff, E. Courchesne, G. A. Press und V. Iragui, „Contribution of the Cerebellum to Neuropsychological Functioning: Evidence from a Case of Cerebellar Degenerative Disorder“, *Neuropsychologia* 30 (1992): 315–328.

30 M. R. Prior und J. L. Bradshaw, „Hemispheric Functioning in Autistic Children“, *Cortex* 15 (1979): 73–81.

31 P. Flor-Henry, „Schizophrenic-Like Reactions and Affective Psychoses Associated with Temporal Lobe Epilepsy: Etiological Factors“, *Ame-*

rican Journal of Psychiatry 26 (1969): 400–403.

32 K. Davison und L. R. Bagley „Schizophrenia-Like Psychosis Associated with Organic Disorder of the Central Nervous System: A Review of the Literature“, *British Journal of Psychiatry Special Publication* 4 (1969): 113–150.

33 D. Galin, „Implications for Psychiatry of Left and Right Cerebral Specialization“, *Archives of General Psychiatry* 31 (1974): 572–583.

34 J. Gruzelier und N. Hammond, „Schizophrenia – A Dominant Hemisphere Temporal Lobe Disorder?“ *Research Communications in Psychology, Psychiatry, and Behavior* 1 (1976): 33–72.

35 G. Beaumont und S. Dimond, „Brain Disconnection and Schizophrenia“, *British Journal of Psychiatry* 123 (1972): 661–662.

36 R. W. Coger und E. A. Serefetinides, „Schizophrenia, Corpus Callosum, and Interhemispheric Communication: A Review“, *Psychiatry Research* 34 (1990): 163–184.

37 W. C. Drevets, T. O. Videen, J. L. Price, S. H. Preskorn, S. T. Carmichael und M. E. Raichle, „A Functional Anatomical Study of Unipolar Depression“, *Journal of Neuroscience* 12 (1992): 3628–3641.

38 J. H. Gruzelier, „Hemispheric Imbalance Syndromes of Schizophrenia, Premorbid Personalities, and Neurodevelopmental Influences“, *Handbook of Schizophrenia*, Bd. 5, 1991.

11. Lateralität, Erziehung und veränderte Bewußtseinszustände

1 S. Aurobindo, zitiert in J. E. Bogen, „The Other Side of the Brain. VII: Some Educational Aspects of Hemispheric Specialization“, *UCLA Educator* 17 (1975): 24–32.

2 R. Ornstein, *The Psychology of Consciousness* (New York: Harcourt Brace Jovanovich, 1977).

3 A. Harrington und O. Godehard, „Whole Brain Politics and Brain Laterality Research“, *European Archives of Psychiatry and Neurological Sciences* 239 (1989): 141–143.

4 H. Gardner, „What We Know (and Don't Know) about the Two Halves of the Brain“, *Harvard Magazine* 80 (1978): 24–27.

5 J. A. Paredes und M. J. Hepburn, „The Split Brain and the Culture-and-Cognition Paradox“, *Current Anthropolgy* 17 (1976): 121–127.

6 J. E. Bogen, R. DeZare, W. D. TenHouten und J. F. Marsh, „The Other Side of the Brain“. IV: The A/P Ratio“, *Bulletin of the Los Angeles Neurological Societies* 37 (1972): 49–61.

7 J. A. Zook und J. H. Dwyer, „Cultural Differences in Hemisphericity: A Critique“, *Bulletin of the Los Angeles Neurological Societies* 41 (1976): 87–90.

8 R. Ornstein, „The Split and Whole Brain“, *Human Nature* 1 (1978): 76–83; J. Dabbs, „Left-Right Differences in Cerebral Blood Flow and Cognition“, *Psychophysiology* 17 (1980): 548–551.

9 A. McGee-Cooper, *You Don't Have to Go Home from Work Exhausted* (New York: Bantam 1992).

10 E. P. Torrance und C. Reynolds, *Norms-Technical Manual for „Your Style of Learning and Thinking“*, (Athens, Ga.: Department of Educational Psychology, University of Georgia, 1980).

11 E. P. Torrance, C. P. Reynolds, T. Riegel und O. Ball, „Your Style of Learning and Thinking; Forms A and B: Preliminary Norms, Abbreviated Notes, Scoring Keys, and Selected References“, *Gifted Child Quarterly* 21 (1977): 563–573.

12 N. Herrmann, *The Creative Brain* (Lake Lure, N. C.: Brain Books, 1991). [Deutsche Ausgabe: *Kreativität und Kompetenz – Das einmalige Gehirn* (Fulda: Paidia, 1991).]

13 M. E. Humphrey und O. L. Zangwill, „Cessation of Dreaming After Brain Injury“, *Journal of Neurology, Neurosurgery, and Psychiatry* 14 (1951): 322–325.

14 P. Greenwood, D. H. Wilson und M. S. Gazzaniga, „Dream Report Following Commissurotomy“, *Cortex* 13 (1977): 311–316.

15 K. D. Hoppe, „Split Brains and Psychoanalysis“, *The Psychoanalytic Quarterly* 46 (1977): 220–224.

16 P. Bakan, „Hypnotizability, Laterality of Eye Movements, and Functional Brain Asymmetry“, *Perceptual and Motor Skills* 28 (1969): 927–932.

17 C. MacLeod und L. Lack, „Hemispheric Specificity: A Physiological Concomitant of Hypnotizability“, *Psychophysiology* 19 (1982): 687–699.

18 P. Bakan, „Handedness and Hypnotizability“, *International Journal of Clinical and Experimental Hypnosis* 18 (1970): 99–104.

19 L. Frumkin, H. Ripley und G. Cox, „Changes in Cerebral Hemisphere Lateralization with Hypnosis“, *Biological Psychiatry* 13 (1978): 741–750.

20 J. E. Bogen, „The Other Side of the Brain. VII: Some Educational Aspects of Hemispheric Specialization“, *UCLA Educator* 17 (1975): 24–32.

21 G. Prince, „Putting the Other Half of the Brain to Work“, *Training. The Magazine of Human Resources Development* 15 (1978): 57–61.

22 I. Sonnier (Hrsg.) *Methods and Techniques of Holistic Education*

(Springfield, Ill.: Charles C. Thomas, 1985); I. Sonnier (Hrsg.) *Hemisphericity as a Key to Understanding Individual Differences* (Springfield, Ill.: Charles C. Thomas, 1992); L. J. Harris, „Right Brain Training: Some Reflections on the Application of Research on Cerebral Hemispheric Specialization to Education", in *Brain Lateralization in Children*, Hrsg. D. L. Molfese und S. J. Segalowitz (New York: Guilford Press, 1988).

23 B. Edwards, *Drawing on the Right Side of the Brain* (Los Angeles, J. P. Tarcher, 1989).

24 E. K. Warrington, „Constructional Apraxia", in *Handbook of Clinical Neurology*, Bd. 4, Hrsg. P. J. Vinken und G. W. Bruyn (Amsterdam: Elsevier North Holland, 1986).

25 L. J. Harris, „Right Brain Training: Some Reflections on the Application of Research on Cerebral Hemispheric Specialization to Education", in *Brain Lateralization in Children*, Hrsg. D. L. Molfese und S. J. Segalowitz (New York: Guilford Press, 1988).

26 C. H. Delacato, *The Treatment and Prevention of Reading Problems (The Neuropsychological Approach)* (Springfield, Ill.: Charles C. Thomas, 1959).

27 H. J. Cohen, H. G. Birch und L. T. Taft, „Some Considerations for Evaluating the Doman-Delacato ‚Patterning'-Method", *Pediatrics* 45 (1970): 302–314.

28 American Academy of Pediatrics, „The Doman-Delacato Treatment of Neurologically Handicapped Children", *Journal of Pediatrics* 72 (1968): 750.

29 H. J. Cohen, H. G. Birch und L. T. Taft, „Some Considerations for Evaluating the Doman-Delacato ‚Patterning'-Method", *Pediatrics* 45 (1970): 302–314.

30 C. Sagan, *Die Drachen von Eden. Das Wunder der menschlichen Intelligenz* (München: Droemer-Knaur, 1978. [Originalausgabe: *The Dragons of Eden* (New York: Random House, 1977).]

31 Ibid.

32 Ibid.

33 Ibid.

12. Abschließende Hypothesen und Überlegungen

1 D. Kimura und Y. Archibald, „Motor Functions of the Left Hemisphere" *Brain* 97 (1974): 337–350.

2 Ibid.

3 M. Studdert-Kennedy und D. Shankweiler, „Hemispheric Specialization for Speech Perception", *Journal of the Acoustical Society of America* 4 (1970): 579–594.

4 J. Schwartz und P. Tallal, „Rate of Acoustic Change May Underlie Hemispheric Specialization for Speech Perception", *Science* 207 (1980): 1380–1381.

5 A. M. Liberman, F. S. Cooper, D. Shankweiler und M. Studdert-Kennedy, „Perceptions of the Speech Code", *Psychological Review* 74 (1967): 431–461.

6 G. Deutsch und J. H. Halsey Jr., „Cortical Blood Flow Indicates Active Motor Component During Speech Sound Discrimination Task", *Journal of Clinical and Experimental Neuropsychology* 12 (1990): 416.

7 R. J. Zatorre, A. C. Evans, E. Meyer und A. Gjedde, „Lateralization of Phonetic and Pitch Discrimination in Speech Processing", *Science* 256 (1992): 846–849.

8 D. P. Corina, J. Vaid und U. Bellugi, „The Linguistic Basis of Left Hemisphere Specialization", *Science* 255 (1992): 1258–1260.

9 E. Goldberg und L. D. Costa, „Hemispheric Differences in the Acquisition and Use of Descriptive Systems", *Brain and Language* 14 (1981): 144–173.

10 E. Goldberg, H. G. Vaughan, Jr. und L. J. Gerstman, „Nonverbal Descriptive Systems and Hemispheric Asymmetry: Shape versus Texture Discrimination", *Brain and Language* 5 (1978): 249–257.

11 Ibid.

12 C. J. Connoly, *External Morphology of the Primate Brain* (Springfield, Ill.: Charles C. Thomas, 1950); M. LeMay und A. Culebras, „Human Brain-Morphologic Differences in the Hemispheres Demonstrable by Carotid Arteriography", *New England Journal of Medicine* 287 (1972): 168–170; A. M. Galaburda, M. LeMay, T. L. Kemper und N. Geschwind, „Right-Left Asymmetries in the Brain", *Science* 199 (1978): 852–856.

13 M. LeMay, „Morphological Cerebral Asymmetries of Modern Man, Fossil Man, and Nonhuman Primate", in *Origins and Evolution of Language and Speech*, Hrsg. S. R. Harnad, H. D. Steklis und J. Lancaster, *Annals of the New York Academy of Sciences* 280 (1976): 349–366; J. A. Wada, R. Clarke und A. Hamm, „Cerebral Hemispheric Asymmetry in Humans", *Archives of Neurology* 32 (1975): 239–246.

14 H. A. Whitaker und G. A. Ojemann, „Lateralization of the Higher Cortical Functions: A Critique", in *Evolution and Lateralization of the Brain*, Hrsg. S. J. Dimond und D. A. Blizard, *Annals of the New York Academy of Sciences* 299 (1977): 459–473.

15 R. C. Gur, I. K. Packer, J. P. Hungerbuhler, M. Reivich, W. D. Obrist, W. S. Amarnek und H. A. Sackheim, „Differences in the Distribution of Gray and White Matter in Human Cerebral Hemispheres“, *Science* 207 (1980): 1226–1228.

16 J. Semmes, „Hemispheric Specialization: A Possible Clue to Mechanism“, *Neuropsychologia* 6 (1968): 11–26.

17 J. Levy, „Interhemispheric Collaboration: Single Mindedness in the Asymmetrical Brain“, in *Hemispheric Function and Collaboration in the Child*, Hrsg. C. T. Best (New York: Academic Press, 1985).

18 N. D. Cook, „The Transmission of Information in Natural Systems“ *Journal of Theoretical Biology* 108 (1984): 349–367; N. D. Cook, „Callosal Inhibition: The Key to the Brain Code“, *Behavioral Science* 29 (1984): 98–110.

19 Ibid.

20 S. H. Woodward, „An Anatomical Model of Hemispheric Asymmetry“, *Journal of Clinical and Experimental Neuropsychology* 10 (1988): 68.

21 G. Hinton, J. L. McClelland und D. E. Rumelhart, „Distributed Representation“, in *Parallel Distributed Processing. Explorations in the Microstructure of Cognition*, Bd. 1, Hrsg. D. E. Rumelhart, J. L. McClelland und die PDP Research Group) Cambridge, Mass.: MIT Press, 1986).

22 S. H. Woodward, „An Anatomical Model of Hemispheric Asymmetry“, *Journal of Clinical and Experimental Neuropsychology* 10 (1988): 68.

23 R. W. Sperry, „Brain Bisection and Consciousness“, in *Brain and Conscious Experience*, Hrsg. J. Eccles (New York: Springer-Verlag, 1966).

24 J. Eccles, *The Brain and Unity of Conscious Experience: The 19th Arthur Stanley Edington Memorial Lecture* (Cambridge: Cambridge University Press, 1965).

25 J. E. LeDoux, D. H. Wilson und M. S. Gazzaniga, „A Divided Mind: Observation on the Conscious Properties of the Separated Hemispheres“, *Annals of Neurology* 2 (1977): 417–421.

26 Ibid.

27 J. Jaynes, zitiert in S. Keen, „Reflections on the Dawn of Consciousness“, *Psychology Today* 11 (1977): 58. [Siehe auch J. Jaynes, *Der Ursprung des Bewußtseins durch den Zusammenbruch der bikameralen Psyche* (Reinbek: Rowohlt, 1988).]

28 Ibid.

29 J. Hadamard, *The Psychology of Invention in the Mathematical Field* (Princeton University Press, 1945); R. Penrose, *The Emperor's New Mind* (New York: Oxford University Press, 1989). [Deutsche Ausgabe: *Computerdenken* (Heidelberg: Spektrum Akademischer Verlag, 1991).]

30 J. Hadamard, *The Psychology of Invention in the Mathematical Field* (Princeton University Press, 1945).

31 R. Penrose, *The Emperor's New Mind* (New York: Oxford University Press, 1989). [Deutsche Ausgabe: *Computerdenken* (Heidelberg: Spektrum Akademischer Verlag, 1991).]

32 J. Hadamard, *The Psychology of Invention in the Mathematical Field* (Princeton University Press, 1945).

33 Ibid.

34 O. Loewi, *Perspectives in Biology and Medicine* 4 (Chicago: University of Chicago Press, 1960).

35 A. Koestler, *Der göttliche Funke. Der schöpferische Akt in Kunst und Wissenschaft* (Bern: Scherz, 1966). [Originalausgabe: *The Act of Creation* (New York: Dell, 1964).]

36 Ibid.

37 D. Galin, „Implications for Psychiatry of Left and Right Cerebral Specialization", *Archives of General Psychiatry* 31 (1974): 572–583.

38 Ibid.

39 Ibid.

40 J. E. LeDoux, D. H. Wilson und M. S. Gazzaniga, „A Divided Mind: Observation on the Conscious Properties of the Separated Hemispheres", *Annals of Neurology* 2 (1977): 417–421.

41 R. Puccetti, „The Case for Mental Duality: Evidence from Split Brain Data and Other Considerations", *The Behavioral and Brain Sciences* 4 (1981): 93–123.

42 Ibid.

43 Ibid.

44 R. W. Sperry, E. Zaidel und D. Zaidel, „Self Recognition and Social Awareness in the Disconnected Minor Hemisphere", *Neuropsychologia* 17 (1979): 153–166.

45 Ibid.

46 D. C. Dennett, *Consciousness Explained* (Boston: Little Brown, 1991). [Deutsche Ausgabe: *Philosophie des menschlichen Bewußtseins* (Hamburg: Hoffmann & Campe, 1994]

47 Ibid.

48 D. N. Robinson, „Cerebral Plurality and the Unity of Self", *American Psychologist* 37 (1982): 904–910.

49 G. Sperling, „The Information Available in Brief Visual Presentations", *Psychological Monographs* 74 (1960): (11, gesamtes Heft 498).

50 D. H. Raab, „Backward Masking“, *Psychological Bulletin* 60 (1963): 118–129.

51 A. Binet, *Alterations of Personality* (übersetzt von H. Baldwin) (New York: Appleton, 1896).

52 D. N. Robinson, „Cerebral Plurality and the Unity of Self“, *American Psychologist* 37 (1982): 904–918.

53 Ibid.

54 J. Miller, „Trouble in Mind“, *Scientific American*, September (1992): 180.

55 Ibid.

56 R. Dubos, *Pasteur and Modern Science* (London: Heinemann, 1960).

57 M. C. Corballis and I. L. Beale, *The Ambivalent Mind* (Chicago: Nelson Hall, 1983).

58 L. Wolpert, „Pattern Formation in Biological Development“, *Scientific American* 239 (1978): 124–137. [Deutsch veröffentlicht unter dem Titel „Musterbildung in der biologischen Entwicklung“, *Spektrum der Wissenschaft* 12 (1978): 23–37.]

59 M. C. Corballis und I. L. Beale, *The Ambivalent Mind* (Chicago: Nelson-Hall, 1983).

60 Ibid.

61 B. Norden, „The Asymmetry of Life“, *Journal of Molecular Evolution* 11 (1978): 313–332.

62 E. M. Henley, „Parity and Time-Reversal Invariance in Nuclear Physics“, *Annual Review of Nuclear Science* 19 (1969): 367–427.

63 M. C. Corballis und J. L. Beale, *The Ambivalent Mind* (Chicago: Nelson-Hall, 1983).

Personenregister

T

V

W

Z

Sachregister

B

C

D

E

F

I

J

K

X

Z